Günter Bamberg, Franz Baur, Michael Krapp
Statistik

Günter Bamberg, Franz Baur,
Michael Krapp

Statistik

Eine Einführung für Wirtschafts- und Sozialwissenschaftler

19., überarbeitete Auflage

DE GRUYTER
OLDENBOURG

ISBN 978-3-11-075919-8
e-ISBN (PDF) 978-3-11-075932-7
e-ISBN (EPUB) 978-3-11-075940-2

Library of Congress Control Number: 2022935328

Bibliografische Information der Deutschen Nationalbibliothek
Die Deutsche Nationalbibliothek verzeichnet diese Publikation in der Deutschen Nationalbibliografie; detaillierte bibliografische Daten sind im Internet über http://dnb.dnb.de abrufbar.

Einbandabbildung: Günter Bamberg, Franz Baur, Michael Krapp
Druck und Bindung: CPI books GmbH, Leck

MIX
Papier aus verantwortungsvollen Quellen
FSC® C083411

www.degruyter.com

Inhaltsverzeichnis

Vorwort

Vorwort zur 19. Auflage

Zahlreiche positive Rückmeldungen zur 18. Auflage haben uns darin bestärkt, den eingeschlagenen Weg einer Weiterentwicklung ohne Strukturbruch fortzusetzen. Dementsprechend wurde die Grundkonzeption des Buches – trotz zahlreicher Veränderungen gegenüber der letzten Auflage – unverändert belassen. Lesern, welche mit einer der älteren Auflagen vertraut sind, wird vermutlich primär das durch den Einsatz einer Schmuckfarbe moderner wirkende Erscheinungsbild auffallen. Daneben ließen sich noch die obligatorische Überarbeitung des Literaturverzeichnisses, zahlreiche Detailanpassungen, Aktualisierungen und Ergänzungen sowie einige wenige Fehlerkorrekturen aufzählen; darauf wollen wir an dieser Stelle aber verzichten. Auf Wunsch unseres Lektorats weisen wir jedoch darauf hin, dass alle Abbildungen im Buch, sofern nicht anders gekennzeichnet, eigene Darstellungen sind.

Gemäß einem empirisch gut untermauerten Gesetz enthält jedes Buch Druckfehler. Unter https://www.uni-augsburg.de/de/fakultaet/wiwi/prof/stat/krapp/aktuelles/druckfehler wird die Liste der nach und nach entdeckten Fehler im Internet veröffentlicht. Wir hoffen auf eine kurze Liste. Dozenten können darüber hinaus einen Foliensatz sowie eine Aufgabensammlung, welche 80 Klausuraufgaben inkl. Musterlösungen umfasst, bei den Autoren anfordern. Ferner stellen wir weitere Unterlagen, wie z. B. nicht im Foliensatz enthaltene Abbildungen und Tabellen, für den Einsatz in Lehrveranstaltungen gerne zur Verfügung. Bitte kontaktieren Sie uns bei Bedarf per E-Mail an michael.krapp@wiwi.uni-augsburg.de.

Hinweise auf Fehler in vorangegangenen Auflagen sowie wertvolle Anregungen erhielten wir von zahlreichen Studenten und Kollegen, insbesondere von den Herren Prof. Dr. S. Huschens, Prof. Dr. U. Kockelkorn, Prof. Dr. H. Locarek-Junge, Prof. Dr. H.-J. Mittag, Prof. Dr. O. Opitz, Prof. Dr. F. Schmid, Prof. Dr. K. Schürger, Prof. Dr. J.-U. Stiehr und Prof. Dr. D. Stoyan. Bei der Erstellung der vorliegenden Auflage haben uns Frau E. Slansky und Herr D. Preil, M. Sc. tatkräftig unterstützt. In bewährter Weise professionell und zugleich zuvorkommend wurden wir von Herrn Dr. S. Giesen und Herrn M. Geßl verlagsseitig betreut. Ihnen allen gebührt unser herzlicher Dank.

Augsburg, im Januar 2022

G. Bamberg
F. Baur
M. Krapp

Vorwort zur ersten Auflage

Statistische Methoden haben in den letzten Jahrzehnten ständig an Bedeutung gewonnen. Eine Reihe von handelsüblichen elektronischen Taschenrechnern ermöglicht bereits die Anwendung einfacherer statistischer Verfahren per Tastendruck. Der erleichterte Zugang zu größeren EDV-Anlagen hat dazu geführt, dass der mit komplexeren statistischen Verfahren verbundene Rechenaufwand nicht mehr prohibitiv wirkt. Von besonderer Wichtigkeit sind deshalb eine sichere Kenntnis der Prämissen, auf denen die statistischen Verfahren beruhen, sowie die Fähigkeit, sich mit dem Ergebnis und der Interpretation einer statistischen Analyse kritisch auseinanderzusetzen. Im vorliegenden Lehrbuch werden trotz der Betonung dieses Aspekts wichtige statistische Verfahren in „Rezeptkästchen“ zusammengefasst. Grundlegende Begriffe und Verfahren werden durch Beispiele erläutert und können anhand von Aufgaben, deren Lösungen separat am Ende des Buches zu finden sind, zur Selbstkontrolle „erprobt“ werden.

Die Teile I bis III führen in die deskriptive Statistik, die Wahrscheinlichkeitsrechnung und die induktive Statistik ein. Sie stellen – bis auf gewisse Akzentverlagerungen – das Normalprogramm dar, das sich mittlerweile an den meisten Hochschulen für die wirtschafts- und sozialwissenschaftlichen Studiengänge eingebürgert hat. Zur Lektüre sind die Vorkenntnisse in mathematischer Propädeutik ausreichend, die in allen wirtschafts- und sozialwissenschaftlichen Fakultäten im Grundstudium vermittelt werden. Teil IV enthält einen Ausblick auf einige weitere wichtige Teilgebiete der Statistik.

Für die kritische Durchsicht des Manuskripts und für wertvolle Anregungen möchten wir unseren Freunden und Kollegen Dipl.-Math. Dr. V. Firchau, Dipl.-oec. A. Herbein, Dipl.-Ing. Dr. H. Paul, Prof. Dr. U. K. Schittko, Dipl.-Math. Dr. J. Sommer herzlich danken. Darüber hinaus danken wir Frau B. Emmrich und Frau U. Rook, die mit viel Geduld und Sorgfalt das endgültige Manuskript und die verschiedenen Vorlagen geschrieben haben. Schließlich gilt unser Dank Herrn M. Weigert und dem Oldenburg Verlag für die verständnisvolle Zusammenarbeit und die rasche Drucklegung.

G. Bamberg
F. Baur

Liste wichtiger Symbole

Symbole für Teil I

		def. auf S.
X bzw. Y	Merkmale	11
x_i bzw. y_i	Beobachtungswerte von X bzw. Y	11
$a_1, \ldots, a_k$	realisierte Ausprägungen des Merkmals X	11
$h(a_j)$	absolute Häufigkeit der Ausprägung a_j	11
$f(a_j)$	relative Häufigkeit von a_j	11
$H(x)$	kumulierte absolute Häufigkeitsverteilung	14
$F(x)$	kumulierte relative Häufigkeitsverteilung	15
$\bar{x}$	arithmetisches Mittel	17
s^2	mittlere quadratische Abweichung	20
s	Standardabweichung	20
r	Bravais-Pearson-Korrelationskoeffizient	34

Symbole für Teil II (falls abweichend von Teil I)

X bzw. Y	Zufallsvariablen (ggf. auch dazugehörige Merkmale)	87
Ω	Ergebnismenge	71
P	Wahrscheinlichkeitsmaß	74
$P(A\|B)$	bedingte Wahrscheinlichkeit	79
$f(x)$	Wahrscheinlichkeitsfunktion bzw. -dichte	91 bzw. 98
$F(x)$	Verteilungsfunktion	89
$B(n;p)$	Binomialverteilung	93
$N(\mu;\sigma)$	Normalverteilung	102
$N(0;1)$	Standardnormalverteilung	102
$\Phi(x)$	Verteilungsfunktion der Standardnormalverteilung	103
$\mathrm{E}(X)$ bzw. μ	Erwartungswert der Zufallsvariablen X	111
$\mathrm{Var}(X)$ bzw. σ^2	Varianz der Zufallsvariablen X	114

Symbole für Teil III

G	Grundgesamtheit	127
X_i	i-te Stichprobenvariable	128
$\bar{X}$	Stichprobenmittel	131
S^2	Stichprobenvarianz	131
S	Stichproben-Standardabweichung	131
s	(Realisation der) Stichproben-Standardabweichung	152
$(x_1, \ldots, x_n)$	Stichprobenergebnis	129
$f(x_1, \ldots, x_n\|\vartheta)$	Likelihoodfunktion	130
V_u bzw. V_o	untere bzw. obere Grenze eines Konfidenzintervalls	149
V bzw. v	Testfunktion bzw. ihre Realisation	165
H_0 bzw. H_1	Nullhypothese bzw. Alternativhypothese	164
α	Signifikanzniveau, Irrtumswahrscheinlichkeit	165
B	Verwerfungsbereich eines Tests	165
$g(\vartheta)$	Gütefunktion	192

1. Kapitel:
Einführung

1.1 Zweierlei Bedeutung des Begriffs Statistik

Vielleicht denken Sie beim Stichwort „Statistik“ zunächst an umfangreiche Zahlenkolonnen, an das Statistische Jahrbuch für die Bundesrepublik Deutschland oder an Aussprüche wie:

> „Nichts lügt so sehr wie die Statistik“,
> „Traue keiner Statistik, die du nicht selbst gefälscht hast“.

Der Begriff „Statistik“ ist mehrdeutig. Zum einen beschreibt er die tabellarische oder grafische Darstellung eines konkret vorliegenden Datenmaterials, wie etwa die Statistik der Verkehrsunfälle für einen bestimmten Autobahnabschnitt, die Statistik der Einfuhren eines Landes, aufgegliedert nach bestimmten Warengruppen, Herkunftsländern usw. Zum anderen beschreibt der Begriff „Statistik“ die Gesamtheit der Methoden, die für die Gewinnung und Verarbeitung empirischer Informationen relevant sind.

Die statistische Methodenlehre, im Folgenden meist kurzerhand als Statistik bezeichnet, bildet den Hauptgegenstand des vorliegenden Lehrbuchs. Bloße Feststellungen über in Zahlen messbare Fakten, z. B. „Am 31.12.2015 betrug die Wohnbevölkerung Bayerns 12 843 500 Personen“, sind relativ unproblematisch und natürlich nicht Gegenstand der statistischen Methodenlehre. Obige Aussprüche haben dagegen einen stärkeren Bezug zur statistischen Methodenlehre; denn durch sie wird immerhin angedeutet, wie problematisch es sein kann, aus Daten Erkenntnisse zu gewinnen. Wir kommen auf die „statistische Lüge“ noch mehrfach zurück.[1]

1.2 Auswahl des Stoffes

Statistische Methoden können im Prinzip überall dort zum Einsatz kommen, wo empirische Daten erhoben und ausgewertet werden, gleichgültig um welchen Wissenschafts- oder Anwendungsbereich es sich handelt. Besonders häufig wird die Statistik allerdings in den Gebieten Betriebswirtschaft, Volkswirtschaft, Psychologie, Soziologie, Pädagogik, Medizin, Biologie, Landwirtschaft, Technik und Meteorologie angewandt. Während die Statistik in diesen Gebieten vorwiegend die Rolle einer nützlichen Hilfswissenschaft spielt, kommt ihr in den später entwickelten „Metrien“, wie z. B. der Biometrie, der Demometrie, der Ökonometrie, der Psychometrie und der Soziometrie, eine tragende Rolle zu. Trotz dieses weit gefächerten Anwendungsspektrums wollen wir uns bei der Auswahl des Stoffs, der Beispiele und der Aufgaben auf den wirtschafts- und sozialwissenschaftlichen Bereich beschränken.

In Teil I wird die **deskriptive Statistik** behandelt. Hier kommen – neben Größen der Datenverdichtung wie Lage- und Streuungsparameter – die von der Wirtschaftspraxis bzw. der Wirtschaftspresse her geläufigen Begriffe wie Konzentration, Indexzahl, Saisonbereinigung, Trendermittlung, Korrelation usw. zur Sprache.

In Teil II wird die **Wahrscheinlichkeitsrechnung** insoweit dargestellt, als sie für das Verständnis der nachfolgenden statistischen Verfahren erforderlich ist.

---

[1] Wegen informativer Beispiele sei insbesondere auf Krämer (2015) und die dort zitierte Literatur verwiesen.

Teil III beschäftigt sich mit denjenigen Anwendungsfällen, bei denen eine vollständige Datenerhebung undurchführbar oder unwirtschaftlich ist. So ist es beispielsweise sinnlos, die gesamte Produktion eines Massenartikels auf die Lebensdauer der einzelnen Artikel hin zu untersuchen; es bliebe kein verkäufliches Stück übrig. Bei Marktuntersuchungen können ebenfalls oft nicht alle potenziellen Marktteilnehmer befragt werden, da eine derartige Totalerhebung zu zeitraubend und teuer wäre; dasselbe gilt natürlich auch für Probleme der Meinungsforschung. Anstelle einer Totalerhebung führt man eine Teilerhebung durch, indem einige Untersuchungsobjekte aufgrund von bestimmten Zufallsgesetzen ausgewählt werden; man zieht also eine Stichprobe. Der Rückschluss von der Stichprobe auf die Grundgesamtheit ist die Aufgabe der **induktiven Statistik**. Die klassischen Teilbereiche der induktiven Statistik, nämlich die Punkt-Schätzung, die Intervall-Schätzung und das Testen von Hypothesen, bilden den Inhalt von Teil III.

Die Einbeziehung von Teil IV, der einen knappen **Überblick über weitere Teilgebiete der Statistik** liefert, trägt der Tatsache Rechnung, dass synchron mit der Expansion des Anwendungsspektrums eine beträchtliche Erweiterung des Arsenals statistischer Methoden stattgefunden hat. Begünstigt durch die wachsende Leistungsfähigkeit der EDV-Anlagen und das steigende Informationsbedürfnis, das mit sparsamstem Aufwand befriedigt werden sollte, dürfte dieser Trend auch für die Zukunft gelten. Teilgebiete, wie etwa Prognoseverfahren, multivariate Verfahren, die statistische Entscheidungstheorie oder die statistische Software, lassen sich trotz ihrer Anwendungsträchtigkeit leider nicht gleichzeitig in einem statistischen Grundkurs unterbringen. Die Verlagerung in Vertiefungsveranstaltungen führt erfahrungsgemäß dazu, dass nur Spezialisten unter den Studenten mit derartigen Gebieten in Berührung kommen. Die Tendenz, im späteren Berufsleben nur das anzuwenden, was vom Studium her vertraut oder zumindest dem Namen nach geläufig ist, spricht jedoch dafür, hier einige dieser wichtigen Teilgebiete wenigstens in ihren Grundzügen vorzustellen.

Teil I: Deskriptive Statistik

Bei statistischen Erhebungen fallen im Regelfall Tausende von Einzeldaten an. Die Methoden der deskriptiven Statistik (Synonyma sind: beschreibende Statistik, explorative Statistik) zielen darauf ab, diese unüberschaubare Datenmenge durch möglichst wenige – jedoch noch aussagekräftige – Zahlen zu charakterisieren. Im Extremfall wird lediglich eine einzige Zahl zur Charakterisierung der gesamten Datenmenge benutzt. So soll ein Lageparameter die Größenordnung aller Einzeldaten charakterisieren, ein Preisindex die Veränderung aller Preise eines umfangreichen Warenkorbs, ein Korrelationskoeffizient die Abhängigkeit zwischen den Ausprägungen zweier verschiedener Merkmale usw.

Selbstverständlich kann eine derart weitgehende Aufbereitung bzw. Verdichtung nicht nur auf eine einzige Art und Weise erfolgen. Aus diesem Grunde ist eine fundierte Kenntnis wesentlicher Voraussetzungen und Eigenschaften verschiedener Auswertungsmethoden unerlässlich für die begründete Auswahl einer adäquaten Methode und die sachgerechte Interpretation des numerischen Ergebnisses.

Lernziele:

- Kennenlernen zentraler Grundbegriffe der Statistik.
- Beherrschung wichtiger Lage- und Streuungskenngrößen sowie deren Interpretation.
- Fähigkeit zur Analyse mehrdimensionalen Datenmaterials mithilfe von Zusammenhangsmaßen und deskriptiver Regressionsanalyse.
- Erlangung elementaren Wissens hinsichtlich Bestimmung, Interpretation sowie Transformation von Preisindizes und Verhältniszahlen.
- Erwerb von Kenntnissen über den Umgang mit additiven Zeitreihenmodellen, insbesondere im Hinblick auf Saisonbereinigung.

2. Kapitel:
Grundbegriffe der Datenerhebung

2.1 Merkmal, Merkmalsausprägung, Merkmalsträger, statistische Masse

Sicherlich haben Sie bereits einmal einen Fragebogen ausfüllen und dabei etwa Angaben über Alter, Geschlecht, Familienstand, Wohnort, Stellung im Beruf, Einkommenshöhe, Art des Krankenversicherungsschutzes, Zeitaufwand für den Weg zur Arbeitsstätte usw. machen müssen. Ihren begreiflichen Unmut darüber wollen wir hier nicht weiter erörtern, sondern eine Reihe von Fachausdrücken erläutern. Im statistischen Jargon fungierten Sie als **Merkmalsträger** oder **statistische Einheit**, an der die **Merkmale** Alter, Geschlecht usw. erhoben wurden. Als **Merkmalsausprägungen** bezeichnet man sowohl die verschiedenen Zahlen, die ein **quantitatives** Merkmal (wie etwa das Alter, die Einkommenshöhe) annehmen kann, als auch die verschiedenen Kategorien, die bei einem **qualitativen** Merkmal (wie etwa dem Geschlecht, der Religionszugehörigkeit) registriert werden können. Die für eine statistische Untersuchung relevanten Merkmalsträger fasst man zur **Grundgesamtheit** zusammen. Wird bei einer statistischen Erhebung die Grundgesamtheit vollständig erfasst, so spricht man von einer **Vollerhebung** oder **Totalerhebung**, anderenfalls von einer **Teilerhebung** oder **Stichprobenerhebung**.

Beispiel 2.1:

- Während es sich bei der Volkszählung von 1987 (Stichtag 25.05.1987) um eine Totalerhebung der Wohnbevölkerung der damaligen Bundesrepublik Deutschland handelte, wurde im Rahmen des sogenannten „Zensus 2011“ (Stichtag 09.05.2011) – neben einer Vollerhebung für den Bereich Gebäude und Wohnungen – eine Stichprobe gezogen, die ca. 9,6 % der Bevölkerung umfasste. Der nächste Zensus war für 2021 geplant, wurde aber aufgrund der Corona-Pandemie in das Jahr 2022 (geplanter Stichtag 15.05.2022) verschoben. Nach derzeitigem Planungsstand (November 2021) wird der Zensus 2022 nach einer ähnlichen Methodik wie der Zensus 2011 durchgeführt.
- Wurde Ihnen der eingangs erwähnte Fragebogen im Rahmen der als Mikrozensus bezeichneten „Repräsentativstatistik der Bevölkerung und des Erwerbslebens“ von einem Interviewer Ihres Statistischen Landesamtes präsentiert, so gehörten Sie zu einem der rund 230 000 Haushalte, die nach einem bestimmten Stichprobenverfahren ausgewählt wurden.
- Bei der letzten nicht auf einer Auswertung des Unternehmensregisters beruhenden Handwerkszählung 1995 wurde eine Stichprobe gezogen, die rund 563 000 der in die Handwerksrolle eingetragenen Unternehmungen umfasste. Als Merkmale wurden u. a. erhoben: Rechtsform, Zahl der Arbeitsstätten, Anzahl Beschäftigte, Löhne, Gehälter, Sozialkosten, Umsatz. ▪

Für die deskriptive Statistik ist es – im Gegensatz zur induktiven Statistik – unerheblich, ob das Datenmaterial von einer Vollerhebung oder einer Teilerhebung herrührt. Wenn im Folgenden von einer **statistischen Masse** die Rede ist, so ist darunter entweder die Grundgesamtheit oder eine ihrer Teilgesamtheiten zu verstehen. Falls nur eine Teilgesamtheit betrachtet wird, sind im Rahmen der deskriptiven Statistik nur Aussagen über diese Teilgesamtheit möglich.

2.2 Verschiedene Typen statistischer Massen

Es gibt statistische Massen, die man sinnvollerweise auf einen bestimmten **Zeitpunkt** bezieht. Solche statistischen Massen werden als **Bestandsmassen** bezeichnet; Beispiele sind der Bestand eines Lagers oder die Bevölkerung eines Landes. Andere statistische Massen bezieht man sinnvollerweise auf eine **Zeitperiode**. Diese statistischen Massen werden als **Bewegungsmassen** oder auch als **Ereignismassen** bezeichnet; Beispiele sind die Verkehrsunfälle eines Jahres oder die Lagerabgänge einer Woche. Bei einer Bewegungsmasse haben die Merkmalsträger eine vernachlässigbar kleine „Lebensdauer“, bei einer Bestandsmasse dagegen nicht.

Umfangreiche Bestandsmassen werden aus Kostengründen häufiger durch Fortschreibung als durch eine neue Erhebung aktualisiert. Bei der **Fortschreibung** wird die statistische Masse des früheren Stichtages um die **korrespondierende Bewegungsmasse** der zwischen den Stichtagen erfolgten Zugänge vermehrt und um die entsprechende korrespondierende Bewegungsmasse der Abgänge vermindert.

Aufgabe 2.2: Handelt es sich um Bestands- oder Bewegungsmassen?

a) Gärbottiche einer Brauerei
b) Arbeitsunfälle in Bayern mit tödlichem Ausgang
c) Neueinstellungen eines Betriebs
d) Mitarbeiter eines Betriebs
e) Filialen einer Bank ▪

2.3 Verschiedene Typen von Merkmalen, Skalierung, Klassierung

Bereits in Abschnitt 2.1 wurde erwähnt, dass diejenigen Merkmale als **quantitativ** bezeichnet werden, deren Merkmalsausprägungen Zahlen sind; alle anderen Merkmale werden als **qualitativ** bezeichnet. Bei qualitativen Merkmalen sind die Merkmalsausprägungen primär durch verbale Ausdrücke (wie etwa gut, mittel, schlecht; ledig, geschieden usw.) charakterisiert. Ersetzt man diese durch Zahlen, d. h. führt man eine **Quantifizierung** durch, so wird ein qualitatives Merkmal formal zu einem quantitativen.

Beispiel 2.3: Pkw-Farbtöne werden durch die Produktionsnummer quantifiziert, etwa grün = 117, blau = 410 usw. Bei einer statistischen Erhebung wird die Konfession z. B. in der Form: keine = 0, röm.-kath. = 1, evangelisch = 2, sonstige = 3 verschlüsselt. Die Rechtsform einer Unternehmung kann z. B. durch Aktiengesellschaft = 1, GmbH = 2, OHG = 3, KG = 4, Einzelunternehmung = 5, sonstige = 6 quantifiziert werden. ▪

Die Quantifizierung verwischt den Unterschied zwischen einem (echt) quantitativen und einem (qualitativen, aber) **quantifizierten** Merkmal jedoch nur äußerlich. Bei der statistischen Verarbeitung des Datenmaterials ist darauf zu achten, ob eine Quantifizierung vorgenommen wurde oder nicht.

Beispiel 2.4: Wenn zwei Personen die gemäß Beispiel 2.3 quantifizierte Konfession 1 (= röm.-kath.) bzw. 3 (= sonstige) besitzen, so ist es sinnlos, von der „mittleren Konfession“ 2 (= evangelisch) zu sprechen. Erhalten die beiden Personen dagegen 1 000 € bzw. 3 000 € Weihnachtsgratifikation, so kann man sehr wohl von der „mittleren Weihnachtsgratifikation“ in Höhe von 2 000 € sprechen. ▪

Die Sachlogik, die sich hinter den numerischen Merkmalsausprägungen verbirgt, erfasst man in der Statistik durch den Begriff der **Skalierung**. Im Folgenden werden die drei wichtigsten Skalierungen kurz erläutert.

Eine **Nominalskala** liegt vor, wenn die Ausprägungen des untersuchten Merkmals durch die zugeordneten Zahlen lediglich unterschieden werden sollen. Allen in Beispiel 2.3 aufgeführten Merkmalen liegt eine Nominalskala zu Grunde. Da die zugeordneten Zahlen nur eine reine Bezeichnungsfunktion haben, können sie durch eine injektive Abbildung willkürlich in andere Zahlen transformiert werden.

Eine **Ordinalskala** oder **Rangskala** liegt vor, wenn die Ausprägungen des untersuchten Merkmals nicht nur unterschieden, sondern auch in eine Rangordnung gebracht werden können und diese Rangordnung durch die zugeordneten Zahlen widergespiegelt wird. Ordinale Skalen liegen der Messung vieler sozialwissenschaftlicher Merkmale, wie etwa Aggressivität, Autoritätsgläubigkeit, Intelligenz, sozialer Status usw. zu Grunde. Da an die zugeordneten Zahlen lediglich die Anforderung gestellt wird, dass sie die richtige Rangordnung der Merkmalsausprägungen reproduzieren, können sie durch eine ordnungserhaltende Abbildung willkürlich in andere Zahlen transformiert werden.

Eine **Kardinalskala** oder **metrische Skala** liegt vor, wenn die Ausprägungen des untersuchten Merkmals nicht nur in eine Rangordnung gebracht werden können, sondern zusätzlich noch bestimmt werden kann, in welchem Ausmaß sich je zwei verschiedene Merkmalsausprägungen unterscheiden.[1] Typische Beispiele für derartige Merkmale sind alle monetären Größen sowie die meisten Variablen der Physik und der Chemie. Viele statistische Auswertungsmethoden sind nur bei kardinalskalierten Merkmalen[2] legitim; wir werden an verschiedenen Stellen darauf hinweisen.

Neben der Untergliederung bzgl. der Skalierung ist noch die Einteilung in diskrete und stetige Merkmale zu erwähnen. Ein Merkmal heißt **diskret**, wenn seine möglichen Ausprägungen eine diskrete Zahlenmenge bilden. Typische Beispiele sind die nominalskalierten Merkmale und generell alle Merkmale, denen ein Zählvorgang zu Grunde liegt, wie etwa die Anzahl der Arbeitnehmer einer Unternehmung, die Anzahl der Räume einer Wohnung usw. Bei einem **stetigen** Merkmal können dagegen für je zwei Merkmalsausprägungen auch alle Zwischenwerte realisiert werden. Typische Beispiele sind diejenigen Merkmale, denen ein beliebig genauer Messvorgang zu Grunde liegt, wie es etwa bei der Lebensdauer eines Ventils, dem Durchmesser einer Röhre usw. der Fall sein kann.

Aus Zweckmäßigkeitsgründen behandelt man ein diskretes Merkmal, das sehr viele Ausprägungen annehmen kann, häufig als stetiges Merkmal; man spricht dann der Deutlichkeit halber von einem **quasistetigen** Merkmal. Auch der umgekehrte Vorgang, die Behandlung eines stetigen Merkmals als diskretes Merkmal, kann aus Zweckmäßigkeitsgründen geboten sein. Hierfür unterteilt man – wie in Beispiel 2.5 – die Merkmalsachse in Klassen (= Intervalle) und registriert anstelle der exakten Merkmalsausprägung jeweils nur noch die Klasse, in die sie fällt; man spricht in diesem Fall von **Klassierung**[3] bzw. von **klassierten Daten**, gelegentlich auch von **gruppierten Daten**.

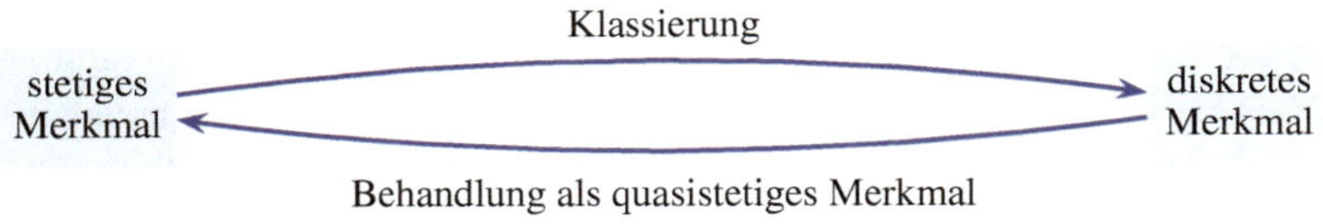

Abb. 2.1: Überführung eines stetigen Merkmals in ein diskretes Merkmal und umgekehrt

[1] Genauer untergliedert man die Kardinalskala in die **Intervallskala** (bei der die Abstände zwischen den Ausprägungen verglichen werden können), die **Verhältnisskala** (bei der zur Intervallskala noch ein natürlicher Nullpunkt hinzukommt) und die **Absolutskala** (bei der zur Verhältnisskala noch eine natürliche Einheit hinzukommt). Beispielsweise liegt der Temperatur (wenn sie nicht gerade in Kelvin gemessen wird) eine Intervallskala, Preisen, Längen und Gewichten eine Verhältnisskala, Stückzahlen eine Absolutskala zu Grunde.

[2] Je nach zu Grunde liegender Skalierung bezeichnet man ein Merkmal (bzw. die dazu erhobenen Ausprägungen) als **nominalskaliert**, **ordinalskaliert** oder **kardinalskaliert** (kurz auch als **nominal**, **ordinal** oder **kardinal**).

[3] Diese kann selbstverständlich auch bei quasistetigen oder diskreten Merkmalen vorgenommen werden.

Beispiel 2.5: In den Erhebungsbögen für den Mikrozensus werden (seit 2002) 23 Einkommensgrößenklassen vorgegeben. Dies hat seinen Grund in der Tatsache, dass die Interviewten erstens ihr Einkommen vielfach nicht exakt kennen und zweitens wesentlich leichter dazu zu bewegen sind, sich in vorgegebene Einkommensgrößenklassen einzustufen, als sämtliche Einnahmen centgenau nachzuweisen. Auch im Statistischen Jahrbuch werden Klassenbildungen vorgenommen, wie etwa bei dem in Tabelle 2.1 wiedergegebenen Auszug. ▪

Tab. 2.1: Alter bei Erwerb der deutschen Staatsangehörigkeit 2017 (entnommen dem Statistischen Jahrbuch 2019 für die Bundesrepublik Deutschland, S. 51)

	Anzahl		
Alter (in Jahren)	durch Einbürgerung	durch Adoption	Spätaussiedler sowie Ehegatten und Kinder
unter 5	2 040	211	462
5 bis unter 15	8 296	179	879
15 bis unter 25	21 385	58	682
25 bis unter 45	51 288	0	2 305
45 bis unter 65	21 470	0	1 123
65 und älter	4 725	0	318
Insgesamt	109 204	448	5 769

Aufgabe 2.6: Welche der folgenden Merkmale sind stetig bzw. diskret?

a) Beruf
b) Bremsweg eines Pkw
c) Nationalität ▪

Aufgabe 2.7: Welche Skalierung liegt den folgenden Merkmalen zu Grunde?

a) Produktionsdauer
b) Schulnote
c) Schwierigkeitsgrad einer Klettertour
d) Kopfumfang einer Person ▪

2.4 Verschiedene Typen statistischer Erhebungen

Neben der bereits in Abschnitt 2.1 angesprochenen Einteilung statistischer Erhebungen in Vollerhebungen und Teilerhebungen sind eine Reihe weiterer Unterscheidungsmöglichkeiten zu erwähnen. Nach der Art der Ermittlung des Datenmaterials kann einerseits unterschieden werden zwischen **Befragung** (postalisch/online per Fragebogen oder persönlich durch Interviewer), **Beobachtung** (Verkehrszählung, Messung der Wartezeit von Kunden vor der Ladenkasse eines Supermarktes) und **Experiment** (Registrierung des Verhaltens von Versuchspersonen in hypothetischen Entscheidungssituationen, Messung der Schlafdauern bei Verabreichung unterschiedlicher Schlafmittel usw.) sowie andererseits zwischen einer

- **Primärerhebung**, bei der das Datenmaterial eigens für die geplante Untersuchung erhoben wird, und einer
- **Sekundärerhebung**, bei der auf vorhandenes (und für andere Zwecke erhobenes) Datenmaterial zurückgegriffen wird, wie es etwa bei der Verwendung von Lohnsteuerkarten für die Untersuchung der Einkommensverteilung der Fall ist.

Für die Durchführung von Teilerhebungen sind neben der willkürlichen Auswahl von Merkmalsträgern, die leider immer noch in der Praxis vorkommt, vor allen Dingen die verschiedenen **Stichprobentechniken**, auf die in Kapitel 18 genauer eingegangen wird, und die Methoden der **geplanten Auswahl** zu nennen. Die beiden bekanntesten Methoden der geplanten Auswahl sind das Abschneideverfahren und die Quotenauswahl.

Beim **Abschneideverfahren**, das die amtliche Statistik häufig benutzt, werden nur die Merkmalsträger mit den größten Beiträgen zu den untersuchten Merkmalen in die Auswahl einbezogen. So verfährt das Statistische Bundesamt beispielsweise bei der kurzfristigen Berichterstattung im produzierenden Gewerbe; nur Betriebe mit einer gewissen Mindestanzahl von Beschäftigten werden in die monatliche Erhebung einbezogen.

Bei der **Quotenauswahl**, die von der amtlichen Statistik selten, von Markt- und Meinungsforschungsinstituten dagegen häufiger angewandt wird, achtet man darauf, dass bestimmte Merkmalsausprägungen in der ausgewählten Teilgesamtheit dieselbe relative Häufigkeit besitzen wie in der Grundgesamtheit. Diese (absoluten oder) relativen Häufigkeiten (vgl. Abschnitt 3.1.1) werden als Quoten bezeichnet und den Interviewern vorgegeben. Im Rahmen der Quoten, die den „repräsentativen Bevölkerungsquerschnitt" definieren sollen, können sich die Interviewer die zu befragenden Merkmalsträger willkürlich aussuchen.

Beispiel 2.8: Das Institut für Demoskopie Allensbach verwendet unter anderem folgende Merkmale (in Klammern die prozentualen Quoten der jeweiligen Ausprägungen) als Basis für seine Quotenauswahl aus der deutschen Wohnbevölkerung ab 16 Jahre:[4]

- Geschlecht (Männer 49 %; Frauen 51 %)
- Alter (16 bis 29 Jahre 18 %; 30 bis 44 Jahre 23 %; 45 bis 59 Jahre 27 %; 60 Jahre und älter 32 %)
- Berufskreis (Arbeiter 15 %; Angestellte 35 %; Beamte 3 %; Selbständige und freiberuflich Tätige 7 %; Nichterwerbspersonen 40 %)
- Wohnortgröße (unter 5 000 Einwohner 16 %; 5 000 bis unter 20 000 Einwohner 26 %; 20 000 bis unter 100 000 Einwohner 28 %; 100 000 und mehr Einwohner 30 %)
- Region (Schleswig-Holstein, Hamburg, Niedersachsen, Bremen 16 %; Nordrhein-Westfalen 21 %; Hessen, Rheinland-Pfalz, Saarland 13 %; Baden-Württemberg 13 %; Bayern 15 %; Berlin 4 %; Brandenburg, Mecklenburg-Vorpommern, Sachsen-Anhalt 9 %; Sachsen, Thüringen 9 %)

Wenn demnach 1 000 Personen interviewt werden sollen, müssen sich darunter 490 Männer und 510 Frauen, ferner 180 Personen im Alter von 16 bis 29 Jahren, 350 Angestellte usw. befinden. ▪

2.5 Kritische Zusammenfassung, Literaturhinweise

In den folgenden Kapiteln wollen wir das vorliegende Datenmaterial nicht weiter problematisieren, sondern lediglich die darauf anzuwendenden Auswertungsmethoden. Insofern sind an dieser Stelle einige kritische Anmerkungen zur Entstehung des Datenmaterials angebracht.

- Die **Festlegung der Untersuchungsmerkmale** stellt bereits eine entscheidende Weichenstellung dar. Ist der Katalog der Untersuchungsmerkmale im Sinne der beabsichtigten Untersuchung unzweckmäßig oder unvollständig, so kann dies selbst durch die aus-

[4] Vgl. Institut für Demoskopie Allensbach (2012, S. 47 f.). Dort werden zur Komplettierung des repräsentativen Bevölkerungsquerschnitts weitere Merkmale wie Familienstand und Haushaltsgröße berücksichtigt. Die Quoten des Instituts für Demoskopie Allensbach werden auf Basis der amtlichen Statistik (in diesem Falle: Mikrozensus 2010) berechnet.

geklügeltsten Auswertungsmethoden nicht mehr behoben werden. Will man beispielsweise Informationen darüber gewinnen, welche Faktoren für den Aufstieg eines Angestellten zu einem leitenden Angestellten maßgeblich sind, so liegt es nahe, sich auf Merkmale wie etwa die Ausbildung, den Intelligenzquotienten, das Durchsetzungsvermögen usw. zu konzentrieren. Dennoch besteht keine Gewähr dafür, dass das wichtigste Merkmal in die Erhebung einbezogen wurde; es könnte – das Beispiel ist fiktiv – durchaus auch die unberücksichtigte Augenfarbe sein. Leider gibt es kein Patentrezept für die Aufstellung des adäquaten Merkmalskatalogs. Die nahe liegende Lösung, möglichst viele Merkmale einzubeziehen, ist aus Kostengründen und wegen der Überforderung der Interviewten meist nicht praktikabel.

- Ähnlich verzerrende Einflüsse können aus der bewussten **Antwortverweigerung, unklaren Formulierungen im Fragebogen** oder aus dem **Einfluss des Interviewers** resultieren. Die empirische Sozialforschung widmet diesen Problemen zu Recht ihre besondere Aufmerksamkeit. Es sei beispielsweise auf Holm (1975) oder Atteslander (2010) verwiesen.

- Weitere verzerrende Einflüsse können von der **Auswahl „falscher" Teilgesamtheiten** herrühren. Als drastisches Beispiel sei ein Interviewer erwähnt, der die Meinung der Gesamtbevölkerung zum Thema „Studienbeiträge" empirisch erkunden soll und zu diesem Zweck ausschließlich Studenten auswählt, weil er diese als besonders auskunftsfreudig kennt und zahlreich in der Mensa antrifft. Weitere Beispiele sind bei Krämer (2015) zu finden.

- Verzerrungen können auch durch **Klassenbildung**, insbesondere durch Bildung unbeschränkter Randklassen, entstehen.

- Ferner ist die **Antwortvariabilität** ein nicht zu unterschätzendes Problem, vgl. dazu Strecker et al. (1983).

Als weitere ergänzende und vertiefende Literatur zu Kapitel 2 seien erwähnt: Krug et al. (2001), Menges/Skala (1973), Pfanzagl (1983), Schwarze (2014), Wetzel (1971).

3. Kapitel:

Auswertungsmethoden für eindimensionales Datenmaterial

Ein quantitatives oder quantifiziertes Merkmal X werde an den n Merkmalsträgern einer statistischen Masse beobachtet. Die resultierenden Zahlen $x_1, \dots, x_n$ heißen **Beobachtungswerte** oder **Merkmalswerte**; x_i beschreibt also die beim i-ten Merkmalsträger beobachtete Merkmalsausprägung des Merkmals X. Das n-Tupel $(x_1, \dots, x_n)$ aller n Merkmalswerte wird als (univariate) **Urliste** bezeichnet.

3.1 Häufigkeitsverteilungen

Die Urliste umfasst in der Regel so viele Daten, dass die Übersichtlichkeit nicht mehr gewährleistet ist. Selbst für bescheidene Werte von n kann das Bild bereits verwirrend sein.

Beispiel 3.1: In einer Unternehmung wird aufgrund vorhandener Belege festgestellt, dass der Hauptlieferant für die letzten 50 Bestellungen folgende Lieferzeiten (in Tagen) benötigt hatte:

4	5	4	1	5	4	3	4	5	6	6	5	5	4	7	4	6	5	6	4	5	4	7	5	5
6	7	3	7	6	6	7	4	5	4	7	7	5	5	5	5	6	6	4	5	2	5	4	7	5

Für das Merkmal X (= Lieferzeit in Tagen) wurden also die $n = 50$ Merkmalswerte $x_1 = 4, x_2 = 5, \dots, x_{50} = 5$ beobachtet. Als Auswertungsmethode drängt sich hier die Bildung einer Häufigkeitsverteilung auf. ▪

3.1.1 Absolute und relative Häufigkeitsverteilung

Die in der Urliste vorkommenden Merkmalsausprägungen seien mit $a_1, \dots, a_k$ bezeichnet. Wir wollen uns diese Ausprägungen bereits der Größe nach geordnet vorstellen:

$$a_1 < a_2 < \dots < a_k .$$

Unter der **absoluten Häufigkeit** von a_j versteht man die Anzahl der Merkmalswerte in der Urliste, die mit der Ausprägung a_j übereinstimmen; wir wollen sie mit $h(a_j)$ bezeichnen. Der Anteilswert $f(a_j) = \frac{1}{n} \cdot h(a_j)$ heißt **relative Häufigkeit** von a_j. Es gelten natürlich die Beziehungen

$$\sum_{j=1}^{k} h(a_j) = n \quad \text{und} \quad \sum_{j=1}^{k} f(a_j) = 1 .$$

Für das Beispiel 3.1 erhält man die in folgender Tabelle angegebenen Häufigkeiten:

Ausprägung a_j	1	2	3	4	5	6	7
absolute Häufigkeit $h(a_j)$	1	1	2	12	17	9	8
relative Häufigkeit $f(a_j)$	$\frac{1}{50}$	$\frac{1}{50}$	$\frac{2}{50}$	$\frac{12}{50}$	$\frac{17}{50}$	$\frac{9}{50}$	$\frac{8}{50}$

Unter einer **Häufigkeitsverteilung** versteht man allgemein die Zuordnung von (absoluten oder relativen) Häufigkeiten zu den Merkmalsausprägungen $a_1, \dots, a_k$. Als Darstellungsform für die absolute oder relative Häufigkeitsverteilung wählt man üblicherweise eine **Häufigkeitstabelle** (wie die vorstehende), ein **Stabdiagramm** (oder Säulendiagramm), ein **Kreissektorendiagramm** oder im Falle klassierter Daten ein **Histogramm**. Das Histogramm wird zusammen mit einigen Hinweisen für die Klassenbildung im nächsten Abschnitt behandelt.

Ein **Stabdiagramm** entsteht aus den in einem Koordinatensystem eingetragenen k Punkten $(a_j, h(a_j))$ dadurch, dass jeweils das Lot auf die Abszisse (d. h. die Merkmalsachse) eingezeichnet wird. Für das Beispiel 3.1 ergibt sich das in Abbildung 3.1 wiedergegebene Stabdiagramm. Selbstverständlich können anstelle der absoluten auch die relativen Häufigkeiten verwendet werden. Wählt man die Stäbe etwas dicker, so spricht man von einem **Säulendiagramm**.

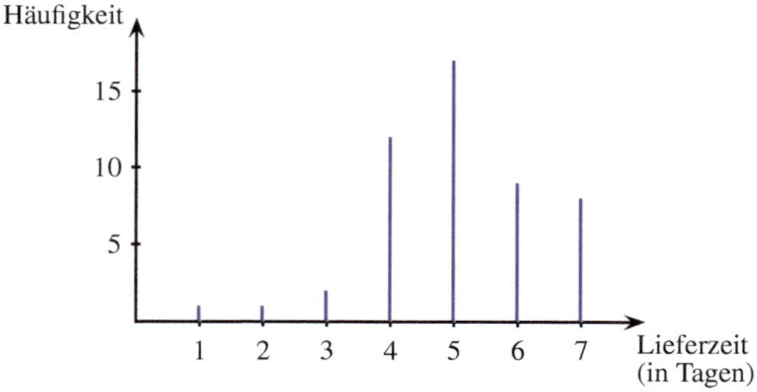

Abb. 3.1: Stabdiagramm für die Lieferzeiten aus Beispiel 3.1

Bei einem **Kreissektorendiagramm** werden die Häufigkeiten als Kreissektoren dargestellt, wobei die Sektorflächen (und damit auch die Winkel) proportional zu den Häufigkeiten gewählt werden müssen. Für das Beispiel 3.1 erhält man die Darstellung in Abbildung 3.2. In populären Darstellungen wird das Kreissektorendiagramm gern benutzt. Für nominalskalierte Merkmale besitzt es darüber hinaus den Vorteil, den bei Verwendung des Stabdiagramms möglicherweise suggerierten Eindruck zu vermeiden, dass eine Ordinal- oder gar eine Kardinalskala vorliege.

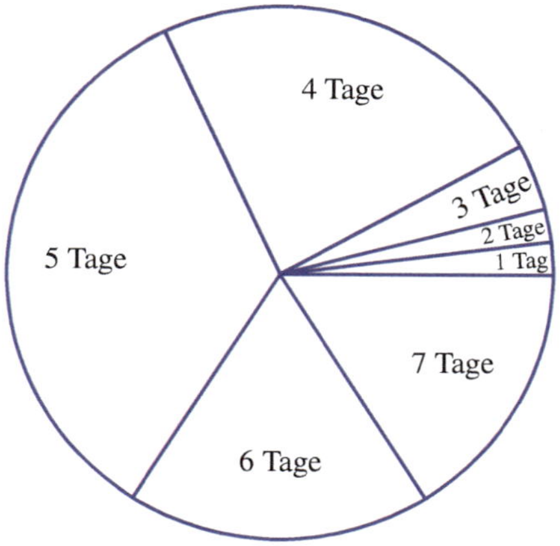

Abb. 3.2: Kreissektorendiagramm für die Lieferzeiten aus Beispiel 3.1

Aufgabe 3.2: Die Befragung von $n = 40$ Arbeitnehmern einer Textilfabrik nach dem für den Weg zur Arbeitsstätte benutzten Verkehrsmittel ergab folgende Urliste:

1	1	2	2	2	4	3	5	2	2	5	2	4	1	1	2	2	1	2	1
2	4	2	5	4	2	2	2	2	2	2	5	1	1	2	3	1	2	1	2

Dabei bedeuten 1: öffentliches Verkehrsmittel; 2: Pkw; 3: Motorrad; 4: Fahrrad; 5: zu Fuß. Erstellen Sie hieraus eine Häufigkeitstabelle sowie ein Kreissektorendiagramm. ▪

3.1.2 Histogramm, Hinweise zur Klassenbildung

Wird ein stetiges oder quasistetiges Merkmal erhoben, so sind die in der Urliste vorkommenden Zahlen i. Allg. alle voneinander verschieden. Die Aufstellung von Häufigkeitstabellen oder Stabdiagrammen wäre dann eine brotlose Kunst; sie bringt – wie in Beispiel 3.3 illustriert – keinen nennenswerten Gewinn an Übersichtlichkeit.

Beispiel 3.3: In einem Kunststoff verarbeitenden Betrieb findet eine Vielzahl gleichartiger Ventile Verwendung. Diese sind einem besonders hohen Verschleiß ausgesetzt, was häufig zum Maschinenstillstand führt. Im Zuge der Planung einer kostenminimalen präventiven Instandhaltungsstrategie wurden folgende Ventillebensdauern (in Betriebsstunden) erhoben:

110	520	490	30	120	290	370	305	415	170	280	70	540	460	260
345	150	220	435	425	470	350	130	380	230	320	360	240	330	580

Das dazugehörige Stabdiagramm zeigt Abbildung 3.3. ▪

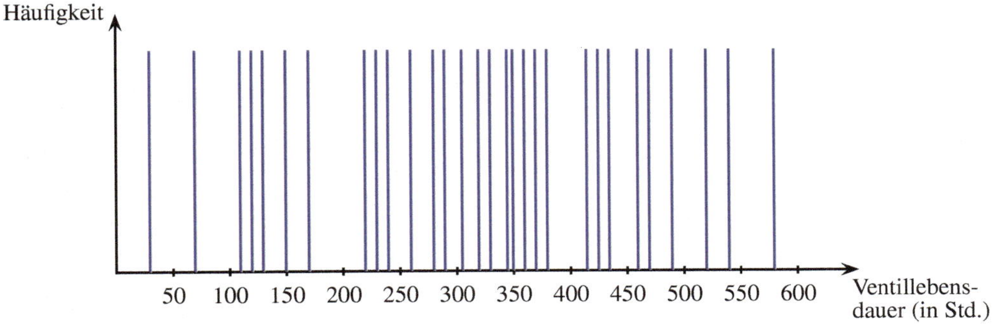

Abb. 3.3: Stabdiagramm für die Ventillebensdauern aus Beispiel 3.3

In derartigen Fällen bietet sich der Übergang zu klassierten Daten an. Wir teilen dazu die Merkmalsachse in Klassen ein und registrieren jeweils, welche **Klassenhäufigkeit** oder, wie man auch sagt, welche **Besetzungszahl** den einzelnen Klassen zukommt.

Wenn wir die j-te Klasse mit dem Symbol a_j und die Klassenhäufigkeit mit $h(a_j)$ bezeichnen, können wir den Begriff der Häufigkeitstabelle unverändert übernehmen; sie wird allerdings – wie in Tabelle 2.1 – zumeist vertikal angeordnet. Als grafische Darstellung solcher **klassierten Häufigkeitsverteilungen** verwendet man das **Histogramm**. Es besteht aus Rechtecken, die über den einzelnen Klassen so errichtet werden, dass die Rechtecksfläche proportional zur jeweiligen Klassenhäufigkeit ist. Führen wir in Beispiel 3.3, von 0 ab beginnend, 6 Klassen der Breite 100 ein, so erhalten wir die **klassierte Häufigkeitstabelle** und das Histogramm von Abbildung 3.4. Nach Möglichkeit sollten die Klassengrenzen äquidistant gewählt werden; die Höhen der Histogramm-Rechtecke sind dann proportional zur Klassenhäufigkeit. **Unbeschränkte Randklassen**, wie etwa die oberste Klasse in Tabelle 2.1, sollten nach Möglichkeit vermieden werden. Falls sie unvermeidbar sind, kann nur die Häufigkeitstabelle, jedoch nicht das Histogramm erstellt werden. Für die Mindestanzahl der zu bildenden Klassen gibt DIN 55302, Blatt 1, u. a. die Empfehlung, 10 Klassen bei $n \approx 100$, 13 Klassen bei $n \approx 1\,000$ und 16 Klassen bei $n \approx 10\,000$ vorzusehen.

Klasse	Klassenhäufigkeit
0 bis unter 100	2
100 bis unter 200	5
200 bis unter 300	6
300 bis unter 400	8
400 bis unter 500	6
500 bis unter 600	3

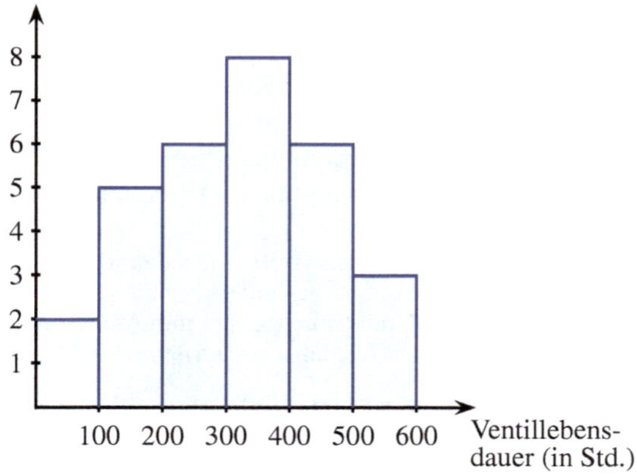

Abb. 3.4: Klassierte Häufigkeitstabelle und Histogramm zu Beispiel 3.3

Als weitere grafische Veranschaulichung klassierter Häufigkeitsverteilungen wird gelegentlich das **Häufigkeitspolygon** benutzt. Es besteht aus dem Streckenzug, der die Mitten aller oberen Rechteckseiten des Histogramms verbindet[1] (vgl. Lösung der nachfolgenden Aufgabe 3.4).

Aufgabe 3.4: Bei einer Stichprobe von $n = 20$ Studenten einer Wirtschaftsfakultät wurden folgende jährliche Ausgaben (in €) für Urlaubszwecke ermittelt:

1 000	580	520	350	620	800	120	600	550	420
470	200	560	480	1 000	600	1 150	800	250	650

Erstellen Sie hieraus unter Verwendung der Klassengrenzen 0, 300, 500, 700 und 1 200 das Histogramm sowie das Häufigkeitspolygon. ▪

3.1.3 Kumulierte Häufigkeitsverteilung, empirische Verteilungsfunktion

Wie viele Beobachtungsdaten überschreiten eine gewisse Grenze? Wie viel Prozent erreichen maximal eine gewisse Grenze? Die Beantwortung derartiger Fragen erfordert die Kumulierung von Einzelhäufigkeiten. Aus diesem Grunde ist die Bildung von (absoluten oder relativen) kumulierten Häufigkeitsverteilungen zweckmäßig. Die Funktion

$$H(x) = \sum_{a_j \leqq x} h(a_j) \tag{1}$$

[1] Die Gleichheit der Gesamtfläche unter dem Histogramm und dem Häufigkeitspolygon ist allerdings nur dann gewährleistet, wenn die Klassengrenzen äquidistant sind und das Häufigkeitspolygon zu den beiden Fußpunkten auf der Merkmalsachse verlängert wird, die eine halbe Klassenbreite links der untersten bzw. rechts der obersten Klassengrenze liegen.

heißt **absolute kumulierte Häufigkeitsverteilung** des Merkmals X. Sie registriert für jedes vorgegebene x die Anzahl derjenigen Beobachtungswerte, die kleiner oder gleich x sind.[2] Analog ergibt sich die **relative kumulierte Häufigkeitsverteilung**:

$$F(x) = \sum_{a_j \leqq x} f(a_j) \ .$$

$F(x)$ wird häufig als **empirische Verteilungsfunktion** bezeichnet. Es gilt natürlich die Beziehung

$$F(x) = \tfrac{1}{n} \cdot H(x) \ .$$

Sowohl bei $H(x)$ als auch bei $F(x)$ handelt es sich um monoton wachsende **Treppenfunktionen**; sie springen an den realisierten Ausprägungen $a_1, a_2, \ldots, a_k$ gerade um die absolute bzw. relative Häufigkeit. Abbildung 3.5 verdeutlicht den typischen Verlauf.

$$H(x) = \begin{cases} 0 & \text{für } \quad x < 1 \\ 1 & \text{für } 1 \leqq x < 2 \\ 2 & \text{für } 2 \leqq x < 3 \\ 4 & \text{für } 3 \leqq x < 4 \\ 16 & \text{für } 4 \leqq x < 5 \\ 33 & \text{für } 5 \leqq x < 6 \\ 42 & \text{für } 6 \leqq x < 7 \\ 50 & \text{für } 7 \leqq x \end{cases}$$

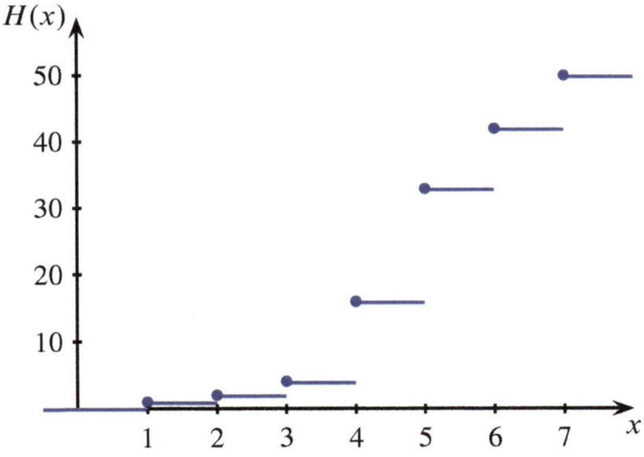

Abb. 3.5: Absolute kumulierte Häufigkeitsverteilung für die Lieferzeiten aus Beispiel 3.1

Aufgabe 3.5: Entnehmen Sie der Funktion $H(x)$ aus Abbildung 3.5, in wie vielen Fällen die Lieferzeit höchstens 5 Tage bzw. in wie viel Prozent der Fälle sie mehr als 3 Tage betragen hat. ▪

Im Fall klassierter Daten interpretiert man als kumulierte Häufigkeitsverteilung $H(x)$ bzw. $F(x)$ denjenigen monoton wachsenden Polygonzug, der durch die über den Klassengrenzen eingetragenen absoluten bzw. relativen kumulierten Klassenhäufigkeiten verläuft. Dieser Interpretation liegt (wie beim Histogramm) die Vorstellung zu Grunde, dass innerhalb der Klassen eine gleichmäßige Verteilung eines stetigen oder quasistetigen Merkmals vorliegt. Das Histogramm aus Abbildung 3.4 führt nach dieser Konstruktionsvorschrift zu der in Abbildung 3.6 dargestellten kumulierten Häufigkeitsverteilung $H(x)$.

3.2 Lageparameter

Eine wesentlich radikalere Komprimierung der Ausgangsdaten als beim Übergang zur Häufigkeitsverteilung ist dann gegeben, wenn die gesamte Urliste durch eine einzige Zahl, einen

[2] Korrekter, aber optisch unschöner, müsste (1) lauten:

$$H(x) = \sum_{j | a_j \leqq x} h(a_j) \ .$$

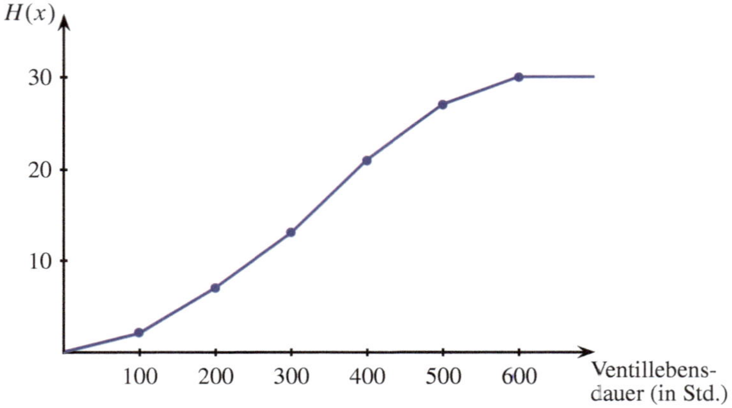

Abb. 3.6: Kumulierte Häufigkeitsverteilung, die sich für die klassierte Häufigkeitsverteilung von Abbildung 3.4 bei Zugrundelegung einer gleichmäßigen Verteilung innerhalb der Klassen ergibt

sogenannten **Lageparameter**, charakterisiert werden soll. An einen Lageparameter wird die Forderung gestellt, dass er „möglichst gut" beschreibt, **wo** das gesamte Datenmaterial auf der Merkmalsachse lokalisiert ist. Im Folgenden werden die wichtigsten Lageparameter besprochen.

3.2.1 Modalwert, Median, arithmetisches und geometrisches Mittel

Diejenigen Ausprägungen, die die größte Häufigkeit aufweisen, werden als **Modalwerte** x_{Mod} bezeichnet. Eingipfelige Häufigkeitsverteilungen besitzen genau einen Modalwert; so hat beispielsweise die Häufigkeitsverteilung aus Abbildung 3.1 den Modalwert 5. Der Modalwert ist der wichtigste Lageparameter für nominalskalierte Merkmale. Man sollte die Angabe eines Modalwertes allerdings generell auf den Fall unimodaler, d. h. eingipfeliger Verteilungen beschränken. Andere Bezeichnungen für den Modalwert sind **häufigster Wert**, **dichtester Wert** oder auch **Modus**.

Der **Median** x_{Med} ist durch die Eigenschaft definiert, dass mindestens 50 % aller Merkmalswerte kleiner oder gleich x_{Med} und mindestens 50 % aller Merkmalswerte größer oder gleich x_{Med} sind. Wenn die n Merkmalswerte bereits der Größe nach gemäß $x_1 \leqq x_2 \leqq \cdots \leqq x_n$ geordnet sind, so liegt der Median „in der Mitte" dieser Zahlen. Genauer gilt: Im Falle einer ungeraden Beobachtungsanzahl n ist

$$x_{\text{Med}} = x_{\frac{n+1}{2}} \ . \tag{2a}$$

Im Falle eines geraden n erfüllt jeder Wert im Intervall $[x_{\frac{n}{2}}; x_{\frac{n}{2}+1}]$ obige Bedingung. Im letzteren Fall wird der Median meistens als Intervallmitte, d. h. als

$$x_{\text{Med}} = \tfrac{1}{2} \cdot (x_{\frac{n}{2}} + x_{\frac{n}{2}+1}) \tag{2b}$$

festgesetzt. Für die Daten aus Abbildung 3.1 ist der Median gleich 5; er stimmt hier also – was nicht generell zutrifft – mit dem Modalwert überein. Der Median – häufig auch als **Zentralwert** bezeichnet – ist der wichtigste Lageparameter für ordinalskalierte Merkmale.

Der bekannteste Lageparameter – im Alltag meist als **Durchschnittswert** bezeichnet – ist das **arithmetische Mittel** $\bar{x}$, das bei Verwendung der Urliste bzw. der Häufigkeitsverteilung folgendermaßen berechnet wird:

$$\bar{x} = \frac{1}{n}\sum_{i=1}^{n} x_i \quad \text{bzw.} \quad \bar{x} = \sum_{j=1}^{k} a_j f(a_j) \ . \tag{3}$$

Es ist auf kardinalskalierte Merkmale zugeschnitten und besitzt die Form eines speziellen gewogenen Mittels[3] der Merkmalswerte; jedem Merkmalswert wird das Gewicht $\frac{1}{n}$ bzw. der Merkmalsausprägung a_j das Gewicht $f(a_j)$ zugeordnet.

Bestehen die Merkmalswerte z. B. aus Wachstumsfaktoren oder Aufzinsungsfaktoren, die über sukzessive Zeitperioden hinweg beobachtet wurden, so ist – vgl. Aufgabe 3.9 – anstelle des arithmetischen Mittels das **geometrische Mittel**

$$x_{\text{Geom}} = \sqrt[n]{x_1 \cdot x_2 \cdot \ldots \cdot x_n}$$

zu verwenden. Denn nur dieses hat die Eigenschaft, über n Perioden hinweg denselben Effekt zu erzielen wie die sukzessive Multiplikation mit $x_1, x_2, \ldots, x_n$.

3.2.2 Eigenschaften der Lageparameter und Vergleich

Den bisherigen Ausführungen ist folgende Empfehlung zu entnehmen:

Skalierung	nominal	ordinal	kardinal
zu verwendender Lageparameter	Modalwert	Median	arithm. Mittel[4]

Einige relativierende und ergänzende Bemerkungen sollten jedoch hinzugefügt werden:

- Im Gegensatz zum Modalwert stimmen das arithmetische Mittel sowie der nach (2b) berechnete Median u. U. mit keinem der Beobachtungswerte überein. Der altbekannte Vorwurf, es gebe den „mittleren Bundesbürger“ oder den „mittleren Haushalt“ überhaupt nicht, kann in gewissen Fällen berechtigt sein.

- In der Tat kann der Modalwert auch bei ordinal- oder kardinalskalierten Merkmalen den sinnvolleren Lageparameter darstellen. Als Standardbeispiel sei die Erhebung von Schuhgrößen oder Konfektionsgrößen aufgeführt, bei der die Kenntnis des Modalwertes eine fundiertere Produktionsentscheidung abzuleiten gestattet als die Kenntnis des Medians oder des arithmetischen Mittels.

- Im Unterschied zum arithmetischen Mittel, das auf Ausreißer (oder Fehler) in den Daten sehr empfindlich reagiert, erweist sich der Median gegenüber Ausreißern als robust, vgl. Aufgabe 3.7.

- Bei klassierten Daten ist der exakte Wert von $\bar{x}$ nicht zu ermitteln. Als **Ersatzgröße** wird das gewogene Mittel der Klassenmitten verwendet, wobei die relativen Klassenhäufigkeiten als Gewichte fungieren.

---

[3] Allgemein kann man für jeden Satz von nichtnegativen Gewichten $g_1, \ldots, g_n$ mit $g_1 + \cdots + g_n = 1$ ein **gewichtetes** oder **gewogenes** (arithmetisches) **Mittel** der Zahlen $y_1, \ldots, y_n$ definieren gemäß $g_1 y_1 + g_2 y_2 + \cdots + g_n y_n$.

[4] Bei Wachstumsfaktoren ist jedoch – wie erwähnt – das geometrische Mittel zu verwenden.

- **Transformiert** man die Beobachtungsdaten x_i gemäß

$$y_i = a + bx_i$$

linear, so transformieren sich die jeweiligen arithmetischen Mittel $\bar{x}$ und $\bar{y}$ offensichtlich nach demselben Gesetz

$$\bar{y} = a + b\bar{x} \; ; \tag{4}$$

nach dem Muster der Aufgabe 3.8 kann (4) zur Rechenvereinfachung ausgenutzt werden.

- Im Fall r disjunkter (d. h. paarweise elementfremder) statistischer Massen $M_1, M_2, \ldots, M_r$, deren jeweilige arithmetische Mittel mit $\bar{x}_1, \bar{x}_2, \ldots, \bar{x}_r$ bezeichnet seien, berechnet sich das Gesamtmittel (d. h. das arithmetische Mittel für die Gesamtmasse $M = M_1 \cup M_2 \cup \cdots \cup M_r$) als gewogenes Mittel

$$\bar{x}_{\text{Ges}} = \frac{1}{n} \sum_{j=1}^{r} n_j \bar{x}_j \quad , \tag{5}$$

wobei n_j die Anzahl der Elemente von M_j und $n = n_1 + \cdots + n_r$ die Anzahl der Elemente der Gesamtmasse M bezeichnen.

- Obige Lageparameter besitzen je eine **Optimalitätseigenschaft**, die sich in Form der Minimierung eines (realen oder fiktiven) Schadens formulieren lässt. Sucht man denjenigen Lageparameter λ, der die Quadratsumme

$$\sum_{i=1}^{n} (x_i - \lambda)^2 \tag{6}$$

minimiert, so ergibt sich $\lambda = \bar{x}$ als Optimalwert. Sucht man dagegen denjenigen Lageparameter λ, der die Betragssumme

$$\sum_{i=1}^{n} |x_i - \lambda|$$

minimiert, so ergibt sich $\lambda = x_{\text{Med}}$ als Optimalwert. Sucht man denjenigen Lageparameter λ, der die Summe

$$\sum_{i=1}^{n} s(x_i, \lambda) \quad \text{mit} \quad s(x_i, \lambda) = \begin{cases} 0, & \text{falls } x_i = \lambda \\ 1, & \text{falls } x_i \neq \lambda \end{cases}$$

minimiert, so ergibt sich schließlich $\lambda = x_{\text{Mod}}$.

Diese Optimalitätseigenschaften besitzen auch außerhalb der Statistik, nämlich z. B. bei Standortproblemen (vgl. Aufgabe 3.10), einige Anwendungsmöglichkeiten.

Aufgabe 3.6: Bestätigen Sie, dass $\bar{x}$ den Ausdruck (6) minimiert. Verifizieren Sie dabei, dass

$$\sum_{i=1}^{n}(x_i - \bar{x}) = 0 \tag{7}$$

gilt, d. h. dass die Summe aller Abweichungen von $\bar{x}$ gleich null ist. ■

Aufgabe 3.7:

a) Berechnen Sie für die Ventillebensdauern aus Beispiel 3.3 sowohl $\bar{x}$ als auch den Median. Berechnen Sie zum Vergleich den aus dem Histogramm der Abbildung 3.4 resultierenden Ersatzwert für $\bar{x}$.

b) Durch einen Schreibfehler sei als letzter Beobachtungswert in Beispiel 3.3 statt 580 der Wert 5 800 eingetragen worden. Wie wirkt sich dieser Fehler auf $\bar{x}$ bzw. x_{Med} aus? ■

Aufgabe 3.8: Die Verbraucher-Beratungsstelle einer Kleinstadt stellte an einem Stichtag die Preise für Super-Benzin bei den 20 örtlichen Tankstellen fest. Es ergaben sich die bereits der Größe nach geordneten Beobachtungswerte (in Cent):

191,4	191,4	191,9	191,9	191,9	191,9	191,9	192,9	193,9	193,9
195,9	195,9	195,9	196,9	197,9	197,9	197,9	198,9	198,9	198,9

a) Bestimmen Sie aus diesen Messergebnissen den Modus, den Median und – nach geeigneter linearer Transformation der Merkmalswerte – das arithmetische Mittel.

b) Um sich ein genaueres Bild von der Lage auf dem Benzinmarkt in dieser Region zu machen, wurden die Preise für Super-Benzin bei weiteren 12 Tankstellen in der unmittelbaren Umgebung der Stadt festgestellt. Es ergab sich (bei diesen 12 Tankstellen) ein mittlerer Preis von 196,5 Cent. Berechnen Sie das arithmetische Mittel aller 32 Benzinpreise. ■

Aufgabe 3.9: Im Jahre 1995 betrug der bundesdeutsche Verbrauch an Primärenergie 486,9 Mio. t Steinkohleeinheiten.[5] Für die Jahre bis 1999 „wuchs" der Verbrauch um die folgenden (gerundeten) Faktoren:

1996 gegenüber 1995 um 1,03
1997 gegenüber 1996 um 0,99
1998 gegenüber 1997 um 0,99
1999 gegenüber 1998 um 0,98

Bestimmen Sie den durchschnittlichen Wachstumsfaktor und vergleichen Sie diesen mit $\bar{x}$. ■

Aufgabe 3.10: Ein Zweigwerk ist in Form einer Werkstraße angelegt. Abbildung 3.7 verdeutlicht die Situation und gibt die Anzahl der Beschäftigten in der Pforte sowie den drei Maschinenhallen an. Die 1 000 Beschäftigten wurden bisher mit werkseigenen Bussen zur Kantine des Hauptwerks transportiert. Nun soll eine eigene Kantine an dem Punkt der Werkstraße errichtet werden, für den die Summe der Wegstrecken aller 1 000 Beschäftigten minimal ist. Bestimmen Sie diesen Standort. ■

	Pforte	Maschinenhalle 1	Maschinenhalle 2	Maschinenhalle 3
Anzahl der Beschäftigten ⟶	3	200	300	497
Abstand von der Pforte ⟶	0	100	600	900

Abb. 3.7: Daten zur Standortplanung der Kantine aus Aufgabe 3.10

[5] Zitiert nach: Institut der Deutschen Wirtschaft (2001): Deutschland in Zahlen, S. 91.

3.3 Streuungsparameter

Aus der alleinigen Angabe eines Lageparameters kann natürlich noch nicht entnommen werden, ob die Beobachtungswerte im Wesentlichen in der Nähe dieses Lageparameters oder aber weiter entfernt davon liegen.

Beispiel 3.11: Das arithmetische Mittel der 50 Lieferzeiten aus Beispiel 3.1 ist $\bar{x} = \frac{252}{50} = 5{,}04$. Denselben Wert erhält man z. B. auch für die Häufigkeitsverteilung $h(5 \text{ Tage}) = 48$ und $h(6 \text{ Tage}) = 2$, die offensichtlich eine weitaus geringere Variabilität oder „Streuung" aufweist. ▪

Aufgrund des in Beispiel 3.11 illustrierten Phänomens erscheint es ratsam, die Angabe eines Lageparameters durch die zusätzliche Angabe eines Streuungsparameters zu flankieren.

3.3.1 Spannweite, durchschnittliche Abweichung, mittlere quadratische Abweichung, Standardabweichung, Variationskoeffizient

Diese Überschrift enthält die in der Praxis verwendeten Streuungsparameter. Sie setzen stets kardinale Beobachtungswerte $x_1, \ldots, x_n$ voraus und sind folgendermaßen definiert: Die **Spannweite**

$$SP = \max_i x_i - \min_i x_i \tag{8}$$

ist die Differenz zwischen dem größten und dem kleinsten Beobachtungswert. Die **durchschnittliche Abweichung** von einem Lageparameter λ

$$\bar{s} = \frac{1}{n} \sum_{i=1}^{n} |x_i - \lambda| = \sum_{j=1}^{k} |a_j - \lambda| f(a_j) \tag{9}$$

ist das arithmetische Mittel der Abstände aller Beobachtungswerte von λ.[6] Die **mittlere quadratische Abweichung**

$$s^2 = \frac{1}{n} \sum_{i=1}^{n} (x_i - \bar{x})^2 \tag{10}$$

ist das arithmetische Mittel der quadrierten Abstände aller Beobachtungswerte von $\bar{x}$. Unter Verwendung der Häufigkeitsverteilung berechnet man s^2 folgendermaßen:

$$s^2 = \sum_{j=1}^{k} (a_j - \bar{x})^2 f(a_j) \ .$$

Die **Standardabweichung** $s = \sqrt{s^2}$ ist die positive Wurzel aus der mittleren quadratischen Abweichung. Der (nur für positives $\bar{x}$ betrachtete) **Variationskoeffizient** $V = \frac{s}{\bar{x}}$ ist der Quotient aus Standardabweichung s und arithmetischem Mittel $\bar{x}$.

Die weitaus wichtigsten Streuungsparameter sind s und s^2. Sie werden im nachfolgenden Abschnitt detaillierter behandelt. Die Spannweite SP ist zwar am einfachsten zu berechnen,

[6] Wegen der in Abschnitt 3.2.2 angesprochenen Minimalitätseigenschaft des Medians wird $\bar{s}$ meist durch $\lambda = x_{\text{Med}}$ und gelegentlich durch $\lambda = \bar{x}$ konkretisiert.

jedoch – da sie nur auf den beiden extremen Beobachtungswerten beruht – sehr „ausreißerempfindlich". Der Variationskoeffizient V ist maßstabsunabhängig und quantifiziert das, was man intuitiv unter „Variabilität" versteht, vielfach besser als die anderen Streuungsparameter (vgl. Beispiel 3.12). Er wird häufig als Prozentwert angegeben.

Beispiel 3.12: Wie in Beispiel 3.1 werden wieder 50 Lieferzeiten betrachtet, allerdings für ein anderes Produkt und einen anderen Lieferanten. Die Lieferzeiten seien jeweils um 20 Tage länger als diejenigen aus Beispiel 3.1. Sie betragen also 24, 25, 24, 21, 25, 24, 23, 24, 25, 26 usw. und schwanken zwischen 21 und 27 Tagen. Die Schwankungen sind im Verhältnis zur Dauer der Lieferfrist kleiner geworden; die Variabilität ist – so wird man gefühlsmäßig urteilen – kleiner als in Beispiel 3.1. Die vier Streuungsparameter SP, $\bar{s}$, s^2 und s bleiben aber jeweils unverändert; lediglich der Variationskoeffizient V zeigt eine Verringerung der Variabilität an: Während er im Beispiel 3.1 bei $\frac{s}{5{,}04}$ liegt, beträgt er jetzt $\frac{s}{25{,}04}$. ▪

Aufgabe 3.13: Berechnen Sie für die Häufigkeitsverteilung aus Beispiel 3.11 die fünf Streuungsparameter SP, $\bar{s}$, s^2, s und V. ▪

3.3.2 Eigenschaften der mittleren quadratischen Abweichung und der Standardabweichung

- Werden die Beobachtungswerte x_i gemäß $y_i = a + bx_i$ **linear transformiert**, so transformieren sich die dazugehörigen mittleren quadratischen Abweichungen s_x^2 bzw. s_y^2 folgendermaßen:

$$s_y^2 \overset{(10)}{=} \frac{1}{n}\sum_{i=1}^{n}(y_i - \bar{y})^2 \overset{(4)}{=} \frac{1}{n}\sum_{i=1}^{n}(a + bx_i - a - b\bar{x})^2 = b^2 \cdot \frac{1}{n}\sum_{i=1}^{n}(x_i - \bar{x})^2 \overset{(10)}{=} b^2 s_x^2 .$$

  Aus der Beziehung

$$s_y^2 = b^2 s_x^2 \tag{11}$$

  ergibt sich für die Standardabweichungen s_x bzw. s_y sofort der Zusammenhang

$$s_y = |b| s_x .$$

- Eine einfache Umrechnung der mittleren quadratischen Abweichung führt auf eine alternative Darstellungsform:

$$\begin{aligned} s^2 &= \frac{1}{n}\sum_{i=1}^{n}(x_i - \bar{x})^2 = \frac{1}{n}\sum_{i=1}^{n}(x_i^2 - 2x_i\bar{x} + \bar{x}^2) \\ &= \frac{1}{n}\sum_{i=1}^{n}x_i^2 - \frac{2\bar{x}}{n}\sum_{i=1}^{n}x_i + \bar{x}^2 = \frac{1}{n}\sum_{i=1}^{n}x_i^2 - 2\bar{x}^2 + \bar{x}^2 = \frac{1}{n}\sum_{i=1}^{n}x_i^2 - \bar{x}^2 . \end{aligned}$$

  Das Resultat

$$s^2 = \frac{1}{n}\sum_{i=1}^{n}x_i^2 - \bar{x}^2 \tag{12}$$

  wird als **Verschiebungssatz** bezeichnet.[7]

[7] Der in der Physik bewanderte Leser wird sicher die Analogie zu dem gleichnamigen Satz der Mechanik erkennen; s^2 entspricht nämlich dem Trägheitsmoment bei Rotation um den Schwerpunkt ($= \bar{x}$) und $\frac{1}{n}\sum x_i^2$ dementsprechend dem Trägheitsmoment bei Rotation um den Nullpunkt.

- Die drei Streuungsparameter SP, $\bar{s}$ und s besitzen dieselbe Dimension (nämlich diejenige der Beobachtungswerte), sodass die Frage nach einem Größenvergleich sinnvoll ist. In der Tat lässt sich nachweisen, dass die Standardabweichung generell zwischen $\bar{s}$ (mit $\lambda = x_{\text{Med}}$ oder $\lambda = \bar{x}$ gebildet) und SP liegt:

$$\bar{s} \leqq s \leqq SP \ .$$

- Für r disjunkte statistische Massen $M_1, \ldots, M_r$, deren arithmetische Mittel bzw. mittlere quadratische Abweichungen mit $\bar{x}_1, \ldots, \bar{x}_r$ bzw. $s_1^2, \ldots, s_r^2$ bezeichnet seien, berechnet sich die mittlere quadratische Abweichung für die Gesamtmasse $M = M_1 \cup \cdots \cup M_r$ folgendermaßen:

$$s_{\text{Ges}}^2 = \frac{1}{n} \sum_{j=1}^{r} n_j s_j^2 + \frac{1}{n} \sum_{j=1}^{r} n_j (\bar{x}_j - \bar{x}_{\text{Ges}})^2 \ . \tag{13}$$

  Dabei bezeichnet n_j wie in Abschnitt 3.2.2 die Anzahl der Elemente von M_j und $n = n_1 + \cdots + n_r$ die Anzahl der Elemente der Gesamtmasse M; das Gesamtmittel $\bar{x}_{\text{Ges}}$ ist nach (5) zu berechnen. Der erste Ausdruck auf der rechten Seite von (13), also das gewogene Mittel der s_j^2, wird gelegentlich **interne mittlere quadratische Abweichung** oder kürzer **interne Varianz** genannt; der zweite Summand wird entsprechend als **externe mittlere quadratische Abweichung** bzw. als **externe Varianz** bezeichnet.

- Im Vorgriff auf ein wahrscheinlichkeitstheoretisches Resultat (vgl. Abschnitt 8.6.3) sei eine Interpretation der Standardabweichung s erwähnt, die auf zahlreiche kardinalskalierte Merkmale anwendbar ist: Im Intervall $[\bar{x} - s; \bar{x} + s]$ liegen etwa 68 % aller Beobachtungswerte, im Intervall $[\bar{x} - 2s; \bar{x} + 2s]$ liegen etwa 95 % aller Beobachtungswerte und im Intervall $[\bar{x} - 3s; \bar{x} + 3s]$ liegen praktisch alle Beobachtungswerte.

- Für stetige Aktienrenditen x_i wird s meist als (historische) **Volatilität** bezeichnet.

Aufgabe 3.14: Für die 20 Super-Benzin-Preise aus Aufgabe 3.8 errechnet man eine mittlere quadratische Abweichung von 7,875. Für die 12 weiteren Preise aus Teil b) sei die mittlere quadratische Abweichung 2,875. Berechnen Sie die mittlere quadratische Abweichung aller 32 Preise. ▪

Aufgabe 3.15: Fassen Sie die 50 Lieferzeiten, die der Häufigkeitsverteilung aus Beispiel 3.11 zu Grunde liegen, in zwei Gruppen M_1 und M_2 zusammen, wobei M_1 aus den 48 Lieferzeiten der Dauer 5 und M_2 aus den beiden Lieferzeiten der Dauer 6 besteht. Berechnen Sie hierfür die interne und die externe Varianz. Vergleichen Sie die externe Varianz mit der in Aufgabe 3.13 ermittelten mittleren quadratischen Abweichung. ▪

3.4 Konzentrationsmaße

Für eine Wettbewerbswirtschaft spielen Konzentrationstendenzen sowie ihre Offenlegung bzw. Verhinderung offensichtlich eine bedeutsame Rolle. Ein befriedigendes quantitatives Maß der Konzentration könnte deshalb einen nützlichen Beitrag für die aktuelle Wirtschaftspolitik leisten und die Diskussion um das erreichte oder gewünschte Ausmaß der Konzentration versachlichen.

Wir nehmen in diesem Abschnitt an, dass ein kardinalskaliertes Merkmal untersucht wird, dessen Ausprägungen nichtnegativ sind. Typische Beispiele sind das Produktivvermögen, der Wertpapierbesitz oder der Grundbesitz, die sich im Besitz einer Person oder einer Familie befinden, bzw. der Umsatz, der Gewinn oder die Beschäftigtenzahl, die auf eine Unternehmung entfallen. Die Beobachtungswerte der **Urliste** seien bereits der Größe nach **geordnet**; die Merkmalssumme sei positiv:

$$0 \leqq x_1 \leqq x_2 \leqq \cdots \leqq x_n \quad \text{mit} \quad \sum_{i=1}^{n} x_i > 0 \, .$$

Das wichtigste grafische Hilfsmittel zur Erkennung von Konzentrationstendenzen ist die Lorenzkurve; ihre Konstruktion wird in Abschnitt 3.4.1 erläutert. Einige der auf der Lorenzkurve basierenden Konzentrationsmaße werden in den Abschnitten 3.4.2 und 3.4.3 vorgestellt.

3.4.1 Lorenzkurve

Der Anteil an der gesamten Merkmalssumme, den die k kleinsten[8] Merkmalsträger auf sich vereinigen, ist durch

$$v_k = \frac{\sum_{i=1}^{k} x_i}{\sum_{i=1}^{n} x_i} \tag{14}$$

gegeben. Tragen wir diesen Anteilswert v_k über dem Anteilswert $u_k = k/n$ in ein (u, v)-Koordinatensystem ein und fügen wir noch den Punkt $(0, 0)$ hinzu, so erhalten wir die $n + 1$ Punkte

$$(0,0) = (u_0, v_0), (u_1, v_1), \ldots, (u_n, v_n) = (1, 1) \, .$$

Als **Lorenzkurve** L bezeichnet man den Streckenzug, der durch diese $n + 1$ Punkte verläuft. Häufig werden die Anteilswerte u_k und v_k in Prozent ausgedrückt. Die Lorenzkurve (die wir der Einfachheit halber auch in diesem Fall mit L – statt mit $100L$ – abkürzen) verläuft dann entsprechend durch die $n + 1$ Punkte

$$(100u_k, 100v_k) \quad \text{mit} \quad k = 0, \ldots, n \, .$$

Sie ist nach M. O. Lorenz benannt, der sie 1905 zur Messung der Vermögenskonzentration verwendete.

Beispiel 3.16: Ein Markt werde von 5 Unternehmungen beliefert. 3 Unternehmungen besitzen jeweils 10 % Marktanteil; die restlichen beiden besitzen einen Marktanteil von 20 % bzw. 50 %. Die dazugehörige Lorenzkurve ist ohne Rechenarbeit aufzustellen, da die Anteilswerte direkt in Prozent angegeben sind. Die Lorenzkurve verläuft durch die folgenden sechs Punkte: (0, 0), (20, 10), (40, 20), (60, 30), (80, 50), (100, 100). ▪

Abbildung 3.8 zeigt den Verlauf der Lorenzkurve L für die Daten des Beispiels 3.16. Der Verlauf ist insofern typisch, als L generell eine monoton wachsende, konvexe Funktion ist,

[8] Je nach dem gerade interessierenden Untersuchungsmerkmal kann „kleinster" z. B. auch umsatzschwächster, ärmster usw. bedeuten.

deren Funktionswerte die 45°-Linie nicht übersteigen. Der Funktionswert von L an der Stelle $100u_k$ gibt jeweils an, wie viel Prozent der Merkmalssumme auf die $100u_k$ Prozent kleinsten Merkmalsträger entfällt. In dem Extremfall, dass alle Merkmalsträger gleich groß sind, stimmt die Lorenzkurve mit der in Abbildung 3.8 ebenfalls eingetragenen 45°-Linie, d. h. mit der Diagonalen D überein. Je stärker die Ungleichheit, desto stärker „hängt die Lorenzkurve durch". Dieser Sachverhalt, bezogen auf die Vermögensverteilung, wurde in der Presse mit dem plastischen Ausdruck „im weiten Bogen um die Gerechtigkeit" charakterisiert.

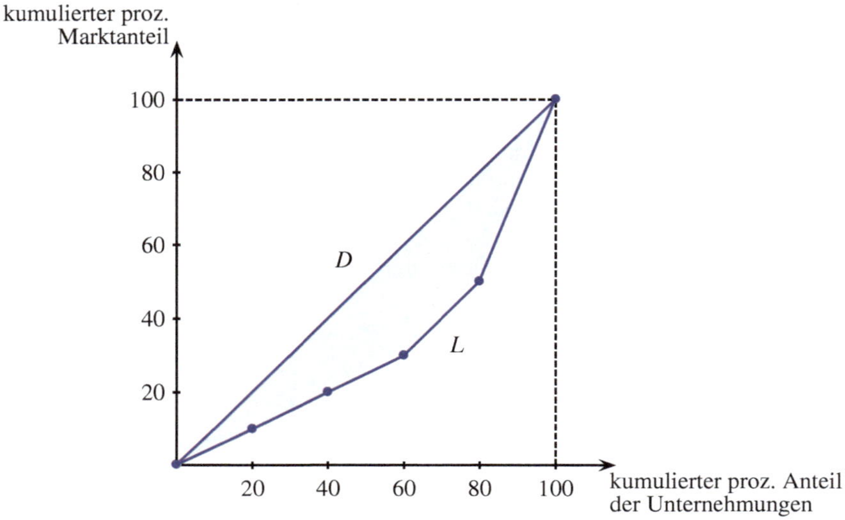

Abb. 3.8: Verlauf der Lorenzkurve L für den Markt aus Beispiel 3.16; die blau markierte Fläche wird für die Konstruktion des Gini-Koeffizienten benötigt

Über die Konstruktion bzw. Interpretation der **Lorenzkurve bei klassierten Daten** sei Folgendes angemerkt:

- Sind neben den Klassenhäufigkeiten h_i zusätzlich die auf die einzelnen Klassen entfallenden Merkmalssummen bekannt, so konstruiert man die Lorenzkurve, indem die auf die i-te Klasse entfallende Merkmalssumme mit x_i bezeichnet und in (14) eingesetzt wird. Für u_k ist dann natürlich

$$\frac{1}{n}\sum_{i=1}^{k} h_i$$

  zu verwenden. Die Approximation der wahren (d. h. aus den unklassierten Daten errechneten) Lorenzkurve ist umso besser, je geringer die Daten innerhalb der einzelnen Klassen streuen.

- Sind nur die Klassenhäufigkeiten und die Klassengrenzen bekannt, so behilft man sich, indem die auf die einzelnen Klassen entfallende Merkmalssumme durch das Produkt aus Klassenmitte und Klassenhäufigkeit ersetzt wird.

- Bei Lorenzkurven, die aus klassierten Daten konstruiert wurden, interpretiert man die Funktionswerte $L(u)$ nicht nur an den Knickstellen, sondern auch an allen Zwischenstellen u in der üblichen Weise. Dies wird beispielsweise in der nachfolgenden Aufgabe ausgenutzt.

Aufgabe 3.17: Die Lorenzkurve für eine klassiert vorliegende Vermögensverteilung bestehe aus dem Streckenzug, der die Punkte $(0, 0)$, $(30, 15)$, $(50, 30)$, $(80, 60)$, $(100, 100)$ miteinander verbindet. Wie viel Prozent des Gesamtvermögens entfallen auf die 5 % Reichsten? ▪

3.4.2 Gini-Koeffizient

Wie bereits verdeutlicht wurde, kann das „Durchhängen" der Lorenzkurve und somit die in Abbildung 3.8 blau markierte Fläche als Indikator für die Konzentration bzw. Ungleichheit der Merkmalswerte gewertet werden. Deshalb ist folgende Definition plausibel:

$$G = \frac{\text{Fläche zwischen der Diagonalen } D \text{ und der Lorenzkurve } L}{\text{Fläche zwischen der Diagonalen } D \text{ und der } u\text{-Achse}} . \tag{15}$$

Das durch (15) definierte Konzentrationsmaß G heißt **Gini-Koeffizient**.[9] Offensichtlich gilt $0 \leqq G \leqq 1$, wobei der Wert 0 nur dann angenommen wird, wenn alle Merkmalswerte gleich sind. Ein kleiner Schönheitsfehler von G besteht darin, dass der Maximalwert kleiner als 1 ist; er beträgt, wie leicht nachzurechnen ist, $G_{\max} = \frac{n-1}{n}$ und wird genau dann realisiert, wenn ein einziger der n Merkmalsträger die gesamte Merkmalssumme besitzt. Dividiert man G durch $G_{\max}$, so erhält man (für $n > 1$) den **normierten Gini-Koeffizienten**

$$G_* = \frac{n}{n-1} \cdot G . \tag{16}$$

Natürlich lassen sich sowohl G als auch G_* mithilfe der (nichtklassierten) Ausgangsdaten x_i ausdrücken. So gilt beispielsweise

$$G = \frac{2 \sum\limits_{i=1}^{n} i x_i - (n+1) \sum\limits_{i=1}^{n} x_i}{n \sum\limits_{i=1}^{n} x_i} . \tag{17}$$

Verwendet man anstelle der absoluten Merkmalswerte x_i die relativen Merkmalswerte

$$p_i = \frac{x_i}{\sum\limits_{i=1}^{n} x_i} , \tag{18}$$

so geht (17) über in

$$G = \frac{2 \sum\limits_{i=1}^{n} i p_i - (n+1)}{n} . \tag{19}$$

[9] Benannt nach einer 1910 erschienenen Arbeit von C. Gini.

Aufgabe 3.18: Berechnen Sie für die Daten des Beispiels 3.16 den Gini-Koeffizienten G sowie den normierten Gini-Koeffizienten G_*. ▪

Aufgabe 3.19: Die Märkte M_i werden jeweils von 10 Firmen beliefert:

Markt M_1	Markt M_2
9 Firmen mit $\frac{50}{9}$ % Marktanteil	5 Firmen mit 2 % Marktanteil
1 Firma mit 50 % Marktanteil	5 Firmen mit 18 % Marktanteil

Zeichnen Sie für beide Märkte die Lorenzkurve und berechnen Sie die Gini-Koeffizienten. Auf welchem Markt herrscht eine höhere Konzentration? ▪

Im Gegensatz zu solchen fiktiven Beispielen stehen in der Praxis die benötigten Daten oft nicht zur Verfügung. Die Ermittlung von Gini-Koeffizienten, wie sie etwa im nachfolgenden Beispiel zusammengestellt sind, erfordert dann aufwändige Recherchen.

Beispiel 3.20: Die Weltbank veröffentlicht Schätzungen der Gini-Koeffizienten zur Einkommensverteilung zahlreicher Länder. U. a. berichtet sie folgende Werte:

Land	Gini-Koeffizient
Brasilien	0,53
Deutschland	0,32
Österreich	0,31
Schweiz	0,33
Slowenien	0,25
USA	0,41

Der Wert für Brasilien stammt aus dem Jahr 2019, der für Deutschland aus 2016 und alle anderen aus dem Jahr 2018. ▪

Wenn der Gini-Koeffizient auch als das bekannteste Konzentrationsmaß bezeichnet werden darf, so gibt es dennoch eine Reihe von Kritikpunkten. Erwähnt seien die beiden folgenden. Erstens lassen sich spezielle Situationen (vgl. Aufgabe 3.19) konstruieren, in denen der Gini-Koeffizient nicht das gewünschte Verhalten zeigt.

Zweitens bewertet der Gini-Koeffizient ausschließlich die relative Konzentration. Ob ein Markt von zwei oder von zweihundert gleich großen Firmen beliefert wird, führt jeweils zum Gini-Koeffizienten null. Dieser Kritikpunkt betrifft sowohl den Gini-Koeffizienten als auch die Lorenzkurve selbst. Nach einem Vorschlag von Münzner (1963) ist dieser Mangel folgendermaßen zu beheben: Aus der allgemeinen Sachbeurteilung heraus legt man eine Zahl $n_0 \geqq n$ fest, die diejenige Anzahl von Merkmalsträgern angibt, auf die die Merkmalssumme gleichmäßig verteilt sein muss, damit der Sachverhalt der Nichtkonzentration auch wirklich als erfüllt gelten kann. So könnte man z. B. anstelle von $n = 7$ mindestens $n_0 = 10$ gleich große Pkw-Produzenten für einen konzentrationsfreien Automobilmarkt eines Landes als erforderlich halten. Der Merkmalsausprägung null wird dann die Häufigkeit $n_0 - n$ zugeordnet; d. h. es werden $n_0 - n$ fiktive Merkmalsträger mit der Ausprägung null eingeführt. Aus der so modifizierten Lorenzkurve lässt sich wie oben ein Gini-Koeffizient G_0 sowie sein normiertes Pendant $\frac{n_0}{n_0-1} \cdot G_0$ ableiten. Beide können als **absolute Konzentrationsmaße** bezeichnet werden.

3.4.3 Weitere Konzentrationsmaße

Denkbar einfache und leicht zu interpretierende Konzentrationsmaße erhält man, wenn man lediglich registriert, welchen Anteil der Merkmalssumme die g größten Merkmalsträger auf sich vereinigen. Derartige Anteilswerte heißen **Konzentrationskoeffizienten** (concentration ratios) und werden mit CR_g bezeichnet. Sie können aus speziellen Funktionswerten der Lorenzkurve abgelesen werden (vgl. Aufgabe 3.21). Die Monopolkommission macht in ihren Hauptgutachten beispielsweise ausgiebigen Gebrauch vom Konzentrationskoeffizienten CR_3. In der Bundesrepublik Deutschland ist $g = 3$ übrigens der kleinste g-Wert, den die amtliche Statistik aufgrund von Geheimhaltungsvorschriften verwenden darf; in den USA beträgt der kleinste g-Wert sogar 4.

Aufgabe 3.21: Wie kann der Konzentrationskoeffizient CR_g aus der Lorenzkurve berechnet werden? ▪

Das über die relativen Merkmalswerte (18) definierte Konzentrationsmaß

$$H = \sum_{i=1}^{n} p_i^2$$

heißt **Herfindahl-Index**.[10] Er variiert zwischen $\frac{1}{n}$ (bei n gleich großen Merkmalsträgern) und 1 (ein einziger Merkmalsträger vereinigt die gesamte Merkmalssumme auf sich). Zwischen H und dem in Abschnitt 3.3.1 behandelten Variationskoeffizienten V besteht folgender Zusammenhang: $H = \frac{V^2+1}{n}$.

Eine Reihe positiver Eigenschaften besitzt der insbesondere von Bruckmann (1969) axiomatisch begründete **Exponentialindex**

$$E = \prod_{i=1}^{n} p_i^{p_i} .$$

Beim Auftreten von Merkmalswerten $p_i = 0$ ist hierin $p_i^{p_i}$ als 1 zu interpretieren. Auch E variiert wie H zwischen $\frac{1}{n}$ und 1. Die axiomatischen Forderungen, die E eindeutig festlegen, sind teils formaler Natur (Symmetrie-, Stetigkeits- und Normierungsbedingung) und teils von normativer Bedeutung. So wird z. B. präzisiert, welche Auswirkungen der Zusammenschluss zweier Merkmalsträger auf das Konzentrationsmaß haben soll: Das Konzentrationsmaß soll umso stärker anwachsen, je größer die beiden Merkmalsträger sind und je kleiner die interne Konzentration der beiden sich zusammenschließenden Merkmalsträger ist.

Das abschließende Beispiel 3.22 enthält für die Konzentrationsmaße CR_g, H und E konkrete numerische Werte, die einer empirischen Untersuchung von Marfels (1971) entstammen.

Beispiel 3.22: Für den privaten Krankenversicherungsmarkt Österreichs in den Jahren 1992 bis 2001 hat Duller (2005) u. a. folgende Konzentrationsmaße ermittelt:

Konzentrationsmaß / Jahr	Konzentrationskoeffizient CR_3	Herfindahl-Index H	Exponential-Index E
1992	0,730	0,218	0,196
2001	0,843	0,325	0,266

▪

[10] Nach O. C. Herfindahl benannt, der 1950 damit die Konzentration in der US-Stahlindustrie untersuchte. Seit dem (1982 erschienenen) vierten Hauptgutachten veröffentlicht die Monopolkommission Herfindahl-Indizes von Märkten, die durch vierstellige Güterklassen definiert sind.

3.5 Kritische Zusammenfassung, Literaturhinweise

In der folgenden Abbildung werden die Auswertungsschritte für eindimensionales Datenmaterial rekapituliert. Der erste Schritt, der Übergang zur geordneten Urliste, erfuhr infolge seiner Einfachheit keine gesonderte Behandlung. Dennoch kann bereits er problematisch sein. Sind z. B. die Lieferzeiten aus Beispiel 3.1 bereits der Größe nach geordnet, so kann nicht mehr festgestellt werden, ob die Lieferfrist in bestimmter Weise vom Wochentag abhängt. Entsprechendes gilt für viele andere Zeitreihendaten.

Je weiter man mit der Auswertung fortschreitet (in Abbildung 3.9 also nach unten), desto größer wird natürlich die Gefahr, Informationen zu verschenken, die für eine eventuelle genauere Ursachenanalyse benötigt werden. Die weiter gehende Auswertung kann nur durch den Gewinn an Übersichtlichkeit gerechtfertigt werden. Sofern es sich irgendwie einrichten lässt, sollte die Urliste für einen eventuell erforderlichen Rückgriff gespeichert werden.

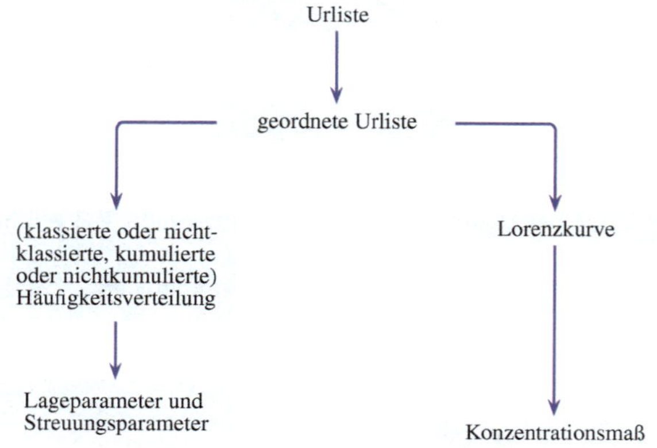

Abb. 3.9: Auswertungsschritte für eindimensionales Datenmaterial; der rechte Zweig betrifft die Untersuchung von Konzentrationserscheinungen

Ausführlicher als in diesem Kapitel werden die verschiedenen Lage- und Streuungsparameter bei Menges/Skala (1973) behandelt. Parameter zur Beschreibung der Schiefe und der Kurtosis (oder Wölbung) werden u. a. bei v. d. Lippe (2006) oder Schulze (2007) vorgestellt. Eine weitere Auswertungsmethode, die sogenannte „5-Zahlen-Zusammenfassung" einer Urliste, sowie die korrespondierende grafische Darstellung als Box-Plot sind z. B. bei Schlittgen (2012) zu finden. Die Abhängigkeit des Histogramms von der gewählten Klasseneinteilung und die damit verbundene Willkür bzw. Manipulationsmöglichkeit gab den Anstoß zur Entwicklung von Glättungsverfahren, bei denen die an den Intervallgrenzen auftretenden Sprünge vermieden werden. Heiler/Michels (2005) und Fahrmeir et al. (2016) enthalten eine elementare Darstellung der einschlägigen (Kernschätz-)Verfahren. Viele Literaturbeiträge vertiefen die in diesem Kapitel gestreiften Aspekte der Konzentrationsmessung. So beschäftigt sich z. B. Bomsdorf (1982) mit der Unterschätzung des „wahren" Gini-Koeffizienten durch den aus den klassierten Daten berechneten Gini-Koeffizienten. Zur Ergänzung der im Text bereits angegebenen Literatur über Konzentrationsmaße sei auf Feuerstack (1975), Rinne (2008) sowie auf die umfassende Monografie über methodische Fragen der Konzentrationsmessung von Piesch (1975) verwiesen.

4. Kapitel:

Auswertungsmethoden für mehrdimensionales Datenmaterial

Erheben wir m quantitative oder quantifizierte Merkmale, so erhalten wir für jeden der n Merkmalsträger ein m-Tupel von Beobachtungswerten. Die Urliste besteht also aus n derartigen m-Tupeln, mithin aus nm Einzeldaten. Die Auswertungsmethoden aus Kapitel 3, etwa die Bildung von Lage- oder Streuungsparametern, können auch auf diese komplexere, nämlich **multivariate Urliste** angewandt werden; die m Merkmale müssen zu diesem Zweck separat behandelt werden. Die typischen Fragestellungen können damit allerdings nicht analysiert werden. Sie betreffen nämlich die **einseitigen oder wechselseitigen Abhängigkeiten** zwischen den verschiedenen Merkmalen. Die Erfassung solcher Abhängigkeiten durch eine einzige Maßzahl (Korrelationskoeffizient) oder eine funktionale Beziehung (Regressionsfunktion) wird in den Abschnitten 4.2 und 4.3 für den einfachsten, dennoch bereits typischen Fall zweier Merkmale ausführlich behandelt. Auch bei der Darstellung von Häufigkeitsverteilungen bei multivariaten Urlisten (Abschnitt 4.1) wollen wir uns auf diesen Fall beschränken. Die simultane Berücksichtigung von mehr als zwei Merkmalen wird erst in Abschnitt 4.4 angesprochen.

4.1 Kontingenztabelle, Randhäufigkeit, bedingte Häufigkeit, Streuungsdiagramm

Zu den beiden an n Merkmalsträgern erhobenen Merkmalen X und Y seien die Beobachtungswerte von X bzw. Y mit $x_1, \ldots, x_n$ bzw. mit $y_1, \ldots, y_n$ bezeichnet. Die Urliste besteht demnach aus den n Wertepaaren

$$(x_1, y_1), (x_2, y_2), \ldots, (x_n, y_n)\ .$$

Die zweckmäßige Darstellungsform für diese **bivariate Urliste** ist

- die **Kontingenztabelle**, wenn viele der n Wertepaare identisch sind; in der Regel ist dies bei 2 nominalskalierten Merkmalen (vgl. Beispiel 4.1) der Fall
- das **Streuungsdiagramm**, wenn alle oder fast alle n Wertepaare voneinander verschieden sind; in der Regel ist dies bei 2 kardinalskalierten Merkmalen (vgl. Beispiel 4.4) der Fall.

Zum Aufstellen der Kontingenztabelle ist für jede der realisierten Ausprägungen $a_1, \ldots, a_k$ des Merkmals X bzw. $b_1, \ldots, b_\ell$ des Merkmals Y die Häufigkeit

$$h_{ij} = h(a_i, b_j)$$

zu bestimmen, mit der (a_i, b_j) in der Urliste vorkommt. Die tabellarische Darstellung der $k\ell$ als **gemeinsame Häufigkeiten** bezeichneten h_{ij} nach dem Muster von Tabelle 4.1 heißt **Kontingenztabelle** (oder Kreuztabelle oder Kreuzklassifikation); durch sie ist die **gemeinsame Häufigkeitsverteilung** der beiden Merkmale X und Y festgelegt.

Tab. 4.1: Aufbau einer Kontingenztabelle; die Vorspalte enthält die Ausprägungen des ersten Merkmals und der Tabellenkopf die Ausprägungen des zweiten Merkmals

Ausprägungen des Merkmals X \ Ausprägungen des Merkmals Y	b_1	b_2	$\cdots$	b_ℓ
a_1	h_{11}	h_{12}	$\cdots$	$h_{1\ell}$
a_2	h_{21}	h_{22}	$\cdots$	$h_{2\ell}$
$\vdots$	$\vdots$	$\vdots$	$\ddots$	$\vdots$
a_k	h_{k1}	h_{k2}	$\cdots$	$h_{k\ell}$

Beispiel 4.1: Die Befragung von $n = 1\,000$ berufstätigen Personen nach der Berufsgruppe und der sportlichen Betätigung liefere ein Datenmaterial, dessen dazugehörige Kontingenztabelle in Tabelle 4.2 wiedergegeben ist; die hierin eingetragenen Randhäufigkeiten werden unten erläutert. ▪

Tab. 4.2: Kontingenztabelle zu Beispiel 4.1 mit Randhäufigkeiten

Berufsgruppe X \ sportliche Betätigung Y	nie ($= b_1$)	gelegentlich ($= b_2$)	regelmäßig ($= b_3$)	Randhäufigkeiten
Arbeiter ($= a_1$)	240	120	70	$h_{1\bullet} = 430$
Angestellter ($= a_2$)	160	90	90	$h_{2\bullet} = 340$
Beamter ($= a_3$)	30	30	30	$h_{3\bullet} = 90$
Landwirt ($= a_4$)	37	7	6	$h_{4\bullet} = 50$
sonstiger freier Beruf ($= a_5$)	40	32	18	$h_{5\bullet} = 90$
Randhäufigkeiten	$h_{\bullet 1} = 507$	$h_{\bullet 2} = 279$	$h_{\bullet 3} = 214$	$n = 1\,000$

Die Anzahl derjenigen Merkmalsträger, die bzgl. des ersten Merkmals die Ausprägung a_i aufweisen (gleichgültig welches die jeweilige Ausprägung des zweiten Merkmals ist), wird offensichtlich durch

$$h_{i\bullet} = \sum_{j=1}^{\ell} h_{ij} \tag{20}$$

angegeben. Entsprechend liefert die Summe

$$h_{\bullet j} = \sum_{i=1}^{k} h_{ij} \tag{21}$$

die Anzahl derjenigen Merkmalsträger, die bzgl. des zweiten Merkmals die Ausprägung b_j aufweisen. Der Punkt bei $h_{i\bullet}$ bzw. $h_{\bullet j}$ symbolisiert das Merkmal, das durch „Hinwegsummieren“ eliminiert wurde.[1] Da die $h_{i\bullet}$ bzw. $h_{\bullet j}$ üblicherweise am (rechten bzw. unteren) Rand der Kontingenztabelle eingetragen werden, bezeichnet man sie als **Randhäufigkeiten** und entsprechend werden die Häufigkeitsverteilungen der einzelnen Merkmale X bzw. Y **Randverteilungen** genannt. Besonders bedeutsam für die Interpretation mehrdimensionalen Datenmaterials sind die **bedingten relativen Häufigkeiten** $f_1(a_i|b_j)$ bzw. $f_2(b_j|a_i)$. Dabei ist $f_1(a_i|b_j)$ die relative Häufigkeit, mit der die Ausprägung a_i bei denjenigen Merkmalsträgern auftritt, die

[1] Die Häufigkeiten (20) bzw. (21) unterscheiden sich natürlich nicht von denjenigen Häufigkeiten, die bei einer bzgl. derselben statistischen Masse vorgenommenen Erhebung, in der von vornherein auf das nachträglich eliminierte Merkmal verzichtet wird, festgestellt worden wären.

bzgl. des zweiten Merkmals die Ausprägung b_j aufweisen; analog ist $f_2(b_j|a_i)$ zu interpretieren. Zwischen den bedingten Häufigkeiten, den gemeinsamen Häufigkeiten und den (als positiv vorausgesetzten) Randhäufigkeiten besteht der Zusammenhang:

$$f_1(a_i|b_j) = \frac{h_{ij}}{h_{\bullet j}} \quad \text{bzw.} \quad f_2(b_j|a_i) = \frac{h_{ij}}{h_{i\bullet}} \,. \tag{22}$$

Die bedingten Häufigkeiten

$$f_1(a_1|b_j), f_1(a_2|b_j), \ldots, f_1(a_k|b_j) \tag{23}$$

definieren die **bedingte Verteilung des ersten Merkmals** bei gegebener Ausprägung b_j des zweiten Merkmals; entsprechend definieren die bedingten Häufigkeiten

$$f_2(b_1|a_i), f_2(b_2|a_i), \ldots, f_2(b_\ell|a_i) \tag{24}$$

die **bedingte Verteilung des zweiten Merkmals** bei gegebener Ausprägung a_i des ersten Merkmals. Wenn die ℓ bedingten Verteilungen (23) übereinstimmen, d. h. von b_j unabhängig sind, so sind auch die k bedingten Verteilungen (24) von a_i unabhängig. In diesem Fall beeinflussen sich die beiden Merkmale offensichtlich nicht; die Merkmale werden dann als **unabhängig** bezeichnet.[2] Anderenfalls besteht zwischen den Merkmalen eine gewisse Interdependenz, deren Richtung und Stärke in der Korrelationsrechnung (vgl. Abschnitt 4.2) zu quantifizieren versucht wird. Im Falle der Unabhängigkeit stimmen die bedingten Verteilungen mit der jeweiligen Randverteilung überein; d. h. es gilt beispielsweise

$$f_1(a_i|b_j) = \frac{h_{ij}}{h_{\bullet j}} = \frac{h_{i\bullet}}{n} = \text{relative Häufigkeit von } a_i \,. \tag{25}$$

Hieraus ist insbesondere zu entnehmen, dass die gesamte Information über die gemeinsame Verteilung unabhängiger Merkmale bereits in den beiden Randverteilungen enthalten ist:

$$h_{ij} = \frac{h_{i\bullet} h_{\bullet j}}{n} \,. \tag{26}$$

Beispiel 4.2: Die Daten der Tabelle 4.2 liefern die in Tabelle 4.3 wiedergegebenen bedingten Verteilungen des Merkmals Y; die beiden Merkmale X und Y sind insbesondere nicht unabhängig. ▪

Tab. 4.3: Bedingte Verteilungen des Merkmals „Grad der sportlichen Betätigung" in Abhängigkeit von der Berufsgruppe zu Beispiel 4.2; Abweichungen der Zeilensumme von eins beruhen auf Rundungen

Berufsgruppe X \ sportliche Betätigung Y	nie	gelegentlich	regelmäßig
Arbeiter	0,56	0,28	0,16
Angestellter	0,47	0,26	0,26
Beamter	0,33	0,33	0,33
Landwirt	0,74	0,14	0,12
sonstiger freier Beruf	0,44	0,36	0,20

[2] Diese Unabhängigkeitsdefinition ist nicht unproblematisch, da sie entscheidend von der Anzahl n abhängt (so können zwei Merkmale, von denen jeweils mindestens zwei verschiedene Ausprägungen beobachtet werden, nie unabhängig sein, wenn n eine Primzahl ist); die Definition wird in der induktiven Statistik deshalb geeignet abgemildert.

Aufgabe 4.3: Überprüfen Sie die Gültigkeit der Behauptung (25). ▪

Wir wenden uns nun der zweiten erwähnten Darstellungsform für die Urliste $(x_1, y_1), \ldots, (x_n, y_n)$ zu. Trägt man jedes der n Beobachtungspaare (x_i, y_i) in ein (x, y)-Koordinatensystem ein, so erhält man eine als **Streuungsdiagramm** (oder auch Streudiagramm) bezeichnete Punktwolke.

Beispiel 4.4: In einer speziellen Branche wurden $n = 15$ Unternehmungen in Bezug auf den Jahresgewinn in Mio. € (= Merkmal X) und die Jahresmiete für die EDV-Anlage in 1 000 € (= Merkmal Y) untersucht. Bei Vorhandensein einer unternehmenseigenen EDV-Anlage wurde die Jahresmiete aus dem Kaufpreis errechnet. Es ergab sich folgende, bereits nach aufsteigenden x-Werten geordnete Urliste:

i	1	2	3	4	5	6	7	8	9	10	11	12	13	14	15
x_i	10	15	15	20	20	25	30	30	30	35	35	40	45	50	50
y_i	30	30	100	50	100	80	50	100	250	180	330	200	400	500	600

Das dazugehörige Streuungsdiagramm wird in Abbildung 4.1 veranschaulicht. ▪

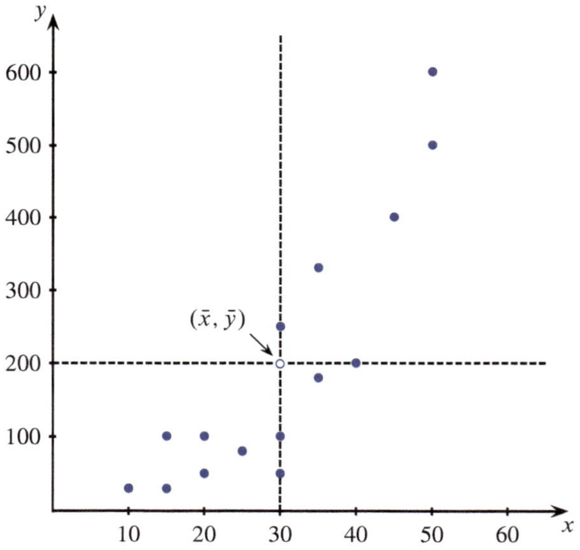

Abb. 4.1: Streuungsdiagramm für die beiden Merkmale X und Y aus Beispiel 4.4; die beiden gestrichelten Linien durch $\bar{x} = 30$ bzw. $\bar{y} = 200$ werden erst für die Erläuterung des Korrelationskoeffizienten benötigt

Aufgabe 4.5: Bei einer Untersuchung der Wohnsituation von 20 Familien wurden für die Familiengröße (= X) und die Zimmeranzahl (= Y) die in der folgenden Urliste zusammengefassten Wertepaare ermittelt:

$$(3,3)\quad(3,4)\quad(2,1)\quad(2,3)\quad(2,4)\quad(2,3)\quad(4,3)\quad(5,4)\quad(2,3)\quad(4,4)$$
$$(4,2)\quad(2,1)\quad(2,4)\quad(3,4)\quad(3,3)\quad(4,3)\quad(3,4)\quad(2,4)\quad(3,2)\quad(5,4)$$

a) Stellen Sie die dazugehörige Kontingenztabelle auf.
b) Errechnen Sie die Randhäufigkeiten.
c) Berechnen Sie die bedingte Verteilung der Zimmeranzahl für vierköpfige Familien. ▪

4.2 Korrelationsrechnung

Die Quantifizierung der Interdependenz zweier Merkmale X und Y hängt – wie in Tabelle 4.4 dargestellt – entscheidend vom Skalenniveau ab. Da eine Nominalskala keine Ordnungsstruktur aufweist, ist das laut Tabelle 4.4 dazugehörige Zusammenhangsmaß, der Kontingenzkoeffizient, natürlich nur in der Lage, die **Stärke des Zusammenhangs** zu erfassen. Demgegenüber messen der Bravais-Pearson-Korrelationskoeffizient und der Rangkorrelationskoeffizient sowohl die **Stärke** als auch die **Richtung des Zusammenhangs**.

Tab. 4.4: Einsatz verschiedener Korrelationskoeffizienten in Abhängigkeit von der Skalierung

Skalierung von Y / Skalierung von X	kardinal	ordinal	nominal
kardinal	Bravais-Pearson-Korrelationskoeffizient	↑	↑
ordinal	←	Rangkorrelationskoeffizient von Spearman	↑
nominal	←	←	Kontingenzkoeffizient

Die in Tabelle 4.4 beschrifteten Diagonalfelder betreffen die drei für die Praxis wichtigsten Fälle. Besitzen die beiden Merkmale unterschiedliches Skalenniveau, so kann entweder das höhere Skalenniveau abgewertet werden[3] oder ein Korrelationskoeffizient verwendet werden, der speziell auf diese unsymmetrische Skalierungssituation zugeschnitten ist. Literatur dazu findet der interessierte Leser in Abschnitt 4.5.

Aufgabe 4.6: Welchen der drei namentlich erwähnten Koeffizienten würden Sie für die empirische Untersuchung des Zusammenhangs zwischen

a) der Inflationsrate X und der Arbeitslosenquote Y,
b) dem Zigarettenkonsum X und dem erreichten Lebensalter Y,
c) der Berufsgruppe X des Vaters und der Berufsgruppe Y des Sohnes,
d) der Körpergröße X des Vaters und der Körpergröße Y der Tochter,
e) der Intelligenz X und der Rechtschreibleistung Y,
f) der Mitgliedschaft X in einer Partei und der Mitgliedschaft Y in der Gewerkschaft,
g) der Höhe X des Wohnhauses und der Aggressivität Y der Bewohner

errechnen? ■

4.2.1 Bravais-Pearson-Korrelationskoeffizient

Für die beiden kardinalskalierten Merkmale X und Y seien weder alle x_i-Werte noch alle y_i-Werte gleich. Ferner seien wie bisher $\bar{x}$ bzw. $\bar{y}$ die jeweiligen arithmetischen Mittel. Der Ausdruck

[3] Ist beispielsweise X kardinal- und Y ordinalskaliert, so muss X ebenfalls als lediglich ordinalskaliert betrachtet werden; in Tabelle 4.4 wurden diese Fälle durch Pfeile symbolisiert.

$$r = \frac{\sum_{i=1}^{n}(x_i - \bar{x})(y_i - \bar{y})}{\sqrt{\sum_{i=1}^{n}(x_i - \bar{x})^2 \cdot \sum_{i=1}^{n}(y_i - \bar{y})^2}} \tag{27}$$

wird als **Bravais-Pearson-Korrelationskoeffizient**, **Produkt-Moment-Korrelationskoeffizient** oder schlicht als Korrelationskoeffizient bezeichnet. Der Nenner in (27) hat lediglich eine normierende Funktion; er sorgt dafür, dass

$$-1 \leqq r \leqq +1$$

gilt und dass der Korrelationskoeffizient maßstabsunabhängig wird. Den Schlüssel für das Verständnis von r liefert der Zähler, bei dem die Abweichungsprodukte

$$(x_i - \bar{x})(y_i - \bar{y}) \tag{28}$$

aufsummiert werden.[4] Stellen wir uns die n Wertepaare (x_i, y_i) wie in Abbildung 4.1 als Streuungsdiagramm dargestellt und um die durch das gestrichelte Fadenkreuz definierten vier Quadranten ergänzt vor, so liefern die Wertepaare im rechten oberen Quadranten ein nichtnegatives Abweichungsprodukt; dasselbe gilt für die Wertepaare im linken unteren Quadranten, da hierfür beide Faktoren von (28) kleiner oder gleich null sind. Für die beiden anderen Quadranten ist (28) kleiner oder gleich null. Der Korrelationskoeffizient wird demnach umso größer, je stärker diejenigen Wertepaare überwiegen, bei denen große x- mit großen y-Werten oder kleine x- mit kleinen y-Werten gekoppelt sind. Die Extremfälle $r = -1$ bzw. $r = +1$ werden genau dann realisiert, wenn das Streuungsdiagramm auf einer Geraden mit negativem bzw. positivem Anstieg liegt. Im Falle $r = 0$ heißen die beiden Merkmale **unkorreliert**; das Streuungsdiagramm bildet dann eine „regellose" Punktwolke, gleich- und gegenläufige Tendenzen kompensieren sich (vgl. Abbildung 4.2). Im Falle $r > 0$ bzw. $r < 0$ heißen die Merkmale **positiv korreliert** bzw. **negativ korreliert**.

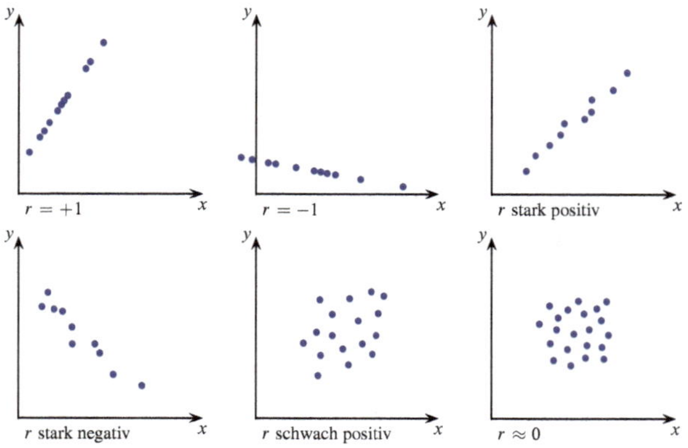

Abb. 4.2: Zum Zusammenhang zwischen r und der Form des Streuungsdiagramms

[4] Alternative Darstellungen für den Zähler von r in (27) sind

$$\sum_{i=1}^{n} x_i(y_i - \bar{y}) \quad \text{oder} \quad \sum_{i=1}^{n}(x_i - \bar{x})y_i \quad \text{oder} \quad \sum_{i=1}^{n} x_i y_i - n\bar{x}\bar{y}\,.$$

Beispiel 4.7: Abbildung 4.2 illustriert, welche Größenordnung für r bei verschiedenen Streuungsdiagrammen zu erwarten ist. Als konkreten numerischen Wert für r errechnet man bei den Daten des Beispiels 4.4 unter Verwendung der Zwischenergebnisse

$$\bar{x} = 30,\ \ \bar{y} = 200,\ \ \sum_{i=1}^{n}(x_i - \bar{x})(y_i - \bar{y}) = 28\,100,\ \ \sum_{i=1}^{n}(x_i - \bar{x})^2 = 2\,250,\ \ \sum_{i=1}^{n}(y_i - \bar{y})^2 = 457\,000$$

das Resultat

$$r = \frac{28\,100}{\sqrt{2\,250 \cdot 457\,000}} = 0{,}88\ ;$$

die beiden Merkmale sind also positiv korreliert, vgl. auch Abbildung 4.1. ▪

Aufgabe 4.8: Die beiden Merkmale X = Preisanstieg und Y = Arbeitslosenquote weisen im Zeitablauf unterschiedliche r-Werte auf; jede größere Veränderung des r-Wertes provozierte die Aufstellung einiger wirtschaftstheoretischer Modelle. Berechnen Sie für die folgenden Daten[5] den Korrelationskoeffizienten r.

Land	Preisanstieg in %	Arbeitslosenquote in %
Belgien	4,1	10,1
Bundesrepublik Deutschland	2,4	4,0
England	8,4	5,7
Irland	8,2	10,2
Italien	11,9	7,5
Japan	4,6	2,1
Kanada	9,4	8,0
Österreich	3,6	1,3
Schweden	10,6	2,2
USA	7,9	6,3

▪

4.2.2 Rangkorrelationskoeffizient von Spearman

Für zwei ordinalskalierte Merkmale X und Y sind die beim Korrelationskoeffizienten r benutzten Abweichungsdaten $(x_i - \bar{x})$ bzw. $(y_i - \bar{y})$ willkürliche Größen; nicht einmal die Bildung der arithmetischen Mittel $\bar{x}$ bzw. $\bar{y}$ ist legitim. Damit wird auch r eine weitgehend willkürliche Zahl.

Der Rangkorrelationskoeffizient von Spearman basiert statt auf den direkten Merkmalsausprägungen x_i bzw. y_i auf den zugeordneten **Rangnummern** R_i bzw. R'_i. Ist beispielsweise x_5 die größte Ausprägung, so wird $R_5 = 1$ gesetzt; dem zweitgrößten x-Wert wird die Rangnummer 2 zugeordnet usw. Entsprechend verfährt man bei der Zuordnung der Rangnummern R'_i zu den y_i-Werten. Der **Rangkorrelationskoeffizient von Spearman** r_{SP} ist der auf diese Rangnummern R_i bzw. R'_i angewandte Bravais-Pearson-Korrelationskoeffizient. Nach einigen Umformungen[6] ergibt sich hierfür die Formel

$$r_{\mathrm{SP}} = 1 - \frac{6\sum_{i=1}^{n}(R_i - R'_i)^2}{(n-1)n(n+1)}\ . \tag{29}$$

[5] Arbeitslosenquote vom Stand Juli 1978; Preisanstieg August 1978 gegen August 1977. Quelle: OECD Main Economic Indicators, Dec. 1978.

[6] Diese setzen die noch nicht explizit erwähnte Annahme voraus, dass bei keinem der Merkmale zwei gleiche Rangnummern vergeben werden. Wegen der Sonderfälle, bei denen diese Annahme verletzt ist, sei auf die in Abschnitt 4.5 angegebene Literatur verwiesen.

Da dieser Rangkorrelationskoeffizient ein auf die „pseudokardinalen“ Ausprägungen R_i bzw. R_i' angewandter Bravais-Pearson-Korrelationskoeffizient ist, gilt natürlich auch hier wieder die Normierung

$$-1 \leqq r_{SP} \leqq +1 \ .$$

Ein Blick auf die Formel (29) zeigt, dass der Extremwert $+1$ genau dann angenommen wird, wenn sich die Ränge völlig gleichsinnig verhalten, d. h. wenn $R_i = R_i'$ für $i = 1, \dots, n$ gilt. Der andere Extremwert -1 wird dagegen genau dann angenommen, wenn sich die Rangnummern völlig gegensinnig verhalten, d. h. wenn $R_i = n + 1 - R_i'$ für $i = 1, \dots, n$ gilt und somit der erste Rang bzgl. X mit dem letzten ($= n$-ten) Rang bzgl. Y korrespondiert, der zweite Rang bzgl. X mit dem vorletzten Rang bzgl. Y usw.

Beispiel 4.9: Für 10 Angestellte wurde im Rahmen einer Testarbeit sowohl ihre organisatorische Geschicklichkeit X als auch ihre Arbeitssorgfalt Y ermittelt; es ergaben sich die folgenden Rangziffern R_i (bzgl. der organisatorischen Geschicklichkeit) bzw. R_i' (bzgl. der Arbeitssorgfalt):

Angestellter i	1	2	3	4	5	6	7	8	9	10
R_i	7	3	9	10	1	5	4	6	2	8
R_i'	3	9	10	8	7	1	5	4	2	6

Insbesondere ist der Angestellte $i = 5$ der Beste bzgl. der organisatorischen Geschicklichkeit, jedoch nur der Siebtbeste bzgl. der Arbeitssorgfalt. Hier ergibt sich wegen $n = 10$ und

$$\sum_{i=1}^{10} (R_i - R_i')^2 = 118$$

durch Einsetzen in (29) der numerische Wert $r_{SP} = 1 - \frac{6 \cdot 118}{9 \cdot 10 \cdot 11} = 0{,}28$ für den Rangkorrelationskoeffizienten. Demnach kann eine schwach ausgeprägte gleichsinnige Tendenz festgestellt werden. ▪

Aufgabe 4.10: Bei einer Mathematik- bzw. Statistik-Klausur wurden von 11 Wirtschaftsstudenten folgende Punktzahlen erreicht:

Student	1	2	3	4	5	6	7	8	9	10	11
Mathematik	38	47	44	51	35	29	22	14	12	19	9
Statistik	39	34	31	48	46	23	17	12	16	28	10

Berechnen Sie den Rangkorrelationskoeffizienten von Spearman. ▪

4.2.3 Kontingenzkoeffizient

Das adäquate Zusammenhangsmaß für zwei nominalskalierte Merkmale X und Y ist nach Tabelle 4.4 der Kontingenzkoeffizient. Ihn wollen wir nun schrittweise einführen.

1) Kürzen wir zur Vereinfachung der Bezeichnungsweise die aus der Unabhängigkeitsprämisse resultierenden „Häufigkeiten“ mit $\widetilde{h}_{ij}$ ab (dies sind nicht zwangsläufig ganze Zahlen), so gilt nach (26) natürlich

$$\widetilde{h}_{ij} = \frac{h_{i\bullet} h_{\bullet j}}{n} \ . \tag{30}$$

Je stärker die tatsächlichen gemeinsamen Häufigkeiten h_{ij} von den $\widetilde{h}_{ij}$ differieren, desto höher ist die wechselseitige Abhängigkeit der beiden Merkmale.

Die als **Chi-Quadrat** bezeichnete Größe[7]

$$\chi^2 = \sum_{i=1}^{k} \sum_{j=1}^{\ell} \frac{(h_{ij} - \widetilde{h}_{ij})^2}{\widetilde{h}_{ij}} \tag{31}$$

summiert die relativen quadratischen Abweichungen zwischen h_{ij} und $\widetilde{h}_{ij}$ auf; mithin ist das Anwachsen von χ^2 ein Indikator für den Grad der Interdependenz zwischen X und Y. Die Chi-Quadrat-Größe wird genau dann null, wenn X und Y unabhängig sind. Sie ist jedoch als Zusammenhangsmaß noch ungeeignet, da sie sich z. B. bei einer Verdoppelung aller h_{ij} ebenfalls verdoppelt; χ^2 kann also noch unbegrenzt große Werte annehmen.

2) Diesen Nachteil besitzt der **Kontingenzkoeffizient**

$$K = \sqrt{\frac{\chi^2}{n + \chi^2}} \tag{32}$$

nicht mehr. Ebenso wie χ^2 nimmt K genau dann den Wert null an, wenn die beiden Merkmale unabhängig sind. Mit wachsendem χ^2 wächst K asymptotisch in Richtung auf den Wert 1 hin an. Ein kleiner Schönheitsfehler besteht darin, dass der Maximalwert von K den Wert 1 nicht ganz erreicht. Er hängt – wie sich etwas mühsam nachweisen lässt – zwar nicht von n, jedoch folgendermaßen von der Tabellengröße, d. h. von der Zeilenzahl k und Spaltenzahl ℓ ab:

$$K_{\max} = \sqrt{\frac{M-1}{M}}\,, \quad \text{wobei} \quad M = \min\{k, \ell\}\,. \tag{33}$$

Diese Abhängigkeit von k bzw. ℓ erschwert den Vergleich von Kontingenzkoeffizienten, die aus unterschiedlich großen Tabellen berechnet werden.

3) Dividieren wir den Kontingenzkoeffizienten K durch $K_{\max}$,[8] so erhalten wir schließlich den **korrigierten** (oder **normierten**) **Kontingenzkoeffizienten**:

$$K_* = \frac{K}{K_{\max}}\,. \tag{34}$$

Dieser schöpft das gewünschte Normierungsintervall [0; 1] voll aus.

Die Berechnung des normierten Kontingenzkoeffizienten erfordert demnach die Durchführung der folgenden Schritte:

---

[7] In der induktiven Statistik (vgl. Abschnitt 14.10) werden wir nochmals auf sie zurückgreifen. Gelegentlich wird χ^2 als **quadratische Kontingenz** und χ^2/n dementsprechend als **mittlere quadratische Kontingenz** bezeichnet.

[8] Die Vorgehensweise entspricht dem Übergang vom Gini-Koeffizienten G zu G_*.

Schritt 1: Berechnung der Chi-Quadrat-Größe χ^2 gemäß (31) aus den Werten $\tilde{h}_{ij}$ der Gleichung (30) sowie den h_{ij} aus der Kontingenztabelle.

Schritt 2: Berechnung des Kontingenzkoeffizienten K gemäß (32) sowie des Maximalwertes $K_{\max}$ nach (33).

Schritt 3: Bildung des Quotienten (34).

Der Extremfall $K_* = +1$ wird genau dann erreicht, wenn die beiden Merkmale in dem Sinne perfekt abhängig sind, dass aus der Kenntnis der Ausprägung (mindestens) eines Merkmals absolut sicher auf die Ausprägung des anderen Merkmals geschlossen werden kann.

Beispiel 4.11: Die Aufgliederung der Arbeitslosen nach Geschlecht liefert folgende Kontingenztabelle:[9]

arbeitslos / Geschlecht	ja	nein	Randhäufigkeiten
weiblich	500 000	7 000 000	7 500 000
männlich	500 000	12 000 000	12 500 000
Randhäufigkeiten	1 000 000	19 000 000	20 000 000

Für die bei Gültigkeit der Unabhängigkeitsprämisse resultierenden Häufigkeiten $\tilde{h}_{ij}$ errechnet man nach (30) die Werte

$$\tilde{h}_{11} = 375\,000, \quad \tilde{h}_{12} = 7\,125\,000, \quad \tilde{h}_{21} = 625\,000 \quad \text{und} \quad \tilde{h}_{22} = 11\,875\,000\,.$$

Gemäß (31) lautet dann die Chi-Quadrat-Größe:

$$\chi^2 = \frac{(500\,000 - 375\,000)^2}{375\,000} + \frac{(7\,000\,000 - 7\,125\,000)^2}{7\,125\,000} + \frac{(500\,000 - 625\,000)^2}{625\,000} + \frac{(12\,000\,000 - 11\,875\,000)^2}{11\,875\,000} = 70\,175{,}44\,.$$

Schritt 1 ist damit erledigt. Für Schritt 2 errechnet man nach (32) bzw. (33)

$$K = \sqrt{\frac{70\,175,44}{20\,070\,175,44}} = 0{,}06; \quad M = 2 \quad \text{und} \quad K_{\max} = \frac{1}{\sqrt{2}}\,,$$

sodass sich in Schritt 3 schließlich der (gerundete) numerische Wert $K_* = 0{,}06\sqrt{2} = 0{,}08$ für den korrigierten Kontingenzkoeffizienten ergibt. ▪

Aufgabe 4.12: $n = 40$ Käufer der Pkw-Typen a_1, a_2, a_3 wurden einem Persönlichkeitstest, dessen mögliche Ergebnisse mit b_1, b_2, b_3 bezeichnet seien, unterzogen. Bestimmen Sie aus der Kontingenztabelle

Testergebnis / Pkw-Typ	b_1	b_2	b_3
a_1	0	20	0
a_2	10	0	0
a_3	0	0	10

(möglichst ohne Rechnung!) den korrigierten Kontingenzkoeffizienten K_*. ▪

[9] Exakte Zahlen sowie weitere Strukturdaten über Arbeitslose sind z. B. dem jeweiligen Statistischen Jahrbuch für die Bundesrepublik Deutschland zu entnehmen.

4.3 Regressionsrechnung

Die Korrelationsrechnung behandelt die beiden Merkmale bzw. die Variablen x und y symmetrisch; sie kann deshalb auch als **Interdependenzanalyse** bezeichnet werden. Demgegenüber wird in der Regressionsrechnung eine Variable, traditionellerweise die y-Variable, als die abhängige und die andere, also x, als die unabhängige Variable betrachtet; insofern ist für die Regressionsrechnung auch die Bezeichnung **Dependenzanalyse** gerechtfertigt. Prinzipiell stehen mehrere Möglichkeiten zur Verfügung, um die Abhängigkeit der y-Werte von den x-Werten zu beschreiben. Beispielsweise können

- die für die verschiedenen x-Werte resultierenden bedingten Verteilungen der y-Werte aufgestellt werden,
- statt der bedingten Verteilungen spezielle daraus gewonnene Lageparameter in Abhängigkeit von den x-Werten registriert werden, so etwa die bedingten Modalwerte (bei nominalen Daten) oder die bedingten arithmetischen Mittel (bei kardinalen Daten),
- dem Streuungsdiagramm (nach einem plausiblen Prinzip) eine möglichst einfache Funktion angepasst werden.

Obwohl letzterer Fall nur für kardinalskalierte Merkmale sinnvoll ist, besitzt er die größte praktische Bedeutung. Je nachdem, ob ein linearer oder ein nichtlinearer Funktionstypus verwendet wird, gelangt man zur linearen Regression (vgl. Abschnitt 4.3.1) oder zur nichtlinearen Regression (Abschnitt 4.3.2).

4.3.1 Lineare Regression

X und Y seien kardinalskalierte Merkmale. Die Beobachtungswerte x_i seien nicht alle miteinander identisch, d. h. die mittlere quadratische Abweichung s_x^2 sei positiv. Nach dem bereits zu Beginn des 19. Jahrhunderts von C. F. Gauß benutzten **Prinzip der kleinsten Quadrate** ist die Gerade

$$y = a + bx$$

dann dem Streuungsdiagramm am besten angepasst, wenn die Quadratsumme

$$Q(a,b) = \sum_{i=1}^{n}[y_i - (a + bx_i)]^2 \tag{35}$$

minimal ausfällt. Abbildung 4.3 zeigt ein Streuungsdiagramm, einen typischen Beobachtungspunkt (x_i, y_i) sowie die Gerade, über deren Parameter a, b geeignet verfügt werden muss. Beim Gütemaß (35) wird – wie ebenfalls in Abbildung 4.3 angedeutet – für jeden Beobachtungspunkt (x_i, y_i) der in vertikaler Richtung genommene Abstand zwischen dem empirisch beobachteten Wert y_i und dem auf der Geraden liegenden Wert $a + bx_i$ quadriert. Die Minimierung von $Q(a,b)$ bzgl. a und b bereitet keine größeren Schwierigkeiten.[10] Für die Mi-

[10] Die Nullsetzung der partiellen Ableitungen von $Q(a,b)$ nach a und b liefert das als **Normalgleichungen** bezeichnete lineare Gleichungssystem

$$n\hat{a} + \hat{b}\sum_{i=1}^{n} x_i = \sum_{i=1}^{n} y_i\,, \quad \hat{a}\sum_{i=1}^{n} x_i + \hat{b}\sum_{i=1}^{n} x_i^2 = \sum_{i=1}^{n} x_i y_i\,,$$

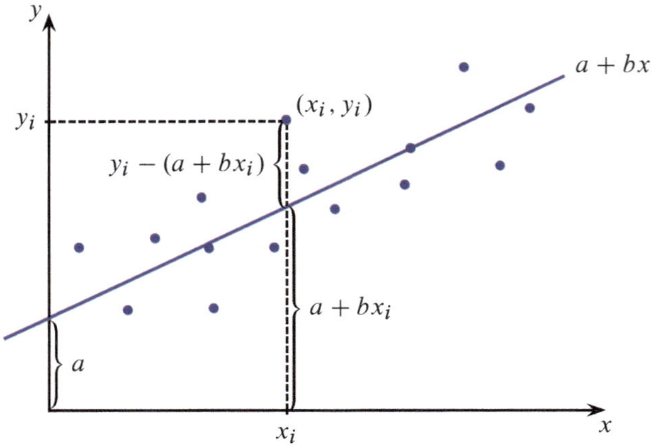

Abb. 4.3: Zur Erläuterung des Prinzips der kleinsten Quadrate

nimalstellen benutzt man üblicherweise die Symbole $\widehat{a}$ bzw. $\widehat{b}$; die Berechnung erfolgt nach (36) bzw. (37), wobei $\widehat{a}$ und $\widehat{b}$ als (die durch das Prinzip der kleinsten Quadrate festgelegten) **Regressionskoeffizienten** bezeichnet werden:

$$\widehat{b} = \frac{\sum_{i=1}^{n}(x_i - \bar{x})(y_i - \bar{y})}{\sum_{i=1}^{n}(x_i - \bar{x})^2}, \tag{36}$$

$$\widehat{a} = \bar{y} - \widehat{b}\bar{x} . \tag{37}$$

Zweckmäßigerweise bestimmt man zuerst $\widehat{b}$ aus (36); denn $\widehat{b}$ ist auf der rechten Seite von (37) einzusetzen. Der Zähler in (36) sowie der Zähler in der Formel (27) für den Korrelationskoeffizienten r stimmen überein, weshalb die in Fußnote 4 auf Seite 34 angegebenen alternativen Darstellungen für den Zähler von r selbstverständlich auch für den Zähler von $\widehat{b}$ anwendbar sind; ferner gilt der Zusammenhang

$$\widehat{b} = r \cdot \frac{s_y}{s_x} \tag{38}$$

zwischen dem Regressionskoeffizienten $\widehat{b}$, dem Korrelationskoeffizienten r und den Standardabweichungen s_x, s_y der beiden Merkmale.

---

das genau dann die eindeutige Lösung (36), (37) besitzt, wenn (wie vorausgesetzt) nicht alle x-Werte miteinander übereinstimmen. Diese Voraussetzung, ohne die der Quotient (36) zu einem unbestimmten Ausdruck wird, garantiert auch, dass es sich bei $(\hat{a}, \hat{b})$ um eine Minimalstelle von $Q(a, b)$ handelt. Die einschlägigen Bedingungen für die zweiten Ableitungen lauten nämlich

$$\frac{\partial^2 Q}{\partial a^2} = 2n > 0 \quad \text{und} \quad \frac{\partial^2 Q}{\partial a^2} \cdot \frac{\partial^2 Q}{\partial b^2} - \left[\frac{\partial^2 Q}{\partial a \partial b}\right]^2 = 4n \sum_{i=1}^{n}(x_i - \bar{x})^2 > 0 .$$

Beispiel 4.13: In einem Betrieb der Textilbranche wurden 10 Garnaufwickelmaschinen während eines ganzen Arbeitstages mit 10 verschiedenen Geschwindigkeiten $x_1, \dots, x_{10}$ (in m/sec) betrieben. Folgende Tabelle enthält die Anzahl y der Unterbrechungen (Fadenrisse, Spulenanfänge usw.) in Abhängigkeit von der Geschwindigkeit:

Maschinen-Nr. i	1	2	3	4	5	6	7	8	9	10
x_i	21	22	23	24	25	26	27	28	30	34
y_i	30	30	30	40	50	50	60	60	70	80

Hier ist $\bar{x} = 26$ und $\bar{y} = 50$; die weitere Berechnung der Regressionskoeffizienten wollen wir (wie die Berechnung von r in der Lösung zu Aufgabe 4.8) anhand einer Arbeitstabelle vornehmen:

i	$x_i - \bar{x}$	$(x_i - \bar{x})^2$	$y_i - \bar{y}$	$(x_i - \bar{x})(y_i - \bar{y})$
1	−5	25	−20	100
2	−4	16	−20	80
3	−3	9	−20	60
4	−2	4	−10	20
5	−1	1	0	0
6	0	0	0	0
7	1	1	10	10
8	2	4	10	20
9	4	16	20	80
10	8	64	30	240
$\sum$	0	140	0	610

Damit erhalten wir aus (36) bzw. (37) die Regressionskoeffizienten

$$\widehat{b} = \frac{610}{140} = 4{,}36 \quad \text{und} \quad \widehat{a} = 50 - 4{,}36 \cdot 26 = -63{,}36 \, .$$

■

In der Regressionsrechnung hat sich eine relativ große Namensvielfalt eingebürgert. Neben der bisher benutzten Bezeichnung (x = unabhängige Variable, y = abhängige Variable) wird z. B. benutzt:

x = exogene Variable = Einflussfaktor = erklärende Variable = **Regressor**,
y = endogene Variable = Zielvariable = erklärte Variable = **Regressand**.

Ferner wird die Gerade

$$y = \widehat{a} + \widehat{b}x$$

als **Regressionsgerade**,[11] im technischen Bereich auch als **Ausgleichsgerade**, bezeichnet. Die auf ihr liegenden y-Werte, z. B. die n Werte

$$\widehat{y}_i = \widehat{a} + \widehat{b}x_i \ ,$$

werden als **theoretische y-Werte** oder als die **durch die Regression erklärten Werte** bezeichnet; die Differenzen

$$\widehat{u}_i = y_i - \widehat{y}_i$$

zwischen den empirisch beobachteten und den theoretischen y-Werten heißen **Residuen** (Einzahl: Residuum).

[11] Der eigentlich erforderliche Zusatz „gemäß dem Prinzip der kleinsten Quadrate festgelegte“ wird hier und im Folgenden der Kürze halber weggelassen.

Der nahe liegende Weg, den Minimalwert $Q(\widehat{a}, \widehat{b})$ der Quadratsumme (35) als Maß für die Anpassungsgüte zu benutzen, wird deshalb nicht beschritten, weil $Q(\widehat{a}, \widehat{b})$ unbegrenzt große Werte annehmen kann und noch maßstabsabhängig ist. Stattdessen benutzt man die maßstabsunabhängige und auf das Intervall [0; 1] normierte Größe

$$R^2 = \frac{\sum_{i=1}^{n} (\widehat{y}_i - \bar{y})^2}{\sum_{i=1}^{n} (y_i - \bar{y})^2} = \frac{s_{\widehat{y}}^2}{s_y^2} \tag{39}$$

(die natürlich nur für den Fall $s_y^2 \neq 0$ definiert ist). R^2 wird als **Determinationskoeffizient**, als **Bestimmtheitskoeffizient**, als **quadrierter multipler Korrelationskoeffizient** (wenn wie in Abschnitt 4.4 zwei oder mehr Regressoren berücksichtigt werden) oder auch als **der durch die Regression erklärte Anteil der Varianz** bezeichnet. Die letztere Bezeichnung ist zwar etwas schwerfällig, jedoch besonders einsichtig, da (39) direkt als Anteilswert definiert ist. Weitere Einsichten in das Wesen von R^2 liefern die beiden Beziehungen

$$R^2 = 1 - \frac{\sum_{i=1}^{n} \widehat{u}_i^2}{\sum_{i=1}^{n} (y_i - \bar{y})^2} \quad \text{und} \quad R^2 = r^2 .$$

Aus der ersten Gleichung erkennt man (unter Beachtung von $\sum \widehat{u}_i^2 = Q(\widehat{a}, \widehat{b}) \leqq Q(\bar{y}, 0) = \sum (y_i - \bar{y})^2$), dass R^2 tatsächlich auf das Intervall [0; 1] normiert ist. Aus der zweiten Gleichung erklärt sich die Verwendung des Begriffs Korrelationskoeffizient für R^2. Der zweiten Gleichung kann außerdem wegen der Eigenschaften des Korrelationskoeffizienten r entnommen werden, dass $R^2 = 0$ ist, wenn die beiden Merkmale unkorreliert sind, und dass $R^2 = 1$ ist, wenn das Streuungsdiagramm auf einer Geraden mit positivem oder negativem Anstieg liegt. Ferner gilt: Je größer R^2, desto stärker werden die empirischen y-Werte durch die theoretischen y-Werte **bestimmt** oder **determiniert**.

In der Praxis verfolgt man mit der Regressionsrechnung die beiden Zwecke:

- Gewinnung einer handlichen Beschreibung des Zusammenhangs zwischen X und Y, der sich (mit allen Vorbehalten, vgl. Abschnitt 4.5) aus den Beobachtungsdaten herauslesen lässt.
- Erstellung von Prognosen der y-Werte, die für noch nicht beobachtete x-Werte zu erwarten sind.

Als Prognosewert wird natürlich der zu dem fraglichen x-Wert gehörende theoretische y-Wert gewählt. Die Gleichsetzung von unbeobachteten y-Werten mit den theoretischen y-Werten liegt auch der **Standardinterpretation der Regressionskoeffizienten** zu Grunde:

$\widehat{b}$ = Zunahme des y-Wertes bei Erhöhung des x-Wertes um eine Einheit (Geradensteigung),
$\widehat{a}$ = y-Wert, mit dem der x-Wert 0 korrespondiert (Achsenabschnitt).

Aufgabe 4.14: Für 6 verschiedene Monate $i = 1, \dots, 6$ liegen die Daten über den Hypothekenzinssatz x (in %) sowie über den saisonbereinigten Auftragseingang y (in Mio. €) im Bauhauptgewerbe, der auf den privaten Wohnungsbau entfällt, vor:

i	1	2	3	4	5	6
x_i	6	5	7	7	8	9
y_i	3 000	3 200	2 500	2 300	2 000	2 000

Bestimmen Sie hieraus

a) die Regressionskoeffizienten $\widehat{a}$ und $\widehat{b}$,
b) den Bestimmtheitskoeffizienten R^2 mittels Formel (39) direkt und mittels des Korrelationskoeffizienten r,
c) Prognosewerte für den Auftragseingang, der bei einem Hypothekenzinssatz von 4 % bzw. 7,5 % zu erwarten ist. ▪

Aufgabe 4.15: Verläuft die Regressionsgerade stets durch den Punkt $(\bar{x}, \bar{y})$? ▪

4.3.2 Nichtlineare Regression

Legen theoretische Erkenntnisse oder der visuelle Eindruck des Streuungsdiagrammes die Zugrundelegung eines nichtlinearen Funktionstyps nahe, so kann das Prinzip der kleinsten Quadrate ebenfalls angewandt werden. Wiederum muss die zu (35) analoge Quadratsumme nach den Parametern, die den Funktionstypus beschreiben, differenziert werden. Die Nullsetzung dieser partiellen Ableitungen liefert nun allerdings i. Allg. ein schwierig aufzulösendes System von nichtlinearen Normalgleichungen. Das folgende Beispiel verdeutlicht die Situation.

Beispiel 4.16: Im Zuge der Ermittlung einer den Gewinn maximierenden Düngemittelintensität wurden $n = 14$ gleichwertige Versuchsfelder mit den Intensitäten $x_1, \dots, x_n$ (in kg/m^2) eines bestimmten Düngemittels behandelt und die dazugehörigen Erträge $y_1, \dots, y_n$ (in kg/m^2) beobachtet. Dass es sich hierbei um einen Sättigungsprozess handeln dürfte, wird auch durch das in Abbildung 4.4 eingezeichnete Streuungsdiagramm unterstrichen. Das Streuungsdiagramm legt es ferner nahe, statt einer s-förmigen Wachstumsfunktion (logistische Funktion, Gompertz-Funktion usw.) die simplere **exponentielle Wachstumsfunktion** zu verwenden. Diese wird durch die 3 nichtnegativen Parameter a, b, c beschrieben:

$$y = a - b\mathrm{e}^{-cx} .$$

Eine solche exponentielle Wachstumsfunktion ist in Abbildung 4.4 ebenfalls eingezeichnet. Für die nach dem Prinzip der kleinsten Quadrate zu minimierende Quadratsumme

$$Q(a, b, c) = \sum_{i=1}^{n} [y_i - a + b\mathrm{e}^{-cx_i}]^2$$

erhält man aus den Bedingungen $\frac{\partial Q}{\partial a} = 0$, $\frac{\partial Q}{\partial b} = 0$ und $\frac{\partial Q}{\partial c} = 0$ die drei Normalgleichungen:

$$\begin{aligned}
&\sum_{i=1}^{n} y_i - n\widehat{a} + \widehat{b} \sum_{i=1}^{n} \mathrm{e}^{-\widehat{c}x_i} &&= 0 , \\
&\sum_{i=1}^{n} y_i \mathrm{e}^{-\widehat{c}x_i} - \widehat{a} \sum_{i=1}^{n} \mathrm{e}^{-\widehat{c}x_i} + \widehat{b} \sum_{i=1}^{n} \mathrm{e}^{-2\widehat{c}x_i} &&= 0 , \\
\widehat{b} &\sum_{i=1}^{n} y_i x_i \mathrm{e}^{-\widehat{c}x_i} - \widehat{a}\widehat{b} \sum_{i=1}^{n} x_i \mathrm{e}^{-\widehat{c}x_i} + \widehat{b}^2 \sum_{i=1}^{n} x_i \mathrm{e}^{-2\widehat{c}x_i} &&= 0 .
\end{aligned}$$

Die Auflösung eines derartigen nichtlinearen Gleichungssystems lässt sich nur durch numerisches Herantasten bewerkstelligen;[12] hierauf wollen wir hier aber verzichten. ▪

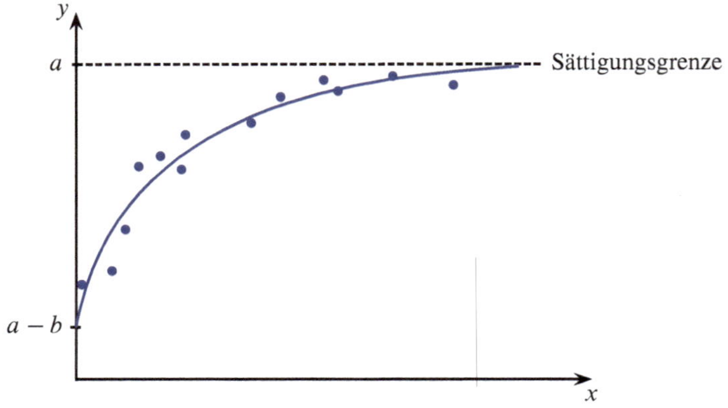

Abb. 4.4: Streuungsdiagramm, das auf einen Sättigungsprozess hindeutet; die eingezeichnete Kurve ist eine exponentielle Wachstumsfunktion

Setzt man die Lösung der Normalgleichungen in den nichtlinearen Funktionstypus ein, so erhält man die **nichtlineare Regressionsfunktion**, im Beispiel 4.16 also

$$y = \widehat{a} - \widehat{b}\mathrm{e}^{-\widehat{c}x} \ .$$

Wie im linearen Fall werden die auf der Regressionsfunktion liegenden Werte $\widehat{y}_i$ als theoretische y-Werte und die $\widehat{u}_i = y_i - \widehat{y}_i$ als Residuen bezeichnet. Gehören (wie im Beispiel 4.16) alle konstanten Funktionen zum vorgegebenen Funktionstypus, so kann die Größe

$$1 - \frac{\sum\limits_{i=1}^{n} \widehat{u}_i^2}{\sum\limits_{i=1}^{n} (y_i - \bar{y})^2}$$

als Bestimmtheitskoeffizient verwendet werden; sie ist auf das Intervall [0; 1] normiert.

Abschließend sei anhand der Beispiele 4.17 und 4.18 auf die Fälle aufmerksam gemacht, bei denen die Normalgleichungen entweder direkt linear in den gesuchten Parametern sind oder aber durch die Einführung geeigneter neuer Variablen und neuer Parameter linear werden.

Beispiel 4.17: Bei Zugrundelegung eines quadratischen Trends der Form

$$y = a + bx^2$$

(x sei beispielsweise die Zeit) sind die Normalgleichungen linear in a und b. Ihre Lösung ist identisch mit den Regressionskoeffizienten des linearen Modells

$$y = a + b\widetilde{x} \ ,$$

wobei die neue Variable $\widetilde{x}$ als x^2 definiert ist; die Formeln (36) bzw. (37) können unmittelbar übernommen werden, wenn darin die x_i durch $\widetilde{x}_i = x_i^2$ ersetzt werden. ▪

[12] Außerdem ist die Lösung nicht notwendigerweise eindeutig.

Beispiel 4.18: Legt man durch ein aus Preis-Absatz-Daten gebildetes Streuungsdiagramm eine Preis-Absatz-Funktion konstanter Preiselastizität, also eine Funktion des Typs

$$y = ax^b$$

(mit x = Preis, b = Preiselastizität), so sind die Normalgleichungen zwar noch nicht linear in den Parametern a und b. Hier gelingt jedoch eine **Linearisierung durch Logarithmierung**. Darunter ist Folgendes zu verstehen: Logarithmieren wir die Preis-Absatz-Funktion, so ergibt sich

$$\ln y = \ln a + b \ln x \ .$$

Führen wir die neuen beiden Variablen $\tilde{x}$, $\tilde{y}$ sowie den Parameter $\tilde{a}$ vermöge

$$\tilde{x} = \ln x, \quad \tilde{y} = \ln y, \quad \tilde{a} = \ln a$$

ein, so erhalten wir das lineare Regressionsmodell

$$\tilde{y} = \tilde{a} + b\tilde{x} \ ,$$

auf das wir die gewohnten Formeln (36) und (37) anwenden können.[13] ▪

4.4 Berücksichtigung von mehr als zwei Merkmalen

In den meisten Fragebögen werden deutlich mehr als $m = 2$ Merkmale erhoben. So befragt das US Bureau of the Census turnusmäßig 15 000 Haushalte nach den Kaufabsichten für Pkw, Häuser sowie 15 weitere dauerhafte Konsumgüter;[14] mithin beträgt die Anzahl m der Merkmale bereits 17. Hunderte von Merkmalen pro Person werden bei großen empirischen Forschungsprojekten, beispielsweise in der Krebs- oder Infarktforschung erhoben. Die statistischen Ämter der Länder und des Bundes erheben auf Gemeindebasis sogar Tausende von Merkmalen.

Sobald die Anzahl m der Merkmale derartige Größenordnungen erreicht, speichert man die Urliste zweckmäßigerweise in Form einer **Datenmatrix**:

$$\begin{pmatrix} x_{11} & \dots & x_{1m} \\ x_{21} & \dots & x_{2m} \\ \vdots & \ddots & \vdots \\ x_{n1} & \dots & x_{nm} \end{pmatrix} . \tag{40}$$

Der Beobachtungswert x_{ij} gibt dabei die Ausprägung des j-ten Merkmals bei der i-ten Untersuchungseinheit an; die Zeilen der Datenmatrix entsprechen also den Untersuchungseinheiten (Personen, Gemeinden, Betrieben usw.), während die Spalten den m verschiedenen Merkmalen entsprechen.

Eine Darstellung der Urliste als Streuungsdiagramm ist für $m = 3$ nicht mehr zu empfehlen und für $m \geqq 4$ unmöglich. Auch die Bildung einer Kontingenztabelle ist lediglich für die Fälle bis $m = 4$ sinnvoll; sobald 3 oder 4 Merkmale im Spiel sind, müssen die Vorspalte oder der Tabellenkopf (oder beide) aufgegliedert werden.

---

[13] Die Problematik der Linearisierung durch Logarithmierung wird beispielsweise in Bamberg/Schittko (1979, S. 95–99) ausführlich behandelt.

[14] Vgl. z. B. Nerb (1975, S. 43).

Beispiel 4.19: Berücksichtigen wir in Beispiel 4.11 zusätzlich als drittes Merkmal die Schulbildung und gliedern wir die Vorspalte auf, so gelangen wir beispielsweise zu der folgenden erweiterten Kontingenztabelle:

Schulbildung	Geschlecht \ arbeitslos	ja	nein
Mittelschule	weiblich	390 000	5 125 000
	männlich	380 000	8 250 000
Realschule	weiblich	70 000	1 500 000
	männlich	70 000	2 500 000
Gymnasium	weiblich	40 000	375 000
	männlich	50 000	1 250 000

■

Bei großem m ist es ferner unpraktikabel, für jedes Paar von Merkmalen das zweidimensionale Streuungsdiagramm oder die zweidimensionale Kontingenztabelle aufzustellen; so wären beispielsweise für $m = 30$ bereits

$$\binom{m}{2} = \binom{30}{2} = \frac{30 \cdot 29}{2} = 435$$

derartige Diagramme bzw. Tabellen erforderlich. Stattdessen werden weiter gehende und effizientere Auswertungsmethoden eingesetzt, die bei vorrangiger Betonung der Interdependenzanalyse zu den **multivariaten Verfahren** und bei vorrangiger Betonung der Dependenzanalyse zu den **ökonometrischen Verfahren** gezählt werden. Auf diese beiden wichtigen Teilgebiete kommen wir im Teil IV zurück; insbesondere wird dabei die **multiple lineare Regression**, d. h. die lineare Regression bei Berücksichtigung von mehr als einem Regressor, sowohl formelmäßig als auch anhand einiger Beispiele behandelt.

4.5 Kritische Zusammenfassung, Literaturhinweise

Ebenso wie die in Kapitel 3 besprochenen Verfahren dienen die Korrelations- und die Regressionsrechnung der Komprimierung von Daten. Wenn die Modalitäten der Datenerhebung noch beeinflussbar sind, sollte angestrebt werden, die Merkmale möglichst auf Kardinalskalen-Niveau zu messen. So sollten beispielsweise Personen nicht nur danach gefragt werden, **ob** sie Raucher sind; sie sollten vielmehr nach der **Anzahl** der täglich konsumierten Zigaretten befragt werden.

Auch wenn die Merkmale kardinalskaliert sind, sodass die Berechnung des Bravais-Pearson-Korrelationskoeffizienten oder einer Regressionsfunktion formal gerechtfertigt ist, bleiben zumindest folgende (exemplarisch für die lineare Regression formulierten) Punkte problematisch:

- Stellt eine Gerade die adäquate Darstellungsform für die Beobachtungsdaten dar?
- Ist der gewählte Abstandsbegriff, d. h. die Quadratsumme (35), ein brauchbares Gütemaß?
- Wurden alle relevanten Einflussgrößen erfasst?
- Übt x einen Einfluss auf y oder y einen Einfluss auf x aus; besteht überhaupt irgendeine kausale Beziehung zwischen x und y?

Die beiden letzten aufgeführten Punkte sind bei der Interpretation einer Regressionsanalyse besonders sorgfältig zu beachten. Ein kausaler Einfluss von x auf y kann zwar vermutet und gegebenenfalls durch die Regressionsrechnung „statistisch erhärtet" werden; ein Beweis kann damit – selbst in den Fällen, in denen der Bestimmtheitskoeffizient R^2 den Wert 1 erreicht – natürlich nicht erbracht werden. Häufig wird ein Zusammenhang zwischen x und y dadurch vorgetäuscht, dass eine oder mehrere unberücksichtigte Variablen, sogenannte intervenierende Variablen, sowohl x als auch y beeinflussen; man spricht dann von einer **Scheinkorrelation**.

Beispiel 4.20: Eine Regressionsanalyse der Daten

$$x_i = \text{Bestand an elektrischen Rasierapparaten im Jahre } i,$$
$$y_i = \text{Tonnage der Welttankerflotte im Jahre } i$$

liefert einen beträchtlich großen Bestimmtheitskoeffizienten R^2. Hier liegt eine typische Scheinkorrelation vor; als intervenierende Variablen, die sowohl x als auch y beeinflussen, kann man sich die Zeit, den technischen Fortschritt oder den Industrialisierungsgrad vorstellen. Selbstverständlich hat eine bloße Vermehrung des Bestandes an elektrischen Rasierapparaten keine Erhöhung der Tanker-Tonnage zur Folge.

Auch bei den Daten des Beispiels 4.4 dürfte es sich um eine Scheinkorrelation handeln, wobei als intervenierende Variablen etwa die Unternehmensgröße, der Automatisierungsgrad, die Kapitalausstattung u. dgl. aufzuführen wären. Mit einer Erhöhung des Jahresgewinnes ist (trotz positiven Anstiegs der Regressionsgeraden) keine Erhöhung der Jahresmiete für die EDV-Anlage zu befürchten; natürlich dürfte auch der Versuch, durch eine bloße Erhöhung der Miete für die EDV-Anlage einen höheren Jahresgewinn erzielen zu wollen, kaum von Erfolg gekrönt sein. ▪

Unerkannte Scheinkorrelationen sowie andere unsachgemäße Interpretationen von Regressionsanalysen haben wesentlich zum Zu-Stande-Kommen des Schlagwortes von der „statistischen Lüge" beigetragen.

Die Gefahr von Scheinkorrelationen ist umso geringer, je enger der Dialog zwischen Substanzwissenschaftlern und Statistikern ist. Sobald nämlich die intervenierenden Variablen erkannt und datenmäßig erfasst sind, kann die Scheinkorrelation durch den Übergang zu **partiellen Korrelationskoeffizienten**, bei denen der Einfluss der intervenierenden Variablen ausgeschaltet, d. h. „herausgerechnet" wurde, weitgehend beseitigt werden. Ferner kann anstelle der einfachen Regression (zwischen x und y) eine multiple Regression durchgeführt werden, bei der die intervenierenden Variablen als Regressoren berücksichtigt sind und ihr Einfluss transparent gemacht wird.

Bei der Berücksichtigung des Stichprobencharakters der Daten ergeben sich weitere Fragen (Sind die Regressionskoeffizienten signifikant von null verschieden; ist der Stichprobenumfang n ausreichend?), die im Rahmen der deskriptiven Statistik nicht weiter erörtert werden können.

Ausführliche Darstellungen der Regressionsanalyse und ihrer Verfeinerungen sind in jedem Lehrbuch der Ökonometrie enthalten (vgl. etwa die in Kapitel 16 zitierte Literatur); dort werden auch die partiellen Korrelationskoeffizienten definiert und diskutiert. Korrelationskoeffizienten, auf deren Behandlung hier verzichtet wurde, sind beispielsweise bei Bortz et al. (2008), Hartung et al. (2009), Kendall/Gibbons (1990), Kraft/Landes (1996) und Schaich (1998) zu finden.

5. Kapitel:

Verhältniszahlen und Indexzahlen

Viele der bisher definierten Begriffe wurden als **Verhältniszahlen**, d. h. als Quotienten zweier anderer Zahlen eingeführt. Verhältniszahlen sind beispielsweise die relativen Häufigkeiten f_i, das arithmetische Mittel $\bar{x}$ und damit alle Pro-Kopf-Größen, die mittlere quadratische Abweichung s^2, der Variationskoeffizient V und der Bestimmtheitskoeffizient R^2. Auch die wichtigsten Preis- und Mengenindizes stellen Verhältniszahlen dar. Es ist deshalb angebracht, an dieser Stelle einige allgemeine Bemerkungen über Verhältniszahlen und ihre Klassifikation einzuschieben. Die restlichen Abschnitte dieses Kapitels sind den Indexzahlen gewidmet.

5.1 Klassifikation der Verhältniszahlen

Formal kann natürlich aus je zwei Zahlen immer dann ein Quotient gebildet werden, wenn der Nenner von null verschieden ist. In der Statistik sind jedoch nur die Quotienten solcher Zahlen relevant, zwischen denen aus sachlogischen Gründen heraus eine Beziehung besteht oder eine sinnvolle Beziehung vermutet werden kann.[1] Üblicherweise unterscheidet man drei Typen von Verhältniszahlen, nämlich die Gliederungszahlen, die Beziehungszahlen und die Messzahlen.

1) **Gliederungszahlen** entstehen, wenn eine Gesamtmasse in Teilmassen aufgegliedert wird und die Teilmassen jeweils (bzgl. der relativen Häufigkeit oder der anteiligen Merkmalssumme) zur Gesamtmasse in Beziehung gesetzt werden.

   Beispiel 5.1: Gliederungszahlen begegnen uns im ökonomischen und sozialwissenschaftlichen Bereich auf Schritt und Tritt, so etwa bei der Aufgliederung

   - des Konzernumsatzes in Inlands- und Auslandsumsatz,
   - des Betriebsvermögens nach der Herkunft der finanziellen Mittel,
   - des Imports oder Exports nach Warengruppen,
   - des Endenergieverbrauchs (Industrie $\approx$ 36 %, Verkehr $\approx$ 20 % usw.),
   - der Schüler nach Schularten,
   - der Erwerbstätigen nach Wirtschaftsbereichen. ▪

   Gliederungszahlen werden in erster Linie zur Darstellung der inneren Struktur einer Gesamtmasse benutzt; häufig werden sie anhand eines Kreissektorendiagramms (vgl. Abbildung 3.2) grafisch veranschaulicht.

2) **Beziehungszahlen** entstehen, wenn zwei verschiedenartige (sachlich aber dennoch sinnvoll zusammenhängende) Größen zueinander in Beziehung gesetzt werden. Beziehungszahlen werden vornehmlich für Vergleichszwecke benutzt.

   Beispiel 5.2: Beziehungszahlen sind beispielsweise alle Geschwindigkeitsangaben, das arithmetische Mittel, die mittlere quadratische Abweichung, der Variationskoeffizient sowie ferner so bekannte Begriffe wie die Eigenkapitalrendite, der Verschuldungskoeffizient, der Kapitalkoeffizient, der Motorisierungsgrad, die Arbeitsproduktivität, die Bevölkerungsdichte usw. ▪

---

[1] Hier tritt dieselbe Problematik auf, wie sie in Abschnitt 4.5 im Zusammenhang mit der Scheinkorrelation diskutiert wurde.

3) Schließlich werden als **Messzahlen** diejenigen Quotienten bezeichnet, welche aus den Zeitreihenwerten eines (kardinalskalierten) Merkmals gebildet werden. Ist x_i der Beobachtungswert in der Periode i, so gibt die Messzahl x_j/x_i (mit $x_i \neq 0$) an, in welchem Verhältnis sich die Merkmalsausprägung in der **Berichtsperiode** j gegenüber derjenigen in der **Basisperiode** i geändert hat. Auch Messzahlen dienen hauptsächlich Vergleichszwecken, etwa dem zeitlichen Vergleich[2]

- der Preisentwicklung zweier verschiedener Produkte,
- der Preisentwicklung desselben Produktes in zwei verschiedenen Ländern,
- der Umsatzentwicklung verschiedener Filialen einer Einzelhandelskette usw.

Die Basisperiode wird bei derartigen Vergleichen festgehalten; nur die Berichtsperiode variiert. Selbstverständlich sollte die Basisperiode eine möglichst „normale" Periode sein, also nicht durch außergewöhnliche Arbeitskämpfe, Wechselkursänderungen, Energiekrisen u. dgl. gekennzeichnet sein.

Aufgabe 5.3: Handelt es sich bei den folgenden Verhältniszahlen um eine Gliederungs-, Beziehungs- oder Messzahl?

a) $\dfrac{\text{Anzahl der Beschäftigten in Bayern 2009}}{\text{Anzahl aller Beschäftigten in der Bundesrepublik 2009}}$

b) $\dfrac{\text{Umsatz in der Holz verarbeitenden Industrie 2009}}{\text{Bierverbrauch in Bayern 1970}}$

c) $\dfrac{\text{Insolvenzen 2009}}{\text{Insolvenzen 2008}}$

d) $\dfrac{\text{durch Streik verlorene Arbeitstage je 1 000 abhängig Beschäftigte 2009}}{\text{Anzahl der Verkehrsunfälle mit Personenschäden 2008}}$

Welche dieser Verhältniszahlen halten Sie für sinnvoll? ▪

5.2 Allgemeine Bemerkungen über Preisindizes

Die ökonomische, politische und soziale Bedeutung der Preisindizes liegt auf der Hand; sie werden in vielen wirtschaftstheoretischen Modellen und in allen Diskussionen um Kaufkraftveränderungen, Veränderungen des Preisniveaus u. dgl. benötigt. Wir wollen uns hier auf die Diskussion einiger wichtiger methodischer Fragen sowie die Darstellung der bekanntesten Typen von Preisindizes beschränken.

Während eine Preismesszahl die Preisveränderung **eines einzelnen** Gutes beschreibt, soll der Preisindex Auskunft über die Preisveränderung **vieler** Güter geben. Im Rahmen der amtlichen Statistik der Verbrauchspreise werden monatlich die Preise von ca. 750 Waren und Dienstleistungen erhoben. Die nahe liegende Auswertung, nämlich die Bildung von 750 Preismesszahlen, würde für die Datenkonsumenten (Politiker, Gewerkschafter, Verbraucher usw.) ein allzu verwirrendes Bild liefern. Es wäre trotz seiner Unübersichtlichkeit nicht einmal vollständig; denn die unterschiedliche Bedeutung der verschiedenen Waren und Dienstleistungen

[2] Gelegentlich bedeutet x_i auch die Merkmalsausprägung in der Stadt i, der Region i oder dem Land i. Auch dann bezeichnet man die Quotienten als Messzahlen; sie dienen dann dem räumlichen Vergleich, etwa dem Vergleich des Luftverschmutzungsgrades in verschiedenen Regionen.

kommt in den Preisen oder Preismesszahlen noch nicht zum Ausdruck. Ein praktikabler Preisindex sollte deshalb möglichst einfach sein, d. h. aus einer einzigen Zahl bestehen, und ferner neben den Preisen auch die Bedeutung der einzelnen Waren und Dienstleistungen berücksichtigen. Diesen Erfordernissen genügen die im nächsten Abschnitt behandelten Preisindizes. Für die Preise der n Güter und die **Warenkörbe**, d. h. die jeweils in der Basisperiode (0) bzw. der Berichtsperiode (t) verbrauchten Mengen, wird die folgende Symbolik benutzt:

$$\begin{array}{lll} p_0(1),\ldots,p_0(n): & \text{Preise in der Basisperiode} & 0\,, \\ p_t(1),\ldots,p_t(n): & \text{Preise in der Berichtsperiode} & t\,, \\ q_0(1),\ldots,q_0(n): & \text{Mengen in der Basisperiode} & 0\,, \\ q_t(1),\ldots,q_t(n): & \text{Mengen in der Berichtsperiode} & t\,. \end{array}$$

Formal stellt sich damit das Problem, eine Formel zu entwickeln, die obigen $4n$ Variablen eine einzige Zahl zuordnet. Irving Fisher versuchte 1922, die Gesamtheit aller denkbaren Indexformeln durch eine Reihe von Postulaten, die sogenannten **Fisherschen Tests**, auf einige wenige „vernünftige" Indizes zu reduzieren.[3] Obwohl er seinen „Idealindex" propagierte, fand er keinen Index, der alle aufgestellten Tests gleichzeitig erfüllt. Wald (1937b) wies nach, dass es in der Tat vergebliche Mühe wäre, einen Index zu suchen, der alle Fisherschen Tests simultan erfüllt. In der Folgezeit wurden einige modifizierte Systeme von Postulaten als unerfüllbar nachgewiesen; durch das von Eichhorn/Voeller (1976) aufgestellte allgemeine Inkonsistenztheorem wurde ein vorläufiger Abschluss dieser Diskussion erreicht.

5.3 Spezielle Preisindizes

Die beiden wichtigsten Preisindizes sind diejenigen von Laspeyres und Paasche; sie werden in Abschnitt 5.3.1 behandelt. Die in Abschnitt 5.3.2 kurz angesprochenen Indizes finden in der amtlichen Statistik dagegen kaum Verwendung.

5.3.1 Die Preisindizes von Laspeyres und Paasche

Bis zu den Arbeiten von Laspeyres (1871) und Paasche (1874) diente vorwiegend das (ungewichtete) arithmetische Mittel von Preismesszahlen als Anhaltspunkt für die Preisentwicklung. In diesen beiden Arbeiten wurde eine Gewichtung vorgeschlagen, die sich im Falle des Laspeyres-Index an dem Warenkorb der Basisperiode und im Falle des Paasche-Index an dem Warenkorb der Berichtsperiode orientiert. Der **Preisindex von Laspeyres** ist definiert als

$$P_{0t}^{\mathrm{L}} = \sum_{i=1}^{n} \frac{p_t(i)}{p_0(i)} \cdot g_0(i) \quad \text{mit} \quad g_0(i) = \frac{p_0(i)q_0(i)}{\sum\limits_{j=1}^{n} p_0(j)q_0(j)}\,, \tag{41}$$

[3] So beinhaltet beispielsweise einer dieser Tests, der Proportionalitätstest, die plausible Forderung, dass der Preisindex den Wert λ annehmen muss, wenn sich alle Preise „im Gleichschritt" um den Faktor λ verändern, vgl. Fisher (1967).

während der **Preisindex von Paasche** als

$$P_{0t}^{\mathrm{P}} = \sum_{i=1}^{n} \frac{p_t(i)}{p_0(i)} \cdot g_t(i) \quad \text{mit} \quad g_t(i) = \frac{p_0(i)q_t(i)}{\sum\limits_{j=1}^{n} p_0(j)q_t(j)} \tag{42}$$

definiert ist. Kürzt man hierbei jeweils $p_0(i)$, so erhält man die sogenannte **Aggregatform** der Indizes

$$P_{0t}^{\mathrm{L}} = \frac{\sum\limits_{i=1}^{n} p_t(i)q_0(i)}{\sum\limits_{i=1}^{n} p_0(i)q_0(i)} \quad \text{bzw.} \quad P_{0t}^{\mathrm{P}} = \frac{\sum\limits_{i=1}^{n} p_t(i)q_t(i)}{\sum\limits_{i=1}^{n} p_0(i)q_t(i)} \,, \tag{43}$$

aus der ersichtlich ist, dass P_{0t}^{L} und P_{0t}^{P} selbst als Messzahlen aufgefasst werden können, nämlich als Messzahlen derjenigen Aufwendungen, die für den Warenkorb der Basisperiode bzw. der Berichtsperiode erforderlich sind. Der Preisindex von Laspeyres (bzw. Paasche) gibt somit an, wie sich das Preisniveau geändert hätte, wenn das in der Basisperiode (bzw. Berichtsperiode) gültige Verbrauchsschema unverändert auch in der Berichtsperiode (bzw. Basisperiode) Gültigkeit hätte.

Beispiel 5.4: Wir definieren aus Gründen der Übersichtlichkeit einen sehr kleinen Warenkorb, bestehend aus Zigaretten, Bier und Kaffee. In vier fortlaufenden Jahren $0, \ldots, 3$ werden für den Jahresverbrauch pro Einwohner und die Preise folgende Daten zu Grunde gelegt:

Jahr / Gut i	0		1		2		3	
	$q_0(i)$	$p_0(i)$	$q_1(i)$	$p_1(i)$	$q_2(i)$	$p_2(i)$	$q_3(i)$	$p_3(i)$
Zigaretten (Stück)	476	0,1	553	0,1	598	0,08	707	0,08
Bier (l)	37	0,3	47	0,4	52	0,4	57	0,5
Kaffee (kg)	0,6	12	0,7	11	0,9	11	1,4	8

Hier errechnet man bei Verwendung der Aggregatform (43):

$$P_{01}^{\mathrm{L}} = \frac{0{,}1 \cdot 476 + 0{,}4 \cdot 37 + 11 \cdot 0{,}6}{0{,}1 \cdot 476 + 0{,}3 \cdot 37 + 12 \cdot 0{,}6} = 1{,}047\,;$$

$$P_{01}^{\mathrm{P}} = \frac{0{,}1 \cdot 553 + 0{,}4 \cdot 47 + 11 \cdot 0{,}7}{0{,}1 \cdot 553 + 0{,}3 \cdot 47 + 12 \cdot 0{,}7} = 1{,}051\,.$$

Ferner kann man aus obiger Tabelle die Indizes

$$P_{02}^{\mathrm{L}} = 0{,}903; \quad P_{03}^{\mathrm{L}} = 0{,}931; \quad P_{02}^{\mathrm{P}} = 0{,}911 \quad \text{und} \quad P_{03}^{\mathrm{P}} = 0{,}920$$

berechnen. Als Gewichtungsfaktor $g_0(2)$, mit dem bei P_{01}^{L} gemäß (41) die Preismesszahl

$$\frac{p_1(2)}{p_0(2)} = \frac{0{,}4}{0{,}3} = 1{,}33$$

für den Bierpreis gewichtet wird, erhält man beispielsweise

$$g_0(2) = \frac{p_0(2)q_0(2)}{\sum_{j=1}^{3} p_0(j)q_0(j)} = \frac{0{,}3 \cdot 37}{0{,}1 \cdot 476 + 0{,}3 \cdot 37 + 12 \cdot 0{,}6} = 0{,}17\,.$$

■

Der Laspeyres-Index eignet sich für die Erstellung längerer Zeitreihen aus den folgenden Gründen besser als der Paasche-Index:

- Das Gewichtungsschema bleibt konstant. Insofern spiegeln die Indexzahlen die Auswirkung der reinen Preisveränderung wider. Die Vergleichbarkeit der einzelnen Index-Werte ist deshalb eher als beim Paasche-Index gewährleistet.
- Die Preise sind einfacher zu erheben als die Verbrauchsgewohnheiten (ausgewählter Verbrauchergruppen).
- Bei neuen Gütern (wie z. B. Corona-Selbsttests, Elektroroller usw.), existiert kein Preis $p_0(i)$. Wegen $q_0(i) = 0$ ist der Laspeyres-Index dennoch berechenbar; die „Berechnung" des Paasche-Index hingegen ist erst durch Zuhilfenahme spezieller Kunstgriffe möglich.

Aus diesen Gründen veröffentlicht das Statistische Bundesamt Preisindizes vom Laspeyres-Typ. Einen gewissen Eindruck von der Vielfalt der preisstatistischen Aktivitäten vermittelt Beispiel 5.5.

Beispiel 5.5: Der aus den Massenmedien bekannte Preisindex bezieht sich auf die Lebenshaltung aller privaten Haushalte. Daneben werden monatlich Preisindizes für spezielle Haushaltstypen berechnet sowie beispielsweise Indizes der Einfuhrpreise, der Ausfuhrpreise, der Grundstoffpreise, der Erzeugerpreise landwirtschaftlicher Produkte. Der zum Preisindex für die Lebenshaltung aller Haushalte gehörende Warenkorb wird ca. alle 5 Jahre aktualisiert. Seit Anfang 2019 liegt der Warenkorb von 2015 (davor derjenige von 2010) zu Grunde.

Die Gewichte $g_0(i)$ sind dergestalt, dass (bei Aggregation zu größeren Verbrauchsgruppen) die in der Tabelle angegebenen Prozentzahlen resultieren:[4]

Verbrauchsgruppe	Basisjahr 2005	Basisjahr 2010	Basisjahr 2015
Nahrungsmittel/alkoholfreie Getränke	10,36	10,27	9,69
Alkoholische Getränke/Tabakwaren	3,90	3,76	3,78
Bekleidung/Schuhe	4,89	4,49	4,53
Wohnung/Wasser/Strom/Gas/andere Brennstoffe	30,80	31,73	32,47
Möbel/Leuchten/anderes Haushaltszubehör	5,59	4,98	5,00
Gesundheitspflege	4,03	4,44	4,61
Verkehr	13,19	13,47	12,91
Post/Telekommunikation	3,10	3,01	2,67
Freizeit/Unterhaltung/Kultur	11,57	11,49	11,34
Bildungswesen	0,74	0,88	0,90
Gaststätten-/Beherbergungsdienstleistungen	4,40	4,47	4,68
Andere Waren/Dienstleistungen	7,45	7,00	7,43

■

Aufgabe 5.6: Ein Laspeyres-Index zeigt folgendes Verhalten: Steigt der Benzinpreis um 8 % und bleiben alle restlichen Preise unverändert, so resultiert der Wert $P^{\mathrm{L}}_{0t} = 1{,}004$. Mit welchem Gewicht ist das Gut „Benzin" im Warenkorb vertreten? ■

[4] Zu finden unter: http://www.destatis.de, Suchstichwort: „Wägungsschema".

5.3.2 Weitere Preisindizes

Der von Irving Fisher 1922 vorgeschlagene **Idealindex** errechnet sich als das geometrische Mittel aus dem Laspeyres- und dem Paasche-Index:

$$P_{0t}^{\mathrm{F}} = \sqrt{P_{0t}^{\mathrm{L}} \cdot P_{0t}^{\mathrm{P}}} \; .$$

Der **Marshall-Edgeworth-Index** benutzt einen Warenkorb, der sich aus der Mittelung der Verbrauchsmengen in der Basis- und der Berichtsperiode ergibt:

$$P_{0t}^{\mathrm{ME}} = \frac{\sum_{i=1}^{n} p_t(i)[q_0(i) + q_t(i)]}{\sum_{i=1}^{n} p_0(i)[q_0(i) + q_t(i)]} \; .$$

Dem **Preisindex von Lowe** liegt ein Warenkorb zu Grunde, der sowohl von der Basis- als auch von der Berichtsperiode unabhängig ist:

$$P_{0t}^{\mathrm{LO}} = \frac{\sum_{i=1}^{n} p_t(i)q(i)}{\sum_{i=1}^{n} p_0(i)q(i)} \; .$$

Das verständliche Unbehagen an allen **mechanischen** (d. h. durch ein festes Gewichtungsschema definierten) **Preisindizes** hat zur Entwicklung einiger stärker ökonomisch bestimmter Indizes geführt. Stellvertretend sei hier auf den von A. Wald 1939 vorgeschlagenen **ökonomischen Preisindex** verwiesen. Er beruht – grob gesprochen – auf dem folgenden Grundgedanken: In jeder Periode werden die Verbrauchsausgaben nutzenmaximal auf die verschiedenen Güter verteilt. Beim Preisgefüge in der Periode 0 kann mit Ausgaben in Höhe von A_0 ein bestimmtes Nutzenniveau erreicht werden. Diejenigen Ausgaben, die bei Zugrundelegung des Preisgefüges der Periode t gerade gewährleisten, dass das alte Nutzenniveau wieder realisiert werden kann, seien mit A_t bezeichnet. Der ökonomische Index ist dann als Quotient A_t/A_0 dieser beiden Ausgaben definiert. Er liegt zwischen dem (zu kleinen) Paasche-Index und dem (zu großen) Laspeyres-Index, kann aber wegen der problematischen Nutzenmessung nicht praktisch erhoben werden.

5.4 Mengenindizes

Vertauschen wir beim Laspeyres- und Paasche-Index die Rolle der Preise und Mengen, so erhalten wir ebenfalls wieder sinnvoll interpretierbare Größen. Aus der Aggregatform (43) ergibt sich nämlich der **Mengenindex von Laspeyres**:

$$Q_{0t}^{\mathrm{L}} = \frac{\sum_{i=1}^{n} p_0(i)q_t(i)}{\sum_{i=1}^{n} p_0(i)q_0(i)} \; .$$

Fasst man die $q_0(i)$ bzw. $q_t(i)$ nicht als Verbrauchsmengen innerhalb eines Warenkorbs auf, sondern als produzierte Mengen (eines Sektors oder der Gesamtwirtschaft), so gibt Q^{L}_{0t} das Verhältnis an, in dem sich der Wert der Produktion, bewertet mit den Preisen der Basisperiode, geändert hat. Analog ist der **Mengenindex von Paasche**

$$Q^{\mathrm{P}}_{0t} = \frac{\sum\limits_{i=1}^{n} p_t(i)q_t(i)}{\sum\limits_{i=1}^{n} p_t(i)q_0(i)}$$

zu interpretieren.

5.5 Umbasierung, Verkettung und Verknüpfung von Indexwerten

Zur Vereinfachung der Bezeichnungsweise ist in diesem Abschnitt stets von Preisindizes die Rede; alle Überlegungen gelten analog für Mengenindizes.

Infolge der von Zeit zu Zeit erfolgenden Umstellung auf einen aktuelleren Warenkorb ist die Situation relativ häufig anzutreffen, dass eine längere Reihe von Indexwerten vorliegt, bei der unterschiedliche Basisperioden zu Grunde liegen; eine typische Reihe ist beispielsweise:

$$P_{01},\ P_{02},\ P_{03},\ P_{04},\ P_{45},\ P_{46},\ P_{47}\ .$$

Die Vergleichbarkeit und Interpretationsmöglichkeit dieser Reihe ist infolge des Wechsels der Basisperiode stark eingeschränkt. Die in der Überschrift genannten Begriffe zielen darauf ab, aus derartigen Indexwerten eine durchgehende, einheitliche Zeitreihe zu bilden. Die erforderlichen rechnerischen Manipulationen sind allerdings immer dann problematisch, wenn der betrachtete Index die **Rundprobe**[5] verletzt. Sie besagt, dass für beliebige Basisperioden und beliebige Berichtsperioden die Gleichung

$$P_{0t} = P_{01} \cdot P_{12} \cdot \ldots \cdot P_{t-1,t} \qquad (44)$$

gelten muss. Die linke Seite von (44) vermittelt einen direkten Vergleich der Perioden 0 und t, während die rechte Seite nur einen indirekten Vergleich dieser Perioden über den „Umweg“ benachbarter Zwischenperioden vermittelt; Abbildung 5.1 verdeutlicht die Situation. Von allen in Abschnitt 5.3 aufgeführten Indizes genügt nur der Lowe-Index der Rundprobe.

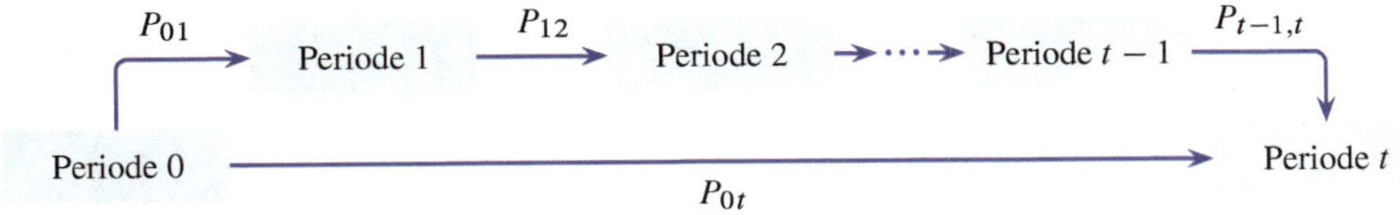

Abb. 5.1: Bei Gültigkeit der Rundprobe (44) führt der mittelbare Vergleich der Perioden 0 und t (oberer Pfeilweg) zu demselben Indexwert wie der unmittelbare Vergleich (unterer Pfeil)

[5] Dies ist ebenfalls einer der von Irving Fisher aufgestellten Tests (in seiner Terminologie der „circular test“), vgl. den Nachdruck Fisher (1967).

5.5.1 Umbasierung

Als **Umbasierung** einer Zeitreihe $P_{01}, P_{02}, P_{03}, \ldots$ von Indexwerten mit der Basisperiode 0 auf die neue Basisperiode τ ($\geqq 1$) bezeichnet man die Bildung der Zeitreihe

$$P^*_{\tau t} = \frac{P_{0t}}{P_{0\tau}}, \qquad t = \tau + 1, \tau + 2, \ldots \tag{45}$$

Vergleicht man beim Laspeyres-Index den Wert $P^*_{\tau t}$ mit dem echten (d. h. aufgrund des tatsächlichen Warenkorbs der Periode τ ermittelten) Indexwert $P_{\tau t}$, so stellt man fest, dass die Übereinstimmung nur dann generell gilt, wenn die Rundprobe erfüllt ist.[6] Für den Laspeyres-Index ist (vgl. nachfolgendes Beispiel 5.7) die Gleichung $P^*_{\tau t} = P_{\tau t}$ i. Allg. verletzt.

5.5.2 Verkettung

Als **Verkettung** von Indexwerten $P_{01}, P_{12}, P_{23}, \ldots$ über benachbarte Zeitperioden bezeichnet man die Bildung einer Zeitreihe mit der gemeinsamen Basisperiode 0 gemäß der Vorschrift

$$P^*_{0t} = P_{01} \cdot P_{12} \cdot \ldots \cdot P_{t-1,t} \ .$$

Die Bedingung, dass dieser rechnerisch erzeugte Indexwert P^*_{0t} mit dem tatsächlichen Indexwert P_{0t} generell übereinstimmt, ist sogar direkt identisch mit der Rundprobe (44).

5.5.3 Verknüpfung

Durch die Verwendung verschiedener Basisperioden oder durch den Übergang zu anderen Modalitäten (etwa die Umstellung von einer fünfköpfigen auf eine vierköpfige „Normalfamilie") können zwei Zeitreihen von Indexwerten

$$\begin{array}{ll} \text{Reihe 1:} & P_{01}, P_{02}, \ldots, P_{0t} \\ \text{Reihe 2:} & \qquad\qquad \ldots, P'_{\tau t}, P'_{\tau,t+1}, \ldots \end{array}$$

entstehen, die man miteinander zu einer langen Zeitreihe verknüpfen möchte. Sobald sich die beiden Reihen – wie es hier der Fall ist – in einer Zeitperiode t überlappen, stehen zur **Verknüpfung** die folgenden beiden Alternativen zur Verfügung:

- Die zweite Reihe wird an die erste Reihe angeschlossen:

$$\underbrace{P_{01}, P_{02}, \ldots, P_{0t}}_{\substack{\text{die Werte der Reihe 1} \\ \text{bleiben unangetastet}}}, \underbrace{\frac{P_{0t}}{P'_{\tau t}} \cdot P'_{\tau,t+1}, \frac{P_{0t}}{P'_{\tau t}} \cdot P'_{\tau,t+2}, \ldots}_{\substack{\text{die Werte der Reihe 2 werden um} \\ \text{einen Faktor geändert}}} \tag{46}$$

[6] Multiplizieren wir (45) mit $P_{0\tau}$, so erhalten wir $P_{0\tau} \cdot P^*_{\tau t} = P_{0t}$; andererseits lässt sich aus (44) sofort die Beziehung $P_{0\tau} \cdot P_{\tau t} = P_{0t}$ folgern.

- Die erste Reihe wird an die zweite Reihe angeschlossen:

$$\underbrace{\frac{P'_{\tau t}}{P_{0t}} \cdot P_{01}, \frac{P'_{\tau t}}{P_{0t}} \cdot P_{02}, \ldots, \frac{P'_{\tau t}}{P_{0t}} \cdot P_{0t} = P'_{\tau t}}_{\text{die Werte der Reihe 1 werden um einen Faktor geändert}}, \underbrace{P'_{\tau,t+1}, P'_{\tau,t+2}, \ldots}_{\text{die Werte der Reihe 2 bleiben unangetastet}} \tag{47}$$

Die bei (46) bzw. (47) benutzten Faktoren sind gerade so gewählt, dass für die Zeitperiode t ein „nahtloser" Übergang gewährleistet wird. Leider ist die Terminologie in der Literatur nicht ganz einheitlich; gelegentlich wird diese Verknüpfung ebenfalls als Verkettung bezeichnet.

Beispiel 5.7: Wir greifen auf die Daten aus Beispiel 5.4 zurück und wenden auf diese die Operationen Umbasierung, Verkettung und Verknüpfung an. Neben den bereits angegebenen Laspeyres-Indizes (die Kennzeichnung durch das hochgestellte L lassen wir weg) $P_{01} = 1{,}047$; $P_{02} = 0{,}903$ und $P_{03} = 0{,}931$ können drei weitere Laspeyres-Indizes berechnet werden:

$$P_{12} = 0{,}865; \quad P_{13} = 0{,}897 \quad \text{und} \quad P_{23} = 1{,}032\,.$$

Beim Umbasieren gemäß (45) erhalten wir beispielsweise

$$P^*_{13} = \frac{P_{03}}{P_{01}} = \frac{0{,}931}{1{,}047} = 0{,}889 \qquad (\neq P_{13})\,.$$

Die Verkettung liefert beispielsweise

$$P^*_{03} = P_{01} \cdot P_{12} \cdot P_{23} = 1{,}047 \cdot 0{,}865 \cdot 1{,}032 = 0{,}935 \qquad (\neq P_{03})\,.$$

Wenn wir die Reihen

$$\begin{array}{ll} P_{01}, P_{02} & \\ & P_{12}, P_{13} \end{array}$$

durch Anschluss der zweiten Reihe an die erste miteinander verknüpfen, so erhalten wir die Reihe

$$P_{01}, \quad P_{02} \quad \text{und} \quad \frac{P_{02}}{P_{12}} \cdot P_{13}$$

mit den numerischen Werten

$$1{,}047; \quad 0{,}903 \quad \text{und} \quad \frac{0{,}903}{0{,}865} \cdot 0{,}897 = 0{,}936\,.$$

Erwartungsgemäß ist der dritte Wert wieder nur eine Approximation an den exakten Wert $P_{03} = 0{,}931$.■

5.6 Kritische Zusammenfassung, Literaturhinweise

Beziehungszahlen sind schon von der Definition her problematisch; auch Messzahlen können problematisch sein, wenn die Basisperiode sehr irregulär ist. Dass sogar die Interpretation von Gliederungszahlen problematisch sein kann, zeigt der altbekannte Kalauer „am gefährlichsten ist es im Bett, denn darin kommen die meisten Menschen um", der sich offensichtlich auf eine Gliederungszahl stützt. In Pfanzagl (1983) werden die Verhältniszahlen besonders ausführlich dargestellt. Dort sowie bei Menges/Skala (1973) und Schwarze (2014) ist auch die Standardisierung (Umrechnung der Verhältniszahlen statistischer Massen mit unterschiedlicher Struktur auf eine einheitliche Struktur für Vergleichszwecke) eingehender beschrieben.

Bei der Erörterung der Indexzahlen blieb beispielsweise unerwähnt, wie gut die in den Warenkorb aufgenommenen Güter die Gesamtheit aller Güter repräsentieren, wie Qualitätsänderungen berücksichtigt werden sollen, ob (und gegebenenfalls wie) die Güter mit saisonabhängigen Preisen Eingang finden sollten und wie stark der Stichprobencharakter der Preise (wenn diese bei stichprobenartig ausgewählten Geschäften erhoben werden) den Indexwert beeinflusst. Hinsichtlich des letzteren Problems sei auf Mundlos/Schwarze (1978) verwiesen. Bezüglich der anderen Probleme können u. a. Menges/Skala (1973), Pfanzagl (1983) sowie die wirtschaftsstatistischen Lehrbücher Abels (1993), v. d. Lippe (1996) empfohlen werden. Stellvertretend für die in diesem Kapitel nicht dargestellten Indizes sei auf die „faktoriellen Indizes“, die auf dem Prinzip der kleinsten Quadrate beruhenden Indizes, die Kettenindizes und die Divisia-Indizes hingewiesen. Die beiden Letzteren sind Beispiele für Indexzahlen, die nicht nur die Daten der Basis- und Berichtsperiode benötigen, sondern auch die Daten aller Zwischenperioden. Die Aussagefähigkeit von Divisia-Indizes wird beispielsweise bei Mundlos (1982) und diejenige von Kleinst-Quadrate-Indizes bei Bamberg/Spremann (1985) diskutiert; das Pro und Contra von Kettenindizes erörtert v. d. Lippe (2000). Für die mit dem Indexzahlen-Problem eng zusammenhängenden Methoden zur Berechnung von Kaufkraft-Paritäten sei beispielsweise auf die Monografien von Voeller (1981) und Heller (1982) verwiesen.

Der aus der Tages- und Wirtschaftspresse wohlbekannte Deutsche Aktienindex **DAX** ist weder ein Paasche- noch ein Laspeyres-Index. Er ist als sog. Performance-Index konstruiert, der die Wertentwicklung eines Portfolios widerspiegeln soll, das die Aktien der 30 DAX-Gesellschaften in passender Gewichtung enthält. Dividendenzahlungen und Kapitalerhöhungen werden durch Korrekturfaktoren in (fiktive) Reinvestitionen umgerechnet. Diese sowie der meist am „Verkettungstag“ (dem 3. Freitag im September) erfolgende Austausch von DAX-Gesellschaften verhindern die Konstanthaltung eines Mengengerüsts. Am Verkettungstag wird eine Verknüpfung ganz analog zu (46) vorgenommen; für den resultierenden Faktor hat sich allerdings die Bezeichnung „Verkettungsfaktor“ (statt Verknüpfungsfaktor) eingebürgert. Neben dem Performance-Index DAX gibt es noch einen reinen Kursindex. Dieser liefert natürlich kleinere Indexstände und spielt in der öffentlichen Wahrnehmung kaum eine Rolle.

6. Kapitel:

Zeitreihenzerlegung und Saisonbereinigung

Beobachtete (oder auch errechnete) Werte y_t, die für jede der $t = 1, \ldots, n$ Zeitperioden vorliegen, bezeichnet man als **Zeitreihe**. Die in diesem Kapitel dargestellte Zeitreihenzerlegung basiert auf der Annahme, dass sich die beobachteten Zeitreihenwerte y_t eines kardinalskalierten Merkmals additiv aus verschiedenen „Bewegungskomponenten“, z. B. dem Trend, der zyklischen Komponente, der Saisonkomponente und einer irregulären Komponente, zusammensetzen. Im Gegensatz zu der bisher im Vordergrund stehenden Komprimierung von Beobachtungsdaten wird bei der Zeitreihenzerlegung das anspruchsvollere Ziel verfolgt, „hinter die Kulisse der Daten“ zu schauen und die nicht direkt beobachtbaren Komponenten aus den beobachteten Zeitreihenwerten „herauszurechnen“.

6.1 Das additive Zeitreihenmodell

Typische Beispiele, für die alle oben erwähnten Komponenten relevant sein können, sind etwa Absatz- oder Umsatzzahlen von Saisonartikeln, Arbeitslosenzahlen insgesamt oder in verschiedenen Branchen, Wasser- oder Stromverbrauch, Importe von Südfrüchten oder die industrielle Nettoproduktion.

Um den wichtigen Spezialfall direkt ansprechen zu können, möge es sich bei den Zeitperioden um Monate handeln. Die Additivität des Modells besagt, dass y_t gemäß

$$y_t = T_t + Z_t + S_t + U_t \qquad (\text{für } t = 1, 2, \ldots, n) \tag{48}$$

zusammengesetzt ist. Dabei haben die Symbole die folgende Bedeutung: T_t ist die **Trendkomponente**; ihr Verlauf wird durch langfristig wirkende Ursachen bedingt und ist entweder monoton wachsend (Ursachen: Erhöhung des Lebensstandards, Verbesserung der Infrastruktur, technischer Fortschritt usw.) oder monoton fallend (Ursachen: Annäherung an Sättigungsgrenzen, Erschöpfung von Rohstoffquellen usw.). Solange der Untersuchungszeitraum (= n Monate) nicht die Größenordnung von Jahrzehnten erreicht, wird T_t gewöhnlich als lineare Funktion von t betrachtet werden können. Z_t ist die **zyklische Komponente**; ihr Verlauf wird durch die Konjunkturzyklen bedingt. Z_t ist infolgedessen eine wellenförmige Funktion. S_t ist die **Saisonkomponente**; ihr Verlauf ist ebenfalls wellenförmig und wird durch den jahreszeitlichen Wechsel bedingt. U_t ist die **irreguläre Komponente**. Die U_t-Werte entstehen aufgrund derjenigen Ursachen, die zu keinem der bereits genannten Ursachenkomplexe zu zählen sind. Es wird angenommen, dass die U_t-Werte relativ klein sind und regellos um den Wert 0 schwanken. U_t wird auch als unerklärter Rest, als Zufallsschwankung oder als Störvariable bezeichnet.

Auf die Problematik dieser Definitionen gehen wir erst in Abschnitt 6.6 näher ein. Wir wollen uns hier zunächst mit der grafischen Veranschaulichung einiger Zeitreihen beschäftigen. Tragen wir die n Punkte (t, y_t) in ein Koordinatensystem ein, so erhalten wir ein **Zeitreihendiagramm**. Verbinden wir zur Erhöhung der Anschaulichkeit benachbarte Punkte durch eine Strecke, so erhalten wir das dazugehörige **Zeitreihenpolygon**. Abbildung 6.1 zeigt das Zeitreihendiagramm und das Zeitreihenpolygon für den Einzelhandelsumsatz einer bestimmten Branche; die ausgeprägte Spitze im Dezember ist auf das Weihnachtsgeschäft zurückzuführen.

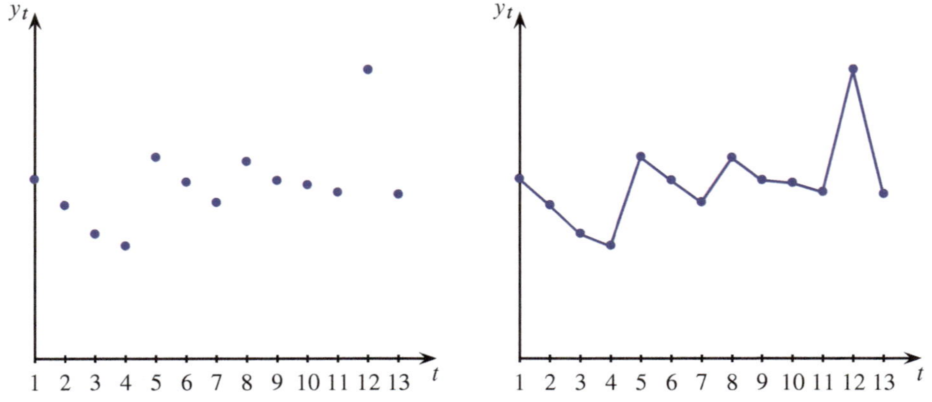

Abb. 6.1: Zeitreihendiagramm (links) und Zeitreihenpolygon (rechts) für den monatlichen Umsatz im Einzelhandel

In Abbildung 6.2 werden ein linear anwachsender Trend und ein sechsjähriger Konjunkturzyklus zu Grunde gelegt; die Zeitreihenpolygone entstehen infolge der Überlagerung des Trends durch die Konjunktur sowie durch Überlagerung der drei Komponenten T, Z und S. Auf die Skizzierung der zusätzlichen Überlagerung durch die irreguläre Komponente U – und damit auf eine Skizzierung der gemäß Modell (48) resultierenden Zeitreihe y_t – wurde aus Gründen der Übersichtlichkeit verzichtet.

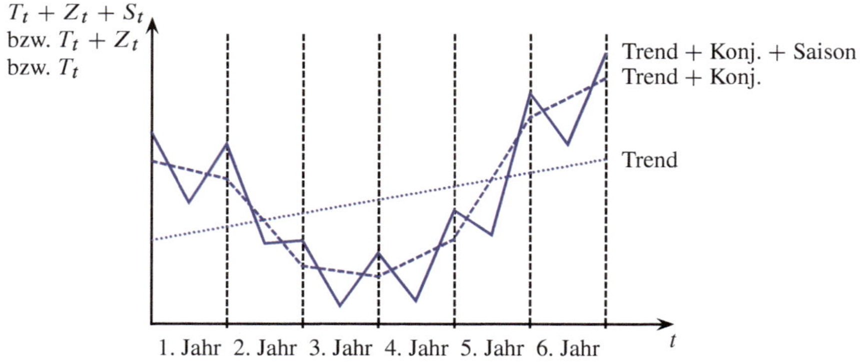

Abb. 6.2: Überlagerung des Trends durch konjunkturelle und saisonale Schwankungen

6.2 Zur Ermittlung der Zeitreihenkomponenten

Die Ermittlung der Trendkomponente T_t erfolgt in der Regel mittels einer linearen oder nichtlinearen Regression mit der Zeit t als unabhängiger und y als abhängiger Variablen. Die Regressionsfunktion ist natürlich nur dann aussagekräftig, wenn die Zeitreihe genügend lang ist, d. h. nach Möglichkeit mehrere Konjunkturzyklen umfasst.

Die Ermittlung der zyklischen Komponente erfolgt in der Weise, dass zuerst die **glatte Komponente**

$$G_t = T_t + Z_t \ ,$$

also die Überlagerung von Trend und zyklischer Komponente geschätzt wird. Dies geschieht mithilfe der in Abschnitt 6.3 beschriebenen gleitenden Durchschnitte. Die zyklische Komponente ergibt sich dann durch Subtraktion des Trends von der glatten Komponente. Für das Erkennen konjunktureller Wendepunkte oder die Durchführung einer Saisonbereinigung ist eine Aufspaltung der glatten Komponente allerdings nicht erforderlich.

Die Ermittlung der Saisonkomponente wird in den Abschnitten 6.4 und 6.5 geschildert. Die irreguläre Komponente kann im Rahmen der deskriptiven Statistik nicht weiter analysiert werden; die einschlägigen Methoden der **Zeitreihenanalyse** werden in Kapitel 15 kurz angesprochen. Wie sogleich ersichtlich wird, basieren die Verfahren der Abschnitte 6.3 und 6.4 auf den folgenden (teilweise etwas dehnbar formulierten) Annahmen.

Annahme 1: Die glatte Komponente kann innerhalb eines Zeitraumes von 13 Monaten ohne größeren Fehler durch eine Gerade approximiert werden.

Annahme 2: Die Werte der Saisonkomponente sind für alle gleichnamigen Monate gleich, d. h. es gilt $S_t = S_{t+12}$ (für $t = 1, 2, \dots$). Ferner sei die **Saisonfigur**, d. h. das 12-Tupel $(S_1, S_2, \dots, S_{12})$ aller Monatswerte eines Jahres, auf die Summe 0 normiert:

$$S_1 + S_2 + \cdots + S_{12} = 0 \,. \tag{49}$$

Annahme 3: Man begeht allenfalls einen vernachlässigbaren Fehler, wenn man eine Summe oder ein gewogenes Mittel über Werte der irregulären Komponente durch 0 ersetzt.

Annahme 1 ist umso besser erfüllt, je größer die Dauer eines Konjunkturzyklus im Vergleich zu einem Einjahreszeitraum ist. Da die (Nachkriegs-)Konjunkturzyklen eine Dauer von vier bis sieben Jahren hatten, erscheint diese Annahme nicht abwegig. Die in Annahme 2 geforderte **Konstanz der Saisonfigur** ist sicherlich nicht in allen Anwendungsfällen gegeben. Die Normierung (49) bedeutet dagegen keine weitere Einschränkung der Allgemeinheit.[1] Auf einen speziellen Fall einer variablen Saisonfigur kommen wir in Abschnitt 6.5 zu sprechen. Annahme 3 ist weniger kritisch; sie bedeutet lediglich eine Umformulierung dessen, was man unter „regellos um den Wert 0 schwankend“ versteht.

6.3 Gleitende Durchschnitte

Bildet man für eine beliebige Zeitreihe $x_1, \dots, x_n$ jeweils das arithmetische Mittel

$$x_t^* = \frac{1}{2k+1} \sum_{\tau=t-k}^{t+k} x_\tau \qquad (t = k+1, \dots, n-k) \tag{50}$$

aus dem Zeitreihenwert x_t selbst sowie aus den k vorangehenden und k nachfolgenden Zeitreihenwerten, so erhält man eine um $2k$ Glieder verkürzte Zeitreihe; denn für die ersten k und die letzten k Zeitperioden ist x_t^* nicht definiert. Man bezeichnet x_t^* als **gleitenden Durchschnitt** oder als gleitendes Mittel; genauer ist die Bezeichnung **„gleitender Durchschnitt der ungeraden Ordnung $2k + 1$“**. Für die Ordnung $2k + 1 = 1$ (also für $k = 0$) stimmt die Reihe der gleitenden Durchschnitte noch mit der Originalreihe x_t überein; je größer die Ordnung gewählt wird, desto glatter verläuft die x_t^*-Reihe (vgl. Abbildung 6.3).

[1] Im Rahmen des Modells (48) kann nämlich stets eine Konstante von S_t abgezogen und gleichzeitig der glatten Komponente zugeschlagen werden.

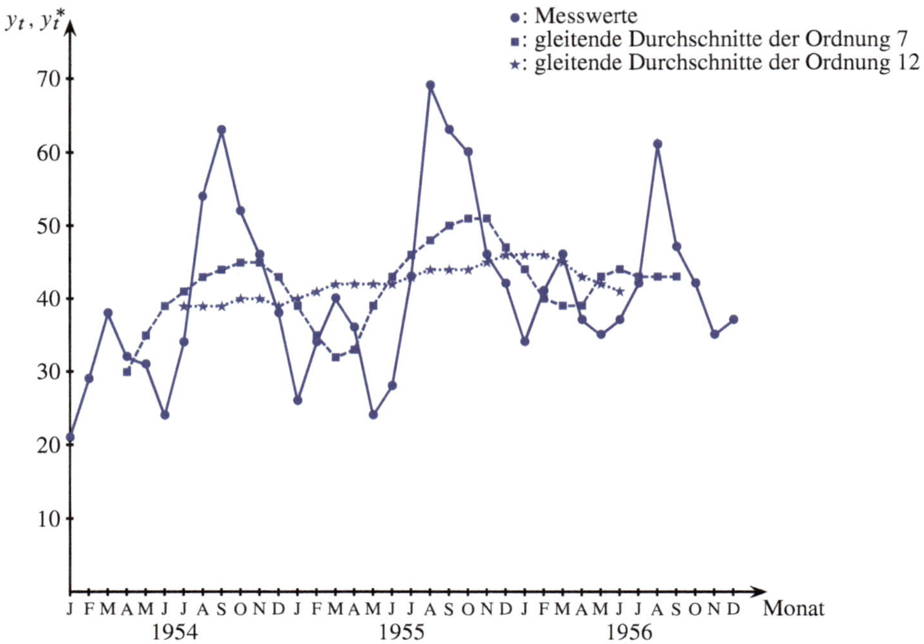

Abb. 6.3: Monatliche Anlandungen y_t der deutschen Hochseefischerei sowie gleitende Durchschnitte y_t^* der Ordnung 7 bzw. 12; vgl. nachfolgendes Beispiel 6.1

Wir werden die Bildung gleitender Durchschnitte auf die zu analysierende Zeitreihe y_t und auf ihre verschiedenen Komponenten anwenden in der Hoffnung, den Einfluss der Saisonkomponente und der irregulären Komponente „herauszufiltern". Angesichts der Normierung (49) von jeweils 12 sukzessiven Monatswerten auf die Summe 0 liegt es nahe, einen **gleitenden Durchschnitt von gerader Ordnung 2*k*** zu verwenden. Dieser basiert auf denselben $2k + 1$ Zeitreihenwerten wie das Mittel (50); allerdings werden nun der erste und der letzte Wert nur mit dem halben Gewicht berücksichtigt:

$$x_t^* = \frac{1}{2k} \cdot \left[\frac{1}{2} \cdot x_{t-k} + \frac{1}{2} \cdot x_{t+k} + \sum_{\tau=t-(k-1)}^{t+(k-1)} x_\tau \right] \qquad (t = k+1, \ldots, n-k)\,. \qquad (51)$$

Als wichtigster Spezialfall ist der **gleitende 12-Monats-Durchschnitt** zu erwähnen, der sich aus (51) bei Verwendung von Monatsdaten und $k = 6$ ergibt:

$$x_t^* = \frac{1}{12} \cdot \left[\frac{1}{2} \cdot x_{t-6} + \frac{1}{2} \cdot x_{t+6} + \sum_{\tau=t-5}^{t+5} x_\tau \right] \qquad (t = 7, \ldots, n-6)\,. \qquad (52)$$

Bilden wir für unser Zeitreihenmodell $y_t = G_t + S_t + U_t$ gleitende 12-Monats-Durchschnitte, so stehen diese in folgender Relation:

$$y_t^* = G_t^* + S_t^* + U_t^*\,. \qquad (53)$$

Wegen Annahme 2 aus Abschnitt 6.2 verschwindet S_t^*. Aufgrund von Annahme 3 verschwindet U_t^* annähernd. Wegen Annahme 1 ist schließlich G_t^* annähernd mit G_t identisch.[2] Damit reduziert sich (53) auf

$$y_t^* \approx G_t \ .$$

Verbal ausgedrückt bedeutet dies: Der gleitende 12-Monats-Durchschnitt y_t^* der Zeitreihe y_t stellt (bei Zugrundelegung der Annahmen aus Abschnitt 6.2) eine passable Schätzung für die glatte Komponente G_t dar.

Beispiel 6.1: Den Statistischen Jahrbüchern für die Bundesrepublik 1955, 1956 und 1957 wurden die monatlichen Anlandungen y_t der deutschen Dampferhochseefischerei entnommen; die nachfolgende Tabelle enthält diese Zeitreihenwerte (in 1 000 Tonnen gemessen und gerundet) sowie die nach (50) bzw. (52) berechneten und ebenfalls auf ganze Zahlen gerundeten gleitenden Durchschnitte y_t^* der Ordnung 7 bzw. 12:

	1954			1955			1956		
Monat	y_t	Ordnung 7 y_t^*	Ordnung 12 y_t^*	y_t	Ordnung 7 y_t^*	Ordnung 12 y_t^*	y_t	Ordnung 7 y_t^*	Ordnung 12 y_t^*
Januar	21	–	–	26	39	40	34	44	46
Februar	29	–	–	34	35	41	41	40	46
März	38	–	–	40	32	42	46	39	45
April	32	30	–	36	33	42	37	39	43
Mai	31	35	–	24	39	42	35	43	42
Juni	24	39	–	28	43	42	37	44	41
Juli	34	41	39	43	46	43	42	43	–
August	54	43	39	69	48	44	61	43	–
September	63	44	39	63	50	44	47	43	–
Oktober	52	45	40	60	51	44	42	–	–
November	46	45	40	46	51	45	35	–	–
Dezember	38	43	39	42	47	46	37	–	–

Abbildung 6.3 zeigte bereits die Zeitreihenpolygone dieser drei Zeitreihen. Wie oben erwähnt, liefert eine höhere Ordnung ein glatteres Polygon für den gleitenden Durchschnitt; je höher die Ordnung, desto stärker werden die Spitzen abgeschliffen, desto mehr Werte gehen aber auch an den Reihenenden verloren. ▪

Aufgabe 6.2: Berechnen Sie auf Basis der Daten des Beispiels 6.1 den gleitenden Durchschnitt

a) der Ordnung 2 für Juni 1955,
b) der Ordnung 3 für Dezember 1954. ▪

6.4 Saisonbereinigung bei konstanter Saisonfigur

Da der gleitende 12-Monats-Durchschnitt y_t^* als Schätzung für die glatte Komponente G_t verwendet wird, kann die Differenz $y_t - y_t^*$ als die **um die glatte Komponente bereinigte Zeitreihe** aufgefasst werden. Für sie gilt wegen der Additivität (48) des Modells:

$$y_t - y_t^* \approx S_t + U_t \ . \tag{54}$$

[2] Wenn die glatte Komponente über dem „Stützbereich" $[t-6; t+6]$ eine exakt lineare Funktion wäre, so müsste, wie man durch Einsetzen in (52) direkt verifizieren kann, sogar exakt $G_t^* = G_t$ gelten.

Diese bereinigten Werte müssen wir im Folgenden über gleichnamige Monate mitteln. Zu diesem Zweck eignet sich eine Doppelindizierung der Zeitreihenwerte besser als die bisherige Durchnummerierung. Es bezeichne $y_{i,j}$ den Zeitreihenwert für den j-ten Monat des i-ten Jahres; entsprechend sind $y^*_{i,j}$ und $S_{i,j}$ sowie $U_{i,j}$ aufzufassen. So ist in Beispiel 6.1 der Zeitreihenwert y_3 (= Wert für den März 1954) in dieser Symbolik als $y_{1,3}$ zu schreiben; der Zeitreihenwert y_{16} (= Wert für den April 1955) ist mit $y_{2,4}$ zu bezeichnen usw. Wegen der Konstanz der Saisonfigur (Annahme 2 aus Abschnitt 6.2) ist $S_{i,j}$ vom Jahr unabhängig; wir können deshalb

$$S_{i,j} = S_j$$

setzen. Für S_j sind die Bezeichnungen **monatstypische Abweichung** oder **Saisonveränderungszahl** (für den j-ten Monat) üblich. Die Mittelung der um die glatte Komponente bereinigten Daten (54) liefert für jeden Monat eine Zahl

$$\widetilde{S}_j = \frac{1}{m_j} \sum_{i \in M_j} (y_{i,j} - y^*_{i,j}) \approx S_j + \frac{1}{m_j} \sum_{i \in M_j} U_{i,j} \qquad (j = 1, \ldots, 12)\,. \tag{55}$$

Dabei bedeuten M_j die Menge und m_j die Anzahl der Jahre, für die der Wert (54) des j-ten Monats errechnet wurde; in Beispiel 6.1 ist $M_1 = \cdots = M_6 = \{2, 3\}$ und $M_7 = \cdots = M_{12} = \{1, 2\}$, sodass m_j stets gleich 2 ist.

Mit der Berechnung der 12 Werte $\widetilde{S}_1, \ldots, \widetilde{S}_{12}$ sind wir fast am Ziel. Denn ein Blick auf die rechte Seite von (55) zeigt uns (wegen Annahme 3 aus Abschnitt 6.2), dass $\widetilde{S}_j$ bereits als roher Schätzwert für die Saisonveränderungszahl S_j aufgefasst werden kann. Wegen der Normierung (49) der S_j werden auch die $\widetilde{S}_j$ auf die Summe 0 normiert, indem von jedem $\widetilde{S}_j$ dasselbe Korrekturglied subtrahiert wird:

$$\widehat{S}_j = \widetilde{S}_j - \frac{1}{12} \sum_{j=1}^{12} \widetilde{S}_j \qquad (j = 1, \ldots, 12)\,. \tag{56}$$

Dieses $\widehat{S}_j$ ist die gesuchte Schätzung für die monatstypische Abweichung S_j.

In fünf Schritten zusammengefasst, verläuft die Saisonbereinigung folgendermaßen:

Schritt 1: Für die Zeitreihe y_t werden gemäß (52) gleitende 12-Monats-Durchschnitte y^*_t errechnet.

Schritt 2: Die um die glatte Komponente bereinigte Zeitreihe $y_t - y^*_t$ wird gebildet.

Schritt 3: Durch Mittelung der Werte aus Schritt 2 werden die (noch nicht normierten) Werte $\widetilde{S}_j$ gemäß (55) für jeden Monat j berechnet.

Schritt 4: Der gemäß (56) ermittelte normierte Wert $\widehat{S}_j$ wird als Schätzung für die monatstypische Abweichung S_j benutzt.

Schritt 5: Die saisonbereinigte Zeitreihe besteht aus den Differenzen $y_{i,j} - \widehat{S}_j$ zwischen den ursprünglichen Zeitreihenwerten $y_{i,j}$ und den jeweiligen Werten $\widehat{S}_j$.

Beispiel 6.3: Wir greifen auf die Daten des Beispiels 6.1 zurück und verwenden die gerundeten Zahlen für die 12-Monats-Durchschnitte y_t^*. Die in den Schritten 2, 3 und 4 errechneten Daten wurden in die folgende Tabelle eingetragen:

Monat	J	F	M	A	M	J	J	A	S	O	N	D
$y_t - y_t^*$	–	–	–	–	–	–	−5	15	24	12	6	−1
	−14	−7	−2	−6	−18	−14	0	25	19	16	1	−4
	−12	−5	1	−6	−7	−4	–	–	–	–	–	–
$\widetilde{S}_j$	−13	−6	−0,5	−6	−12,5	−9	−2,5	20	21,5	14	3,5	−2,5
$\widehat{S}_j$	−13,6	−6,6	−1,1	−6,6	−13,1	−9,6	−3,1	19,4	20,9	13,4	2,9	−3,1

Hier ergab sich das Korrekturglied

$$\frac{1}{12}\sum_{j=1}^{12}\widetilde{S}_j = \frac{7}{12} = 0{,}583\ ,$$

das in der Tabelle auf 0,6 gerundet wurde. Damit erhält man die saisonbereinigte Zeitreihe:

Anlandungen	1954	1955	1956
Januar	34,6	39,6	47,6
Februar	35,6	40,6	47,6
März	39,1	41,1	47,1
April	38,6	42,6	43,6
Mai	44,1	37,1	48,1
Juni	33,6	37,6	46,6
Juli	37,1	46,1	45,1
August	34,6	49,6	41,6
September	42,1	42,1	26,1
Oktober	38,6	46,6	28,6
November	43,1	43,1	32,1
Dezember	41,1	45,1	40,1

■

Aufgabe 6.4: Ergänzen Sie die Zeitreihe aus Beispiel 6.1 um den Januarwert für 1957, der 38 (in 1 000 Tonnen) betragen möge.

a) Berechnen Sie $y_{3,7}^*$ sowie $\widetilde{S}_7$ neu.
b) Welche Werte der in Beispiel 6.3 ermittelten saisonbereinigten Zeitreihe ändern sich durch die Einbeziehung dieses Januarwertes? ■

Das Saisonbereinigungsverfahren wurde bisher für den Fall geschildert, dass die Saisondauer 12 Zeitperioden beträgt. In allen anderen Fällen verläuft das Verfahren ganz analog; als Ordnung des gleitenden Durchschnitts muss stets die Saisondauer gewählt werden. So ist bei Quartalsdaten der gleitende Durchschnitt der Ordnung 4, also

$$y_t^* = \frac{1}{4}\cdot\left[\frac{1}{2}\cdot y_{t-2} + y_{t-1} + y_t + y_{t+1} + \frac{1}{2}\cdot y_{t+2}\right] \qquad (t = 3,\ldots,n-2)$$

zu verwenden; S_j bedeutet dann die quartalstypische Abweichung. Bei anderen Fragestellungen (Auslastung einer Ladenkasse, einer Ausfallstraße usw.) kann S_j auch die stundentypische Abweichung bedeuten.

6.5 Saisonbereinigung bei variabler Saisonfigur

Falls das Zeitreihendiagramm (wie in Abbildung 6.4) darauf hindeutet, dass die Amplitude der Saisonschwingung mit der glatten Komponente anwächst, so liegt es nahe, anstelle des obigen Modells mit konstanter Saisonfigur das einfachste Modell mit **variabler Saisonfigur** zu verwenden. Bei diesem Modell[3] wird vorausgesetzt, dass die Saisonkomponente für den Monat j ein (für den Monat j typisches) Vielfaches der glatten Komponente beträgt, was sich mittels der in Abschnitt 6.4 benutzten Doppelindizierung der Zeitreihenwerte so formulieren lässt:

$$S_{i,j} = \lambda_j G_{i,j} \ . \tag{57}$$

Statt der absoluten ist nun die **relative Höhe** der Saisonausschläge (gemessen an der glatten Komponente) für gleichnamige Monate konstant. Wir ersetzen Annahme 2 aus Abschnitt 6.2 durch diese Prämisse; die beiden restlichen Annahmen behalten wir bei. Mit der Saisonkomponente (57) erhält unser Modell die Form

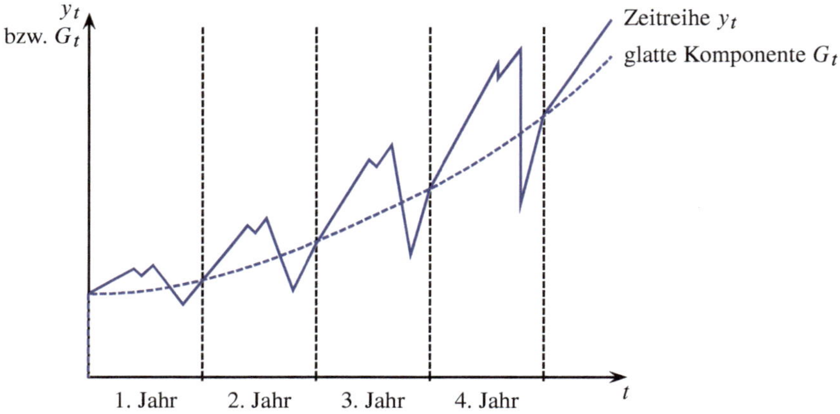

Abb. 6.4: Eine Zeitreihe y_t, die auf eine multiplikative Überlagerung der glatten Komponente durch saisonale Schwankungen hindeutet

$$y_{i,j} = G_{i,j} + \lambda_j G_{i,j} + U_{i,j} = I_j \cdot G_{i,j} + U_{i,j} \ . \tag{58}$$

Der Faktor $I_j = 1+\lambda_j$ wird ebenso wie $100 I_j$ als **Saisonindexziffer** für den Monat j bezeichnet. Vernachlässigen wir momentan die irreguläre Komponente, so geben die Saisonindexziffern $100 I_j$ an, welchen Prozentsatz der glatten Komponente die unbereinigten Zeitreihenwerte ausmachen; dividieren wir andererseits $y_{i,j}$ durch die Saisonindexziffer I_j, so erhalten wir den saisonbereinigten Wert. Es bleibt noch zu erläutern, wie diese Saisonindexziffern I_j geschätzt werden. Die Bereinigung um die glatte Komponente erfolgt nun durch Division. Wegen

$$\frac{y_{i,j}}{y^*_{i,j}} \approx \frac{I_j \cdot G_{i,j} + U_{i,j}}{G_{i,j}} = I_j + \frac{U_{i,j}}{G_{i,j}} \qquad (j = 1, \dots, 12) \tag{59}$$

[3] Für dieses haben Hall (1924) und Falkner (1924) Varianten der nachfolgend skizzierten Saisonbereinigungsmethode vorgeschlagen; die y-Werte werden dabei als positiv vorausgesetzt.

mittelt man diese Quotienten (59) analog zu (55) über alle verfügbaren Jahre:

$$\widetilde{I}_j = \frac{1}{m_j} \sum_{i \in M_j} \frac{y_{i,j}}{y^*_{i,j}} \qquad (j = 1, \ldots, 12) . \tag{60}$$

Damit auf jeden Monat im Mittel 100 Indexpunkte entfallen, werden die $\widetilde{I}_j$ durch Multiplikation mit einem Korrekturfaktor[4] auf die Summe 12 normiert. Somit entsteht die Schätzung

$$\widehat{I}_j = \widetilde{I}_j \cdot \frac{12}{\sum\limits_{j=1}^{12} \widetilde{I}_j} \tag{61}$$

für die Saisonindexziffer I_j. Gliedern wir auch dieses Verfahren in fünf Schritte auf, so kann folgender Ablauf notiert werden:

Schritt 1: Für die Zeitreihe y_t werden gemäß (52) gleitende 12-Monats-Durchschnitte y^*_t errechnet.

Schritt 2: Die um die glatte Komponente bereinigte Zeitreihe y_t / y^*_t wird gebildet.

Schritt 3: Durch Mittelung der Werte aus Schritt 2 werden die (noch nicht normierten) Werte $\widetilde{I}_j$ gemäß (60) für jeden Monat j errechnet.

Schritt 4: Der gemäß (61) ermittelte normierte Wert $\widehat{I}_j$ wird als Schätzung für die Saisonindexziffer I_j benutzt.

Schritt 5: Die saisonbereinigte Zeitreihe besteht aus den Quotienten $y_{i,j} / \widehat{I}_j$ zwischen den ursprünglichen Zeitreihenwerten $y_{i,j}$ und den jeweiligen Werten $\widehat{I}_j$.

Aufgabe 6.5: Für die Zeitreihe der Arbeitslosenzahl eines bestimmten Landes wurde eine variable Saisonfigur vom Typ (57) vorausgesetzt. Die (nach obigem Schritt 2) um die glatte Komponente bereinigten Werte liegen bereits vor:

Jahr \ Monat	J	F	M	A	M	J	J	A	S	O	N	D
2014	1,7	1,7	1,1	1,2	0,8	0,7	0,8	0,8	0,9	1,0	1,1	1,4
2015	1,8	1,6	1,5	0,9	0,9	0,6	0,6	0,8	1,0	0,9	1,2	1,3
2016	1,6	1,5	1,3	0,9	0,7	0,8	0,7	0,8	0,8	1,1	1,0	1,2

Ermitteln (d. h. schätzen) Sie hieraus die 12 Saisonindexziffern. ▪

6.6 Kritische Zusammenfassung, Literaturhinweise

Der klarste und ausführlichste Kommentar zur Logik und Plausibilität des additiven Modells (48) stammt von Wald (1936). Wald, der das in Abschnitt 6.4 geschilderte Saisonbereinigungs-

[4] Aus der Modellgleichung (58) ist ersichtlich, dass ein beliebiger Faktor von der Saisonindexziffer abgespalten und der glatten Komponente zugeschlagen werden kann, sodass erst eine Normierung die Saisonindexziffern identifizierbar macht.

verfahren beträchtlich verallgemeinerte, führt u. a. aus, dass die Additivität (48) dann automatisch erfüllt ist, wenn die Zeitreihenkomponenten durch sogenannte **innere Definitionen** festgelegt werden. Damit handelt man sich zwangsläufig Schwierigkeiten bei der empirischen Überprüfung des Modellansatzes ein. Versucht man andererseits, die Komponenten aufgrund **äußerer Definitionen** einzuführen (also etwa S_t durch Niederschlagsmengen, unterschiedliche Tageslängen, arbeitstägliche Variationen usw. zu erklären), so ist kaum mit der Gültigkeit der Additivitätshypothese zu rechnen. Die Zugrundelegung äußerer Definitionen würde allerdings auch die Postulierung eines speziellen Zusammenhangs der Komponenten erübrigen. Leider ist es bis heute nicht gelungen, zufrieden stellende und praktisch verwendbare äußere Definitionen aufzustellen. Dies liegt insbesondere daran, dass man in den Wirtschaftswissenschaften nicht in der Lage ist, Einflussfaktoren bei Konstanthaltung anderer Faktoren kontrolliert zu variieren, sondern auf die passive Beobachtung und Auswertung wirtschaftsstatistischer Reihen angewiesen ist.

Ein Nachteil der Schätzung der glatten Komponente mittels gleitender Durchschnitte ist der Verlust von Reihengliedern an den Enden. Insbesondere der Verlust der Reihenglieder **am aktuellen Rand** (d. h. bei der gegenwärtigen Zeitperiode) ist für Prognosezwecke äußerst störend. Wegen einer Schätzung dieser Werte sei beispielsweise auf Goldrian/Lehne (1999) verwiesen.

In den Abschnitten 6.1 bis 6.5 wurde die Saisonlänge als eindeutig bestimmt und bekannt vorausgesetzt, was für eine erste deskriptive Analyse unter Umständen vertretbar ist. In der modernen Zeitreihenanalyse wird dagegen versucht, aus den Daten selbst die verschiedenen Zyklen zu extrahieren. Man vergleiche hierzu Kapitel 15 und die dort angegebene Literatur. Wenn auch das Saisonbereinigungsverfahren aus Abschnitt 6.4 in den 1930er-Jahren vom Federal Reserve Board und vom Londoner Wirtschaftsdienst (unter der Bezeichnung „Bowley II“) verwendet wurde, so sind die heute benutzten Verfahren etwa des US Bureau of the Census, des Statistischen Bundesamtes, der Deutschen Bundesbank, der Europäische Zentralbank (EZB) oder der Wirtschaftsforschungsinstitute weitaus diffiziler. Die EZB bereinigt die monetären Aggregate für den Euroraum mithilfe des Verfahrens X-12-ARIMA. Seit 2000 setzt auch die Deutsche Bundesbank das Verfahren X-12-ARIMA (vgl. Monatsbericht September 1999, S. 39–51) und seit 2018 auch X13 (vgl. Monatsbericht Mai 2018, S. 51) ein. Im Statistischen Bundesamt wird seit 1972 das Berliner Verfahren eingesetzt, seit 2004 in der Verfahrensversion BV4.1. Das **Berliner Verfahren** ist bei Nullau et al. (1969) umfassend dokumentiert. Ein **filtertheoretisch** fundiertes Verfahren wurde von Stier (1980) entwickelt. Ein flexibles Verfahren zur Zeitreihenzerlegung und Saisonbereinigung wurde von Schlicht (1981) und Pauly (1982) vorgeschlagen. Der Sammelband Edel et al. (1997) bietet weitere Ansätze. Vergleichende Beurteilungen verschiedener Saisonbereinigungsverfahren stammen beispielsweise von Creutz (1979), Höpfner (1998), Schäffer (1976), Speth (1994). Speth vergleicht BV4 (Version 4 des Berliner Verfahrens), die Variante X11 des US Bureau of the Census, das Verfahren BAYSEA (Bayesian Seasonal Adjustment) von Akaike, das verallgemeinerte Berliner Verfahren von Hebbel sowie das Verfahren von Pauly und Schlicht. Höpfner unterzieht folgende Verfahren einem empirischen Vergleich: X-12-ARIMA, STAMP (Structural Time Series Analyzer, Modeller and Predictor), SEATS (Signal Extraction in ARIMA Time Series, das u. a. von Eurostat, dem Statistischen Amt der EU, verwendet wird) und BV4.

Teil II: Wahrscheinlichkeitsrechnung

In der induktiven Statistik wollen wir anhand von Merkmalsausprägungen, die nur bei einer zufällig ausgewählten Teilgesamtheit von Merkmalsträgern erhoben werden, Aussagen über die Verteilung der Merkmalsausprägungen in der Grundgesamtheit erhalten. Grundlage der Methoden, die zu derartigen Aussagen führen, ist die Wahrscheinlichkeitsrechnung.

Ihr Untersuchungsgegenstand sind Zufallsvorgänge, wie sie in Kapitel 7 erläutert werden; für dabei mögliche Folgeerscheinungen („Ereignisse") soll die Chance ihres Eintretens durch eine Maßzahl („Wahrscheinlichkeit") charakterisiert werden. Ausführlich behandeln werden wir vor allem Zufallsvorgänge, die sich durch reellwertige Funktionen – nämlich die in Kapitel 8 eingeführten Zufallsvariablen – darstellen lassen. Viele aus der deskriptiven Statistik bekannte Begriffe (etwa die Verteilungsparameter) werden in Kapitel 9 für Zufallsvariablen analog eingeführt. Zwei für die induktive Statistik besonders wichtige Sätze (nämlich das Gesetz der großen Zahlen und der zentrale Grenzwertsatz) werden wir schließlich in Kapitel 10 durch die Untersuchung spezieller Folgen von Zufallsvariablen erhalten.

Lernziele:

- Kennenlernen zentraler Grundbegriffe der Wahrscheinlichkeitsrechnung.
- Fähigkeit, mit gebräuchlichen Typen von Zufallsvariablen umzugehen.
- Erlangung eines fundierten Überblicks über die wichtigsten diskreten und stetigen Verteilungen.
- Beherrschung wichtiger Verteilungsparameter sowie deren Interpretation.
- Verständnis des Gesetzes der großen Zahlen sowie des zentralen Grenzwertsatzes.

7. Kapitel:

Zufallsvorgänge, Ereignisse und Wahrscheinlichkeiten

7.1 Zufallsvorgänge

Ein Geschehen, bei dem aus einer gegebenen Ausgangssituation heraus mehrere, sich gegenseitig ausschließende Folgesituationen möglich sind (oder von einem Betrachter als möglich erachtet werden) und wobei ungewiss ist (oder scheint), welche dieser Folgesituationen eintreten wird, bezeichnen wir als **zufallsabhängiges Geschehen**, als **Zufallsvorgang** oder als **stochastischen Vorgang**. Die möglichen, sich gegenseitig ausschließenden Folgesituationen heißen die **Elementarereignisse** des betrachteten Zufallsvorgangs. Wir fassen sie in der Menge

$$\Omega = \{\omega\colon\ \omega \text{ ist Elementarereignis}\}$$

zusammen. Ω wird häufig als **Ergebnismenge** des Zufallsvorgangs bezeichnet. Das nach Ablauf des Geschehens tatsächlich eingetretene Elementarereignis nennen wir das **Ergebnis** des Zufallsvorgangs.

Beispiel 7.1: Bei der samstäglichen Ziehung der Lottozahlen werden 6 aus 49 (der von 1 bis 49 durchnummerierten) Kugeln „zufällig" gezogen und die jeweiligen Nummern registriert.

a) Jeden Samstag vollzieht sich somit ein Zufallsvorgang, dessen Elementarereignisse durch die Angabe der 6 Nummern beschrieben sind, so wie sie sich der Reihe nach ergeben, d. h. jedes ω besitzt die Gestalt $\omega = (x_1, \dots, x_6)$ mit sechs verschiedenen Zahlen $x_i \in \{1, 2, \dots, 49\}$.

b) Diese sechs so erhaltenen Zahlen fungieren als Gewinnzahlen; sie werden nach Abschluss der Ziehung der Größe nach geordnet angegeben. Für einen Lottospieler reicht es deshalb aus, die Ziehung als einen Zufallsvorgang anzusehen, dessen Elementarereignisse $\omega = (x_1, \dots, x_6)$ gegenüber a) noch der Einschränkung $x_1 < x_2 < \dots < x_6$ genügen.

c) Für eine bestimmte Person besitzt eine spezielle Ziehung der Lottozahlen den Charakter eines Zufallsvorgangs, solange diese Person das Ergebnis dieser Ziehung nicht kennt, möglicherweise also noch zu einem Zeitpunkt, an dem die Zahlen bereits ermittelt sind. ▪

Beispiel 7.2: Ein Zeitungskiosk erhält jeden Morgen jeweils 200 Exemplare zweier Tageszeitungen Z_1, Z_2 geliefert. Wie viele davon im Laufe des Tages verkauft werden, ist am Morgen noch ungewiss; täglich spielt sich also ein Zufallsvorgang ab, dessen Ergebnis aus den beiden von Z_1 bzw. Z_2 verkauften Stückzahlen x_1 bzw. x_2 besteht.

a) Der Kioskbesitzer lässt alle Paare (x_1, x_2) mit $x_i \in \{0, 1, \dots, 200\}$ als Elementarereignisse zu.

b) Von einem Außenstehenden, der die gelieferten Stückzahlen (je 200) nicht kennt, werden eventuell auch andere $\omega = (x_1, x_2)$ mit $x_i \in \{0, 1, \dots\}$ als mögliche Ergebnisse angesehen. ▪

Beispiel 7.3: Der Verursacher eines Verkehrsunfalls hat Fahrerflucht begangen. Über sein Kfz-Kennzeichen kann ein Unfallzeuge folgende Angaben machen: Es bestand aus dem Ortskennbuchstaben M, der Buchstabengruppe EU, EV oder EY sowie drei Ziffern, von denen die erste die 3 und unter denen noch mindestens eine 4 war. Mit dem Wissensstand des Zeugen als Ausgangssituation sowie der Menge noch möglicher Kfz-Kennzeichen als Ω ist auch diese Situation als Zufallsvorgang interpretierbar; dabei spricht man besser von ungewissen „Zuständen" als von Folgesituationen ω. ▪

Entscheidend dafür, dass ein Geschehen als Zufallsvorgang angesehen wird, ist also die Tatsache, dass Ungewissheit über seinen Ausgang besteht; dabei ist es unerheblich, ob diese Ungewissheit[1] objektiver oder subjektiver Natur ist, und auch, ob sie zumindest teilweise durch Beschaffung von Informationen behebbar wäre. Verschiedene Betrachter können in ein und demselben Geschehen insofern unterschiedliche Zufallsvorgänge sehen, als sie sich nicht für die gleichen Folgesituationen interessieren bzw. nicht die gleichen Elementarereignisse für möglich halten.

Aufgabe 7.4: Welche und wie viele Kfz-Kennzeichen ω sind in Beispiel 7.3 noch möglich, wenn man dem Unfallzeugen Glauben schenkt? ▪

7.2 Ereignisse und ihre Darstellung

Zusätzlich zu den Elementarereignissen können bei einem Zufallsvorgang noch Folgeerscheinungen von Interesse sein, welche sich nicht gegenseitig ausschließen müssen; wir nennen sie **Ereignisse**. Jedes Ereignis A lässt sich eindeutig als Teilmenge von Ω darstellen, die ebenfalls mit dem Symbol A bezeichnet wird.

Beispiel 7.5: Beim Zufallsvorgang „Ziehung der Lottozahlen" (Beispiel 7.1) kann man sich etwa für die Ereignisse

A (bzw. B) : „Ein abgegebener Tip, bestehend aus den Zahlen 6, 7, 8, 9, 10, 11, enthält 5 der Gewinnzahlen" (bzw. „enthält mindestens 3 Gewinnzahlen"),
C : „alle 6 Gewinnzahlen sind einstellig".

interessieren. A und C schließen sich zwar gegenseitig aus; jedoch gilt dies nicht für A und B bzw. für B und C. Wie man leicht sieht, hat das Eintreten von A stets das Eintreten von B zur Folge; dagegen kann B vorliegen, ohne dass auch C verwirklicht ist, und umgekehrt. Als Teilmenge der in Beispiel 7.1b bereits aufgestellten Ergebnismenge

$$\Omega = \{(x_1, \dots, x_6)\colon \text{ alle } x_i \in \{1, \dots, 49\} \text{ verschieden, } x_1 < x_2 < \dots < x_6\}$$

ist etwa C darstellbar gemäß $C = \{(x_1, \dots, x_6) \in \Omega\colon x_1, \dots, x_6 \in \{1, \dots, 9\}\}$. ▪

Für Ereignisse $B, A, A_1, A_2, \dots$ sowie für Beziehungen zwischen verschiedenen Ereignissen gibt es eine Reihe von **Sprech- und Schreibweisen**, deren wichtigste in Tabelle 7.1 schematisch zusammengestellt sind. Besteht der Zufallsvorgang in der subjektiven Ungewissheit eines Beobachters, so sind in Tabelle 7.1 auch die Bezeichnungen wie „sicher", „unmöglich", „äquivalent" usw. subjektiv zu verstehen.

Beispiel 7.6: Im Zeitungskiosk-Beispiel 7.2 betrachten wir für $j = 0, 1, 2, \dots$ die Ereignisse

A_j : von beiden Zeitungen werden insgesamt genau j Exemplare verkauft,
B_j : von beiden Zeitungen werden insgesamt mindestens j Exemplare verkauft.

Dann gelten (aus der Sicht des Kioskbesitzers, der weiß, dass jeweils 200 Stück vorhanden sind) folgende Beziehungen:

B_0	ist sicheres Ereignis,
A_{500}	ist unmögliches Ereignis,
A_j	ist Teilereignis von B_j,
A_{400} und B_{400}	sind äquivalente Ereignisse,
A_j und A_k	sind für $j \neq k$ disjunkte Ereignisse,
A_0 und B_1	sind komplementäre Ereignisse,

[1] In der Entscheidungstheorie charakterisiert der Terminus „Ungewissheit" allerdings Situationen, die insofern besonders unstrukturiert sind, als den Elementarereignissen keine Wahrscheinlichkeiten zugeordnet werden können.

$\overline{B_j}$ ist Vereinigung der Ereignisse $\overline{A_k}$, $k \geqq j$,
$\overline{B_j}$ ist Durchschnitt der Ereignisse $\overline{B_k}$, $k \leqq j$.

Für einen Außenstehenden, der die gelieferten Stückzahlen nicht kennt, muss A_{500} jedoch nicht als unmögliches Ereignis gelten, obwohl es tatsächlich nicht auftreten kann. ■

Tab. 7.1: Zusammenstellung wichtiger Schreib- und Sprechweisen bei der Bildung von Ereignissen

Beschreibung des zugrundeliegenden Sachverhalts	Bezeichnung (Sprechweise)	Darstellung in Ω (Schreibweise als Teilmenge)
1. A tritt sicher ein	A ist **sicheres** Ereignis	$A = \Omega$
2. A tritt sicher nicht ein	A ist **unmögliches** Ereignis	$A = \emptyset$
3. wenn A eintritt, tritt B ein	A ist **Teilereignis** von B	$A \subset B$
4. genau dann, wenn A eintritt, tritt B ein	A und B sind **äquivalente** Ereignisse	$A = B$
5. wenn A eintritt, tritt B nicht ein	A und B sind **disjunkte** Ereignisse	$A \cap B = \emptyset$
6. genau dann, wenn A eintritt, tritt B nicht ein	A und B sind **komplementäre** Ereignisse	$B = \overline{A}$
7. genau dann, wenn **mindestens ein** A_j eintritt (auch: genau dann, wenn A_1 **oder** A_2 **oder** ... eintritt), tritt A ein	A ist **Vereinigung** der A_j	$A = \bigcup_j A_j$
8. genau dann, wenn **alle** A_j eintreten (auch: genau dann, wenn A_1 **und** A_2 **und** ... eintreten), tritt A ein	A ist **Durchschnitt** der A_j	$A = \bigcap_j A_j$

Aufgabe 7.7: Zusätzlich zu den Ereignissen B_j aus Beispiel 7.6 seien noch die Ereignisse

A : von beiden Zeitungen werden gleich viele verkauft,
B : mindestens eine der beiden Zeitungen ist am Abend ausverkauft,
C : von jeder der beiden Zeitungen werden mehr als 190 Stück verkauft

definiert. Geben Sie jeweils den maximalen Wert j an, sodass $A \subset B_j$, $B \subset B_j$, $C \subset B_j$, $A \cap B \subset B_j$, $A \cap C \subset B_j$ und $B \cap C \subset B_j$ gilt. ■

Die Gesamtheit aller bei einem Zufallsvorgang in Betracht kommenden Ereignisse bezeichnen wir als **Ereignissystem**. Ein Ereignissystem ist also eine Menge von Teilmengen von Ω. Der nahe liegende Ansatz, sämtliche Teilmengen von Ω als Ereignisse zuzulassen, ist aus mathematischen Gründen oft nicht möglich. Jedoch lässt sich ein Ereignissystem stets groß genug wählen, sodass alle in praktischen Anwendungen interessierenden Ereignisse als Elemente vorkommen. Darüber hinaus nehmen wir in das Ereignissystem zu den Ereignissen $A_1, A_2, A_3, \ldots \subset \Omega$ stets auch alle daraus zu bildenden Komplemente, Durchschnitte und Vereinigungen auf. Bei endlichem oder abzählbar unendlichem[2] Ω können wir immer alle Teilmengen von Ω als Ereignisse zulassen.

[2] Eine Menge heißt abzählbar unendlich (man sagt auch: sie hat abzählbar unendlich viele Elemente), wenn sich die Elemente der Menge mithilfe der natürlichen Zahlen vollständig durchnummerieren lassen, die Menge also in der Form $\{\omega_i : i \in \mathbb{N}\}$ dargestellt werden kann.

7.3 Wahrscheinlichkeit von Ereignissen

Bei einem Zufallsgeschehen wollen wir die Chance für das Eintreten eines zur Debatte stehenden Ereignisses $A \subset \Omega$ durch eine Maßzahl $P(A)$ beschreiben, welche wir die **Wahrscheinlichkeit** (des Eintretens) von A nennen. Zunächst formulieren wir einige wichtige Eigenschaften, die Wahrscheinlichkeiten besitzen sollen.

7.3.1 Die Axiome der Wahrscheinlichkeitsrechnung

Die Maßzahl $P(A)$, die die Wahrscheinlichkeit des Eintretens eines Ereignisses A misst, sei eine nichtnegative reelle Zahl, wobei dem sicheren Ereignis der Wert $P(\Omega) = 1$ zugeordnet und darüber hinaus gefordert wird, dass die Wahrscheinlichkeit für das Eintreten einer Vereinigung von endlich oder abzählbar unendlich vielen paarweise disjunkten Ereignissen sich durch Addition der einzelnen Wahrscheinlichkeiten ergibt.

Diese letztgenannte Forderung bedeutet etwa im Zeitungskiosk-Beispiel 7.2 die plausible Beziehung, dass die Wahrscheinlichkeit, insgesamt mindestens 300 Zeitungen zu verkaufen, sich durch Aufaddieren der Wahrscheinlichkeiten, genau 300, genau 301, genau 302 usw. zu verkaufen, ergibt. Insgesamt verlangen wir also:

1. $P(A) \geqq 0$ für jedes Ereignis A,
2. $P(\Omega) = 1$,
3. $P(A_1 \cup A_2 \cup A_3 \cup \cdots) = P(A_1) + P(A_2) + P(A_3) + \cdots$
   für endlich oder abzählbar unendlich viele paarweise disjunkte Ereignisse,
   d. h. Ereignisse mit $A_i \cap A_j = \emptyset$ für alle $i \neq j$.

Diese drei auf A. N. Kolmogoroff (1903–1987) zurückgehenden Minimalforderungen heißen die **Axiome der Wahrscheinlichkeitsrechnung**. Jede auf dem Ereignissystem eines Zufallsvorgangs definierte Funktion P, die jedem Ereignis A eine Zahl $P(A)$ zuordnet, sodass die drei Axiome erfüllt sind, bezeichnen wir als ein **Wahrscheinlichkeitsmaß**.

Die Axiome der Wahrscheinlichkeitsrechnung legen lediglich formale Eigenschaften für Wahrscheinlichkeiten fest. Eine Reihe weiterer Eigenschaften werden wir in Abschnitt 7.3.4 aus ihnen herleiten. Sie geben aber keinen Aufschluss darüber, welche Wahrscheinlichkeitswerte den bei einem konkreten Zufallsvorgang relevanten Ereignissen tatsächlich zuzuordnen sind. Auf diese Problematik gehen wir in Abschnitt 7.4 nochmals ein.

Beispiel 7.8: Die Menge sämtlicher Elementarereignisse eines Zufallsvorgangs sei eine endliche Menge $\Omega = \{\omega_1, \ldots, \omega_n\}$. Dann ist, wie man leicht nachprüft, durch jede Angabe von Zahlen („Gewichten") $p_i \geqq 0$ für $i = 1, \ldots, n$ mit $p_1 + \cdots + p_n = 1$ ein Wahrscheinlichkeitsmaß P gegeben, indem man

$$P(A) = \sum_{\omega_i \in A} p_i \quad \text{für jedes Ereignis} \quad A \subset \Omega$$

setzt. Es ist jedoch noch völlig offen, welche Gewichte bei einem konkreten Zufallsvorgang mit n Elementarereignissen die „richtigen" sind. ■

Allerdings lassen sich bei endlicher Ergebnismenge Ω Wahrscheinlichkeiten gelegentlich vom Sachverhalt her festlegen. Im nachfolgenden Abschnitt behandeln wir solche Situationen.

7.3.2 Der klassische Wahrscheinlichkeitsbegriff

Es gibt Zufallsvorgänge mit endlich vielen Elementarereignissen, z. B. die Ziehung der Lottozahlen, bei denen aufgrund der Ausgangssituation und der sonstigen Bedingungen, unter denen das Geschehen abläuft, als sicher gelten kann, dass die einzelnen Elementarereignisse dieselbe Chance des Eintretens besitzen, also **gleichwahrscheinlich** sind. Die Annahme der Gleichwahrscheinlichkeit endlich vieler Elementarereignisse ω kann allerdings auch davon herrühren, dass ein Beobachter, etwa der Unfallzeuge aus Beispiel 7.3, dadurch seinen Wissensstand gegenüber dem Zufallsgeschehen zum Ausdruck bringt. In solchen Fällen muss das dazugehörige Wahrscheinlichkeitsmaß infolge der drei postulierten Axiome für jedes Ereignis $A \subset \Omega$ die Beziehung

$$P(A) = \frac{|A|}{|\Omega|} = \frac{\text{Anzahl der für } A \text{ günstigen Fälle}}{\text{Anzahl aller möglichen Fälle}} \tag{62}$$

erfüllen. Diese Formel stellt einen Spezialfall des in Beispiel 7.8 angegebenen Wahrscheinlichkeitsmaßes dar (mit „Gewichten" $p_i = \frac{1}{n}$ für alle i, falls $|\Omega| = n$ ist). Da sie insbesondere für die in den Anfängen der Wahrscheinlichkeitstheorie (im 17. und 18. Jahrhundert) behandelten Fragestellungen (nach Gewinnchancen bei Glücksspielen) anwendbar ist, spricht man, wenn sich Wahrscheinlichkeiten nach ihr ermitteln lassen, vom **klassischen Wahrscheinlichkeitsbegriff** oder von der **Laplaceschen Wahrscheinlichkeitsdefinition**.[3]

Beispiel 7.9: Die Ermittlung jeder einzelnen Gewinnzahl beim Roulette stellt einen Zufallsvorgang dar mit den 37 möglichen und gleichwahrscheinlichen Elementarereignissen $0, 1, 2, \ldots, 36$. Die von 0 verschiedenen Zahlen sind je zur Hälfte roten bzw. schwarzen Feldern zugeordnet. Spieler A habe auf „schwarz" gesetzt, Spieler B auf „gerade Zahl" (ohne 0) sowie auf „17" und Spieler C auf „$1, 2, \ldots, 18$", „ungerade Zahl" und auch noch auf die „Querreihe 34, 35, 36". Dann gewinnt A mit Wahrscheinlichkeit $\frac{18}{37}$, B mit $\frac{19}{37}$ und C mit $\frac{29}{37}$ (nämlich mit den Zahlen $1, 2, \ldots, 18, 19, 21, 23, \ldots, 33, 34, 35, 36$). ▪

Aufgabe 7.10: Der Unfallzeuge aus Beispiel 7.3 sieht alle aufgrund seiner Wahrnehmung (M; EU, EV oder EY; drei Ziffern, beginnend mit 3, unter ihnen mindestens eine 4) noch möglichen Kfz-Kennzeichen als gleichwahrscheinlich an. Wie groß ist die Wahrscheinlichkeit, dass

a) die Buchstabengruppe EY vorliegt?
b) die ersten beiden Ziffern 34 lauten?
c) die letzten beiden Ziffern 47 lauten?
d) die letzte Ziffer 4 ist?
e) unter den drei Ziffern die 0 vorkommt?
f) die letzte Ziffer größer ist als die beiden anderen? ▪

Ein wichtiges Modell, in dem Wahrscheinlichkeiten gemäß (62) durch Abzählen bestimmt werden können, ist das des **zufälligen Ziehens** aus einer endlichen Menge von N Objekten. Dabei unterscheiden wir die Fälle Ziehen mit Zurücklegen und Ziehen ohne Zurücklegen. In beiden Fällen werden aus der gegebenen Menge nacheinander n Objekte „zufällig" entnommen, wobei „zufällig" bedeutet, dass bei jeder einzelnen Entnahme jedes zur Verfügung stehende Objekt dieselbe Chance besitzt, gewählt zu werden. Beim **Ziehen mit Zurücklegen** wird das entnommene Objekt jeweils vor der nächsten Entnahme wieder zu den übrigen Objekten zurückgegeben, beim **Ziehen ohne Zurücklegen** dagegen nicht. Die **Anzahl der Möglichkeiten**,

[3] Dieser Wahrscheinlichkeitsbegriff ist benannt nach P. S. de Laplace (1749–1827). Als weitere geistige Väter der Wahrscheinlichkeitsrechnung sind B. Pascal (1623–1662) und J. Bernoulli (1654–1705) zu erwähnen.

aus N Objekten n herauszunehmen, beträgt (solange man die Reihenfolge der entnommenen Objekte berücksichtigt)

$$N^n \quad \text{im Fall mit Zurücklegen,}$$

$$N \cdot (N-1) \cdot \ldots \cdot (N-n+1) = \frac{N!}{(N-n)!} \quad \text{im Fall ohne Zurücklegen.}$$

Beispiel 7.11: Es gibt $3 \cdot 2 = 6$ Möglichkeiten, aus der Menge $\{a, b, c\}$ zwei Elemente ohne Zurücklegen zu entnehmen, nämlich die Paare $(a, b), (a, c), (b, a), (b, c), (c, a), (c, b)$. Im Fall mit Zurücklegen sind zusätzlich noch die 3 Paare $(a, a), (b, b), (c, c)$ möglich, also insgesamt $9 = 3^2$ Paare. ▪

Haben M von den N Objekten der Menge eine bestimmte Eigenschaft E, nicht aber die restlichen $N - M$, so sind oft Ereignisse wie „das bei der k-ten Entnahme erhaltene Objekt hat die Eigenschaft E", oder „von den n gezogenen Objekten besitzen (genau, mindestens oder höchstens) k die Eigenschaft E" relevant. Ihre Wahrscheinlichkeiten werden wir später allgemein bestimmen (vgl. Abschnitt 8.4.1 und 8.4.2); in diesem Kapitel behandeln wir solche Situationen nur exemplarisch.

Aufgabe 7.12: Zur Ausarbeitung eines Vortrags schreibt Herr H. an 3 aufeinander folgenden Tagen auf Klarsichtfolien. Dazu nimmt er jeden Morgen aus einer Schublade, in der 5 auf den ersten Blick gleich aussehende schwarze Folienschreiber liegen, zufällig einen heraus, den er den ganzen Tag benutzt und

a) am Abend wieder zu den anderen zurücklegt,
b) am Abend nicht mehr zurücklegt.

Am 4. Tag entdeckt Herr H. bei der Durchsicht des Geschriebenen einige Fehler, die er ausbessern möchte, indem er die entsprechenden Stellen abwäscht und neu schreibt. Nun waren von den 5 Stiften nur 2 abwaschbar. Wie groß ist die Wahrscheinlichkeit der Ereignisse A: „am ersten Tag wurde abwaschbar geschrieben" bzw. B: „an keinem der drei Tage wurde ein abwaschbarer Stift verwendet", und zwar sowohl im Fall a) als auch im Fall b)? ▪

Zum klassischen Wahrscheinlichkeitsbegriff sind noch einige Bemerkungen angebracht:

- Die Berechnung von Wahrscheinlichkeiten gemäß (62) kann bei umfangreichem Ω Mühe machen. Hilfreich ist oft eine Aufspaltung des gegebenen Zufallsvorgangs (z. B. des n-maligen Ziehens) in einzelne Teilvorgänge (z. B. die einzelnen Züge).

- Es kann durchaus vorkommen, dass man zwar von gleichwahrscheinlichen Elementarereignissen und folglich von Formel (62) ausgeht, jedoch die Anzahl der für ein bestimmtes Ereignis A günstigen Elementarereignisse ω nicht kennt. So kann etwa die Anzahl M defekter Stücke aus der Tagesproduktion einer Maschine von N Stücken und damit die Wahrscheinlichkeit, bei zufälliger Entnahme eines Stückes ein defektes zu erhalten, unbekannt sein.[4]

- Zufallsvorgänge, bei denen die Wahrscheinlichkeiten von (Elementar-)Ereignissen vom Sachverhalt her festgelegt werden können, sind in der Praxis relativ selten; allerdings kann eine solche Festlegung auch einmal möglich sein, ohne dass dazu die Gleichwahrscheinlichkeit der möglichen Ergebnisse angenommen wird. Beispielsweise könnte der Unfallzeuge in Aufgabe 7.10 die Buchstabengruppe EU für doppelt so wahrscheinlich halten wie EV und auch wie EY.

Im nächsten Abschnitt wird auf einen wichtigen Zusammenhang zwischen Häufigkeiten und Wahrscheinlichkeiten hingewiesen.

---

[4] Übrigens lässt sich auch diese gegenüber M bestehende Ungewissheit wieder als ein Zufallsgeschehen deuten.

7.3.3 Häufigkeitsinterpretation des Wahrscheinlichkeitsbegriffs

Wir gehen von einem Zufallsvorgang aus, welcher **beliebig oft wiederholbar** sei; das heißt seine Ausgangssituation lasse sich immer wieder von Neuem herstellen, sodass jedes Ereignis A bei jeder Durchführung wieder dieselbe Chance besitzt. Die Ermittlung einer Gewinnzahl im Roulette z. B. ist ein solcher Zufallsvorgang und auch beim Ziehen mit Zurücklegen stellt jede einzelne Entnahme eine derartige Wiederholung dar. Dass diese Wiederholbarkeit nicht bei jedem Zufallsvorgang gegeben ist, macht das Beispiel 7.3 des Unfallzeugen deutlich.

Bei n-maliger Durchführung eines wiederholbaren Zufallsvorgangs – genauer müsste man formulieren: bei einem Zufallsgeschehen, das aus n Teilvorgängen besteht, die alle nach denselben Wahrscheinlichkeitsgesetzen und ohne gegenseitige Beeinflussung ablaufen – bezeichnen wir mit $f_n(A)$ die relative Häufigkeit des Eintretens von A, also

$$f_n(A) = \frac{\text{Anzahl der Durchführungen, in denen } A \text{ eingetreten ist}}{n} .$$

Für fortlaufendes n ($\to \infty$) ist nun zu „erwarten“, dass sich die Folge der $f_n(A)$ „in der Nähe von $P(A)$ stabilisiert“. Ein solches Verhalten wird auch durch die „Erfahrung“ weitgehend bestätigt. So kann man beispielsweise bei sehr häufiger Ermittlung der Gewinnzahlen im Roulette erwarten, dass eine bestimmte Zahl, etwa die Zahl 17, ungefähr mit der relativen Häufigkeit $\frac{1}{37}$ auftritt, und findet diese Erwartung nachträglich fast immer bestätigt. Das Wissen um eine „starke“ Abweichung davon wäre wohl für jeden Spieler Anlass, die Annahme der Gleichwahrscheinlichkeit der 37 Roulette-Zahlen fallenzulassen;[5] doch kommt ihm gewiss die Spielbank durch Auswechseln des Gerätes zuvor.

Der beschriebene **Zusammenhang zwischen Wahrscheinlichkeiten und relativen Häufigkeiten** – in Abschnitt 10.1 werden wir in der Lage sein, ihn zu präzisieren – ist dazu geeignet, Aufschluss über unbekannte Wahrscheinlichkeiten zu erhalten; darauf beruhen viele Methoden der induktiven Statistik. Dabei nimmt die Aussagekraft, die die $f_n(A)$ über $P(A)$ besitzen, natürlich mit wachsendem n zu. Die „Erfahrung“, die jemand mit vielen Durchführungen eines wiederholbaren Geschehens gewonnen hat, kann auch Anlass zur subjektiven Festlegung von Wahrscheinlichkeiten sein.

Beispiel 7.13: Eine Kontrollbehörde hat an 400 aus einem bestimmten Land importierten Kälbern je zwei Kontrollen K_1 und K_2 durchgeführt, nämlich nach Rückständen von künstlichen Hormonen (K_1) bzw. von Antibiotika (K_2). 50-mal trat bei K_1 ein positives Ergebnis auf, 40-mal bei K_2 und 20-mal bei beiden Kontrollen zugleich, wobei ein positives Ergebnis besagt, dass entsprechende Rückstände gefunden wurden. Die Kontrollbehörde ist der Überzeugung, dass eine Durchführung der beiden Kontrollen bei einem aus jenem Land importierten Kalb stets eine Wiederholung desselben Zufallsgeschehens darstellt, und sie sieht die ermittelten relativen Häufigkeiten subjektiv als Wahrscheinlichkeiten für die Ereignisse A_i: „das Ergebnis bei K_i ist positiv“ sowie für $A_1 \cap A_2$ an; das heißt sie rechnet mit

$$P(A_1) = \tfrac{1}{8}, \quad P(A_2) = \tfrac{1}{10} \quad \text{und} \quad P(A_1 \cap A_2) = \tfrac{1}{20} .$$ ∎

Für die relativen Häufigkeiten gilt, wie man sich leicht klarmacht, eine Reihe von Beziehungen wie $0 \leqq f_n(A) \leqq 1$, $f_n(A \cup B) = f_n(A) + f_n(B)$ für disjunkte Ereignisse A und B, $f_n(A) \leqq f_n(B)$ für $A \subset B$, $f_n(\overline{A}) = 1 - f_n(A)$ usw. Entsprechende Regeln für Wahrscheinlichkeiten

[5] Allerdings ist selbst das Ereignis, dass bei sehr häufiger Durchführung stets dieselbe Gewinnzahl auftritt, auch bei Gleichwahrscheinlichkeit der Zahlen nicht völlig unmöglich.

haben wir zum Teil bereits gefordert, wie ein Blick auf die Axiome zeigt; zum Teil werden wir sie (und noch weitere Beziehungen) im nächsten Abschnitt herleiten.

7.3.4 Regeln für Wahrscheinlichkeiten

Im Folgenden seien $A, B, A_1, A_2, A_3, \ldots \subset \Omega$ Ereignisse und P ein Wahrscheinlichkeitsmaß zu einem betrachteten Zufallsvorgang. Dann gelten folgende Regeln:

1. $P(A) \leqq 1$.
2. $P(\emptyset) = 0$,
   wobei anzumerken ist, dass aus $P(A) = 0$ noch nicht folgt, dass A unmöglich ist; dies werden wir in Abschnitt 8.5 verdeutlichen können.
3. Aus $A \subset B$ folgt $P(A) \leqq P(B)$.
4. $P(\bar{A}) = 1 - P(A)$.
5. $P(A_1 \cup \cdots \cup A_n) = P(A_1) + P(\bar{A}_1 \cap A_2) + P(\bar{A}_1 \cap \bar{A}_2 \cap A_3) + \cdots$
   $\quad + P(\bar{A}_1 \cap \cdots \cap \bar{A}_{n-1} \cap A_n)$,
   wobei sich die rechte Seite noch weiter aufschlüsseln lässt.
   Dies führt in den Fällen $n = 2$ und $n = 3$ zu:
   5a. $P(A_1 \cup A_2) = P(A_1) + P(A_2) - P(A_1 \cap A_2)$,
   5b. $P(A_1 \cup A_2 \cup A_3) = P(A_1) + P(A_2) + P(A_3)$
   $\quad - P(A_1 \cap A_2) - P(A_1 \cap A_3) - P(A_2 \cap A_3)$
   $\quad + P(A_1 \cap A_2 \cap A_3)$.
6. Bilden die A_i eine **Zerlegung**[6] von Ω, so gilt für jedes Ereignis $B \subset \Omega$ die Beziehung

$$P(B) = \sum_i P(B \cap A_i) \, .$$

Vor allem die Regeln 4, 5, 5a und 5b erleichtern oft die Berechnung von Wahrscheinlichkeiten.

Beispiel 7.14:

- In Beispiel 7.9 hatten wir als die Wahrscheinlichkeit, bei einem Roulettespiel mit „1, ..., 18“ oder mit „ungerader Zahl“ oder mit „34, 35, 36“ zu gewinnen, den Wert $\frac{29}{37}$ erhalten. Zum gleichen Ergebnis kommen wir mit Regel 5:

$$\frac{18}{37} + \frac{9}{37} + \frac{2}{37} = \frac{29}{37}$$

  bzw. mit Regel 5b:

$$\frac{18}{37} + \frac{18}{37} + \frac{3}{37} - \frac{9}{37} - \frac{0}{37} - \frac{1}{37} + \frac{0}{37} = \frac{29}{37} \, .$$

- Ein Roulettespieler setzt in fünf aufeinander folgenden Spielen jeweils nur auf die 1. Sei G das Ereignis, in mindestens einem Spiel zu gewinnen. Von den 37^5 gleichwahrscheinlichen Elementarereignissen des 5-maligen Spielens (der Vorgang entspricht dem Modell des 5fachen Ziehens mit Zurücklegen aus einer Menge von 37 Objekten) sind für $\bar{G}$ die 36^5 möglichen Ergebnisse „keine 1 in allen 5 Spielen“ günstig, woraus sich ergibt:

$$P(G) = 1 - \frac{36^5}{37^5} = 1 - 0{,}872 = 0{,}128 \, .$$

■

[6] Das heißt $A_i \cap A_j = \emptyset$ für alle $i \neq j$ und $\bigcup_i A_i = \Omega$.

Aufgabe 7.15: Von 10 Pumpen seien 4 defekt. Zwei Pumpen werden zufällig ausgewählt; für folgende Ereignisse seien sowohl im Falle mit Zurücklegen als auch im Falle ohne Zurücklegen die Wahrscheinlichkeiten zu bestimmen: A_i: „die i-te ausgewählte Pumpe ist defekt" und B: „mindestens eine der beiden ausgewählten Pumpen ist defekt". Berechnen Sie dabei $P(B)$ zunächst gemäß Regel 4 und dann gemäß Regel 5a. ■

Aufgabe 7.16: In Beispiel 7.13 wurden für die Ereignisse A_i: „das Ergebnis bei K_i ist positiv" die Wahrscheinlichkeiten $P(A_1) = \frac{1}{8}$, $P(A_2) = \frac{1}{10}$ und $P(A_1 \cap A_2) = \frac{1}{20}$ angesetzt. Berechnen Sie die Wahrscheinlichkeit, dass bei einem aus dem fraglichen Land stammenden Kalb

a) K_1 ein positives Ergebnis liefert und K_2 nicht,
b) bei höchstens (mindestens oder genau) einer der beiden Kontrollen Rückstände entdeckt werden.■

Nun sei noch kurz angedeutet, wie sich obige Regeln aus den Axiomen ergeben:

- Aus der Darstellung $\Omega = A \cup \bar{A}$ sowie aus den Axiom 2 und Axiom 3 erhalten wir $1 = P(\Omega) = P(A) + P(\bar{A})$, also Regel 4, und angewandt auf $A = \Omega$ auch Regel 2.
- Die Gültigkeit von Regel 6 ist unmittelbar aus Axiom 3 abzulesen.
- Aus Regel 6 folgt bei $A \subset B$ die Gleichung $P(B) = P(B \cap A) + P(B \cap \bar{A}) = P(A) + P(B \cap \bar{A}) \geqq P(A)$, also Regel 3, weil nach Axiom 1 gilt: $P(B \cap \bar{A}) \geqq 0$.
- Regel 1 ist Spezialfall von Regel 3 mit $B = \Omega$.
- Regel 5 entsteht aus Axiom 3, indem man die Vereinigung $A_1 \cup A_2 \cup \cdots \cup A_n$ gemäß $A_1 \cup (\bar{A}_1 \cap A_2) \cup \cdots \cup (\bar{A}_1 \cap \bar{A}_2 \cap \cdots \cap \bar{A}_{n-1} \cap A_n)$ disjunkt macht; für $n = 2$ erhält man hieraus die Regel 5a, indem man $P(\bar{A}_1 \cap A_2)$ durch $P(A_2) - P(A_1 \cap A_2)$ ersetzt, was nach Regel 6 möglich ist; entsprechend ließe sich durch geeignetes Aufschlüsseln von $P(\bar{A}_1 \cap \bar{A}_2 \cap A_3)$ der Nachweis der Regel 5b durchführen.

Aufgabe 7.17: Zu zwei Ereignissen A_1 und A_2 sei B das Ereignis, dass genau eines der beiden A_i (d. h. entweder A_1 oder A_2) eintritt. Stellen Sie $P(B)$ durch $P(A_1)$, $P(A_2)$ und $P(A_1 \cap A_2)$ dar und berechnen Sie auf diese Weise nochmal die bereits in Aufgabe 7.16 errechnete Wahrscheinlichkeit, dass bei genau einer der beiden Kontrollen Rückstände entdeckt werden. ■

7.3.5 Bedingte Wahrscheinlichkeiten

Oft interessiert man sich bei einem Zufallsvorgang für die Wahrscheinlichkeit des Eintretens eines Ereignisses A unter der Annahme (oder sogar mit dem Wissen), dass ein bestimmtes Ereignis B eintritt (oder bereits eingetreten ist). Wir schreiben dafür $P(A|B)$ und sprechen von der **bedingten Wahrscheinlichkeit** von A unter (der Bedingung) B.

Beispiel 7.18: In Beispiel 7.13 hatte die Kontrollbehörde die relativen Häufigkeiten (50-mal, 40-mal bzw. 20-mal war das Ergebnis bei K_1, K_2 bzw. K_1 und K_2 positiv) als Wahrscheinlichkeiten der dazugehörigen Ereignisse A_1, A_2 bzw. $A_1 \cap A_2$ angesetzt. Analog wird sie sinnvollerweise die Wahrscheinlichkeit, dass bei K_2 Rückstände entdeckt werden, wenn dies bei K_1 der Fall ist, also $P(A_2|A_1)$, als den Quotienten

$$\frac{\text{Anzahl untersuchter Kälber, bei denen bei beiden Kontrollen Rückstände entdeckt werden}}{\text{Anzahl untersuchter Kälber, bei denen bei } K_1 \text{ Rückstände entdeckt werden}} = \frac{20}{50} = 0{,}4$$

festlegen oder, was dasselbe liefert, als den Quotienten

$$\frac{P(A_1 \cap A_2)}{P(A_1)} = \frac{\frac{20}{400}}{\frac{50}{400}} = 0{,}4\,.$$

■

Entsprechend definieren wir bedingte Wahrscheinlichkeiten allgemein gemäß

$$P(A|B) = \frac{P(A \cap B)}{P(B)} \ , \tag{63}$$

wobei $P(B) > 0$ vorausgesetzt ist.

Aufgabe 7.19: Bestimmen Sie wie im Beispiel 7.18 auch die bedingten Wahrscheinlichkeiten, dass

a) das Ergebnis von K_2 positiv ist, wenn bei K_1 keine Rückstände entdeckt werden,
b) falls genau eine der beiden Kontrollen ein positives Ergebnis liefert, es sich dabei um K_2 handelt.

(Dabei kann man Ergebnisse von Aufgabe 7.16 benutzen.) ▪

Auch für bedingte Wahrscheinlichkeiten lassen sich aufgrund ihrer Definition Aussagen formulieren, die den drei Axiomen und den Regeln aus Abschnitt 7.3.4 entsprechen; auf die explizite Angabe all dieser Formeln sei hier verzichtet. Wichtiger ist oft, dass mithilfe bedingter Wahrscheinlichkeiten die Berechnung der Wahrscheinlichkeit des Durchschnitts von Ereignissen ermöglicht oder erleichtert wird; denn für m Ereignisse $A_1, \ldots, A_m \subset \Omega$ eines Zufallsvorgangs gilt unter der Voraussetzung $P(A_1 \cap \cdots \cap A_{m-1}) > 0$ die Beziehung

$$P(A_1 \cap \cdots \cap A_m) = P(A_1) \cdot P(A_2|A_1) \cdot \ldots \cdot P(A_m|A_1 \cap \cdots \cap A_{m-1}) \ . \tag{64}$$

Beispiel 7.20: Unterscheidet man jeweils nur die beiden Fälle, ob der Absatz eines Produktes gegenüber der Vorperiode steigt oder nicht steigt, so sind für die kommenden 3 Zeitperioden acht Verläufe denkbar. Sie sind in Abbildung 7.1 anhand einer Baumdarstellung veranschaulicht. Jeder Pfeil nach oben symbolisiert eine Absatzsteigerung. Die von der Marketing-Abteilung geschätzten bedingten Wahrscheinlichkeiten sind an den Pfeilen notiert. Bedeutet A_i das Ereignis, dass der Absatz in der i-ten Periode steigt, so liest man aus Abbildung 7.1 beispielsweise ab:

$$P(\bar{A}_1) = \tfrac{1}{2}, \quad P(A_2|A_1) = \tfrac{2}{3} \quad \text{und} \quad P(A_3|\bar{A}_1 \cap \bar{A}_2) = \tfrac{1}{5} \ .$$

Aufgrund der Formel (64) ergibt sich die Wahrscheinlichkeit eines bestimmten Verlaufs durch Multiplikation der drei dazugehörigen bedingten Wahrscheinlichkeiten. So ist beispielsweise für das Ereignis B: „in jeder der drei Perioden steigt der Absatz" die Wahrscheinlichkeit zu errechnen:

$$P(B) = P(A_1) \cdot P(A_2|A_1) \cdot P(A_3|A_1 \cap A_2) = \tfrac{1}{2} \cdot \tfrac{2}{3} \cdot \tfrac{1}{4} = \tfrac{1}{12} \ .$$

▪

Es seien nun noch zwei Formeln angegeben, die auf Regel 6 aus Abschnitt 7.3.4 aufbauen. Wie dort sei eine Zerlegung $A_1, A_2, A_3, \ldots$ von Ω gegeben, wobei $P(A_i) > 0$ für alle i erfüllt sein soll. Dann gilt der **Satz von der totalen Wahrscheinlichkeit**, nämlich

$$P(B) = \sum_i P(B|A_i) \cdot P(A_i) \quad \text{für jedes Ereignis } B \ .$$

Falls auch noch $P(B) > 0$ ist, gilt ferner die **Formel von Bayes**,[7] die besagt:

$$P(A_j|B) = \frac{P(B|A_j) \cdot P(A_j)}{\sum_i P(B|A_i) \cdot P(A_i)} \quad \text{für jedes } j \ . \tag{65}$$

[7] Diese Formel ist nach Thomas Bayes (1702–1761) benannt.

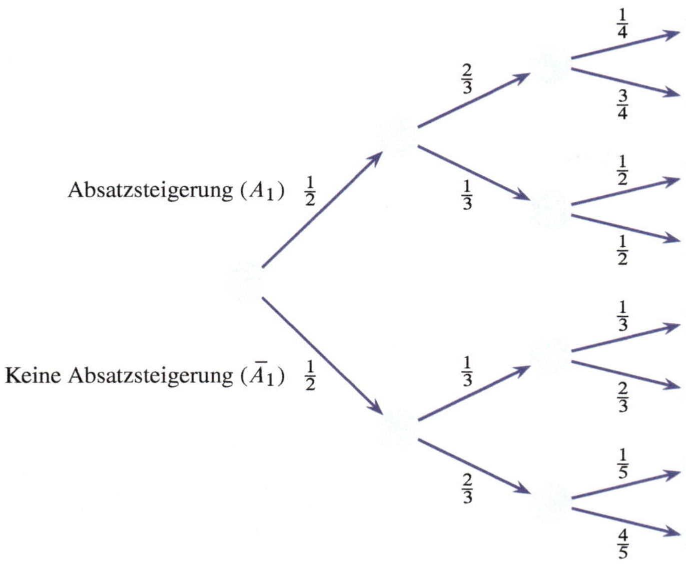

Abb. 7.1: Mögliche Verläufe des Absatzes eines Produktes in drei Zeitperioden aus Beispiel 7.20; an den Pfeilen sind bedingte Wahrscheinlichkeiten notiert

Aufgabe 7.21: Machen Sie sich klar, wie der Satz von der totalen Wahrscheinlichkeit und die Formel von Bayes aus Regel 6 und der Definition der bedingten Wahrscheinlichkeiten folgen. ▪

Aufgabe 7.22: Eine Firma stellt einen Konsumartikel auf drei Maschinen mit unterschiedlicher Kapazität her:

Maschine	M_1	M_2	M_3
gelieferter Anteil der Gesamtproduktion (in %)	60	25	15
Ausschusswahrscheinlichkeit	0,09	0,12	0,04

Aus der Gesamtproduktion wird ein Stück zufällig entnommen.

a) Mit welcher Wahrscheinlichkeit ist dieses Stück Ausschuss?
b) Das Stück ist Ausschuss. Mit welcher Wahrscheinlichkeit stammt es von M_1, M_2, M_3? ▪

Die Formel von Bayes findet oft in folgender Situation Anwendung:

- eine Menge von sich gegenseitig ausschließenden Zuständen $A_1, A_2, \ldots$ ist möglich oder wird als möglich erachtet,
- über die Chancen der einzelnen Zustände (nämlich „wahr“ zu sein) bestehen Vermutungen, welche sich in Gestalt eines Wahrscheinlichkeitsmaßes P beschreiben lassen; die Werte $P(A_j)$ heißen **A-priori-Wahrscheinlichkeiten**.
- Man realisiert einen Zufallsvorgang, wobei für mögliche Ereignisse B dieses Zufallsvorgangs die bedingten Wahrscheinlichkeiten $P(B|A_j)$ für jedes j bestimmbar seien.
- Für das tatsächlich eingetretene Ereignis B berechnet man dann gemäß der bayesschen Formel die bedingten Wahrscheinlichkeiten $P(A_j|B)$. Solche Wahrscheinlichkeiten werden als **A-posteriori-Wahrscheinlichkeiten** bezeichnet und als „Verbesserung“ gegenüber den A-priori-Wahrscheinlichkeiten interpretiert.

Beispiel 7.23: Die Arbeitnehmerschaft einer Firma will eine Abstimmung über einen geplanten Streik abhalten. Um die Situation abschätzen zu können, orientiert sich die Firmenleitung an einer ähnlichen Lage aus früherer Zeit. Danach würden mit folgenden Wahrscheinlichkeiten für Streik stimmen:

Streikbefürworter (in %)	20	40	60	80
dazugehörige Wahrscheinlichkeit	0,2	0,6	0,15	0,05

Sicherheitshalber werden noch 20 zufällig ausgewählte Arbeitnehmer über ihre Meinung befragt. Davon stimmen 16 für Streik und 4 dagegen. Wir wollen annehmen, dass die durch das Befragungsergebnis bedingten Wahrscheinlichkeiten für die Firma aussagekräftiger seien als die ursprünglich gegebenen Wahrscheinlichkeiten. In obiger Sprechweise sind also zu den 4 Zuständen A_j: „$20j$ % sind für Streik" die A-priori-Wahrscheinlichkeiten $P(A_j)$ gegeben und die A-posteriori-Wahrscheinlichkeiten $P(A_j|B)$ gesucht, wobei B bedeutet: „16 von 20 Befragten sind für Streik". Die Berechnung wird in Aufgabe 8.13 nachgeholt. ▪

7.3.6 Unabhängigkeit von Ereignissen

Zwei Ereignisse A, B eines Zufallsvorgangs wollen wir als unabhängig bezeichnen, wenn das Eintreten des einen keine Information über die Wahrscheinlichkeit des Eintretens des anderen liefert. Für die bedingten Wahrscheinlichkeiten soll daher $P(A|B) = P(A)$ gelten bzw. $P(B|A) = P(B)$ (sofern $P(B) > 0$ bzw. $P(A) > 0$ ist). Dazu äquivalent ist die Beziehung

$$P(A \cap B) = P(A) \cdot P(B) \quad , \tag{66}$$

die als Definition der **Unabhängigkeit zweier Ereignisse** A, B dient.

Unabhängig sind beispielsweise beim Ziehen mit Zurücklegen zwei Ereignisse A, B, wenn zur Bildung von A bzw. B nur das Ergebnis des n-ten Zuges bzw. die Ergebnisse der $n-1$ vorangegangenen Züge berücksichtigt werden. Die Unabhängigkeitsdefinition kann in zweierlei Hinsicht verwendet werden:

- zur Bestimmung von Wahrscheinlichkeiten, wenn vom Sachverhalt her klar ist, dass zwei Ereignisse voneinander unabhängig sind und deshalb mit Gleichung (66) gerechnet werden darf,
- zur Überprüfung, ob zwei Ereignisse A, B unabhängig sind oder nicht, indem man bei gegebenen $P(A)$, $P(B)$ und $P(A \cap B)$ untersucht, ob Gleichung (66) erfüllt ist.

Aufgabe 7.24:

a) In einer Firma vollzieht sich die Herstellung eines bestimmten Produkts in zwei nacheinander und unabhängig voneinander ablaufenden Arbeitsgängen. Nach seiner Fertigstellung wird jedes Stück kontrolliert und es gilt als Ausschuss, wenn bei seiner Fertigung in (mindestens) einem der beiden Arbeitsgänge ein Fehler passiert ist. Die Wahrscheinlichkeit für das Entstehen eines Ausschussstücks beträgt $\frac{8}{100}$; dabei geschieht im ersten Arbeitsgang mit Wahrscheinlichkeit $\frac{1}{24}$ ein Fehler. Wie groß ist die Wahrscheinlichkeit für einen Fehler im zweiten Arbeitsgang?

b) Prüfen Sie, ob die beiden in Beispiel 7.13 definierten Ereignisse A_i: „das Ergebnis bei K_i ist positiv" unabhängig sind. ▪

Wir verzichten an dieser Stelle auf die Behandlung der Unabhängigkeit von mehr als zwei Ereignissen; in Abschnitt 8.1.3 wird der Unabhängigkeitsbegriff in allgemeiner Form erläutert.

7.4 Kritische Zusammenfassung, Literaturhinweise

Zur axiomatischen Begründung der Wahrscheinlichkeitsrechnung

Die von Kolmogoroff im Jahre 1933 aufgestellte und in Abschnitt 7.3.1 beschriebene axiomatische Begründung der Wahrscheinlichkeitsrechnung ist heute allgemein akzeptiert. Durch diese Axiome wird der Begriff des Wahrscheinlichkeitsmaßes lediglich **implizit** definiert; numerische Werte für die Wahrscheinlichkeiten der verschiedenen Ereignisse können – von Ausnahmefällen abgesehen – daraus nicht errechnet werden. Es hat deshalb nicht an Versuchen gefehlt, die Wahrscheinlichkeiten **explizit** zu definieren. Einen derartigen Versuch haben wir in Abschnitt 7.3.2 mit der Laplaceschen Wahrscheinlichkeitsdefinition kennen gelernt. Ein weiterer prominenter Versuch stammt von v. Mises (1931); hierbei wird $P(A)$ als **Limes der relativen Häufigkeiten** für das Ereignis A definiert. Aus der Liste der Kritikpunkte an diesen Definitionsversuchen seien die folgenden herausgegriffen:

- Die Laplacesche Definition ist keine echte explizite Definition; der zu definierende Begriff der Wahrscheinlichkeit wird unter Verwendung des Begriffs der „Gleichwahrscheinlichkeit" eingeführt.

- Wie bereits erwähnt, sind die bei der Laplaceschen Definition unterstellten Zufallsvorgänge (mit endlich vielen gleichwahrscheinlichen Elementarereignissen) in den Anwendungen relativ selten anzutreffen.

- Auch die beliebig wiederholbaren Zufallsvorgänge, die der von Misesschen Definition zu Grunde liegen, sind in der Realität relativ selten anzutreffen; sogar bei einem solchen Zufallsvorgang ist die Definition insofern inoperational, als sie empirisch nicht auswertbar ist.

- Relative Häufigkeiten müssen durchaus nicht im üblichen mathematischen Sinne konvergieren. Selbst im Falle der Konvergenz ist nicht gewährleistet, dass der Limes den gewünschten Wert liefert. So ist es zwar unwahrscheinlich, jedoch nicht unmöglich, dass beim Werfen eines regelmäßigen Würfels stets eine Sechs beobachtet wird; als Limes resultiert dann der Wert 1 anstelle des Wertes $\frac{1}{6}$. Von Mises begegnete diesem Einwand durch die Einführung eines Regellosigkeitsaxioms; nur bzgl. solcher Folgen von Wiederholungen darf der Limes gebildet werden, die dieses Regellosigkeitsaxiom erfüllen. Damit werden zwar „unpassende" Ergebnisse vermieden, die eigentliche Problematik wird jedoch in die Definition der Regellosigkeit verlagert. Wegen einer Diskussion der damit verbundenen logischen Schwierigkeiten sei insbesondere auf Gnedenko (1997), Schnorr (1971) und Wald (1937a) verwiesen.

Deterministische versus stochastische Vorgänge

Erfassen wir bei einem Zufallsvorgang sowohl die Ausgangssituation als auch die Gesetze, die das Eintreten der Folgesituationen steuern, beliebig genau, so kann dieser zumeist in den Status eines deterministischen Vorgangs überführt werden. Erfassen wir beispielsweise beim Münzwurf – einem Zufallsvorgang par excellence – die Winkel, die Geschwindigkeit, die Höhe, die Beschaffenheit der Auftreff-Fläche usw., so könnten wir aufgrund der physikalischen Gesetze – wenn wir vom quantenmechanischen Indeterminismus einmal absehen – das Ergebnis des Münzwurfs prinzipiell berechnen. Entsprechend könnte die Wartezeit eines Kunden vor einer Supermarktkasse durch Inspektion aller Warenkörbe der Schlange, Abfertigungsmodalitäten der Kasse usw. nahezu genau kalkuliert werden. Mit diesen Beispielen soll verdeutlicht werden, dass die genaue Erfassung des gesamten Ursachenkomplexes jedoch in den meisten Fällen gegen das ökonomische Prinzip verstößt und dass es geboten sein kann, einen „an und für sich" deterministischen Vorgang dennoch als einen stochastischen Vorgang zu betrachten. Zumindest in den wirtschafts- und sozialwissenschaftlichen Anwendungen ist es infolgedessen eher eine pragmatische denn eine erkenntnistheoretische Frage, ob ein Vorgang als deterministisch oder stochastisch eingestuft wird.

Objektive versus subjektive Wahrscheinlichkeiten

Bei Zufallsvorgängen, die den Glücksspielen zu Grunde liegen, beim zufälligen Ziehen aus einer beliebig großen Grundgesamtheit oder beim Ziehen mit Zurücklegen scheint die Vorstellung berechtigt, dass es für Ereignisse eine „tatsächliche" Wahrscheinlichkeit des Eintretens gibt, welche es zu ermitteln gilt. Man spricht im Sinne dieser Anschauung von **objektiven** Wahrscheinlichkeiten, welche Ereignissen gewissermaßen „von Natur aus" zugeordnet sind.

In vielerlei Problemstellungen, etwa allen in die Zukunft gerichteten ökonomischen Planungen (vgl. Beispiel 7.20) oder auch beim Unfallzeugen aus Beispiel 7.3, reicht der objektive Wahrscheinlichkeitsbegriff nicht aus. In solchen Situationen kann man die Ansicht vertreten, die Wahrscheinlichkeit von Ereignissen beruhe nur auf der sachkundigen Einschätzung des zu Grunde liegenden Zufallsvorgangs. Die so begründeten Wahrscheinlichkeiten bezeichnet man dementsprechend als **subjektiv**. Aus dem umfangreichen Schrifttum über subjektive Wahrscheinlichkeiten seien die folgenden Beiträge erwähnt: Anscombe/Aumann (1963), Gottinger (1974), Hull (1978), Kyburg/Smokler (1980), Menges (1965) und Savage (1972).

Bei Verwendung von subjektiven Wahrscheinlichkeiten ist es durchaus zugelassen, dass zwei verschiedene Betrachter ein und desselben Zufallsvorgangs dem Eintreten eines Ereignisses unterschiedliche Wahrscheinlichkeiten beimessen.

Wir legen uns weder auf den objektiven noch auf den subjektiven Standpunkt generell fest; vielmehr geben wir je nach Anwendungsfall der einen oder anderen Auffassung den Vorzug – meist ohne dies eigens zu erwähnen. Die Wahrscheinlichkeitsaxiome und die daraus abgeleiteten Regeln gelten natürlich im Rahmen beider Auffassungen.

Zur praktischen Bestimmung von Wahrscheinlichkeiten

Unabhängig vom verwendeten Wahrscheinlichkeitsbegriff stellt sich das Problem der praktischen Bestimmung der „objektiv wahren" bzw. „subjektiv angemessen erscheinenden" Wahrscheinlichkeiten.

In der induktiven Statistik werden mittels einer Stichprobe relativ objektive Anhaltspunkte für die Festlegung von Wahrscheinlichkeiten gewonnen. Die Schätzmethoden aus Kapitel 12 führen zur Festlegung von Einzelwahrscheinlichkeiten oder des gesamten Wahrscheinlichkeitsmaßes. Die Testmethoden aus Kapitel 14 dienen der Überprüfung eines hypothetischen oder bisher als richtig angenommenen Wahrscheinlichkeitsmaßes.

Auch für die Festlegung subjektiver Wahrscheinlichkeiten können relativ objektive Anhaltspunkte, wie etwa die langjährige Erfahrung, die Berücksichtigung korrelierter Zeitreihen, Experten-Gutachten u. dgl., zur Verfügung stehen. Rezeptmäßig anwendbare Formeln zur Auswertung derartiger Anhaltspunkte existieren leider nicht. Dennoch gibt es einige Hinweise[8] zur

---

[8] Sobald ein Experten-Gremium zur Festlegung der subjektiven Wahrscheinlichkeiten eingeschaltet wird, sollten die verzerrenden Gruppeneinflüsse (Risk-shift-Phänomen, Dominanz eines Meinungsführers) eliminiert werden, indem eine Vorgehensweise gemäß der **Delphi-Methode** gewählt wird.

Festlegung subjektiver Wahrscheinlichkeiten. Diese sollten insbesondere dann berücksichtigt werden, wenn die subjektiven Wahrscheinlichkeiten einer weiteren Verarbeitung unterzogen werden, wie es beispielsweise der Fall ist

- bei **stochastischen Netzplänen** (PERT-Verfahren, GERT-Verfahren), die zur Terminplanung bei Großprojekten verwendet werden; dabei dienen subjektive Wahrscheinlichkeiten für die Realisierung und die Dauer der einzelnen Teilvorgänge zur Berechnung der Wahrscheinlichkeitsverteilung der gesamten Projektdauer.
- bei der **Risikoanalyse**, die zur Offenlegung des Risikos benutzt wird; ausgehend von subjektiven Wahrscheinlichkeiten für Preise, Kosten, Deckungsbeiträge, Absatzmengen usw. wird die Wahrscheinlichkeitsverteilung komplexerer Größen wie Gewinn, Kapitalwert, interner Zinsfuß ermittelt.

Da sich viele Statistik- oder Wahrscheinlichkeitstheorie-Lehrbücher auf die vom erkenntnistheoretischen Standpunkt aus sympathischeren objektiven Wahrscheinlichkeiten beschränken, wollen wir dieses Kapitel mit einigen Argumenten für die Einbeziehung subjektiver Wahrscheinlichkeiten abschließen. Bei allen Vorbehalten, die man gegen die Verwendung von subjektiven Wahrscheinlichkeiten haben kann, sollte berücksichtigt werden

- dass die endgültige numerische Festlegung einer Wahrscheinlichkeit stets eine gewisse Subjektivität beinhaltet, sei es dass sie auf dem Ergebnis einer endlichen Stichprobe beruht oder auf der Laplaceschen Definition, bei der häufig ungeprüfte Annahmen wie die Gleichwahrscheinlichkeit, die Unabhängigkeit usw. einbezogen werden,
- dass rein objektive Wahrscheinlichkeiten eine Rarität darstellen und ihre ausschließliche Verwendung den Anwendungsbereich der Wahrscheinlichkeitsrechnung drastisch limitieren würde,
- dass die bei Verzicht auf subjektive Wahrscheinlichkeiten zur Verfügung stehenden Methoden, etwa die Durchführung zweier Alternativrechnungen mit ausschließlich optimistischen bzw. ausschließlich pessimistischen Werten, keine für die Praxis verwertbaren Resultate liefern. So führen die Alternativrechnungen im Beispiel der Terminplanung zu einer riesigen Spanne für die Projektdauer; die gegenseitige Kompensation extremer Werte, die bei Verwendung der Wahrscheinlichkeitsrechnung automatisch erfolgt, kann bei derartigen Alternativrechnungen nicht erfasst werden.

8. Kapitel:

Zufallsvariablen und Verteilungen

8.1 Verschiedene Typen von Zufallsvariablen

8.1.1 Eindimensionale Zufallsvariablen

Ereignisse werden bei einem Zufallsvorgang oft dadurch gebildet, dass die möglichen Ergebnisse ω aufgrund eines quantitativen (bzw. quantifizierten) Merkmals X beurteilt werden. Wir beschreiben die Abbildung, die jedem $\omega \in \Omega$ seine Ausprägung bezüglich des Merkmals X zuordnet, ebenfalls mit dem Symbol X, sodass interessierende Ereignisse der Form

„X nimmt (genau, mindestens oder höchstens) den Wert x an“,
„X nimmt Werte zwischen a und b an“

usw. statt als Teilmengen von Ω jetzt kürzer durch $X = x$, $X \geqq x$, $X \leqq x$ oder $a \leqq X \leqq b$ dargestellt werden können. In Beispiel 7.6 etwa können wir mit dem Merkmal X: „Gesamtzahl der von beiden Zeitungen verkauften Exemplare“ die Ereignisse A_j bzw. B_j durch $X = j$ bzw. $X \geqq j$ beschreiben.

Allgemein definieren wir: Ist ein Zufallsvorgang mit der Ergebnismenge Ω gegeben, so heißt jede Abbildung $X\colon \Omega \to \mathbb{R}$ eine (eindimensionale) **Zufallsvariable**.[1] Ereignisse, die durch Zufallsvariablen gebildet werden, sind allgemein von der Gestalt $X \in B$, wobei B ein Bereich reeller Zahlen ist. Als solche Bereiche kommen etwa alle einpunktigen Mengen und alle offenen, halboffenen oder abgeschlossenen Intervalle infrage sowie auch alle Gebilde, die hieraus durch Komplementbildung sowie durch endlich oder abzählbar unendlich viele Durchschnitte und Vereinigungen entstehen; dass nicht sämtliche Teilmengen reeller Zahlen als Bereiche zugelassen werden können, ist für die Praxis unerheblich, vgl. auch die Schlussbemerkung in Abschnitt 7.2.

Den Wert x, den eine Zufallsvariable X bei der Durchführung des zu Grunde liegenden Zufallsvorgangs annimmt, nennt man die **Realisierung** oder **Realisation** von X. Vor der Durchführung ist ungewiss, welche Realisierung eintreten wird (außer im trivialen Sonderfall, dass $X(\omega)$ für alle $\omega \in \Omega$ gleich einer Konstanten c gesetzt wird); insofern stellt jede Zufallsvariable selbst ein Zufallsgeschehen dar. Umgekehrt lässt sich jedes Zufallsgeschehen mit reellwertigen Elementarereignissen als Zufallsvariable auffassen (indem man $X(\omega) = \omega$ für jedes $\omega \in \Omega$ setzt). Die Menge aller möglichen Realisierungen von X bezeichnet man als den **Wertebereich**

$$X(\Omega) = \{x\colon x = X(\omega), \omega \in \Omega\} .$$

Aufgabe 8.1: Geben Sie den Wertebereich folgender Zufallsvariablen an:

a) im Zeitungskioskbeispiel 7.2a für jede der Zufallsvariablen X_1, X_2 und X mit X_i: „Anzahl der von Z_i verkauften Exemplare“, X: „Anzahl der von Z_1 und Z_2 insgesamt verkauften Exemplare“.

---

[1] Streng genommen müssten wir noch fordern, dass für alle $a, b \in \mathbb{R}$ die Mengen $\{\omega \in \Omega\colon a \leqq X(\omega) \leqq b\}$ tatsächlich zum Ereignissystem des betrachteten Zufallsvorgangs gehören; diese Bedingung bereitet in praktischen Anwendungen jedoch keinerlei Schwierigkeiten.

b) im Beispiel 7.3 aus der Sicht des Unfallzeugen für jede der Zufallsvariablen X_i: „i-te Ziffer des Kfz-Kennzeichens" ($i = 1, 2, 3$). Wie groß ist $P(X_2 = k)$ für $k = 0, 1, \ldots, 9$, wenn alle nach Aussage des Zeugen noch möglichen Kennzeichen als gleichwahrscheinlich gelten? Lässt sich auch die gegenüber dem zweiten Buchstaben bestehende Ungewissheit durch eine Zufallsvariable X_0 ausdrücken? ▪

8.1.2 Mehrdimensionale Zufallsvariablen

Aufgabe 8.1 zeigt, dass bei einem Zufallsvorgang mehrere Zufallsvariablen gleichzeitig von Interesse sein können. Durch Zufallsvariablen $X_1, \ldots, X_n$ lässt sich allgemein beschreiben

- die simultane Beobachtung von n Merkmalen bei einem Zufallsvorgang sowie
- ein Zufallsgeschehen, das aus n verschiedenen Teilvorgängen besteht, z. B. die n-fache Durchführung eines wiederholbaren Zufallsvorgangs, sofern die möglichen Ergebnisse der einzelnen Teilvorgänge durch reelle Zahlen charakterisierbar sind; X_i beschreibt dann den i-ten Teilvorgang.

Die beiden Fälle sind begrifflich nicht immer gegeneinander abzugrenzen.

Fasst man n Zufallsvariablen zusammen zu $X = (X_1, X_2, \ldots, X_n)$, so entsteht eine Abbildung X mit Werten im $\mathbb{R}^n$, die wir als **n-dimensionale Zufallsvariable** bezeichnen. Ereignisse hängen dann i. Allg. von den Werten aller n Zufallsvariablen ab. Ist beispielsweise für jedes X_i ein Ereignis der Form $X_i \in B_i$ von Interesse, so ist der Durchschnitt dieser n Ereignisse ein Ereignis zu $X = (X_1, \ldots, X_n)$, für das wir die Schreibweise $X_1 \in B_1, X_2 \in B_2, \ldots, X_n \in B_n$ benutzen. Bei mehrdimensionalen Zufallsvariablen können allerdings auch Ereignisse betrachtet werden, die nicht auf diese Art darstellbar sind.

Beispiel 8.2: Mithilfe der Zufallsvariablen X_1, X_2 und X aus Aufgabe 8.1a gibt es für die nachstehenden Ereignisse folgende Darstellungen:

Ereignis	Darstellung eindimensional	Darstellung mehrdimensional
Z_1 ist ausverkauft	$X_1 = 200$	$X_1 = 200,\ X_2 \in \mathbb{R}$
Z_2 ist ausverkauft, Z_1 dagegen nicht	–	$X_1 < 200,\ X_2 = 200$
insgesamt sind 390 Exemplare verkauft	$X = 390$	$\bigcup_{x=190}^{200} (X_1 = x, X_2 = 390 - x)$

▪

Aus gegebenen (eindimensionalen) Zufallsvariablen $X, Y, X_1, \ldots, X_n$ lassen sich auf vielerlei Weisen neue Zufallsvariablen bilden; begegnen werden uns später vor allem Ausdrücke wie

$$a + bX \quad (\text{mit } a, b \in \mathbb{R}), \quad X^2, \quad X \cdot Y, \quad \sum_{i=1}^{n} X_i \quad \text{u. dgl.}$$

Jedes Zufallsgeschehen ist (hinreichend genau) durch Zufallsvariablen charakterisierbar. Sieht man beispielsweise die „wirtschaftliche Situation der Bundesrepublik Deutschland Ende nächsten Jahres" als Ergebnis eines Zufallsvorgangs an, so ist jedes Elementarereignis, sprich jede „mögliche wirtschaftliche Situation", durch einen umfangreichen Satz von Daten hinreichend genau zu beschreiben und jede in diesen Datensatz aufgenommene Größe (z. B. das Bruttosozialprodukt, der Energieverbrauch, die Arbeitslosenzahl usw.) stellt eine Zufallsvariable dar.

Durch Einführung von Zufallsvariablen hat sich gegenüber Kapitel 7 im Wesentlichen nur die Darstellung von Ereignissen geändert. Alle Aussagen über Wahrscheinlichkeiten behalten selbstverständlich ihre Gültigkeit; wir werden diesbezüglich noch neue, speziell auf Zufallsvariablen zugeschnittene Begriffe einführen. Zuvor erweitern wir die Definition der Unabhängigkeit, wie am Schluss von Abschnitt 7.3.6 angekündigt, indem wir sie für Teilvorgänge (jetzt beschrieben durch eindimensionale Zufallsvariablen X_i) eines Gesamtgeschehens (beschrieben durch $X = (X_1, \ldots, X_n)$) formulieren.

8.1.3 Unabhängigkeit von Zufallsvariablen

Die Zufallsvariablen $X_1, X_2, \ldots, X_n$ heißen **unabhängig**, wenn die Wahrscheinlichkeit des Durchschnitts von Ereignissen $X_i \in B_i$, $i = 1, \ldots, n$, stets (d. h. für alle zulässigen Bereiche $B_i \subset \mathbb{R}$) gleich dem Produkt der einzelnen Wahrscheinlichkeiten ist:

$$P(X_1 \in B_1, \ldots, X_n \in B_n) = P(X_1 \in B_1) \cdot \ldots \cdot P(X_n \in B_n) \, . \tag{67}$$

Wie in Abschnitt 7.3.6 bedeutet dies, dass das Eintreten eines beliebigen Ereignisses $X_i \in B_i$ keine Information darüber liefert, mit welcher Wahrscheinlichkeit die übrigen Zufallsvariablen X_j, $j \neq i$, Werte in irgendwelchen Bereichen B_j annehmen. Wieder kommen zweierlei Anwendungsmöglichkeiten der Unabhängigkeitsdefinition in Betracht. So lässt sich, wenn n der $n + 1$ in (67) auftretenden Wahrscheinlichkeiten bekannt sind und man vom Sachverhalt her Abhängigkeit der X_i ausschließen kann, die noch unbekannte Wahrscheinlichkeit errechnen. Andererseits darf, wenn rechnerisch die Gültigkeit von (67) für alle möglichen Ereignisse $X_i \in B_i$ nachgewiesen bzw. für mindestens ein Ereignis $(X_1 \in B_1, \ldots, X_n \in B_n)$ widerlegt werden kann, auf Unabhängigkeit bzw. Abhängigkeit der X_i geschlossen werden.

Aufgabe 8.3: Die Korrektur einer Klausur haben sich zwei Lehrpersonen L_1 und L_2 so aufgeteilt, dass L_1 bei jedem abgegebenen Exemplar die beiden ersten und L_2 die restlichen Aufgaben korrigiert. Die in Minuten gemessenen Korrekturdauern X von L_1 und Y von L_2 bei einem zufällig herausgegriffenen Klausurexemplar seien Zufallsvariablen, für die folgende Wahrscheinlichkeiten bekannt seien:

Bereich B	$[0; 10]$	$(10; 20]$	$(20; \infty)$
$P(X \in B)$	$\frac{1}{3}$	$\frac{1}{3}$	$\frac{1}{3}$
$P(Y \in B)$	$\frac{1}{4}$	$\frac{1}{2}$	$\frac{1}{4}$

a) X und Y werden als unabhängig angesehen. Wie groß ist dann die Wahrscheinlichkeit, dass für ein zufällig ausgewähltes Exemplar
   - jeder der beiden höchstens 10 Minuten bzw. höchstens 20 Minuten braucht?
   - L_1 höchstens 10 Minuten und L_2 über 20 Minuten benötigt?

b) Sind X und Y unabhängig, wenn die Wahrscheinlichkeit, dass L_2 mit der Korrektur eines Exemplars länger als 20 Minuten beschäftigt ist, falls für dieses Exemplar bereits L_1 über 20 Minuten gebraucht hat, $\frac{1}{2}$ beträgt? ■

8.2 Die Verteilungsfunktion einer eindimensionalen Zufallsvariablen

Zu einer eindimensionalen Zufallsvariablen X nennt man die Funktion F, die jeder zwischen $-\infty$ und $+\infty$ liegenden Zahl x die Wahrscheinlichkeit

$$F(x) = P(X \leqq x) \tag{68}$$

zuordnet, die **Verteilungsfunktion** von X.

Beispiel 8.4: Eine Maschine führt einen bestimmten Arbeitsgang aus, welcher jeweils genau 10 Minuten dauert. Ein Mechaniker, der die Maschine einer routinemäßigen Kontrolle unterziehen soll, will dazu das Ende des gerade laufenden Arbeitsgangs abwarten. Da er dessen Beginn nicht kennt, sieht er die Zeit X, die er warten muss, als Zufallsvariable an. Dabei weiß er erstens sicher, dass er höchstens 10 Minuten zu warten hat, d. h. $P(X \leqq 10) = 1$; zum Zweiten drückt er die gegenüber der bisherigen Laufzeit des Arbeitsgangs bestehende Ungewissheit dadurch aus, dass er die Wahrscheinlichkeit, höchstens noch x Minuten warten zu müssen, für jedes x zwischen 0 und 10 proportional zu x ansetzt, d. h., es gilt $P(X \leqq x) = kx$ für alle $x \in [0; 10]$. Aus beidem ergibt sich (vgl. auch Abbildung 8.1)

$$F(x) = \tfrac{1}{10} \cdot x \quad \text{für} \quad 0 \leqq x \leqq 10\,.$$

Trivialerweise ist ferner

$$\begin{aligned} & F(x) = P(X \leqq x) = 0 && \text{für alle } x < 0 \\ \text{und} \quad & F(x) = P(X \leqq x) = 1 && \text{für alle } x > 10\,. \end{aligned}$$

■

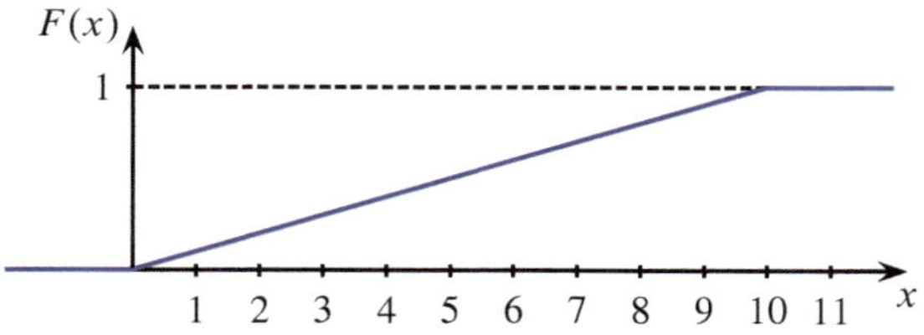

Abb. 8.1: Verteilungsfunktion der Wartezeit X in Beispiel 8.4

Aufgabe 8.5: Vier in Reihe geschaltete gleichartige elektrische Geräte liegen still, weil durch einen Defekt bei (genau) einem von ihnen die Stromzufuhr unterbrochen wurde. Durch eine Einzelüberprüfung eines Gerätes kann eindeutig festgestellt werden, ob es defekt ist oder nicht. Sei X die Anzahl der Geräte, die einer derartigen Einzelüberprüfung unterzogen werden müssen (ohne Zurücklegen), bis feststeht, bei welchem der vier Geräte der Defekt vorliegt. Berechnen und skizzieren Sie die Verteilungsfunktion von X unter der Voraussetzung, dass jedes der Geräte mit gleicher Wahrscheinlichkeit für den Defekt infrage kommt. ■

Für eine Verteilungsfunktion ergeben sich aus ihrer Definition folgende **Eigenschaften**:

- $F(x)$ nimmt nur **Werte zwischen 0** $= F(-\infty)$ **und 1** $= F(+\infty)$ an, d. h. es gilt

$$0 = F(-\infty) \leqq F(x) \leqq F(+\infty) = 1 \quad \text{für alle} \quad x \in \mathbb{R}\,.$$

- $F(x)$ **steigt** für wachsendes x **monoton** an (bleibt also zumindest auf der erreichten Höhe), d. h.

$$F(x_1) \leqq F(x_2) \quad \text{gilt für alle} \quad -\infty \leqq x_1 \leqq x_2 \leqq +\infty\,.$$

- $F(x)$ ist in jedem Punkt x **von rechts stetig**, d. h. der rechtsseitige Grenzwert stimmt stets mit dem Funktionswert $F(x)$ überein.

Aufgabe 8.6: Gemäß welcher Wahrscheinlichkeitsregel ergibt sich die zweite Eigenschaft? ■

Durch die Verteilungsfunktion einer Zufallsvariablen X sind die Wahrscheinlichkeiten aller Ereignisse $X \in B$ festgelegt, wofür wir auch sagen: „Die (Wahrscheinlichkeits-)**Verteilung von** X liegt fest." Insbesondere gilt für alle a, b mit $-\infty \leqq a \leqq b \leqq +\infty$ stets die Beziehung

$$P(a < X \leqq b) = F(b) - F(a)\,. \tag{69}$$

Aufgabe 8.7:

a) Wie groß ist die Wahrscheinlichkeit, dass der Mechaniker in Beispiel 8.4

- mehr als 3 Minuten, aber höchstens 5 Minuten warten muss?
- mehr als 3 Minuten warten muss?
- höchstens noch 2 Minuten warten muss, nachdem er bereits 3 Minuten gewartet hat?

b) Mit welcher Wahrscheinlichkeit muss in Aufgabe 8.5 mehr als ein Gerät überprüft werden? ▪

Die beiden in Beispiel 8.4 und in Aufgabe 8.5 behandelten Zufallsvariablen und ihre Verteilungsfunktionen unterscheiden sich prinzipiell dadurch, dass das untersuchte Merkmal im einen Fall stetig und im anderen Fall diskret ist. Im Folgenden behandeln wir diese zweierlei Typen von Zufallsvariablen ausführlich.

8.3 Eindimensionale diskrete Zufallsvariablen

Vermag eine Zufallsvariable X nur endlich oder abzählbar unendlich viele Realisierungen anzunehmen, besitzt ihr Wertebereich also die Gestalt $\{x_1, x_2, x_3, \dots\}$, so heißt sie und auch ihre Verteilung **diskret**. Es gibt dann zu jedem x_i eine Zahl $p_i > 0$ mit $p_i = P(X = x_i)$, wobei $p_1 + p_2 + p_3 + \dots = 1$ gelten muss. Die Situation entspricht damit weitgehend derjenigen in der deskriptiven Statistik, als zu den (dort immer endlich vielen) tatsächlichen Ausprägungen $a_1, a_2, \dots, a_k$ eines Merkmals die relativen Häufigkeiten $f(a_1), \dots, f(a_k)$ betrachtet wurden, wofür ebenfalls $f(a_1) + \dots + f(a_k) = 1$ galt. Vieles, was wir damals zur Darstellung und Aufbereitung von Häufigkeitsverteilungen benutzt hatten, ist auf diskrete (und von diskreten auf stetige) Wahrscheinlichkeitsverteilungen übertragbar (vgl. hierzu vor allem auch Tabelle 9.2 in Abschnitt 9.6).

Bei einer diskreten Zufallsvariablen X (mit x_i und p_i wie oben) bezeichnen wir die Funktion f, die jeder reellen Zahl x die Wahrscheinlichkeit zuordnet, mit der sie von X angenommen wird, also

$$f(x) = P(X = x) = \begin{cases} p_i, & \text{falls } x = x_i \\ 0, & \text{sonst} \end{cases}, \tag{70}$$

als die **Wahrscheinlichkeitsfunktion** von X. Man kann sie und damit die Verteilung von X in einem **Stabdiagramm** grafisch darstellen. Zu Aufgabe 8.5 ergibt sich insbesondere das in Abbildung 8.2 skizzierte Stabdiagramm.

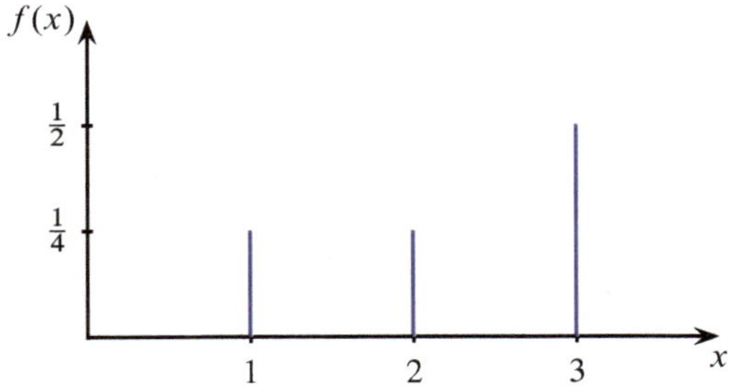

Abb. 8.2: Stabdiagramm der Wahrscheinlichkeitsfunktion für die Zufallsvariable X = Anzahl der zu überprüfenden Geräte in Aufgabe 8.5

Mithilfe der zu X gehörigen Wahrscheinlichkeitsfunktion $f(x)$ lässt sich für jeden Bereich $B \subset \mathbb{R}$ die auf ihn entfallende Wahrscheinlichkeit gemäß

$$P(X \in B) = \sum_{x_i \in B} f(x_i)$$

berechnen; insbesondere ergibt sich damit für jede Zahl x der Verteilungsfunktionswert

$$F(x) = P(X \leqq x) = \sum_{x_i \leqq x} f(x_i) \ . \tag{71}$$

Die Verteilungsfunktion einer diskreten Zufallsvariablen ist demnach[2] (wie die empirische Verteilungsfunktion in Abschnitt 3.1.3) eine monoton wachsende **Treppenfunktion**; sie besitzt bei jedem x_i einen Sprung, wobei die Sprunghöhe $f(x_i) = p_i$ beträgt. Die Skizze in der Lösung zu Aufgabe 8.5 zeigt also einen typischen Verlauf.

8.4 Wichtige diskrete Verteilungen

Bei jeder der drei im Folgenden vorgestellten „Verteilungen" handelt es sich in Wirklichkeit um eine Schar von (unendlich vielen) Einzel-Verteilungen.

8.4.1 Binomialverteilung

Es sei A ein Ereignis, das bei einem (wiederholbaren) Zufallsvorgang eintreten kann; die Wahrscheinlichkeit des Eintretens von A sei gleich $p = P(A)$. Der Zufallsvorgang werde n-mal ohne gegenseitige Beeinflussung der einzelnen Wiederholungen durchgeführt; jeweils werde nur darauf geachtet, ob A eintritt oder nicht. Wir beschreiben die i-te Durchführung durch die Zufallsvariable

$$X_i = \begin{cases} 1, & \text{falls } A \text{ bei der } i\text{-ten Durchführung eintritt} \\ 0, & \text{falls } \bar{A} \text{ bei der } i\text{-ten Durchführung eintritt.} \end{cases}$$

Die Anzahl X der Durchführungen, bei denen A eintritt, ist eine Zufallsvariable mit dem Wertebereich $\{0, 1, \ldots, n\}$. Sie lässt sich offenbar in der Form

$$X = \sum_{i=1}^{n} X_i$$

darstellen. Die Wahrscheinlichkeitsfunktion von X leiten wir jetzt in mehreren Schritten her:

1) Die X_i sind unabhängig und es gilt für jedes $i = 1, \ldots, n$:

$$P(X_i = 1) = P(A) = p \quad \text{und} \quad P(X_i = 0) = P(\bar{A}) = 1 - p \ .$$

2) Ist x eine Zahl aus dem Wertebereich $\{0, 1, 2, \ldots, n\}$ von X und ist ferner $(x_1, \ldots, x_n)$ ein n-Tupel, in dem

   a) die einzelnen Werte x_i nur 0 oder 1 sein können und
   b) genau x der Werte x_i gleich 1 sind, d. h. $x_1 + \cdots + x_n = x$ gilt,

   so folgt nach Schritt 1 wegen (67):

$$P(X_1 = x_1, \ldots, X_n = x_n) = P(X_1 = x_1) \cdot \ldots \cdot P(X_n = x_n) = p^x (1-p)^{n-x} \ .$$

[2] Dies gilt zumindest im Fall, dass der Wertebereich keinen Häufungspunkt besitzt; siehe etwa Pfanzagl (1991, S. 17).

Aufgabe 8.8: Verdeutlichen Sie sich die Gültigkeit dieses letzten Gleichheitszeichens für den Fall $n = 5$, $x = 3$ und $(x_1, \ldots, x_n) = (1, 0, 1, 1, 0)$. ▪

3) Jedes gemäß Schritt 2 gebildete n-Tupel $(x_1, \ldots, x_n)$ stellt eine spezielle Anordnung von x „Einsen" und $n - x$ „Nullen" dar. Es gibt (für $0 \leqq x \leqq n$) genau

$$\frac{n!}{x!(n-x)!} = \binom{n}{x}$$

Möglichkeiten, x „Einsen" und $n - x$ „Nullen" anzuordnen.

Aufgabe 8.9: Weisen Sie die Aussage von Schritt 3 für $n = 4$ und alle dabei möglichen x nach. ▪

4) Das Ereignis $X = x$ setzt sich zusammen aus den $\binom{n}{x}$ disjunkten Ereignissen des Typs $(X_1 = x_1, \ldots, X_n = x_n)$, wobei $(x_1, \ldots, x_n)$ ein n-Tupel im Sinne von Schritt 2 ist. Deshalb erhalten wir nach Axiom 3 und Schritt 2:

$$P(X = x) = \binom{n}{x} p^x (1-p)^{n-x} .$$

Die Zufallsvariable X besitzt also die Wahrscheinlichkeitsfunktion

$$f(x) = \begin{cases} \binom{n}{x} p^x (1-p)^{n-x} & \text{für } x \in \{0, 1, \ldots, n\} \\ 0 & \text{für } x \notin \{0, 1, \ldots, n\} \end{cases} . \qquad (72)$$

Die durch diese Wahrscheinlichkeitsfunktion festgelegte Verteilung heißt **Binomialverteilung** oder genauer ***B*(*n*;*p*)-Verteilung**.

Aufgabe 8.10: Berechnen und skizzieren Sie die Wahrscheinlichkeitsfunktion der $B(5;p)$-Verteilung für $p = \frac{1}{3}$, $p = \frac{1}{2}$ und $p = \frac{2}{3}$. Skizzieren Sie für $p = \frac{1}{2}$ auch die Verteilungsfunktion. ▪

In Tabelle A.1 des Anhangs ist die Verteilungsfunktion der $B(n;p)$-Verteilung für einige Werte von n sowie für verschiedene $p \leqq 0{,}5$ vertafelt. Hiermit lassen sich aber auch für $p > 0{,}5$ Verteilungsfunktionswerte ermitteln, wie Teil b) des folgenden Beispiels zeigt. Aus Tabelle A.1 erhält man ferner die entsprechenden Wahrscheinlichkeitsfunktionen gemäß

$$f(x) = F(x) - F(x-1) \quad \text{für} \quad x = 0, 1, \ldots, n .$$

Beispiel 8.11: Ein Kraftfahrzeughändler weiß aus jahrelanger Erfahrung, dass von den in Zahlung genommenen Wagen 15 % geringe, 60 % mittelschwere und 25 % sehr schwere Schäden aufweisen. Er will die Wahrscheinlichkeit bestimmen, dass von den nächsten 20 Wagen, die er in Zahlung nehmen wird, bei höchstens 8, genau 10 bzw. mindestens 12

a) sehr schwere bzw.
b) mittelschwere

Schäden vorliegen. Bezeichnet er mit X bzw. Y die Anzahl der Pkw mit sehr schweren bzw. mit mittelschweren Schäden, so ist (unter der plausiblen Annahme, dass die Zustände verschiedener Wagen unabhängig sind) X gemäß $B(20;0{,}25)$ und Y gemäß $B(20;0{,}6)$ verteilt; aus Tabelle A.1 ergibt sich:

a) $P(X \leqq 8) = 0{,}9591$; $P(X = 10) = P(X \leqq 10) - P(X \leqq 9) = 0{,}9961 - 0{,}9861 = 0{,}0100$; $P(X \geqq 12) = 1 - P(X < 12) = 1 - P(X \leqq 11) = 1 - 0{,}9991 = 0{,}0009$.

b) Da die $B(20;0{,}6)$-Verteilung nicht vertafelt ist, geht man über zur $B(20;0{,}4)$-verteilten Zufallsvariablen $\tilde{Y} = 20 - Y$ = Anzahl der Wagen, die keine mittelschweren Schäden aufweisen:

$$P(Y \leqq 8) = P(\tilde{Y} \geqq 20 - 8 = 12) = 1 - P(\tilde{Y} < 12) = 1 - P(\tilde{Y} \leqq 11) = 1 - 0{,}9435 = 0{,}0565;$$
$$P(Y = 10) = P(\tilde{Y} = 10) = P(\tilde{Y} \leqq 10) - P(\tilde{Y} \leqq 9) = 0{,}8725 - 0{,}7553 = 0{,}1172;$$
$$P(Y \geqq 12) = P(\tilde{Y} \leqq 20 - 12) = 0{,}5956.$$
■

Aufgabe 8.12: Die monatliche Durchschnittstemperatur gelte als normal, wenn sie maximal ein Grad vom langjährigen Mittelwert abweicht. In einer bestimmten Stadt sei die Wahrscheinlichkeit, dass die monatliche Durchschnittstemperatur normal ist, in jedem Monat gleich 0,9 und diesbezüglich sei Unabhängigkeit zwischen verschiedenen Monaten vorausgesetzt. Wie groß ist die Wahrscheinlichkeit, dass die Durchschnittstemperatur in den kommenden zwei Jahren in weniger als 20 Monaten normal sein wird? ■

Drei **Bemerkungen** zur Binomialverteilung sind noch von Interesse:

- Die Summe $X_1 + X_2 + \cdots + X_n$ unabhängiger $B(1;p)$ verteilter Zufallsvariablen X_i ist $B(n;p)$-verteilt; gerade so wurde nämlich oben die $B(n;p)$-Verteilung hergeleitet.
- Eine $B(1;p)$-verteilte Zufallsvariable X wird auch als **Indikatorvariable**, als **Bernoulli-Variable**, als **dichotome** Zufallsvariable, als **binäre** Zufallsvariable oder als **Dummy** bezeichnet.
- Die eingangs beschriebene Situation eines unabhängig wiederholbaren Zufallsvorgangs mit relevantem Ereignis A ist natürlich in dem in Abschnitt 7.3.2 beschriebenen Modell des n-maligen Ziehens mit Zurücklegen aus einer Menge von N Objekten gegeben, wenn M dieser Objekte eine bestimmte Eigenschaft E besitzen. Die Anzahl X der gezogenen Objekte mit der Eigenschaft E genügt demnach einer $B(n;\frac{M}{N})$-Verteilung. Näherungsweise gilt dies auch noch beim Ziehen ohne Zurücklegen, wenn der **Auswahlsatz** $\frac{n}{N}$ vernachlässigbar klein, d. h. N weit größer als n ist (siehe auch die Schlussbemerkung in Abschnitt 8.4.2 sowie die Tabelle A.8 des Anhangs).

Aufgabe 8.13: Berechnen Sie die in Beispiel 7.23 gesuchten A-posteriori-Wahrscheinlichkeiten der Ereignisse A_j: „$20j$ % für Streik", nachdem 16 von 20 Befragten für Streik waren. (Die Gesamtarbeitnehmerschaft der Firma sei weit umfangreicher als 20 Personen.) ■

8.4.2 Hypergeometrische Verteilung

Wir behandeln jetzt den in der letzten Bemerkung vor Aufgabe 8.13 bereits erwähnten Fall des n-fachen Ziehens ohne Zurücklegen aus einer Menge von N Objekten, von denen M eine Eigenschaft E besitzen. Auch hier interessieren wir uns für die Zufallsvariable

$$X = \text{Anzahl der gezogenen Objekte mit der Eigenschaft } E\ .$$

Die Wahrscheinlichkeitsfunktion von X lässt sich wie folgt bestimmen:

1) Die möglichen Werte x von X unterliegen den beiden Restriktionen:
   - $0 \leqq x \leqq M$, da die Eigenschaft E insgesamt nur M-mal vorliegt, und
   - $0 \leqq n - x \leqq N - M$, da insgesamt nur $N - M$ Objekte die Eigenschaft E nicht besitzen.

   Folglich ist der Wertebereich von X gleich $\{\max(0, n - (N - M)), \ldots, \min(n, M)\}$.

2) Bei einem Ereignis $X = x$ kommt es nicht auf die Reihenfolge an, in welcher die n gezogenen Objekte aus der Gesamtmenge entnommen wurden. Zur Bestimmung der Verteilung von X genügt es daher, als Elementarereignisse des n-fachen Ziehens ohne Zurücklegen alle möglichen n-elementigen Teilmengen aus der Gesamtheit der N Objekte anzusehen. Die Anzahl derartiger Teilmengen, d. h. die Anzahl der Möglichkeiten, aus N Objekten ohne Beachtung der Reihenfolge n herauszunehmen, beträgt $\binom{N}{n}$, und diese $\binom{N}{n}$ Elementarereignisse sind gleichwahrscheinlich. (Von den in Abschnitt 7.3.2 angegebenen $\frac{N!}{(N-n)!}$ Möglichkeiten, die es unter Berücksichtigung der Reihenfolge gibt, werden jetzt nämlich jeweils $n!$ Möglichkeiten zu einem Elementarereignis zusammengefasst.)

Aufgabe 8.14: Man mache sich die letzte Aussage klar, indem man sämtliche Möglichkeiten explizit angibt, wie sich aus der Menge $\{a, b, c, d\}$ drei Elemente (durch Ziehen ohne Zurücklegen) entnehmen lassen

a) unter Berücksichtigung der Reihenfolge der Entnahme bzw.
b) ohne Berücksichtigung der Reihenfolge. ▪

3) Ist x aus dem in Schritt 1 bestimmten Wertebereich von X, so ergibt sich die Anzahl der für das Ereignis $X = x$ günstigen Elementarereignisse als Produkt der $\binom{M}{x}$ Möglichkeiten, aus den insgesamt M Objekten mit Eigenschaft E genau x herauszugreifen, mit den $\binom{N-M}{n-x}$ Möglichkeiten, aus den $N - M$ Objekten ohne Eigenschaft E genau $n - x$ zu erhalten (jeweils ohne Berücksichtigung der Reihenfolge). Regel (62) liefert daher

$$P(X = x) = \frac{\binom{M}{x}\binom{N-M}{n-x}}{\binom{N}{n}} .$$

Die Zufallsvariable X besitzt also die Wahrscheinlichkeitsfunktion

$$f(x) = \begin{cases} \dfrac{\binom{M}{x}\binom{N-M}{n-x}}{\binom{N}{n}} & \text{für } x = \max\{0, n - (N - M)\}, \ldots, \min\{n, M\} \\ 0 & \text{sonst} \end{cases} . \qquad (73)$$

Die hierdurch festgelegte Verteilung heißt **hypergeometrische Verteilung** mit den Parametern N, M und n.

Aufgabe 8.15: Berechnen und skizzieren Sie für $N = 8$, $M = 5$ und $n = 4$ die Wahrscheinlichkeitsfunktion der hypergeometrischen Verteilung. ▪

Aufgabe 8.16: Ein Händler will zu Silvester 25 Feuerwerkskörper, die ihm aus früheren Jahren übrig geblieben sind, loswerden. Er verspricht einem daran Interessierten, dass mindestens 60 % davon noch funktionsfähig sind. Dieser verlangt, 5 der 25 Feuerwerkskörper sofort ausprobieren zu dürfen, und er ist bereit, die restlichen 20 dann zu kaufen, wenn mindestens 3 der 5 geprüften funktionieren. Der Händler ist damit einverstanden. Wie groß ist die Wahrscheinlichkeit, dass das Geschäft zu Stande kommt, wenn tatsächlich a) 60 %, b) 80 %, c) 20 % der 25 Feuerwerkskörper noch funktionsfähig sind? ▪

Auch hier sind zum Abschluss noch zwei **Bemerkungen** angebracht:

- Beschreiben wir wie in Abschnitt 8.4.1 die i-te Ziehung durch eine Indikatorvariable

$$X_i = \begin{cases} 1, & \text{falls } E \text{ beim } i\text{-ten gezogenen Objekt vorliegt} \\ 0, & \text{falls } E \text{ beim } i\text{-ten gezogenen Objekt nicht vorliegt,} \end{cases}$$

so ist wieder $X = X_1 + X_2 + \cdots + X_n$. Die Zufallsvariablen X_i, die vom Standpunkt vor dem ersten Zug aus die i-te Entnahme beschreiben, besitzen auch beim Ziehen ohne Zurücklegen alle dieselbe Verteilung, nämlich eine $B(1; \frac{M}{N})$-Verteilung (vgl. das Ergebnis der Aufgabe 7.15); verloren gegangen ist im Vergleich zum Ziehen mit Zurücklegen natürlich die Unabhängigkeit der X_i. Beispielsweise ist (für $0 < i < N$) die Wahrscheinlichkeit, dass beim $(i+1)$-ten zu ziehenden Objekt die Eigenschaft E vorliegt, wenn bis dahin genau k Objekte mit der Eigenschaft E gezogen wurden,[3] gleich

$$P\left(X_{i+1} = 1 \,\middle|\, \sum_{j=1}^{i} X_j = k \right) = \frac{M-k}{N-i} \ .$$

Aufgabe 8.17: In der Situation von Aufgabe 8.16 haben die ersten beiden geprüften Feuerwerkskörper nicht funktioniert. Berechnen Sie die durch dieses Ergebnis bedingten Wahrscheinlichkeiten, dass der dritte Feuerwerkskörper, der ausprobiert wird, funktioniert bzw. dass das Geschäft doch noch zu Stande kommt. Nehmen Sie jeweils an, dass tatsächlich 60 % der angebotenen 25 Feuerwerkskörper funktionsfähig waren. ▪

- Ist N wesentlich größer als n, so kann die hypergeometrische Verteilung durch die $B(n; \frac{M}{N})$-Verteilung approximiert werden. Dies wurde mit anderen Worten bereits in der Schlussbemerkung von Abschnitt 8.4.1 erwähnt.

8.4.3 Poisson-Verteilung

Eine Zufallsvariable X mit der Wahrscheinlichkeitsfunktion

$$f(x) = \begin{cases} \dfrac{\lambda^x}{x!} \cdot \mathrm{e}^{-\lambda} & \text{für } x = 0, 1, 2, \ldots \\ 0 & \text{sonst} \end{cases} , \tag{74}$$

wobei $\lambda > 0$ ist, heißt **poissonverteilt**[4] oder genauer **$P(\lambda)$-verteilt**. Die Verteilungsfunktion der $P(\lambda)$-Verteilung ist in Tabelle A.2 des Anhangs für $\lambda \leqq 10$ mit einer Schrittweite von 0,1 bzw. 0,5 vertafelt.

Im Gegensatz zu den bereits behandelten diskreten Verteilungen, der Binomial- und der hypergeometrischen Verteilung, kommt die Poisson-Verteilung meist nur mittelbar „in der Natur" vor. Die Poisson-Verteilung ist vor allem dadurch interessant, dass sie im Falle kleiner p- und großer n-Werte eine Approximationsmöglichkeit für die $B(n;p)$-Verteilung und damit auch für die hypergeometrische Verteilung bietet. Infolgedessen findet man die Poisson-Verteilung dann empirisch besonders gut bestätigt, wenn man registriert, wie oft ein bei einmaliger Durchführung sehr unwahrscheinliches Ereignis bei vielen Wiederholungen eintritt.

[3] Dann ist $\max\{0, i-(N-M)\} \leqq k \leqq \min\{i, M\}$.

[4] Diese Verteilung ist benannt nach S. D. Poisson (1781–1840).

Die Poisson-Verteilung wird aus diesem Grunde auch als **Verteilung der seltenen Ereignisse** bezeichnet. Beispielsweise kann man die Anzahl der pro Zeiteinheit an einer Autobahntankstelle tankenden Pkw, der „Sechser“ pro Ausspielung im Zahlenlotto, der pro Zeiteinheit von einer Versicherung zu regulierenden Schadensfälle, der pro Zeiteinheit zerfallenden Atome eines spaltbaren Materials usw. als poissonverteilt annehmen. Man ersetzt in derartigen Fällen die eigentlich vorliegende Binomialverteilung $B(n;p)$ durch die Poisson-Verteilung $P(np)$; der passende Parameterwert λ der Poisson-Verteilung ist also das Produkt von n und p. Diese Approximation ist brauchbar für $n \geqq 50$, $p \leqq \frac{1}{10}$ und $np \leqq 10$, vgl. auch Tabelle A.8 des Anhangs.

Beispiel 8.18: In einem Telefonteilnetz mit 10 000 Telefonanschlüssen sei die Wahrscheinlichkeit dafür, dass pro Tag und pro Anschluss eine Störung auftritt, gleich 0,0003. Dann ist (unter den beiden Annahmen, dass erstens Störungen unabhängig voneinander auftreten und zweitens die Wahrscheinlichkeit, mit der mehr als eine Störung pro Tag und Anschluss eintritt, vernachlässigt werden kann) die Wahrscheinlichkeit, dass die Anzahl X der Störungen pro Tag genau gleich 5 bzw. größer als 9 ist, mit der $P(3)$-Verteilung approximativ berechenbar; aus Tabelle A.2 erhält man:

$$P(X = 5) = P(X \leqq 5) - P(X \leqq 4) = 0{,}1008 \quad \text{und} \quad P(X > 9) = 1 - P(X \leqq 9) = 0{,}0011\,.$$ ▪

Aufgabe 8.19: Eine Maschine produziert Werkstücke, und zwar sind erfahrungsgemäß 4 % ihrer Produktion Ausschuss. Die Produktion verschiedener Stücke sei bezüglich der Frage „Ausschuss oder nicht“ als unabhängig anzusehen. Wie groß ist die Wahrscheinlichkeit, dass von 100 in einer Stunde produzierten Stücken a) genau 4, b) mindestens 7, c) höchstens 8 Ausschuss sind? ▪

Über die Bedeutung des Parameters λ in der Poisson-Verteilung werden wir in Abschnitt 9.3 mehr erfahren. Vermerkt sei schließlich noch: Die Summe $X_1 + X_2 + \cdots + X_n$ unabhängiger $P(\lambda_i)$-verteilter Zufallsvariablen X_i ist $P(\sum \lambda_i)$-verteilt.

8.5 Eindimensionale stetige Zufallsvariablen

In Beispiel 8.4 aus Abschnitt 8.2 ist uns bereits eine Zufallsvariable begegnet, als deren Realisierung jede reelle Zahl in einem Intervall infrage kam, da das untersuchte Merkmal (die Wartezeit) stetig war. In solchen Fällen wollen wir auch die Zufallsvariable als stetig bezeichnen. Eine eindimensionale Zufallsvariable X heißt demnach **stetig**, wenn es eine Funktion $f(x)$ gibt, sodass die Verteilungsfunktion von X folgende Gestalt besitzt:

$$F(x) = \int_{-\infty}^{x} f(t)\,\mathrm{d}t \qquad \text{für jedes} \quad x \in \mathbb{R}\,. \tag{75}$$

Beispiel 8.20: Die Verteilungsfunktion aus Beispiel 8.4

$$F(x) = \begin{cases} 0 & \text{für} \quad x < 0 \\ \frac{1}{10} \cdot x & \text{für } 0 \leqq x \leqq 10 \\ 1 & \text{für} \quad x > 10 \end{cases}$$

lässt sich gemäß (75) darstellen mithilfe von

$$f(x) = \begin{cases} \frac{1}{10} & \text{für } 0 \leqq x \leqq 10 \\ 0 & \text{sonst}\,. \end{cases}$$ ▪

Die Funktion $f(x)$ in (75) wird als **Dichtefunktion** oder als **Wahrscheinlichkeitsdichte** (oder nur **Dichte**) von X bezeichnet. Sie hat die Eigenschaft

$$f(x) \geqq 0 \quad \text{für alle} \quad x \in \mathbb{R} \,.$$

Ferner muss wegen $F(+\infty) = 1$ stets gelten:

$$\int_{-\infty}^{\infty} f(x)\,\mathrm{d}x = 1 \,.$$

Bei einer **grafischen Darstellung** verläuft die Dichtefunktion also stets oberhalb oder auf der reellen Zahlengeraden (x-Achse), wobei die zwischen x-Achse und Dichtefunktion liegende Fläche den Wert 1 besitzt.

Beispiel 8.21: Der Anteil X einer Öltankfüllung, der bis Ende der Planungsperiode verbraucht sein wird, sei eine Zufallsvariable, deren Dichte $f(x)$ im Bereich der möglichen Werte von X, also im Intervall [0; 1], die Gestalt einer konkaven Parabel besitze:

$$f(x) = \alpha x^2 + \beta x + \gamma \geqq 0 \quad \text{für} \quad 0 \leqq x \leqq 1 \,; \quad f(0) = f(1) = 0 \,.$$

Aus $f(0) = f(1) = 0$ folgt dann $\gamma = 0$ und $\alpha + \beta = 0$, also $f(x) = \alpha(x^2 - x)$. Die Normierungsbedingung liefert ferner

$$1 = \int_{-\infty}^{\infty} f(x)\,\mathrm{d}x = \int_0^1 \alpha(x^2 - x)\,\mathrm{d}x = \alpha\left[\frac{x^3}{3} - \frac{x^2}{2}\right]_0^1 = -\frac{\alpha}{6}$$

und damit schließlich (vgl. auch Abbildung 8.3)

$$f(x) = \begin{cases} 6(x - x^2) & \text{für } 0 \leqq x \leqq 1 \\ 0 & \text{sonst}\,. \end{cases}$$

■

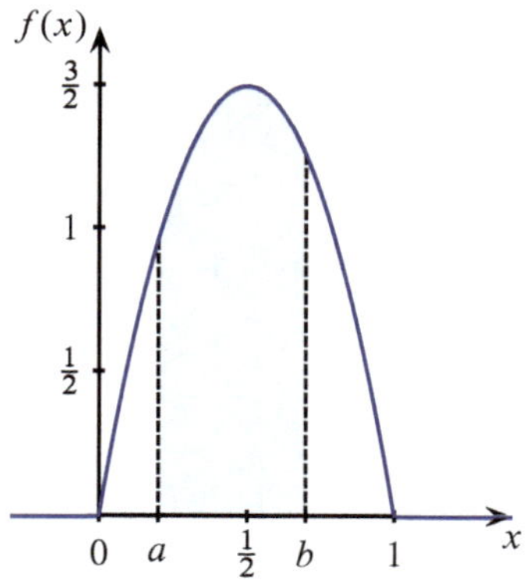

Abb. 8.3: Dichtefunktion der Zufallsvariablen X = „verbrauchter Anteil“ in Beispiel 8.21; die Bedeutung der blau markierten Fläche wird im Folgenden erklärt (siehe auch Aufgabe 8.23)

Aufgabe 8.22: Skizzieren Sie auch die in Beispiel 8.20 angegebene Dichtefunktion. ■

Die Wahrscheinlichkeit, dass eine stetige Zufallsvariable X mit der Dichte $f(x)$ Werte zwischen zwei Zahlen a und b mit $-\infty \leqq a \leqq b \leqq +\infty$ annimmt, ist gleich dem Integral $\int_a^b f(x)\,\mathrm{d}x$. Dabei ist es unerheblich, ob die Grenzen a, b mit berücksichtigt werden oder nicht, d. h. es gilt

$$P(a < X < b) = P(a \leqq X < b) = P(a < X \leqq b) = P(a \leqq X \leqq b) = \int_a^b f(x)\,\mathrm{d}x \ .$$

Die Wahrscheinlichkeit wird also durch die **Fläche** repräsentiert, die oberhalb des Bereichs $[a; b]$ zwischen x-Achse und Dichtefunktion liegt (siehe Abbildung 8.3).

Aufgabe 8.23: Mit welcher Wahrscheinlichkeit werden in Beispiel 8.21 zwischen $\frac{1}{6}$ und $\frac{2}{3}$ der Tankfüllung verbraucht? ▪

Von einer stetigen Zufallsvariablen X wird jeder Wert x mit Wahrscheinlichkeit 0 angenommen, also

$$P(X = x) = 0 \quad \text{für alle} \quad x \in \mathbb{R} \ , \tag{76}$$

obwohl natürlich das Ereignis $X = x$ nicht für alle x unmöglich ist. Diese auf den ersten Blick vielleicht verwirrend erscheinende Aussage wird verständlich, wenn man sich klar macht, dass

- irgendeine der Realisationen x zwangsläufig angenommen werden muss,
- im üblichen Sprachgebrauch oft nicht zwischen einer reellen Zahl x selbst (z. B. dem Wert $x = 17{,}4$ Sekunden) und einem je nach Messgenauigkeit mehr oder weniger kleinen Intervall um x (z. B. $[17{,}35; 17{,}45)$ Sekunden) unterschieden wird; in ein auch noch so kleines Intervall fällt ein stetiges X aber bereits mit positiver Wahrscheinlichkeit, sofern das Intervall im Bereich $\{x \in \mathbb{R}\colon\ f(x) > 0\}$ liegt.

Der Dichtefunktionswert $f(x)$ gibt, falls er von 0 verschieden ist, nicht die Wahrscheinlichkeit an, dass X sich im Punkt x realisiert; dies folgt aus (76), aber auch aus der Tatsache, dass für eine Dichtefunktion **Werte größer als eins möglich** sind (siehe Abbildung 8.3). Dennoch spielt die Dichtefunktion bei einer stetigen Zufallsvariablen in gewisser Hinsicht die Rolle der Wahrscheinlichkeitsfunktion, wie etwa ein Vergleich von (71) und (75) zeigt; diese **formale Analogie zwischen Dichte und Wahrscheinlichkeitsfunktion** wird uns später noch häufiger begegnen.

Die **Verteilungsfunktion** F einer stetigen Zufallsvariablen ist eine **stetige Funktion**; Sprünge wie im diskreten Fall sind ausgeschlossen. F muss nicht überall differenzierbar sein; in allen Punkten x jedoch, in denen die dazugehörige Dichtefunktion f stetig ist, gilt die Beziehung

$$F'(x) = f(x) \ .$$

In diesen Punkten ist also F differenzierbar und $f(x)$ die Ableitung von $F(x)$.

Aufgabe 8.24: Bestimmen Sie die Verteilungsfunktion der Zufallsvariablen X aus Beispiel 8.21. ▪

Schließlich sei noch bemerkt, dass nicht jede Zufallsvariable, die mehr als abzählbar unendlich viele Werte annehmen kann (d. h. die nicht diskret ist), deshalb schon stetig sein muss.

Beispiel 8.25: Jemand, der einen Arztbesuch vor sich hat, rechnet mit der Wahrscheinlichkeit 0,1 damit, bei seiner Ankunft ein leeres Wartezimmer vorzufinden und sofort behandelt zu werden; anderenfalls hält er jede Wartezeit bis zu 4 Stunden für möglich. Die Wartezeit X ist wegen $P(X = 0) = 0{,}1 > 0$ keine stetige Zufallsvariable; sie ist aber auch nicht diskret, da ihr Wertebereich die überabzählbar unendlich vielen Zahlen des Intervalls [0; 4] enthält. ▪

Wir werden solche Mischformen nicht weiter behandeln, sondern uns auf die beiden Typen „diskret" und „stetig" beschränken. Zur Abgrenzung der beiden Typen voneinander ist noch zu sagen, dass einerseits bei stetigen Zufallsvariablen in der Praxis oft aufgrund einer vorgegebenen Messgenauigkeit nur endlich viele Werte möglich sind, andererseits diskrete Zufallsvariablen mit vielen möglichen Realisierungen vielfach hinreichend genau (aber einfacher und eleganter) als stetige Zufallsvariablen behandelt werden können (vgl. auch Abbildung 2.1 in Abschnitt 2.3).

8.6 Wichtige stetige Verteilungen

Auch in jedem der folgenden Abschnitte begegnet uns jeweils eine Klasse von stetigen Verteilungen.

8.6.1 Gleichverteilung

Sind a, b reelle Zahlen mit $a < b$, so heißt eine Zufallsvariable X mit der Dichtefunktion

$$f(x) = \begin{cases} \dfrac{1}{b-a} & \text{für } a \leqq x \leqq b \\ 0 & \text{sonst} \end{cases} \tag{77}$$

gleichverteilt im Intervall $[a; b]$ oder auch **rechteckverteilt** bzw. **uniform verteilt**. Für ihre Verteilungsfunktion ergibt sich die Gestalt

$$F(x) = \begin{cases} 0 & \text{für } \quad x < a \\ \dfrac{x-a}{b-a} & \text{für } a \leqq x \leqq b \\ 1 & \text{für } \quad x > b. \end{cases}$$

Die Zufallsvariable X = Wartezeit in Beispiel 8.4 ist also gleichverteilt im Intervall [0; 10].

8.6.2 Exponentialverteilung

Eine Zufallsvariable X mit der Dichte

$$f(x) = \begin{cases} \lambda \mathrm{e}^{-\lambda x} & \text{für } x \geqq 0 \\ 0 & \text{sonst} \end{cases} \tag{78}$$

und $\lambda > 0$ heißt **exponentialverteilt**. Die Bedeutung des Parameters λ wird zum Teil aus Abbildung 8.4 ersichtlich; eine weitere Interpretation erfolgt in Abschnitt 9.3.

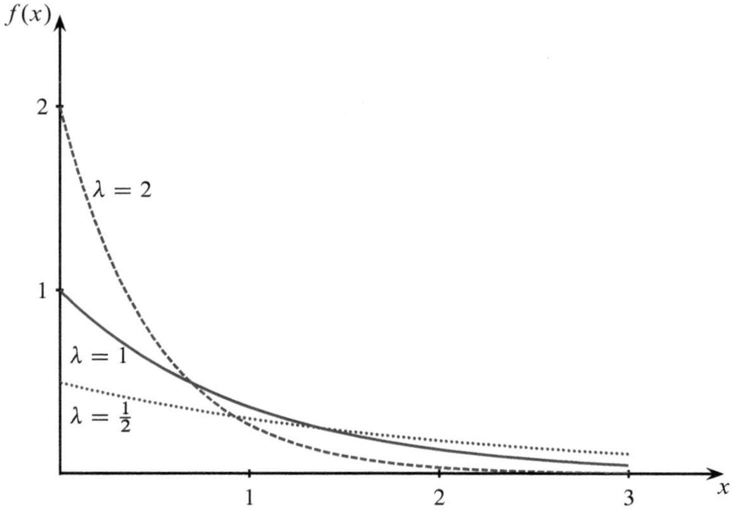

Abb. 8.4: Dichte (im Bereich $x \geqq 0$) der Exponentialverteilung für $\lambda = \frac{1}{2}$, $\lambda = 1$ und $\lambda = 2$

Aufgabe 8.26: Berechnen Sie die Verteilungsfunktion der Exponentialverteilung und skizzieren Sie diese mit dem Parameter $\lambda = 1$. ▪

Die Exponentialverteilung wird häufig für Zufallsvariablen, die bei der Messung von Zeitspannen auftreten, unterstellt. Insbesondere gilt dies für die – bei Warteschlangenmodellen und Modellen der Instandhaltungsplanung vorkommenden – Zufallsvariablen wie die

- Zeitlücke zwischen dem Eintreffen zweier Kunden vor einem Schalter,
- Servicezeit (Abfertigungszeit für Kunden, Rechenzeit eines Jobs, Reparaturdauer),
- Lebensdauer von Verschleißteilen.

Ein Grund für die häufige Bevorzugung der Exponentialverteilung ist ihre einfache mathematische Handhabbarkeit, die insbesondere auf der folgenden Eigenschaft[5] beruht: Eine stetige Zufallsvariable X ist genau dann exponentialverteilt, wenn für alle $t \geqq 0$ und $s \geqq 0$ die Bedingung

$$P(X \leqq t + s \,|\, X \geqq t) = P(X \leqq s) \tag{79}$$

erfüllt ist. Bezeichnen wir der Anschaulichkeit halber die Zufallsvariable X als Lebensdauer, so besagt die Bedingung (79), dass die bedingte Verteilung der weiteren Lebensdauer unabhängig von der bereits erreichten Lebensdauer ($= t$) ist. In diesem Sinne wird die Exponentialverteilung gelegentlich als **Verteilung ohne Gedächtnis** bezeichnet.

Beispiel 8.27: Bei einer innerbetrieblichen Werkzeugausgabe gelte für die Zufallsvariable

$$X = \text{Zeitlücke zwischen dem Eintreffen zweier Mechaniker}$$

die Bedingung (79). Ferner sei die Wahrscheinlichkeit, dass innerhalb einer Minute ein Mechaniker eintreffen wird, gleich 0,5. Wie ist X verteilt?

[5] Ein Beweis ist beispielsweise bei Feller (1968, S. 459) und Bosch (1998, S. 254) zu finden.

Zunächst ist nach dem oben Gesagten klar, dass X exponentialverteilt ist. Wir müssen also nur noch den passenden Parameter λ ermitteln. Dieser ergibt sich aus

$$P(X \leqq t+1 \,|\, X \geqq t) = P(X \leqq 1) = \int_0^1 \lambda \mathrm{e}^{-\lambda x}\,\mathrm{d}x = 1 - \mathrm{e}^{-\lambda} = \tfrac{1}{2} \;;$$

es ist also $\lambda = \ln 2$ zu setzen. ▪

Aufgabe 8.28: Mit welcher Wahrscheinlichkeit bleibt die Werkzeugausgabe aus Beispiel 8.27 von einem Zeitpunkt t aus gerechnet, in dem sie Leerlauf aufweist, noch mehr als 2 Minuten frei? ▪

8.6.3 Normalverteilung

Eine Zufallsvariable X mit der Dichtefunktion

$$f(x) = \frac{1}{\sqrt{2\pi}\sigma} \cdot \mathrm{e}^{-\frac{(x-\mu)^2}{2\sigma^2}} \,, \quad x \in \mathbb{R} \;, \tag{80}$$

wobei $\mu \in \mathbb{R}$ und $\sigma > 0$ ist, heißt **normalverteilt** oder genauer **$N(\mu;\sigma)$-verteilt**.[6] Die Normalverteilung wird auch als **Gauß-Verteilung**[7] bezeichnet; ihre Dichtefunktion (vgl. dazu Abbildung 8.5) nennt man deshalb auch **Gaußsche Glockenkurve**. Für die spezielle Parameterwahl $\mu = 0$ und $\sigma = 1$ erhält man die **Standardnormalverteilung** $N(0;1)$.

Allgemein ist die Dichte f der $N(\mu;\sigma)$-Verteilung **symmetrisch** zu μ, d. h. es gilt

$$f(\mu - x) = f(\mu + x) \quad \text{für alle} \quad x \in \mathbb{R} \,.$$

Wie man leicht nachrechnet, besitzt f ein globales Maximum im Punkt $x = \mu$ sowie zwei Wendepunkte an den Stellen $\mu - \sigma$ und $\mu + \sigma$. Demnach ist μ als Lageparameter und σ als Streuungsparameter zu interpretieren; mehr dazu liefert der Abschnitt 9.3.

Die Normalverteilung ist die wichtigste Wahrscheinlichkeitsverteilung, und zwar einerseits deshalb, weil man in vielerlei praktischen Anwendungen damit rechnen kann, dass zumindest näherungsweise die Verteilungsgestalt einer Gaußschen Glockenkurve vorliegt, beispielsweise dann, wenn X die Messung einer an sich festen Größe beschreibt, wobei aber zufällige Messfehler auftreten können. Andererseits – und das ist der entscheidende Grund –, ermöglicht die Normalverteilung eine approximative Bestimmung vieler anderer Verteilungen, vgl. hierzu Abschnitt 10.2.

Zur Berechnung der Wahrscheinlichkeiten von Ereignissen, die bezüglich einer beliebigen $N(\mu;\sigma)$-verteilten Zufallsvariablen gebildet werden, genügt die alleinige Kenntnis der $N(0;1)$-Verteilungsfunktion sowie der Werte μ und σ. Es gilt nämlich:

Ist die Zufallsvariable X gemäß $N(\mu;\sigma)$ verteilt, so ist die **standardisierte Zufallsvariable**

$$Y = \frac{X - \mu}{\sigma}$$

gemäß $N(0;1)$ verteilt.

---

[6] Häufig ist auch die Konvention $N(\mu;\sigma^2)$ zu finden.

[7] Benannt nach C. F. Gauß (1777–1855).

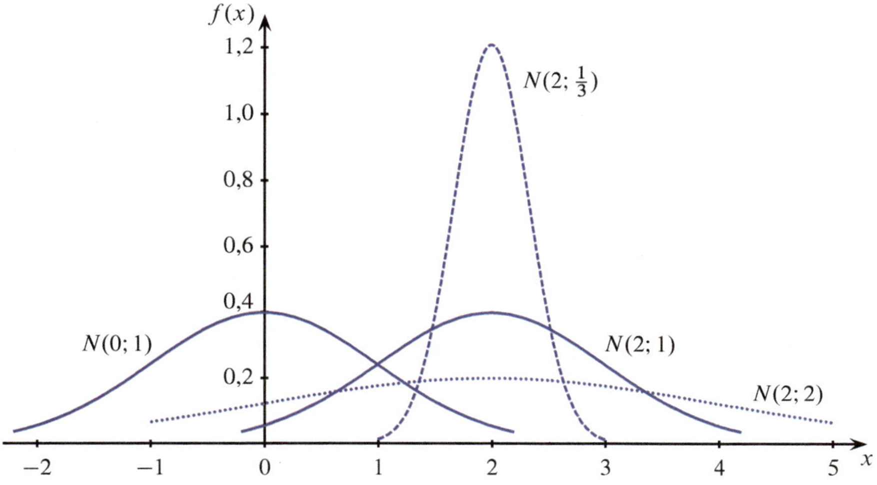

Abb. 8.5: Dichte $f(x)$ der $N(\mu;\sigma)$-Verteilung für verschiedene Parameterkonstellationen

Insofern kann die Verteilungsfunktion F der $N(\mu;\sigma)$-verteilten Zufallsvariablen X folgendermaßen durch die **Verteilungsfunktion Φ der Standardnormalverteilung** ausgedrückt werden:

$$F(x) = P(X \leqq x) = P\left(\tfrac{X-\mu}{\sigma} \leqq \tfrac{x-\mu}{\sigma}\right) = P\left(Y \leqq \tfrac{x-\mu}{\sigma}\right) = \Phi\left(\tfrac{x-\mu}{\sigma}\right) .$$

Aus diesem Grunde braucht nur die Standardnormalverteilung vertafelt zu werden. In Tabelle A.3 des Anhangs finden Sie die Werte dieser Verteilungsfunktion $\Phi(x)$ für positive x vertafelt. Unter Ausnutzung der Symmetrie der Normalverteilung können daraus auch die Verteilungsfunktionswerte für negative x entnommen werden:

$$\Phi(-x) = P(Y \leqq -x) = P(Y \geqq x) = 1 - P(Y \leqq x) = 1 - \Phi(x) .$$

Damit stehen uns zwei grundlegende Formeln für die Auswertung normalverteilter Zufallsvariablen zur Verfügung:

$$F(x) = \Phi\left(\frac{x-\mu}{\sigma}\right) \quad \text{und} \quad \Phi(-x) = 1 - \Phi(x) \ . \tag{81}$$

Beispiel 8.29: Das PERT-Verfahren für die Zeitplanung von Projekten liefert typischerweise ein Ergebnis der Form: „Die Projektdauer ist normalverteilt mit $\mu = 39$ (Wochen) und $\sigma = 2$ (Wochen).“ Wir wollen versuchen, aufgrund dieses Ergebnisses folgende zwei Fragen zu beantworten:

a) Wie groß ist die Wahrscheinlichkeit, dass die Projektdauer zwischen 37 und 41 Wochen liegen wird?

b) Der Solltermin von 45 Wochen sei besonders wichtig und durch Konventionalstrafen vertraglich abgesichert. Andererseits seien aber auch die Anpassungsmaßnahmen zur Gewährleistung dieses Solltermins so kostspielig, dass sie nur dann prophylaktisch ergriffen werden sollen, wenn die Wahrscheinlichkeit größer als 5 % ist, dass der Solltermin überzogen wird. Kann auf diese Anpassungsmaßnahmen verzichtet werden?

Bei a) liefert Tabelle A.3 (gerundet auf 2 Stellen) die Wahrscheinlichkeit

$$\begin{aligned} P(37 \leqq X \leqq 41) &= F(41) - F(37) = \Phi\left(\tfrac{41-39}{2}\right) - \Phi\left(\tfrac{37-39}{2}\right) = \Phi(1) - \Phi(-1) \\ &= \Phi(1) - [1 - \Phi(1)] = 2\Phi(1) - 1 = 2 \cdot 0{,}84 - 1 = 0{,}68\ . \end{aligned}$$

Bei b) ergibt sich die Überziehungswahrscheinlichkeit

$$P(X > 45) = 1 - P(X \leqq 45) = 1 - F(45) = 1 - \Phi\left(\tfrac{45-39}{2}\right) = 1 - \Phi(3) = 1 - 0{,}9987 = 0{,}0013\ .$$

Da sie lediglich 0,13 % beträgt, kann auf die Anpassungsmaßnahmen verzichtet werden. ▪

Aufgabe 8.30: Eine Maschine produziert Stahlstifte mit einer Soll-Länge von 35 mm. Da zufallsabhängige Ungenauigkeiten in der Herstellung nicht ausgeschlossen werden können, lässt sich die Länge X eines produzierten Stahlstifts als Zufallsvariable ansehen, und zwar sei X gemäß $N(35; 0{,}5)$ verteilt. Berechnen Sie die Wahrscheinlichkeit, dass ein zufällig aus der laufenden Produktion entnommener Stift

a) höchstens 35,4 mm lang ist,
b) mindestens 34,6 mm lang ist,
c) zwischen 34,5 mm und 35,2 mm misst,
d) um maximal 0,7 mm von der Soll-Länge abweicht. ▪

In Verallgemeinerung des Teils d) der Aufgabe 8.30 kann man danach fragen, mit welcher Wahrscheinlichkeit eine $N(\mu; \sigma)$-verteilte Zufallsvariable X um höchstens einen Wert $c > 0$ von μ abweicht. Die Frage ist folgendermaßen zu beantworten:

$$\begin{aligned} P(\mu - c \leqq X \leqq \mu + c) &= F(\mu + c) - F(\mu - c) = \Phi\left(\tfrac{\mu+c-\mu}{\sigma}\right) - \Phi\left(\tfrac{\mu-c-\mu}{\sigma}\right) \\ &= \Phi\left(\tfrac{c}{\sigma}\right) - \Phi\left(-\tfrac{c}{\sigma}\right) = 2\Phi\left(\tfrac{c}{\sigma}\right) - 1\ . \end{aligned}$$

In konkreten Situationen, in denen man mit dem Vorliegen einer Normalverteilung rechnet, kann insbesondere dem Praktiker die explizite Angabe von σ schwieriger erscheinen als die Festlegung eines Intervalls $[\mu - c; \mu + c]$ sowie der Wahrscheinlichkeit γ, mit der Werte in diesem Intervall angenommen werden; mittels dieser Angaben lässt sich dann σ implizit aus der eben abgeleiteten Gleichung $\gamma = 2\Phi\left(\tfrac{c}{\sigma}\right) - 1$ ermitteln.

Beispiel 8.31: In der Situation von Aufgabe 8.30 könnte σ durch die Erfahrungstatsache bestimmt worden sein, dass 77 % der produzierten Stifte zwischen 34,4 mm und 35,6 mm lang sind. Dies liefert nämlich

$$0{,}77 = 2\Phi\left(\tfrac{0{,}6}{\sigma}\right) - 1 \quad \text{bzw.} \quad \Phi\left(\tfrac{0{,}6}{\sigma}\right) = 0{,}885 \quad \text{und damit} \quad \tfrac{0{,}6}{\sigma} = 1{,}2 \quad \text{bzw.} \quad \sigma = 0{,}5\ .$$ ▪

Misst man die Abweichungen von μ in Vielfachen von σ, so ergeben sich Intervalle des Typs

$$[\mu - k\sigma; \mu + k\sigma]\ ,$$

die man als ***kσ*-Bereiche** der normalverteilten Zufallsvariablen X bezeichnet. Für die wichtigsten Spezialfälle $k = 1, 2, 3$ ergeben sich die Wahrscheinlichkeiten:

$$P(\mu - k\sigma \leqq X \leqq \mu + k\sigma) = 2\Phi(k) - 1 = \begin{cases} 0{,}6826 & \text{für } k = 1 \\ 0{,}9544 & \text{für } k = 2 \\ 0{,}9974 & \text{für } k = 3 \end{cases}\ .$$

Aufgabe 8.32: Der Zeitungskioskbesitzer aus Beispiel 7.2 sieht die tägliche Gesamtnachfrage X nach beiden Tageszeitungen Z_1 und Z_2 als näherungsweise normalverteilt an mit dem Intervall [322; 408] als dem 2σ-Bereich. Wie groß ist die Wahrscheinlichkeit, dass die 400 insgesamt gelieferten Exemplare im Laufe eines Tages verkauft werden? ▪

Die Normalverteilungseigenschaft bleibt auch für gewisse Funktionen normalverteilter Zufallsvariablen erhalten. So ist

- mit X auch $Y = a + bX$ normalverteilt, sofern $b \neq 0$ ist
- die Summe $X_1 + X_2 + \cdots + X_n$ gemeinsam[8] normalverteilter Zufallsvariablen $X_1, \ldots, X_n$ wieder normalverteilt (oder eine Konstante).

In diesem Sinne besitzt die Normalverteilung eine **Reproduktionseigenschaft** bzgl. der Bildung von Linearkombinationen. Welche Parameter μ und σ sich dabei ergeben, wird erst in Abschnitt 9.3 geklärt. Andere Funktionen normalverteilter Zufallsvariablen (z. B. $X_1^2 + X_2^2$) führen dagegen zu Verteilungen, die nicht mehr zur Klasse der Normalverteilungen gehören. Einige dieser Verteilungen, die wir in der induktiven Statistik benötigen, werden in Abschnitt 11.2.3 behandelt.

8.7 Verteilung mehrdimensionaler Zufallsvariablen

Die für eindimensionale Zufallsvariablen eingeführten Begriffe Verteilungsfunktion, Wahrscheinlichkeitsfunktion und Wahrscheinlichkeitsdichte lassen sich entsprechend für mehrdimensionale Zufallsvariablen definieren. Im Übrigen wird auch im mehrdimensionalen Fall wieder eine weitgehende Analogie in der Behandlung von Wahrscheinlichkeits- und von Häufigkeitsverteilungen zu beobachten sein.

8.7.1 Die gemeinsame Verteilungsfunktion

Ist $(X_1, \ldots, X_n)$ eine n-dimensionale Zufallsvariable, so heißt die Funktion F, die jedem n-Tupel $(x_1, \ldots, x_n)$ die Wahrscheinlichkeit

$$F(x_1, \ldots, x_n) = P(X_1 \leqq x_1, \ldots, X_n \leqq x_n) \qquad (82)$$

zuordnet, die Verteilungsfunktion von $(X_1, \ldots, X_n)$ oder die **gemeinsame Verteilungsfunktion** der Zufallsvariablen $X_1, \ldots, X_n$. Bei einer zweidimensionalen Zufallsvariablen (X, Y) gibt also $F(\tilde{x}, \tilde{y})$ für jedes Paar $(\tilde{x}, \tilde{y})$ die Wahrscheinlichkeit an, mit der sie Werte in dem in Abbildung 8.6a) blau markierten Bereich (einschließlich der Ränder) annimmt.

Für die gemeinsame Verteilungsfunktion gelten ähnliche Regeln, wie sie in Abschnitt 8.2 für den eindimensionalen Fall angegeben wurden. Wir wollen sie nicht im Einzelnen formulieren. Jedenfalls sind auch im mehrdimensionalen Fall die Wahrscheinlichkeiten aller denkbaren Ereignisse, die mit $(X_1, \ldots, X_n)$ gebildet werden können, durch die Verteilungsfunktion festgelegt, wofür wir die Sprechweise benutzen: „Die **gemeinsame (Wahrscheinlichkeits-) Verteilung** der Zufallsvariablen $X_1, \ldots, X_n$ liegt fest.“ Für (X, Y) ergibt sich z. B. die Wahrscheinlichkeit des Ereignisses $(a < X \leqq b,\ c < Y \leqq d)$ mit $a < b$, $c < d$, d. h. die Wahrscheinlichkeit, dass (X, Y) in das in Abbildung 8.6b) blau markierte Rechteck (einschließlich

[8] Zur Definition gemeinsam normalverteilter Zufallsvariablen vgl. man z. B. Richter (1966, S. 367); zum Fall $n = 2$ beachte man auch den folgenden Abschnitt 8.7.3. Insbesondere sind n unabhängige, normalverteilte Zufallsvariablen auch gemeinsam normalverteilt.

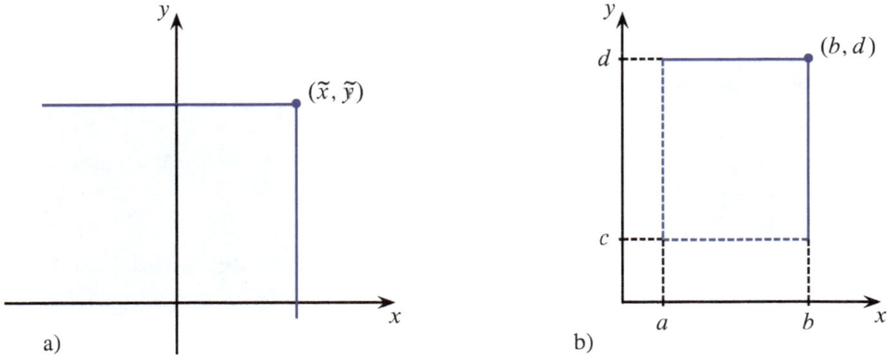

Abb. 8.6: Bereiche, die für die Erläuterung der gemeinsamen Verteilungsfunktion zweier Zufallsvariablen X, Y relevant sind

des rechten und oberen Randes) fällt, gemäß

$$P(a < X \leqq b,\ c < Y \leqq d) = F(b,d) - F(a,d) - F(b,c) + F(a,c)\ .$$

Beispiele gemeinsamer Verteilungsfunktionen werden wir bei der folgenden Behandlung mehrdimensionaler diskreter bzw. stetiger Zufallsvariablen kennen lernen.

8.7.2 Mehrdimensionale diskrete bzw. stetige Zufallsvariablen

Eine n-dimensionale Zufallsvariable $(X_1, \dots, X_n)$ heißt **diskret**, wenn sie nur endlich oder abzählbar unendlich viele Werte (n-Tupel) annehmen kann; die Funktion f, die jedem n-Tupel $(x_1, \dots, x_n) \in \mathbb{R}^n$ die Wahrscheinlichkeit

$$P(X_1 = x_1, \dots, X_n = x_n) = f(x_1, \dots, x_n) \tag{83}$$

zuordnet (und die an höchstens abzählbar unendlich vielen Stellen von 0 verschieden ist), nennen wir die Wahrscheinlichkeitsfunktion von $(X_1, \dots, X_n)$ oder die **gemeinsame Wahrscheinlichkeitsfunktion** der Zufallsvariablen $X_1, \dots, X_n$. Dagegen heißt die n-dimensionale Zufallsvariable $(X_1, \dots, X_n)$ **stetig**, wenn es eine Funktion $f(x_1, \dots, x_n)$ gibt, sodass die Verteilungsfunktion F die Gestalt

$$F(x_1, \dots, x_n) = \int_{-\infty}^{x_1} \dots \int_{-\infty}^{x_n} f(t_1, \dots, t_n)\, \mathrm{d}t_n \dots \mathrm{d}t_1 \tag{84}$$

besitzt, sich also durch ein Mehrfach-Integral darstellen lässt; $f(x_1, \dots, x_n)$ heißt dann Dichtefunktion von $(X_1, \dots, X_n)$ oder **gemeinsame Dichte** der Zufallsvariablen $X_1, \dots, X_n$.

Diese Begriffe wollen wir anhand einer zweidimensionalen Zufallsvariablen (X, Y) erläutern. Ist (X, Y) diskret, so lassen sich die Werte $f(x, y)$ ihrer Wahrscheinlichkeitsfunktion in einer Tabelle bzw. einem Streuungsdiagramm (evtl. auch noch als Stabdiagramm) angeben bzw. veranschaulichen, wie dies in Abschnitt 4.1 auch bei gemeinsamen Häufigkeitsverteilungen zweier Merkmale X, Y geschah (vgl. Kontingenztabelle und Streuungsdiagramm); aus diesen Darstellungen lässt sich leicht die gemeinsame Verteilungsfunktion bestimmen. Ist (X, Y) stetig, so verläuft die gemeinsame Dichtefunktion $f(x, y)$ oberhalb oder auf der (x, y)-Ebene; das von ihr und der (x, y)-Ebene eingeschlossene Volumen besitzt den Wert 1.

Beispiel 8.33: Ein bestimmtes landwirtschaftliches Erzeugnis wird von einer Jury in drei Güteklassen eingeteilt, und zwar sowohl bezüglich seines Gesamteindrucks X als auch bezüglich des Gehalts Y an einer gewissen Substanz. Ein Erzeuger rechnet mit folgenden Wahrscheinlichkeiten damit, dass das von ihm eingereichte Produkt bezüglich der beiden Merkmale X, Y in die einzelnen Güteklassen 1, 2 oder 3 fällt:

x \ y	1	2	3
1	0,05	0,05	0
2	0,05	0,15	0,1
3	0	0,15	0,45

Beispielsweise ist $f(2,3) = P(X = 2, Y = 3) = 0,1$. Alternativ zu obiger Tabelle ist die gemeinsame Wahrscheinlichkeitsfunktion von X und Y auch wie in Abbildung 8.7 darstellbar. ▪

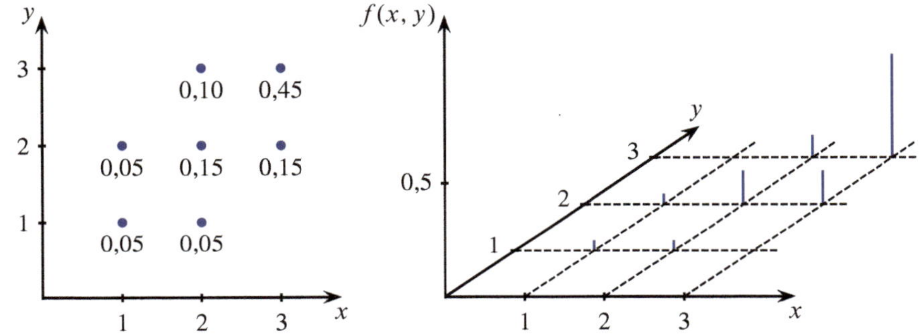

Abb. 8.7: Streuungsdiagramm und Stabdiagramm der gemeinsamen Wahrscheinlichkeitsfunktion von X und Y aus Beispiel 8.33

Aufgabe 8.34: Berechnen Sie die Werte $F(2,3)$ und $F(3,2)$ der gemeinsamen Verteilungsfunktion von X und Y aus Beispiel 8.33. ▪

Beispiel 8.35: Die Dichtefunktion $f(x, y)$ in Abbildung 8.8 sei konstant gleich k über dem Bereich $B = \{(x, y)\colon 0 \leqq x \leqq 1, 0 \leqq y \leqq x\}$ und außerhalb von B gleich 0. Da B die Fläche $\frac{1}{2}$ besitzt, muss $k = 2$ sein, damit das Volumen den Wert 1 ergibt. ▪

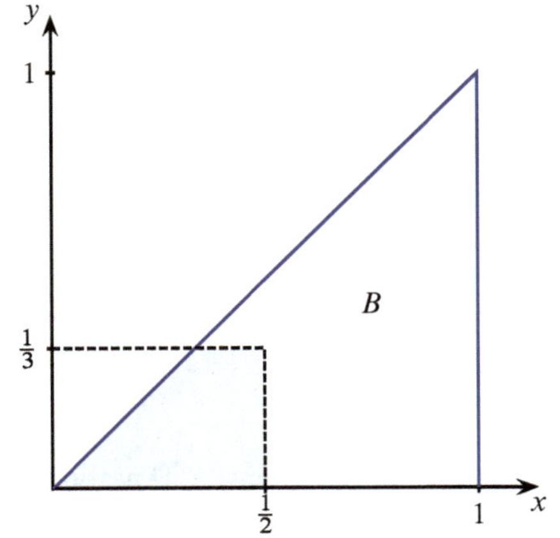

Abb. 8.8: Der Bereich B mit positiven Dichtewerten $f(x, y) = k$ aus Beispiel 8.35; der blau markierte Bereich wird in Aufgabe 8.36 benutzt

Aufgabe 8.36: Berechnen Sie (unter Beachtung von Abbildung 8.6 und Abbildung 8.8) die Werte $F(\frac{1}{2}, \frac{1}{3})$ und $F(2, \frac{1}{3})$ der gemeinsamen Verteilungsfunktion von X und Y aus Beispiel 8.35. ▪

Eine zweidimensionale Zufallsvariable (X, Y) heißt **bivariat normalverteilt** bzw. X und Y heißen **gemeinsam normalverteilt**, wenn ihre gemeinsame Dichte die Gestalt

$$f(x, y) = \frac{1}{2\pi\sigma_1\sigma_2\sqrt{1-\varrho^2}} \cdot e^{-\frac{1}{2(1-\varrho^2)} \cdot \left[\frac{(x-\mu_1)^2}{\sigma_1^2} + \frac{(y-\mu_2)^2}{\sigma_2^2} - \frac{2\varrho(x-\mu_1)(y-\mu_2)}{\sigma_1\sigma_2}\right]}, \quad x, y \in \mathbb{R}$$

besitzt. Dabei sind $\mu_1, \mu_2 \in \mathbb{R}$, $\sigma_1, \sigma_2 > 0$ und $\varrho \in (-1; 1)$; mehr Informationen über die μ_i, σ_i und ϱ werden die Abschnitte 8.7.3, 8.7.4, 9.3 und 9.5 liefern.

Gerade im mehrdimensionalen Fall treten oft Mischformen zwischen diskreten und stetigen Zufallsvariablen auf, beispielsweise dann, wenn X ein diskretes und Y ein stetiges Merkmal misst; dennoch wollen wir auch hier auf solche Mischformen nicht weiter eingehen und generell voraussetzen, dass die mehrdimensionale Zufallsvariable entweder stetig oder diskret ist.

8.7.3 Randverteilung und bedingte Verteilung

Ebenso wie sich bei einer Kontingenztabelle aus den gemeinsamen Häufigkeiten die zu den einzelnen Merkmalen gehörenden Häufigkeiten (= Randhäufigkeiten) ermitteln lassen (vgl. Abschnitt 4.1), können wir bei einer zweidimensionalen Zufallsvariablen (X, Y)

- aus der gemeinsamen Verteilungsfunktion $F(x, y)$ die beiden Verteilungsfunktionen F_1 von X und F_2 von Y ermitteln, welche **Randverteilungsfunktionen** heißen; für sie gilt

$$F_1(x) = F(x, \infty) \quad \text{für alle } x \quad \text{und} \quad F_2(y) = F(\infty, y) \quad \text{für alle } y\ ;$$

- aus der gemeinsamen Wahrscheinlichkeitsfunktion bzw. Dichte $f(x, y)$ die beiden – die **Randverteilungen** bestimmenden – Wahrscheinlichkeitsfunktionen bzw. Dichten f_1 von X und f_2 von Y berechnen, welche als **Randwahrscheinlichkeitsfunktionen** bzw. **Randdichten** bezeichnet werden. Im stetigen Fall ist

$$f_1(x) = \int_{-\infty}^{\infty} f(x, y)\,\mathrm{d}y \quad \text{für alle } x \quad \text{und} \quad f_2(y) = \int_{-\infty}^{\infty} f(x, y)\,\mathrm{d}x \quad \text{für alle } y\ .$$

In Beispiel 8.35 ergibt sich so für jedes $x \in [0; 1]$ der Randdichtewert

$$f_1(x) = \int_{-\infty}^{\infty} f(x, y)\,\mathrm{d}y = \int_0^x 2\,\mathrm{d}y = 2x\ ; \tag{85}$$

die obere Integrationsgrenze x ist eine Konsequenz der Einschränkung $y \leqq x$.

Aufgabe 8.37: Bestimmen Sie die Randwahrscheinlichkeits- und Randverteilungsfunktionen von X und Y aus Beispiel 8.33. ▪

Bei einer bivariaten Normalverteilung sind die beiden Randverteilungen univariate Normalverteilungen; genauer gilt: Ist (X, Y) bivariat normalverteilt mit der oben angegebenen gemeinsamen Dichte, so ist X gemäß $N(\mu_1; \sigma_1)$ und Y gemäß $N(\mu_2; \sigma_2)$ verteilt.

Natürlich kann die gemeinsame Verteilung i. Allg. nicht allein aus der Kenntnis der Randverteilungen ermittelt werden. Beispielsweise liefern die Tabelle von Beispiel 8.33 und Tabelle 8.1 dieselben Randverteilungen.

Tab. 8.1: Gemeinsame Wahrscheinlichkeitsfunktion (zweier Zufallsvariablen X, Y) mit denselben Randwahrscheinlichkeiten wie in Beispiel 8.33

x \ y	1	2	3	$f_1(x)$
1	0,010	0,035	0,055	0,1
2	0,030	0,105	0,165	0,3
3	0,060	0,210	0,330	0,6
$f_2(y)$	0,1	0,35	0,55	1

Auch die Ermittlung **bedingter** (Wahrscheinlichkeits-)**Verteilungen** geschieht analog zur Vorgehensweise bei den Häufigkeitsverteilungen. Sowohl bei diskreten als auch bei stetigen (X, Y) nennen wir für jedes feste y mit $f_2(y) \neq 0$ bzw. für jedes feste x mit $f_1(x) \neq 0$ den Ausdruck

$$f_1(x|y) = \frac{f(x, y)}{f_2(y)}, \quad x \in \mathbb{R} \quad \text{bzw.} \quad f_2(y|x) = \frac{f(x, y)}{f_1(x)}, \quad y \in \mathbb{R}$$

die bedingte Wahrscheinlichkeitsfunktion bzw. -dichte von X bzw. Y bei gegebener Realisierung y von Y bzw. x von X. Im diskreten Fall ist natürlich $f_1(x|y)$ mit $P(X = x|Y = y)$ identisch. Für Beispiel 8.35 ergibt sich mithilfe von (85) für jedes $x \in (0; 1]$ die bedingte Dichte

$$f_2(y|x) = \frac{f(x, y)}{2x} = \begin{cases} \dfrac{2}{2x} = \dfrac{1}{x}, & \text{falls } 0 \leqq y \leqq x \\ 0, & \text{sonst ;} \end{cases}$$

die bedingte Dichte ist also die der Gleichverteilung in $[0; x]$.

Aufgabe 8.38: Berechnen Sie für die in Beispiel 8.33 und in Tabelle 8.1 definierten gemeinsamen Verteilungen jeweils die bedingte Wahrscheinlichkeitsfunktion $f_1(x|2)$. ▪

Bei einer bivariaten Normalverteilung mit gemeinsamer Dichte $f(x, y)$ obiger Gestalt sind auch alle bedingten Dichten $f_1(x|y)$ bzw. $f_2(y|x)$ wieder (univariate) Normalverteilungsdichten.

Ganz entsprechend wie im zweidimensionalen Fall lassen sich auch für n-dimensionale Zufallsvariablen $(X_1, \ldots, X_n)$ Randverteilungen und bedingte Verteilungen definieren.

8.7.4 Äquivalente Bedingungen für die Unabhängigkeit von Zufallsvariablen

Mit den neuen Begriffen ist auch die gemäß (67) definierte Unabhängigkeit auf andere Weise darstellbar. Dazu beschreibe zu den Zufallsvariablen $X_1, \ldots, X_n$ wieder $F(x_1, \ldots, x_n)$ bzw. $f(x_1, \ldots, x_n)$ die gemeinsame Verteilungs- bzw. Wahrscheinlichkeitsfunktion (oder Dichte) und $F_i(x_i)$ bzw. $f_i(x_i)$ bezeichne die Verteilungs- bzw. Wahrscheinlichkeitsfunktion (oder Dichte) jeder einzelnen Zufallsvariablen X_i. Damit sind die Zufallsvariablen $X_1, \ldots, X_n$ genau dann unabhängig, wenn

$$F(x_1, \ldots, x_n) = F_1(x_1) \cdot \ldots \cdot F_n(x_n) \quad \text{für alle} \quad x_1, \ldots, x_n$$

gilt. Im diskreten oder stetigen Fall ist die Unabhängigkeit der $X_1, \ldots, X_n$ auch gleichbedeutend mit

$$f(x_1, \ldots, x_n) = f_1(x_1) \cdot \ldots \cdot f_n(x_n) \quad \text{für alle} \quad x_1, \ldots, x_n \ .$$

Unabhängigkeit ist also dadurch charakterisiert, dass die **gemeinsame Verteilungs-**, Wahrscheinlichkeits- oder Dichte**funktion gleich dem Produkt der Randverteilungs-**, Randwahrscheinlichkeits- oder Randdichte**funktionen** der einzelnen Zufallsvariablen ist. Eine weitere äquivalente Bedingung zur Unabhängigkeit besteht in der Übereinstimmung der bedingten Verteilungen mit den jeweiligen Randverteilungen.

In Tabelle 8.1 sind (im Gegensatz zu Abbildung 8.7) die Zufallsvariablen X, Y unabhängig, da sich $f(x, y)$ durch Multiplikation von $f_1(x)$ und $f_2(y)$ ergibt. Nur im Falle der Unabhängigkeit ist die gemeinsame Verteilung durch die Randverteilungen eindeutig bestimmt.

Zwei gemeinsam normalverteilte Zufallsvariablen sind genau dann unabhängig, wenn in der oben angegebenen gemeinsamen Dichte der Parameter ϱ den Wert 0 besitzt.

9. Kapitel:

Verteilungsparameter

In der deskriptiven Statistik wurden für Häufigkeitsverteilungen charakteristische Größen behandelt, nämlich Lageparameter und Streuungsparameter bei univariaten sowie Korrelationskoeffizienten bei bivariaten Urlisten. Entsprechende **Verteilungsparameter** werden jetzt ganz analog für Zufallsvariablen eingeführt; eine Übersicht dieser Analogien vermittelt Tabelle 9.2 in Abschnitt 9.6.

9.1 Lageparameter: Modus, Median, Erwartungswert

Sei X eine eindimensionale diskrete Zufallsvariable mit dem Wertebereich $\{x_1, x_2, \dots\}$ und der Wahrscheinlichkeitsfunktion $f(x)$ oder aber eine stetige Zufallsvariable mit der Dichte $f(x)$; sei $F(x)$ ferner die Verteilungsfunktion von X.

Jeder Wert x, an dem $f(x)$ maximal ist, heißt **Modus** von X und wird mit x_{Mod} bezeichnet. Ein Modus existiert zwar in der Regel, i. Allg. ist er jedoch nicht eindeutig bestimmt (und dann als Lageparameter wenig nützlich, z. B. bei der Gleichverteilung). Ein **Median** x_{Med} von X wird dadurch definiert, dass

$$P(X \geqq x_{\text{Med}}) \geqq \tfrac{1}{2} \quad \text{und} \quad P(X \leqq x_{\text{Med}}) \geqq \tfrac{1}{2}$$

gilt, d. h. dass X jeweils mit mindestens 50 % Wahrscheinlichkeit größer gleich bzw. kleiner gleich x_{Med} ist. Beim Median ist zwar die Existenz, nicht jedoch die Eindeutigkeit gesichert. Jeder Punkt x mit $F(x) = \frac{1}{2}$ ist Median; gibt es keinen derartigen Punkt (was im diskreten Fall möglich ist), so ist x_{Med} eindeutig bestimmt als der kleinste x-Wert mit $F(x) > \frac{1}{2}$.

Ist X stetig, so gibt es zu jeder Zahl α mit $0 < \alpha < 1$ (mindestens) einen Wert x_α, sodass $X \leqq x_\alpha$ genau mit Wahrscheinlichkeit α eintritt und somit die Bedingungsgleichung $F(x_\alpha) = \alpha$ gilt; ein solches x_α nennen wir **α-Fraktil**[1] der Verteilung von X. Insbesondere gilt $x_{0,5} = x_{\text{Med}}$. Fraktilswerte spielen in der induktiven Statistik eine besondere Rolle.

Der weitaus wichtigste Lageparameter einer Zufallsvariablen X ist der analog zum arithmetischen Mittel einer Häufigkeitsverteilung gebildete und häufig mit dem Symbol μ abgekürzte **Erwartungswert** $\mathrm{E}(X)$, nämlich[2]

$$\mathrm{E}(X) = \begin{cases} \sum\limits_i x_i f(x_i), & \text{falls } X \text{ diskret} \\ \int\limits_{-\infty}^{\infty} x f(x)\,\mathrm{d}x, & \text{falls } X \text{ stetig} \end{cases} . \tag{86}$$

---

[1] Andere Bezeichnungen sind α-Quantil oder α-Punkt. Die Fraktile $x_{0,1}, x_{0,2}$ etc. werden auch als Dezile bezeichnet, $x_{0,25}$ und $x_{0,75}$ als Quartile.

[2] Nur im Falle der absoluten Konvergenz, d. h. im Falle von

$$\sum_i |x_i|\, f(x_i) < \infty \quad \text{bzw.} \quad \int_{-\infty}^{\infty} |x|\, f(x)\,\mathrm{d}x < \infty$$

spricht man von der Existenz eines Erwartungswertes. Es gibt durchaus Zufallsvariablen, die wir hier allerdings nicht behandeln werden, für die in diesem Sinne kein Erwartungswert $\mathrm{E}(X)$ existiert, vgl. Abschnitt 9.6.

Beispiel 9.1: Sei X exponentialverteilt mit dem Parameter $\lambda = 1$, sodass wir von der Dichtefunktion

$$f(x) = \begin{cases} e^{-x} & \text{für } x \geqq 0 \\ 0 & \text{sonst} \end{cases}$$

ausgehen können. Dann ist

- $x_{\text{Mod}} = 0$, da $f(0) = 1 > f(x)$ für alle $x \neq 0$;
- $x_{\text{Med}} = x_{0,5} = \ln 2$, da $F(x) = 1 - e^{-x} = \frac{1}{2}$ äquivalent ist zu $x = \ln 2 = 0{,}6931$;
- $E(X) = 1$, da mit partieller Integration folgt:

$$\int_{-\infty}^{\infty} x f(x)\,dx = \int_{0}^{\infty} x e^{-x}\,dx = \left[x(-e^{-x})\right]_0^{\infty} - \int_0^{\infty} 1(-e^{-x})\,dx = 0 + \int_0^{\infty} e^{-x}\,dx = -\left[e^{-x}\right]_0^{\infty} = 1\,.$$

■

Aufgabe 9.2: In Aufgabe 8.5 wurde eine Zufallsvariable X betrachtet mit $P(X = 1) = P(X = 2) = \frac{1}{4}$ und $P(X = 3) = \frac{1}{2}$. Geben Sie x_{Mod}, x_{Med} und $E(X)$ an. ■

Für die Berechnung von Erwartungswerten bzw. für den Vergleich der Erwartungswerte verschiedener Zufallsvariablen sind folgende **Regeln** nützlich:

1) Ist die Wahrscheinlichkeits- bzw. Dichtefunktion f von X **symmetrisch** bzgl. eines Punktes $x = a$ (d. h. ist $f(a - x) = f(a + x)$ für alle x), so gilt

$$E(X) = a\,.$$

2) Ist $g\colon \mathbb{R} \to \mathbb{R}$ eine reellwertige Funktion, sodass mit X auch $Y = g(X)$ eine Zufallsvariable ist, so lässt sich der Erwartungswert von Y aus der Verteilung von X (und ohne explizite Kenntnis der Verteilung von Y) berechnen gemäß

$$E(Y) = E[g(X)] = \begin{cases} \sum_i g(x_i) f(x_i), & \text{falls } X \text{ diskret} \\ \int_{-\infty}^{\infty} g(x) f(x)\,dx, & \text{falls } X \text{ stetig} \end{cases}\,.$$

3) Eine unmittelbare Folgerung von Regel 2 (mit $g(x) = a + bx$) ist

$$E(a + bX) = a + bE(X) \quad \text{für alle} \quad a, b \in \mathbb{R}\,. \tag{87}$$

4) Für die Summe von n Zufallsvariablen $X_1, \ldots, X_n$ gilt stets

$$E\left(\sum_{i=1}^{n} X_i\right) = \sum_{i=1}^{n} E(X_i)\,. \tag{88}$$

5) Sind X und Y **unabhängige** Zufallsvariablen, so ist $E(X \cdot Y) = E(X) \cdot E(Y)$.

6) Ist für zwei Zufallsvariablen X und Y das Ereignis $X \leqq Y$ sicher, d. h. gilt für jedes Elementarereignis ω des zu Grunde liegenden Zufallsvorgangs die Ungleichung $X(\omega) \leqq Y(\omega)$, so folgt auch

$$\mathrm{E}(X) \leqq \mathrm{E}(Y) ;$$

in diesem Sinne stellt $\mathrm{E}(X)$ eine monotone – und wegen der Regeln 3 und 4 auch eine lineare – Operation dar.

7) Ist g eine konvexe oder konkave Funktion, so gilt für jede Zufallsvariable X

$$\begin{aligned} \mathrm{E}[g(X)] &\geqq g[\mathrm{E}(X)], \quad \text{falls } g \text{ konvex ist} \\ \mathrm{E}[g(X)] &\leqq g[\mathrm{E}(X)], \quad \text{falls } g \text{ konkav ist.} \end{aligned}$$

Diese Regel wird als **Jensensche Ungleichung**[3] bezeichnet.

Beispiel 9.3:

a) Aus Regel 1 folgt, dass
   - μ der Erwartungswert einer $N(\mu;\sigma)$-verteilten Zufallsvariablen und
   - $\frac{a+b}{2}$ der Erwartungswert einer in $[a;b]$ gleichverteilten Zufallsvariablen ist.

b) Mithilfe von Regel 4 ergibt sich, dass
   - np der Erwartungswert einer $B(n;p)$-verteilten Zufallsvariablen und
   - $n \cdot \frac{M}{N}$ der Erwartungswert einer hypergeometrisch verteilten Zufallsvariablen ist.

   Denn in beiden Fällen ist X als $X_1+X_2+\cdots+X_n$ darstellbar mit $B(1;p)$- bzw. $B(1;\frac{M}{N})$-verteilten Indikatorvariablen X_i, worauf in Bemerkungen von Abschnitt 8.4.1 und 8.4.2 bereits hingewiesen wurde. Für diese Indikatorvariablen gilt $\mathrm{E}(X_i) = 0 \cdot P(X_i = 0) + 1 \cdot P(X_i = 1) = p$ bzw. $= \frac{M}{N}$.

Weitere Ergebnisse sind in Tabelle 9.1 des Abschnitts 9.3 zu finden. ▪

Aufgabe 9.4: Ein Unternehmer, der bisher Küchenherde eines Typs A hergestellt hat, steht vor dem Problem, ob er die Produktion auf einen verbesserten Typ B umstellen soll (dazu wäre aus Kapazitätsgründen die Einstellung der Produktion von Typ A nötig).

Der Absatz X von Typ A innerhalb der nächsten 3 Jahre kann nach Ansicht der Marketingabteilung als (näherungsweise) normalverteilt mit $\mu = 15\,000$ angesehen werden; bei Typ B dagegen wird für denselben Zeitraum jede verkaufte Stückzahl zwischen 12 000 und 24 000 für gleichwahrscheinlich gehalten, was (hinreichend genau) durch eine in diesem Intervall gleichverteilte Zufallsvariable Y beschrieben werden kann.

a) Für welchen der beiden Typen ist im fraglichen Zeitraum ein höherer Absatz zu erwarten?

b) Mit folgenden Kosten und Verkaufspreisen werde kalkuliert:

	Herstellungskosten pro Stück	Stückpreis
Typ A	250 €	350 €
Typ B	290 € für die ersten 20 000 Stück 260 € für jedes weitere Stück	380 €

Die Umstellung von Typ A auf Typ B hätte Fixkosten von 100 000 € zur Folge. Skizzieren Sie den Gewinn bei Typ B in Abhängigkeit von der Stückzahl. Welcher der beiden Typen lässt für die kommenden 3 Jahre den größeren Gewinn erwarten? Lässt sich diese Frage auch mit der Jensenschen Ungleichung beantworten? ▪

[3] Benannt nach J. L. W. V. Jensen (1859–1925).

9.2 Streuungsparameter: Varianz und Standardabweichung

Als Streuungsmaß für die Verteilung einer Zufallsvariablen X dient die **Varianz** $\mathrm{Var}(X)$, die in ihrer Konstruktion der mittleren quadratischen Abweichung einer Häufigkeitsverteilung entspricht, also[4]

$$\mathrm{Var}(X) = \begin{cases} \sum\limits_i [x_i - \mathrm{E}(X)]^2 f(x_i), & \text{falls } X \text{ diskret} \\ \int\limits_{-\infty}^{\infty} [x - \mathrm{E}(X)]^2 f(x)\, \mathrm{d}x, & \text{falls } X \text{ stetig} \end{cases} . \tag{89}$$

Anstelle von $\mathrm{Var}(X)$ schreibt man oft kürzer σ^2. Nach Regel 2 aus Abschnit 9.1 lässt sich die Varianz auch einheitlich in der Gestalt

$$\mathrm{Var}(X) = \mathrm{E}[(X - \mathrm{E}(X))^2]$$

schreiben. Abgesehen vom trivialen Sonderfall einer Zufallsvariablen, die mit Wahrscheinlichkeit 1 einen bestimmten Wert annimmt, ist die Varianz stets positiv. Die positive Wurzel $\sqrt{\mathrm{Var}(X)}$ heißt **Standardabweichung** von X; für sie wird entsprechend der obigen Abkürzung das Symbol σ benutzt.

Beispiel 9.5: Sei X gleichverteilt im Intervall $[0; 2]$. Dann ist unter Benutzung des Ergebnisses von Beispiel 9.3a:

$$\mathrm{Var}(X) = \int\limits_0^2 \left(x - \frac{0+2}{2}\right)^2 \cdot \frac{1}{2-0}\, \mathrm{d}x = \frac{1}{2} \cdot \int\limits_0^2 (x^2 - 2x + 1)\, \mathrm{d}x = \frac{1}{2} \cdot \left[\frac{8}{3} - 4 + 2\right] = \frac{1}{3} .$$ ▪

Für die Berechnung der Varianz können einige **Regeln** von Nutzen sein:

1) Der von der mittleren quadratischen Abweichung her bekannte **Verschiebungssatz**[5] gilt auch für die Varianz; er besagt hier

$$\mathrm{Var}(X) = \mathrm{E}(X^2) - [\mathrm{E}(X)]^2 . \tag{90}$$

2) Für eine lineare Transformation $a + bX$ einer Zufallsvariablen X ist

$$\mathrm{Var}(a + bX) = b^2 \mathrm{Var}(X) . \tag{91}$$

3) Eine (88) entsprechende Regel gilt für die Varianz im Fall der Unabhängigkeit: Sind die Zufallsvariablen $X_1, \ldots, X_n$ **unabhängig**, so ist

$$\mathrm{Var}\left(\sum_{i=1}^n X_i\right) = \sum_{i=1}^n \mathrm{Var}(X_i) . \tag{92}$$

---

[4] Auch die Existenz dieser Größe ist nicht sichergestellt, vgl. Abschnitt 9.6.

[5] Vgl. Formel (12).

Beispiel 9.6: Mit den Regeln 1 und 3 lässt sich zeigen, dass für die Varianz einer $B(n;p)$-verteilten Zufallsvariablen X gilt:

$$\text{Var}(X) = np(1-p)\ .$$

Denn aus der Darstellung $X = X_1 + X_2 + \cdots + X_n$ mit unabhängigen, $B(1;p)$-verteilten X_i folgt

$$\text{Var}(X_i) = \text{E}(X_i^2) - [\text{E}(X_i)]^2 = [0^2 \cdot P(X_i = 0) + 1^2 \cdot P(X_i = 1)] - p^2 = p - p^2 = p(1-p)$$

und

$$\text{Var}(X) = \text{Var}\left(\sum_{i=1}^{n} X_i\right) = \sum_{i=1}^{n} \text{Var}(X_i) = \sum_{i=1}^{n} p(1-p) = np(1-p)\ .$$ ▪

Aufgabe 9.7: In Beispiel 8.21 besaß die Zufallsvariable X = „verbrauchter Anteil" die Dichte

$$f(x) = \begin{cases} 6(x - x^2) & \text{für } 0 \leqq x \leqq 1 \\ 0 & \text{sonst}\ . \end{cases}$$

a) Berechnen Sie $\text{E}(X)$ und $\text{Var}(X)$.
b) Bestimmen Sie Erwartungswert und Varianz von $Y = 100(1 - X)$ = „nichtverbrauchter prozentualer Anteil". ▪

9.3 Erwartungswerte und Varianzen wichtiger Verteilungen

Die Erwartungswerte und Varianzen der in den Abschnitten 8.4 und 8.6 besprochenen Verteilungen sind in Tabelle 9.1 zusammengestellt.

Tab. 9.1: Erwartungswerte und Varianzen wichtiger Verteilungen

Verteilung von X	$\text{E}(X)$	$\text{Var}(X)$
Binomialverteilung $B(n;p)$	np	$np(1-p)$
Hypergeometrische Verteilung mit den Parametern N, M, n	$n \cdot \frac{M}{N}$	$n \cdot \frac{M}{N} \cdot \frac{N-M}{N} \cdot \frac{N-n}{N-1}$
Poisson-Verteilung $P(\lambda)$	λ	λ
Gleichverteilung in $[a;b]$ mit $a < b$	$\frac{a+b}{2}$	$\frac{(b-a)^2}{12}$
Exponentialverteilung mit dem Parameter λ	$\frac{1}{\lambda}$	$\frac{1}{\lambda^2}$
Normalverteilung $N(\mu;\sigma)$	μ	σ^2

Bemerkungen:

- Ein Vergleich von hypergeometrischer und $B(n;\frac{M}{N})$-Verteilung zeigt nach Beispiel 9.3b Übereinstimmung im Erwartungswert $n \cdot \frac{M}{N}$; dagegen unterscheidet sich die Varianz der hypergeometrischen Verteilung von derjenigen der $B(n;\frac{M}{N})$-Verteilung durch den „Korrekturfaktor" $\frac{N-n}{N-1}$. Dieser ist ohne Bedeutung, wenn der Auswahlsatz $\frac{n}{N}$ klein ist.
- Entsprechend ergibt ein Vergleich von $B(n;p)$- und $P(np)$-Verteilung, dass beide denselben Erwartungswert np besitzen und sich ihre Varianzen $np(1-p)$ bzw. np für sehr kleines p nur unwesentlich unterscheiden; „sehr kleines" p ist auch eine Voraussetzung für die Approximation der $B(n;p)$- durch die $P(np)$-Verteilung. Übrigens sind in Anwendungssituationen wie in der nachfolgenden Aufgabe 9.8 die Parameter n und p oft nicht einzeln gegeben, sondern lediglich ihr Produkt, d. h. der Erwartungswert np.

Aufgabe 9.8: In einer Textilfabrik wird eine große Zahl (mehr als 50) gleichartiger Webstühle unabhängig voneinander betrieben. Von diesen weisen „im Mittel" vier pro Tag einen Defekt auf. Das Auftreten zweier Defekte pro Tag und Webstuhl sei vernachlässigbar. Wie groß ist die Wahrscheinlichkeit, dass pro Tag

a) mehr als 10 Defekte auftreten?
b) genau 4 Defekte auftreten?
c) Wie groß ist die Standardabweichung der Anzahl der Defekte pro Tag? ▪

- Die Parameter μ und σ der $N(\mu;\sigma)$-Verteilung sind mit dem Erwartungswert und der Standardabweichung identisch. Aufgrund der Formeln (87), (88), (91) und (92) sowie der in Abschnitt 8.6 erwähnten Reproduktionseigenschaft der Normalverteilung folgt ferner:

  a) Ist X gemäß $N(\mu;\sigma)$ verteilt, so ist $Y = a + bX$ gemäß $N(a + b\mu; |b|\sigma)$ verteilt, falls $b \neq 0$.

  b) Die Summe unabhängiger $N(\mu_i;\sigma_i)$-verteilter Zufallsvariablen $X_1, \ldots, X_n$ ist verteilt gemäß

$$N\left(\sum_{i=1}^{n}\mu_i; \sqrt{\sum_{i=1}^{n}\sigma_i^2}\right).$$

9.4 Weitere Aussagen über Erwartungswert und Varianz

Zunächst werden für zwei wichtige Funktionen von Zufallsvariablen Erwartungswert und Varianz angegeben:

- Ist X eine Zufallsvariable mit $\mathrm{E}(X) = \mu$ und $\mathrm{Var}(X) = \sigma^2$, so besitzt die bereits in Abschnitt 8.6.3 betrachtete **standardisierte Zufallsvariable** $Y = \frac{X-\mu}{\sigma}$ den Erwartungswert 0 und die Varianz 1.

- Sind $X_1, \ldots, X_n$ unabhängige Zufallsvariablen mit $\mathrm{E}(X_i) = \mu$ und $\mathrm{Var}(X_i) = \sigma^2$ für alle $i = 1, \ldots, n$, so besitzt die Zufallsvariable

$$\bar{X}_n = \frac{1}{n}\sum_{i=1}^{n} X_i$$

  den Erwartungswert μ und die Varianz $\frac{\sigma^2}{n}$. Insbesondere gilt dies, wenn die Zufallsvariablen $X_1, \ldots, X_n$ unabhängige Wiederholungen derselben Zufallsvariablen darstellen; $\bar{X}_n$ wird dann als **Stichprobenmittel** bezeichnet.

Aufgabe 9.9: Zeigen Sie die Richtigkeit dieser beiden Aussagen. ▪

Mithilfe der Varianz lässt sich die Wahrscheinlichkeit, dass eine Zufallsvariable X um mindestens den Wert c von ihrem Erwartungswert abweicht, abschätzen, ohne dass dazu die Kenntnis der Verteilung von X erforderlich ist. Diese Abschätzung leistet die sogenannte **Ungleichung**

von Tschebyscheff:[6]

$$P(|X - \mathrm{E}(X)| \geqq c) \leqq \frac{\mathrm{Var}(X)}{c^2} \quad \text{für alle } c > 0 \,. \tag{93}$$

Um ihre Gültigkeit nachzuweisen, definieren wir eine aus X abgeleitete Zufallsvariable folgendermaßen:

$$Y = \begin{cases} c^2, & \text{falls } |X - \mathrm{E}(X)| \geqq c \\ 0, & \text{falls } |X - \mathrm{E}(X)| < c \,. \end{cases}$$

Für diese gilt sicher $(X - \mathrm{E}(X))^2 \geqq Y$, sodass aus Regel 6 aus Abschnitt 9.1 die Ungleichung

$$\mathrm{E}[(X - \mathrm{E}(X))^2] \geqq \mathrm{E}(Y)$$

gefolgert werden kann. Damit ist das gewünschte Ergebnis erreicht:

$$\mathrm{Var}(X) \geqq 0 + c^2 P(|X - \mathrm{E}(X)| \geqq c) \,.$$

Beispiel 9.10: Ebenso wie in Abschnitt 8.6.3 für eine normalverteilte Zufallsvariable können wir auch für eine beliebig verteilte Zufallsvariable X mit $\mathrm{E}(X) = \mu$ und $\mathrm{Var}(X) = \sigma^2$ die **$k\sigma$-Bereiche** als die Intervalle $[\mu - k\sigma; \mu + k\sigma]$ definieren. Die Wahrscheinlichkeit, dass X in einen $k\sigma$-Bereich fällt, lässt sich mithilfe der Tschebyscheff-Ungleichung abschätzen:

$$P(X \in [\mu - k\sigma; \mu + k\sigma]) = P(|X - \mu| \leqq k\sigma) = 1 - P(|X - \mu| > k\sigma) \,;$$

dabei ist $P(|X - \mu| > k\sigma) \leqq P(|X - \mu| \geqq k\sigma) \leqq \frac{\sigma^2}{k^2\sigma^2} = \frac{1}{k^2}$, also

$$P(X \in [\mu - k\sigma; \mu + k\sigma]) \geqq 1 - \frac{1}{k^2} = \begin{cases} 0 & \text{für } k = 1 \\ \frac{3}{4} & \text{für } k = 2 \\ \frac{8}{9} & \text{für } k = 3 \,. \end{cases}$$

Für $k = 1$ ist die Abschätzung natürlich wertlos. ▪

9.5 Kovarianz und Korrelation zweier Zufallsvariablen

Der in Abschnitt 4.2 für die gemeinsame Häufigkeitsverteilung zweier Merkmale behandelte Begriff der Korrelation ist auf die gemeinsame Wahrscheinlichkeitsverteilung zweier Zufallsvariablen X, Y übertragbar. Für solche definieren wir zunächst die **Kovarianz** $\mathrm{Cov}(X, Y)$ gemäß

$$\mathrm{Cov}(X, Y) = \mathrm{E}[(X - \mathrm{E}(X))(Y - \mathrm{E}(Y))]$$

und hiermit dann, falls $\mathrm{Var}(X) \neq 0$ und $\mathrm{Var}(Y) \neq 0$ sind, den dem Bravais-Pearson-Korrelationskoeffizienten nachgebildeten **Korrelationskoeffizienten**

$$\varrho(X, Y) = \frac{\mathrm{Cov}(X, Y)}{\sqrt{\mathrm{Var}(X) \cdot \mathrm{Var}(Y)}} \,.$$

[6] Benannt nach dem russischen Mathematiker P. L. Tschebyscheff (1821–1894); gelegentlich wird sie auch als Ungleichung von Bienaymé-Tschebyscheff bezeichnet.

Auch hier gilt stets $-1 \leqq \varrho(X, Y) \leqq 1$; ferner ist $|\varrho(X, Y)|$ genau dann gleich 1, wenn Y eine lineare Transformation $a + bX$ von X mit $b \neq 0$ ist.[7] $\varrho(X, Y)$ ist also ein Maß für den linearen Zusammenhang zweier Zufallsvariablen. Zwei Zufallsvariablen X und Y werden als **unkorreliert** bezeichnet, wenn ihr Korrelationskoeffizient verschwindet.

Im Falle der Unabhängigkeit von X und Y gilt $\varrho(X, Y) = \mathrm{Cov}(X, Y) = 0$. Dies folgt aus Regel 5 von Abschnitt 9.1, wenn man noch berücksichtigt, dass die Kovarianz auch die Darstellung

$$\mathrm{Cov}(X, Y) = \mathrm{E}(X \cdot Y) - \mathrm{E}(X) \cdot \mathrm{E}(Y)$$

besitzt. Umgekehrt folgt aus $\mathrm{Cov}(X, Y) = 0$ jedoch i. Allg. nicht die Unabhängigkeit von X und Y. Die Unkorreliertheit ist also eine schwächere Forderung als die Unabhängigkeit.

Im Falle zweier gemeinsam normalverteilter Zufallsvariablen X, Y gilt:

- der in der gemeinsamen Dichte (vgl. Seite 108) auftretende Parameter ϱ ist gleich dem Korrelationskoeffizienten $\varrho(X, Y)$;
- die Unkorreliertheit ist mit der Unabhängigkeit äquivalent (vgl. Abschnitt 8.7.4).

Mithilfe der Kovarianz lässt sich die Varianz der Summe zweier Zufallsvariablen folgendermaßen darstellen:

$$\mathrm{Var}(X + Y) = \mathrm{Var}(X) + \mathrm{Var}(Y) + 2\mathrm{Cov}(X, Y) \ . \tag{94}$$

Allgemeiner gilt:

$$\mathrm{Var}\left(a + \sum_{i=1}^{n} b_i X_i\right) = \sum_{i=1}^{n} b_i^2 \mathrm{Var}(X_i) + 2 \sum_{i<j}\sum b_i b_j \mathrm{Cov}(X_i, X_j) \ .$$

Aufgabe 9.11: Wie lautet die Formel für die Varianz der Differenz $X - Y$ zweier Zufallsvariablen? ▪

Aufgabe 9.12: Wenn wir die Situation des Beispiels 7.13 durch die beiden Indikatorvariablen

$$X = \begin{cases} 1, & \text{falls Ergebnis von } K_1 \text{ positiv} \\ 0, & \text{sonst} \end{cases} \quad \text{und} \quad Y = \begin{cases} 1, & \text{falls Ergebnis von } K_2 \text{ positiv} \\ 0, & \text{sonst} \end{cases}$$

beschreiben, so sind in der Tabelle der gemeinsamen Wahrscheinlichkeiten und der Randwahrscheinlichkeiten folgende Werte gegeben:

x \ y	0	1	$f_1(x)$
0			
1		$\frac{1}{20}$	$\frac{1}{8}$
$f_2(y)$		$\frac{1}{10}$	

a) Ergänzen Sie die fehlenden Wahrscheinlichkeiten.
b) Geben Sie den Erwartungswert und die Varianz von X und Y an.
c) Berechnen Sie die Kovarianz und den Korrelationskoeffizienten von X und Y.
d) Berechnen Sie den Erwartungswert und die Varianz von $X + Y$. ▪

[7] Genauer: wenn $P(Y = a + bX) = 1$ gilt.

9.6 Kritische Zusammenfassung, Literaturhinweise

In Tabelle 9.2 sind die wichtigsten Analogien zwischen den Häufigkeitsverteilungen und den diskreten bzw. stetigen Wahrscheinlichkeitsverteilungen schematisch zusammengestellt.

Tab. 9.2: Zur Analogie von Häufigkeits- und Wahrscheinlichkeitsverteilungen

Häufigkeitsverteilung	Wahrscheinlichkeitsverteilung diskret	Wahrscheinlichkeitsverteilung stetig
a) ein Merkmal X	eindimensionale Zufallsvariable X	
Menge der Ausprägungen $\{a_1, \ldots, a_k\}$	Wertebereich $\{x_1, x_2, \ldots\}$	Wertebereich $\subset \mathbb{R}$
$f(a_j)$ relative Häufigkeit von a_j	$f(x)$ Wahrscheinlichkeitsfunktion	$f(x)$ Dichtefunktion
$\sum_{j=1}^{k} f(a_j) = 1$	$\sum_i f(x_i) = 1$	$\int_{-\infty}^{\infty} f(x)\,\mathrm{d}x = 1$
empirische Verteilungsfunktion	Verteilungsfunktion	Verteilungsfunktion
$F(x) = \sum_{a_j \leqq x} f(a_j)$	$F(x) = \sum_{x_i \leqq x} f(x_i)$	$F(x) = \int_{-\infty}^{x} f(t)\,\mathrm{d}t$
arithmetisches Mittel	Erwartungswert	Erwartungswert
$\bar{x} = \sum_{j=1}^{k} a_j f(a_j)$	$\mathrm{E}(X) = \sum_i x_i f(x_i)$	$\mathrm{E}(X) = \int_{-\infty}^{\infty} x f(x)\,\mathrm{d}x$
mittlere quadratische Abweichung	Varianz $\mathrm{Var}(X) =$	Varianz $\mathrm{Var}(X) =$
$s^2 = \sum_{j=1}^{k} (a_j - \bar{x})^2 f(a_j)$	$\sum_i [x_i - \mathrm{E}(X)]^2 f(x_i)$	$\int_{-\infty}^{\infty} [x - \mathrm{E}(X)]^2 f(x)\,\mathrm{d}x$
b) zwei Merkmale X, Y	zweidimensionale Zufallsvariable (X, Y)	
gemeinsame / bedingte / Rand- } Häufigkeitsverteilung	gemeinsame / bedingte / Rand- } Wahrscheinlichkeitsverteilung	
Bravais-Pearson-Korrelationskoeffizient r	Korrelationskoeffizient $\varrho(X, Y)$	

Die in den beiden letzten Kapiteln namentlich behandelten Verteilungen waren jeweils durch einige wenige Parameter (n, p, λ, μ usw.) beschreibbar. Deshalb können Zufallsvariablen X, die derartigen Verteilungen genügen, ebenfalls durch einige wenige Kennzahlen wie $\mathrm{E}(X)$ und $\mathrm{Var}(X)$ beschrieben werden. In vielen Theorien, etwa in der Portfolio-Selektion, werden ausschließlich diese beiden Kennzahlen berücksichtigt. Die Bevorzugung dieser beiden Verteilungsparameter sollte jedoch nicht darüber hinwegtäuschen, dass die Repräsentation einer Zufallsvariablen X durch $\mathrm{E}(X)$ und $\mathrm{Var}(X)$ i. Allg. noch relativ dürftig ist; weiter gehende Aussagen als die aus der Tschebyscheffschen Ungleichung abgeleiteten Abschätzungen sind damit kaum zu erzielen.

Deshalb werden mitunter als Verteilungsparameter auch höhere Momente von X betrachtet: Die Kennzahlen

$$\mathrm{E}(X^k) \quad \text{bzw.} \quad \mathrm{E}[(X-\mathrm{E}(X))^k] \quad \text{für} \quad k=1,2,\ldots$$

heißen **k-te Momente um null** bzw. **k-te zentrale Momente** von X. Offensichtlich sind $\mathrm{E}(X)$ mit dem ersten Moment um null und $\mathrm{Var}(X)$ mit dem zweiten zentralen Moment identisch. Selbstverständlich ist die Charakterisierung einer Zufallsvariablen umso vollkommener, je mehr Momente zu ihrer Beschreibung herangezogen werden. Für eine perfekte Beschreibung der Zufallsvariablen wird jedoch i. Allg. (d. h. bei gänzlichem Verzicht auf die A-priori-Festlegung einer Verteilungsklasse) die gesamte Folge aller Momente benötigt.[8] Auf das dritte bzw. vierte zentrale Moment stützt sich beispielsweise die Definition der **Schiefe** bzw. **Kurtosis** (oder **Wölbung**) einer Verteilung; die Definitionen sind u. a. bei Bosch (1998, S. 210) zu finden. Als Hilfsmittel für die Berechnung der Momente können geeignete Funktionen wie die **momenterzeugende Funktion** oder die **charakteristische Funktion** eingeführt werden; ihre Definitionen sind beispielsweise bei Fisz (1989, S. 132), Schmetterer (1966, S. 78) oder Wetzel (1973, S. 75) nachzulesen.

Im Übrigen hängt die **Interpretierbarkeit der einzelnen Verteilungsparameter** von der **Art der Skalierung** des gemessenen Merkmals ab. Die Diskussion dieser Problematik wäre völlig analog wie im Teil I zu führen; es sei deshalb etwa auf Abschnitt 3.2.2 verwiesen. Für nominalskalierte Zufallsvariablen X ist der Erwartungswert zwar formell bildbar, jedoch wenig aussagekräftig. Eine Ausnahme bildet der Fall einer nominalskalierten Indikatorvariablen; hier ist der Erwartungswert stets eine sinnvolle Größe, nämlich $\mathrm{E}(X) = P(X = 1)$. Die in Abschnitt 3.2.2 angegebenen **Optimalitätseigenschaften** lassen sich sinngemäß auch auf die Lageparameter von Zufallsvariablen übertragen.

In den Definitionen (86) des Erwartungswertes und (89) der Varianz wurde jeweils per Fußnote vermerkt, dass diese wichtigen Kennzahlen **nicht stets existieren** müssen. Beispielsweise existieren weder Erwartungswert noch Varianz bei einer durch die Dichtefunktion

$$f(x) = \frac{1}{\pi(1+x^2)} \quad \text{mit} \quad x \in \mathbb{R}$$

definierten Cauchy-Verteilung. Die Varianz existiert generell nicht für die in der Kapitalmarkttheorie zur Modellierung stetiger Renditen benutzten stabilen (nicht normalen) Verteilungen, vgl. z. B. Rachev/Mittnik (2000).

[8] Des Weiteren ist eine zusätzliche Konvergenzbedingung erforderlich; vgl. beispielsweise Hinderer (1985, S. 194) oder Vogel (1970, S. 280).

10. Kapitel:

Gesetz der großen Zahlen und zentraler Grenzwertsatz

Wir wollen diesen kurzen Abriss der Wahrscheinlichkeitsrechnung mit einigen Bemerkungen über das asymptotische Verhalten zweier wichtiger Folgen von Zufallsvariablen abschließen. Es geht um das Verhalten der Summe bzw. des arithmetischen Mittels

$$\sum_{i=1}^{n} X_i \quad \text{bzw.} \quad \overline{X}_n = \frac{1}{n} \sum_{i=1}^{n} X_i$$

von n unabhängigen Zufallsvariablen X_i, wenn n laufend erhöht wird. Dabei setzen wir in diesem Kapitel (falls nicht anders vermerkt) voraus, dass die X_i identisch verteilt sind, d. h., dass alle X_i dieselbe Verteilung besitzen.[1] Zur Abkürzung schreiben wir μ für $\mathrm{E}(X_i)$ und σ^2 für $\mathrm{Var}(X_i)$.

10.1 Gesetz der großen Zahlen

Unter den soeben angegebenen Voraussetzungen resultiert aus der Tschebyscheff-Ungleichung, angewandt auf $\overline{X}_n$, die Abschätzung

$$P(|\overline{X}_n - \mu| \geqq c) \leqq \frac{\sigma^2}{nc^2} \quad \text{für alle} \quad c > 0\,,$$

woraus für $n \to \infty$ das **Gesetz der großen Zahlen** folgt:

$$\left.\begin{array}{l} \lim\limits_{n\to\infty} P(|\overline{X}_n - \mu| \geqq c) = 0 \quad \text{bzw.} \\ \lim\limits_{n\to\infty} P(|\overline{X}_n - \mu| \leqq c) = 1 \end{array}\right. \quad \text{für alle} \quad c > 0\,. \tag{95}$$

Die Wahrscheinlichkeit, mit der das arithmetische Mittel $\overline{X}_n$ in ein vorgegebenes, beliebig kleines Intervall $[\mu - c; \mu + c]$ fällt, kann also durch hinreichend großes n dem Wert 1 beliebig angenähert werden, und zwar für jede denkbare Verteilung der X_i (sofern nur μ und σ^2 existieren).

In diesem Zusammenhang ist ein Rückblick auf die in Abschnitt 7.3.3 beschriebene Situation angebracht. Dort hatten wir zu einem Zufallsvorgang ein Ereignis A betrachtet und uns für die relative Häufigkeit des Eintretens von A bei n-facher (unabhängiger) Durchführung des Zufallsvorgangs interessiert. Inzwischen beschreiben wir eine solche Situation durch n unab-

[1] Diese Voraussetzungen lassen sich beträchtlich abschwächen; zahlreiche Abschwächungen sind in den Lehrbüchern zur mathematischen Wahrscheinlichkeitstheorie, etwa in Krickeberg (1963), Révész (1968), Richter (1966), Vogel (1970) zu finden. Je nach Verallgemeinerungsgrad der Voraussetzung und Formulierung der Folgerung gelangt man zu verschiedenen Gesetzen der großen Zahlen bzw. verschiedenen zentralen Grenzwertsätzen, meist nach dem jeweiligen Entdecker benannt. Das hier dargestellte Gesetz der großen Zahlen wird auch als „schwaches Gesetz der großen Zahlen" bezeichnet. Das „starke Gesetz der großen Zahlen" ist beispielsweise bei Wetzel (1973, S. 134) und Bosch (1998, S. 329) erläutert.

hängige, $B(1;p)$-verteilte Zufallsvariablen X_i mit $p = P(A)$ und

$$X_i = \begin{cases} 1, & \text{falls } A \text{ bei der } i\text{-ten Durchführung eintritt} \\ 0, & \text{sonst} \end{cases}$$

sowie durch die $B(n;p)$-verteilte Zufallsvariable $X_1 + X_2 + \cdots + X_n$, welche gerade die (zufallsabhängige) absolute Häufigkeit des Eintretens von A angibt. Die Zufallsvariable

$$\overline{X}_n = \frac{1}{n} \sum_{i=1}^{n} X_i$$

misst daher die relative Häufigkeit des Eintretens von A; nach Abschnitt 9.4 gilt des Weiteren $\mathrm{E}(\overline{X}_n) = p$. Aus (95) folgt deshalb, dass ein Abweichen der relativen Häufigkeit von der Wahrscheinlichkeit $P(A)$ um mehr als einen vorgegebenen Wert $c > 0$ bei wachsendem n immer unwahrscheinlicher wird. In diesem Sinne konvergiert also die relative Häufigkeit gegen die Wahrscheinlichkeit $P(A)$.

10.2 Zentraler Grenzwertsatz

Wahrscheinlichkeiten von Ereignissen, die mithilfe der Summe von n unabhängigen, identisch verteilten Zufallsvariablen X_i gebildet werden, lassen sich für großes n mittels der Normalverteilung hinreichend genau berechnen. Dies ist die wesentliche Konsequenz des **zentralen Grenzwertsatzes**. Grob gesprochen besagt er, dass die Verteilung von $X_1 + X_2 + \cdots + X_n$ für wachsendes n einer Normalverteilung immer ähnlicher wird. Konkret lässt sich die Verteilung von $X_1 + X_2 + \cdots + X_n$ durch die

$$N(n\mu; \sigma\sqrt{n})\text{-Verteilung} \tag{96}$$

approximieren. Exakter wird der zentrale Grenzwertsatz durch eine Limesaussage beschrieben. Für diesen Zweck stört die Abhängigkeit der Verteilung (96) von der Anzahl n. Da wir eine definitive Grenzverteilung brauchen, gehen wir von $X_1 + X_2 + \cdots + X_n$ zur dazugehörigen standardisierten Zufallsvariablen

$$Y_n = \frac{\sum_{i=1}^{n} X_i - n\mu}{\sigma\sqrt{n}} = \frac{\overline{X}_n - \mu}{\sigma}\sqrt{n}$$

über. Mit der Verteilungsfunktion $\Phi(x)$ der Standardnormalverteilung lässt sich der zentrale Grenzwertsatz folgendermaßen formulieren: Unter den oben angegebenen Voraussetzungen gilt für jedes x die Konvergenz

$$P(Y_n \leqq x) \xrightarrow[n\to\infty]{} \Phi(x) \ . \tag{97}$$

Auch wenn die einzelnen unabhängigen Zufallsvariablen X_i nicht identisch verteilt sind, ist die Summe $X_1 + X_2 + \cdots + X_n$ für großes n meist[2] hinreichend genau normalverteilt.

[2] Bzgl. der exakten Voraussetzungen, unter denen diese erweiterte Aussage des zentralen Grenzwertsatzes gilt, sei nochmals auf die in Fußnote 1 angegebene Literatur verwiesen.

Zufallsvariablen, die aus dem (additiven) Zusammenwirken vieler unabhängiger Einzeleinflüsse resultieren, wie etwa alle Messfehler, die Störvariablen oder irregulären Komponenten in stochastischen Zeitreihenmodellen usw., lassen sich unter Berufung auf den zentralen Grenzwertsatz (in dieser erweiterten Form) als normalverteilt annehmen. Hierauf beruht die entscheidende Bedeutung der Normalverteilung in der Wahrscheinlichkeitsrechnung und der induktiven Statistik.

Weitere Anwendungsmöglichkeiten werden durch die nachfolgenden Aufgaben und Beispiele angedeutet.

Beispiel 10.1:

- Für eine $B(n;p)$-verteilte Zufallsvariable X liefert der zentrale Grenzwertsatz, da X bekanntlich als Summe $X = X_1 + X_2 + \cdots + X_n$ unabhängiger $B(1;p)$-verteilter X_i darstellbar ist, die Approximationsmöglichkeit[3]

$$P\left(\frac{X - np}{\sqrt{np(1-p)}} \leqq x\right) \approx \Phi(x) \quad \text{für alle} \quad x \in \mathbb{R}\,,$$

  wobei diese Approximation brauchbar ist für $np \geqq 5$ und $n(1-p) \geqq 5$, vgl. Tabelle A.8 des Anhangs.

- Entsprechend gilt für eine mit dem Parameter λ poissonverteilte Zufallsvariable X, da diese gemäß dem abschließenden Vermerk in Abschnitt 8.4.3 als Summe $X = X_1 + X_2 + \cdots + X_n$ unabhängiger $P(\frac{\lambda}{n})$-verteilter X_i dargestellt werden kann,

$$P\left(\frac{X - \lambda}{\sqrt{\lambda}} \leqq x\right) \approx \Phi(x) \quad \text{für alle} \quad x \in \mathbb{R}\,,$$

  wobei hier die Approximation für $\lambda > 10$ brauchbar ist, vgl. wieder Tabelle A.8 des Anhangs. ▪

Beispiel 10.2: In dem bereits erwähnten PERT-Verfahren zur Planung von Großprojekten wird die Projektdauer als Zufallsvariable aufgefasst, die sich als Summe der Vorgangsdauern für die Vorgänge des kritischen Weges ergibt. Sobald hinreichend viele Vorgänge auf dem kritischen Weg liegen, kann die Projektdauer als normalverteilt angenommen werden. Insofern brauchen nur noch die Erwartungswerte und Varianzen der kritischen Vorgänge aufaddiert zu werden, um zu Aussagen des in Beispiel 8.29 betrachteten Typs zu gelangen. ▪

Aufgabe 10.3: In Simulationsstudien werden häufig standardnormalverteilte Zufallszahlen benötigt. Primär stehen jedoch nur gleichverteilte Zufallszahlen, d. h. Realisationen unabhängiger, über dem Intervall [0; 1] gleichverteilter Zufallsvariablen zur Verfügung.

Aus je 12 dieser gleichverteilten Zufallszahlen $x_1, x_2, \ldots$ erzeugt man eine standardnormalverteilte Zufallszahl y folgendermaßen:

$$y = \sum_{i=1}^{12} x_i - 6\,.$$

Begründen Sie diese Vorgehensweise. ▪

[3] Zur Berechnung der Verteilungsfunktionswerte der $B(n;p)$-Verteilung an den Stellen $k = 0, 1, \ldots, n$ liefert folgende „korrigierte" Formel in der Regel genauere Werte:

$$P(X \leqq k) \approx \Phi\left(\frac{k - np + 0{,}5}{\sqrt{np(1-p)}}\right).$$

Aufgabe 10.4: Eine Vertriebsgesellschaft besitzt in einer Großstadt 200 Zigarettenautomaten. Jeder Automat hat (unabhängig von den anderen) mit der Wahrscheinlichkeit $\frac{1}{20}$ pro Woche eine Störung.

Für die Entscheidung über die Größe eines ständigen Reparaturtrupps sei die Wahrscheinlichkeit von Interesse, dass in einer Woche die Anzahl X der defekten Automaten zwischen 5 und 15 liegt. Diese Wahrscheinlichkeit (der exakte Wert beträgt übrigens 0,9292) soll

a) mittels der Poisson-Verteilung approximiert werden,
b) mittels der Tschebyscheff-Ungleichung nach unten abgeschätzt werden,
c) aufgrund des zentralen Grenzwertsatzes approximativ berechnet werden. ▪

Teil III:
Induktive Statistik

In vielen Anwendungsfällen ist eine vollständige Datenerhebung nicht möglich oder zumindest nicht zweckmäßig; stattdessen werden von den in einer Stichprobe gewonnenen Daten Rückschlüsse auf die Gesamtsituation gezogen. Gegenstand der induktiven Statistik (Synonyma sind: analytische Statistik, beurteilende Statistik, schließende Statistik, Inferenz-Statistik, konfirmatorische Statistik) ist die Konstruktion adäquater Schlussverfahren. Dabei kann es das Ziel sein, aufgrund der Ergebnisse einer Teilerhebung einen für die Gesamtsituation charakteristischen unbekannten Wert, wie etwa die mittlere Ausprägung oder die gesamte Merkmalssumme, zu schätzen. Dies geschieht

- entweder nach einer Vorschrift, die einen einzigen geeigneten Schätzwert liefert; entsprechende **(Punkt-)Schätz-Verfahren** werden in Kapitel 12 behandelt
- oder gemäß einer Methode, die als Schätzergebnis ein Intervall festlegt und die mit einer vorgegebenen (hohen) Wahrscheinlichkeit dazu führt, dass der unbekannte Parameter in diesem Intervall liegt. Die **Intervall-Schätzung** ist der Inhalt von Kapitel 13.

Daneben stellt sich oft das Problem, anhand der Stichprobenergebnisse eine bezüglich der Gesamtsituation bestehende Hypothese auf ihre Richtigkeit zu überprüfen. Kapitel 14 beinhaltet solche **Hypothesen-Tests**; sie sind gemäß dem Prinzip aufgebaut, dass eine richtige Hypothese nur mit einer gegebenen (kleinen) Wahrscheinlichkeit abgelehnt wird. Zunächst präzisieren wir in Kapitel 11 die Ausgangsituation der induktiven Statistik.

Lernziele:

- Entwicklung eines Verständnisses für die Methodik der Punkt- und Intervallschätzung.
- Erwerb der Fähigkeit zum formal und logisch korrekten statistischen Testen.
- Verständnis des Begriffs des „Fehlers“ im statistischen Sinne.
- Fähigkeit zur Beurteilung der Güte statistischer Tests.

11. Kapitel:
Grundlagen der induktiven Statistik

11.1 Grundgesamtheit und uneingeschränkte Zufallsauswahl, Verteilung der Grundgesamtheit, Stichprobenvariable und einfache Stichprobe

Bereits in Abschnitt 2.1 wurde die Menge aller für eine statistische Untersuchung relevanten Merkmalsträger als **Grundgesamtheit** bezeichnet.

Beispiel 11.1: Grundgesamtheiten sind etwa

a) die Menge aller Einwohner eines Landes, die Menge aller Gemeinden eines Regierungsbezirks oder die Menge aller von einer Maschine im Laufe eines bestimmten Tages produzierten Stücke.

b) die Menge aller Zeitpunkte während des Öffnungszeitraumes eines Schalters an einem bestimmten Tag.

c) die laufende Produktion oder die Gesamtproduktion einer Maschine (wozu auch zukünftig produzierte Stücke gehören), eine bestimmte Tiergattung (womit alle heute oder in den nächsten 10 Jahren lebenden Exemplare dieser Gattung gemeint sind) oder auch die Gesamtheit aller Äcker, die nach einer gewissen Düngemethode behandelt wurden oder werden.

d) die Menge aller möglichen Ziehungen der Lottozahlen, generell die Menge aller möglichen Durchführungen eines wiederholbaren Zufallsvorgangs. ▪

Wir führen nun allgemein einige wichtige Begriffe ein, die wir anschließend für verschiedene Arten von Grundgesamtheiten, wie sie sich in der Untergliederung von Beispiel 11.1 bereits andeuten, gesondert untersuchen werden.

Man sagt, die Entnahme eines Objekts aus einer Grundgesamtheit G erfolge gemäß einer **uneingeschränkten** (oder **reinen**) **Zufallsauswahl**, wenn dabei jedes Element von G die gleiche Chance besitzt, ausgewählt zu werden. Lässt sich aus einer Grundgesamtheit G ein Objekt gemäß einer uneingeschränkten Zufallsauswahl auswählen und stellt man seine Ausprägung bezüglich eines quantitativen Merkmals X fest, so erhält man eine Zufallsvariable, die wir ebenfalls mit X bezeichnen. Die Verteilungsfunktion $F(x) = P(X \leqq x)$ dieser Zufallsvariablen misst die Wahrscheinlichkeit, mit der bei einer uneingeschränkten Zufallsauswahl ein Objekt aus G gewählt wird, dessen Ausprägung höchstens gleich x ist. Daher bezeichnen wir die durch diese Verteilungsfunktion festgelegte Verteilung von X auch als die **Verteilung der Grundgesamtheit G bezüglich des Merkmals X** oder auch als Verteilung von X in G. Wenn klar ist, um welches Merkmal es sich handelt, spricht man der Kürze halber nur von der **Verteilung der Grundgesamtheit**. Da sich auf diese Weise die für Verteilungen eingeführten Begriffe unmittelbar auf die Grundgesamtheiten übertragen, können wir beispielsweise von dem **Erwartungswert** oder der **Varianz einer Grundgesamtheit** sprechen. Eine $B(1;p)$-verteilte Grundgesamtheit wird ebenso wie die dazugehörige Zufallsvariable als **dichotom** bezeichnet. Ist die Grundgesamtheit G endlich, so stimmt ihre Verteilung natürlich mit der (relativen) Häufigkeitsverteilung des Merkmals X in G überein.

Die induktive Statistik befasst sich mit Situationen, in denen die Verteilung einer Grundgesamtheit G ganz oder teilweise unbekannt ist, wobei „teilweise unbekannt" bedeuten kann, dass lediglich gewisse Parameterwerte wie etwa der Erwartungswert und die Varianz der Grundgesamtheit unbekannt sind. Über die unbekannte Verteilung oder die unbekannten Parameterwerte will man durch eine **Stichprobenerhebung** Aufschluss gewinnen. Zu diesem Zweck werden nach einer bestimmten Ziehungsvorschrift endlich viele Objekte aus G ausgewählt. Bei jedem Objekt wird seine Ausprägung bezüglich des relevanten (quantitativen) Untersuchungsmerkmals X registriert. Die Anzahl n der so durchgeführten Beobachtungsvorgänge bezeichnet man als den **Stichprobenumfang**. Jeder Beobachtungswert x_i, den man auf diese Weise erhält, lässt sich als Realisierung einer Zufallsvariablen, der sogenannten i-ten **Stichprobenvariablen** X_i (mit $i = 1, \ldots, n$), auffassen.

Ist die Ziehungsvorschrift[1] so festgelegt, dass die einzelnen Objekte jeweils nach einer uneingeschränkten Zufallsauswahl und unabhängig voneinander aus G entnommen werden, so sind alle Stichprobenvariablen $X_1, \ldots, X_n$ **unabhängig und identisch verteilt**, und zwar gemäß der Verteilung der Grundgesamtheit bezüglich X. In diesem Fall spricht man vom Ziehen einer **einfachen Stichprobe** vom Umfang n. Wir werden nahezu ausschließlich einfache Stichproben betrachten.

Werden bei jedem von n unabhängig und gemäß einer uneingeschränkten Zufallsauswahl aus einer Grundgesamtheit G entnommenen Objekten m Merkmale erhoben, so spricht man von einer **m-dimensionalen einfachen Stichprobe** vom Umfang n und von der gemeinsamen Verteilung von G bezüglich der m Merkmale (oder auch von der gemeinsamen Verteilung der m Merkmale in G).

In Beispiel 11.1 wurden durch die Nummerierung **verschiedene Arten von Grundgesamtheiten** angedeutet. Wie und in welchen dieser Fälle sich eine uneingeschränkte Zufallsauswahl realisieren lässt, und wann wir darüber hinaus sinnvollerweise vom Ziehen einer einfachen Stichprobe sprechen können, wird nun im Einzelnen erörtert.

1) Eine Grundgesamtheit G kann eine endliche – eventuell auch eine unendliche – Menge sein, deren sämtliche Objekte **konkret** vorliegen und bei der eine uneingeschränkte Zufallsauswahl im wörtlichen Sinne möglich ist. Die unter a) in Beispiel 11.1 angegebenen endlichen Mengen bzw. die unendliche Menge in b) sind solche Grundgesamtheiten. In der Praxis kann man hierbei das Ziehen einer einfachen Stichprobe mithilfe von Zufallszahlen-Tabellen (siehe Tabelle A.7 des Anhangs) verwirklichen. Die dort aufgelisteten Zahlen sind die Realisierungen unabhängiger Zufallsvariablen, welche jeweils jede der Ziffern $0, 1, \ldots, 9$ mit Wahrscheinlichkeit $\frac{1}{10}$ annehmen.

Beispiel 11.2:

- Aus den 648 Studenten einer Fakultät soll eine einfache Stichprobe vom Umfang $n = 8$ entnommen werden (was dem Modell des 8fachen Ziehens mit Zurücklegen entspricht). Zunächst werden dazu die 648 Studenten von 1 bis 648 durchnummeriert. Dann wählt man aus der Zufallszahlentabelle drei Spalten aus, beispielsweise die 7te, 8te und 9te Spalte. Etwa von unten nach oben abgelesen, erhält man so der Reihe nach die dreistelligen Zahlen 602, 755, 252 usw. Lässt man nun noch die Zahlen unberücksichtigt, die größer als 648 sind, so sind schließlich für die einfache Stichprobe vom Umfang 8 die Studenten mit den Nummern 602, 252, 481, 540, 116, 225, 492, 599 auszuwählen.[2]
- Der Öffnungszeitraum eines Schalters an einem Tag betrage $6\frac{1}{2}$ Stunden. Für die Zwecke einer Multimomentstudie soll an 10 unabhängig und zufällig ausgewählten Zeitpunkten die Anzahl der vor dem Schalter wartenden Personen beobachtet werden. Auch diese Auswahl der 10 Zeitpunkte

[1] Verschiedene Ziehungsvorschriften, nach denen das zufällige Ziehen von n Objekten aus einer endlichen Grundgesamtheit vonstattengehen kann, sowie deren Zusammenhänge mit der hypergeometrischen bzw. der Binomialverteilung werden von Basler (1979) detailliert erörtert.

[2] Durch eine entsprechende Vorgehensweise ist übrigens auch das Ziehen ohne Zurücklegen zu realisieren, indem mehrfach auftretende Zahlen nur einmal berücksichtigt werden.

(aus unendlich vielen) lässt sich hinreichend genau durch Zufallszahlen bewerkstelligen, indem man etwa eine uneingeschränkte Zufallsauswahl aus den 23 400 zur Verfügung stehenden Sekunden durchführt, d. h. die Grundgesamtheit als endlich behandelt. ▪

2) Als Grundgesamtheit ist oft auch eine (endliche oder unendliche) Menge G von Interesse, von der für die Entnahme der Stichprobe **nur ein Teil konkret zur Verfügung** steht (vgl. Punkt c) in Beispiel 11.1). Wenn dabei die Annahme berechtigt ist, dass das Untersuchungsmerkmal X in G dieselbe Verteilung besitzt wie in diesem zur Verfügung stehenden Teil, kann eine einfache Stichprobe aus dem verfügbaren Teil von G auch als einfache Stichprobe aus ganz G interpretiert werden. Dies ist nur im Einzelfall zu entscheiden und kann ferner vom Untersuchungsmerkmal abhängen. Steht beispielsweise von der Gesamtproduktion G einer Maschine lediglich die heutige Tagesproduktion zur Verfügung, so ist eine einfache Stichprobe hieraus bezüglich des Merkmals „Produktionsgüte“ eventuell als einfache Stichprobe aus G anzusehen; dies trifft aber sicher nicht zu, wenn als Untersuchungsmerkmal das Herstellungsdatum interessiert.

3) Eine Grundgesamtheit kann auch (wie in Punkt d) von Beispiel 11.1) eine Menge von fiktiven Objekten sein, von denen sich diejenigen, die in der Stichprobenerhebung untersucht werden, erst durch die Untersuchung selbst konkretisieren. So „konkretisiert“ sich jeden Samstag ein Element aus der Menge aller möglichen Ziehungen der Lottozahlen. Eine solche Grundgesamtheit nennt man **hypothetisch**. Von einer hypothetischen Grundgesamtheit G fordern wir, dass die Merkmalsausprägungen, die sich bei n der Reihe nach auftretenden Objekten von G ergeben, zusammengefasst als Realisierung einer einfachen Stichprobe vom Umfang n angesehen werden können.

Andere mögliche Auswahlverfahren als die uneingeschränkte Zufallsauswahl werden in Abschnitt 2.4 und in Kapitel 18 erörtert.

11.2 Stichprobenraum, Stichprobenfunktion, Testverteilungen

In diesem Abschnitt wird das Handwerkszeug bereitgestellt, das zur Konstruktion und Begründung wichtiger Verfahren der induktiven Statistik benötigt wird. Wir gehen von einer Stichprobenerhebung (bezüglich eines Merkmals) aus, die durch die Stichprobenvariablen $X_1, \dots, X_n$ beschrieben wird.

11.2.1 Bezeichnungen

Bezeichnet wie bisher x_i die Realisierung der Stichprobenvariablen X_i, so heißt das n-Tupel $(x_1, \dots, x_n)$ das **Stichprobenergebnis** oder die **Stichprobenrealisation**. Alle n-Tupel, die als Stichprobenergebnisse möglich sind, werden im **Stichprobenraum** zusammengefasst. In der induktiven Statistik ist die Verteilung der Grundgesamtheit und somit auch die (gemeinsame) Verteilung der Stichprobenvariablen $X_1, \dots, X_n$ unbekannt; deshalb ist es angebracht, alle Wahrscheinlichkeitsverteilungen, die man als möglich erachtet, nebeneinander zu betrachten. In dem wichtigen Spezialfall, dass lediglich ein (ein- oder mehrdimensionaler) Parameter unbekannt ist und infolgedessen verschiedene Werte für diesen Parameter in Betracht gezogen werden, charakterisiert man mit

$$f(x_1, \dots, x_n | \vartheta)$$

oder $f(x_1,\ldots,x_n;\vartheta)$ oder auch $f_\vartheta(x_1,\ldots,x_n)$ die gemeinsame Wahrscheinlichkeits- oder Dichtefunktion der Stichprobenvariablen $X_1,\ldots,X_n$ unter der Bedingung, dass der unbekannte Parameter den Wert ϑ besitzt. $f(x_1,\ldots,x_n|\vartheta)$ wird als **Likelihood-Funktion** bezeichnet; sie ist für jeden festen ϑ-Wert eine n-dimensionale Wahrscheinlichkeitsfunktion oder Dichte und für festes $(x_1,\ldots,x_n)$ eine Funktion von ϑ.

Eine Zufallsvariable V, die als Funktion der Stichprobenvariablen $X_1,\ldots,X_n$ definiert ist, also

$$V = g(X_1,\ldots,X_n)\ ,$$

heißt eine **Stichprobenfunktion** oder auch eine **Statistik**. Stichprobenfunktionen sollen das eintretende Stichprobenergebnis $(x_1,\ldots,x_n)$ zu einfachen, aber aussagekräftigen Größen verarbeiten. Auch für die Wahrscheinlichkeits- oder Dichtefunktion einer Stichprobenfunktion V schreibt man oft $f(v|\vartheta)$ oder $f_\vartheta(v)$, wenn man ihre Abhängigkeit von dem Parameter ϑ zum Ausdruck bringen will.

Beispiel 11.3: Die Gesamtheit aller von einer Abfüllanlage abgefüllten Waschmittel-Trommeln darf bezüglich des Gewichts X als normalverteilt angesehen werden. Es wird eine einfache Stichprobe vom Umfang $n = 10$ entnommen. Dann sind die dazugehörigen Stichprobenvariablen $X_1,\ldots,X_{10}$ unabhängig und jeweils $N(\mu;\sigma)$-verteilt mit unbekannten Parametern μ und σ oder dem unbekannten zweidimensionalen Parameter $\vartheta = (\mu,\sigma)$. Der Stichprobenraum[3] ist der $\mathbb{R}^{10}$; als Likelihood-Funktion ergibt sich nach (80):

$$f(x_1,\ldots,x_{10}|\mu,\sigma) = \frac{1}{\sqrt{2\pi}\sigma}\cdot e^{-\frac{(x_1-\mu)^2}{2\sigma^2}}\cdot\ldots\cdot\frac{1}{\sqrt{2\pi}\sigma}\cdot e^{-\frac{(x_{10}-\mu)^2}{2\sigma^2}} = \left(\frac{1}{\sqrt{2\pi}\sigma}\right)^{10}\cdot e^{-\frac{\sum_{i=1}^{10}(x_i-\mu)^2}{2\sigma^2}}\ .$$

Eine spezielle Stichprobenfunktion ist beispielsweise das Stichprobenmittel $\bar{X} = \frac{1}{10}\cdot(X_1+\cdots+X_{10})$. Nach Abschnitt 9.4 ist $\bar{X}$ gemäß $N(\mu;\sigma/\sqrt{10})$ verteilt und besitzt infolgedessen die Dichte

$$f(\bar{x}|\mu,\sigma) = \sqrt{\frac{5}{\pi}}\cdot\frac{1}{\sigma}\cdot e^{-\frac{5(\bar{x}-\mu)^2}{\sigma^2}}\ .$$

■

Aufgabe 11.4: $Y_1,\ldots,Y_{12}$ beschreibe eine einfache Stichprobe aus einer dichotomen Grundgesamtheit.

1. Geben Sie den Stichprobenraum an.
2. Stellen Sie in Abhängigkeit vom unbekannten Parameter p
   a) die gemeinsame Wahrscheinlichkeitsfunktion der $Y_1,\ldots,Y_{12}$ und
   b) die Wahrscheinlichkeitsfunktion der Stichprobenfunktion $V = Y_1+\cdots+Y_{12}$

   auf.
3. Das Stichprobenergebnis $(y_1,\ldots,y_{12}) = (0,1,0,0,0,0,0,1,1,0,0,1)$ sei eingetreten. Berechnen Sie die Wahrscheinlichkeitsfunktion aus Teil 2a) in diesem Punkt und die Wahrscheinlichkeitsfunktion aus Teil 2b) im Punkt $v = V(y_1,\ldots,y_{12})$.

■

11.2.2 Wichtige Stichprobenfunktionen

Wir setzen nunmehr voraus, dass die Stichprobenvariablen $X_1,\ldots,X_n$ das Ziehen einer einfachen Stichprobe beschreiben. μ bzw. σ^2 ($\neq 0$) seien der Erwartungswert bzw. die Varianz der Grundgesamtheit bezüglich des Untersuchungsmerkmals X. In Tabelle 11.1 sind die für einfache Stichproben wichtigsten Stichprobenfunktionen zusammengestellt und – soweit möglich – deren Erwartungswerte und Varianzen angegeben. Als Begründung der Eintragungen in Ta-

[3] Streng genommen können die Gewichtsmessungen nur positive x_i-Werte liefern. Es schadet jedoch nichts, wenn wir den Stichprobenraum „etwas zu groß“ wählen und praktisch irrelevante Stichprobenrealisationen mit aufnehmen.

Tab. 11.1: Wichtige Stichprobenfunktionen

Stichprobenfunktion	Bezeichnung	Erwartungswert	Varianz
$\sum_{i=1}^{n} X_i$	Merkmalssumme[4]	$n\mu$	$n\sigma^2$
$\bar{X} = \frac{1}{n}\sum_{i=1}^{n} X_i$	Stichprobenmittel[4]	μ	$\frac{\sigma^2}{n}$
$\frac{\bar{X}-\mu}{\sigma}\sqrt{n}$	Gauß-Statistik	0	1
$\frac{1}{n}\sum_{i=1}^{n}(X_i-\mu)^2$	mittlere quadratische Abweichung bzgl. μ	σ^2	
$\frac{1}{n}\sum_{i=1}^{n}(X_i-\bar{X})^2$	mittlere quadratische Abweichung	$\frac{n-1}{n}\cdot\sigma^2$	
$S^2 = \frac{1}{n-1}\sum_{i=1}^{n}(X_i-\bar{X})^2$	Stichprobenvarianz	σ^2	
$S = \sqrt{S^2}$	Stichproben-Standardabweichung		
$\frac{\bar{X}-\mu}{S}\sqrt{n}$	t-Statistik		

belle 11.1 kann aufgeführt werden: Für die drei ersten Stichprobenfunktionen aus Tabelle 11.1 wurden die dazugehörigen Erwartungswerte und Varianzen bereits in Kapitel 9 berechnet.[5] Die für die vierte Stichprobenfunktion angegebene Gleichung

$$\mathrm{E}\left[\frac{1}{n}\sum_{i=1}^{n}(X_i-\mu)^2\right] = \sigma^2$$

ergibt sich aus (87) und (88), wenn $\mathrm{E}[(X_i-\mu)^2] = \mathrm{Var}(X_i) = \sigma^2$ beachtet wird. Für die mittlere quadratische Abweichung der Stichprobe gilt die Beziehung

$$\frac{1}{n}\sum_{i=1}^{n}(X_i-\bar{X})^2 = \frac{1}{n}\sum_{i=1}^{n}(X_i-\mu)^2 - (\bar{X}-\mu)^2\ .$$

Denn die rechte Seite ergibt

$$\frac{1}{n}\sum_{i=1}^{n}X_i^2 - \frac{1}{n}\cdot 2\mu\sum_{i=1}^{n}X_i + \frac{1}{n}\cdot n\mu^2 - \bar{X}^2 + 2\mu\bar{X} - \mu^2 = \frac{1}{n}\sum_{i=1}^{n}X_i^2 - \bar{X}^2\ ,$$

[4] Im Fall einer dichotomen Grundgesamtheit beschreibt $X_1 + \cdots + X_n$ bzw. $\bar{X}$ die absolute bzw. relative Häufigkeit der Ausprägung 1 in der Stichprobe.

[5] Vgl. (88) und (92) sowie Abschnitt 9.4

ein Ergebnis, das wegen des Verschiebungssatzes (12) mit der linken Seite übereinstimmt. Folglich ist

$$\mathrm{E}\left[\frac{1}{n}\sum_{i=1}^{n}(X_i-\bar{X})^2\right]=\mathrm{E}\left[\frac{1}{n}\sum_{i=1}^{n}(X_i-\mu)^2\right]-\mathrm{E}[(\bar{X}-\mu)^2]=\sigma^2-\mathrm{Var}(\bar{X})=$$
$$=\sigma^2-\frac{\sigma^2}{n}=\frac{n-1}{n}\cdot\sigma^2\,.$$

Hieraus folgt sofort die letzte Behauptung von Tabelle 11.1, also $\mathrm{E}(S^2)=\sigma^2$. Anzumerken wäre, dass die Stichprobenvarianz S^2 bzw. ihre Realisation s^2 nicht zu verwechseln ist mit der in Abschnitt 3.3 eingeführten mittleren quadratischen Abweichung, die wir ebenfalls mit s^2 bezeichnet haben, hier aber der vierten Stichprobenfunktion aus Tabelle 11.1 entspricht. Der Erwartungswert der Stichproben-Standardabweichung S lässt sich zwar i. Allg. nicht allein durch μ und σ^2 ausdrücken; aufgrund der Jensenschen Ungleichung gilt aber die Abschätzung

$$\mathrm{E}(S)=\mathrm{E}\left(\sqrt{S^2}\right)\leqq\sqrt{\mathrm{E}(S^2)}=\sqrt{\sigma^2}=\sigma\,.$$

Abgesehen vom trivialen Sonderfall $\sigma=0$, bei dem alle Elemente der Grundgesamtheit dieselbe Merkmalsausprägung besitzen, gilt hier sogar die strenge Ungleichung. Die Stichproben-Standardabweichung wird in aller Regel zur Schätzung der Standardabweichung von G benutzt, was infolge der Ungleichung $\mathrm{E}(S)<\sigma$ und der in Kapitel 12 dargelegten Prinzipien als problematisch angesehen werden muss.

Die in Tabelle 11.1 schließlich noch erwähnte t-Statistik spielt ebenso wie die Gauß-Statistik bei den Hypothesentests eine besondere Rolle. Über ihren Erwartungswert und ihre Varianz können wir Angaben machen, wenn wir ihre (approximative) Verteilung kennen; dies wird erst in Abschnitt 11.2.4 der Fall sein.

Aufgabe 11.5: Die Grundgesamtheit G sei dichotom, d. h. die (unabhängigen) Stichprobenvariablen X_i seien jeweils $B(1;p)$-verteilt.

a) Zeigen Sie, dass die Beziehung
$$\frac{1}{n}\sum_{i=1}^{n}(X_i-\bar{X})^2=\bar{X}(1-\bar{X})$$
gilt. Nutzen Sie dazu die Gleichheit $X_i^2=X_i$ aus.

b) Geben Sie die Erwartungswerte von $\bar{X}(1-\bar{X})$ und von S^2 an. ▪

Für eine Reihe von Verfahren der induktiven Statistik ist die Kenntnis der (exakten oder approximativen) Wahrscheinlichkeitsverteilung gewisser Stichprobenfunktionen erforderlich. Aus diesen Gründen müssen wir nun einige aus der Normalverteilung hergeleitete und als Testverteilungen bezeichnete Verteilungen besprechen.

11.2.3 Testverteilungen

1. Chi-Quadrat-Verteilung

Sind $X_1,\ldots,X_\nu$ unabhängige, jeweils $N(0;1)$-verteilte Zufallsvariablen, so wird die Verteilung der Zufallsvariablen

$$Z=\sum_{i=1}^{\nu}X_i^2$$

als **Chi-Quadrat-Verteilung mit ν Freiheitsgraden** oder kürzer als $\chi^2(\nu)$-Verteilung bezeichnet. In Tabelle A.5 des Anhangs sind für eine Reihe von α-Werten und $\nu\leqq 30$ die

α-Fraktile x_α der $\chi^2(\nu)$-Verteilung vertafelt, vgl. auch Abbildung 11.1. Bei $\nu > 30$ ergeben sich die α-Fraktile der $\chi^2(\nu)$-Verteilung näherungsweise gemäß

$$x_\alpha = \tfrac{1}{2} \cdot (\widetilde{x}_\alpha + \sqrt{2\nu - 1})^2 \ ,$$

wobei $\widetilde{x}_\alpha$ das α-Fraktil der $N(0;1)$-Verteilung bezeichnet.[6]

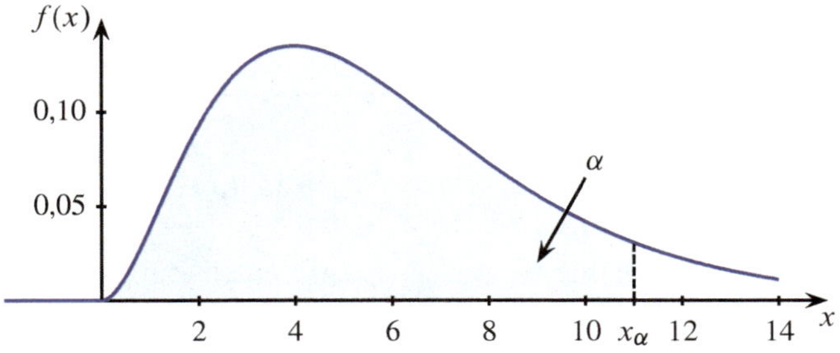

Abb. 11.1: Dichtefunktion $f(x)$ und α-Fraktil x_α der $\chi^2(6)$-Verteilung

Beispiel 11.6: Das 0,05-Fraktil der $\chi^2(\nu)$-Verteilung ist

- nach Tabelle A.5 gleich 10,85 für $\nu = 20$,
- näherungsweise gleich $\frac{1}{2} \cdot (-1{,}645 + \sqrt{99})^2 = 34{,}49$ für $\nu = 50$. ▪

Für den Erwartungswert und die Varianz einer $\chi^2(\nu)$-verteilten Zufallsvariablen Z gilt

$$\mathrm{E}(Z) = \nu \quad \text{und} \quad \mathrm{Var}(Z) = 2\nu \ .$$

Aufgabe 11.7: Bestimmen Sie zur $\chi^2(\nu)$-verteilten Zufallsvariablen Z die Zahlen z_1 und z_2 so, dass $P(Z < z_1) = P(Z > z_2)$ und $P(z_1 \leqq Z \leqq z_2) = 0{,}8$ gilt, und zwar

a) für $\nu = 25$,
b) für $\nu = 41$. ▪

2. *t*-Verteilung

Ist X standardnormalverteilt, besitzt Z eine $\chi^2(\nu)$-Verteilung und sind die beiden Zufallsvariablen X und Z unabhängig, so wird die Verteilung der Zufallsvariablen

$$T = \frac{X}{\sqrt{\frac{1}{\nu} \cdot Z}}$$

als ***t*-Verteilung mit *ν* Freiheitsgraden** oder kurz als $t(\nu)$-Verteilung bezeichnet. Auch bzgl. der $t(\nu)$-Verteilung sind für $\nu \leqq 30$ bestimmte α-Fraktile x_α in Tabelle A.4 des Anhangs aufgelistet, jedoch nur für α-Werte größer als 0,5, da die Dichte der $t(\nu)$-Verteilung symmetrisch zum Nullpunkt ist, vgl. auch Abbildung 11.2. Für $\nu > 30$ lässt sich als Näherung des α-Fraktils der $t(\nu)$-Verteilung das α-Fraktil der $N(0;1)$-Verteilung verwenden.[7]

---

[6] Denn für eine $\chi^2(\nu)$-verteilte Zufallsvariable Z ist bei hohem ν die Zufallsvariable $\sqrt{2Z} - \sqrt{2\nu - 1}$ hinreichend genau $N(0;1)$-verteilt; die Approximation wird bei wachsendem ν immer besser, vgl. auch Tabelle A.8 des Anhangs.

[7] Die $t(\nu)$-Dichtefunktionen konvergieren nämlich für $\nu \to \infty$ gegen die Dichtefunktion der Standardnormalverteilung.

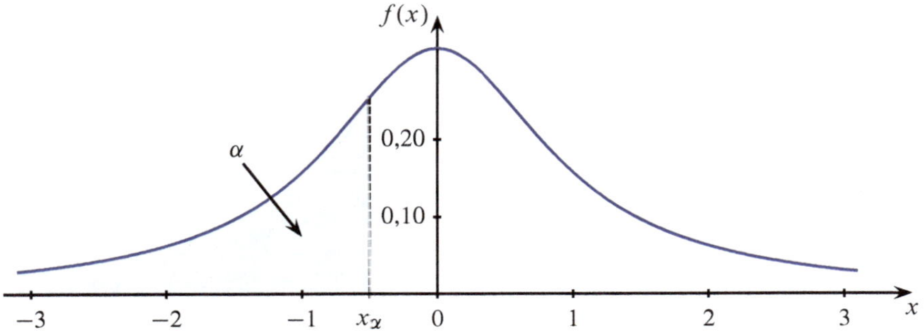

Abb. 11.2: Dichtefunktion $f(x)$ und α-Fraktil x_α der $t(1)$-Verteilung

Für den Erwartungswert und die Varianz einer $t(\nu)$-verteilten Zufallsvariablen T gilt (für $\nu > 2$)

$$\mathrm{E}(T) = 0 \quad \text{und} \quad \mathrm{Var}(T) = \frac{\nu}{\nu - 2}\,.$$

Aufgabe 11.8: Bestimmen Sie den Punkt x so, dass für eine $t(24)$-verteilte Zufallsvariable T Folgendes gilt: $P(x \leqq T \leqq 0) = 0{,}49$. ▪

3. F-Verteilung

Ist X gemäß $\chi^2(\nu_1)$ und Y gemäß $\chi^2(\nu_2)$ verteilt und sind ferner X und Y unabhängig, so wird die Verteilung der Zufallsvariablen

$$Z = \frac{\frac{1}{\nu_1} \cdot X}{\frac{1}{\nu_2} \cdot Y}$$

als ***F*-Verteilung mit den Freiheitsgraden ν_1 und ν_2** oder kürzer als $F(\nu_1, \nu_2)$-Verteilung bezeichnet. In der Tabelle A.6 des Anhangs sind die 0,95- und 0,99-Fraktile der $F(\nu_1, \nu_2)$-Verteilung für $\nu_1, \nu_2 = 1, 2, \ldots, 10, 15, 20, 30, 40, 50$ und 100 vertafelt. Es ist für unsere Zwecke ausreichend, wenn wir für die sonstigen ν_1- und ν_2-Werte die Fraktile durch Interpolation bestimmen. Aus Tabelle A.6 sind auch die 0,05- und 0,01-Fraktile der $F(\nu_1, \nu_2)$-Verteilung abzulesen, denn es gilt für das α-Fraktil x_α der $F(\nu_1, \nu_2)$-Verteilung und das $(1-\alpha)$-Fraktil $\widetilde{x}_{1-\alpha}$ der $F(\nu_2, \nu_1)$-Verteilung stets die Beziehung

$$x_\alpha = \frac{1}{\widetilde{x}_{1-\alpha}}\,. \tag{98}$$

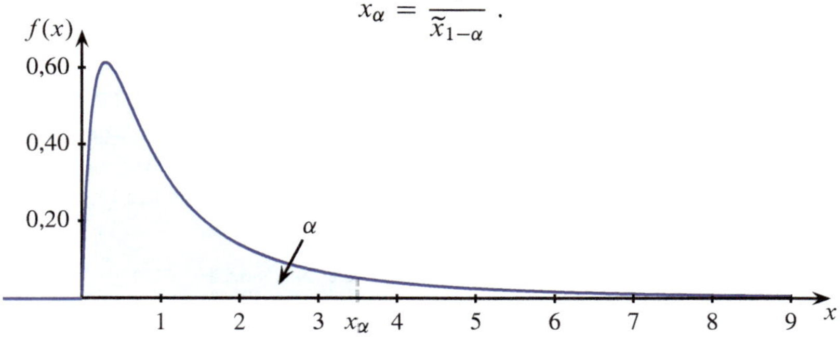

Abb. 11.3: Dichtefunktion $f(x)$ und α-Fraktil x_α der $F(4, 3)$-Verteilung

Für den Erwartungswert und die Varianz einer $F(\nu_1, \nu_2)$-verteilten Zufallsvariablen Z gilt

$$\mathrm{E}(Z) = \frac{\nu_2}{\nu_2 - 2} \quad (\text{für } \nu_2 > 2) \quad \text{und} \quad \mathrm{Var}(Z) = \frac{2\nu_2^2(\nu_1 + \nu_2 - 2)}{\nu_1(\nu_2 - 4)(\nu_2 - 2)^2} \quad (\text{für } \nu_2 > 4)\,.$$

Aufgabe 11.9: $X_1, \ldots, X_8, Y_1, \ldots, Y_{10}$ seien unabhängig und jeweils $N(0; 1)$-verteilt. Geben Sie das 0,95- und das 0,01-Fraktil der Verteilung von

$$Z = \frac{5 \sum\limits_{i=1}^{8} X_i^2}{4 \sum\limits_{i=1}^{10} Y_i^2}$$

sowie den Erwartungswert und die Standardabweichung von Z an. ▪

11.2.4 Verteilungen von Stichprobenfunktionen

Über die Verteilungen der in Abschnitt 11.2.2 aufgelisteten Stichprobenfunktionen lässt sich unter der Voraussetzung, dass alle Stichprobenvariablen X_i unabhängig und identisch verteilt sind mit $\mathrm{E}(X_i) = \mu$ und der (als positiv angenommenen) Varianz $\mathrm{Var}(X_i) = \sigma^2$, Folgendes aussagen:

- Ist die Grundgesamtheit normalverteilt, d. h. besitzen die X_i eine $N(\mu; \sigma)$-Verteilung, so genügt

die Summe	$\sum\limits_{i=1}^{n} X_i$	einer $N(n\mu; \sqrt{n}\sigma)$-Verteilung,
das Stichprobenmittel	$\bar{X}$	einer $N\left(\mu; \frac{\sigma}{\sqrt{n}}\right)$-Verteilung,
die Gauß-Statistik	$\frac{\bar{X}-\mu}{\sigma}\sqrt{n}$	einer $N(0; 1)$-Verteilung,
die Stichprobenfunktion	$\frac{1}{\sigma^2}\sum\limits_{i=1}^{n}(X_i - \mu)^2$	einer $\chi^2(n)$-Verteilung,[8]
die Stichprobenfunktion	$\frac{1}{\sigma^2}\sum\limits_{i=1}^{n}(X_i - \bar{X})^2 = \frac{n-1}{\sigma^2}\cdot S^2$	einer $\chi^2(n-1)$-Verteilung,
die t-Statistik	$\frac{\bar{X}-\mu}{S}\sqrt{n}$	einer $t(n-1)$-Verteilung.[9]

- Bei einer beliebigen Verteilung der Grundgesamtheit sind sowohl die Gauß- als auch die t-Statistik approximativ $N(0; 1)$-verteilt.

---

[8] Denn die standardisierten Variablen $(X_i - \mu)/\sigma$ sind jeweils $N(0; 1)$-verteilt.

[9] Denn die t-Statistik ist als Quotient von

$$\frac{\bar{X} - \mu}{\sigma}\sqrt{n} \quad \text{und} \quad \sqrt{\frac{1}{n-1}\cdot\left(\frac{n-1}{\sigma^2}\cdot S^2\right)}$$

darstellbar, wobei gezeigt werden kann, dass unter unseren Prämissen $\bar{X}$ und S^2 unabhängig sind.

Ergänzend kann bemerkt werden:

- Je stärker die Verteilung der Grundgesamtheit einer Gaußschen Glockenkurve gleicht, desto geringer kann der Stichprobenumfang n sein, um eine brauchbare Annäherung der Verteilung von $(\bar{X} - \mu)\sqrt{n}/\sigma$ durch die $N(0; 1)$-Verteilung bzw. der Verteilung von $(\bar{X} - \mu)\sqrt{n}/S$ durch die $t(n - 1)$-Verteilung (die ja ihrerseits gegen die $N(0; 1)$-Verteilung konvergiert) zu erreichen.

  Beispielsweise erhält man bei einer Grundgesamtheit, die im Intervall [0; 1] gleichverteilt ist, bereits für $n = 12$ Summanden sehr gute Ergebnisse. Für $n > 30$ kann man in aller Regel, ohne sich über die Verteilung der Grundgesamtheit Gedanken machen zu müssen, sowohl die Gauß-Statistik als auch die t-Statistik als hinreichend genau $N(0; 1)$-verteilt annehmen. Bei dichotomer Grundgesamtheit jedoch sollte $np \geqq 5$ und $n(1-p) \geqq 5$ sein; die Approximationsgüte hängt hierbei nämlich von p ab (vgl. Tabelle A.8 des Anhangs).

- Für die beiden Stichprobenfunktionen

$$\frac{1}{\sigma^2}\sum_{i=1}^{n}(X_i - \mu)^2 \quad \text{und} \quad \frac{1}{\sigma^2}\sum_{i=1}^{n}(X_i - \bar{X})^2$$

  aus obiger Aufzählung kann man i. Allg. nur dann (näherungsweise) mit dem Vorliegen einer Chi-Quadrat-Verteilung rechnen, wenn die Grundgesamtheit (weitgehend) Normalverteilungsgestalt besitzt; eine Erhöhung des Stichprobenumfangs n bietet hier keine Gewähr für eine verbesserte Annäherung.[10]

Aufgabe 11.10: Aus den beiden normalverteilten Grundgesamtheiten G_1 bzw. G_2 werde unabhängig voneinander je eine einfache Stichprobe vom Umfang n_1 bzw. n_2 gezogen. Seien X_i (mit $i = 1, \ldots, n_1$) die Stichprobenvariablen zu Grundgesamtheit G_1 und Y_i (mit $i = 1, \ldots, n_2$) diejenigen zu G_2; ferner seien $\bar{X}$ bzw. $\bar{Y}$ die dazugehörigen Stichprobenmittel und σ_j^2 die Varianz von G_j. Bestimmen Sie die Verteilung von

$$\frac{(n_2 - 1)\,\sigma_2^2 \sum_{i=1}^{n_1} (X_i - \bar{X})^2}{(n_1 - 1)\,\sigma_1^2 \sum_{i=1}^{n_2} (Y_i - \bar{Y})^2}\,.$$

■

[10] Vielmehr ist die Grenzverteilung hierbei in der Regel eine Normalverteilung, deren Varianz man allerdings in praktischen Anwendungsfällen nicht kennt, sodass man keine Standardisierung durchführen kann.

12. Kapitel:
Punkt-Schätzung

In vielen Situationen ist es wünschenswert, einen unbekannten charakteristischen Wert der Verteilung einer Grundgesamtheit möglichst genau zu kennen. So interessiert sich z. B.

- eine Partei für ihren Stimmenanteil bei der nächsten Wahl,
- eine Versicherungsgesellschaft für die Lebenserwartung übergewichtiger Raucher,
- die Bankenaufsicht für denjenigen Verlust, der nur mit einer Wahrscheinlichkeit von 1 % überschritten wird (**Value at Risk**),
- ein Absatzforscher für das Marktpotenzial eines bestimmten Produkts,
- ein soziologisches Institut für den Zusammenhang zwischen Intelligenz und Fortschrittsgläubigkeit,
- ein Wirtschaftsforschungsinstitut für die marginale Konsumneigung.

Wird für einen solchen unbekannten Parameter ϑ der Verteilung einer Grundgesamtheit G aufgrund des Ergebnisses $(x_1, \ldots, x_n)$ einer Stichprobe ein numerischer **Schätzwert** $\widehat{\vartheta}$ festgelegt, so spricht man von einer **Punkt-Schätzung**. Ein Schätzwert $\widehat{\vartheta}$ kann als Realisierung einer Stichprobenfunktion

$$\widehat{\Theta} = g(X_1, \ldots, X_n)$$

aufgefasst werden, die wir **Schätzfunktion** nennen.

In den folgenden Abschnitten werden einige Kriterien diskutiert, nach denen Schätzfunktionen beurteilt bzw. geeignete Schätzfunktionen konstruiert werden können. Sofern nichts Gegenteiliges vermerkt wird, sollen stets Stichprobenvariablen $X_1, \ldots, X_n$ einer einfachen Stichprobe vorliegen.

12.1 Erwartungstreue und wirksamste Schätzfunktionen

Eine Schätzfunktion $\widehat{\Theta} = g(X_1, \ldots, X_n)$ heißt **erwartungstreu** (oder **unverzerrt**) für den Parameter ϑ, wenn

$$\mathrm{E}(\widehat{\Theta}) = \vartheta \tag{99}$$

gilt (und zwar unabhängig davon, welchen numerischen Wert das unbekannte ϑ tatsächlich besitzt).

Beispiel 12.1: Es sei μ der Erwartungswert und σ^2 die Varianz der Verteilung einer Grundgesamtheit G. Dann gelten, wie auch immer die Verteilung von G aussehen mag, wegen Abschnitt 11.2.2 folgende Aussagen:

a) Das **Stichprobenmittel** $\overline{X}$ ist **erwartungstreu für** μ. Dies gilt übrigens auch, wenn $X_1, \ldots, X_n$ das Ziehen ohne Zurücklegen aus einer endlichen Grundgesamtheit G beschreibt. Im Spezialfall einer dichotomen Grundgesamtheit besagt die Erwartungstreue von $\overline{X}$, dass die **relative Häufigkeit** der Ausprägung 1 in der Stichprobe eine **erwartungstreue Schätzfunktion für** p ist.

b) $\frac{1}{n} \sum (X_i - \mu)^2$ ist zwar erwartungstreu für σ^2, jedoch nur dann als Schätzfunktion für σ^2 verwendbar, wenn μ bekannt ist.

c) Die mittlere quadratische Abweichung $\frac{1}{n}\sum(X_i - \overline{X})^2$ der Stichprobe ist nicht erwartungstreu für σ^2. Ihr Erwartungswert $\sigma^2 \cdot \frac{n-1}{n}$ konvergiert jedoch für $n \to \infty$ gegen σ^2. Derartige Schätzfunktionen $\widehat{\Theta}_n$, für die

$$\lim_{n\to\infty} \mathrm{E}(\widehat{\Theta}_n) = \vartheta$$

gilt, deren Erwartungswerte also bei laufender Erhöhung des Stichprobenumfangs gegen den zu schätzenden Parameter ϑ konvergieren, heißen **asymptotisch erwartungstreu** für ϑ.

d) Die **Stichprobenvarianz** S^2 ist **erwartungstreu für σ^2**.

e) $S = \sqrt{S^2}$ ist nicht erwartungstreu für σ. ▪

Allerdings sind neben dem Stichprobenmittel $\overline{X}$ auch, wie man leicht nachweist, beispielsweise jede einzelne Stichprobenvariable X_j oder etwa (für $n \geqq 2$)

$$\tfrac{1}{3} \cdot \left(\tfrac{1}{n-1} \sum_{i=1}^{n-1} X_i \right) + \tfrac{2}{3} \cdot X_n$$

erwartungstreue Schätzfunktionen für den Erwartungswert μ der Grundgesamtheit. Die Intuition spricht jedoch dafür, alle erhobenen Beobachtungswerte $x_1, \ldots, x_n$ zur Schätzung zu verwenden und jedem x_i dasselbe Gewicht zuzuordnen. In der Tat ist die Erwartungstreue allein noch kein ausreichendes Gütesiegel. Sie sollte durch weitere Optimalitätseigenschaften, denen wir uns nun zuwenden, flankiert werden. Dazu überlegen wir uns, dass die Wahrscheinlichkeit, mit der eine erwartungstreue Schätzfunktion $\widehat{\Theta}$ einen Schätzwert $\widehat{\vartheta}$ liefert, der um mehr als eine vorgegebene Zahl $c > 0$ vom gesuchten Parameterwert ϑ abweicht, nach der Tschebyscheff-Ungleichung mithilfe der Varianz $\mathrm{Var}(\widehat{\Theta})$ abgeschätzt werden kann:

$$P(|\widehat{\Theta} - \vartheta| \geqq c) \leqq \frac{\mathrm{Var}(\widehat{\Theta})}{c^2} \, .$$

Dies bedeutet: Man muss umso weniger damit rechnen, den unbekannten Parameter mit einer erwartungstreuen Schätzfunktion um einen bestimmten Wert c (oder mehr) zu verfehlen, je geringer die Varianz dieser Schätzfunktion ist. Deshalb nennt man von zwei erwartungstreuen Schätzfunktionen $\widehat{\Theta}$ und $\widehat{\Theta}'$ für ϑ die Schätzfunktion $\widehat{\Theta}$ **wirksamer** als die Schätzfunktion $\widehat{\Theta}'$, wenn gilt:[1]

$$\mathrm{Var}(\widehat{\Theta}) < \mathrm{Var}(\widehat{\Theta}') \, .$$

Aufgabe 12.2: Oben wurden drei Schätzfunktionen angesprochen, die jeweils für den Erwartungswert μ einer Grundgesamtheit erwartungstreu sind. Die Dichtefunktionen dieser Schätzfunktionen

$$\widehat{\Theta}_1 = \overline{X}$$

$$\widehat{\Theta}_2 = X_j \quad \text{für ein festes } j \in \{1, \ldots, n\}$$

$$\widehat{\Theta}_3 = \tfrac{1}{3} \cdot \left(\tfrac{1}{n-1} \sum_{i=1}^{n-1} X_i \right) + \tfrac{2}{3} \cdot X_n$$

sind in Abbildung 12.1 für den Spezialfall einer $N(\mu; 1)$-verteilten Grundgesamtheit und $n = 3$ skizziert. Berechnen Sie die dazugehörigen Varianzen allgemein und ordnen Sie diese ($n \geqq 2$ vorausgesetzt) der Größe nach. ▪

[1] Hängen diese Varianzen vom unbekannten Parameter ϑ ab, so muss diese Ungleichung für alle infrage kommenden ϑ-Werte gelten.

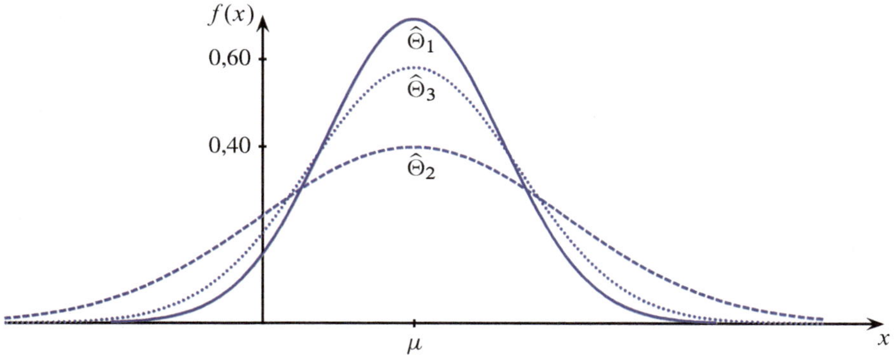

Abb. 12.1: Die Dichten der drei Schätzfunktionen aus Aufgabe 12.2 im Falle einer $N(\mu; 1)$-verteilten Grundgesamtheit

In einer gegebenen Menge von Schätzfunktionen, die im Rahmen eines bestimmten Schätzproblems erwartungstreu sind,[2] kann man demnach eine Schätzfunktion $\widehat{\Theta}$ als eine **wirksamste** (oder auch effiziente) bezeichnen, wenn ihre Varianz höchstens so groß ist wie die aller übrigen zur Konkurrenz zugelassenen Schätzfunktionen. Die Suche einer wirksamsten Schätzfunktion unter **allen** erwartungstreuen Schätzfunktionen ist ein relativ schwieriges Problem, mit dem wir uns im Rahmen dieses Buches nicht beschäftigen können. Einige einschlägige Ergebnisse sind in Beispiel 12.3 zusammengestellt.

Beispiel 12.3:

1. Das Stichprobenmittel $\overline{X}$ ist die wirksamste unter allen erwartungstreuen Schätzfunktionen
   a) für den Erwartungswert μ einer Grundgesamtheit G, sofern beliebige Verteilungen von G (mit endlicher Varianz) zugelassen sind,
   b) für den Erwartungswert μ einer normalverteilten Grundgesamtheit,
   c) für den Anteilswert p einer dichotomen Grundgesamtheit.
2. Die mittlere quadratische Abweichung bzgl. μ, d. h. $\frac{1}{n}\sum(X_i - \mu)^2$, bzw. die Stichprobenvarianz S^2, ist die wirksamste unter allen erwartungstreuen Schätzfunktionen für die Varianz σ^2 einer $N(\mu; \sigma)$-verteilten Grundgesamtheit, wenn μ bekannt bzw. μ unbekannt ist. ▪

Aufgabe 12.4: Zur Schätzung des Erwartungswertes μ einer Grundgesamtheit mit der Varianz σ^2 seien alle linearen Schätzfunktionen der Gestalt

$$\sum_{i=1}^{n} \alpha_i X_i$$

zugelassen (bei festem Stichprobenumfang n).

a) Die drei in Aufgabe 12.2 verwendeten Schätzfunktionen sind von diesem Typ. Geben Sie jeweils die dazugehörigen Gewichte $\alpha_1, \ldots, \alpha_n$ an.
b) Unter welcher Bedingung an $\alpha_1, \ldots, \alpha_n$ sind solche Schätzfunktionen erwartungstreu für μ?
c) Bestimmen Sie die wirksamste aller linearen erwartungstreuen Schätzfunktionen für μ. ▪

---

[2] Ob eine Schätzfunktion erwartungstreu ist oder nicht, kann auch davon abhängen, welche Verteilungen der Grundgesamtheit G zugelassen sind; so ist die Stichprobenvarianz S^2 erwartungstreu für den Erwartungswert einer poissonverteilten Grundgesamtheit (weil für eine solche Erwartungswert und Varianz übereinstimmen), jedoch nicht erwartungstreu für den Erwartungswert von G, wenn beliebige Verteilungen von G zugelassen werden.

Aufgabe 12.5: Eine Firma ist in zwei Werke aufgeteilt. In Werk I arbeiten 2 200 Beschäftigte (= Grundgesamtheit G_1) und in Werk II arbeiten 600 Beschäftigte (= Grundgesamtheit G_2). Die Firmenleitung will die Anteile p_1, p_2 bzw. p der Befürworter einer vorgeschlagenen neuen Arbeitszeitregelung in G_1, G_2 bzw. der Gesamtbelegschaft $G = G_1 \cup G_2$ schätzen. Dazu wird aus den beiden Belegschaften G_j je eine einfache Stichprobe vom Umfang n_j gezogen, in der jeder Befragte die neue Regelung befürworten kann (= Ergebnis 1) oder nicht (= Ergebnis 0). Es bezeichne $\overline{X}$ bzw. $\overline{Y}$ den zufallsabhängigen Anteil der Befürworter in der Stichprobe aus G_1 bzw. G_2. Wir betrachten folgende Schätzfunktionen für p:

$\widehat{\Theta} = \dfrac{n_1\overline{X} + n_2\overline{Y}}{n_1 + n_2}$, d. h. die relative Häufigkeit der Befürworter in der Gesamtstichprobe aus beiden Belegschaften zusammen;

$\widehat{\Theta}' = \dfrac{\overline{X} + \overline{Y}}{2}$, d. h. das arithmetische Mittel aus den beiden relativen Häufigkeiten der Befürworter in den Teilstichproben;

$\widehat{\Theta}'' = \dfrac{2\,200\overline{X} + 600\overline{Y}}{2\,800}$, d. h. das gewogene Mittel der relativen Häufigkeiten in den Teilstichproben, gewichtet proportional zu den Umfängen der Grundgesamtheiten.

a) Welche dieser drei Schätzfunktionen sind (für beliebige Stichprobenumfänge $n_1, n_2 > 0$) erwartungstreu für p? Man beachte dazu, dass nach (5) gilt: $p = (2\,200p_1 + 600p_2)/2\,800$.

b) Von $n_1 = 70$ Befragten aus G_1 waren 42 und von $n_2 = 30$ Befragten aus G_2 waren 25 für die neue Regelung. Geben Sie „geeignete" Schätzwerte für p_1, p_2 und p an. ■

Bemerkungen zu den Schätzfunktionen aus Aufgabe 12.5:

- Im Fall $n_1 : n_2 = 2\,200 : 600$ stimmen $\widehat{\Theta}$ und $\widehat{\Theta}''$ überein (vgl. hierzu den Begriff der Quotenauswahl in Abschnitt 2.4).
- Schätzfunktionen vom Typ $\widehat{\Theta}''$ sind in Situationen, in denen eine endliche Grundgesamtheit aus mehreren Teilgesamtheiten besteht, von allgemeiner Bedeutung (siehe Abschnitt 18.2). Im Sinne der Varianzminimierung kann man sich dabei noch Gedanken über die optimale Aufteilung eines (vorgegebenen) Gesamtstichprobenumfangs auf die Umfänge n_j der Teilstichproben machen.

12.2 Konsistente Schätzfunktionen

Durch Erhöhung des Stichprobenumfangs lässt sich in der Regel die Schätzgenauigkeit verbessern. Um diesen Sachverhalt untersuchen zu können, wird nun der Stichprobenumfang n variabel gehalten. Eine Folge von Schätzfunktionen $\widehat{\Theta}_n$ gemäß

$$\begin{aligned} \widehat{\Theta}_1 &= g_1(X_1), \\ \widehat{\Theta}_2 &= g_2(X_1, X_2), \\ &\vdots \\ \widehat{\Theta}_n &= g_n(X_1, \dots, X_n), \\ &\vdots \end{aligned}$$

heißt **konsistent** für den Parameter ϑ, wenn für jede Zahl $c > 0$ die Beziehung

$$P(|\widehat{\Theta}_n - \vartheta| \geqq c) \to 0 \quad \text{für} \quad n \to \infty \tag{100}$$

gilt, wenn also durch die Wahl eines hinreichend großen Stichprobenumfangs die Wahrscheinlichkeit, dass die Schätzfunktion $\widehat{\Theta}_n$ ein vorgegebenes (kleines) Intervall $(\vartheta - c; \vartheta + c)$ um ϑ nicht trifft, beliebig klein gemacht werden kann.

Konsistenz einer Folge von Schätzfunktionen $\widehat{\Theta}_n$ liegt, wie sich aus der Tschebyscheffschen Ungleichung folgern lässt, etwa dann vor, wenn

- die $\widehat{\Theta}_n$ erwartungstreu oder asymptotisch erwartungstreu für ϑ sind und
- die Folge der Varianzen $\mathrm{Var}(\widehat{\Theta}_n)$ eine Nullfolge bildet.[3]

So ist beispielsweise die Folge der Stichprobenmittel $\overline{X}_n$ konsistent für den Erwartungswert μ der Grundgesamtheit, vgl. Tabelle 11.1 in Abschnitt 11.2.2; diese Aussage entspricht übrigens genau dem in Abschnitt 10.1 formulierten Gesetz der großen Zahlen.

Beispiel 12.6: Es sei ϱ der Korrelationskoeffizient der gemeinsamen Verteilung einer Grundgesamtheit G bezüglich der beiden Merkmale X und Y. Zur Schätzung von ϱ wird eine zweidimensionale einfache Stichprobe aus G entnommen; die Feststellung der Merkmalsausprägungen zu X und Y beim i-ten entnommenen Objekt wird durch die Stichprobenvariable (X_i, Y_i) beschrieben. Die dem Bravais-Pearson-Korrelationskoeffizienten nachgebildeten Stichprobenfunktionen

$$\widehat{R}_n = \frac{\sum_{i=1}^{n}(X_i - \overline{X})(Y_i - \overline{Y})}{\sqrt{\sum_{i=1}^{n}(X_i - \overline{X})^2 \cdot \sum_{i=1}^{n}(Y_i - \overline{Y})^2}}$$

(mit $n = 2, 3, 4, \ldots$) sind i. Allge. nicht erwartungstreu für ϱ, wohl aber konsistent (unter der Zusatzvoraussetzung, dass X_i^4 und Y_i^4 einen endlichen Erwartungswert besitzen). ▪

12.3 Das Prinzip der kleinsten Quadrate

Durch das Prinzip der kleinsten Quadrate lassen sich in manchen Situationen sinnvolle Schätzfunktionen explizit erzeugen. An zwei derartigen Situationen soll dieses – uns bereits aus der deskriptiven Statistik bekannte – Prinzip verdeutlicht werden.

Schätzung eines Erwartungswertes

Sind $x_1, \ldots, x_n$ die Beobachtungswerte einer einfachen Stichprobe aus einer Grundgesamtheit G, so kann man als geeigneten Schätzwert für den Erwartungswert μ von G denjenigen Wert $\widehat{\mu}$ ansehen, durch den die Summe

$$\sum_{i=1}^{n}(x_i - \mu)^2$$

der Abstandsquadrate zwischen den Beobachtungswerten x_i und dem möglichen Parameterwert μ minimiert wird; $\widehat{\mu}$ ist also so zu bestimmen, dass

$$\sum_{i=1}^{n}(x_i - \widehat{\mu})^2 \leqq \sum_{i=1}^{n}(x_i - \mu)^2$$

für alle möglichen Werte von μ gilt. Als Lösung dieser Minimierung erhält man[4] den Wert $\widehat{\mu} = \bar{x}$, sodass wir das Stichprobenmittel $\overline{X}$ als **Kleinst-Quadrate-Schätzfunktion** für μ bezeichnen können.

[3] Selbst für eine Folge erwartungstreuer Schätzfunktionen ist jedoch das asymptotische Verschwinden der Varianzen keine notwendige Bedingung für Konsistenz.

[4] Hierzu ist die Funktion $\sum(x_i - \mu)^2$ nach μ abzuleiten und diese erste Ableitung gleich null zu setzen, vgl. auch Aufgabe 3.6.

Schätzung von Regressionskoeffizienten

Sind $(x_1, y_1), \ldots, (x_n, y_n)$ Paare von Beobachtungswerten zu zwei Merkmalen X und Y, bei denen man davon ausgehen kann, dass die y-Werte „bis auf zufällige Schwankungen" linear von den x-Werten abhängen, so ist es oft sinnvoll, die x_i als fest gegebene Werte und die y_i als Realisierungen von Zufallsvariablen Y_i mit den Erwartungswerten $\mathrm{E}(Y_i) = a + bx_i$ anzusehen (vgl. dazu Abbildung 12.2). In die Sprache der induktiven Statistik übertragen, bedeuten diese Prämissen, dass zu jeder von n verschiedenen Grundgesamtheiten G_i mit dem Erwartungswert $a + bx_i$ je eine Stichprobenvariable Y_i beobachtet wird.

Die Regressionskoeffizienten a und b sind in diesem Modell unbekannte Parameter, die anhand der Stichprobenergebnisse $y_1, \ldots, y_n$ geschätzt werden sollen. Nach der Methode der kleinsten Quadrate werden die Schätzwerte $\widehat{a}$ für a bzw. $\widehat{b}$ für b so bestimmt, dass

$$\sum_{i=1}^{n}(y_i - \widehat{a} - \widehat{b}x_i)^2 \leqq \sum_{i=1}^{n}(y_i - a - bx_i)^2$$

für alle a und b gilt. Die Lösung dieses Minimierungsproblems kennen wir bereits aus der deskriptiven Statistik. Unter der Voraussetzung, dass nicht alle x_i gleich sind, ergeben sich wegen (36) und (37) demnach

$$\widehat{B} = \frac{\sum\limits_{i=1}^{n}(x_i - \bar{x})(Y_i - \overline{Y})}{\sum\limits_{i=1}^{n}(x_i - \bar{x})^2} \quad \text{bzw.} \quad \widehat{A} = \overline{Y} - \widehat{B}\bar{x}$$

als **Kleinst-Quadrate-Schätzfunktionen** für b bzw. a.

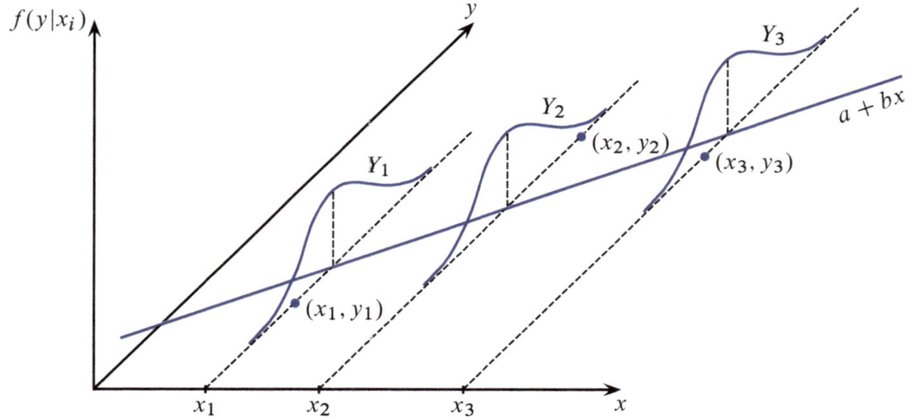

Abb. 12.2: Darstellung der Dichtefunktionen der Y_i, falls die Y_i normalverteilt sind und dieselbe Varianz besitzen

Aufgabe 12.7: Nach Voraussetzung besitze jedes Y_i den Erwartungswert $\mathrm{E}(Y_i) = a + bx_i$, wobei nicht alle x_i gleich seien.

a) Beschreibt $(Y_1, \ldots, Y_n)$ eine einfache Stichprobe?
b) Berechnen Sie $\mathrm{E}(\overline{Y})$ und $\mathrm{E}(Y_i - \overline{Y})$.
c) Zeigen Sie, dass die Schätzfunktion $\widehat{B}$ erwartungstreu für b und $\widehat{A}$ erwartungstreu für a ist. ▪

12.4 Das Maximum-Likelihood-Prinzip

Das Maximum-Likelihood-Prinzip[5] zur Schätzung eines unbekannten (ein- oder mehrdimensionalen) Parameters ϑ der gemeinsamen Verteilung der Stichprobenvariablen $X_1, \dots, X_n$ besagt:

Man wähle zum Stichprobenergebnis $(x_1, \dots, x_n)$ denjenigen Wert $\widehat{\vartheta}$ als Schätzwert für ϑ, unter dem die Wahrscheinlichkeit für das Eintreten dieses Ergebnisses am größten (bzw. die entsprechende Wahrscheinlichkeitsdichte maximal) ist. Die so konstruierte Schätzfunktion $\widehat{\Theta} = g(X_1, \dots, X_n)$ heißt **Maximum-Likelihood-Schätzfunktion**.

In Abschnitt 11.2.1 haben wir die gemeinsame Wahrscheinlichkeitsfunktion bzw. Dichte der $X_1, \dots, X_n$ in Abhängigkeit vom unbekannten Parameter ϑ als Likelihood-Funktion bezeichnet und mit dem Symbol $f(x_1, \dots, x_n|\vartheta)$ charakterisiert, sodass wir das Maximum-Likelihood-Prinzip auch folgendermaßen formulieren können:

Zu fester Stichprobenrealisation $(x_1, \dots, x_n)$ ist der Maximum-Likelihood-Schätzwert $\widehat{\vartheta}$ so zu bestimmen, dass

$$f(x_1, \dots, x_n|\widehat{\vartheta}) \geqq f(x_1, \dots, x_n|\vartheta)$$

für alle als möglich erachteten ϑ-Werte gilt.

Oft ist diese Maximum-Bestimmung durch Differenzieren der Likelihood-Funktion nach ϑ zu bewerkstelligen; dabei ist es meist einfacher – und liefert dasselbe $\widehat{\vartheta}$ – wenn der Logarithmus der Likelihood-Funktion maximiert, also $\widehat{\vartheta}$ folgendermaßen bestimmt wird:

$$\ln f(x_1, \dots, x_n|\widehat{\vartheta}) = \max_{\vartheta}[\ln f(x_1, \dots, x_n|\vartheta)] .$$

Beispiel 12.8: Es sei $(x_1, \dots, x_{12}) = (0, 1, 0, 0, 0, 0, 0, 0, 1, 1, 0, 0, 1)$ als Ergebnis der unabhängigen, $B(1; p)$-verteilten Stichprobenvariablen $X_1, \dots, X_{12}$ beobachtet worden. Die Wahrscheinlichkeit für dieses Ergebnis in Abhängigkeit von p, also die Likelihood-Funktion, ist

$$f(x_1, \dots, x_{12}|p) = p^4(1-p)^8 .$$

Als Schätzwert $\widehat{p}$ ist nach dem Maximum-Likelihood-Prinzip der p-Wert zu nehmen, der diese Wahrscheinlichkeit maximiert. Zur Berechnung von $\widehat{p}$ bilden wir

$$\frac{\partial}{\partial p} f(x_1, \dots, x_n|p) = 4p^3(1-p)^8 + p^4 \cdot 8(1-p)^7 \cdot (-1) = 4p^3(1-p)^7[(1-p) - 2p]$$

und setzen diese Ableitung gleich 0, womit sich $\widehat{p} = \frac{1}{3} = \bar{x}$ ergibt.[6] Etwas einfacher gestaltet sich die Ableitung

$$\frac{\partial}{\partial p}[\ln f(x_1, \dots, x_n|p)] = \frac{\partial}{\partial p}[4 \ln p + 8 \ln(1-p)] = \frac{4}{p} - \frac{8}{1-p} ;$$

Nullsetzen liefert die Gleichung $4(1-\widehat{p}) = 8\widehat{p}$, also wiederum $\widehat{p} = \frac{4}{12} = \frac{1}{3} = \bar{x}$. Die zweite Ableitung

$$-\frac{4}{p^2} - \frac{8}{(1-p)^2}$$

ist (sogar stets) negativ. ■

[5] Es wurde bereits 1821 von C. F. Gauß vorgeschlagen und insbesondere von Fisher (1922) energisch propagiert.

[6] An den beiden anderen Nullstellen der Ableitung, nämlich in $p = 0$ und in $p = 1$, nimmt die Likelihood-Funktion $p^4(1-p)^8$ ihren Minimalwert 0 an, sodass wir ohne Kenntnis der zweiten Ableitung schließen können, dass bei $\widehat{p} = \frac{1}{3}$ tatsächlich das Maximum liegt.

Beispiel 12.9: Für eine einfache Stichprobe aus einer $N(\mu;\sigma)$-verteilten Grundgesamtheit ergibt sich die Likelihood-Funktion

$$f(x_1,\ldots,x_n|\mu,\sigma) = \left(\frac{1}{\sqrt{2\pi}\sigma}\right)^n \cdot \mathrm{e}^{-\frac{\sum\limits_{i=1}^{n}(x_i-\mu)^2}{2\sigma^2}} ,$$

wovon wir uns bereits in Beispiel 11.3 überzeugt haben. Hieraus erhalten wir

$$\ln f(x_1,\ldots,x_n|\mu,\sigma) = -n[\ln(\sqrt{2\pi}) + \ln\sigma] - \frac{\sum\limits_{i=1}^{n}(x_i-\mu)^2}{2\sigma^2} .$$

a) Unabhängig vom Wert σ wird diese Funktion bezüglich μ genau dann maximal, wenn die Summe $\sum(x_i-\mu)^2$ minimal wird; dies ist, wie in Abschnitt 12.3 gezeigt wurde, genau für $\widehat{\mu} = \bar{x}$ der Fall. (Auch $\frac{\partial}{\partial\mu}[\ln f(x_1,\ldots,x_n|\mu,\sigma)] = 0$ gilt genau für $\mu = \widehat{\mu} = \bar{x}$.)

b) Es ist

$$\frac{\partial}{\partial\sigma}[\ln f(x_1,\ldots,x_n|\mu,\sigma)] = -\frac{n}{\sigma} - \frac{\sum\limits_{i=1}^{n}(x_i-\mu)^2}{2\sigma^3}\cdot(-2) = \frac{\sum\limits_{i=1}^{n}(x_i-\mu)^2}{\sigma^3} - \frac{n}{\sigma} .$$

- Falls μ bekannt ist, ergibt sich durch Nullsetzen dieses Ausdrucks,[7] dass $f(x_1,\ldots,x_n|\mu,\sigma)$ maximal wird im Punkt

$$\widehat{\sigma} = \sqrt{\frac{1}{n}\sum_{i=1}^{n}(x_i-\mu)^2} .$$

- Falls μ und σ unbekannt sind, erhält man durch Nullsetzen beider partieller Ableitungen[7] das Ergebnis, dass das Maximum von $f(x_1,\ldots,x_n|\mu,\sigma)$ angenommen wird für

$$(\widehat{\mu},\widehat{\sigma}) = \left(\bar{x}, \sqrt{\frac{1}{n}\sum_{i=1}^{n}(x_i-\bar{x})^2}\right) .$$

■

Maximum-Likelihood-Schätzfunktionen für die Parameter einer $N(\mu;\sigma)$-Verteilung sind also

$$\bar{X} \quad \text{für } \mu,$$

$$\sqrt{\frac{1}{n}\sum_{i=1}^{n}(X_i-\mu)^2} \quad \text{für } \sigma, \text{ falls } \mu \text{ bekannt, und}$$

$$\sqrt{\frac{1}{n}\sum_{i=1}^{n}(X_i-\bar{X})^2} \quad \text{für } \sigma, \text{ falls } \mu \text{ unbekannt.}$$

Aus diesen Maximum-Likelihood-Schätzfunktionen für σ lassen sich sofort Maximum-Likelihood-Schätzfunktionen für σ^2 erzeugen. Denn es gilt allgemein der folgende Satz:[8]

Ist h eine streng monotone Funktion (gleichgültig ob wachsend oder fallend) und ist $\widehat{\Theta}$ eine Maximum-Likelihood-Schätzfunktion für den Parameter ϑ, so ist die Stichprobenfunktion $h(\widehat{\Theta})$ eine Maximum-Likelihood-Schätzfunktion für den transformierten Parameter $h(\vartheta)$.

---

[7] Wobei die zweiten Ableitungen zu beachten sind.

[8] Eine vergleichbare Aussage gilt für erwartungstreue Schätzfunktionen leider nicht, vgl. auch Beispiel 12.1e).

Aufgabe 12.10: Welche Schätzfunktionen ergeben sich nach dem Maximum-Likelihood-Prinzip für die Varianz σ^2 einer $N(\mu; \sigma)$-verteilten Grundgesamtheit,

a) wenn μ bekannt ist,
b) wenn μ unbekannt ist,

und jeweils eine einfache Stichprobe vom Umfang n zur Verfügung steht? Sind diese Schätzfunktionen erwartungstreu für σ^2? ▪

Aufgabe 12.11: Eine Grundgesamtheit G genüge bezüglich eines Merkmals X einer Exponentialverteilung mit dem unbekannten Parameter λ. Aus G werde eine einfache Stichprobe vom Umfang n mit dem Stichprobenergebnis $x_1, \ldots, x_n$ entnommen.

a) Stellen Sie die Likelihood-Funktion $f(x_1, \ldots, x_n|\lambda)$ auf.
b) Berechnen Sie $\ln f(x_1, \ldots, x_n|\lambda)$.
c) Bestimmen Sie die Maximum-Likelihood-Schätzfunktion für λ.
d) Bestimmen Sie die Maximum-Likelihood-Schätzfunktionen für den Erwartungswert und für die Varianz der Grundgesamtheit G. ▪

12.5 Bayes-Schätzfunktionen

Wieder seien $X_1, \ldots, X_n$ die Stichprobenvariablen einer einfachen Stichprobe aus einer Grundgesamtheit G. Die Wahrscheinlichkeitsfunktion oder Dichte der X_i sei bis auf einen unbekannten Parameter ϑ gegeben, sodass wir wie üblich die **Likelihood-Funktion**

$$f(x_1, \ldots, x_n|\vartheta)$$

aufstellen können. Ferner bestehe vor dem Ziehen der Stichprobe eine (subjektive) Vorinformation über den unbekannten Parameter ϑ in Form einer **A-priori-Wahrscheinlichkeitsfunktion** oder einer **A-priori-Dichtefunktion**

$$\varphi(\vartheta)\ .$$

$\varphi(\vartheta)$ beschreibt, grob gesprochen, welche Chancen ein sachkundiger Betrachter den einzelnen ϑ-Werten zumisst, mit dem wahren Parameterwert identisch zu sein.

Zur Schätzung von ϑ wird man sinnvollerweise sowohl die Information, die das eingetretene Stichprobenergebnis $(x_1, \ldots, x_n)$ beinhaltet, als auch die Vorinformation $\varphi(\vartheta)$ benutzen wollen. Eine Schätzfunktion, die sowohl die Stichproben-Information als auch die Vorinformation einbezieht, heißt eine **Bayes-Schätzfunktion**.

Als ein wichtiges Hilfsmittel für die Konstruktion von Bayes-Schätzfunktionen erweist sich die mithilfe der Formel von Bayes berechnete **A-posteriori-Wahrscheinlichkeitsfunktion** bzw. die **A-posteriori-Dichte** $\psi(\vartheta|x_1, \ldots, x_n)$.

Falls $\varphi(\vartheta)$ eine Wahrscheinlichkeitsfunktion ist mit $\varphi(\vartheta_j) > 0$ für $j = 1, 2, \ldots$, so gilt

$$\psi(\vartheta|x_1, \ldots, x_n) = \frac{f(x_1, \ldots, x_n|\vartheta)\varphi(\vartheta)}{\sum\limits_j f(x_1, \ldots, x_n|\vartheta_j)\varphi(\vartheta_j)} = \begin{cases} \dfrac{f(x_1, \ldots, x_n|\vartheta_i)\varphi(\vartheta_i)}{\sum\limits_j f(x_1, \ldots, x_n|\vartheta_j)\varphi(\vartheta_j)} & \text{für } \vartheta = \vartheta_i \\ 0 & \text{sonst}\ . \end{cases}$$

Falls $\varphi(\vartheta)$ eine Dichtefunktion ist, gilt entsprechend

$$\psi(\vartheta|x_1, \ldots, x_n) = \frac{f(x_1, \ldots, x_n|\vartheta)\varphi(\vartheta)}{\int\limits_{-\infty}^{\infty} f(x_1, \ldots, x_n|\vartheta)\varphi(\vartheta)\,d\vartheta}\ .$$

In der statistischen Entscheidungstheorie (vgl. Abschnitt 19.2) wird eingehender begründet,

- inwiefern die A-posteriori-Verteilung die geeignete Aggregation der beiden zur Verfügung stehenden Informationsquellen darstellt,
- wie die A-posteriori-Verteilung zum Zwecke der Schätzung von ϑ auszuwerten ist.

Die bekannteste Auswertungsmethode besteht in der Bildung des A-posteriori-Erwartungswertes. Die hierdurch definierte spezielle Bayes-Schätzfunktion wird in dem nachfolgenden Beispiel detaillierter behandelt.

Beispiel 12.12: Die Grundgesamtheit G sei dichotom, also $B(1;p)$-verteilt. Jeder Zahl zwischen 0 und 1 wird dieselbe Chance zugebilligt, der unbekannte Anteilswert p zu sein, d. h. es wird mit der Gleichverteilung auf dem Intervall [0; 1] als A-priori-Verteilung kalkuliert:

$$\varphi(p) = \begin{cases} 1 & \text{für } 0 \leqq p \leqq 1 \\ 0 & \text{sonst}\,. \end{cases}$$

$X_1, \ldots, X_n$ beschreibe das Ziehen einer einfachen Stichprobe aus G.

- Als Likelihood-Funktion ergibt sich dann

$$f(x_1, \ldots, x_n | p) = p^{\sum_{i=1}^{n} x_i} \cdot (1-p)^{n - \sum_{i=1}^{n} x_i} = p^k (1-p)^{n-k}\,,$$

  wenn wir $\sum_{i=1}^{n} x_i$ mit k abkürzen,

- Die A-posteriori-Wahrscheinlichkeitsdichte berechnet sich für $0 < p < 1$ gemäß

$$\psi(p|x_1, \ldots, x_n) = \frac{f(x_1, \ldots, x_n | p)\varphi(p)}{\int_{-\infty}^{\infty} f(x_1, \ldots, x_n | p)\varphi(p)\,\mathrm{d}p} = \frac{p^k (1-p)^{n-k}}{\int_0^1 p^k (1-p)^{n-k}\,\mathrm{d}p}\,.$$

- Zur Berechnung des Nenners (und später zur Bestimmung des A-posteriori-Erwartungswertes) benutzen wir die Formel

$$\int_0^1 p^a (1-p)^b\,\mathrm{d}p = \frac{a!\,b!}{(a+b+1)!}\,,$$

  die für alle nichtnegativen ganzen Zahlen a und b gilt, und erhalten damit für $0 < p < 1$:

$$\psi(p|x_1, \ldots, x_n) = \frac{p^k (1-p)^{n-k}}{k!\,(n-k)!} \cdot [k + (n-k) + 1]! = \frac{(n+1)!\,p^k (1-p)^{n-k}}{k!\,(n-k)!}\,.$$

  Für $p \notin (0; 1)$ verschwindet die A-posteriori-Wahrscheinlichkeitsdichte.

- Verwenden wir als Schätzwert $\widehat{p}$ den A-posteriori-Erwartungswert, so ergibt sich

$$\begin{aligned}\widehat{p} &= \int_{-\infty}^{\infty} p\psi(p|x_1, \ldots, x_n)\,\mathrm{d}p = \frac{(n+1)!}{k!\,(n-k)!} \cdot \int_0^1 p p^k (1-p)^{n-k}\,\mathrm{d}p \\ &= \frac{(n+1)!}{k!\,(n-k)!} \cdot \frac{(k+1)!\,(n-k)!}{[(k+1) + (n-k) + 1]!} = \frac{(n+1)!\,(k+1)!}{k!\,(n+2)!} = \frac{k+1}{n+2}\,,\end{aligned}$$

wobei $\int_0^1 p^{k+1}(1-p)^{n-k}\,\mathrm{d}p$ wieder nach der oben angegebenen Formel berechnet wurde. Erinnern wir uns, dass k für $x_1 + \cdots + x_n$ steht, so haben wir also die Bayes-Schätzfunktion

$$\widehat{P} = \frac{\sum\limits_{i=1}^{n} X_i + 1}{n+2}$$

für p erhalten. ■

Die in Beispiel 12.12 erarbeitete Bayes-Schätzfunktion $\widehat{P}$ ist zwar nicht erwartungstreu, jedoch asymptotisch erwartungstreu für p; ihr Erwartungswert ist $\frac{np+1}{n+2}$. Die Schätzfunktion lässt sich auch in der Gestalt $\frac{n}{n+2} \cdot \overline{X} + \frac{2}{n+2} \cdot \frac{1}{2}$ schreiben, d. h. als gewogenes Mittel von $\overline{X}$ und dem Erwartungswert $\frac{1}{2}$ der A-priori-Verteilung. Durch das Gewicht $\frac{n}{n+2}$ wird dabei $\overline{X}$ und damit die Stichprobeninformation gegenüber der A-priori-Information $\varphi(\vartheta)$ umso stärker berücksichtigt, je größer der Stichprobenumfang n ist.

Aufgabe 12.13: In Beispiel 7.23 wurden die Werte $p_j = 0{,}2j$ (mit $j = 1, 2, 3, 4$) als mögliche Anteilswerte der Streikwilligen einer Firmenbelegschaft angesehen. Eine einfache Stichprobe vom Umfang $n = 20$ ergab 16 Stimmen für Streik und 4 dagegen. Daneben war eine A-priori-Verteilung zu Grunde gelegt; in Aufgabe 8.13 wurde die dazugehörige A-posteriori-Verteilung berechnet. Folgende Werte sind demnach bekannt:

j	1	2	3	4
p_j	0,2	0,4	0,6	0,8
$\varphi(p_j)$	0,2	0,6	0,15	0,05
$\psi(p_j \mid x_1, \ldots, x_{20})$	0,000	0,011	0,321	0,668

Welcher Schätzwert $\widehat{p}$ für den unbekannten Anteil p der Streikwilligen ergibt sich, wenn man

1. sich allein auf die A-priori-Verteilung verlässt (in diesem Fall würde man sich die Stichprobenerhebung natürlich sparen) und als $\widehat{p}$
   a) den Erwartungswert bzw.
   b) den Modus

   der A-priori-Verteilung verwendet?
2. allein dem Stichprobenergebnis vertraut (und das A-priori-Wissen nicht berücksichtigt),
3. sowohl die A-priori-Verteilung als auch das Stichprobenergebnis einbezieht und
   a) den Erwartungswert bzw.
   b) den Modus

   der A-posteriori-Verteilung als Schätzwert ansetzt? ■

12.6 Kritische Zusammenfassung, Literaturhinweise

Bezüglich des **Informationsstandes**, in dem man sich der Verteilung der Grundgesamtheit gegenüber vor der Ziehung einer Stichprobe befindet, lassen sich Punkt-Schätzprobleme folgendermaßen einteilen:

a) Über die Verteilung der Grundgesamtheit ist bekannt, zu welcher Verteilungsklasse sie gehört; lediglich einige Parameter, unter ihnen der zu schätzende Wert ϑ, sind unbekannt. Dabei kann noch weiter unterschieden werden, ob über die unbekannten Parameterwerte eine A-priori-Verteilung zur Verfügung steht oder nicht.

b) Über die Verteilung der Grundgesamtheit ist nicht einmal bekannt, dass sie zu einer bestimmten – parametrisch beschreibbaren – Verteilungsklasse gehört.

Die Maximum-Likelihood-Schätzungen und die Bayes-Verfahren haben die Bedingung a) zur Voraussetzung. Das Prinzip der kleinsten Quadrate dagegen ist verteilungsunabhängig; es liefert unbeeinflusst davon, ob a) oder b) vorliegt, stets dieselben Schätzfunktionen. Die Frage nach Erwartungstreue, Wirksamkeit oder Konsistenz lässt sich ebenfalls sowohl für a) als auch für b) untersuchen; doch kann ihre Beantwortung, wie wir gesehen haben, davon abhängen, ob nun a) vorliegt oder b).

Die angegebenen Schätzkriterien hatten das Ziel, Schätzfunktionen zu liefern, die den unbekannten Parameterwert ϑ „möglichst genau" treffen. Ist man in einer konkreten Anwendungssituation jedoch in der Lage, die **Konsequenzen**, die ein falscher Schätzwert $\widehat{\vartheta}$ nach sich zieht, quantitativ anzugeben (in Kapitel 19 wird dies vorausgesetzt), so können andere Schätzmethoden sinnvoller sein. Als Beispiel für eine solche Situation sei eine Großbank erwähnt, die den Anteil p derjenigen Kreditnehmer schätzen will, die Schwierigkeiten mit der Rückzahlung des eingeräumten Kleinkredits hatten, wobei die Bank eine Unterschätzung von p für gravierender als eine Überschätzung erachtet.

Komplexere Punkt-Schätzverfahren werden insbesondere in der Ökonometrie, in der Stichprobentheorie und in der statistischen Entscheidungstheorie entwickelt. Deshalb sei an dieser Stelle global auf die in den Kapiteln 16, 18 und 19 zitierte Literatur verwiesen.

Bei einer Parameterpunktschätzung ist i. Allg. die **Wahrscheinlichkeit**, dass die Schätzfunktion $\widehat{\Theta}$ den unbekannten Parameter ϑ genau trifft, **gleich 0**, auch wenn durch die Wahl der Schätzfunktion $\widehat{\Theta}$ garantiert ist, dass bei großem Stichprobenumfang mit hoher Wahrscheinlichkeit ein Schätzwert „in der Nähe" von ϑ erhalten wird. Deshalb bietet es sich an, als Ergebnis einer Schätzung statt eines einzelnen Wertes ein Intervall zuzulassen, womit wir beim Thema des nachfolgenden Kapitels wären.

13. Kapitel:

Intervall-Schätzung

Generelle **Voraussetzung** für die Verfahren dieses Kapitels ist, dass aus einer Grundgesamtheit G mit dem Erwartungswert μ und der Varianz σ^2 eine einfache Stichprobe vom Umfang n mit $X_1, \ldots, X_n$ als dazugehörigen Stichprobenvariablen gezogen wird. Das **Ziel einer Intervall-Schätzung** besteht darin, einen unbekannten Parameter ϑ der Verteilung von G so zu schätzen, dass als Schätzergebnis ein Intervall auftritt und die Wahrscheinlichkeit, mit der das verwendete Verfahren ein Intervall liefert, das den wahren ϑ-Wert enthält, gleich einem vorgegebenen (hohen) Wert $1 - \alpha$ ist.

Ein solches **Verfahren** der Intervall-Schätzung legt die Intervallgrenzen natürlich aufgrund des Stichprobenergebnisses fest, d. h. die Intervallgrenzen ergeben sich als Realisierungen v_u und v_o gewisser Stichprobenfunktionen $V_u = g(X_1, \ldots, X_n)$ und $V_o = h(X_1, \ldots, X_n)$. An diese beiden Stichprobenfunktionen stellen wir folgende **Forderungen**:

- Es gelte sicher
$$V_u \leqq V_o \,, \tag{101}$$
d. h. für alle möglichen Stichprobenrealisierungen sei $v_u \leqq v_o$.

- Die Wahrscheinlichkeit, dass der wahre ϑ-Wert von den beiden Stichprobenfunktionen V_u und V_o eingeschlossen wird, sei gleich einem vorgegebenen Wert $1 - \alpha$, also
$$P(V_u \leqq \vartheta \leqq V_o) = 1 - \alpha \quad . \tag{102}$$
Um dies zu sichern, muss die Einschlusswahrscheinlichkeit tatsächlich (zumindest approximativ) berechenbar sein, und zwar ohne die Kenntnis des wahren ϑ-Wertes.

Erfüllen zwei Stichprobenfunktionen V_u und V_o diese beiden Bedingungen, so heißt das Zufallsintervall $[V_u; V_o]$ ein **Konfidenzintervall** für ϑ zum **Konfidenzniveau** (oder zur **Vertrauenswahrscheinlichkeit)** $1 - \alpha$. Die Realisierung $[v_u; v_o]$ heißt das **Ergebnis der Intervall-Schätzung** (oder auch das **Schätzintervall**).

Gemäß (102) legt das Konfidenzniveau $1 - \alpha$ fest, mit welcher Wahrscheinlichkeit durch Einsetzen des Stichprobenergebnisses in V_u und V_o ein Intervall entsteht, das den unbekannten Wert ϑ enthält. Dagegen misst α, wie wahrscheinlich es ist, bei dieser Vorgehensweise ein Intervall zu erhalten, das ϑ nicht einschließt. Man nennt deshalb α die **Irrtumswahrscheinlichkeit**.

Die Vorgabe eines geeigneten Konfidenzniveaus – meist wählt man 0,9; 0,95 oder 0,99 – ist Sache des Anwenders; er muss vom Sachverhalt her beurteilen, welche Irrtumswahrscheinlichkeit zugelassen werden kann. Eine Vergrößerung des Konfidenzniveaus (d. h. eine Verkleinerung der Irrtumswahrscheinlichkeit) hat eine Vergrößerung des Schätzintervalls zur Folge und führt insofern zu einer „vergröberten“ Schätzung. Auf die Interpretation von α werden wir in Abschnitt 13.3 noch einmal zu sprechen kommen.

Ein Konfidenzintervall $[V_u; V_o]$ für ϑ heißt **symmetrisch**, wenn $P(V_u > \vartheta) = P(V_o < \vartheta)$ gilt, wenn also die Wahrscheinlichkeiten, dass V_u zu große oder V_o zu kleine Werte annimmt, übereinstimmen. Zwei Stichprobenfunktionen V_u und V_o erzeugen genau dann ein symmetrisches Konfidenzintervall für ϑ, wenn (101) richtig ist und die Beziehung

$$P(V_u > \vartheta) = P(V_o < \vartheta) = \frac{\alpha}{2} \tag{103}$$

gilt. Denn das Komplementärereignis zu $V_u \leqq \vartheta \leqq V_o$, das gemäß (102) die Wahrscheinlichkeit α besitzen soll, besteht gerade aus den beiden – wegen (101) disjunkten – Ereignissen $V_u > \vartheta$ und $V_o < \vartheta$.

Unter einer Intervall-Schätzung verstehen wir im Folgenden immer die Realisierung eines symmetrischen Konfidenzintervalls. Wir behandeln exemplarisch Intervall-Schätzungen für die beiden Parameter μ und σ^2. Benötigt werden also Funktionen V_u und V_o, die (zumindest näherungsweise) die Beziehungen (101) und (103) und folglich auch (102) für $\vartheta = \mu$ bzw. $\vartheta = \sigma^2$ erfüllen.

13.1 Symmetrische Konfidenzintervalle für den Erwartungswert μ

13.1.1 Normalverteilte Grundgesamtheit mit bekannter Varianz

Ist die Grundgesamtheit $N(\mu; \sigma)$-verteilt, so besitzt die Gauß-Statistik $(\bar{X} - \mu)\sqrt{n}/\sigma$ eine $N(0; 1)$-Verteilung. Bezeichnen wir das $(1 - \frac{\alpha}{2})$-Fraktil der $N(0; 1)$-Verteilung mit c, so gilt

$$P\left(\frac{\bar{X} - \mu}{\sigma}\sqrt{n} > c\right) = 1 - P\left(\frac{\bar{X} - \mu}{\sigma}\sqrt{n} \leqq c\right) = 1 - \left(1 - \frac{\alpha}{2}\right) = \frac{\alpha}{2} \tag{104a}$$

und aufgrund der Symmetrie der $N(0; 1)$-Verteilung auch (vgl. Abbildung 13.1)

$$P\left(\frac{\bar{X} - \mu}{\sigma}\sqrt{n} < -c\right) = \frac{\alpha}{2}\,. \tag{104b}$$

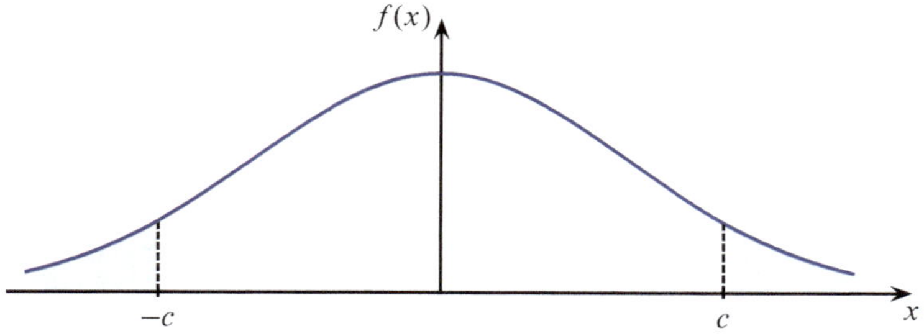

Abb. 13.1: Dichtefunktion und $(1 - \frac{\alpha}{2})$- sowie $\frac{\alpha}{2}$-Fraktil der $N(0; 1)$-Verteilung

Die Ereignisse $\frac{\bar{X}-\mu}{\sigma}\sqrt{n} > c$ bzw. $\frac{\bar{X}-\mu}{\sigma}\sqrt{n} < -c$ lassen sich umformen zu

$$\bar{X} - \mu > \frac{\sigma c}{\sqrt{n}} \iff \bar{X} - \frac{\sigma c}{\sqrt{n}} > \mu \quad \text{bzw.} \quad \bar{X} - \mu < -\frac{\sigma c}{\sqrt{n}} \iff \bar{X} + \frac{\sigma c}{\sqrt{n}} < \mu\,.$$

Daher sind mit den Stichprobenfunktionen

$$V_u = \bar{X} - \frac{\sigma c}{\sqrt{n}} \quad \text{und} \quad V_o = \bar{X} + \frac{\sigma c}{\sqrt{n}} \tag{105}$$

die Gleichungen (104a) und (104b) zu $P(V_u > \mu) = P(V_o < \mu) = \frac{\alpha}{2}$, also zu (103), äquivalent. Durch die angegebene Wahl von V_u und V_o ist ferner (101) trivialerweise erfüllt. Da σ bekannt ist, sind V_u und V_o auch konkret berechenbar. Das Zufallsintervall

$$[V_u; V_o] = \left[\bar{X} - \frac{\sigma c}{\sqrt{n}}; \bar{X} + \frac{\sigma c}{\sqrt{n}}\right]$$

ist daher ein symmetrisches Konfidenzintervall für μ zum Konfidenzniveau $1 - \alpha$. Die Unter- und die Obergrenze ergeben sich hier dadurch, dass von der für μ geeigneten Punkt-Schätzfunktion $\bar{X}$ ein bestimmter Wert subtrahiert bzw. zu ihr addiert wird. Die praktische Durchführung der Intervall-Schätzung für μ bei **Normalverteilung mit bekannter Varianz** vollzieht sich demnach folgendermaßen:

Schritt 1: Ein Konfidenzniveau $1 - \alpha$ wird festgelegt.

Schritt 2: Das $(1 - \frac{\alpha}{2})$-Fraktil c der $N(0; 1)$-Verteilung wird bestimmt.

Schritt 3: Das Stichprobenmittel $\bar{x}$ wird errechnet.

Schritt 4: Der Wert $\frac{\sigma c}{\sqrt{n}}$ wird berechnet.

Schritt 5: Als Schätzergebnis wird das Intervall $[\bar{x} - \frac{\sigma c}{\sqrt{n}}; \bar{x} + \frac{\sigma c}{\sqrt{n}}]$ angegeben.

Beispiel 13.1: Ein schwierig zu justierendes Papierschneidegerät schneidet von einem durchlaufenden Papierband Stücke ab, die eine bestimmte Länge μ haben sollen. Auch bei fest gewählter Einstellung können zufällige Schwankungen in der Länge der abgeschnittenen Papierstücke auftreten. Aufgrund langer Erfahrung sieht man diese Schwankungen als normalverteilt an mit dem Erwartungswert 0 und der (von der Einstellung unabhängigen) Standardabweichung $\sigma = 2{,}4$ mm. Aus der laufenden Produktion werden $n = 9$ Stücke (zufällig) entnommen und ihre Länge nachgemessen. Dabei ergeben sich die Werte (in mm):

184,2 182,6 185,3 184,5 186,2 183,9 185,0 187,1 184,4

Zum Konfidenzniveau 0,99 soll eine Intervall-Schätzung für den Erwartungswert μ durchgeführt werden. Es ergeben sich in den Schritten 2 bis 4 folgende Resultate:

$$c = 2{,}575; \quad \bar{x} = 184{,}8; \quad \frac{\sigma c}{\sqrt{n}} = \frac{2{,}4 \cdot 2{,}575}{3} = 2{,}06\,.$$

Damit erhalten wir [182,74; 186,86] als Ergebnis der Intervall-Schätzung. ▪

Die **Länge** des angegebenen Konfidenzintervalls $[V_u; V_o]$ beträgt

$$V_o - V_u = \frac{2\sigma c}{\sqrt{n}} \tag{106}$$

und hängt in diesem Fall nicht vom Stichprobenergebnis ab. Bei gegebener Vertrauenswahrscheinlichkeit $1-\alpha$ kann man deshalb durch die Wahl eines geeigneten Stichprobenumfangs n stets erreichen, dass die Länge des Konfidenzintervalls höchstens gleich einem vorgegebenen Wert L ist, nämlich durch die Wahl

$$n \geqq \left(\frac{2\sigma c}{L}\right)^2 . \tag{107}$$

Eine Halbierung der Länge des Konfidenzintervalls erfordert beispielsweise eine Vervierfachung des Stichprobenumfangs. In Beispiel 13.1 hatten wir bei $n = 9$ die Länge 4,12 mm erhalten. Um ein Konfidenzintervall von höchstens 3 mm Länge zu erhalten, hätte

$$n \geqq \left(\frac{2 \cdot 2{,}4 \cdot 2{,}575}{3}\right)^2 = 16{,}9744$$

gelten müssen, d. h. n hätte mindestens 17 sein müssen.

Aufgabe 13.2: Welches Schätzintervall für μ ergibt sich mit den Daten von Beispiel 13.1, wenn eine Irrtumswahrscheinlichkeit von 0,05 zugelassen wird? Wie viele Beobachtungen wären zu dieser Irrtumswahrscheinlichkeit erforderlich, um ein Schätzintervall von höchstens 1 mm Länge zu erreichen? ▪

13.1.2 Normalverteilte Grundgesamtheit mit unbekannter Varianz

Bei einer $N(\mu;\sigma)$-verteilten Grundgesamtheit mit unbekannter Varianz σ^2 sind die in (105) angegebenen Intervallgrenzen V_u und V_o nicht berechenbar. Deshalb nutzen wir jetzt aus, dass die t-Statistik $(\bar{X} - \mu)\sqrt{n}/S$ einer $t(n-1)$-Verteilung genügt. Mit der gleichen Umformung wie in Abschnitt 13.1.1 ergibt sich dann, dass die Stichprobenfunktionen

$$V_u = \bar{X} - \frac{Sc}{\sqrt{n}} \quad \text{und} \quad V_o = \bar{X} + \frac{Sc}{\sqrt{n}} , \tag{108}$$

wobei c nun das $(1 - \frac{\alpha}{2})$-Fraktil der $t(n-1)$-Verteilung bezeichnet, die Beziehungen (101) und (103) für $\vartheta = \mu$ erfüllen. Das Verfahren der Intervall-Schätzung für μ läuft bei **Normalverteilung mit unbekannter Varianz** also in folgenden Schritten[1] ab:

Schritt 1: Ein Konfidenzniveau $1-\alpha$ wird festgelegt.

Schritt 2: Das $(1 - \frac{\alpha}{2})$-Fraktil c der $t(n-1)$-Verteilung wird bestimmt.

Schritt 3: Das Stichprobenmittel $\bar{x}$ und die Stichproben-Standardabweichung s werden errechnet.

Schritt 4: Der Wert $\frac{sc}{\sqrt{n}}$ wird berechnet.

Schritt 5: Als Schätzergebnis wird das Intervall $[\bar{x} - \frac{sc}{\sqrt{n}}; \bar{x} + \frac{sc}{\sqrt{n}}]$ angegeben.

---

[1] Für $n > 31$ approximiert man die $t(n-1)$-Verteilung durch die $N(0;1)$-Verteilung; die Vorgehensweise ist dann dem folgenden Abschnitt zu entnehmen.

Im Gegensatz zu Abschnitt 13.1.1 hängt jetzt die Länge des Konfidenzintervalls, also

$$V_o - V_u = \frac{2Sc}{\sqrt{n}} ,$$

vom Stichprobenergebnis und damit vom Zufall ab, sodass es hier nicht möglich ist, einen Mindeststichprobenumfang n festzulegen, durch den eine vorgegebene Maximallänge des Konfidenzintervalls zu gegebenem α mit Sicherheit eingehalten wird.

Aufgabe 13.3: In Beispiel 13.1 sei die Standardabweichung σ jetzt als unbekannt anzusehen; die Normalverteilungsannahme werde beibehalten. Führen Sie mit den gegebenen Beobachtungsdaten eine Intervall-Schätzung für μ zur Vertrauenswahrscheinlichkeit 0,99 durch. ▪

13.1.3 Beliebig verteilte, insbesondere dichotome Grundgesamtheit

Wie wir aus Abschnitt 11.2.4 wissen, erhält man für die Verteilungen der Gauß- bzw. t-Statistik, $(\bar{X} - \mu)\sqrt{n}/\sigma$ bzw. $(\bar{X} - \mu)\sqrt{n}/S$, in aller Regel bei $n > 30$ durch die $N(0;1)$-Verteilung brauchbare Näherungen. Für hinreichend großen Stichprobenumfang ergeben sich daher mit derselben Umrechnung wie in Abschnitt 13.1.1

- falls σ^2 bekannt ist, die Stichprobenfunktionen $V_u = \bar{X} - \frac{\sigma c}{\sqrt{n}}$ und $V_o = \bar{X} + \frac{\sigma c}{\sqrt{n}}$,
- falls σ^2 unbekannt ist, die Stichprobenfunktionen $V_u = \bar{X} - \frac{Sc}{\sqrt{n}}$ und $V_o = \bar{X} + \frac{Sc}{\sqrt{n}}$

als geeignete Intervallgrenzen eines symmetrischen Konfidenzintervalls für den Mittelwert μ bei beliebiger Verteilung der Grundgesamtheit. Dabei ist c jeweils das $(1 - \frac{\alpha}{2})$-Fraktil der $N(0;1)$-Verteilung. Die Beziehungen (102) und (103) sind jetzt allerdings nur noch **näherungsweise** erfüllt.

Der Fall einer **dichotomen Grundgesamtheit** G mit unbekanntem Anteilswert p stellt einen wichtigen Spezialfall[2] von b) dar; denn mit p ist auch die Varianz $p(1-p)$ von G unbekannt. In diesem Falle ersetzt man die Funktion S meist durch den Ausdruck

$$\sqrt{\bar{X}(1-\bar{X})} ,$$

der sich für hohes n von S kaum unterscheidet (siehe Aufgabe 11.5). Da sich die im Sinne einer guten Normalverteilungsapproximation notwendigen Bedingungen $np \geqq 5$ und $n(1-p) \geqq 5$ bei unbekanntem p nicht nachprüfen lassen, verlangt man stattdessen die entsprechenden Beziehungen für den Schätzwert $\hat{p} = \bar{x}$ von p, also $n\bar{x} \geqq 5$ und $n(1-\bar{x}) \geqq 5$.

[2] Da bei der $B(1;p)$-Verteilung σ^2 durch $\mu = p$ gemäß $\sigma^2 = p(1-p)$ festgelegt ist (Entsprechendes gilt übrigens auch bei der Poisson- bzw. der Exponentialverteilung), kann man zur Bestimmung von V_u und V_o auch von der Gauß-Statistik ausgehen und die Gleichung

$$\left| \frac{\bar{X} - p}{\sqrt{p(1-p)}} \sqrt{n} \right| = c$$

nach p auflösen, woraus sich

$$V_u = \frac{2n\bar{X} + c^2 - c\sqrt{4n\bar{X}(1-\bar{X}) + c^2}}{2(n+c^2)} \quad \text{bzw.} \quad V_o = \frac{2n\bar{X} + c^2 + c\sqrt{4n\bar{X}(1-\bar{X}) + c^2}}{2(n+c^2)}$$

ergibt (vgl. etwa Bosch, 1998, S. 451). Bei großem $n\bar{x}$ bzw. $n(1-\bar{x})$ unterscheiden sich die Realisierungen dieser beiden Stichprobenfunktionen kaum von den Intervallgrenzen, die man bei Benutzung des nachstehenden Tableaus erhält.

Auch hier stellen wir die einzelnen Schritte der Intervall-Schätzung für μ bei **beliebiger Verteilung** schematisch zusammen. Vorausgesetzt sei also $n > 30$, im Spezialfall einer dichotomen Grundgesamtheit jedoch $n\bar{x} \geqq 5$ und $n(1-\bar{x}) \geqq 5$, was gleichbedeutend mit $5 \leqq \sum x_i \leqq n-5$ ist:

Schritt 1: Ein Konfidenzniveau $1-\alpha$ wird festgelegt.

Schritt 2: Das $(1-\frac{\alpha}{2})$-Fraktil c der $N(0;1)$-Verteilung wird bestimmt.

Schritt 3: Das Stichprobenmittel $\bar{x}$ sowie ein Schätzwert $\widehat{\sigma}$ für σ werden errechnet, und zwar setzt man

$$\widehat{\sigma} = \begin{cases} \sigma, & \text{falls } \sigma \text{ bekannt ist} \\ \sqrt{\bar{x}(1-\bar{x})}, & \text{falls } G \text{ dichotom ist} \\ s, & \text{sonst.}^3 \end{cases}$$

Schritt 4: Der Wert $\frac{\widehat{\sigma}c}{\sqrt{n}}$ wird berechnet.

Schritt 5: Als Schätzergebnis wird das Intervall $[\bar{x} - \frac{\widehat{\sigma}c}{\sqrt{n}}; \bar{x} + \frac{\widehat{\sigma}c}{\sqrt{n}}]$ angegeben.

Beispiel 13.4: Die Anzahl X der Bestellungen, die für einen bestimmten Artikel pro Tag bei einem Versandhaus eingehen, wird als poissonverteilt angesehen. Zur Intervall-Schätzung des unbekannten Parameters λ dieser Verteilung werden 40 Tage lang die auftretenden Bestellungen $x_1, \ldots, x_{40}$ registriert; man interpretiert diese als Ergebnis einer einfachen Stichprobe. Es ergaben sich folgende Werte:

3	8	6	7	4	5	6	6	13	9	4	11	5	7	8	8	7	6	3	6
9	4	5	5	7	6	8	3	10	5	6	6	7	5	4	9	15	6	2	6

Zur Vertrauenswahrscheinlichkeit 0,9 erhält man das korrespondierende Fraktil $c = 1{,}645$. Da bei der Poisson-Verteilung $\mu = \sigma^2 = \lambda$ gilt, ist

$$\widehat{\sigma} = \sqrt{\bar{x}} = \sqrt{\frac{260}{40}} = 2{,}55$$

ein geeigneter Schätzwert für σ. Damit erhält man wegen $\bar{x} = 6{,}5$ und $\frac{\widehat{\sigma}c}{\sqrt{40}} = 0{,}66$ schließlich das Ergebnis $[5{,}84; 7{,}16]$. ■

Ist σ^2 bekannt, so kann man den zu einer vorgegebenen Länge L des Konfidenzintervalls gehörenden Stichprobenumfang n wie in Abschnitt 13.1.1 gemäß Formel (107) bestimmen, während dies bei unbekanntem σ^2 wie in Abschnitt 13.1.2 i. Allg. nicht möglich ist. Allerdings ist in Fällen, in denen der in obigem Tableau zu errechnende Schätzwert $\widehat{\sigma}$ für σ mit Sicherheit kleiner oder gleich einem bekannten Wert d ist, die Einhaltung einer als zulässig angesehenen maximalen Intervalllänge L dadurch zu garantieren, dass man

$$n \geqq \left(\frac{2dc}{L}\right)^2$$

wählt. Bei einer dichotomen Grundgesamtheit beispielsweise ist sicher

$$\widehat{\sigma} = \sqrt{\bar{x}(1-\bar{x})} \leqq \sqrt{\tfrac{1}{4}} = \tfrac{1}{2},$$

sodass bei $n \geqq (\frac{c}{L})^2$ ein Konfidenzintervall entsteht, das mit Gewissheit höchstens die Länge L besitzt.

[3] Manchmal kann aber auch ein anderer (aus einer konsistenten Schätzfunktion herrührender) Schätzwert $\widehat{\sigma}$ für σ sinnvoller sein, siehe Beispiel 13.4.

Aufgabe 13.5: Führen Sie in Beispiel 13.4 eine Intervall-Schätzung für die unbekannte Wahrscheinlichkeit p, dass mindestens 9 Bestellungen pro Tag für den Artikel eingehen, zum Konfidenzniveau 0,95 durch. ▪

Aufgabe 13.6: Eine Partei lässt, um Aufschluss über ihren derzeitigen Wähleranteil zu gewinnen, 2 000 zufällig ausgewählte wahlberechtigte Bundesbürger befragen. Davon würden im Moment 108 für diese Partei stimmen, 1 744 würden andere Parteien wählen, der Rest legt sich nicht fest. Gesucht ist ein Konfidenzintervall zum Konfidenzniveau 0,99 für den Prozentanteil $100p$ derjenigen Wahlberechtigten, auf die sich die Partei zurzeit verlassen kann.

a) Errechnen Sie das Ergebnis dieser Intervall-Schätzung.
b) Welcher Stichprobenumfang n garantiert eine Intervalllänge von höchstens 1 Prozent?
c) Aufgrund des Befragungsergebnisses der 2 000 Personen werde als sicher angesehen, dass sich das Stichprobenmittel $\bar{x}$ bei Erhöhung des Stichprobenumfangs n allenfalls noch auf den Wert 0,1 erhöht; welches n reicht dann aus, um die in b) angegebene Länge von 1 Prozent einzuhalten? ▪

Aufgabe 13.7: Die Grundgesamtheit genüge einer Gleichverteilung über dem Intervall $[\mu - \frac{1}{2}; \mu + \frac{1}{2}]$. Zur Vertrauenswahrscheinlichkeit $1 - \alpha = 0{,}9$ ist eine Intervall-Schätzung für μ vorzunehmen. Wie groß muss der Stichprobenumfang n gewählt werden, damit die Länge des Konfidenzintervalls höchstens 0,1 beträgt? ▪

13.2 Symmetrische Konfidenzintervalle für die Varianz σ^2 bei normalverteilter Grundgesamtheit

Bei $N(\mu; \sigma)$-verteilter Grundgesamtheit besitzt die Stichprobenfunktion

$$\frac{1}{\sigma^2} \sum_{i=1}^{n} (X_i - \bar{X})^2 = \frac{(n-1)S^2}{\sigma^2}$$

nach Abschnitt 11.2.4 eine Chi-Quadrat-Verteilung mit $n - 1$ Freiheitsgraden. Es seien c_1 das $\frac{\alpha}{2}$- und c_2 das $(1 - \frac{\alpha}{2})$-Fraktil der $\chi^2(n-1)$-Verteilung (vgl. Abbildung 13.2).

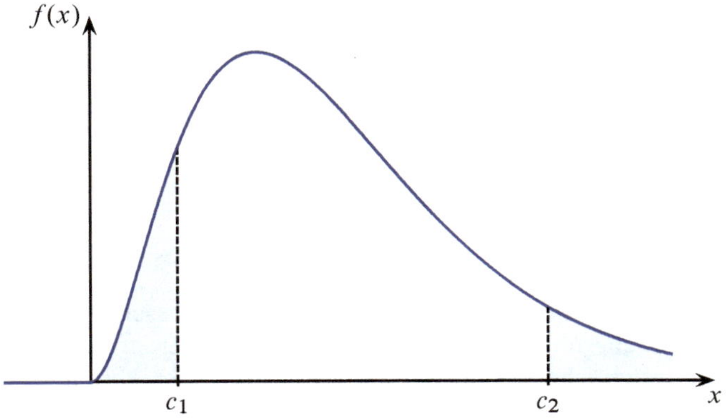

Abb. 13.2: Dichtefunktion und $\frac{\alpha}{2}$- sowie $(1 - \frac{\alpha}{2})$-Fraktil einer χ^2-Verteilung

Dann sind

$$P\left(\frac{(n-1)S^2}{\sigma^2} < c_1\right) = \frac{\alpha}{2} \quad \text{und}$$
$$P\left(\frac{(n-1)S^2}{\sigma^2} > c_2\right) = 1 - P\left(\frac{(n-1)S^2}{\sigma^2} \leqq c_2\right) = 1 - \left(1 - \frac{\alpha}{2}\right) = \frac{\alpha}{2}\,.$$

Setzen wir

$$V_\text{u} = \frac{(n-1)S^2}{c_2} \quad \text{und} \quad V_\text{o} = \frac{(n-1)S^2}{c_1}\,, \tag{109}$$

so ist $V_\text{u} \leqq V_\text{o}$ sicher und es gilt $P(V_\text{u} > \sigma^2) = P(V_\text{o} < \sigma^2) = \frac{\alpha}{2}$. Die Forderungen (101) und (103) sind dann erfüllt und $[V_\text{u}; V_\text{o}]$ beschreibt ein symmetrisches[4] Konfidenzintervall für σ^2. In der Praxis gehen wir also wie folgt vor:

Schritt 1: Ein Konfidenzniveau $1-\alpha$ wird festgelegt.

Schritt 2: Das $\frac{\alpha}{2}$- bzw. $(1-\frac{\alpha}{2})$-Fraktil c_1 bzw. c_2 der $\chi^2(n-1)$-Verteilung werden bestimmt.

Schritt 3: Die Größe $(n-1)s^2 = \sum_{i=1}^{n}(x_i - \bar{x})^2 = \sum_{i=1}^{n} x_i^2 - n\bar{x}^2$ wird aus dem Stichprobenergebnis errechnet.

Schritt 4: Die Werte $v_\text{u} = \frac{(n-1)s^2}{c_2}$ und $v_\text{o} = \frac{(n-1)s^2}{c_1}$ werden errechnet.

Schritt 5: Als Schätzergebnis wird das Intervall $[v_\text{u}; v_\text{o}]$ angegeben.

Bemerkungen:

- Ist der Erwartungswert μ der Grundgesamtheit bekannt, so verwendet man statt der $\chi^2(n-1)$-verteilten Stichprobenfunktion $(n-1)S^2/\sigma^2$ besser die $\chi^2(n)$-verteilte Stichprobenfunktion
$$\frac{1}{\sigma^2}\sum_{i=1}^{n}(X_i - \mu)^2\;;$$
obiges Tableau ist dann entsprechend abzuändern.

- Die Länge des Konfidenzintervalls ist hier wegen
$$V_\text{o} - V_\text{u} = (n-1)S^2\left(\tfrac{1}{c_1} - \tfrac{1}{c_2}\right)$$
zufallsabhängig (der Quotient von V_o und V_u dagegen ist fest).

- Bei nicht normalverteilter Grundgesamtheit ist die hier beschriebene Vorgehensweise auch bei hohem Stichprobenumfang nicht generell als Näherung für eine Intervall-Schätzung von σ^2 zu gebrauchen (siehe die Schlussbemerkung in Abschnitt 11.2.4).

Aufgabe 13.8: Schätzen Sie in Beispiel 13.1 die Varianz σ^2 durch ein Konfidenzintervall zur Vertrauenswahrscheinlichkeit $1-\alpha = 0{,}9$. (Der Wert $s^2 = 1{,}725$ wurde bereits in Aufgabe 13.3 errechnet.) ▪

[4] Ob die Verteilung der benutzten Stichprobenfunktionen symmetrisch ist (wie in Abschnitt 13.1 die $N(0;1)$- oder die $t(n-1)$-Verteilung) oder nicht (wie hier die $\chi^2(n-1)$-Verteilung), spielt für die Bezeichnung „symmetrisches Konfidenzintervall" keine Rolle.

13.3 Kritische Zusammenfassung, Literaturhinweise

Um Missverständnisse und Unklarheiten bzgl. der **Interpretation** von Intervall-Schätzungen zu vermeiden, sollte Folgendes beachtet werden: Durch die Auswahl eines Konfidenzintervalls $[V_u; V_o]$ sowie durch die Vorschrift, das beobachtete Stichprobenergebnis in die Funktionen V_u und V_o einzusetzen, ist ein **Verfahren** der Intervall-Schätzung festgelegt. **Ergebnis** der Schätzung ist das konkrete Schätzintervall $[v_u; v_o]$, wie das Intervall [182,74; 186,86] in Beispiel 13.1.

Bezeichnet man ein Schätzergebnis als „richtig" bzw. als „falsch", je nach dem, ob es den unbekannten wahren ϑ-Wert enthält bzw. nicht enthält, so weiß man nach Durchführung der Schätzung nicht, ob das erhaltene Ergebnis richtig oder falsch ist. Insofern ist erkenntnistheoretisch noch nichts gewonnen. Die Behauptung, dass der wahre ϑ-Wert im Schätzintervall liegt, ist jedoch in dem Sinne wohlbegründet als die Wahrscheinlichkeit relativ hoch (nämlich $1-\alpha$) ist, dass das benutzte Verfahren zu einem richtigen Ergebnis führt. Dagegen ist eine Wahrscheinlichkeitsaussage, die sich auf das Schätzergebnis bezieht, wie „der wahre ϑ-Wert liegt mit Wahrscheinlichkeit $1-\alpha$ im entstandenen Schätzintervall $[v_u; v_o]$" nicht aus der Beziehung (102) zu folgern. Damit überhaupt von einer derartigen Wahrscheinlichkeit gesprochen werden kann, müsste die dem unbekannten Parameter ϑ gegenüber bestehende Ungewissheit als Zufallsvorgang interpretiert werden, wohingegen in (102) das Zufallsgeschehen im Ziehen der Stichprobe besteht.

Festzuhalten bleibt: Die Wahrscheinlichkeit α kommt vom Ansatz her (wie auch später bei den Tests) dem statistischen Verfahren zu und nicht dem Ergebnis. Die Bedeutung von α kann man (nach dem Gesetz der großen Zahlen) auch so ausdrücken: Wird ein Verfahren der Intervall-Schätzung, das die Vertrauenswahrscheinlichkeit $1-\alpha$ besitzt, z. B. $1-\alpha = 0{,}99$, „sehr oft" angewandt, so erhält man in 99 Prozent der Fälle ein richtiges und nur in 1 Prozent der Fälle ein falsches Ergebnis.

Eine eventuell bereits vor dem Ziehen der Stichprobe vorhandene **A-priori-Wahrscheinlichkeitsverteilung** auf der Menge aller Werte, die für den unbekannten Parameter ϑ infrage kommen, kann bei der Intervall-Schätzung mit berücksichtigt werden (wie dies in Abschnitt 12.5 bei der Punkt-Schätzung geschah). Entsprechende **Bayes-Konfidenzintervalle** sind etwa bei Schmetterer (1966), Schönfeld (1971) oder Berger (2010) beschrieben.

Manchmal ist es sinnvoll, zur Schätzung eines unbekannten Parameters ϑ ein **unsymmetrisches Konfidenzintervall** zu verwenden, etwa weil man bei Unterschätzung von ϑ mit anderen Konsequenzen rechnet als bei Überschätzung. Im Extremfall kann man ein **einseitiges Konfidenzintervall** benutzen. Will beispielsweise eine Partei bei einer Intervall-Schätzung ihres derzeitigen Wähleranteils eine Überschätzung mit Sicherheit ausschließen, so kann sie dies durch ein Konfidenzintervall $[V_u; V_o]$ erreichen, bei dem $V_u = 0$ gesetzt und dann, um (102) zu gewährleisten, V_o so gewählt wird, dass die Wahrscheinlichkeit $P(V_o \geqq p)$ gleich dem vorgegebenen Konfidenzniveau $1-\alpha$ ist. Damit gilt $P(V_u > p) = 0$ und $P(V_o < p) = \alpha$, d. h. im Gegensatz zu (103) wird die gesamte zugelassene Irrtumswahrscheinlichkeit α dem Ereignis eingeräumt, dass die Obergrenze V_o zu klein wird.[5]

---

[5] Konkret könnte man in diesem Beispiel übrigens, sofern n hinreichend groß ist,

$$V_o = \bar{X} + \frac{\sqrt{\bar{X}(1-\bar{X})}\,c}{\sqrt{n}}$$

wählen mit dem $(1-\alpha)$-Fraktil c der $N(0;1)$-Verteilung.

Bei den Punkt-Schätzungen wurde die Frage der Vergleichbarkeit verschiedener Verfahren und der Optimalität bestimmter Verfahren ausführlich behandelt. Dass diese Frage in diesem Kapitel weder gestellt noch beantwortet wurde, liegt nicht daran, dass sie hier weniger sinnvoll ist, sondern vielmehr an der größeren Komplexität der erforderlichen Begriffe. Wir wollen uns an dieser Stelle – unter Verzicht auf detaillierte Symbolik – auf einige verbale Andeutungen beschränken. Ein Konfidenzintervall heißt **unverfälscht**, wenn die Überdeckungswahrscheinlichkeit für jeden falschen Parameterwert höchstens gleich dem Konfidenzniveau $1-\alpha$ ist. Ein Konfidenzintervall, das unter allen unverfälschten Konfidenzintervallen (zu demselben Konfidenzniveau) die Überdeckungswahrscheinlichkeit falscher Parameterwerte minimiert, wird als **trennscharf** bezeichnet. Die Konfidenzintervalle aus den Abschnitten 13.1.1 und 13.1.2 sind übrigens trennscharf, das Konfidenzintervall aus Abschnitt 13.2 dagegen nicht. Weitere Aussagen über die Optimalität von Konfidenzintervallen sind beispielsweise bei Schmetterer (1966, S. 320), Witting (1978, S. 43) und Bamberg (1972, S. 92) zusammengestellt.

In der Literatur findet man Konfidenzintervalle auch für eine Reihe weiterer Parameter, so beispielsweise bei Bosch (1998, S. 706), Uhlmann (1982, S. 74) und Wetzel (1973, S. 186) für den Median und andere Fraktile einer Verteilung und in der zur Ökonometrie angegebenen Literatur für Regressionskoeffizienten. Darüber hinaus gibt es Konfidenzbereiche, insbesondere Konfidenzellipsoide bzw. Konfidenzquader für zwei- und höherdimensionale Parameter ϑ, die beispielsweise von Schneeweiß (1990) bzw. Mosler/Jäschke (1992) beschrieben werden.

Sämtliche in den Abschnitten 13.1 und 13.2 behandelten symmetrischen Konfidenzintervalle (und gegebenenfalls Möglichkeiten zur Einhaltung einer vorgegebenen Intervalllänge L) sind in Abbildung 13.3 noch einmal zusammengestellt.

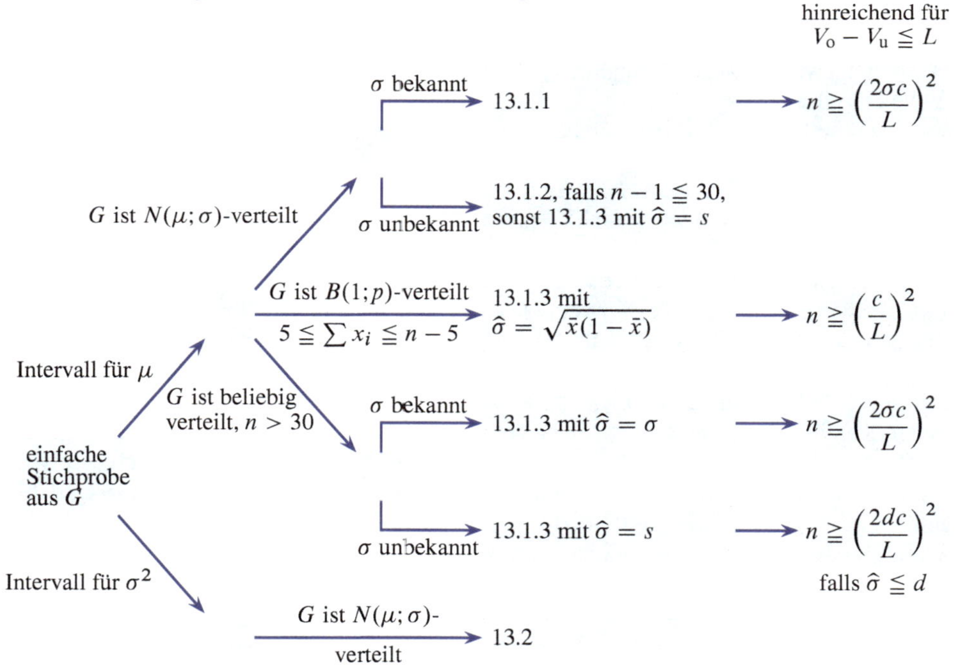

Abb. 13.3: Symmetrische Konfidenzintervalle

14. Kapitel: Signifikanztests

Über die Verteilung einer Grundgesamtheit liege eine **Hypothese** vor, in der etwa Erfahrungen, Vermutungen oder theoretische Überlegungen zum Ausdruck kommen, die aber auch nur in einer Behauptung bestehen kann, z. B. dass ein Verteilungsparameter einen vorgeschriebenen Sollwert einhält. Solche Hypothesen werden anhand der Ergebnisse einer Stichprobe überprüft. Dabei wird eine Hypothese als statistisch widerlegt angesehen und abgelehnt oder verworfen, wenn das Stichprobenergebnis in deutlichem (= signifikantem) Gegensatz zu ihr steht. Entsprechende Überprüfungsverfahren heißen daher **Signifikanztests** oder kurz Tests. Zur Erläuterung behandeln wir zunächst einen Spezialfall.

14.1 Einführungsbeispiel: Einstichproben-Gaußtest

Es liege eine $N(\mu;\sigma)$-verteilte Grundgesamtheit G mit bekannter Standardabweichung σ vor. $X_1, \ldots, X_n$ seien Variablen einer einfachen Stichprobe aus G. Über den unbekannten Erwartungswert μ von G bestehe die Hypothese H_0, dass μ gleich einem gegebenen Wert μ_0 ist.

Beispiel 14.1: Von der Abfüllanlage einer Brauerei werden Flaschen gefüllt, wobei die Füllmenge X pro Flasche gewissen Schwankungen unterliegt und als normalverteilte Zufallsvariable mit der bekannten Standardabweichung $\sigma = 1{,}5$ (cm^3) angesehen werden kann. Die Hypothese H_0, dass der Erwartungswert μ dieser Normalverteilung mit dem Sollwert in Höhe von $\mu_0 = 500$ (cm^3) übereinstimmt, soll anhand einer einfachen Stichprobe vom Umfang $n = 25$ überprüft werden. Aufgrund der Interessenlage derjenigen Personen, die die Untersuchung vornehmen, unterscheiden wir drei Fälle, nämlich: Die Überprüfung geschieht durch

a) eine Eichkommission, die an einer Abweichung vom Sollwert $\mu_0 = 500$ sowohl nach unten als auch nach oben interessiert ist,

b) eine Verbraucherorganisation, deren Interesse nur der Frage gilt, ob der wahre Erwartungswert μ kleiner als der Sollwert μ_0 ist,

c) den Brauereibesitzer, von dem wir hier annehmen, dass er lediglich wissen will, ob im Mittel zu viel abgefüllt wird. ▪

Dieses Beispiel zeigt bereits, dass zur gegebenen Hypothese H_0: $\mu = \mu_0$ verschiedene Alternativen bestehen können. Wir bezeichnen von jetzt an die zu untersuchende Hypothese H_0 als die **Nullhypothese** und die jeweils relevante Alternative als die **Gegenhypothese** oder **Alternativhypothese** H_1. Dabei lassen wir in diesem Abschnitt generell die drei Fälle zu, nach denen in Beispiel 14.1 unterschieden wurde, nämlich

$$\left.\begin{array}{ll} \text{a)} & H_1\colon \mu \neq \mu_0 \\ \text{b)} & H_1\colon \mu < \mu_0 \\ \text{c)} & H_1\colon \mu > \mu_0 \end{array}\right\} \quad (110)$$

Wie wir aus Kapitel 12 wissen, ist das Stichprobenmittel $\bar{X}$ eine geeignete (erwartungstreue) Schätzfunktion für den unbekannten Erwartungswert μ, d. h. man kann in der Regel damit rechnen, dass die Realisierung $\bar{x}$ nicht allzu sehr von μ abweicht. Deshalb wird man sich, falls

$\bar{x}$ stark gegen die Nullhypothese H_0 und für die betrachtete Gegenhypothese H_1 spricht, nicht damit begnügen, das Stichprobenergebnis als Ausreißer zu interpretieren. Vielmehr wird man H_0: $\mu = \mu_0$ als statistisch widerlegt ansehen und deshalb verwerfen. Dies bedeutet in den einzelnen Fällen von (110):

$$\left.\begin{array}{lll} & H_0\colon \mu = \mu_0 & \text{wird abgelehnt gegenüber} \\ \text{a)} & H_1\colon \mu \neq \mu_0, & \text{wenn } |\bar{x} - \mu_0| \text{ „sehr groß" ist} \\ \text{b)} & H_1\colon \mu < \mu_0, & \text{wenn } \bar{x} \text{ „weit kleiner" als } \mu_0 \text{ ist} \\ \text{c)} & H_1\colon \mu > \mu_0, & \text{wenn } \bar{x} \text{ „weit größer" als } \mu_0 \text{ ist} \end{array}\right\} \quad (111)$$

Diese noch sehr vage Entscheidungsvorschrift gilt es nun zu präzisieren. Dazu überlegt man sich zunächst, dass große Abweichungen zwischen $\bar{x}$ und μ_0 auch dann nicht ausgeschlossen sind, wenn $\mu = \mu_0$ zutrifft, sodass die in (111) angedeutete Vorgehensweise zur Ablehnung der Nullhypothese führen kann, obwohl diese richtig ist. Wir fordern nunmehr, dass eine derartige **Fehlentscheidung**

„Ablehnung von H_0, wenn H_0 richtig ist"

lediglich mit einer als zulässig vorgegebenen kleinen Irrtumswahrscheinlichkeit α, dem sogenannten **Signifikanzniveau**, vorkommen darf. Um (111) mit dieser Forderung in Einklang zu bringen, benutzen wir die (auch für $\mu_0 \neq \mu$ als Gauß-Statistik bezeichnete) Stichprobenfunktion

$$V = \frac{\bar{X} - \mu_0}{\sigma} \sqrt{n} \,,$$

die in diesem Zusammenhang **Testfunktion** genannt wird. Wir formulieren mithilfe ihrer Realisierung v sowie mit dem $(1 - \frac{\alpha}{2})$- bzw. $(1 - \alpha)$-Fraktil $x_{1-\alpha/2}$ bzw. $x_{1-\alpha}$ der $N(0; 1)$-Verteilung folgende **Entscheidungsregel**, aufgeschlüsselt nach den einzelnen Gegenhypothesen H_1 aus (110):

$$\left.\begin{array}{lllll} & & H_0\colon \mu = \mu_0 & \text{ist zu verwerfen} & \\ \text{a)} & \text{gegen} & H_1\colon \mu \neq \mu_0, & \text{falls} & |v| > x_{1-\alpha/2} \\ \text{b)} & \text{gegen} & H_1\colon \mu < \mu_0, & \text{falls} & v < -x_{1-\alpha} \\ \text{c)} & \text{gegen} & H_1\colon \mu > \mu_0, & \text{falls} & v > x_{1-\alpha} \end{array}\right\} \quad (112)$$

Benutzt man (112), so kommt es tatsächlich nur mit Wahrscheinlichkeit α zu einer fälschlichen Ablehnung von H_0. Denn, wenn H_0: $\mu = \mu_0$ richtig ist, genügt, wie aus Abschnitt 11.2.4 bekannt ist, V einer $N(0; 1)$-Verteilung. Hieraus lässt sich beispielsweise im Fall a) als Wahrscheinlichkeit des zur Ablehnung von H_0 führenden Ereignisses „$|V| > x_{1-\alpha/2}$" folgender Wert berechnen:[1]

$$\begin{aligned} P(|V| > x_{1-\alpha/2}|\mu_0) &= P(V < -x_{1-\alpha/2}|\mu_0) + P(V > x_{1-\alpha/2}|\mu_0) \\ &= 2P(V > x_{1-\alpha/2}|\mu_0) = 2[1 - P(V \leqq x_{1-\alpha/2}|\mu_0)] \\ &= 2[1 - (1 - \tfrac{\alpha}{2})] = \alpha \,. \end{aligned}$$

Entsprechend macht man sich dies in den Fällen b) und c) klar. Abbildung 14.1 verdeutlicht diese Wahrscheinlichkeitsberechnungen.

---

[1] $P(A|\mu_0)$ bezeichnet die Wahrscheinlichkeit eines Ereignisses A, berechnet gemäß der durch $\mu = \mu_0$ festgelegten Verteilung.

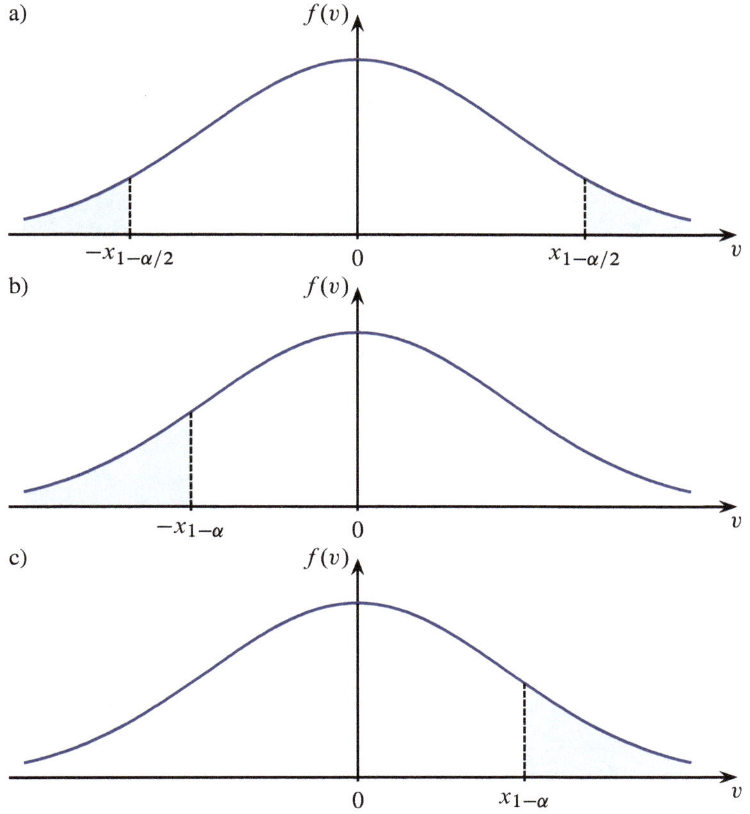

Abb. 14.1: Dichtefunktion von V, sofern H_0 richtig ist. Die blau markierten Bereiche veranschaulichen in den Fällen a), b) und c), wann H_0 abgelehnt wird

Die Entscheidungsregel (112) lässt sich auch einheitlich formulieren in der Form

„H_0 ist zu verwerfen, wenn V Werte im Bereich B annimmt",

indem man B folgendermaßen festlegt:

$$\left.\begin{array}{lll} B = (-\infty; -x_{1-\alpha/2}) \cup (x_{1-\alpha/2}; \infty) & \text{im Fall a)} \\ B = (-\infty; -x_{1-\alpha}) & \text{im Fall b)} \\ B = (x_{1-\alpha}; \infty) & \text{im Fall c)} \end{array}\right\} \quad (113)$$

B wird als **Verwerfungsbereich** oder als **Ablehnungsbereich** bezeichnet. Das beschriebene Verfahren zur Überprüfung der Nullhypothese H_0: $\mu = \mu_0$ gegen eine der Alternativhypothesen a), b) oder c) aus (110) unter der Voraussetzung einer normalverteilten Grundgesamtheit mit bekannter Varianz σ^2 heißt **Einstichproben-Gaußtest**. Die einzelnen Größen, die zu seiner Durchführung zu bestimmen sind, werden in folgendem Tableau festgehalten:

Schritt 1: Ein Signifikanzniveau α wird festgelegt.

Schritt 2: Der Testfunktionswert

$$v = \frac{\bar{x} - \mu_0}{\sigma}\sqrt{n}$$

wird errechnet.

Schritt 3: Der Verwerfungsbereich

$$\begin{aligned} B &= (-\infty; -x_{1-\alpha/2}) \cup (x_{1-\alpha/2}; \infty) && \text{im Fall a)} \\ B &= (-\infty; -x_{1-\alpha}) && \text{im Fall b)} \\ B &= (x_{1-\alpha}; \infty) && \text{im Fall c)} \end{aligned}$$

wird festgelegt, wobei $x_{1-\alpha/2}$ bzw. $x_{1-\alpha}$ das $(1 - \frac{\alpha}{2})$- bzw. das $(1 - \alpha)$-Fraktil der $N(0; 1)$-Verteilung ist.

Schritt 4: H_0 wird genau dann verworfen, wenn $v \in B$ gilt.

Beispiel 14.2: Als Stichprobenmittel für die Füllmenge der $n = 25$ überprüften Flaschen habe sich in Beispiel 14.1 der Wert $\bar{x} = 499{,}28$ (cm^3) ergeben. Wir testen damit die Hypothese H_0: $\mu = 500$ (cm^3) vom Standpunkt a) der Eichkommission, b) der Verbraucherorganisation und c) des Brauereibesitzers aus, wobei wir uns erinnern, dass $\sigma = 1{,}5$ (cm^3) ist.

1. Als zulässige Irrtumswahrscheinlichkeit (= Signifikanzniveau) legen wir den Wert $\alpha = 0{,}01$ fest.
2. $v = \frac{499{,}28-500}{1{,}5}\sqrt{25} = -2{,}4$.
3. a) $B = (-\infty; -2{,}575) \cup (2{,}575; \infty)$.
   b) $B = (-\infty; -2{,}33)$.
   c) $B = (2{,}33; \infty)$.
4. a) $v \notin B$; die Eichkommission kommt zu keiner Ablehnung der Hypothese H_0.
   b) $v \in B$; die Verbraucherorganisation verwirft die Hypothese H_0.
   c) $v \notin B$; der Brauereibesitzer verwirft H_0 nicht.
   Dass er zu diesem Ergebnis kommt, ist wegen $\bar{x} < \mu_0$ auch ohne die Schritte 2 und 3 klar. ▪

Einstichproben-Gaußtests sind ein wichtiges Hilfsmittel der **statistischen Qualitätskontrolle**. Das folgende Beispiel beschreibt die Vorgehensweise.

Beispiel 14.3: Es wird vorausgesetzt, dass die bei einem Produktionsvorgang gefertigten Werkstücke bezüglich eines Merkmals X, z. B. der Länge, des Gewichts usw., als $N(\mu; \sigma)$-verteilt angesehen werden können, wobei die Varianz σ^2 aufgrund langer Erfahrung bekannt ist. Aus der laufenden Produktion wird zu gewissen Zeitpunkten, etwa jede Stunde, eine Stichprobe von kleinem Umfang n entnommen; n liegt meist im Bereich von 5 bis 10 Stück. Mithilfe des Ergebnisses jeder solchen Stichprobe wird dann die Hypothese H_0, dass ein vorgegebener Sollwert μ_0 eingehalten wird, gegen H_1: $\mu \neq \mu_0$ nach dem in obigem Tableau beschriebenen Verfahren getestet. Dabei berücksichtigt man jeweils zwei Signifikanzniveaus, nämlich $\alpha = 0{,}01$ und $\alpha = 0{,}05$, wobei folgende Konsequenzen gezogen werden:

- Wird H_0 zu $\alpha = 0{,}01$ abgelehnt, so stoppt man die Produktion und nimmt eine Reparatur (oder eine Neueinstellung oder sogar eine Erneuerung) der Produktionsanlage vor.
- Wird H_0 nicht zu $\alpha = 0{,}01$, wohl aber zu $\alpha = 0{,}05$ abgelehnt, so entnimmt man sofort eine weitere Stichprobe.
- Wird H_0 zu $\alpha = 0{,}05$ nicht abgelehnt, so lässt man die Produktion weiterlaufen.

Eine grafische Veranschaulichung dieser Vorgehensweise geschieht mithilfe einer **Kontrollkarte**. Dabei werden i. Allg. obiger Testfunktionswert v und der Verwerfungsbereich B nicht explizit benutzt, sondern die Beziehung $v \notin B$, d. h. $-x_{1-\alpha/2} \leqq v \leqq x_{1-\alpha/2}$, wird umgeformt zu

$$\mu_0 - \frac{\sigma}{\sqrt{n}} \cdot x_{1-\alpha/2} \leqq \bar{x} \leqq \mu_0 + \frac{\sigma}{\sqrt{n}} \cdot x_{1-\alpha/2} \,.$$

Für $\alpha = 0{,}01$ ergeben sich so die Grenzen

$$\mu_0 - 2{,}58 \cdot \frac{\sigma}{\sqrt{n}} \quad \text{bzw.} \quad \mu_0 + 2{,}58 \cdot \frac{\sigma}{\sqrt{n}} \,,$$

die man als **Kontrollgrenzen** bezeichnet, während die entsprechenden Größen für $\alpha = 0{,}05$, also

$$\mu_0 - 1{,}96 \cdot \frac{\sigma}{\sqrt{n}} \quad \text{bzw.} \quad \mu_0 + 1{,}96 \cdot \frac{\sigma}{\sqrt{n}}$$

aufgrund der beschriebenen Konsequenzen **Warngrenzen** genannt werden. In einer Kontrollkarte wird, wie Abbildung 14.2 zeigt, zu jeder gezogenen Stichprobe das dazugehörige Stichprobenmittel eingetragen und mit den Kontroll- bzw. den Warngrenzen, die als horizontale Geraden eingesetzt sind, verglichen. Solche Kontrollkarten werden nach W. A. Shewhart, der sie in den 1930er-Jahren in der industriellen Qualitätskontrolle eingeführt hat, auch **Shewhart-Karten** genannt.

Als Zahlenbeispiel wählen wir einen Produktionsvorgang mit dem Sollwert $\mu_0 = 16$ und der Varianz $\sigma^2 = 0{,}04$, zu dem in der Regel stündlich eine Stichprobe vom Umfang $n = 9$ entnommen wird. Folgende Stichprobenmittel haben sich ergeben:

Stichprobe	1	2	3	4	5	6	7	8	9	10	11	12
Stichprobenmittel	16,034	15,998	16,016	16,020	15,976	16,104	15,982	16,051	16,003	15,897	15,852	15,803

Die 12te Stichprobe wurde unmittelbar nach der Stichprobe 11 entnommen, da der Wert 15,852 die untere Warngrenze unterschritten hatte; aufgrund des Ergebnisses der 12ten Stichprobe wird die Produktion gestoppt. ∎

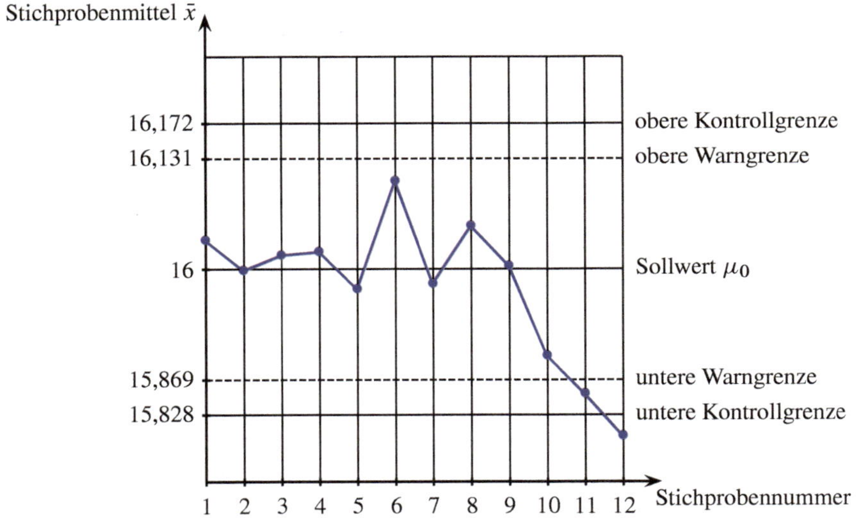

Abb. 14.2: Kontrollkarte für den Erwartungswert μ einer $N(\mu; \sigma)$-verteilten Grundgesamtheit zu den Daten aus Beispiel 14.3

Der Einstichproben-Gaußtest ist auch geeignet, um

- die Nullhypothese H_0: $\mu \geqq \mu_0$ gegen H_1: $\mu < \mu_0$ (vgl. Fall b) von (110)) bzw.
- die Nullhypothese H_0: $\mu \leqq \mu_0$ gegen H_1: $\mu > \mu_0$ (vgl. Fall c) von (110))

zu testen. So kommt die Verbraucherorganisation in Beispiel 14.2 auch zu einer Ablehnung, wenn die Nullhypothese $\mu \geqq 500$ (cm^3) lautet.

Auf die Interpretation von Signifikanztests und insbesondere auf die Erörterung der Frage, ob die Nichtablehnung der Nullhypothese einer Bestätigung von H_0 gleichkommt, wird im folgenden Abschnitt 14.2 ausführlich eingegangen. Dort und vor allem in Abschnitt 14.12 wird die beschriebene Vorgehensweise des Einstichproben-Gaußtests auch weiter begründet. Tests für den Erwartungswert μ einer normalverteilten Grundgesamtheit mit unbekannter Varianz σ^2 bzw. einer beliebig verteilten Grundgesamtheit behandeln wir in Abschnitt 14.5.

Zu erwähnen ist noch, dass das Verfahren des Einstichproben-Gaußtests im Fall a), d. h. zur Gegenhypothese H_1: $\mu \neq \mu_0$, gleichbedeutend ist mit folgender Entscheidungsvorschrift:[2] Man errechne, wenn α das vorgeschriebene Signifikanzniveau ist, ein Schätzintervall $[v_u; v_o]$ für μ gemäß Abschnitt 13.1.1 zum Konfidenzniveau $1-\alpha$ und lehne H_0: $\mu = \mu_0$ genau dann ab, wenn μ_0 nicht in $[v_u; v_o]$ liegt.

Aufgabe 14.4: Eine einfache Stichprobe vom Umfang 16 aus einer $N(\mu; 2{,}5)$-verteilten Grundgesamtheit ergab den Wert $\bar{x} = 998{,}2875$. Testen Sie jeweils zum Signifikanzniveau $\alpha = 0{,}05$

a) H_0: $\mu = 1\,000$ gegen H_1: $\mu \neq 1\,000$,
b) H_0: $\mu \geqq 1\,000$ gegen H_1: $\mu < 1\,000$,
c) H_0: $\mu \leqq 1\,000$ gegen H_1: $\mu > 1\,000$. ■

14.2 Aufbau und Interpretation von Signifikanztests

Signifikanztests finden in vielerlei Situationen Anwendung. So brauchen wir uns nicht auf den Fall zu beschränken, dass wie in Abschnitt 14.1 nur eine Grundgesamtheit und ein Merkmal vorliegen, sondern wir werden auch Fälle behandeln, in denen

- zu einer Grundgesamtheit G mehrere Merkmale relevant sind und sich die Hypothesen auf die gemeinsame Verteilung dieser Merkmale in G beziehen,

- ein Merkmal in mehreren Grundgesamtheiten von Interesse ist und die Hypothesen etwa einen Vergleich der Merkmalsverteilungen in den einzelnen Grundgesamtheiten zum Inhalt haben.

Als Beispiele hierfür mögen die Fragestellungen dienen,

- ob bei Abiturienten der Notendurchschnitt vom Beruf des Vaters abhängt,
- ob zwei verschiedene Pkw-Typen im Mittel den gleichen Benzinverbrauch haben.

Alle Signifikanztests sind nach einem **einheitlichen Schema** aufgebaut, dessen wesentliche Punkte bereits im Spezialfall des Abschnitts 14.1 deutlich wurden. Man legt zunächst die **Nullhypothese** H_0 und die relevante **Alternativhypothese** H_1 fest. Dann ist ein Signifikanztest, der H_0 gegen H_1 überprüft, durch folgende vier Größen bestimmt:

---

[2] Entsprechend lassen sich auch aus den anderen in Kapitel 13 behandelten Konfidenzintervallen Entscheidungsregeln für Tests ableiten.

1. Ein **Signifikanzniveau** α, das die Wahrscheinlichkeit angibt, mit der es zu einer fälschlichen Ablehnung von H_0 kommen darf,
2. eine Stichprobenfunktion (= **Testfunktion**) V,
3. einen **Verwerfungsbereich** B,
4. die **Entscheidungsregel**: lehne H_0 genau dann ab, wenn die Realisierung v der Testfunktion V im Verwerfungsbereich B liegt.

Die Anwendung eines Signifikanztests ist demnach denkbar einfach. Schwierigkeiten bestehen nur in der Auswahl eines für die jeweilige Problemstellung geeigneten Tests. Deshalb sind einige Bemerkungen über die Größen nötig, die den Signifikanztest charakterisieren, und den zwischen ihnen bestehenden Zusammenhang.

Die Hypothesen H_0 und H_1

Die Festlegung der Hypothesen H_0 und H_1 muss korrekterweise unabhängig von den Stichprobenergebnissen erfolgen, mit denen der Test durchgeführt wird, d. h., Beobachtungsmaterial, das eventuell die Aufstellung der Hypothesen inspiriert hat, darf nicht auch noch zur statistischen Überprüfung dieser Hypothesen benutzt werden.

Bezüglich des Inhalts von Hypothesen sind zwei Typen zu unterscheiden, nämlich

- Hypothesen, die sich auf einen (möglicherweise mehrdimensionalen) unbekannten Parameter ϑ beziehen, wie dies etwa in Abschnitt 14.1 der Fall war, und
- Hypothesen, die sonstige Aussagen über eine unbekannte Verteilung beinhalten, z. B. „die Grundgesamtheit besitzt bezüglich des Untersuchungsmerkmals eine Normalverteilung“.

Hypothesen ersteren Typs und die zugehörigen Tests heißen **parametrisch**, die anderen **nichtparametrisch**.[3] Bei parametrischen Hypothesen fasst man die möglichen (oder zur Debatte stehenden) Parameterwerte ϑ zusammen im **Parameterbereich** Θ. Die Nullhypothese H_0 und die Gegenhypothese H_1 zerlegen Θ in zwei disjunkte Teile Θ_0 und Θ_1. H_0 und H_1 lassen sich dann auch in der Form $H_0\colon\ \vartheta \in \Theta_0$ und $H_1\colon\ \vartheta \in \Theta_1 = \Theta \setminus \Theta_0$ darstellen, wobei für $i = 0$ und $i = 1$ die Aussage „$\vartheta \in \Theta_i$“ bedeutet, dass der unbekannte wahre ϑ-Wert in Θ_i liegt.

Eine Hypothese H_i bezeichnen wir als **einfache Hypothese**, falls Θ_i nur aus einem Element besteht, anderenfalls heißt H_i **zusammengesetzte Hypothese**. Ferner spricht man im Fall $\Theta = \mathbb{R}$ von einer **einseitigen Hypothese** H_i, wenn Θ_i die Gestalt $(-\infty; \vartheta_i)$ oder $(-\infty; \vartheta_i]$ bzw. $(\vartheta_i; \infty)$ oder $[\vartheta_i; \infty)$ besitzt, und von einer **zweiseitigen Hypothese** H_i, wenn Θ_{1-i} einelementig oder ein endliches Intervall ist.

Beispiel 14.5: Die eben definierten Begriffe lassen sich anhand von Beispiel 14.1 verdeutlichen. Für die Eichkommission ist $\mu = 500$ gegen $\mu \neq 500$ zu testen, sodass $\Theta = \mathbb{R}$ zu wählen ist und Null- und Gegenhypothese in der Form

$$H_0\colon\ \mu \in \Theta_0 = \{500\}, \qquad H_1\colon\ \mu \in \Theta_1 = \mathbb{R} \setminus \{500\} = (-\infty; 500) \cup (500; \infty)$$

geschrieben werden können. Folglich ist hierbei H_0 einfach und H_1 zusammengesetzt und zweiseitig. Die Verbraucherorganisation überprüft hingegen $\mu = 500$ gegen $\mu < 500$, was durch $\Theta = (-\infty; 500]$,

[3] Die Verwendung dieses Begriffs in der Literatur ist nicht einheitlich; vgl. dazu auch den Punkt „Verteilungsfreie Verfahren“ in Abschnitt 14.13.

$\Theta_0 = \{500\}$ und $\Theta_1 = (-\infty; 500)$ dargestellt werden kann, d. h. hier ist ebenfalls H_0 einfach und H_1 zusammengesetzt und einseitig. Wie am Schluss von Abschnitt 14.1 festgestellt wurde, ist der Einstichproben-Gaußtest auch geeignet, um H_0: $\mu \geqq 500$ gegen H_1: $\mu < 500$ zu testen. In diesem Fall sind $\Theta = \mathbb{R}$, $\Theta_0 = [500; \infty)$ und $\Theta_1 = (-\infty; 500)$, was bedeutet, dass sowohl H_0 als auch H_1 zusammengesetzt und einseitig sind. ▪

Bei nichtparametrischen Tests lassen sich die Hypothesen H_0 und H_1 formal auf ähnliche Weise trennen, indem man eine Gesamtmenge von möglichen Wahrscheinlichkeitsverteilungen ansetzt, von der ein bestimmter Teil die Nullhypothese H_0 repräsentiert, während der Rest H_1 charakterisiert; auf eine explizite Darstellung wollen wir verzichten.

Das Signifikanzniveau α

Der Anwender muss vor Durchführung des Tests das Signifikanzniveau α als die Wahrscheinlichkeit festlegen, die er für die Fehlentscheidung zulassen will, dass H_0 zu Unrecht abgelehnt wird. Je kleiner er α wählt, desto unwahrscheinlicher wird zwar diese Fehlentscheidung, desto geringer wird jedoch auch die Chance, bei falschem H_0 zu einer Ablehnung von H_0 zu kommen. Gebräuchlich sind für α vor allem Werte wie 0,1; 0,05 oder 0,01.

Da Ablehnung von H_0 mit dem Ereignis „$V \in B$“ äquivalent ist, wird ein Signifikanztest zum Niveau α etwa im parametrischen Fall mit der Nullhypothese H_0: $\vartheta \in \Theta_0$ durch die Gleichung

$$\alpha = \sup_{\vartheta \in \Theta_0} P(V \in B \,|\, \vartheta) \tag{114}$$

definiert, d. h. das Supremum aller Wahrscheinlichkeiten, H_0 abzulehnen, wenn ϑ der wahre Parameter ist und zu Θ_0 gehört, muss gleich dem Signifikanzniveau sein. Im Spezialfall einer einfachen Nullhypothese H_0: $\vartheta = \vartheta_0$ vereinfacht sich (114) zu $\alpha = P(V \in B \,|\, \vartheta_0)$. Nachdem α festgelegt wurde, ist (114) als eine Bestimmungsgleichung für den Verwerfungsbereich B anzusehen; hierauf kommen wir später zurück. Ist V eine diskrete Zufallsvariable, so lässt sich (114) nicht immer exakt einhalten. Man behilft sich dann damit, dass man $\sup_{\vartheta \in \Theta_0} P(V \in B \,|\, \vartheta) \leqq \alpha$ zu erfüllen sucht, und zwar so, dass dieses Supremum möglichst nahe an α herankommt; siehe dazu etwa den Binomialtest in Abschnitt 14.3.

Die Testfunktion V

An die Testfunktion V, die die Stichprobe verarbeitet, stellen wir zwei Bedingungen. Zum Ersten soll sie geeignet sein zur Beurteilung der Hypothesen H_0 und H_1, d. h. ihre Wahrscheinlichkeitsverteilung muss davon abhängen, ob H_0 oder H_1 richtig ist. Beim Einstichproben-Gaußtest ist dies natürlich erfüllt, da die Testfunktion V bis auf die normierenden Bestandteile aus einer erwartungstreuen Schätzfunktion für μ besteht. Zweitens muss die Verteilung von V, sofern die Nullhypothese zutrifft, zumindest approximativ berechnet werden können; denn nur dann lässt sich nachprüfen, ob das gegebene Signifikanzniveau α eingehalten wird, bzw. im parametrischen Fall nachrechnen, ob Gleichung (114) erfüllt ist.

Der Verwerfungsbereich B

Bisher haben wir immer nur von der Fehlentscheidung gesprochen, dass die Hypothese H_0 abgelehnt wird, obwohl sie richtig ist; wir bezeichnen sie von jetzt an als den **Fehler 1. Art**. Daneben kann die Entscheidungsregel aber noch zu einer anderen Fehlentscheidung, dem sogenannten **Fehler 2. Art**, führen, nämlich dass die Nullhypothese nicht verworfen wird, obwohl sie falsch ist. Natürlich ist es wünschenswert, die Wahrscheinlichkeiten für beide Arten von Fehlern möglichst gering zu halten.

In der Regel ist es allerdings nicht möglich, einen Verwerfungsbereich B so festzulegen, dass beide Fehlerwahrscheinlichkeiten simultan unter vorgegebene Schranken gedrückt werden. Deshalb geht man bei der **Konstruktion des Verwerfungsbereichs B nach folgendem Prinzip** vor:

i) Man sorgt zunächst dafür, dass die maximale Wahrscheinlichkeit für den Fehler 1. Art gleich einem vorgegebenen Wert, nämlich gleich dem Signifikanzniveau α ist; vgl. Bedingung (114).

ii) Den Spielraum, den man unter Einhaltung von i) noch hat, benutzt man dazu, die Wahrscheinlichkeit für den Fehler 2. Art so klein wie möglich zu halten.

Forderung i) wird also genau durch die Benutzung eines Tests zum Niveau α erfüllt. Forderung ii) erreicht man, grob gesprochen, indem man B so legt, dass ein Testfunktionswert v, der in B fällt, stark gegen H_0 und für H_1 spricht. Mit eben dieser Begründung (vgl. (111)) haben wir beim Einstichproben-Gaußtest die Verwerfungsbereiche gemäß (113) festgelegt.

Zur Interpretation der Entscheidungsregel

Die Entscheidungsregel lässt als Ergebnisse eines Signifikanztests nur die Ablehnung bzw. die Nichtablehnung der Nullhypothese zu. Eine **Ablehnung von H_0** kommt zu Stande, wenn das Beobachtungsmaterial in signifikantem Widerspruch zu H_0 steht; sie wird als **statistische Bestätigung der gewählten Gegenhypothese H_1** interpretiert, d. h. bei Ablehnung von H_0 stellt man die Behauptung auf, H_1 sei zutreffend. Dabei handelt es sich um eine Behauptung, die entweder richtig oder falsch sein kann. Man hat jedoch die Gewissheit, dass der benutzte Signifikanztest nur mit der Wahrscheinlichkeit α zu dieser Behauptung führt, wenn sie falsch ist.

Zu **keiner Ablehnung von H_0** kommt man, wenn das Beobachtungsmaterial nicht in signifikantem Widerspruch zu H_0 steht. Dies **bedeutet nicht, dass die Hypothese H_0 bestätigt ist**, sondern nur, dass die Beobachtungsdaten nicht zu einer Ablehnung von H_0 ausreichen (sozusagen eine Stimmenthaltung oder ein Freispruch aus Mangel an Beweisen). So bestätigt in Beispiel 14.2 die Tatsache, dass die Eichkommission nicht zu einer Ablehnung von H_0 kommt, keineswegs die Einhaltung des Sollwerts 500 (cm^3). Möglicherweise war nur der Stichprobenumfang $n = 25$ zu gering, um H_0 verwerfen zu können.

Bei Nichtablehnung von H_0 wird dennoch in der Praxis gelegentlich von einer Annahme der Nullhypothese gesprochen, wenn im Moment weitere Beobachtungen nicht infrage kommen, die Situation aber eine Entscheidung verlangt. So wurde in Beispiel 14.3 die Hypothese, dass der Sollwert μ_0 eingehalten wird, de facto immer dann als (hinreichend) richtig angenommen, wenn das Stichprobenmittel die Warngrenzen nicht über- bzw. unterschritt. Diese Interpretation der Nichtablehnung von H_0 als eine Entscheidung für H_0 ist allerdings nicht statistisch abgesichert, d. h. die Wahrscheinlichkeit, mit der man so zu einer Fehlentscheidung kommt, ist nicht durch einen vorgegebenen kleinen Wert beschränkt[4] wie dies der Fall ist, wenn man sich bei Ablehnung von H_0 für H_1 entscheidet. Ablehnung bzw. Nichtablehnung von H_0 stellen somit Aussagen unterschiedlicher Qualität dar. Dies hat seinen Grund in der beim Konstruktionsprinzip des Verwerfungsbereichs deutlich gewordenen Ungleichbehandlung von Fehlern 1. und 2. Art bzw. von Null- und Gegenhypothese. Praktiker der empirischen Wirtschafts- oder Sozialforschung wählen daher diejenige Hypothese als Gegenhypothese H_1, die sie „bestätigen“ oder „statistisch untermauern“ wollen.

[4] Bei gegebenem Signifikanzniveau α kann diese Irrtumswahrscheinlichkeit im ungünstigsten Fall $1 - \alpha$ betragen.

Im folgenden Beispiel 14.6 werden die oben dargestellten Prinzipien noch einmal verdeutlicht. Aus der in der Beispielsituation entwickelten Vorgehensweise lässt sich dann für den Fall einer dichotomen Grundgesamtheit ein eigener Test angeben, der aufgrund der Verteilung der verwendeten Testfunktion Binomialtest heißt.

14.3 Binomialtest

Beispiel 14.6: Für die Produktion eines Werkstücks soll die alte Maschine M_1 durch eine neue Maschine M_2 ersetzt werden, falls diese einen geringeren Ausschussanteil produziert. Die alte Maschine hatte einen Ausschussanteil $p_0 = 0{,}3$. Beim Probelauf von M_2 wird eine einfache Stichprobe von $n = 20$ Stück entnommen und geprüft. Es soll getestet werden, ob der Ausschussanteil p von M_2 kleiner als 0,3 ist oder nicht. Um die Beziehung $p < 0{,}3$ statistisch untermauern zu können, wählen wir sie als Gegenhypothese und erhalten so H_0: $p \geqq 0{,}3$ und H_1: $p < 0{,}3$. (Der gesamte Parameterbereich ist $\Theta = [0; 1]$.) Das Testverfahren legen wir wie folgt fest:

1. Als Signifikanzniveau verwenden wir $\alpha = 0{,}05$.
2. Als Testfunktion eignet sich
$$V = \sum_{i=1}^{20} X_i \quad \text{mit} \quad X_i = \begin{cases} 1, & \text{falls das } i\text{-te geprüfte Stück defekt ist} \\ 0, & \text{sonst}\,. \end{cases}$$
Denn V genügt einer $B(20;p)$-Verteilung und somit ist die Verteilung von V wie gefordert davon abhängig, ob H_0 oder H_1 zutrifft, und sie ist für $p \geqq p_0 = 0{,}3$ berechenbar.
3. Je kleiner der Wert v ist, desto deutlicher spricht er für H_1 und gegen H_0. Deshalb wählen wir den Verwerfungsbereich von der Gestalt $B = \{0, 1, \ldots, c\}$, wobei $\sup_{p \geqq 0{,}3} P(V \leqq c|p) \leqq 0{,}05$ und $\sup_{p \geqq 0{,}3} P(V \leqq c + 1|p) > 0{,}05$ gefordert wird. Daraus ergibt sich $B = \{0, 1, 2\}$, vgl. Tabelle A.1 des Anhangs.
4. Die Entscheidungsregel bedeutet dann: Sind von den 20 geprüften Stücken höchstens 2 defekt, so wird H_0 abgelehnt, d. h. man hält M_2 für besser als M_1. Andernfalls, wenn H_0 nicht abgelehnt werden kann, wird man sich in der Praxis vermutlich für eine Weiterverwendung von M_1 entscheiden. ▪

Aufgabe 14.7: Welcher Verwerfungsbereich ergibt sich in Beispiel 14.6, wenn der Stichprobenumfang $n = 5$ oder $n = 10$ vorliegt? ▪

Die Ausführungen des Beispiels 14.6 können natürlich verallgemeinert werden. Dazu liege eine einfache Stichprobe aus einer dichotomen, also einer $B(1;p)$-verteilten Grundgesamtheit G mit den Variablen $X_1, \ldots, X_n$ vor sowie ein Hypothesenpaar von folgendem Typ:

$$\begin{array}{llll} \text{a)} & H_0\colon p = p_0, & & H_1\colon p \neq p_0 \\ \text{b)} & H_0\colon p = p_0 & (\text{oder } p \geqq p_0), & H_1\colon p < p_0 \\ \text{c)} & H_0\colon p = p_0 & (\text{oder } p \leqq p_0), & H_1\colon p > p_0 \end{array} \tag{115}$$

Die im nachfolgenden Tableau beschriebene Vorgehensweise wird als **Binomialtest** bezeichnet.

Schritt 1: Ein Signifikanzniveau α wird festgelegt.

Schritt 2: Der Testfunktionswert

$$v = \sum_{i=1}^{n} x_i$$

wird errechnet.

Schritt 3: Mit der Verteilungsfunktion F der $B(n; p_0)$-Verteilung wird der Verwerfungsbereich B wie folgt festgelegt:

$$\begin{aligned} B &= \{0, \dots, c_1\} \cup \{c_2, \dots, n\} && \text{im Fall (115a)} \\ B &= \{0, \dots, c\} && \text{im Fall (115b)} \\ B &= \{c', \dots, n\} && \text{im Fall (115c)}\,, \end{aligned}$$

wobei für die Zahlen c_1 und c_2 im Fall (115a) bzw. für die Zahl c im Fall (115b) bzw. für die Zahl c' im Fall (115c) gilt:

$$\begin{aligned} & F(c_1) \leqq \tfrac{\alpha}{2}, && F(c_1 + 1) > \tfrac{\alpha}{2} && \text{und} \\ & F(c_2 - 1) \geqq 1 - \tfrac{\alpha}{2}, && F(c_2 - 2) < 1 - \tfrac{\alpha}{2} \\ \text{bzw.} \quad & F(c) \leqq \alpha, && F(c + 1) > \alpha \\ \text{bzw.} \quad & F(c' - 1) \geqq 1 - \alpha, && F(c' - 2) < 1 - \alpha\,. \end{aligned}$$

Schritt 4: H_0 wird genau dann verworfen, wenn $v \in B$ gilt.

Zum Binomialtest sind folgende Punkte anzumerken:

- Die in Schritt 3 im Fall (115a) an c_2 gestellte Forderung gewährleistet gerade, dass unter $p = p_0$ sowohl

$$\begin{aligned} P(V \geqq c_2) &= 1 - P(V < c_2) = 1 - P(V \leqq c_2 - 1) = 1 - F(c_2 - 1) \\ &\leqq 1 - (1 - \tfrac{\alpha}{2}) = \tfrac{\alpha}{2} \end{aligned}$$

  als auch $P(V \geqq c_2 - 1) = 1 - F(c_2 - 2) > \frac{\alpha}{2}$ zutrifft. Entsprechendes gilt (mit α statt $\frac{\alpha}{2}$) für die im Fall (115c) an c' gestellte Forderung.

- Da es sich bei der Binomialverteilung um eine diskrete Verteilung handelt, wird beim Binomialtest in der Regel nicht die gesamte zugelassene Irrtumswahrscheinlichkeit α ausgeschöpft.

- Ist für die Stichprobenrealisierung $(x_1, \dots, x_n)$ die Bedingung $5 \leqq \sum x_i \leqq n - 5$ erfüllt, so kann $V = X_1 + X_2 + \dots + X_n$ aufgrund des zentralen Grenzwertsatzes als (hinreichend genau) normalverteilt angenommen werden; die Testdurchführung kann dann dem Abschnitt 14.5 entnommen werden.

Beispiel 14.8: Ein Teigwarenhersteller bringt Packungen auf den Markt, in denen sich laut Aufdruck jeweils 500 Gramm Nudeln befinden sollten. Aus der gesamten Produktionsserie solcher Packungen wurde eine einfache Stichprobe vom Umfang 8 gezogen. Für den Inhalt ergaben sich folgende Werte (in Gramm): 484, 486, 472, 519, 497, 487, 495, 480. Es soll geklärt werden, ob die Hypothese, der Anteil p der Packungen in der Produktionsserie mit weniger als 500 Gramm Inhalt sei größer als $\frac{1}{2}$, statistisch bestätigt werden kann.

Da beim vorliegenden Stichprobenumfang $n = 8$ die Bedingung $5 \leqq \sum x_i \leqq n - 5$ für eine alternative Testdurchführung auf Basis des zentralen Grenzwertsatzes (vgl. Abschnitt 14.5) nicht erfüllt sein kann, führen wir einen Binomialtest durch. Mit

$$X_i = \begin{cases} 1, & \text{falls } i\text{-ter Messwert} < 500 \\ 0, & \text{falls } i\text{-ter Messwert} \geqq 500 \end{cases}$$

für $i = 1, \ldots, 8$ und $p = P(X_i = 1) = \mathrm{E}(X_i)$ wird die Hypothese $H_0\colon\ p \leqq \frac{1}{2}$ gegen $H_1\colon\ p > \frac{1}{2}$ getestet. Dies entspricht dem Fall (115c).

1. Als Signifikanzniveau wählen wir $\alpha = 0{,}05$.
2. Es ist $v = 7$.
3. Da $F(6) = 0{,}9648 \geqq 0{,}95 = 1 - \alpha$ und $F(5) = 0{,}8555 < 1 - \alpha$ gilt, ist $c' = 7$ und damit der Verwerfungsbereich $B = \{7, 8\}$.
4. Wegen $v \in B$ wird H_0 abgelehnt.

Damit kann die Hypothese H_1 als statistisch bestätigt angesehen werden. ▪

In der Situation des Beispiels 14.8 wurde zunächst zu einem stetigen Merkmal Y (= Packungsinhalt in Gramm) eine einfache Stichprobe mit den Variablen $Y_1, \ldots, Y_8$ gezogen und dann jeweils registriert, ob der beobachtete Merkmalswert y_i eine vorgegebene Schranke ϑ_0 (= 500) unterschreitet oder nicht. Ein in einer solchen Situation angewandter Binomialtest heißt in der Literatur[5] auch **Vorzeichentest**, weil nur die Vorzeichen der Differenzen $y_i - \vartheta_0$ den Testfunktionswert bestimmen. Im Übrigen gibt es bei Eindeutigkeit des Medians y_{Med} von Y für die Testhypothesen $H_0\colon\ p \leqq \frac{1}{2}$ und $H_1\colon\ p > \frac{1}{2}$ aus Beispiel 14.8 auch die (dazu äquivalenten) Formulierungen $H_0\colon\ y_{\mathrm{Med}} \geqq \vartheta_0$ und $H_1\colon\ y_{\mathrm{Med}} < \vartheta_0$. Lässt sich für Y eine symmetrische Verteilung annehmen, so kann dabei y_{Med} durch den Erwartungswert $\mathrm{E}(Y)$ ersetzt werden.

14.4 Klassifikation der Signifikanztests

In diesem Abschnitt verschaffen wir uns mithilfe einiger Baumdarstellungen einen Überblick[6] über Signifikanztests, indem wir eine Untergliederung nach Ausgangssituation, Verteilungsvoraussetzungen, Art der Hypothesen[7] usw. vornehmen. Insbesondere sind darin diejenigen Tests aufgeführt, die wir anschließend (in den in Klammern angegebenen Abschnitten) ausführlich behandeln werden; sie sind stets durch die durchgezogenen Pfeile gekennzeichnet. Dagegen deuten gestrichelte Pfeile auf Tests hin, deren explizite Darstellung beispielsweise in der jeweils zitierten Literatur zu finden ist. Hauptgesichtspunkte sind im Folgenden die Art und die Anzahl der verwendeten Stichproben.

Signifikanztests bei einer einfachen Stichprobe

Betrachtet wird eine Grundgesamtheit G mit einem relevanten Untersuchungsmerkmal X, zu dem **eine einfache Stichprobe** vom Umfang n aus G entnommen wird. Dabei bezeichnet μ den Erwartungswert, σ^2 die Varianz und F die Verteilungsfunktion der Verteilung der Grundgesamtheit G bezüglich X. Ferner sind μ_0, σ_0^2 und F_0 die entsprechenden hypothetischen Größen. Alle in Abbildung 14.3 angegebenen Tests benötigen kardinale Daten mit Ausnahme des χ^2-Anpassungstests, der mit nominalen Daten auskommt, sowie des Binomialtests und des approximativen Gaußtests im Fall einer dichotomen Grundgesamtheit.

[5] Vgl. etwa Büning/Trenkler (1994, S. 92) oder Bosch (1998, S. 701).

[6] Die Darstellung erhebt keinen Anspruch auf Vollständigkeit.

[7] In den Abbildungen wird immer nur die Nullhypothese angegeben. Die jeweils infrage kommenden Alternativhypothesen sind bei der expliziten Behandlung der einzelnen Testverfahren zu finden.

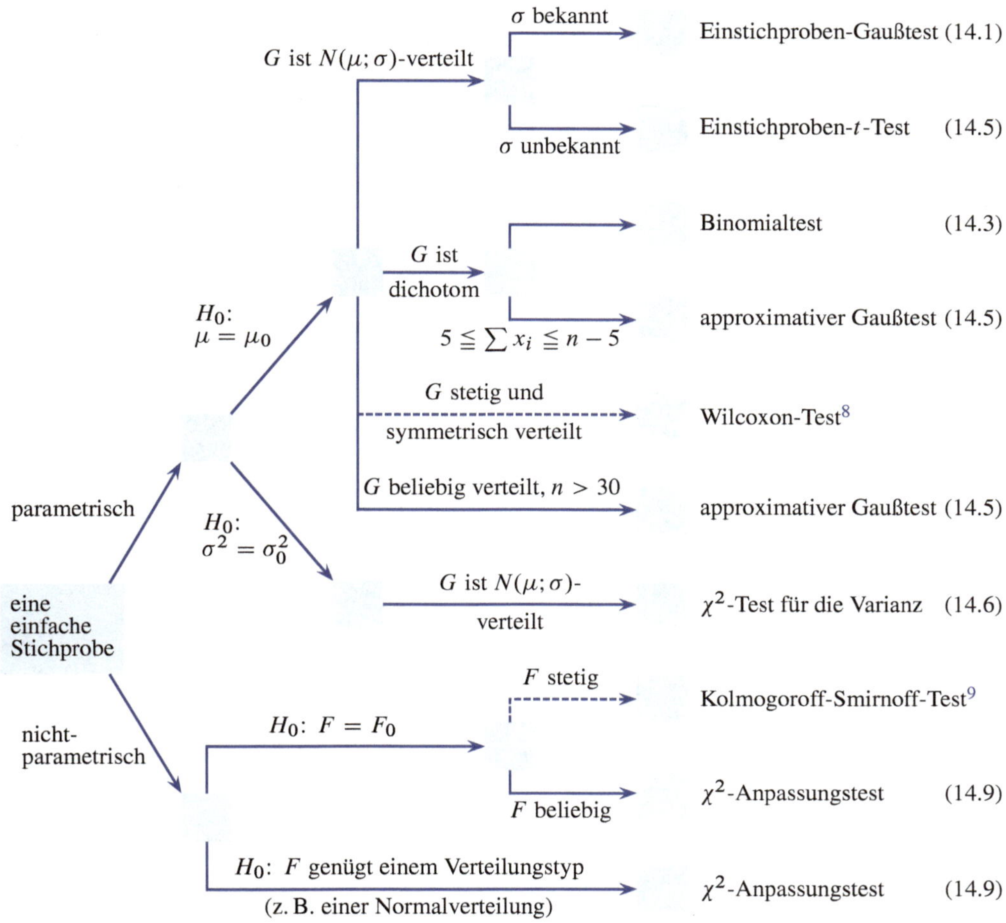

Abb. 14.3: Signifikanztests bei einer einfachen Stichprobe

Signifikanztests bei mehreren unabhängigen Stichproben

Hypothesen beziehen sich oft auf einen Vergleich von $r \geqq 2$ Wahrscheinlichkeitsverteilungen. So kann man interessiert sein, welcher von zwei Transistortypen eine größere mittlere Lebensdauer besitzt oder ob mehrere verschiedene Lehrmethoden gleich wirksam sind. Wir setzen voraus, dass aus jeder der r Wahrscheinlichkeitsverteilungen $j = 1, \ldots, r$ eine einfache Stichprobe vom Umfang n_j stammt (was bedeutet, dass ihre Stichprobenvariablen dieser Verteilung genügen), wobei die r Stichprobenentnahmen voneinander unabhängig sein müssen. Dabei ist es unerheblich, ob die r Verteilungen davon herrühren, dass r Grundgesamtheiten $G_1, \ldots, G_r$ auf ein gemeinsames Merkmal (oder auch auf verschiedene Merkmale) hin untersucht werden, oder davon, dass r Merkmale in einer einzigen Grundgesamtheit G interessieren. Entscheidend ist stets nur die **Unabhängigkeit der r einfachen Stichproben**. Diese Unabhängigkeit

---

[8] Vgl. Büning/Trenkler (1994, S. 96) oder Bosch (1998, S. 703). Beim Wilcoxon-Test ist H_0 meist mit dem Median statt dem Erwartungswert formuliert; unter den genannten Voraussetzungen ist aber μ auch zugleich Median.

[9] Vgl. Büning/Trenkler (1994, S. 68) oder Bosch (1998, S. 377).

wird z. B. beim Vergleich mehrerer Lehrmethoden dadurch gewährleistet, dass man aus der Grundgesamtheit aller infrage kommenden Schüler insgesamt n Schüler nach einer uneingeschränkten Zufallsauswahl auswählt und diese zufällig in r Gruppen aufteilt, wobei die j-te Gruppe n_j Schüler enthält und in ihr dann die Lehrmethode j benutzt wird.

In Abbildung 14.4 bezeichnet μ_j den Erwartungswert, σ_j^2 die Varianz und F_j die Verteilungsfunktion der Wahrscheinlichkeitsverteilung, aus der die j-te Stichprobe stammt.

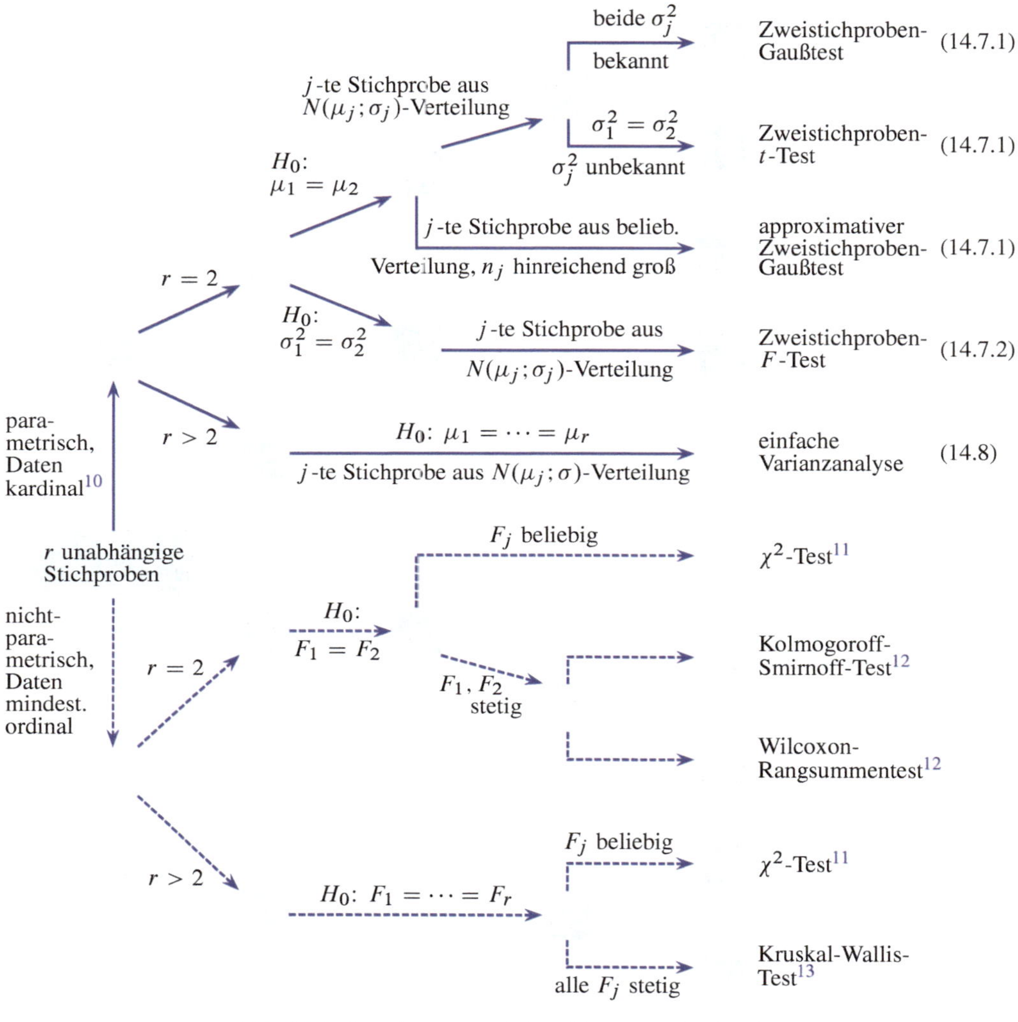

Abb. 14.4: Signifikanztests bei unabhängigen Stichproben

[10] Der approximative Zweistichproben-Gaußtest ist auch auf dichotome Stichprobenvariablen anwendbar.

[11] Vgl. Bosch (1998, S. 391); der χ^2-Test ist auch für nominale Daten anwendbar.

[12] Vgl. Büning/Trenkler (1994, S. 119 bzw. S. 131) oder Bosch (1998, S. 394 bzw. S. 711).

[13] Vgl. Büning/Trenkler (1994, S. 184) oder Bosch (1998, S. 745).

Signifikanztests bei zwei verbundenen Stichproben

In diesem Unterabschnitt wird aus einer Grundgesamtheit G eine zweidimensionale einfache Stichprobe vom Umfang n gezogen; das heißt, bei jedem gemäß einer uneingeschränkten Zufallsauswahl aus G entnommenen Objekt werden zu zwei Untersuchungsmerkmalen X und Y die beiden Merkmalsausprägungen registriert. Betrachtet man die Datenerhebung zu X und Y getrennt, so spricht man vom Vorliegen **zweier verbundener einfacher Stichproben** vom Umfang n. Hypothesen können sich hierbei mit zwei Arten von Problemstellungen beschäftigen, nämlich mit der Frage der Unabhängigkeit der beiden Merkmale X und Y in G bzw. mit dem Vergleich der zwei Merkmalsverteilungen, wobei wir uns auf den Vergleich ihrer Erwartungswerte beschränken. Ein Beispiel für die erstgenannte Problemstellung ist die Frage, ob bei Studenten der Wirtschaftswissenschaften die Prüfungsleistungen in den Fächern Mathematik und Statistik voneinander abhängen oder nicht. Der Vergleich der Ernteerträge bei zwei verschiedenen Düngemitteln ist hingegen eine mögliche Problemstellung des zweiten Typs. Um dabei tatsächlich verbundene Stichproben zu erhalten, geht man etwa so vor, dass man n Äcker je zur Hälfte mit Düngemittel A bzw. mit Düngemittel B behandelt (würde man dagegen bei n_1 Äckern Mittel A und unabhängig davon bei n_2 weiteren Äckern Mittel B anwenden, so wären die Tests bei unabhängigen Stichproben zu benutzen).

In Abbildung 14.5 sind mit μ_1 bzw. μ_2 die Erwartungswerte von G bezüglich X bzw. Y bezeichnet.

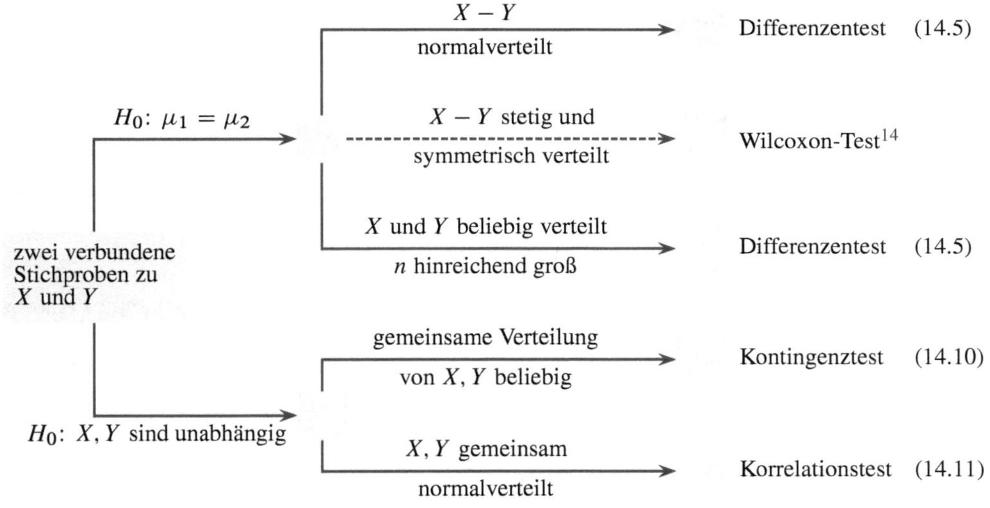

Abb. 14.5: Signifikanztests bei zwei verbundenen Stichproben

[14] Vgl. Büning/Trenkler (1994, S. 171) oder Bosch (1998, S. 691); unter den in der Abbildung 14.5 angegebenen Voraussetzungen ist $E(X - Y) = \mu_1 - \mu_2$ auch zugleich Median von $X - Y$.

14.5 Einstichproben-t-Test, approximativer Gaußtest, Differenzentests

$X_1, \ldots, X_n$ seien die Variablen **einer einfachen Stichprobe** aus einer Grundgesamtheit G, die bezüglich des Untersuchungsmerkmals X den Erwartungswert μ und die Varianz σ^2 besitzt. Der unbekannte Erwartungswert μ wird mit einem hypothetischen Wert μ_0 verglichen. Dabei lassen wir explizit folgende Paare von Hypothesen H_0 und H_1 zu:

$$\begin{array}{llll} \text{a)} & H_0\colon \mu = \mu_0, & & H_1\colon \mu \neq \mu_0 \\ \text{b)} & H_0\colon \mu = \mu_0 & (\text{oder } \mu \geqq \mu_0), & H_1\colon \mu < \mu_0 \\ \text{c)} & H_0\colon \mu = \mu_0 & (\text{oder } \mu \leqq \mu_0), & H_1\colon \mu > \mu_0 \end{array} \tag{116}$$

Unter zwei verschiedenen Voraussetzungen werden nun Testfunktionen angegeben, die zur Überprüfung dieser Hypothesen geeignet sind.

Voraussetzung 1: G genügt bezüglich X einer $N(\mu; \sigma)$-Verteilung mit unbekannter[15] Standardabweichung σ. In diesem Fall benutzen wir die (auch für $\mu_0 \neq \mu$ so bezeichnete) t-Statistik

$$V = \frac{\bar{X} - \mu_0}{S}\sqrt{n}$$

als Testfunktion. Sie besitzt, wie wir aus Abschnitt 11.2.4 wissen, eine $t(n-1)$-Verteilung, sofern μ gleich dem hypothetischen Wert μ_0 ist.

Voraussetzung 2: Die Verteilung von G bezüglich X ist beliebig; der Stichprobenumfang n ist größer als 30 bzw. es liegen, falls G dichotom ist, mindestens so viele Beobachtungen vor, dass $n\bar{x} \geqq 5$ und $n(1 - \bar{x}) \geqq 5$, d. h. $5 \leqq \sum x_i \leqq n - 5$, gilt.[16] Geeignete Testfunktionen sind dann

$$V = \frac{\bar{X} - \mu_0}{\sigma}\sqrt{n}\,, \quad \text{sofern } \sigma \text{ bekannt ist bzw.}$$

$$V = \frac{\bar{X} - \mu_0}{S}\sqrt{n}\,, \quad \text{sofern } \sigma \text{ unbekannt ist.}$$

Im Fall einer dichotomen Grundgesamtheit, wenn also $\mu = p$ ein unbekannter Anteilswert und $\mu_0 = p_0$ ein hypothetischer Wert ist, nimmt man als Testfunktion meist

$$V = \frac{\bar{X} - p_0}{\sqrt{p_0(1 - p_0)}}\sqrt{n}\,,$$

d. h. man setzt in den Nenner die bei $p = p_0$ gültige Standardabweichung der Verteilung von G.

Nach Abschnitt 11.2.4 sind die angegebenen Testfunktionen hinreichend genau $N(0; 1)$-verteilt, sofern $\mu = \mu_0$ zutrifft.

Das im folgenden Tableau zusammengestellte Testverfahren heißt **Einstichproben-t-Test**, sofern Voraussetzung 1 vorliegt, bzw. **approximativer Gaußtest**, falls Voraussetzung 2 erfüllt ist.

---

[15] Der Fall „σ bekannt" wurde in Abschnitt 14.1 behandelt.

[16] Im Fall einer dichotomen Grundgesamtheit kann alternativ auch ein Binomialtest gemäß Abschnitt 14.3 durchgeführt werden. Die letztgenannte Bedingung ist dann nicht erforderlich.

Schritt 1: Ein Signifikanzniveau α wird festgelegt.

Schritt 2: Der Testfunktionswert v wird errechnet, nämlich gemäß:

$$v = \begin{cases} \dfrac{\bar{x} - \mu_0}{s}\sqrt{n} & \text{unter Voraussetzung 1} \\ \dfrac{\bar{x} - \mu_0}{\sigma}\sqrt{n} & \text{unter Voraussetzung 2, falls } \sigma \text{ bekannt} \\ \dfrac{\bar{x} - \mu_0}{s}\sqrt{n} & \text{unter Voraussetzung 2, falls } \sigma \text{ unbekannt}^{17} \\ \dfrac{\bar{x} - p_0}{\sqrt{p_0(1 - p_0)}}\sqrt{n} & \text{unter Voraussetzung 2, falls } G \text{ dichotom.} \end{cases}$$

Schritt 3: Der Verwerfungsbereich

$$\begin{aligned} B &= (-\infty; -x_{1-\alpha/2}) \cup (x_{1-\alpha/2}; \infty) && \text{im Fall (116a)} \\ B &= (-\infty; -x_{1-\alpha}) && \text{im Fall (116b)} \\ B &= (x_{1-\alpha}; \infty) && \text{im Fall (116c)} \end{aligned}$$

wird festgelegt, wobei die Fraktilswerte $x_{1-\alpha/2}$ bzw. $x_{1-\alpha}$ der

- $t(n-1)$-Verteilung unter Voraussetzung 1 bei $n - 1 \leqq 30$,
- $N(0; 1)$-Verteilung unter Vorauss. 2 bzw. unter Vorauss. 1 bei $n - 1 > 30$

zu entnehmen sind.

Schritt 4: H_0 wird genau dann verworfen, wenn $v \in B$ gilt.

Beispiel 14.9: In Aufgabe 13.6 ergab sich in einer einfachen Stichprobe vom Umfang $n = 2\,000$ eine Anzahl von 108 Stimmen für eine bestimmte Partei. Wir testen die Hypothese H_0, dass der Stimmenanteil p dieser Partei unter allen Wahlberechtigten höchstens 5 Prozent beträgt, gegen H_1: $p > 0{,}05$. Wegen $5 \leqq \sum x_i = 108 \leqq 2\,000 - 5$ ist Voraussetzung 2 erfüllt.

1. Als Signifikanzniveau wählen wir $\alpha = 0{,}02$.
2. Der Testfunktionwert ist
$$v = \frac{0{,}054 - 0{,}05}{\sqrt{0{,}05 \cdot 0{,}95}}\sqrt{2\,000} = 0{,}8208\,.$$
3. Der Verwerfungsbereich ist $B = (2{,}054; \infty)$.
4. Wegen $v \notin B$ kann H_0 nicht verworfen werden. ▪

Bei den in Abbildung 14.5 aufgeführten **Differenzentests** handelt es sich um Anwendungen des Einstichproben-t-Tests bzw. des approximativen Gaußtests auf Differenzen von Stichprobenvariablen. Sei also G eine Grundgesamtheit, die bezüglich der beiden Untersuchungsmerkmale X bzw. Y die Erwartungswerte μ_1 bzw. μ_2 besitzt. Die Stichprobenvariablen $X_1, \ldots, X_n$ bzw. $Y_1, \ldots, Y_n$ beschreiben das Ziehen **zweier verbundener einfacher Stichproben** aus G zu X bzw. Y. Die Stichprobenfunktionen

$$Z_i = X_i - Y_i, \quad i = 1, \ldots, n$$

[17] Statt s kann auch ein anderer Schätzwert für σ sinnvoll sein.

sind dann unabhängige, identisch verteilte Zufallsvariablen, die bei jedem untersuchten Objekt aus G die Differenzen der beiden Merkmalsausprägungen messen. Setzt man $\mu = \mu_1 - \mu_2$, so ist μ der Erwartungswert der Z_i und Hypothesen der Form $\mu_1 = \mu_2$, $\mu_1 \leqq \mu_2$, $\mu_1 \neq \mu_2$ usw. sind äquivalent zu $\mu = 0$, $\mu \leqq 0$, $\mu \neq 0$ usw. Deshalb ist ein Einstichproben-t-Test bzw. ein approximativer Gaußtest, der mithilfe der Z_i zu einem Paar von Hypothesen gemäß (116) mit $\mu_0 = 0$ durchgeführt wird, ein geeignetes Verfahren zur Überprüfung der entsprechenden Hypothesen bezüglich μ_1 und μ_2. Im Einzelnen ist gemäß Tabelle 14.1 vorzugehen:

Tab. 14.1: Vorgehensweise bei Differenzentests

Voraussetzung	anzuwendender Test	Testfunktionswert
Z_i normalverteilt	Einstichproben-t-Test[18]	$v = \dfrac{\bar{z}}{\sqrt{\frac{1}{n-1}\sum_{i=1}^{n}(z_i - \bar{z})^2}}\sqrt{n}$
X_i, Y_i dichotom mindestens 5 der $z_i > 0$ mindestens 5 der $z_i < 0$	approximativer Gaußtest[19]	$v = \dfrac{\sum_{i=1}^{n} z_i}{\sqrt{\sum_{i=1}^{n} z_i^2}}$
Z_i beliebig verteilt $n > 30$	approximativer Gaußtest	$v = \dfrac{\bar{z}}{\sqrt{\frac{1}{n-1}\sum_{i=1}^{n}(z_i - \bar{z})^2}}\sqrt{n}$

Beispiel 14.10: Von einer Messstation wird die relative Luftfeuchtigkeit an 5 Tagen jeweils um 8 Uhr (Merkmal X) und um 20 Uhr (Merkmal Y) registriert. Dabei ergeben sich die Prozent-Werte:

x_i	72,2	56,1	88,4	63,9	65,9
y_i	74,5	56,5	87,9	64,2	67,4

Wir nehmen an, dass die Differenzen $z_i = x_i - y_i$ als Realisierungen identisch normalverteilter Zufallsvariablen angesehen werden können, und testen, ob im Mittel um 8 Uhr die gleiche Luftfeuchtigkeit vorliegt wie um 20 Uhr (Hypothese H_0) oder nicht (Hypothese H_1).

1. Als Signifikanzniveau wählen wir $\alpha = 0{,}05$.
2. z_i: $-2{,}3$; $-0{,}4$; $0{,}5$; $-0{,}3$; $-1{,}5$ liefert $\bar{z} = -0{,}8$ und
$$s_z^2 = \frac{1}{n-1}\sum_{i=1}^{n}(z_i - \bar{z})^2 = 1{,}21 \,;$$
der Testfunktionswert (des Einstichproben-t-Tests) ist also $v = \frac{-0{,}8}{1{,}1}\sqrt{5} = -1{,}626$.
3. Aus der $t(4)$-Verteilung erhält man $B = (-\infty; -2{,}776) \cup (2{,}776; \infty)$ als Verwerfungsbereich.
4. Wegen $v \notin B$ wird H_0 nicht abgelehnt. ∎

[18] Der Fall, dass die Varianz der Z_i bekannt ist, kommt in der Praxis kaum vor.

[19] Bezeichnet man für jedes mögliche Paar $(0,0)$, $(0,1)$, $(1,0)$ bzw. $(1,1)$ von Stichprobenergebnissen (x_i, y_i) mit h_{00}, h_{01}, h_{10} bzw. h_{11} die dazugehörige absolute Häufigkeit, wie nebenstehendes Diagramm verdeutlicht, so ist

$$v = \frac{h_{10} - h_{01}}{\sqrt{h_{10} + h_{01}}} \,.$$

x \ y	0	1	
0	h_{00}	h_{01}	
1	h_{10}	h_{11}	$\sum x_i$
		$\sum y_i$	n

Die oben genannten Bedingungen an die z_i sind dann durch $h_{10} \geqq 5$ und $h_{01} \geqq 5$ zu konkretisieren.

Aufgabe 14.11: Zehn Hohlkarabiner einer bestimmten Marke wurden der Produktion zufällig entnommen und dem Zerreißversuch unterzogen, d. h. die Belastung des Karabiners wurde solange kontinuierlich erhöht, bis er brach. Der Bruch geschah bei folgenden Werten x_i (in kp):

2 100 2 130 2 150 2 170 2 210 2 070 2 230 2 150 2 230 2 200

Testen Sie unter der Voraussetzung, dass die Karabiner bezüglich ihrer Bruchlast X einer Normalverteilung genügen, die Hypothese H_0, dass die mittlere Bruchlast μ höchstens 2 000 kp beträgt (gegen H_1: $\mu > 2\,000$), und zwar zum Signifikanzniveau $\alpha = 0{,}01$. ▪

Aufgabe 14.12: 500 zufällig ausgewählten Bundesbürgern wurden die beiden Fragen vorgelegt, ob sie

- Laufzeitverlängerungen von Kernkraftwerken befürworten oder ablehnen,
- ein Energiesparprogramm für notwendig erachten oder nicht.

Dabei ergaben sich folgende Daten:

KKW \ Sparprogramm	nicht notwendig	notwendig	$\sum$
befürwortet	165	71	236
abgelehnt	118	146	264
$\sum$	283	217	500

Testen Sie zum Signifikanzniveau $\alpha = 0{,}05$ die Hypothese H_0, dass die Anteile p_1 bzw. p_2 der Personen, die Laufzeitverlängerungen von Kernkraftwerken ablehnen bzw. ein Energiesparprogramm für notwendig ansehen, gleich groß sind, gegen H_1: $p_1 > p_2$. ▪

14.6 Chi-Quadrat-Test für die Varianz

Sind $X_1, \ldots, X_n$ die Variablen **einer einfachen Stichprobe** vom Umfang n aus einer **$N(\mu;\sigma)$-verteilten Grundgesamtheit** G und ist σ_0^2 ein hypothetischer Wert für σ^2, so ist die Stichprobenfunktion

$$V = \frac{(n-1)S^2}{\sigma_0^2} = \frac{1}{\sigma_0^2}\sum_{i=1}^{n}(X_i - \bar{X})^2$$

$\chi^2(n-1)$-verteilt, sofern $\sigma^2 = \sigma_0^2$ richtig ist (siehe Abschnitt 11.2.4). Da S^2 eine erwartungstreue Schätzfunktion für σ^2 ist, sprechen kleine Werte von V für $\sigma^2 < \sigma_0^2$ und große Werte von V für $\sigma^2 > \sigma_0^2$. Somit ist V geeignet als Testfunktion zur Überprüfung folgender Paare von Hypothesen H_0 und H_1:

$$\begin{array}{llll} \text{a)} & H_0\colon \sigma^2 = \sigma_0^2, & & H_1\colon \sigma^2 \neq \sigma_0^2 \\ \text{b)} & H_0\colon \sigma^2 = \sigma_0^2 & (\text{oder } \sigma^2 \geqq \sigma_0^2), & H_1\colon \sigma^2 < \sigma_0^2 \\ \text{c)} & H_0\colon \sigma^2 = \sigma_0^2 & (\text{oder } \sigma^2 \leqq \sigma_0^2), & H_1\colon \sigma^2 > \sigma_0^2 \end{array} \qquad (117)$$

Das Verfahren, das nun beschrieben wird, heißt **χ^2-Test für die Varianz**.

Schritt 1: Ein Signifikanzniveau α wird festgelegt.

Schritt 2: Der Testfunktionswert $v = \frac{(n-1)s^2}{\sigma_0^2} = \frac{1}{\sigma_0^2} \sum_{i=1}^{n} (x_i - \bar{x})^2$ wird errechnet.

Schritt 3: Der Verwerfungsbereich

$$\begin{aligned} B &= [0; x_{\alpha/2}) \cup (x_{1-\alpha/2}; \infty) && \text{im Fall (117a)} \\ B &= [0; x_\alpha) && \text{im Fall (117b)} \\ B &= (x_{1-\alpha}; \infty) && \text{im Fall (117c)} \end{aligned}$$

wird festgelegt mithilfe der Fraktilswerte der $\chi^2(n-1)$-Verteilung.

Schritt 4: H_0 wird genau dann abgelehnt, wenn $v \in B$ gilt.

Wie in Abschnitt 13.2 ist auch hier anzumerken, dass

- bei nicht normalverteilter Grundgesamtheit G das Verfahren des χ^2-Tests selbst bei hohem Stichprobenumfang n nicht generell anwendbar ist; G sollte zumindest „näherungsweise“ normalverteilt (und $n > 100$) sein,
- bei $N(\mu; \sigma)$-verteilter Grundgesamtheit mit bekanntem μ statt $(n-1)S^2/\sigma_0^2$ die Stichprobenfunktion $\sum (X_i - \mu)^2/\sigma_0^2$ verwendet werden sollte; sie genügt im Fall $\sigma^2 = \sigma_0^2$ einer $\chi^2(n)$-Verteilung.

Aufgabe 14.13: Überprüfen Sie mit den Daten von Aufgabe 14.11 die Hypothese H_0: $\sigma = 40$ gegen H_1: $\sigma \neq 40$, wobei σ^2 die Varianz der Bruchlast in der Gesamtheit aller produzierten Karabiner des untersuchten Typs bedeute. Wählen Sie dazu $\alpha = 0{,}1$ als zulässige Wahrscheinlichkeit für den Fehler 1. Art. ▪

14.7 Zweistichproben-Tests

Wie Abbildung 14.4 zu entnehmen ist, haben Zweistichproben-Tests den Vergleich zweier Erwartungswerte bzw. zweier Varianzen bei unabhängigen Stichproben zum Ziel. Voraussetzung ist also das Vorliegen **zweier unabhängiger einfacher Stichproben** vom Umfang n_1 bzw. n_2. Die dazugehörigen Stichprobenvariablen bezeichnen wir mit

$$X_1, \ldots, X_{n_1} \quad \text{bzw.} \quad Y_1, \ldots, Y_{n_2}\ .$$

$\bar{X}$ und S_1^2 bzw. $\bar{Y}$ und S_2^2 seien die entsprechenden Stichprobenmittel und Stichprobenvarianzen. Mit μ_1 und σ_1^2 werden der Erwartungswert und die Varianz der X_i abgekürzt, μ_2 und σ_2^2 besitzen die analoge Bedeutung für die Variablen Y_i.

14.7.1 Vergleich zweier Erwartungswerte

Wir betrachten folgende Fälle von Hypothesen H_0 und H_1:

$$\begin{array}{llll} \text{a)} & H_0\colon \mu_1 = \mu_2, & & H_1\colon \mu_1 \neq \mu_2 \\ \text{b)} & H_0\colon \mu_1 = \mu_2 & (\text{oder } \mu_1 \geqq \mu_2), & H_1\colon \mu_1 < \mu_2 \\ \text{c)} & H_0\colon \mu_1 = \mu_2 & (\text{oder } \mu_1 \leqq \mu_2), & H_1\colon \mu_1 > \mu_2 \end{array} \tag{118}$$

Die Differenz $\overline{X} - \overline{Y}$ ist zur Überprüfung dieser Hypothesen geeignet. Denn die Stichprobenmittel $\overline{X}$ bzw. $\overline{Y}$ sind erwartungstreue Schätzfunktionen für μ_1 bzw. für μ_2, sodass $\mu_1 > \mu_2$ bzw. $\mu_1 < \mu_2$ zu vermuten ist, wenn $\bar{x}$ deutlich größer als $\bar{y}$ bzw. deutlich kleiner als $\bar{y}$ ausfällt, wohingegen Werte $\bar{x} - \bar{y}$, die nahe bei 0 liegen, nicht gegen $\mu_1 = \mu_2$ sprechen. Die in Tabelle 14.2 zu verschiedenen Voraussetzungen angegebenen Testfunktionen V enthalten daher die Differenz $\overline{X} - \overline{Y}$ als wesentlichen Bestandteil.

Tab. 14.2: Testfunktionen für den Vergleich zweier Erwartungswerte im Fall unabhängiger Stichproben

Voraussetzung	Testfunktion V	Verteilung von V unter $\mu_1 = \mu_2$
1. X_i gemäß $N(\mu_1;\sigma_1)$ verteilt Y_i gemäß $N(\mu_2;\sigma_2)$ verteilt σ_1 und σ_2 bekannt	$\dfrac{\overline{X}-\overline{Y}}{\sqrt{\dfrac{\sigma_1^2}{n_1}+\dfrac{\sigma_2^2}{n_2}}}$	$N(0;1)$
2. X_i gemäß $N(\mu_1;\sigma_1)$ verteilt Y_i gemäß $N(\mu_2;\sigma_2)$ verteilt σ_1 und σ_2 unbekannt, aber[20] $\sigma_1 = \sigma_2$	$\dfrac{\overline{X}-\overline{Y}}{\sqrt{\dfrac{(n_1-1)S_1^2+(n_2-1)S_2^2}{n_1+n_2-2}\cdot\dfrac{n_1+n_2}{n_1 n_2}}}$	$t(n_1+n_2-2)$ (Fraktile für $n_1+n_2>32$ aus $N(0;1)$)
3. X_i gemäß $B(1;p_1)$ verteilt Y_i gemäß $B(1;p_2)$ verteilt $5 \leqq \sum x_i \leqq n_1-5$ $5 \leqq \sum y_i \leqq n_2-5$	$\dfrac{\overline{X}-\overline{Y}}{\sqrt{\dfrac{(\sum X_i+\sum Y_i)(n_1+n_2-\sum X_i-\sum Y_i)}{(n_1+n_2)n_1 n_2}}}$	approximativ $N(0;1)$
4. X_i, Y_i beliebig verteilt[21] $n_1 > 30$, $n_2 > 30$	$\dfrac{\overline{X}-\overline{Y}}{\sqrt{\dfrac{S_1^2}{n_1}+\dfrac{S_2^2}{n_2}}}$	approximativ $N(0;1)$

Ein Test ist wieder nach den üblichen vier Schritten durchzuführen. Die im Folgenden beschriebene Vorgehensweise nennt man, je nachdem, welche Voraussetzung in Tabelle 14.2 zutrifft,

- **Zweistichproben-Gaußtest** unter Voraussetzung 1,
- **Zweistichproben-t-Test** unter Voraussetzung 2 bzw.
- **approximativer Zweistichproben-Gaußtest** unter den Voraussetzungen 3 und 4.

[20] Im Fall $n_1 = n_2 = n$ ist der Test auch ohne die Voraussetzung $\sigma_1 = \sigma_2$ brauchbar. Die angegebene Testfunktion ist dann näherungsweise t-verteilt, wobei als Anzahl der Freiheitsgrade der Wert

$$(n-1)\left[1+\frac{2}{s_1^2/s_2^2+s_2^2/s_1^2}\right]$$

(bzw. die nächstliegende ganze Zahl) zu benutzen ist, vgl. Pfanzagl (1978, S. 217).

[21] Sofern man σ_1^2 oder σ_2^2 kennt, setzt man in V den Wert σ_i^2 an die Stelle von S_i^2.

Schritt 1: Ein Signifikanzniveau α wird festgelegt.

Schritt 2: Je nach Voraussetzung wird der Testfunktionswert v nach der in Tabelle 14.2 angegebenen Formel errechnet.

Schritt 3: Der Verwerfungsbereich

$$\begin{aligned} B &= (-\infty; -x_{1-\alpha/2}) \cup (x_{1-\alpha/2}; \infty) && \text{im Fall (118a)} \\ B &= (-\infty; -x_{1-\alpha}) && \text{im Fall (118b)} \\ B &= (x_{1-\alpha}; \infty) && \text{im Fall (118c)} \end{aligned}$$

wird festgelegt, wobei die Fraktilswerte jeweils der in Tabelle 14.2 enthaltenen Verteilung von V unter $\mu_1 = \mu_2$ zu entnehmen sind.

Schritt 4: H_0 wird genau dann abgelehnt, wenn $v \in B$ gilt.

Beispiel 14.14: Es besteht die Hypothese H_0, dass sich die Anzahl der Fahrzeuge, die zur Hauptverkehrszeit im Mittel pro Minute an einer Engstelle ankommen, durch den Bau einer Umgehungsstraße nicht verringert hat. Eine einfache Stichprobe vom Umfang $n_1 = 100$ lieferte vor dem Bau der Umgehungsstraße ein Stichprobenmittel in Höhe von $\bar{x} = 11{,}8$ Fahrzeugen pro Minute bei einer Stichprobenvarianz $s_1^2 = 6{,}4$. Nach Eröffnung der Umgehungsstraße wurden zu zufällig ausgewählten Zeitpunkten $i = 1, \ldots, 45$ der Hauptverkehrszeit jeweils für eine Minute die ankommenden Fahrzeuge gezählt. Für die verschiedenen Anzahlen y ankommender Fahrzeuge ergaben sich die absoluten Häufigkeiten $h(y)$ in der Stichprobe wie folgt:

y	5	6	7	8	9	10	11	12	13	15
$h(y)$	1	1	3	4	9	10	7	6	2	2

Mit der mittleren Anzahl μ_1 bzw. μ_2 der vor bzw. nach dem Bau der Umgehungsstraße pro Minute ankommenden Fahrzeuge testen wir H_0: $\mu_1 \leqq \mu_2$ gegen H_1: $\mu_1 > \mu_2$.

1. Wir wählen dazu $\alpha = 0{,}01$ als Signifikanzniveau.
2. Es ist (wegen Voraussetzung 4)
$$v = \frac{\bar{x} - \bar{y}}{\sqrt{\frac{6,4}{100} + \frac{s_2^2}{45}}} = \frac{11{,}8 - 10}{\sqrt{0{,}064 + 0{,}097}} = 4{,}49\,.$$
3. $B = (2{,}33; \infty)$.
4. Wegen $v \in B$ wird H_0 abgelehnt. ▪

Aufgabe 14.15: Um Anhaltspunkte über die Zusammensetzung von Montageteams für die Montage genormter Automatiktüren zu erhalten, wurden die Montagezeiten (pro Türe) bei zwei Teams (Team I: 2 Fachmonteure; Team II: 1 Fachmonteur, 2 Hilfskräfte) gemessen. Dabei ergab sich (in Minuten pro Türe):

Team	Montagezeiten						
I	100	120	135	140	105		
II	150	105	135	125	130	125	105

Testen Sie unter der Annahme, dass die Montagezeiten der beiden Teams als normalverteilt mit gleichen Varianzen angesehen werden können, zum Signifikanzniveau $\alpha = 0{,}05$ die Hypothese, dass auch die Erwartungswerte μ_1 und μ_2 der Montagezeiten bei beiden Teams gleich sind (gegen H_1: $\mu_1 \neq \mu_2$). ▪

Aufgabe 14.16: Weisen Sie nach, dass die in Tabelle 14.2 unter Voraussetzung 1 angegebene Testfunktion $V = (\bar{X} - \bar{Y})/\sqrt{\sigma_1^2/n_1 + \sigma_2^2/n_2}$ im Fall $\mu_1 = \mu_2$ tatsächlich $N(0; 1)$-verteilt ist. ▪

14.7.2 Vergleich zweier Varianzen

Bezüglich der Varianzen σ_1^2 bzw. σ_2^2 der unabhängigen Stichprobenvariablen X_i bzw. Y_i sei einer der folgenden Fälle zu untersuchen:

$$\begin{array}{lll} \text{a)}\; H_0\colon \sigma_1^2 = \sigma_2^2, & & H_1\colon \sigma_1^2 \neq \sigma_2^2 \\ \text{b)}\; H_0\colon \sigma_1^2 = \sigma_2^2 & (\text{oder } \sigma_1^2 \geqq \sigma_2^2), & H_1\colon \sigma_1^2 < \sigma_2^2 \\ \text{c)}\; H_0\colon \sigma_1^2 = \sigma_2^2 & (\text{oder } \sigma_1^2 \leqq \sigma_2^2), & H_1\colon \sigma_1^2 > \sigma_2^2 \end{array} \tag{119}$$

Sind die Stichprobenvariablen $X_1, \ldots, X_{n_1}$ und $Y_1, \ldots, Y_{n_2}$ alle normalverteilt, so genügt die Stichprobenfunktion $(\sigma_2^2 S_1^2)/(\sigma_1^2 S_2^2)$ einer F-Verteilung mit den Freiheitsgraden $n_1 - 1$ und $n_2 - 1$ (vgl. Aufgabe 11.10). Falls $\sigma_1^2 = \sigma_2^2$ zutrifft, ist somit die Stichprobenfunktion

$$V = S_1^2 / S_2^2$$

$F(n_1 - 1, n_2 - 1)$-verteilt. Dabei spricht ein hoher bzw. ein niedriger Wert v für $\sigma_1^2 > \sigma_2^2$ bzw. für $\sigma_1^2 < \sigma_2^2$. Deshalb ist V geeignet als Testfunktion für die Problemstellung (119). Die Durchführung des Tests geschieht dann in folgenden Schritten:

Schritt 1: Ein Signifikanzniveau α wird festgelegt.

Schritt 2: Der Testfunktionswert $v = s_1^2 / s_2^2$ wird errechnet.

Schritt 3: Der Verwerfungsbereich

$$\begin{array}{ll} B = \left[0; \frac{1}{\tilde{x}_{1-\alpha/2}}\right) \cup (x_{1-\alpha/2}; \infty) & \text{im Fall (119a)} \\ B = \left[0; \frac{1}{\tilde{x}_{1-\alpha}}\right) & \text{im Fall (119b)} \\ B = (x_{1-\alpha}; \infty) & \text{im Fall (119c)} \end{array}$$

wird mithilfe der Fraktilswerte $x_{1-\alpha/2}$ bzw. $x_{1-\alpha}$ der $F(n_1 - 1, n_2 - 1)$-Verteilung sowie $\tilde{x}_{1-\alpha/2}$ bzw. $\tilde{x}_{1-\alpha}$ der $F(n_2 - 1, n_1 - 1)$-Verteilung festgelegt.

Schritt 4: H_0 wird genau dann verworfen, wenn $v \in B$ gilt.

Diese Vorgehensweise heißt **Zweistichproben-*F*-Test**. Die Voraussetzung **normalverteilter** Stichprobenvariablen ist wesentlich für seine Anwendbarkeit.[22] Zu den in Schritt 3 angegebenen Fraktilswerten vergleiche man die Beziehung (98) aus Abschnitt 11.2.3.

Aufgabe 14.17: Testen Sie die Hypothese H_0, dass die Varianzen σ_1^2 bzw. σ_2^2 der Montagezeiten bei Team 1 bzw. Team 2 aus Aufgabe 14.15 gleich sind,

a) gegen H_1: $\sigma_1^2 > \sigma_2^2$ zum Signifikanzniveau $\alpha = 0{,}05$,
b) gegen H_1: $\sigma_1^2 \neq \sigma_2^2$ zum Signifikanzniveau $\alpha = 0{,}02$. ▪

[22] Bei nicht normalverteilten Grundgesamtheiten gibt es den Ausweg, die Stichprobenfunktionen $X_i' = |X_i - \overline{X}|$ bzw. $Y_i' = |Y_i - \overline{Y}|$ zu benutzen, deren Erwartungswerte zu σ_1 bzw. σ_2 proportional sind, und einen approximativen Zweistichproben-Gaußtest auf $\mathrm{E}(X_i') = \mathrm{E}(Y_i')$ durchzuführen, vgl. Pfanzagl (1978, S. 201).

14.8 Einfache Varianzanalyse

Liegen **$r > 2$ unabhängige einfache Stichproben** vor, so kennzeichnet man die Stichprobenvariablen zweckmäßigerweise durch eine Doppelindizierung und schreibt

$$X_{j1}, \dots, X_{jn_j}$$

für die Variablen der j-ten Stichprobe, welche den Umfang n_j besitzt. Wir setzen nun voraus, dass die Stichprobenvariablen X_{ji} jeweils $N(\mu_j; \sigma)$-verteilt sind, insbesondere also die Varianz stets (unabhängig von der Stichprobennummer j) die gleiche ist. Zu testen ist, ob die Verteilungen, aus denen die r Stichproben stammen, alle den gleichen Erwartungswert besitzen oder nicht, d. h.

$$\begin{aligned} &H_0\colon \mu_1 = \mu_2 = \cdots = \mu_r \quad \text{gegen} \\ &H_1\colon \text{mindestens zwei der } \mu_j \text{ sind verschieden.} \end{aligned} \tag{120}$$

Um eine geeignete Testfunktion hierzu zu erhalten, nutzen wir aus, dass sich die Gesamtstichprobenvarianz S^2_{Ges} aller

$$n = \sum_{j=1}^{r} n_j$$

Beobachtungen in der Form

$$S^2_{\text{Ges}} = \frac{1}{n-1} \sum_{j=1}^{r} \sum_{i=1}^{n_j} (X_{ji} - \overline{X}_j)^2 + \frac{1}{n-1} \sum_{j=1}^{r} n_j (\overline{X}_j - \overline{X}_{\text{Ges}})^2$$

als Summe der internen und der externen Stichprobenvarianz schreiben lässt. Dabei bezeichnet

$$\overline{X}_j = \frac{1}{n_j} \sum_{i=1}^{n_j} X_{ji}$$

das Stichprobenmittel der j-ten Stichprobe und

$$\overline{X}_{\text{Ges}} = \frac{1}{n} \sum_{j=1}^{r} n_j \overline{X}_j$$

das Gesamtstichprobenmittel aller n Beobachtungen (zu diesen Größen vergleiche man die Formeln (5) und (13) aus der deskriptiven Statistik). Wir definieren nun

$$Q_1 = \sum_{j=1}^{r} n_j (\overline{X}_j - \overline{X}_{\text{Ges}})^2 \quad \text{und} \quad Q_2 = \sum_{j=1}^{r} \sum_{i=1}^{n_j} (X_{ji} - \overline{X}_j)^2$$

und wählen als Testfunktion

$$V = \frac{\frac{1}{r-1} \cdot Q_1}{\frac{1}{n-r} \cdot Q_2} .$$

Diese Funktion V genügt, sofern die Nullhypothese richtig ist, einer $F(r-1, n-r)$-Verteilung. Da die $\overline{X}_j$ erwartungstreue Schätzfunktionen für μ_j sind, ist dabei im Fall $\mu_1 = \cdots = \mu_r$, zu erwarten, dass der Wert q_1 von Q_1 und damit auch der Testfunktionswert v klein ausfällt; umgekehrt deutet ein hoher Wert q_1 bzw. ein hoher Testfunktionswert v darauf hin, dass die Gegenhypothese H_1 zutrifft. Das im folgenden Tableau zusammengestellte Testverfahren heißt **einfache Varianzanalyse**.

Schritt 1: Ein Signifikanzniveau α wird festgelegt.

Schritt 2: Die Größen

$$q_1 = \sum_{j=1}^{r} n_j(\bar{x}_j - \bar{x}_{\text{Ges}})^2 \quad \text{und} \quad q_2 = \sum_{j=1}^{r}\sum_{i=1}^{n_j}(x_{ji} - \bar{x}_j)^2$$

werden errechnet und aus diesen der Testfunktionswert

$$v = \frac{(n-r)q_1}{(r-1)q_2} .$$

Schritt 3: Mithilfe des $(1-\alpha)$-Fraktilswertes der $F(r-1, n-r)$-Verteilung wird der Verwerfungsbereich $B = (x_{1-\alpha}; \infty)$ festgelegt.

Schritt 4: H_0 wird genau dann verworfen, wenn $v \in B$ gilt.

Die Berechnung der Größen q_1 und q_2 vereinfacht sich oft durch Anwendung des Verschiebungssatzes gemäß

$$q_1 = \sum_{j=1}^{r} n_j \bar{x}_j^2 - n\bar{x}_{\text{Ges}}^2 \quad \text{bzw.} \quad q_2 = \sum_{j=1}^{r}\sum_{i=1}^{n_j} x_{ji}^2 - \sum_{j=1}^{r} n_j \bar{x}_j^2 .$$

Eine weitere Vereinfachung ist vielfach dadurch zu erzielen, dass man sämtliche Beobachtungswerte x_{ji} geeignet linear transformiert gemäß $y_{ji} = a + bx_{ji}$ (mit $a, b \in \mathbb{R}$, $b \neq 0$) und die Varianzanalyse mit den transformierten Werten y_{ji} durchführt. Wie man leicht nachweist, ergibt sich nämlich aus den y_{ji}-Werten derselbe Testfunktionswert v wie aus den x_{ji}-Werten.

Beispiel 14.18: Drei verschiedene Kartoffelsorten K_1, K_2 und K_3 wurden auf 5, auf 7 bzw. auf 4 gleich großen Äckern angebaut, wobei sich folgende Erträge (in 100 kg) ergaben:

Sorte	Erträge						
K_1	13,4	11,8	10,7	9,1	12,0		
K_2	9,3	11,6	10,1	11,2	9,8	13,5	12,9
K_3	10,2	9,9	13,4	11,7			

Wir testen die Hypothese, dass die drei Sorten im Mittel den gleichen Ertrag liefern, wobei wir annehmen, die Ergebnisse seien Realisierungen normalverteilter unabhängiger Zufallsvariablen mit stets derselben Varianz.

1. Wir wählen $\alpha = 0{,}01$ als Signifikanzniveau.
2. Zur Berechnung von v transformieren wir die gegebenen Werte x_{ji} zu $y_{ji} = -100 + 10x_{ji}$.

Die transformierten Werte sind:

$$\left.\begin{array}{lrrrrrrr} y_{1i}: & 34 & 18 & 7 & -9 & 20 & & \\ y_{2i}: & -7 & 16 & 1 & 12 & -2 & 35 & 29 \\ y_{3i}: & 2 & -1 & 34 & 17 & & & \end{array} \quad \begin{array}{l} \bar{y}_1 = 14 \\ \bar{y}_2 = 12 \\ \bar{y}_3 = 13 \end{array}\right\} \Rightarrow \bar{y}_{\text{Ges}} = 12{,}875\,,$$

$$\left.\begin{array}{l} \sum\limits_{j=1}^{3} n_j \bar{y}_j^2 - n\bar{y}_{\text{Ges}}^2 = 2\,664 - 2\,652{,}25 \qquad = 11{,}75 \\ \sum\limits_{j=1}^{3} \sum\limits_{i=1}^{n_j} (y_{ji} - \bar{y}_j)^2 = 1\,030 + 1\,512 + 774 = 3\,316 \end{array}\right\} \Rightarrow v = \frac{13 \cdot 11{,}75}{2 \cdot 3\,316} = 0{,}023\,.$$

3. $B = (x_{0,99}; \infty)$ mit $x_{0,99}$ aus der $F(2,13)$-Verteilung, also $7{,}56 \geqq x_{0,99} \geqq 6{,}36$.
4. Wegen $v \notin B$ wird H_0 nicht abgelehnt. ▪

Die einfache Varianzanalyse ist als approximativer Test auch dann anwendbar, wenn die Normalverteilungsvoraussetzung nur näherungsweise erfüllt ist. Führt man die Varianzanalyse im Fall $r = 2$ durch, so ergibt sich stets dieselbe Testentscheidung wie beim Zweistichproben-t-Test mit der beidseitigen Gegenhypothese (118a).

Aufgabe 14.19: Je 5 gleichaltrige Schüler zweier Mittelschulklassen (eine Mädchen- und eine Jungenklasse) und zweier Gymnasialklassen (ebenfalls eine Mädchen- und eine Jungenklasse) sollen auf unterschiedliches technisches Verständnis untersucht werden. Bei dem Versuch hat jedes Kind einige einfache Apparaturen zusammenzusetzen. Es wurde für jedes Kind die Zeit (in Minuten) gemessen, bis die Aufgabe gelöst war:

Klasse \ Schüler	1	2	3	4	5
1	12	13	11	13	11
2	13	14	12	15	11
3	15	15	15	13	12
4	16	18	17	14	20

a) Zum Signifikanzniveau $\alpha = 0{,}01$ ist zu testen, ob die Schüler der vier Klassen im Mittel gleich geschickt sind, wobei alle Bearbeitungszeiten als normalverteilt mit gleicher Varianz angesehen werden.
b) Was ändert sich am Ergebnis des Tests, wenn die Zeit nicht in Minuten, sondern in Stunden gemessen wird? ▪

14.9 Chi-Quadrat-Anpassungstest

In vielen Anwendungsfällen ist man daran interessiert, ob die unbekannte Verteilung einer Grundgesamtheit G gleich einer gegebenen hypothetischen Verteilung ist bzw. ob sie zu einem bestimmten, von wenigen Parametern abhängigen Verteilungstyp gehört. So kann eine Hypothese beispielsweise lauten „G ist poissonverteilt mit dem Parameter $\lambda = 7$“, aber auch nur „G ist poissonverteilt (mit irgendeinem Parameter λ)“.

Eine Methode, um derartige Hypothesen zu überprüfen, ist der χ^2-Anpassungstest. Wir setzen voraus, dass aus der Grundgesamtheit G zum Untersuchungsmerkmal X **eine einfache Stichprobe** vom Umfang n gezogen wird, beschrieben durch die Stichprobenvariablen

$X_1, \ldots, X_n$. Die unbekannte Verteilungsfunktion der X_i bezeichnen wir mit F. Die zwei möglichen Fälle von Hypothesen lassen sich dann folgendermaßen formulieren:

a) H_0: $F = F_0$, wobei F_0 eine hypothetische Verteilungsfunktion ist,
H_1: $F \neq F_0$.

b) H_0: F gehört zu einer gegebenen Menge von Verteilungsfunktionen, deren Elemente sich nur durch endlich viele Parameter $\vartheta_1, \ldots, \vartheta_r$ voneinander unterscheiden,
H_1: F gehört nicht zu dieser Menge. (121)

Beispielsweise unterscheiden sich die Elemente der Menge aller Poisson-Verteilungen nur durch den einen Parameter λ (also $r = 1$), während die Normalverteilungen von den $r = 2$ Parametern μ und σ abhängen. Wir beschreiben zunächst die Vorgehensweise des **χ^2-Anpassungstests für den Fall (121a) einer gegebenen hypothetischen Verteilungsfunktion F_0.**

Schritt 1: Ein Signifikanzniveau α wird festgelegt.

Schritt 2: Die Ermittlung des Testfunktionswerts v geschieht wie folgt:

2.1: Die x-Achse wird in $k \geqq 2$ disjunkte, aneinander angrenzende Intervalle $A_1 = (-\infty; z_1], A_2 = (z_1; z_2], \ldots, A_k = (z_{k-1}; \infty)$ unterteilt.

2.2: Für jedes $j = 1, \ldots, k$ wird die Anzahl h_j der in A_j liegenden Stichprobenwerte notiert.

2.3: Für jedes $j = 1, \ldots, k$ wird $p_j = P(X \in A_j | F_0)$ errechnet, also die Wahrscheinlichkeit, dass ein Beobachtungswert zum Merkmal X in das Intervall A_j fällt, wenn G bezüglich X gemäß F_0 verteilt ist.

2.4: Der Testfunktionswert

$$v = \sum_{j=1}^{k} \frac{(h_j - np_j)^2}{np_j} = \frac{1}{n} \sum_{j=1}^{k} \frac{h_j^2}{p_j} - n$$

wird errechnet.

Schritt 3: Mit dem Fraktilswert $x_{1-\alpha}$ der $\chi^2(k-1)$-Verteilung wird der Verwerfungsbereich $B = (x_{1-\alpha}; \infty)$ festgelegt.

Schritt 4: H_0 wird genau dann abgelehnt, wenn $v \in B$ gilt.

Der χ^2-Anpassungstest beruht also auf folgender Grundidee: Für jedes Intervall A_j wird die Anzahl h_j der Stichprobenergebnisse, die tatsächlich in A_j fallen, verglichen mit der Anzahl np_j der Werte, die in A_j zu erwarten sind, wenn H_0 zutrifft. Jedes h_j ist nämlich als Realisierung einer Stichprobenfunktion anzusehen, welche im Fall $F = F_0$ den Erwartungswert np_j besitzt. Ein hoher Testfunktionswert v deutet demnach darauf hin, dass die hypothetische Verteilungsfunktion F_0 nicht richtig ist. Dabei genügt die Testfunktion V unter der Nullhypothese

$F = F_0$ hinreichend genau einer $\chi^2(k-1)$-Verteilung, falls

$$np_j \geqq 5 \quad \text{(oder auch } h_j \geqq 5) \quad \text{für alle } j = 1, \ldots, k$$

gilt. Trifft dies bei der in Schritt 2.1 gewählten Zerlegung nicht zu, so behilft man sich meist dadurch, dass man benachbarte Intervalle zusammenfasst.

Bezüglich der Anzahl k der zu bildenden Intervalle ist ferner zu bedenken, dass sich i. Allg. durch Erhöhung von k die Wahrscheinlichkeit für den Fehler 2. Art (d. h. H_0 nicht abzulehnen, obwohl es falsch ist) senken lässt. Kommt man bei Anwendung des χ^2-Anpassungstests zu keiner Ablehnung von H_0, so kann dies durchaus auf eine zu grobe Intervalleinteilung zurückzuführen sein.

Im Fall einer diskret verteilten Grundgesamtheit G mit nur wenigen möglichen Ausprägungen legt man die Intervalle sinnvollerweise so, dass jedes Intervall genau eine mögliche Ausprägung a_j enthält (sofern man nicht, um $np_j \geqq 5$ zu erreichen, mehrere Ausprägungen zusammenfassen muss). Natürlich verzichtet man dann auf die explizite Angabe der A_j. Der χ^2-Anpassungstest ist bereits bei nominalen Daten verwendbar.

Beispiel 14.20: In einem Supermarkt wurden über einen langen Zeitraum hinweg drei Kaffeesorten K_1, K_2 und K_3 im Verhältnis 1 : 1 : 3 nachgefragt. Nachdem für Sorte K_1 eine Werbekampagne durchgeführt und bei Sorte K_2 eine geringe Preissenkung vorgenommen wurde, entfielen von 150 kg verkauften Kaffees in diesem Supermarkt 36 kg auf Sorte K_1, 42 kg auf Sorte K_2 und 72 kg auf Sorte K_3.[23] Ist damit die Hypothese H_0, dass die Marktaufteilung 1 : 1 : 3 erhalten geblieben ist, zum Signifikanzniveau $\alpha = 0{,}05$ abzulehnen? Diese Frage wollen wir mithilfe des χ^2-Anpassungstests beantworten.

j	K_1	K_2	K_3
h_j	36	42	72
p_j	0,2	0,2	0,6

Obige Tabelle (mit $150p_j \geqq 5$ für alle j) ersetzt die Durchführung der Schritte 2.1, 2.2 und 2.3, wobei in Schritt 2.1 nicht nur auf die Intervalleinteilung, sondern sogar auf die Quantifizierung der Ausprägungen K_1, K_2 und K_3 verzichtet wird. Als Testfunktionswert erhalten wir

$$v = \frac{(36-30)^2}{30} + \frac{(42-30)^2}{30} + \frac{(72-90)^2}{90} = 9{,}6\,.$$

Wegen $B = (5{,}99; \infty)$ (aus der $\chi^2(2)$-Verteilung) ist H_0 abzulehnen. ▪

Ein **χ^2-Anpassungstest im Fall (121b)** eines hypothetischen, nur von endlich vielen Parametern $\vartheta_1, \ldots, \vartheta_r$ abhängigen **Verteilungstyps** läuft im Wesentlichen ebenso ab wie im Fall a) einer gegebenen Verteilungsfunktion F_0. An die Stelle von F_0 tritt dabei in Schritt 2.3 eine „geschätzte" Verteilungsfunktion $\widehat{F}_0$, die mithilfe von Maximum-Likelihood-Schätzwerten $\widehat{\vartheta}_1, \ldots, \widehat{\vartheta}_r$ bestimmt wird. In Schritt 3 ist nun das $(1-\alpha)$-Fraktil $x_{1-\alpha}$ aus der $\chi^2(k-r-1)$-Verteilung zu verwenden.[24]

[23] Wir sehen diese Daten als Ergebnisse von 150 unabhängigen, identisch verteilten Zufallsvariablen X_i an, wobei ein einzelnes X_i durchaus aus mehreren Einzelkäufen (von $\frac{1}{4}$ kg oder $\frac{1}{2}$ kg) zusammengesetzt sein kann.

[24] Obige Vorgehensweise ist korrekt, wenn die Maximum-Likelihood-Schätzungen aus den klassierten Daten gewonnen werden. Werden die Maximum-Likelihood-Schätzungen aus den unklassierten Daten gewonnen, so ist die Grenzverteilung der resultierenden Testgröße V keine χ^2-Verteilung mehr; allerdings liegt (vgl. Albrecht, 1980) das zur Grenzverteilung von V gehörende $(1-\alpha)$-Fraktil zwischen den entsprechenden Fraktilen der $\chi^2(k-r-1)$- und der $\chi^2(k-1)$-Verteilung. Für hinreichend großes k sind diese drei Fraktile jedoch nahezu identisch.

Beispiel 14.21: Für die Messung eines bestimmten Schadstoffes in der Luft existiert neben der exakten Messmethode I eine ungenauere, aber wesentlich billigere Methode II. Zur Beurteilung der Methode II wurden 81-mal beide Messungen durchgeführt und jeweils die Differenz X (mg/m^3) der Messwerte zu I bzw. zu II festgestellt. Dabei ergab sich ein Stichprobenmittel von $\bar{x} = -0{,}085$ und eine Stichprobenvarianz von $s^2 = 0{,}52488$. Ferner lagen in jedem der folgenden Intervalle A_j die angegebenen Anzahlen h_j von Stichprobenwerten x_i:

A_j	$(-\infty; -1]$	$(-1; -0{,}5]$	$(-0{,}5; -0{,}1]$	$(-0{,}1; 0{,}1]$	$(0{,}1; 0{,}5]$	$(0{,}5; 1]$	$(1; \infty)$
h_j	9	11	16	13	15	9	8

Wir testen zum Signifikanzniveau $\alpha = 0{,}05$ die Hypothese H_0, dass der bei Methode II entstehende Messfehler X normalverteilt ist. Aus den unklassierten Daten gewonnene Maximum-Likelihood-Schätzwerte für die Parameter μ und σ der Normalverteilung sind nach Beispiel 12.9 (S. 144) die Größen

$$\widehat{\mu} = \bar{x} = -0{,}085 \quad \text{und} \quad \widehat{\sigma} = \sqrt{\frac{1}{n}\sum_{i=1}^{n}(x_i - \bar{x})^2} = \sqrt{\frac{n-1}{n} \cdot s^2} = 0{,}72\,.$$

Somit ist als $\widehat{F}_0$ die Verteilungsfunktion der $N(-0{,}085; 0{,}72)$-Verteilung zu verwenden. Die Einteilung der Daten in Intervalle A_j ist bereits vorweggenommen. Folgende Tabelle enthält die Berechnung der $p_j = P(X \in A_j \,|\, \widehat{F}_0)$; dabei bezeichnet z_j jeweils das obere Intervallende:

z_j	-1	$-0{,}5$	$-0{,}1$	$0{,}1$	$0{,}5$	1	∞
$\frac{z_j + 0{,}085}{0{,}72}$	$-1{,}2708$	$-0{,}5764$	$-0{,}0208$	$0{,}2569$	$0{,}8125$	$1{,}5069$	∞
$P(X \leqq z_j \,\vert\, \widehat{F}_0) \overset{(81)}{=} \Phi\left(\frac{z_j + 0{,}085}{0{,}72}\right)$	0,102	0,282	0,492	0,601	0,792	0,934	1
p_j (mit $81 p_j \geqq 5$ für alle j)	0,102	0,180	0,210	0,109	0,191	0,142	0,066

Zur Berechnung von v verwenden wir die Formel

$$v = \frac{1}{n}\sum_{j=1}^{k}\frac{h_j^2}{p_j} - n$$

und erhalten $v = 4{,}85$. Wegen $k - r - 1 = 4$ ergibt sich $B = (9{,}49; \infty)$; H_0 wird also nicht verworfen. (Auch bei Verwendung der $\chi^2(k-1)$-Verteilung ergibt sich keine Ablehnung.) ▪

Aufgabe 14.22: Überprüfen Sie in Beispiel 14.21 jeweils zu $\alpha = 0{,}05$ die Hypothesen, dass der Messfehler bei Methode II

a) einer Normalverteilung mit dem Erwartungswert $\mu = 0$ genügt,
b) einer Standardnormalverteilung genügt. ▪

Aufgabe 14.23: Die Anzahl der Fadenrisse pro Zeiteinheit, die beim Webvorgang auftreten, ist eine (unter anderem durch die Garnart bedingte) Zufallsvariable. Wir bezeichnen diese Zufallsvariable für die von einer Firma bisher verwendete Garnsorte mit X'; ihre Wahrscheinlichkeitsverteilung konnte aufgrund langer Erfahrung wie folgt bestimmt werden:

j	0	1	2	3	4	5	6	7	8	9	10
$p_j = P(X' = j)$	0,05	0,05	0,05	0,1	0,2	0,2	0,1	0,1	0,05	0,05	0,05

Aus Kostengründen beschließt die Firmenleitung, eine andere Garnart zu verwenden. Sie will jedoch Aufschluss über die Verteilung der Anzahl X der Fadenrisse pro (obiger) Zeiteinheit für diese Garnsorte erhalten und lässt während 100 zufällig ausgewählten Zeiteinheiten die Anzahl der Fadenrisse registrieren. Die Häufigkeiten h_j, mit denen j Fadenrisse während der 100 Zeiteinheiten beobachtet wurden, sind in der folgenden Tabelle enthalten:

j	0	1	2	3	4	5	6	7	8	9	10
h_j	5	7	6	5	18	23	8	10	5	7	6

Testen Sie zum Signifikanzniveau $\alpha = 0{,}025$ die Hypothese, dass X der oben für X' angegebenen Verteilung genügt. ▪

14.10 Kontingenztest

Werden in einer Grundgesamtheit G zwei Merkmale X und Y beobachtet, so kann die Frage von Belang sein, ob X und Y voneinander unabhängig sind oder nicht. Unter der Voraussetzung, dass eine zweidimensionale einfache Stichprobe aus G bzw. **zwei verbundene einfache Stichproben** mit den Variablen $X_1, \ldots, X_n$ zu X und $Y_1, \ldots, Y_n$ zu Y gegeben sind, sind also folgende Hypothesen zu testen:

$$\begin{aligned}&H_0\text{: die beiden Merkmale } X \text{ und } Y \text{ sind in } G \text{ unabhängig,}\\ &H_1\text{: } X \text{ und } Y \text{ sind in } G \text{ abhängig.}\end{aligned} \tag{122}$$

Dabei geht man nach dem gleichen Prinzip vor, das dem χ^2-Anpassungstest zu Grunde liegt. Das Verfahren wird als **Kontingenztest** bezeichnet und ist in folgendem Tableau zusammengestellt:

Schritt 1: Ein Signifikanzniveau α wird festgelegt.

Schritt 2: Die Ermittlung des Testfunktionswerts v geschieht wie folgt:

2.1: Die x-Achse wird in $k \geqq 2$ und die y-Achse in $\ell \geqq 2$ disjunkte, aneinander angrenzende Intervalle $A_1, \ldots, A_k$ bzw. $B_1, \ldots, B_\ell$ unterteilt.

2.2: Es wird eine Kontingenztabelle mit Randhäufigkeiten erstellt:

x \ y	B_1	B_2	$\cdots$	B_ℓ	
A_1	h_{11}	h_{12}	$\cdots$	$h_{1\ell}$	$h_{1\bullet}$
A_2	h_{21}	h_{22}	$\cdots$	$h_{2\ell}$	$h_{2\bullet}$
$\vdots$	$\vdots$	$\vdots$	$\ddots$	$\vdots$	$\vdots$
A_k	h_{k1}	h_{k2}	$\cdots$	$h_{k\ell}$	$h_{k\bullet}$
	$h_{\bullet 1}$	$h_{\bullet 2}$	$\cdots$	$h_{\bullet\ell}$	n

Dabei bezeichnet wie in Abschnitt 4.1 h_{ij}, $h_{i\bullet}$ bzw. $h_{\bullet j}$ die Anzahl der beobachteten Paare (x, y) in $A_i \times B_j$, in A_i bzw. in B_j.

2.3: Zu jeder Kombination aus $i = 1, \ldots, k$ und $j = 1, \ldots, \ell$ wird die Größe $\widetilde{h}_{ij} = h_{i\bullet} h_{\bullet j}/n$ errechnet.

2.4: Der Testfunktionswert v wird wie folgt errechnet:

$$v = \sum_{i=1}^{k} \sum_{j=1}^{\ell} \frac{(h_{ij} - \widetilde{h}_{ij})^2}{\widetilde{h}_{ij}} = \sum_{i=1}^{k} \sum_{j=1}^{\ell} \frac{h_{ij}^2}{\widetilde{h}_{ij}} - n$$

Schritt 3: Mit dem Fraktilswert $x_{1-\alpha}$ der $\chi^2((k-1)(\ell-1))$-Verteilung wird der Verwerfungsbereich $B = (x_{1-\alpha}; \infty)$ festgelegt.

Schritt 4: H_0 wird genau dann abgelehnt, wenn $v \in B$ gilt.

Im Fall $k = \ell = 2$ vereinfacht sich die Berechnung des Testfunktionswertes. Es ist dann

$$v = \frac{n(h_{11}h_{22} - h_{12}h_{21})^2}{h_{1\bullet}h_{2\bullet}h_{\bullet 1}h_{\bullet 2}} .$$

Zu den Größen $\widetilde{h}_{ij}$ und v vergleiche man die Formeln (30) und (31) in Abschnitt 4.2.3. Ist H_0 richtig, so ist die Wahrscheinlichkeit, mit der (X, Y) Werte in $A_i \times B_j$ annimmt, aufgrund der Unabhängigkeitsdefinition (67) gleich dem Produkt der Wahrscheinlichkeiten, dass die Ausprägung von X in A_i und die von Y in B_j fällt, d. h.

$$P(X \in A_i, Y \in B_j | H_0) = P(X \in A_i) \cdot P(Y \in B_j) .$$

Im Fall der Unabhängigkeit ist daher zu erwarten, dass $h_{ij} = \widetilde{h}_{ij}$ gilt und somit ein kleiner Testfunktionswert v entsteht, wohingegen ein hoher Wert v für Abhängigkeit spricht. Wieder ist die benutzte Verteilungsapproximation hinreichend genau, falls

$$h_{ij} \geqq 5 \quad (\text{oder auch } \widetilde{h}_{ij} \geqq 5) \quad \text{für alle } i = 1, \ldots, k \text{ und alle } j = 1, \ldots, \ell$$

gilt. Auch für den Kontingenztest reichen nominale Daten aus. Bei diskreten Merkmalen X und Y mit den möglichen Ausprägungen $a_1, \ldots, a_k$ bzw. $b_1, \ldots, b_\ell$ verzichtet man, sofern alle Häufigkeiten $h_{ij} = h(a_i, b_j) \geqq 5$ sind, auf die Angabe der A_i und B_j. Wenn die Randwahrscheinlichkeiten

$$p_i = P(X \in A_i) \quad \text{und} \quad q_j = P(Y \in B_j)$$

bekannt sind, so ist eine **Modifikation** der Testfunktion zu verwenden. In diesem Fall kann auf die Ermittlung der Randhäufigkeiten in Schritt 2.2 verzichtet werden. In den Schritten 2.3 und 2.4 wird nämlich $\widetilde{h}_{ij}$ durch np_iq_j ersetzt. Bei der Bildung des Verwerfungsbereichs B in Schritt 3 ist dann das $(1 - \alpha)$-Fraktil der $\chi^2(k\ell - 1)$-Verteilung zu benutzen.

Beispiel 14.24: In Beispiel 4.1 wurde zu den Merkmalen „Berufsgruppe“ und „sportliche Betätigung“ eine Kontingenztabelle aufgrund von 1 000 Befragungen erstellt. Wir gehen davon aus, dass es sich bei diesen Daten um das Ergebnis einer zweidimensionalen einfachen Stichprobe handelt und dass die Wahrscheinlichkeit p_i bzw. q_j bekannt ist, mit der eine zufällig ausgewählte berufstätige Person beruflich bzw. sportlich zur Gruppe i bzw. j gehört. Insgesamt liegen folgende Werte vor, wobei alle $h_{ij} \geqq 5$ sind:

sportliche Betätigung / Berufsgruppe	nie	gelegentlich	regelmäßig	p_i
Arbeiter	240	120	70	0,43
Angestellter	160	90	90	0,34
Beamter	30	30	30	0,09
Landwirt	37	7	6	0,05
sonstiger freier Beruf	40	32	18	0,09
q_j	0,5	0,3	0,2	

Wir testen nun zum Signifikanzniveau $\alpha = 0{,}01$, ob der Grad der sportlichen Betätigung von der Berufsgruppe unabhängig ist oder nicht. Die Schritte 1, 2.1 und 2.2 sind bereits vorweggenommen.

Für Schritt 2.3 erstellen wir eine Tabelle der $np_i q_j$:

i \ j	1	2	3
1	215	129	86
2	170	102	68
3	45	27	18
4	25	15	10
5	45	27	18

Schritt 2.4: Als Testfunktionswert ergibt sich

$$v = \frac{(240-215)^2}{215} + \cdots + \frac{(18-18)^2}{18} = 42{,}07 \,.$$

Schritt 3: $B = (29{,}14; \infty)$ (aus der $\chi^2(5 \cdot 3 - 1)$-Verteilung).
Schritt 4: Wegen $v \in B$ wird die Unabhängigkeitshypothese abgelehnt. ▪

Aufgabe 14.25: Einer Werbeagentur liegen nach einer auf drei Zielgruppen gerichteten Anzeige folgende Beobachtungen über die Anzahl der Zielpersonen vor, die sich an die Anzeige erinnern:

aus Zielgruppe	1	2	3	$h_{i\bullet}$
erinnern sich	60	100	104	264
erinnern sich nicht	40	50	46	136
$h_{\bullet j}$	100	150	150	400

Testen Sie zum Signifikanzniveau $\alpha = 0{,}05$, ob die Erinnerung an die Anzeige von der Zielgruppen-Zugehörigkeit unabhängig ist. ▪

14.11 Korrelationstest

Weiterhin seien – wie in Abschnitt 14.10 – **zwei verbundene einfache Stichproben** aus einer Grundgesamtheit G mit den Variablen $X_1, \ldots, X_n$ bzw. $Y_1, \ldots, Y_n$ zu den Merkmalen X bzw. Y gegeben und weiterhin sei die Frage nach der Unabhängigkeit von X und Y relevant. Vorausgesetzt sei aber jetzt, dass X und Y gemeinsam **normalverteilt** sind.

Bekanntlich (vgl. Abschnitt 9.5) liegt in diesem Fall genau dann Unabhängigkeit zwischen X und Y vor, wenn der Korrelationskoeffizient $\varrho(X, Y)$ – der im Folgenden mit ϱ abgekürzt wird – den Wert null annimmt; die Nullhypothese aus (122) ist somit in der Form H_0: $\varrho = 0$ darstellbar. Bezüglich der Alternativhypothese ist man jetzt aber nicht mehr wie in (122) auf die Verneinung von H_0 festgelegt, sondern man kann auch einseitige Abweichungen von $\varrho = 0$ zulassen, wobei, wie in Abschnitt 9.5 ausgeführt, $\varrho < 0$ (bzw. $\varrho > 0$) für einen negativen (bzw. positiven) linearen Zusammenhang zwischen X und Y steht. Insgesamt lassen sich also folgende Hypothesenpaare ansetzen:

$$\begin{array}{llll} \text{a)} & H_0\colon \varrho = 0, & & H_1\colon \varrho \neq 0 \\ \text{b)} & H_0\colon \varrho = 0 & (\text{oder } \varrho \geqq 0), & H_1\colon \varrho < 0 \\ \text{c)} & H_0\colon \varrho = 0 & (\text{oder } \varrho \leqq 0), & H_1\colon \varrho > 0 \end{array} \tag{123}$$

Als passende Testfunktion, um Hypothesen aus (123) zu überprüfen, bietet sich die mithilfe des Bravais-Pearson-Korrelationskoeffizienten $\widehat{R}$ der Stichprobenvariablen $X_1, \ldots, X_n$ bzw.

$Y_1, \ldots, Y_n$ gebildete Stichprobenfunktion

$$V = \sqrt{n-2} \cdot \frac{\widehat{R}}{\sqrt{1-\widehat{R}^2}} \quad \text{mit} \quad \widehat{R} = \frac{\sum\limits_{i=1}^{n}(X_i - \overline{X})(Y_i - \overline{Y})}{\sqrt{\sum\limits_{i=1}^{n}(X_i - \overline{X})^2 \cdot \sum\limits_{i=1}^{n}(Y_i - \overline{Y})^2}}$$

an; denn zum einen ist $\widehat{R}$ eine geeignete Schätzfunktion für ϱ (vgl. etwa Beispiel 12.6), zum anderen genügt V unter $\varrho = 0$ einer bekannten Verteilung, nämlich der $t(n-2)$-Verteilung. Das im folgenden Tableau formulierte Verfahren bezeichnen wir als **Korrelationstest**.

Schritt 1: Ein Signifikanzniveau α wird festgelegt.

Schritt 2: Unter Verwendung des Bravais-Pearson-Korrelationskoeffizienten

$$\widehat{\varrho} = \frac{\sum\limits_{i=1}^{n}(x_i - \bar{x})(y_i - \bar{y})}{\sqrt{\sum\limits_{i=1}^{n}(x_i - \bar{x})^2 \cdot \sum\limits_{i=1}^{n}(y_i - \bar{y})^2}}$$

der Beobachtungspaare (x_i, y_i), $i = 1, \ldots, n$, wird der Testfunktionswert

$$v = \sqrt{n-2} \cdot \frac{\widehat{\varrho}}{\sqrt{1-\widehat{\varrho}^2}}$$

errechnet.

Schritt 3: Der Verwerfungsbereich

$$\begin{aligned} B &= (-\infty; -x_{1-\alpha/2}) \cup (x_{1-\alpha/2}; \infty) && \text{im Fall (123a)} \\ B &= (-\infty; -x_{1-\alpha}) && \text{im Fall (123b)} \\ B &= (x_{1-\alpha}; \infty) && \text{im Fall (123c)} \end{aligned}$$

wird festgelegt, wobei die Fraktilswerte $x_{1-\alpha/2}$ bzw. $x_{1-\alpha}$ der $t(n-2)$-Verteilung[25] zu entnehmen sind.

Schritt 4: H_0 wird genau dann verworfen, wenn $v \in B$ gilt.

Aufgabe 14.26: In Beispiel 4.4 wurden bei 15 Unternehmungen einer Branche die Merkmale X = Jahresgewinn (in Mio. €) und Y = Jahresmiete für die EDV-Anlage (in 1 000 €) erhoben. Unterstellen Sie nun, dass X und Y in der Grundgesamtheit aller Unternehmungen der Branche gemeinsam normalverteilt sind und nehmen Sie die beobachteten Werte x_i und y_i, $i = 1, \ldots, 15$, als Ergebnisse zweier (verbundener) einfacher Stichproben an. In Beispiel 4.7 wurde der dazugehörige Bravais-Pearson-Korrelationskoeffizient $r = 0{,}88 = \widehat{\varrho}$ errechnet. Kann für die Branche zwischen den beiden Merkmalen X und Y ein positiver linearer Zusammenhang zum Signifikanzniveau $\alpha = 0{,}01$ statistisch bestätigt werden? ▪

[25] Bei $n - 2 > 30$ entnimmt man sie der $N(0; 1)$-Verteilung.

14.12 Gütefunktion

In diesem Abschnitt beschäftigen wir uns mit dem Problem der Beurteilung von Testverfahren. Wir haben in Abschnitt 14.2 festgestellt, dass bei der Wahl der einzelnen Größen, die einen Test bestimmen, insbesondere bei der Festlegung des Verwerfungsbereichs B, darauf zu achten ist, dass

i) das Supremum der Wahrscheinlichkeit für den Fehler 1. Art (nämlich H_0 zu verwerfen, obwohl H_0 richtig ist) gleich dem vorgegebenen Signifikanzniveau α sein muss;

ii) unter Einhaltung von i) die Wahrscheinlichkeit für den Fehler 2. Art (nämlich H_0 nicht abzulehnen, obwohl H_0 falsch ist) so klein wie möglich gehalten werden sollte.

Die Gütefunktion, die wir nun für den Fall eines reellen Parameterbereichs $\Theta \subset \mathbb{R}$ einführen, gestattet eine anschauliche Darstellung, ob und inwieweit ein bestimmter Test die Kriterien i) und ii) erfüllt. Wir setzen voraus, dass die Hypothesen H_i: „der unbekannte Parameterwert liegt in Θ_i" (mit $i = 0, 1$) getestet werden sollen, wobei der Parameterbereich $\Theta = \Theta_0 \cup \Theta_1$ eine Teilmenge der reellen Zahlen ist. Ferner sei V die Testfunktion und B der Verwerfungsbereich eines gegebenen Tests. Als **Gütefunktion** des Tests bezeichnen wir die Funktion

$$g(\vartheta) = P(V \in B|\vartheta) , \tag{124}$$

die die Wahrscheinlichkeit angibt, H_0 abzulehnen, wenn der unbekannte wahre Parameter gleich ϑ ist. Um $g(\vartheta)$ bestimmen zu können, muss also die Verteilung von V nicht nur unter der Nullhypothese, sondern stets (zumindest approximativ) bekannt sein.

Ein Test ist genau dann Signifikanztest zu einem vorgegebenen Niveau α, d. h., er erfüllt obige Forderung i) bzw. die Gleichung (114) aus Abschnitt 14.2, wenn für seine Gütefunktion die Beziehung

$$\sup_{\vartheta \in \Theta_0} g(\vartheta) = \alpha$$

gilt, das Supremum der Gütefunktion im Bereich Θ_0 also gleich α ist. Bei einfacher Nullhypothese H_0, d. h. bei $\Theta_0 = \{\vartheta_0\}$, heißt dies, dass $g(\vartheta_0) = \alpha$ sein muss.

Andererseits ist der Verlauf der Gütefunktion auf dem Bereich Θ_1 maßgebend für die Wahrscheinlichkeit des Fehlers 2. Art und damit für die Einhaltung der Forderung ii) von oben. Denn für die Wahrscheinlichkeit, H_0 nicht abzulehnen, wenn der Wert $\vartheta \in \Theta_1$ richtig ist, ergibt sich

$$P(V \notin B|\vartheta) = 1 - P(V \in B|\vartheta) = 1 - g(\vartheta) ,$$

sodass ein Fehler 2. Art umso unwahrscheinlicher ist, je größer $g(\vartheta)$ auf dem Bereich Θ_1 ist. Die in der statistischen Qualitätskontrolle häufig benutzte Funktion $1 - g(\vartheta)$ wird als **Operationscharakteristik** (oder OC-Kurve) bezeichnet.

Oft sieht man unter den Signifikanztests zum Niveau α überhaupt nur noch solche als geeignet an, bei denen die Gütefunktion $g(\vartheta)$ für alle $\vartheta \in \Theta_1$ größer oder gleich α ist. Tests zum Niveau α mit dieser Eigenschaft, nämlich

$$g(\vartheta) \geqq \alpha \quad \text{für alle} \quad \vartheta \in \Theta_1 , \tag{125}$$

nennt man **unverfälscht**. Bei einem unverfälschten Test ist also die Wahrscheinlichkeit, mit der H_0 abgelehnt wird, bei Zutreffen von H_0 nie größer als bei Nichtzutreffen. Die Gütefunktion eines unverfälschten Tests hat etwa den in Abbildung 14.6 skizzierten Verlauf.

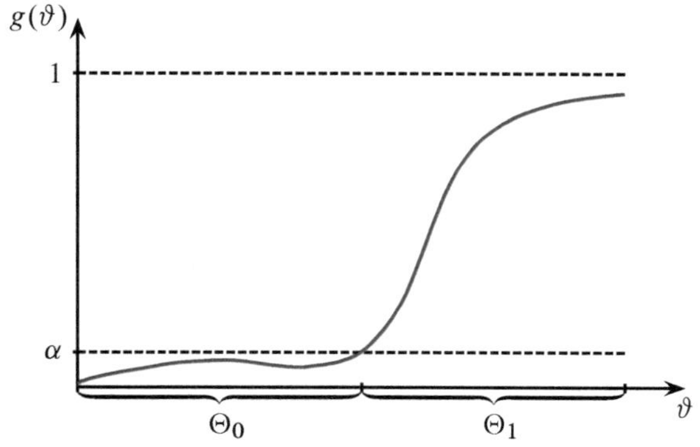

Abb. 14.6: Gütefunktion eines unverfälschten Tests

Für ein Anwendungsbeispiel greifen wir nun auf die Ausgangssituation des Einstichproben-Gaußtests zurück.

Beispiel 14.27: Gegeben seien

- eine normalverteilte Grundgesamtheit G mit bekannter Standardabweichung σ,
- der Parameterbereich $\Theta = \mathbb{R}$ als Menge der möglichen Werte für den unbekannten Erwartungswert von G,
- die Nullhypothese H_0, dass der unbekannte Erwartungswert gleich dem hypothetischen Wert μ_0 ist; dies bedeutet: $\Theta_0 = \{\mu_0\}$, $\Theta_1 = \Theta \setminus \Theta_0 = \mathbb{R} \setminus \{\mu_0\}$,
- eine einfache Stichprobe vom Umfang n aus G, beschrieben durch die Variablen $X_1, \ldots, X_n$,
- die Testfunktion $V = (\overline{X} - \mu_0)\sqrt{n}/\sigma$,
- ein Signifikanzniveau α, wofür wir den Wert 0,05 wählen.

Unter diesen Voraussetzungen gibt es offensichtlich noch unendlich viele Möglichkeiten der Wahl eines Verwerfungsbereichs B, sodass ein Signifikanztest zum Niveau α entsteht. Denn jeder reelle Zahlenbereich B, über dem die durch die Dichtefunktion der $N(0; 1)$-Verteilung begrenzte Fläche den Wert α besitzt, erfüllt die Bedingung $P(V \in B|\mu_0) = \alpha$. Für vier dieser Möglichkeiten wollen wir uns den Verlauf der dazugehörigen Gütefunktion verdeutlichen, nämlich für

$$\begin{array}{lll}
\text{a)} & B = (-\infty; -x_{1-\alpha/2}) \cup (x_{1-\alpha/2}; \infty) & = (-\infty; -1{,}96) \cup (1{,}96; \infty) \\
\text{b)} & B = (-\infty; -x_{1-\alpha}) & = (-\infty; -1{,}645) \\
\text{c)} & B = (x_{1-\alpha}; \infty) & = (1{,}645; \infty) \\
\text{d)} & B = (-x_{(1+\alpha)/2}; x_{(1+\alpha)/2}) & = (-0{,}063; 0{,}063)\ .
\end{array}$$

Der unter a) angegebene Verwerfungsbereich ist in Abschnitt 14.1 für den vorliegenden Fall einer beidseitigen Gegenhypothese als geeignet erklärt worden, wohingegen die gemäß b) und c) angegebenen Bereiche nach Abschnitt 14.1 zu den einseitigen Alternativhypothesen zu verwenden sind. Die Gütefunktionen werden zeigen, dass diese in Abschnitt 14.1 getroffene Festlegung sinnvoll ist. Der in d) angegebene Bereich ist so angelegt, dass der hypothetische Wert μ_0 gerade dann abgelehnt wird, wenn das Stichprobenergebnis am stärksten für die Richtigkeit von μ_0 spricht. Dass diese Vorgehensweise unsinnig ist, ist bereits intuitiv klar; die dazugehörige Gütefunktion wird dies bestätigen.

Den wesentlichen Verlauf der vier Gütefunktionen können wir uns (ohne Rechnung) mithilfe der nachfolgenden Abbildung klar machen. Der Wert $g(\mu)$ der Gütefunktion misst nämlich jeweils die Fläche, die oberhalb des Bereichs B sowie unterhalb der Dichtefunktion $f(v|\mu)$ liegt, wobei $f(v|\mu)$ die Dichte von V unter der Bedingung beschreibt, dass der Wert μ gleich dem Erwartungswert von G ist. Im Vergleich zu der in der Abbildung skizzierten Dichte $f(v|\mu_0)$ stellt $f(v|\mu)$ lediglich eine Verschiebung dar, und zwar eine Verschiebung nach rechts, wenn $\mu > \mu_0$ ist, bzw. eine Verschiebung nach links, wenn

$\mu < \mu_0$ ist. Die Konsequenzen, die eine solche Verschiebung von μ_0 aus nach rechts bzw. nach links in den Fällen a), b), c), d) nach sich zieht, sind in folgendem Schema zusammengestellt:

Fall	Verschiebung nach rechts ($\mu > \mu_0$)	Verschiebung nach links ($\mu < \mu_0$)
a)	Fläche über $(1{,}96; \infty)$ stark vergrößert, Fläche über $(-\infty; -1{,}96)$ geringfügig verkleinert; d. h. $g(\mu) > g(\mu_0) = \alpha$	Fläche über $(1{,}96; \infty)$ geringfügig verkleinert, Fläche über $(-\infty; -1{,}96)$ stark vergrößert; d. h. $g(\mu) > g(\mu_0) = \alpha$
b)	Fläche über B geringfügig verkleinert; d. h. $g(\mu) < g(\mu_0) = \alpha$	Fläche über B stark vergrößert; d. h. $g(\mu) > g(\mu_0) = \alpha$
c)	Fläche über B stark vergrößert; d. h. $g(\mu) > g(\mu_0) = \alpha$	Fläche über B geringfügig verkleinert; d. h. $g(\mu) < g(\mu_0) = \alpha$
d)	Fläche über B stark verkleinert; d. h. $g(\mu) < g(\mu_0) = \alpha$	Fläche über B stark verkleinert; d. h. $g(\mu) < g(\mu_0) = \alpha$

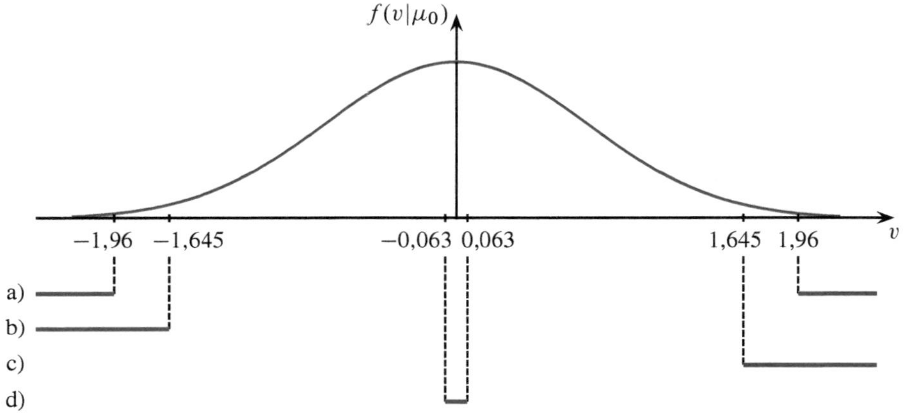

Natürlich lässt sich jeder Wert der Gütefunktionen auch rechnerisch ermitteln, wie nun exemplarisch für Fall b) dargestellt wird: Zum Ereignis $V \in B$ gibt es folgende äquivalenten Formulierungen:

$$\frac{\bar{X} - \mu_0}{\sigma}\sqrt{n} < -1{,}645 \iff \frac{\bar{X} - \mu + \mu - \mu_0}{\sigma}\sqrt{n} < -1{,}645$$

$$\iff \frac{\bar{X} - \mu}{\sigma}\sqrt{n} < -1{,}645 - \frac{\mu - \mu_0}{\sigma}\sqrt{n}\,.$$

Hieraus folgt:

$$g(\mu) = P(V \in B|\mu) = \Phi\Big(-1{,}645 - \frac{\mu - \mu_0}{\sigma}\sqrt{n}\Big)\,,$$

wobei Φ die Verteilungsfunktion der Standardnormalverteilung beschreibt. Beispielsweise erhält man so für $n = 25$, $\sigma = 5$ und $\mu_0 = 3$:

$$g(2) = \Phi(-0{,}645) = 1 - \Phi(0{,}645) = 1 - 0{,}7406 = 0{,}2594\,;$$
$$g(4) = \Phi(-2{,}645) = 1 - \Phi(2{,}645) = 1 - 0{,}9960 = 0{,}0040\,.$$

Insgesamt ergibt sich somit der in Abbildung 14.7 grob skizzierte Verlauf der vier Gütefunktionen. Daraus lässt sich ablesen, dass im vorliegenden Fall, nämlich bei $\Theta_0 = \{\mu_0\}$, $\Theta_1 = \mathbb{R} \setminus \{\mu_0\}$, nur der gemäß a) gebildete Verwerfungsbereich, der auch in Abschnitt 14.1 für diese Ausgangssituation benutzt wurde, einen unverfälschten Test liefert. ■

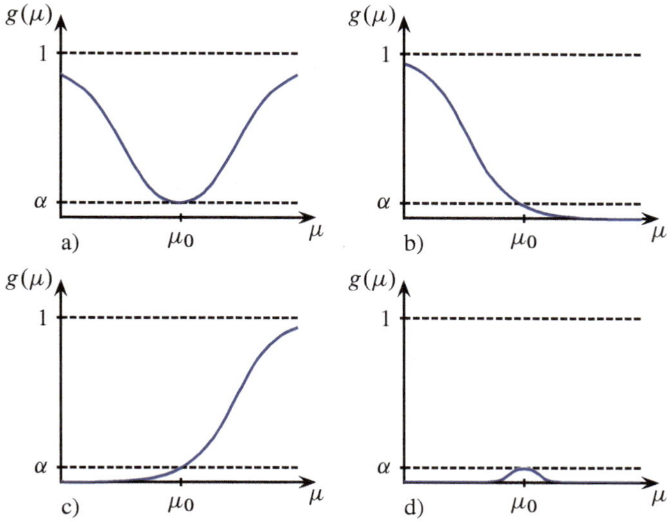

Abb. 14.7: Gütefunktionen zu den Verwerfungsbereichen aus den Fällen a), b), c), d) in Beispiel 14.27

Aufgabe 14.28: Welche der in Abbildung 14.7 dargestellten Gütefunktionen beschreibt einen unverfälschten Test

- im Fall $\Theta_0 = \{\mu_0\}$, $\Theta_1 = (-\infty; \mu_0)$,
- im Fall $\Theta_0 = \{\mu_0\}$, $\Theta_1 = (\mu_0; \infty)$,
- im Fall $\Theta_0 = [\mu_0; \infty)$, $\Theta_1 = (-\infty; \mu_0)$,

wenn alle übrigen Voraussetzungen aus Beispiel 14.27 beibehalten werden? ▪

14.13 Kritische Zusammenfassung, Literaturhinweise

Weitere Tests

Die in diesem Buch explizit behandelten bzw. in Abschnitt 14.4 aufgeführten Tests stellen nur eine kleine Auswahl dar; in der statistischen Literatur sind sehr viele **weitere Testverfahren** zu finden. Verwiesen sei etwa auf Graf et al. (1997), Hedderich/Sachs (2020), Pfanzagl (1978) sowie speziell für nichtparametrische Tests auf Büning/Trenkler (1994), Schaich/Hamerle (1984) und Bortz et al. (2008). Der Varianzanalyse und ihren vielfältigen Fragestellungen sind z. B. Glaser (1978) und Zöfel (1992b) gewidmet. Auch bei Tests kann ein eventuell vorhandenes A-priori-Wissen mit berücksichtigt werden (vgl. dazu Abschnitt 12.5 und einen Hinweis in Abschnitt 13.3). Testverfahren, die dies leisten, heißen **Bayestests**. Ausführlich behandelt sind sie etwa bei De Groot (2005) oder Berger (2010). Tests, ob Regressionskoeffizienten signifikant von null verschieden sind, können vor allem in der zu Kapitel 16 angegebenen ökonometrischen Literatur gefunden werden.

Trennscharfe Tests

Zu einer gegebenen Ausgangssituation heißt ein Test zum Niveau α ein **gleichmäßig bester** oder auch **trennscharfer Test** zu α, wenn er die Wahrscheinlichkeit für eine Ablehnung der Nullhypothese H_0 bei allen zur Gegenhypothese H_1 gehörenden Verteilungen oder Parameterwerten maximiert (im Vergleich zu allen übrigen in dieser Situation möglichen Tests). Liegt wie in Abschnitt 14.12 ein reeller Parameterbereich $\Theta = \Theta_0 \cup \Theta_1$ vor, wobei Θ_i die Hypothese

H_i repräsentiert, so ist ein Test zum Niveau α genau dann trennscharf, wenn seine Gütefunktion auf Θ_1 mindestens so groß ist wie die aller anderen zur Verfügung stehenden Tests. Oft lässt man zum Vergleich nicht alle möglichen, sondern nur noch die unverfälschten[26] Tests zum Niveau α zu.

Der Einstichproben-Gaußtest beispielsweise ist trennscharf bei einseitigen Hypothesen, im zweiseitigen Fall dagegen ist er (nur) gleichmäßig bester unverfälschter Test. Weitere einschlägige Aussagen sind etwa bei Bamberg (1972, S. 77) und Witting/Nölle (1970, S. 186) zusammengestellt. Die zu Grunde liegende Theorie, aus der sich solche Aussagen ergeben, ist z. B. bei Fisz (1989, S. 628), Schmetterer (1966, S. 201) oder Witting (1978, S. 166) dargestellt. Mit der Optimalität bei approximativen Tests beschäftigen sich Witting/Nölle (1970, S. 37).

Medizinische Tests

Nach den Ausführungen insbesondere des Abschnitts 14.2 ist bei Signifikanztests die Entscheidungsfindung und sind die möglichen Fehler durch das Vierfelder-Schema in Tabelle 14.3 darstellbar. Das Signifikanzniveau α ist dabei die (maximale) Wahrscheinlichkeit für den Fehler 1. Art, d. h. α begrenzt die bedingte Wahrscheinlichkeit dafür, H_0 abzulehnen, wenn H_0 richtig ist.

Tab. 14.3: Mögliche Konstellationen bei Signifikanztests

Entscheidung / Zustand	H_0 wird nicht abgelehnt	H_0 wird abgelehnt
H_0 ist richtig	korrekte Entscheidung	Fehler 1. Art
H_0 ist falsch	Fehler 2. Art	korrekte Entscheidung

Vielen **medizinischen** bzw. epidemiologischen **Tests** liegt ein ähnliches Schema zu Grunde. Deshalb sollen sie, auch wenn sie keine Signifikanztests sind (da sie keine Stichproben verarbeiten), hier kurz vorgestellt werden. Als typisches Beispiel betrachten wir hierzu die Covid-19-Tests. Diese beabsichtigen, jeden zu testenden Probanden möglichst korrekt als positiv (also als erkrankt bzw. infiziert) oder als negativ zu klassifizieren. Dabei sind offensichtlich die vier in Tabelle 14.4 wiedergegebenen Konstellationen möglich.

Tab. 14.4: Mögliche Konstellationen bei medizinischen Tests

Testbefund / Status	positiv	negativ
positiv	korrekter Befund	falsch-negativer Befund
negativ	falsch-positiver Befund	korrekter Befund

Bezeichnen wir die durch den jeweiligen Status i bedingten Wahrscheinlichkeiten für den Testbefund j mit p_{ij}, so erhalten wir eine (2×2)-Matrix

$$\boldsymbol{P} = \begin{pmatrix} p_{11} & p_{12} \\ p_{21} & p_{22} \end{pmatrix},$$

[26] Der Begriff „unverfälscht" ist nicht auf die in Abschnitt 14.12 behandelte Situation eines reellen Parameterbereichs $\Theta \subset \mathbb{R}$ beschränkt; (125) lässt sich geeignet verallgemeinern.

deren Zeilensummen jeweils gleich 1 sind, d. h. es gilt

$$\boldsymbol{P} = \begin{pmatrix} p_{11} & 1 - p_{11} \\ 1 - p_{22} & p_{22} \end{pmatrix}.$$

Medizinische Tests werden also bereits durch die beiden Parameter

$$\begin{aligned} p_{11} &= P(\text{Testbefund ist positiv}|\text{Proband ist positiv}) \quad \text{und} \\ p_{22} &= P(\text{Testbefund ist negativ}|\text{Proband ist negativ}) \end{aligned}$$

vollständig charakterisiert. Für diese beiden bedingten Wahrscheinlichkeiten werden in der einschlägigen Literatur die Bezeichnungen **Sensitivität** (p_{11}) und **Spezifität** (p_{22}) genutzt. Für den Nachweis von Covid-19 gibt es die relativ genauen PCR-Tests und die weniger genauen Corona-Schnelltests. Bei den PCR-Tests der verschiedenen Hersteller liegen sowohl p_{11} als auch p_{22} in der Nähe von 0,99. Für die Zertifizierung von Corona-Schnelltests fordert das Paul-Ehrlich-Institut $p_{11} \geqq 0{,}8$ und $p_{22} \geqq 0{,}97$.

In der Epidemiologie wird zumeist die Zielsetzung verfolgt, Infizierte möglichst zuverlässig zu erkennen, d. h. die Sensitivität p_{11} bis nahe an 1 zu steigern. (Dies entspricht bei Signifikanztests der Absicht, die Wahrscheinlichkeit für den Fehler 1. Art möglichst klein zu halten.) Allerdings hat diese Zielsetzung auch eine Kehrseite: Je näher p_{11} an 1 ist (wenn etwa ein Test bereits auf Virenreste anspricht), desto größer ist i. Allg. auch die Wahrscheinlichkeit p_{21} für einen falsch-positiven Befund. Wegen $p_{22} = 1 - p_{21}$ reduziert somit eine besonders hohe Sensitivität p_{11} tendenziell die Spezifität p_{22}. Medizinische Tests mit Sensitivität 1 gepaart mit Spezifität 1 existieren praktisch nicht. Deshalb sind falsch-positive Befunde und falsch-negative Befunde nicht gänzlich vermeidbar.

Verteilungsfreie Verfahren

Im Verlauf von Kapitel 14 haben wir Tests kennen gelernt, bei denen die Verteilung der Testfunktion davon abhängt, aus welcher speziellen Verteilungsklasse die Verteilung der Grundgesamtheit G stammt; uns sind aber auch Tests begegnet (bzw. es sind Tests in den Abbildungen 14.3, 14.4, 14.5 angeführt), bei denen zur Festlegung der Verteilung der Testfunktion keine – oder nur relativ wenig einschränkende – Voraussetzungen an die Verteilung von G gestellt werden müssen. Tests der zweiten Art werde oft als **verteilungsfrei**[27] bezeichnet. Betrachten wir etwa Einstichprobentests für den Erwartungswert μ einer stetig und symmetrisch verteilten Grundgesamtheit, so kann ohne weitere Verteilungsannahme sowohl der Wilcoxon-Test (vgl. Abbildung 14.3) als auch der (als spezieller Binomialtest ablaufende) Vorzeichentest (vgl. Beispiel 14.8 und die daran anschließenden Ausführungen) eingesetzt werden; beide Tests sind deshalb als verteilungsfrei einzustufen. Nicht verteilungsfrei hingegen ist der Einstichproben-t-Test; denn damit mit der in Abschnitt 14.5 angegebenen t-Verteilung der Testfunktion gerechnet werden kann, ist – zumindest bei kleinem Stichprobenumfang – ein spezieller Verteilungstyp von G, nämlich die Normalverteilung, erforderlich.

Einen verteilungsfreien Test beurteilt man oft danach, um wie viel Prozent bei Vorliegen einer bestimmten Verteilung der Grundgesamtheit, insbesondere der Normalverteilung, der Stichprobenumfang reduziert werden könnte, damit der dann anwendbare Test von derselben „Güte" ist wie der betrachtete verteilungsfreie Test. Als **Wirksamkeit** des verteilungsfreien

[27] In der Literatur wird vielfach nicht zwischen verteilungsfrei und nichtparameterisch unterschieden.

Tests bezeichnet man dann (vereinfacht dargestellt) den Prozentanteil der Anzahl von Beobachtungen, mit denen der Vergleichstest bei gleicher „Güte“ auskommt. So besitzt z. B. der in Abbildung 14.3 aufgeführte Wilcoxon-Test eine Wirksamkeit von etwa 95 % im Vergleich mit dem bei Normalverteilung möglichen Einstichproben-t-Test; die Wirksamkeit des Vorzeichentests dagegen beträgt bei hohem n nur noch 64 %. Genaue Definitionsansätze und weitere Angaben zur Wirksamkeit einzelner Tests sind bei Pfanzagl (1978, Kap. 7) sowie vor allem bei Büning/Trenkler (1994) zu finden.

Alternativtests

Wie in Abschnitt 14.2 dargelegt wurde, stellt bei der Verwendung von Signifikanztests lediglich die Verwerfung der Nullhypothese eine statistisch gesicherte Entscheidung dar. Daher ist das Prinzip des Signifikanztests in pragmatischen Fragestellungen oft unbrauchbar, beispielsweise dann, wenn zu testen ist, ob ein neu entwickeltes Medikament besser ist als ein bisher verwendetes oder welcher von zwei konkurrierenden Werbespots wirksamer ist usw. Solche Fragestellungen sind unmittelbar mit Entscheidungen, z. B. über die Massenherstellung eines bestimmten Medikaments verknüpft. Stimmenthaltungen sind hierbei wenig sinnvoll; man muss sich aufgrund der beobachteten Stichprobenrealisation auf eine der beiden Hypothesen bzw. der damit verknüpften Entscheidungen festlegen. Tests, die als Ergebnis eine der beiden Antworten, nämlich Annahme von H_0 oder Annahme von H_1 zulassen, heißen **Alternativtests**. Von Ausnahmefällen abgesehen, sind Alternativtests jedoch erst im Rahmen der **statistischen Entscheidungstheorie** (vgl. Kapitel 19) durchführbar, wenn zur Konstruktion der Tests statt der Fehlerwahrscheinlichkeiten die konkreten Entscheidungen und ihre Konsequenzen berücksichtigt werden.

Sequenzielle Tests

Neben den Testverfahren, denen ein fester Stichprobenumfang n zu Grunde liegt, gibt es auch Tests, bei denen der Stichprobenumfang variabel und selbst Gegenstand einer Optimierung ist; sie heißen **sequenzielle Tests**. Die Grundidee einer sequenziellen Vorgehensweise wird in Kapitel 18 (in Beispiel 18.1) verdeutlicht. Bezüglich der Darstellung sequenzieller Verfahren sei wiederum auf De Groot (2005, S. 306) verwiesen. Speziell für Probleme der statistischen Qualitätskontrolle werden sequenzielle Tests bei Uhlmann (1982, S. 157) vorgestellt.

Zur Interpretation des Signifikanzniveaus

Die Wahrscheinlichkeit α kommt auch bei Signifikanztests **dem Verfahren zu und nicht dem Ergebnis**. Dies bedeutet: Führt man ein Testverfahren zum Signifikanzniveau $\alpha = 0{,}05$ sehr oft durch, so kann man in 95 % der Fälle, in denen H_0 richtig ist, damit rechnen, dass das Verfahren zu keiner Ablehnung von H_0 führt. Dagegen ist eine Formulierung wie: „die Hypothese H_0 ist, falls sie abgelehnt wird, mit der Wahrscheinlichkeit 0,95 unzutreffend“ nicht haltbar im Sinne der Definition des Signifikanzniveaus.

Signifikanzniveau versus p-Wert

Bei der in Kapitel 20 angesprochenen **Statistik-Software** wird zur Durchführung eines Tests keine Vorab-Festlegung des Signifikanzniveaus α verlangt. Diese Programme geben nämlich mit dem Testfunktionswert v einen als ***p*-value** (= probability value), ***p*-Wert** oder (vgl. etwa Schlittgen, 2012) **empirisches Signifikanzniveau** bezeichneten Wahrscheinlichkeitswert α' aus, der Folgendes besagt: Wäre das verwendete Datenmaterial zum Signifikanzniveau α' getestet worden, so wäre v genau der Randpunkt des Verwerfungsbereichs. Dies bedeutet, dass zu jedem Signifikanzniveau $\alpha > \alpha'$ die Nullhypothese H_0 zu verwerfen ist, dagegen bei $\alpha \leqq \alpha'$

keine Ablehnung von H_0 erfolgen kann. In Beispiel 14.2 zum Einstichproben-Gaußtest etwa ergibt sich mit dem gegebenen Testfunktionswert $v = -2{,}4$ im Fall

a) der beidseitigen Alternativhypothese $H_1\colon\ \mu \neq 500$ der Wert α' so, dass die kleinere der beiden Wahrscheinlichkeiten $P(V < v|\mu_0)$ und $P(V > v|\mu_0)$ gleich $\frac{\alpha'}{2}$ ist, also (wegen $\Phi(-2{,}4) = 0{,}0082$ und $\Phi(2{,}4) = 0{,}9918$) der Wert $\alpha' = 2 \cdot 0{,}0082 = 0{,}0164$;
b) der einseitigen Alternativhypothese $H_1\colon\ \mu < 500$ der Wert $\alpha' = P(V < v|\mu_0) = \Phi(-2{,}4) = 0{,}0082$;
c) der einseitigen Alternativhypothese $H_1\colon\ \mu > 500$ der Wert $\alpha' = P(V > v|\mu_0) = \Phi(2{,}4) = 0{,}9918$.

Mit $\alpha = 0{,}01$ wird daher nur in Fall b) die Hypothese H_0 verworfen.

In dem Zusammenhang sei nochmals darauf verwiesen, dass – wie im Abschnitt 14.2 ausgeführt – das Signifikanzniveau α stets zu Beginn einer Testdurchführung, insbesondere unabhängig von den im Test verarbeiteten Daten, festgelegt werden muss. Keineswegs darf die Festlegung, etwa um ein bestimmtes Testergebnis zu erhalten, in Reaktion auf den aus den Daten errechneten p-Wert erfolgen.

Der p-Wert wird gelegentlich als Bestätigungsgrad der Nullhypothese H_0, d. h. als ein quantitatives Maß für die Plausibilität von H_0, aufgefasst. Diese Interpretation ist nicht nur inhaltlich problematisch, sondern auch deshalb, weil dieser „Bestätigungsgrad“ von der Wahl des Tests, von der speziellen Wahl der Alternativhypothese (vgl. obiges Beispiel) sowie schließlich vom Stichprobenumfang entscheidend abhängt.

Multiple Tests

In der Praxis werden oft **an einem Datensatz mehrere Tests** durchgeführt. Bei korrekter Vorgehensweise ist dabei (zumindest) folgende Forderung einzuhalten: Die Wahrscheinlichkeit, mit der mindestens eine der Nullhypothesen abgelehnt wird, obwohl sämtliche Nullhypothesen richtig sind, darf eine vorgegebene Schranke α nicht überschreiten. Indem man für jedes einzelne Hypothesenpaar einen Test zu diesem Niveau α durchführt, ist die Forderung in der Regel nicht erfüllt. Ausführungen hierzu finden sich – unter dem Stichwort „**multiple Tests**“ – beispielsweise bei Kockelkorn (2000), Pigeot (2000) und Schlittgen (1996).

Zur Vorgehensweise bei korrekter Anwendung statistischer Methoden

Nicht nur bei Signifikanztests und auch nicht allein in der induktiven Statistik, sondern generell in Situationen, in denen ein statistisches Verfahren zum Einsatz kommen soll, ist folgendes **Grundschema der Vorgehensweise in der Statistik** einzuhalten:

a) Klärung der Problemstellung,
b) begründete Auswahl eines Verfahrens,
c) Datenerhebung,
d) Durchführung des Verfahrens,
e) Interpretation des Ergebnisses.

Bei einem Signifikanztest gehören

- zu Punkt a) die Festlegung der Hypothesen H_0 und H_1, aber auch die Überlegung, welche Verteilungsannahmen über die Grundgesamtheit gemacht werden können.

- zu Punkt b) die Auswahl der Testfunktion V, die Festlegung der Gestalt des Verwerfungsbereichs B (z. B. ob B einseitig oder beidseitig zu wählen ist), jedoch auch die Angabe des Signifikanzniveaus α.

- zu Punkt d) die Errechnung des Testfunktionswertes v, die konkrete Bestimmung des Verwerfungsbereichs B sowie die Anwendung der Entscheidungsregel (Ergebnis: Ablehnung bzw. Nichtablehnung von H_0).
- zu Punkt e) etwa das Ziehen von Konsequenzen aus dem erhaltenen Testergebnis, z. B. ein Austausch der Maschine beim Überschreiten der Kontrollgrenzen im Qualitätskontrolle-Beispiel 14.3.

Wie diese Einteilung zeigt, enthalten die jeweils aus den Schritten 1 bis 4 bestehenden Tableaus, die bei der Beschreibung der einzelnen Testverfahren aufgestellt wurden, sowohl Vorschriften zu Punkt b) als auch zu Punkt d).

Wichtig ist bei obigem Grundschema ganz allgemein, dass die Punkte a) und b) unbeeinflusst von c) durchgeführt werden. (In der Regel geschieht dies, indem man die Daten erst erhebt, nachdem die Problemstellung geklärt und das zu verwendende Verfahren festgelegt ist.) Dies bedeutet im Fall der Signifikanztests, dass weder die Festlegung der Hypothesen noch die Wahl des Signifikanzniveaus α in Abhängigkeit vom Datenmaterial geschehen darf, das zur Berechnung des Testfunktionswertes v verwendet wird.

Was die Einhaltung obigen Grundschemas – und auch der oben unter der Überschrift Multiple Tests angegebenen korrekten Vorgehensweise – betrifft, sollte nicht verschwiegen werden, dass viele empirische Studien dagegen verstoßen; denn sie sind folgendermaßen konzipiert: Ein umfangreicher Datensatz ist mit erheblichem Aufwand, Bereinigungs-Routinen etc. erhoben worden. Sodann wird er mit unterschiedlichen statistischen Methoden so lange „gefoltert", bis er „signifikante" Erkenntnisse preisgibt.

Teil IV: Überblick über weitere wichtige Teilgebiete der Statistik

Die nachfolgenden Kapitel beschäftigen sich mit der Zeitreihenanalyse und Prognoserechnung, der Ökonometrie, den multivariaten Verfahren, der Stichprobenplanung, der statistischen Entscheidungstheorie und der statistischen Software. Da über diese Gebiete jeweils umfangreiche Monografien existieren – auf die in den betreffenden Kapiteln aufmerksam gemacht wird – versteht es sich von selbst, dass sich die Behandlung an dieser Stelle auf die Skizzierung typischer Fragestellungen und auf die exemplarische Vorstellung einschlägiger Verfahren beschränken muss.

Auf die Behandlung weiterer Teilgebiete, die ebenfalls mit gewissem Recht ein eigenes Kapitel beansprucht hätten, musste aus Platzgründen verzichtet werden. So blieb die **statistische Qualitätskontrolle** (sieht man von einigen Beispielen ab) im Wesentlichen ausgeklammert; der interessierte Leser sei insbesondere auf Rinne/Mittag (1995), Uhlmann (1982), Vogt (1988) und v. Collani (1984) hingewiesen. Auch viele **nichtparametrische Verfahren** blieben unbehandelt; mit Schaich/Hamerle (1984) und Büning/Trenkler (1994) stehen hierüber umfangreiche Werke zur Verfügung. Nicht behandelt wurden ferner die **amtliche Statistik**, die **Bevölkerungsstatistik** und die eigentliche materielle **Wirtschaftsstatistik** (Landwirtschaftsstatistik, Industriestatistik, Bankenstatistik usw.). Wegen der letzteren Problemkreise sei insbesondere auf Abels (1993), v. d. Lippe (1996), Litz/Lipowatz (1986) und Rinne (1996) verwiesen. Bevölkerungsprognosen werden von Buttler (1979), Hansen (1985) und Pflaumer (1988) behandelt. Über die Organisation der amtlichen Statistik, über die Fachserien des Statistischen Bundesamtes, über die vielfältigen Erhebungen und ihre Periodizität informiert am umfassendsten die vom Statistischen Bundesamt herausgegebene Schrift: Das Arbeitsgebiet der Bundesstatistik.

Lernziele:

- Kennenlernen grundlegender Verfahren der Zeitreihenanalyse und der Prognoserechnung.
- Erlangung elementarer Kenntnisse bezüglich multivariater Verfahren und deren Anwendbarkeit.
- Kenntnis wesentlicher Typen von Stichproben und Verfahren zu deren Erhebung.
- Besitz von Grundlagenwissen im Bereich der statistischen Entscheidungstheorie.
- Erwerb grundlegender Kompetenzen zur fundierten Einschätzung der Qualität und Verfügbarkeit statistischer Softwarepakete.

15. Kapitel:

Zeitreihenanalyse und Prognoserechnung

Sieht man von der Befriedigung wissenschaftlicher Neugier ab, so dient die Zeitreihenanalyse ausschließlich Prognosezwecken; insofern kann die Zeitreihenanalyse als Teilgebiet der Prognoserechnung aufgefasst werden. Von den vielfältigen Gesichtspunkten zur Untergliederung der Prognoseverfahren seien die folgenden erwähnt:[1]

- Nach der Länge der Prognosedistanz wird zwischen kurz-, mittel- und langfristigen Prognosen unterschieden.
- Nach der Art der verwendeten Einflussgrößen teilt man ein in **Zeitreihenanalysen** (oder **autoprojektive** Prognoseverfahren), wenn nur die Zeit oder die Zeitreihenwerte selbst benutzt werden, und **kausale** (oder **ökonometrische**) Prognoseverfahren, wenn zusätzliche Einflussgrößen (Regressoren) herangezogen werden.
- Nach der Art des Prognoseergebnisses kann man ferner zwischen **Punkt-** und **Intervall-Prognosen** sowie zwischen **bedingten** und **unbedingten** Prognosen unterscheiden.

Langfristige Prognosen beruhen meist auf Sättigungsmodellen, d. h. auf s-förmig verlaufenden Sättigungskurven; sie wollen wir hier nicht behandeln. Ökonometrische Modelle sind der Gegenstand von Kapitel 16; sie wollen wir hier ebenfalls ausklammern und uns auf die Diskussion einiger univariater (Punkt-)Prognoseverfahren beschränken. Ihre Anwendung bedingt, dass es sich bei den Zeitreihenwerten y_t um die Ausprägungen eines kardinalen Merkmals handelt. Auch die univariaten Prognoseverfahren können wiederum untergliedert werden, und zwar nach der Art des zu Grunde gelegten Zeitreihenmodells in heuristische Verfahren, denen überhaupt kein explizit formuliertes Zeitreihenmodell zu Grunde liegt (ein Prototyp wird in Abschnitt 15.1 behandelt), Verfahren, denen ein spezielles parametrisches Zeitreihenmodell zu Grunde liegt (vgl. Abschnitt 15.2), und spektralanalytische Verfahren (die Idee wird in Abschnitt 15.3 geschildert).

15.1 Exponentielles Glätten

Eine Methode zur Erstellung kurzfristiger Prognosen, welche in der Praxis aufgrund ihrer bestechenden Einfachheit eine relativ weite Verbreitung gefunden hat,[2] ist die Ende der 1950er-Jahre von R. G. Brown vorgeschlagene **exponentielle Glättung** (exponential smoothing). Bezeichnen wir die Zeitreihenwerte wie in Kapitel 6 mit y_t und die **Ein-Schritt-Prognose**, d. h. den auf der Basis der Informationen bis zur Periode t für die nachfolgende $(t+1)$-te Periode zu erstellenden Prognosewert, mit $\widehat{y}_{t+1}$, so ist das **exponentielle Glätten erster Ordnung** durch folgende Vorschrift definiert:

$$\widehat{y}_{t+1} = \alpha y_t + (1-\alpha)\widehat{y}_t \, . \tag{126}$$

[1] Einen ausführlichen Katalog von Klassifikationsgesichtspunkten für volkswirtschaftlich relevante Prognoseverfahren findet man bei Rothschild (1969) und einen entsprechenden Katalog für betriebswirtschaftlich relevante Prognoseverfahren bei Brockhoff (1977).

[2] Methoden der exponentiellen Glättung sind beispielsweise in den Programmpaketen EViews, R, SAP IBP und SPSS berücksichtigt.

Der Prognosewert $\widehat{y}_{t+1}$ für die Periode $t+1$ ist demnach ein gewogenes Mittel aus dem Zeitreihenwert y_t der Periode t und dem – in der $(t-1)$-ten Periode erstellten – Prognosewert $\widehat{y}_t$ für die Periode t. Der zwischen 0 und 1 festzulegende Parameter α heißt **Glättungsparameter**. Zu diesem Verfahren ist Folgendes anzumerken:

- Mittels sukzessiver Anwendung von (126) kann der Prognosewert $\widehat{y}_{t+1}$ auch unter alleiniger Verwendung der Zeitreihenwerte dargestellt werden:

$$\widehat{y}_{t+1} = \alpha \sum_{i=0}^{\infty} (1-\alpha)^i y_{t-i} \ . \tag{127}$$

  Hierbei wurde der Einfachheit halber eine Zeitreihe mit beliebig langer Vorgeschichte (negative Indizes) unterstellt. Bei einer mit y_1 beginnenden Zeitreihe wird die Vorschrift (126) üblicherweise durch die Festsetzung $\widehat{y}_1 = y_1$ initialisiert, was bei größeren t-Werten praktisch keinen Unterschied zu (127) hervorruft. Die Formel (127) zeigt, dass die Vergangenheitswerte – im Gegensatz zum Verfahren der gleitenden Durchschnitte – exponentiell abnehmend gewichtet werden.

- Die Bedeutung des Glättungsparameters α ergibt sich aus folgendem Tableau:

	α klein, d. h. $\alpha \approx 0$	α groß, d. h. $\alpha \approx 1$
Berücksichtigung aktueller Werte	schwach	stark
Berücksichtigung alter Werte	stark	schwach
Glättungseffekt der Prognose	groß	klein
Reagibilität der Prognose	klein	groß

  Oft wird α zwischen 0,1 und 0,3 gewählt.

- Das Prognoseverfahren genügt einem deskriptiv orientierten Optimalitätskriterium; es ergibt sich nämlich durch Minimierung der **diskontierten Summe der Abweichungsquadrate**. Wieder für eine beliebig lange Zeitreihe formuliert, bedeutet dies: Die Minimierung von

$$\sum_{i=0}^{\infty} (1-\alpha)^i (y_{t-i} - a)^2$$

  bezüglich a liefert als Minimalstelle gerade $\widehat{y}_{t+1}$.

- Das Verhalten (bzw. Fehlverhalten) des Prognoseverfahrens bei einigen typischen Situationen wird in Abbildung 15.1 grafisch veranschaulicht.

Beispiel 15.1: Für die tabellarisch angegebene Zeitreihe $y_1, \ldots, y_6$ errechnet man nach Festsetzung von $\widehat{y}_1 = y_1$ und $\alpha = 0{,}5$ die (ebenfalls tabellarisch angegebenen) Prognosewerte $\widehat{y}_1, \ldots, \widehat{y}_7$:

t	1	2	3	4	5	6	7
y_t	1	2	3	3	2	3	?
$\widehat{y}_t$	1	1	$\frac{3}{2}$	$\frac{9}{4}$	$\frac{21}{8}$	$\frac{37}{16}$	$\frac{85}{32}$

Abbildung 15.1 zeigt die Zeitreihenpolygone dieser sowie einiger weiterer korrespondierender Zeitreihen y_t und $\widehat{y}_t$. ▪

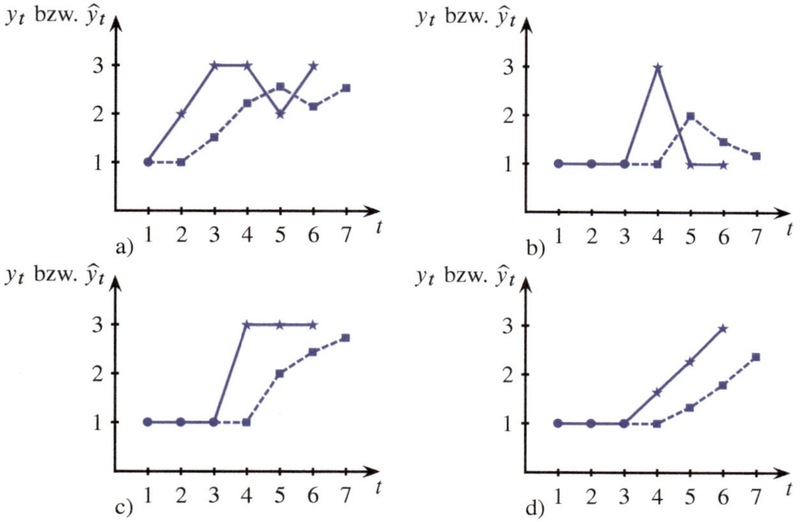

Abb. 15.1: Zeitreihen (durchgezogenes Polygon) und ihre Prognosewerte (gestricheltes Polygon); Verhalten der Prognose a) bei den numerischen Daten aus Beispiel 15.1, b) bei einem Impuls, c) bei einer Niveauänderung, d) bei einsetzendem Trend

Das in Abbildung 15.1d) verdeutlichte „Nachhinken" der Prognosewerte bei einsetzendem Trend verschwindet auch asymptotisch nicht. Es lässt sich nachrechnen, dass der Prognosefehler gegen $\frac{b}{\alpha}$ konvergiert, wobei b der Anstieg des Trends ist. Insbesondere dieses Fehlverhalten gab den Anlass zur Entwicklung des **exponentiellen Glättens zweiter** (und höherer) **Ordnung**, das beispielsweise bei Schlittgen/Streitberg (2001) beschrieben ist.

15.2 Zugrundelegung eines parametrischen Zeitreihenmodells, Box-Jenkins-Modelle

Postuliert man beispielsweise, dass die n Zeitreihenwerte $y_1, \ldots, y_n$ durch ein Polynom

$$y_t = a_0 + a_1 t + a_2 t^2 + \cdots + a_g t^g \quad (t = 1, \ldots, n) \tag{128}$$

beschrieben werden können, so lassen sich stets ein passender Polynomgrad $g \leqq n-1$ und passende Parameterwerte a_i finden. Mit der Ermittlung einer Kurve, die durch alle n Punkte des Zeitreihendiagramms verläuft, ist aus den folgenden Gründen jedoch noch kein befriedigender Abschluss der Zeitreihenanalyse erreicht:

- Das Polynom vollführt wegen seines i. Allg. hohen Polynomgrads derart starke Schwankungen, dass es in der Regel für Prognosezwecke unbrauchbar ist.
- Selbst im Rahmen des Modells (128) gibt es (ohne die Restriktion $g \leqq n-1$) unendlich viele Kurven, die sich allen n Zeitreihenpunkten (t, y_t) exakt anpassen. Infolgedessen kann man von keiner dieser Kurven behaupten, dass sie den „wahren Erzeugungsmechanismus" der beobachteten Zeitreihe darstellt.

Die Erkenntnis, dass eine hohe Anpassungsgüte keine hohe Prognosegüte impliziert, und dass die Ermittlung des „wahren Erzeugungsmechanismus“ offenbar ein zu hoch gestecktes Ziel bedeutet, hat zur Suche nach **möglichst einfachen Erzeugungsmechanismen** geführt, die die beobachteten Zeitreihendaten einigermaßen befriedigend erklären und für Prognosezwecke verwertbar sind. Man betrachtet deshalb die Zeitreihenwerte y_t als Realisationen von Zufallsvariablen Y_t, die beispielsweise von folgendem Typus sein sollen:

$$\begin{aligned} Y_t &= a + bt + U_t && \text{oder} \\ Y_t &= a + bY_{t-1}^2 + U_t && \text{oder} \\ Y_t &= \varphi_0 + \varphi_1 Y_{t-1} + U_t && \text{oder} \\ Y_t &= \varphi_0 + \varphi_1 Y_{t-1} + \varphi_2 Y_{t-2} + U_t && \text{usw.} \end{aligned}$$

Dabei sind $a, b, \varphi_0, \varphi_1, \varphi_2$ Parameter und die U_t **Störvariablen**, d. h. Zufallsvariablen mit dem Erwartungswert 0, die wie die irregulären Komponenten in Kapitel 6 interpretiert werden. Die letzten beiden Modelle sind offenbar Spezialfälle des Modells

$$Y_t = \varphi_0 + \varphi_1 Y_{t-1} + \cdots + \varphi_p Y_{t-p} + U_t \ . \tag{129}$$

Eine Folge von Zufallsvariablen Y_t, die gemäß (129) erzeugt werden, bezeichnet man als (linearen) **autoregressiven Prozess der Ordnung p** und verwendet hierfür das Kürzel **AR(p)-Prozess**. Bei bekanntem AR(p)-Prozess wird die Ein-Schritt-Prognose durch schlichte Fortschreibung bewerkstelligt:

$$\widehat{y}_{t+1} = \varphi_0 + \varphi_1 y_t + \cdots + \varphi_p y_{t+1-p} \ .$$

Deshalb richtet sich das Interesse auf die beiden Fragen, ob überhaupt ein autoregressiver Prozess zu Grunde liegt (und wenn ja, welcher Ordnung p) bzw. wie die $p + 1$ Parameter $\varphi_0, \ldots, \varphi_p$ geschätzt werden sollen. Für die Beantwortung der zweiten Frage muss auf die Literatur verwiesen werden.[3] Wichtige Hinweise für eine Beantwortung der ersten Frage liefert der Vergleich zwischen dem für schwach stationäre Prozesse definierten theoretischen Korrelogramm und dem Stichprobenkorrelogramm: Eine Folge $Y_1, Y_2, \ldots$ von Zufallsvariablen wird **schwach stationärer** Prozess genannt, wenn die Erwartungswerte $\mathrm{E}(Y_t)$, Varianzen $\mathrm{Var}(Y_t)$ und Korrelationskoeffizienten

$$\varrho_k = \varrho(Y_t, Y_{t+k})$$

vom Zeitindex t unabhängig sind. Die Folge der Korrelationskoeffizienten $\varrho_0, \varrho_1, \varrho_2, \ldots$ eines schwach stationären Prozesses wird als **theoretisches Korrelogramm** bezeichnet und – wie in Abbildung 15.2 – meist anhand eines Stabdiagramms grafisch veranschaulicht. AR(p)-Prozesse sind (wenn die φ_i gewisse Bedingungen erfüllen) schwach stationär; ihre theoretischen Korrelogramme sind seit langem bekannt. Hat man nun anstelle des stochastischen Prozesses $Y_1, Y_2, \ldots$ lediglich die Zeitreihendaten $y_1, y_2, \ldots$ zur Verfügung, so bietet es sich an, ϱ_k vermöge des Bravais-Pearson-Korrelationskoeffizienten zwischen den um k Zeitperioden verschobenen Zeitreihendaten zu schätzen.

---

[3] Die Schätzung der autoregressiven Parameter φ_i erfolgt entweder über eine Lösung der Yule-Walker-Gleichungen oder gemäß dem Prinzip der kleinsten Quadrate. Beides ist beispielsweise in Box/Jenkins (1970) und Hamilton (1994) beschrieben. Dort werden auch die Restriktionen behandelt, die den φ_i sinnvollerweise auferlegt werden sollten.

In leichter Abwandlung dieser Idee wird der Schätzwert

$$\widehat{\varrho}_k = \frac{\sum\limits_{t=1}^{n-k} (y_t - \bar{y})(y_{t+k} - \bar{y})}{\sum\limits_{t=1}^{n} (y_t - \bar{y})^2} \tag{130}$$

präferiert. Die Gesamtheit der Werte $\widehat{\varrho}_0, \widehat{\varrho}_1, \ldots, \widehat{\varrho}_{n-1}$ heißt **empirisches Korrelogramm** oder **Stichprobenkorrelogramm**. Die Beantwortung unserer Frage läuft darauf hinaus, das gegebene empirische Korrelogramm mit dem (prinzipiell bekannten) Katalog der theoretischen Korrelogramme von AR-Prozessen zu vergleichen. Selbstverständlich erfordert dieser Vergleich eine gehörige Portion an Intuition und Mustererkennungsvermögen.

Beispiel 15.2: Besitzen die Störvariablen U_t des autoregressiven Prozesses (129) die Eigenschaften, welche man von einem **reinen Zufallsprozess** erwartet, nämlich $\mathrm{E}(U_t) = 0$, $\mathrm{Var}(U_t) = \sigma^2$ (unabhängig von t) und $\varrho(U_t, U_{t+k}) = 0$ für $k \neq 0$, so ist $U_1, U_2, \ldots$ ebenfalls ein schwach stationärer Prozess; man bezeichnet ihn üblicherweise als **weißes Rauschen**. Dieser Prozess besitzt ebenso wie der AR(0)-Prozess $Y_t = \varphi_0 + U_t$ das theoretische Korrelogramm

$$\varrho_k = \begin{cases} 1 & \text{für } k = 0 \\ 0 & \text{für } k \neq 0\,. \end{cases}$$

Im Gegensatz dazu besitzt der AR(1)-Prozess $Y_t = \varphi_0 + \varphi_1 Y_{t-1} + U_t$ das theoretische Korrelogramm $\varrho_k = \varphi_1^k$. Für die Ordnung $p = 2$ verläuft ϱ_k wie eine exponentiell abklingende harmonische Schwingung. Abbildung 15.2 zeigt den Verlauf der angesprochenen Korrelogramme. Ordnungen $p \geqq 3$ werden in der Prognosepraxis nur selten in Betracht gezogen. ▪

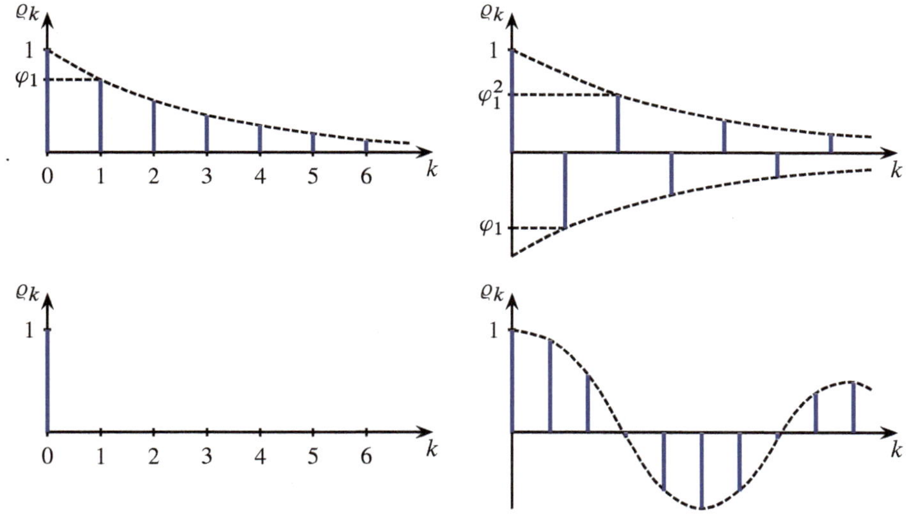

Abb. 15.2: Theoretische Korrelogramme von autoregressiven Prozessen der Ordnung $p = 1$ für $\varphi_1 > 0$ (oben links), für $\varphi_1 < 0$ (oben rechts), der Ordnung $p = 0$ (unten links) sowie der Ordnung $p = 2$ (unten rechts), vgl. Beispiel 15.2

Eine größere Vielfalt an Modellen ergibt sich, wenn in (129) das weiße Rauschen U_t durch einen sogenannten **Moving-Average-Prozess der Ordnung *q*** (oder **MA(*q*)-Prozess**)

$$U_t - \vartheta_1 U_{t-1} - \vartheta_2 U_{t-2} - \cdots - \vartheta_q U_{t-q}$$

ersetzt wird.[4] Damit sind auch Prozesse darstellbar, für deren theoretisches Korrelogramm beispielsweise nur ϱ_0 und ϱ_1, positiv sind (was bei einem autoregressiven Prozess unmöglich ist). Eine derartige Kombination eines AR(p)-Prozesses mit einer Störvariablen, die einen MA(q)-Prozess bildet, wird als **ARMA(*p*, *q*)-Prozess** bezeichnet. So ist etwa

$$Y_t = \varphi_0 + \varphi_1 Y_{t-1} + U_t - \vartheta_1 U_{t-1}$$

als ARMA(1, 1)-Prozess zu bezeichnen; ein ARMA(p, 0)-Prozess ist natürlich mit einem AR(p)-Prozess identisch. ARMA-Prozesse bilden den Ausgangspunkt der von Box/Jenkins (1970) beschriebenen Prognoseverfahren. Deshalb hat sich für ARMA-Prozesse auch der Begriff **Box-Jenkins-Modell** und für die darauf basierenden Prognoseverfahren der Begriff **Box-Jenkins-Verfahren** eingebürgert. Auf Details können wir hier natürlich nicht weiter eingehen. Es sei abschließend jedoch Folgendes angemerkt:

- Der Verwendung von ARMA-Prozessen sind infolge der relativ einschneidenden Prämisse der schwachen Stationarität natürlich Grenzen gesetzt. Um die zeitliche Konstanz der Erwartungswerte, Varianzen und Korrelationskoeffizienten zu gewährleisten, muss eine Bereinigung um Trendeinflüsse vorgeschaltet werden. Box/Jenkins bilden aus diesem Grund die ersten oder zweiten oder allgemein d-ten Differenzen und sehen erst die so transformierte Zeitreihe als Realisation eines ARMA-Prozesses an. Ein stochastischer Prozess, der nach Bildung d-ter Differenzen zu einem ARMA(p, q)-Prozess wird, heißt in der Terminologie von Box/Jenkins **ARIMA(*p*, *d*, *q*)-Prozess**.[5]

- Wegen der etwas problematischen Festlegung der Ordnungen p, d und q wird häufig die Ansicht vertreten, dass die Erstellung einer Box-Jenkins-Prognose eher eine Kunst denn eine Technik sei.

15.3 Idee der Spektralanalyse

Von zyklischen Bestandteilen ökonomischer Zeitreihen war schon in Kapitel 6 die Rede. Die Tatsache, dass a priori Annahmen über die Frequenzen gemacht wurden, hat vielfältige Kritik ausgelöst. In der Tat können ganz unterschiedliche Frequenzen beteiligt sein. So wurden aus ökonomischen Daten des 18. und 19. Jahrhunderts Komponenten mit extrem kleiner Frequenz (Juglar-Wellen, Kondratieff-Wellen usw.) extrahiert. Bei der statistischen Analyse von Zahlungsprozessen in Unternehmungen und Kreditinstituten wurden dagegen zahlreiche hochfrequente Schwingungen (Zahlungen per Ultimo, Medio usw.) festgestellt. In anderen Zeitreihen – wie etwa der für die Entwicklung der Spektralanalyse bedeutsamen Zeitreihe der Sonneneruptionen – sind keinerlei Anhaltspunkte für die A-priori-Festlegung von Frequenzen vorhan-

[4] Die Bezeichnung „gleitender Durchschnittsprozess" ist hierfür weniger gebräuchlich, da sie (wie in Kapitel 6) meist für die Gewichtung von beobachteten Werten mit Gewichten $\geqq 0$ und der Gewichtssumme 1 reserviert wird.

[5] Aus den Differenzen können die originalen Zeitreihenwerte durch Summationen wiedergewonnen werden. Das Symbol I in ARIMA erklärt sich daraus, dass der Begriff „Summation" durch den vornehmer klingenden Begriff „Integration" ersetzt wird.

den. Konsequenterweise verzichtet die Spektralanalyse gänzlich auf die Festlegung spezieller Frequenzen. Sie möchte die vorhandenen (und durch Überlagerung sowie durch Zufallsstörungen verborgenen) Frequenzen allein aus den gegebenen Zeitreihendaten heraus ermitteln. Die technische Ausgestaltung dieser ehrgeizigen Zielsetzung ist nicht einfach. Der interessierte Leser kann sich beispielsweise in den deutschsprachigen Lehrbüchern von Hassler (2007), Heiler (1971), König/Wolters (1972), Naeve (1969) und Schlittgen/Streitberg (2001) hierüber informieren.

Das wichtigste Ergebnis einer Spektralanalyse ist die geschätzte Spektraldichte $f(\nu)$. Sie gibt an, mit welcher Intensität die Frequenz ν am Zu-Stande-Kommen der Zeitreihendaten beteiligt ist. Frequenzen, die größer als $\frac{1}{2}$ sind, können aus einer Zeitreihe prinzipiell nicht mehr ermittelt werden; Abbildung 15.3 möge der Verdeutlichung dieses Sachverhalts dienen. Sind die höheren Frequenzen wirklich von ökonomischem Interesse, so wurde die „Abtastperiode" falsch gewählt.

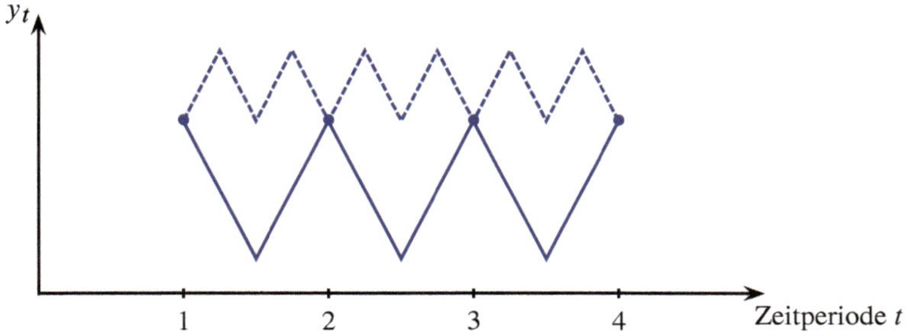

Abb. 15.3: Aufgrund der zu äquidistanten Zeitpunkten beobachteten Zeitreihendaten y_t kann nicht erkannt werden, ob in Wirklichkeit eine Frequenz von $\nu = 1$ oder $\nu = 2$ (oder eine noch größere ganzzahlige Frequenz) vorliegt

Die Spektraldichte $f(\nu)$ ist also eine über dem Intervall $[0; \frac{1}{2}]$ definierte nichtnegative Funktion. Aus einem Verlauf wie in Abbildung 15.4 kann beispielsweise abgelesen werden, dass die Frequenz $\nu = 0$ einen starken Beitrag liefert (was i. Allg. darauf hindeutet, dass die Trendausschaltung nicht völlig gelungen ist) und dass die Frequenz $\nu = \frac{1}{5}$, also eine Schwingung der Dauer von 5 Perioden, ebenfalls einen starken Beitrag liefert.

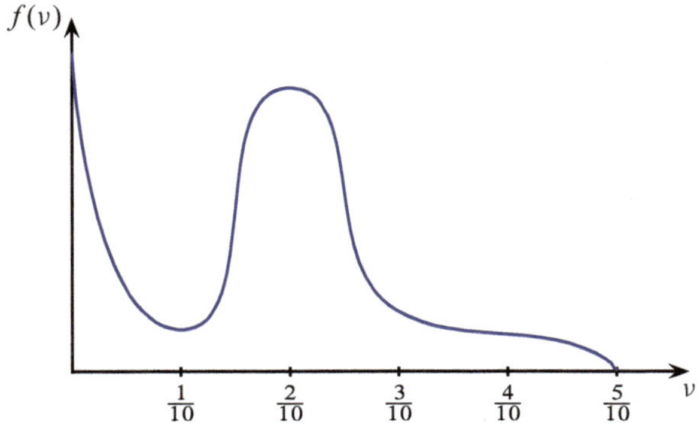

Abb. 15.4: Verlauf der Spektraldichte, die auf einen starken Beitrag der Frequenzen 0 und $\frac{1}{5}$ hindeutet

Anstelle der Frequenz ν wird auch häufig die **Kreisfrequenz** $\omega = 2\pi\nu$ benutzt; sie ist die auf dem Einheitskreis während einer Zeitperiode zurückgelegte Strecke. Mit dieser Normierung erhält man eine Spektraldichte $f(\omega)$, die eine auf dem Intervall $[0; \pi]$ definierte Funktion ist.

Literatur zur Zeitreihenanalyse und zur Prognoserechnung: Bastian (1985), Box/Jenkins (1970), Breitung (2002), Breitung/Pigorsch (2013), Brockhoff (1977), Conrad (2010), Dovern/Huber (2015), Edel et al. (2004), Fahrmeir (1981), Fahrmeir et al. (1981), Franke et al. (2004), Hamilton (1994), Hassler (2001, 2007), Heilemann/Stekler (2007), Heiler (1971, 1991), Hüttner (1986), Jung et al. (2006), Kascha/Trenkler (2011), Kirchgässner (1981), Kirchgässner et al. (2013), König/Wolters (1972), Kruse (2015), Leiner (1998), Lütkepohl (1987, 2005), Michels (1992), Naeve (1969), Neusser/Wagner (2022), Pawlak/Schmid (2001), Rinne/Specht (2002), Rothschild (1969), Schlittgen/Streitberg (2001), Schmid/Trede (2006), Schwarze (1980).

16. Kapitel:

Ökonometrie und multiple Regressionsrechnung

Im Gegensatz zum autoprojektiven Ansatz der Zeitreihenmodelle sollen die ökonomischen Variablen in der Ökonometrie „kausal" erklärt werden. Ökonometrische Modelle versuchen, das Zusammenspiel der verschiedenen Variablen darzustellen und die Auswirkungen wirtschaftspolitischer Instrumente (Wechselkurse, Freibeträge, Investitionsanreize, Diskontsätze usw.) quantitativ zu erfassen.

In einem ökonometrischen **Eingleichungsmodell** wird nur eine einzige Variable (die endogene Variable) mithilfe eines Satzes anderer Variablen (den exogenen Variablen) erklärt. In einem ökonometrischen **Mehrgleichungsmodell** werden mehrere endogene Variablen simultan erklärt. Die großen ökonometrischen Modelle für die Bundesrepublik Deutschland enthalten Hunderte von Gleichungen sowie Hunderte von Variablen. Da für alle entwickelten Länder ökonometrische Modelle existieren, wurde im Rahmen des Projekts **Link** damit begonnen, die größten ökonometrischen Modelle bedeutsamer Volkswirtschaften zu einem ökonometrischen Weltmodell zusammenzufügen.

16.1 Ökonometrische Eingleichungsmodelle

Die Begriffe **lineares ökonometrisches Eingleichungsmodell** und **lineares multiples Regressionsmodell** werden synonym verwendet. Ein solches Modell besitzt die Form

$$y = \beta_0 + \beta_1 x_1 + \cdots + \beta_k x_k + u \; ; \qquad (131)$$

dabei bedeuten[1]

y	die endogene Variable (= Regressand),
$x_1, \ldots, x_k$	die exogenen Variablen (= Regressoren),
u	eine Störvariable mit Erwartungswert $\mathrm{E}(u) = 0$,
$\beta_0, \ldots, \beta_k$	die Regressionskoeffizienten.

Von vorrangigem Interesse ist die Schätzung der Regressionskoeffizienten β_i; denn β_i gibt (für $i \neq 0$) an, um wie viel sich die y-Variable verändert, wenn der Regressor x_i ceteris paribus um eine Einheit vergrößert wird. Aus dieser Interpretation ergibt sich die Prämisse, dass die Regressoren x_i entweder kardinale Variablen oder Dummies (= Indikatorvariablen) sein müssen; y sei eine kardinale Variable. Auf eine weitere Prämisse, das Verbot der Multikollinearität, kommen wir gleich zu sprechen.

Wenn wir mit y_t bzw. x_{ti} bzw. u_t die Werte obiger Variablen bei der t-ten Beobachtung bezeichnen, so erhalten wir für n Beobachtungen folgendes Gleichungssystem:

$$y_t = \beta_0 + \beta_1 x_{t1} + \cdots + \beta_k x_{tk} + u_t \quad (t = 1, \ldots, n) \; . \qquad (132)$$

[1] Wir passen uns in diesem Abschnitt der traditionellen ökonometrischen Symbolik an, bezeichnen Zufallsvariablen (wie y und u) mit Kleinbuchstaben, verwenden für ihre Realisationen dasselbe Symbol und reservieren die Großbuchstaben für Matrizen.

Zweckmäßigerweise führt man die Matrizen

$$\boldsymbol{y} = \begin{pmatrix} y_1 \\ y_2 \\ \vdots \\ y_n \end{pmatrix}, \quad \boldsymbol{X} = \begin{pmatrix} 1 & x_{11} & \cdots & x_{1k} \\ 1 & x_{21} & \cdots & x_{2k} \\ \vdots & \vdots & \ddots & \vdots \\ 1 & x_{n1} & \cdots & x_{nk} \end{pmatrix}, \quad \boldsymbol{\beta} = \begin{pmatrix} \beta_0 \\ \beta_1 \\ \vdots \\ \beta_k \end{pmatrix}, \quad \boldsymbol{u} = \begin{pmatrix} u_1 \\ u_2 \\ \vdots \\ u_n \end{pmatrix}$$

ein, mit deren Hilfe sich das Gleichungssystem in der übersichtlicheren matriziellen Form

$$\boldsymbol{y} = \boldsymbol{X\beta} + \boldsymbol{u} \tag{133}$$

schreiben lässt. Hierbei ist $\boldsymbol{u}$ unbeobachtbar; für die Schätzung von $\boldsymbol{\beta}$ müssen also die beiden **Beobachtungsmatrizen** $\boldsymbol{y}$ und $\boldsymbol{X}$ benutzt werden. Zuvor wollen wir uns aber mit der matriziellen Darstellung (133) des Modells noch etwas vertrauter machen.

Beispiel 16.1: Soll die Abhängigkeit des Imports y von Importpreisindex x_1, Volkseinkommen x_2 und Zahlungsbilanzüberschuss x_3 der laufenden Periode in einem linearen ökonometrischen Eingleichungsmodell erfasst werden, so lauten hierfür die Gleichungen (132)

$$y_t = \beta_0 + \beta_1 x_{t1} + \beta_2 x_{t2} + \beta_3 x_{t3} + u_t \ .$$

Liegen für $n = 6$ Quartale die Beobachtungsdaten

Quartal t	y_t	x_{t1}	x_{t2}	x_{t3}
1	60	100	500	15
2	70	102	600	10
3	65	105	700	12
4	90	104	700	10
5	80	108	750	17
6	75	111	800	20

vor, so sind in (133) folgende Matrizen zu verwenden:

$$\boldsymbol{y} = \begin{pmatrix} 60 \\ 70 \\ 65 \\ 90 \\ 80 \\ 75 \end{pmatrix}, \quad \boldsymbol{X} = \begin{pmatrix} 1 & 100 & 500 & 15 \\ 1 & 102 & 600 & 10 \\ 1 & 105 & 700 & 12 \\ 1 & 104 & 700 & 10 \\ 1 & 108 & 750 & 17 \\ 1 & 111 & 800 & 20 \end{pmatrix}, \quad \boldsymbol{\beta} = \begin{pmatrix} \beta_0 \\ \beta_1 \\ \beta_2 \\ \beta_3 \end{pmatrix}, \quad \boldsymbol{u} = \begin{pmatrix} u_1 \\ u_2 \\ u_3 \\ u_4 \\ u_5 \\ u_6 \end{pmatrix}.$$

■

Beispiel 16.2: Vermutet man in der Situation von Beispiel 16.1 die Einwirkung eines linearen Trends, so bietet sich die zusätzliche Einführung einer vierten exogenen Variablen x_4 mit $x_{t4} = t$ an. Ist sogar ein quadratischer Trend zu vermuten, so muss darüber hinaus eine fünfte exogene Variable x_5 mit $x_{t5} = t^2$ eingeführt werden. Ist dagegen anstelle eines Trends eine Saisonabhängigkeit zu erwarten, so können entweder saisonbereinigte Daten benutzt oder Saisondummies eingeführt werden. Letzteres bedeutet für das Modell aus Beispiel 16.1 (einem Quartalsmodell) die Einführung von drei zusätzlichen Variablen x_4, x_5, x_6 mit den jeweils von der Quartalsnummer t abhängenden Ausprägungen

$$x_{t4} = \begin{cases} 1 & \text{für } t \bmod 4 = 1 \\ 0 & \text{sonst} \end{cases}; \quad x_{t5} = \begin{cases} 1 & \text{für } t \bmod 4 = 2 \\ 0 & \text{sonst} \end{cases}; \quad x_{t6} = \begin{cases} 1 & \text{für } t \bmod 4 = 3 \\ 0 & \text{sonst} \end{cases}.$$

Diese Variablen sind also Indikatorvariablen für das erste, zweite bzw. dritte Quartal. Die Einführung einer vierten derartigen Variablen für das vierte Quartal wäre nicht nur überflüssig, sondern sogar äußerst schädlich (vgl. Beispiel 16.4). ■

Beispiel 16.3: Durch obige Beispiele mag der Eindruck entstanden sein, dass das ökonometrische Eingleichungsmodell nur für gesamtwirtschaftliche Fragestellungen nützlich sein kann und dass der Index t stets eine Zeitperiode bezeichnet. Um diesem Eindruck entgegenzuwirken, seien die beiden folgenden Fälle erwähnt:

- Analysiert man aufgrund einer Querschnittsanalyse von n Familien die Abhängigkeit der jährlichen Sparleistung y vom Vermögen x_1 und vom Jahreseinkommen x_2, so erhält man das Gleichungssystem
$$y_t = \beta_0 + \beta_1 x_{t1} + \beta_2 x_{t2} + u_t \quad (t = 1, \ldots, n) ,$$
bei dem t die Nummer der t-ten befragten Familie bezeichnet.
- Das ökonometrische Eingleichungsmodell kann auch für betriebswirtschaftlich relevante Ursachenanalysen und Prognosen verwendet werden, etwa dann, wenn untersucht wird, wie der Absatz y eines Produktes in Abhängigkeit vom Produktpreis x_1, vom Preis x_2 des wichtigsten Konkurrenzproduktes, von den Aufwendungen x_3 für die Fernsehwerbung und von den Aufwendungen x_4 für die Inseratenwerbung variiert. ■

Die wichtigste Schätzfunktion für den Vektor $\boldsymbol{\beta}$ der Regressionskoeffizienten ist die Kleinst-Quadrate-Schätzfunktion $\widehat{\boldsymbol{\beta}}$, die folgendermaßen aus den Beobachtungsmatrizen $\boldsymbol{y}$ und $\boldsymbol{X}$ sowie der transponierten Matrix $\boldsymbol{X}'$ errechnet wird:

$$\widehat{\boldsymbol{\beta}} = (\boldsymbol{X}'\boldsymbol{X})^{-1}\boldsymbol{X}'\boldsymbol{y} \quad . \tag{134}$$

Diese formelmäßige Darstellung funktioniert natürlich nur dann, wenn die Inverse der Matrix $\boldsymbol{X}'\boldsymbol{X}$ existiert. Es lässt sich zeigen, dass dies genau dann der Fall ist, wenn die Beobachtungsmatrix $\boldsymbol{X}$ den Rang $k + 1$ (= Anzahl ihrer Spalten) besitzt. Sobald diese Prämisse verletzt ist, liegt **Multikollinearität** vor; gewisse Regressoren bewegen sich dann so eng gekoppelt, dass die betreffenden Spaltenvektoren linear abhängig werden.

Beispiel 16.4:

- Dass die mit der Multikollinearität verbundenen Probleme nicht nur von formalmathematischer Natur sind, kann man sich leicht an dem Extremfall verdeutlichen, dass ein Regressor (etwa x_1) stets doppelt so große Werte wie ein anderer Regressor (etwa x_2) annimmt. Dann sind nämlich
$$\begin{aligned} & y = \beta_0 + \beta_1 x_1 + \beta_2 x_2 + \beta_3 x_3 + \cdots \\ \text{und} \quad & y = \beta_0 + (2\beta_1 + \beta_2) x_2 + \beta_3 x_3 + \cdots \\ \text{und} \quad & y = \beta_0 + (\beta_1 + \tfrac{1}{2} \cdot \beta_2) x_1 + \beta_3 x_3 + \cdots \end{aligned}$$
einander gleichwertig. Aus den Beobachtungswerten kann infolgedessen nicht ermittelt werden, wie der von beiden Regressoren gemeinsam ausgeübte Einfluss den einzelnen Regressoren x_1 und x_2 separat zuzurechnen ist.
- Hätten wir in Beispiel 16.2 vier Saisondummies eingeführt, so wäre Multikollinearität entstanden. Die Summe dieser vier Dummies nimmt stets den Wert 1 an und ist somit mit der Einserspalte der $\boldsymbol{X}$-Matrix identisch.
- Ein weiterer Fall von Multikollinearität entsteht, wenn z. B. in der Regionalforschung untersucht werden soll, wie sich der Wanderungssaldo einer Stadtregion aus den vier Regressoren x_1 = Erwerbspersonen insgesamt, x_2 = Selbständige, x_3 = Beamte, x_4 = Arbeiter und Angestellte sowie weiteren Regressoren erklären lässt. Offenkundig gilt hier $x_1 = x_2 + x_3 + x_4$. ■

Für die numerische Auswertung der Formel (134) kann auf eine Vielzahl von Software-Paketen zurückgegriffen werden (vgl. Kapitel 20). Bezüglich der statistischen Eigenschaften der Schätzfunktion $\widehat{\boldsymbol{\beta}}$, die wesentlich von den stochastischen Eigenschaften der Störvariablen abhängen, muss auf die am Ende des Kapitels angegebene ökonometrische Lehrbuchliteratur verwiesen werden. Gleiches gilt für Schätzfunktionen (wie zum Beispiel die verallgemeinerte Kleinst-Quadrate-Schätzfunktion), die der Schätzfunktion $\widehat{\boldsymbol{\beta}}$ unter gewissen Voraussetzungen vorzuziehen sind.

16.2 Ökonometrische Mehrgleichungsmodelle

Eingleichungsmodelle sind angemessen, wenn von einer asymmetrischen Beziehung zwischen den Variablen in dem Sinne ausgegangen werden kann, dass lediglich ein von den Regressoren auf die y-Variable ausgeübter Einfluss zu berücksichtigen ist. Beeinflusst die y-Variable ihrerseits einige der zu ihrer Erklärung benutzten Regressoren, so liegt **Interdependenz** vor. Anstelle des Eingleichungsmodells, das dann nicht mehr die adäquate Modellform darstellt, sollte ein Mehrgleichungsmodell verwendet werden.

Beispiel 16.5: Ein makroökonomisches Dreigleichungsmodell zur Erklärung der interdependenten Variablen I (= private Nettoinvestition), C (= privater Konsum) und Y (= Nettosozialprodukt) könnte beispielsweise so aussehen:

$$\begin{aligned} I_t &= \alpha_0 + \alpha_1 I_{t-1} + \alpha_2 C_{t-1} + \alpha_3 Y_t + u_{t1} && \text{(Investitionsfunktion)} \\ C_t &= \beta_0 + \beta_1 I_{t-1} + \beta_2 Y_t + u_{t2} && \text{(Konsumfunktion)} \\ Y_t &= C_t + I_t + Z_t . \end{aligned}$$

Dabei seien Z_t die als exogen unterstellten öffentlichen Ausgaben in der Periode t. ▪

Dieses Modell ist linear und außerdem **dynamisch**, da sich nicht alle vorkommenden Variablen auf dieselbe Zeitperiode beziehen. Die ersten beiden Gleichungen sind **Verhaltensgleichungen**. Die letzte Gleichung ist eine **Definitionsgleichung**; sie enthält infolgedessen weder einen zu schätzenden Koeffizienten noch eine Störvariable. Werden alle Koeffizienten eines Modells (sowie etwaige Parameter der Verteilungen der Störvariablen) numerisch festgelegt, so erhält man eine spezielle **Struktur** des Modells. Ein Ziel der ökonometrischen Analyse ist die Schätzung der wahren Struktur. Behandelt man zu diesem Zweck die Verhaltensgleichungen eines ökonometrischen Mehrgleichungsmodells wie isolierte Eingleichungsmodelle, so verliert die Kleinst-Quadrate-Schätzfunktion $\widehat{\boldsymbol{\beta}}$ alle statistischen Optimalitätseigenschaften, die sie im Eingleichungsmodell besitzt; darauf hat T. Haavelmo bereits 1943 hingewiesen.

Für eine Darstellung alternativer Schätzmethoden, die den Systemzusammenhang berücksichtigen, sei ebenfalls auf die am Kapitelende zitierte Literatur hingewiesen. Dort wird auch das im Zusammenhang mit Mehrgleichungsmodellen besonders wichtige **Identifikationsproblem** behandelt. Ein Identifikationsproblem tritt stets dann auf, wenn verschiedene Strukturen eines Modells existieren, die dieselbe Verteilung der Beobachtungswerte zur Folge haben. Solche Strukturen werden als **beobachtungsäquivalent** bezeichnet. Es ist klar, dass aufgrund empirischer Daten (seien sie noch so umfangreich) nicht zwischen den verschiedenen beobachtungsäquivalenten Strukturen unterschieden werden kann. Infolgedessen ist der Rückschluss von den Beobachtungsdaten auf die wahre Struktur prinzipiell infrage gestellt. Die ökonometrische Forschung hat verschiedene **Identifikationskriterien** entwickelt, aus denen ersehen werden kann, ob bei einem vorgelegten Modell derartige Probleme auftauchen. Sie sollten vor der Anwendung eines Schätzverfahrens beachtet werden.

Literatur zur Ökonometrie: Assenmacher (2002), Bamberg/Schittko (1979), Baur (1984), Börsch-Supan (1987), Breitung/Pigorsch (2013), Breitung/Tenhofen (2011), Brüggemann et al. (2016), Dreger et al. (2014), Frerichs/Kübler (1980), Frohn (1995), Hansen (1991), Härdle et al. (2004), Hirschauer et al. (2019), Hübler (2005), Hujer/Cremer (1996), Johnston/DiNardo (1997), Kirchgässner (1981), Kneib (2013), Kockelkorn (2000), Krämer/Sonnberger (1986), Lütkepohl (2005), Müller (1984), Rinne (2004), Ronning (1991), Schaich/Brachinger (1999), Schips (1990), Schmid (1983), Schneeweiß (1990), Schönfeld (1969, 1971), Spindler (2016), Stahlecker (1987), Strohe/Nastansky (2012), Theil (1971), Trenkler (1986, 1981).

17. Kapitel: Multivariate Verfahren

17.1 Einteilung der multivariaten Verfahren

Würde man ein multivariates Verfahren durch die Forderung definieren, dass mehr als zwei Merkmale (= Variablen) ins Spiel kommen, so wäre dieser Begriff sehr weit gefasst. Es fielen dann die ökonometrischen Verfahren ebenso darunter wie die varianzanalytischen Verfahren. Bei diesen beiden Verfahrenstypen werden die Variablen a priori in endogene und exogene untergliedert. Die „typischen" multivariaten Verfahren gehen dagegen von „gleichberechtigten" Variablen aus, mithin also von der bereits in Abschnitt 4.4 eingeführten Datenmatrix (40):

$$\begin{pmatrix} x_{11} & x_{12} & \cdots & x_{1m} \\ x_{21} & x_{22} & \cdots & x_{2m} \\ \vdots & \vdots & & \vdots \\ x_{n1} & x_{n2} & \cdots & x_{nm} \end{pmatrix}$$

Dabei bezeichnet n die Anzahl der untersuchten Objekte und m die Anzahl der erhobenen Merkmale. Auch für diejenigen Verfahren, die von der Datenmatrix (40) ausgehen, ist eine Reihe von Gliederungsgesichtspunkten denkbar. So kann etwa eingeteilt werden nach dem Skalenniveau der verschiedenen Variablen, danach, ob der deskriptive Charakter oder der Stichprobencharakter stärker betont wird, oder danach, ob das Interesse primär den Variablen oder den Untersuchungsobjekten gilt.

Das letztere Einteilungskriterium führt zu einer besonders einfachen Systematik, nämlich zu einer Zweiteilung der multivariaten Verfahren in die sogenannten R-Techniken und die sogenannten Q-Techniken: Von einer **R-Technik** wird gesprochen, wenn sich das Interesse primär auf die Variablen richtet, wenn Zusammenhänge zwischen den Variablen aufgedeckt werden sollen, redundante Variablen eliminiert werden sollen usw. Die wohl bekanntesten R-Techniken sind die **Hauptkomponentenanalyse**, die **Faktorenanalyse** und die **kanonische Korrelationsanalyse**. Das äußerliche Kennzeichen einer R-Technik ist die vorrangige Verwendung der (den Variablen entsprechenden) Spaltenvektoren der Datenmatrix (40).

Von einer **Q-Technik** wird dagegen gesprochen, wenn sich das Interesse primär auf die Untersuchungsobjekte richtet, wenn also die Zusammenhänge bzw. die Unterschiede zwischen den Untersuchungsobjekten erforscht werden sollen. Die wohl bekanntesten Q-Techniken sind die **Diskriminanzanalyse** und die **Clusteranalyse**. Formal erkennt man ein Q-Verfahren an der vorrangigen Verwendung der Zeilenvektoren von (40).

Diese Zweiteilung ist nicht voll befriedigend. So gibt es sowohl eine R- als auch eine (seltener benutzte) Q-Faktorenanalyse. Ferner passt die **multidimensionale Skalierung**, die nach herkömmlicher Meinung ein typisches multivariates Verfahren ist, nicht ohne Weiteres in obiges System. Sie geht nämlich nicht von einer Datenmatrix des Typs (40) aus, sondern von globalen Urteilen über die Ähnlichkeit der Untersuchungsobjekte, und versucht, hieraus die „passenden Merkmale zu errechnen". Schließlich gibt es die multivariaten Analoga der univariaten Schätz- und Testprobleme aus Teil III, so beispielsweise den Test der Hypothese, dass die n Beobachtungen aus einer gemeinsamen Normalverteilung mit vorgegebenem Erwartungswertvektor stammen. Diese Tests gehen zwar von der Datenmatrix (40) aus, können aber weder als typische R- noch als typische Q-Techniken gelten.

Wir wollen in den nachfolgenden Abschnitten die Faktorenanalyse exemplarisch behandeln. Nähere Angaben über die anderen multivariaten Verfahren sind der am Kapitelende zitierten Literatur zu entnehmen. Hinsichtlich der Diskriminanzanalyse sei insbesondere auf Backhaus et al. (2021) und Fahrmeir et al. (1996) verwiesen, bezüglich der Clusteranalyse – die auch als **Taxonomie** oder **automatische Klassifikation** bezeichnet wird – insbesondere auf Bock (1974), Opitz (1980), Späth (1977) und Steinhausen/Langer (1977) sowie in Bezug auf die multidimensionale Skalierung insbesondere auf Dichtl/Schobert (1979) und Kühn (1976). Die Anwendungsmöglichkeiten multivariater Verfahren sind im Marketing besonders vielfältig, sodass Sheth (1971) bereits von der „Multivariaten Revolution in der Marketing-Forschung" sprach. Den Anwendungen im Marketing sind insbesondere die Lehrbücher von Backhaus et al. (2021, 2015), Hüttner (1978) und Opitz (1978) gewidmet. Breit gefächerte Anwendungen enthalten die Proceedings der Gesellschaft für Klassifikation, z. B. Klar/Opitz (1997).

17.2 Standardisierte Datenmatrix und Korrelationsmatrix

Subtrahieren wir von jedem Element der j-ten Spalte der Datenmatrix (40) – ihre m Variablen seien als kardinalskaliert vorausgesetzt – das arithmetische Mittel

$$\bar{x}_j = \frac{1}{n} \sum_{i=1}^{n} x_{ij}$$

und dividieren wir die entstehenden Differenzen durch die Standardabweichung

$$s_j = \sqrt{\frac{1}{n} \sum_{i=1}^{n} (x_{ij} - \bar{x}_j)^2}\ ,$$

so erhalten wir die Matrixelemente $z_{ij} = \frac{x_{ij} - \bar{x}_j}{s_j}$ der (auf das Spaltenmittel 0 und die Spaltenvarianz 1) **standardisierten Datenmatrix**

$$\boldsymbol{Z} = \begin{pmatrix} z_{11} & \cdots & z_{1m} \\ \vdots & & \vdots \\ z_{n1} & \cdots & z_{nm} \end{pmatrix} . \tag{135}$$

Ihre m Variablen wollen wir mit $Z_1, \ldots, Z_m$ bezeichnen. Die Berechnung der Matrix $\boldsymbol{Z}$ stellt den ersten Schritt einer Faktorenanalyse dar. Bezeichnen wir ferner den Bravais-Pearson-Korrelationskoeffizienten zwischen dem j-ten und dem ℓ-ten Merkmal mit $r_{j\ell}$ und fassen wir diese Koeffizienten zu einer Matrix zusammen, so erhalten wir die **Korrelationsmatrix**

$$\boldsymbol{R} = \begin{pmatrix} r_{11} & \cdots & r_{1m} \\ \vdots & \ddots & \vdots \\ r_{m1} & \cdots & r_{mm} \end{pmatrix} . \tag{136}$$

Sie ist natürlich symmetrisch; alle Hauptdiagonalelemente sind gleich eins. Wie man unmittelbar verifizieren kann, lässt sich die Korrelationsmatrix folgendermaßen aus der standardisierten Datenmatrix berechnen:

$$\boldsymbol{R} = \frac{1}{n} \cdot \boldsymbol{Z}'\boldsymbol{Z} \ . \qquad (137)$$

Mit der Aufstellung von $\boldsymbol{R}$ ist bereits der zweite Schritt einer Faktorenanalyse geleistet. Die Matrix $\boldsymbol{R}$ ist jedoch nicht nur als ein Etappenziel auf dem Weg zu einer Faktorenanalyse zu sehen; sie ist – wie das nachfolgende Beispiel zu verdeutlichen sucht – auch selbst von Interesse.

Beispiel 17.1: Ein Test für die Regelung des Hochschulzugangs in einem Numerus-Clausus-Fach zerfalle in folgende vier Untertests: Test des räumlichen Vorstellungsvermögens, Gedächtnistest, Test für sorgfältiges Arbeiten, Test des mathematischen Grundverständnisses. Wenn wir die im j-ten Untertest erreichte Punktzahl als Ausprägung des j-ten Merkmals auffassen, bekommen wir bei $n = 1\,000$ getesteten Bewerbern eine Datenmatrix mit 1 000 Zeilen und 4 Spalten.

Die bloße Betrachtung der (4 000 Elemente umfassenden) Datenmatrix dürfte kaum geeignet sein, Aussagen darüber zu gewinnen, ob die Untertests weitgehend voneinander unabhängig oder beispielsweise alle positiv korreliert sind. Ein Blick auf die übersichtlichere Korrelationsmatrix kann einen wesentlicheren Beitrag zur Klärung solcher Fragen leisten. Für vier Merkmale wird eine Korrelationsmatrix – unter Berücksichtigung der Symmetrie und der Informationslosigkeit der Hauptdiagonalelemente – bereits durch 6 Zahlen vollständig beschrieben. Wenn beispielsweise die (hypothetische) Korrelationsmatrix

$$\boldsymbol{R} = \begin{pmatrix} 1 & 0{,}72 & 0{,}56 & 0{,}64 \\ 0{,}72 & 1 & 0{,}63 & 0{,}72 \\ 0{,}56 & 0{,}63 & 1 & 0{,}56 \\ 0{,}64 & 0{,}72 & 0{,}56 & 1 \end{pmatrix}$$

vorliegt, ist ersichtlich, dass alle 4 Untertests positiv korreliert sind; die (in einer Faktorenanalyse genauer zu untersuchende) Vermutung liegt nahe, dass hinter allen Untertests ein gemeinsamer Faktor steckt, etwa die „allgemeine Studierfähigkeit“, auf den die hohen positiven Korrelationen zurückzuführen sind. ▪

17.3 Faktorenanalytisches Modell und Faktorextraktion

Die in der Faktorenanalyse verfolgte Zielsetzung lässt sich durch die Wunschvorstellung umreißen, die m gemessenen Variablen durch möglichst wenige Faktoren möglichst genau und möglichst einfach zu erklären. Für die beiden Forderungen „möglichst wenige Faktoren“ und „möglichst genau“, die sich als gegenläufig erweisen, müssen Kompromisslösungen gefunden werden, auf die wir im Anschluss zu sprechen kommen. Die Forderung nach einer möglichst einfachen Erklärung führt dazu, dass ein linearer Zusammenhang zwischen den standardisierten Variablen Z_j und den (ebenfalls als standardisiert vorausgesetzten) Faktoren F_j bzw. U_j postuliert wird:

$$Z_j = a_{j1}F_1 + a_{j2}F_2 + \cdots + a_{jk}F_k + d_jU_j \qquad (j = 1, \ldots, m) \ . \qquad (138)$$

Eine Fülle von Bezeichnungen und Kommentaren rankt sich um dieses Modell (138). Wir wollen uns hier auf die folgenden Punkte beschränken:

- Die Faktoren $F_1, \ldots, F_k$ heißen **gemeinsame Faktoren**; die Faktoren $U_1, \ldots, U_m$, die jeweils nur eine einzige Variable beeinflussen, heißen **spezifische Faktoren** (oder merkmalseigene Faktoren oder Einzelrestfaktoren).
- Äußerlich sieht das Modell (138) aus wie ein System von m multiplen Regressionsmodellen (bei denen jeweils dieselben Regressoren $F_1, \ldots, F_k$ benutzt werden). Der entscheidende Unterschied besteht darin, dass die Einflussgrößen bei den Regressionsmodellen vorgegeben und mit der (bzw. den) eigentlichen Variablen zusammen explizit

gemessen werden, wohingegen die Faktoren hypothetische Konstrukte sind, die aus der standardisierten Datenmatrix $\boldsymbol{Z}$ herausgerechnet (im faktorenanalytischen Jargon: **extrahiert**) werden sollen.

- Die Anzahl k der gemeinsamen Faktoren ist ebenfalls nicht fest vorgegeben. Sie ergibt sich im Verlaufe der sukzessive durchgeführten Faktorenextraktion aufgrund spezieller Abbruchkriterien.

- Die Koeffizienten $a_{j\ell}$ der gemeinsamen Faktoren und die Koeffizienten d_j der spezifischen Faktoren werden als **Faktorladungen** bezeichnet. Die Matrix

$$\boldsymbol{A} = \begin{pmatrix} a_{11} & \cdots & a_{1k} \\ \vdots & & \vdots \\ a_{m1} & \cdots & a_{mk} \end{pmatrix}$$

sowie die (um die Diagonalmatrix $\boldsymbol{D}$ der d_j) erweiterte Matrix

$$(\boldsymbol{A}\,|\,\boldsymbol{D}) = \left(\begin{array}{ccc|ccc} a_{11} & \cdots & a_{1k} & d_1 & \cdots & 0 \\ \vdots & & \vdots & \vdots & \ddots & \vdots \\ a_{m1} & \cdots & a_{mk} & 0 & \cdots & d_m \end{array}\right)$$

aller Faktorladungen werden als **Faktorenmuster** bezeichnet.

- Setzen wir in (138) anstelle der Variablen Z_j die entsprechenden Messwerte z_{ij} und anstelle der Faktoren die (ebenso wie die Faktoren hypothetischen) **Faktorenwerte**, d. h. die „Messwerte" $f_{i\ell}$ bzw. u_{ij} ein, so erhalten wir ein System

$$z_{ij} = a_{j1} f_{i1} + a_{j2} f_{i2} + \cdots + a_{jk} f_{ik} + d_j u_{ij}$$

von nm Gleichungen, das unter Verwendung der Faktorenwertematrizen

$$\boldsymbol{F} = \begin{pmatrix} f_{11} & \cdots & f_{1k} \\ \vdots & & \vdots \\ f_{n1} & \cdots & f_{nk} \end{pmatrix} \quad \text{und} \quad \boldsymbol{U} = \begin{pmatrix} u_{11} & \cdots & u_{1m} \\ \vdots & & \vdots \\ u_{n1} & \cdots & u_{nm} \end{pmatrix}$$

zu folgender Matrixgleichung führt:

$$\boldsymbol{Z} = \boldsymbol{F}\boldsymbol{A}' + \boldsymbol{U}\boldsymbol{D}\ . \tag{139}$$

- Bezüglich der Faktorenwertematrizen $\boldsymbol{F}$ und $\boldsymbol{U}$ nehmen wir an, dass die
  - spezifischen Faktoren untereinander unkorreliert sind (d. h. $\frac{1}{n} \cdot \boldsymbol{U}'\boldsymbol{U} = \boldsymbol{I}$),
  - spezifischen zu den gemeinsamen Faktoren unkorreliert sind (d. h. $\boldsymbol{U}'\boldsymbol{F} = \boldsymbol{0}$),
  - gemeinsamen Faktoren untereinander unkorreliert sind (d. h. $\frac{1}{n} \cdot \boldsymbol{F}'\boldsymbol{F} = \boldsymbol{I}$).

  Dabei sind $\boldsymbol{I}$ bzw. $\boldsymbol{0}$ die Einheits- bzw. Nullmatrix passender Dimension. Die beiden ersten Prämissen ergeben sich aus der Logik des Begriffs „spezifischer Faktor"; die dritte Prämisse ist dagegen einschneidender. In der am Kapitelende angegebenen Literatur wird auch der allgemeine Fall korrelierter gemeinsamer Faktoren behandelt.

- Bilden wir gemäß (137) die Korrelationsmatrix $\boldsymbol{R}$ und verwenden wir sowohl (139) als auch die eben getroffenen Annahmen, so erhalten wir aufgrund der bekannten Rechenregeln für Matrizen die Beziehung

$$\boldsymbol{R} = \boldsymbol{A}\boldsymbol{A}' + \boldsymbol{D}\boldsymbol{D}, \tag{140}$$

die den klingenden Namen **Hauptsatz der Faktorenanalyse** trägt.

- Aufschlüsse über die Bedeutung der Faktorladungen $a_{j\ell}$ liefert die Betrachtung der Hauptdiagonalelemente von (140):

$$(r_{jj} =)\ 1 = a_{j1}^2 + a_{j2}^2 + \cdots + a_{jk}^2 + d_j^2\ . \tag{141}$$

Diese Formel bezeichnet man als **Varianzzerlegung**, da aus ihr abgelesen werden kann, welcher Anteil der (zu 1 normierten) Varianz[1] der standardisierten Variablen Z_j vom ersten, zweiten, ..., k-ten gemeinsamen Faktor sowie vom spezifischen Faktor erklärt wird; $a_{j\ell}^2$ ist also der vom ℓ-ten gemeinsamen Faktor herrührende Anteil an der Varianz der j-ten Variablen. Insbesondere können die Faktorladungen $a_{j\ell}$ nur zwischen -1 und $+1$ variieren. Letzteres ergibt sich auch aus der leicht zu verifizierenden Tatsache, dass $a_{j\ell}$ mit dem Korrelationskoeffizienten zwischen der j-ten Variable Z_j und dem ℓ-ten gemeinsamen Faktor F_ℓ identisch ist.

- Für die Bestandteile der Varianzzerlegungsformel (141) haben sich eigene Bezeichnungen eingebürgert. So heißt der von den gemeinsamen Faktoren herrührende Varianzanteil $h_j^2 = a_{j1}^2 + a_{j2}^2 + \cdots + a_{jk}^2$ **Kommunalität** der j-ten Variablen. Die Kommunalität h_j^2 ergänzt sich mit der sogenannten **Einzelvarianz** d_j^2 zur Varianz (= 1) der Variablen Z_j. Die **Gesamtkommunalität**

$$\sum_{j=1}^{m} h_j^2 = \sum_{j=1}^{m}\sum_{\ell=1}^{k} a_{j\ell}^2 \tag{142}$$

gibt entsprechend denjenigen Anteil der Gesamtvarianz (= m) aller standardisierten Variablen an, der von den gemeinsamen Faktoren insgesamt verursacht wird.

- Schließlich sollte noch erwähnt werden, dass die Matrix

$$\boldsymbol{R}_h = \boldsymbol{R} - \boldsymbol{D}\boldsymbol{D} = \begin{pmatrix} h_1^2 & r_{12} & \cdots & r_{1m} \\ r_{21} & h_2^2 & & \\ \vdots & & \ddots & \\ r_{m1} & \cdots & & h_m^2 \end{pmatrix}, \tag{143}$$

die sich aus der Korrelationsmatrix $\boldsymbol{R}$ infolge der Ersetzung der Hauptdiagonalelemente durch die jeweiligen Kommunalitäten ergibt, als **reduzierte Korrelationsmatrix** bezeichnet wird. Der Hauptsatz der Faktorenanalyse lässt sich mithilfe von $\boldsymbol{R}_h$ auch so formulieren:

$$\boldsymbol{R}_h = \boldsymbol{A}\boldsymbol{A}'\ . \tag{144}$$

[1] Der Kürze halber wird die mittlere quadratische Abweichung auch in der deskriptiv orientierten Darstellung faktorenanalytischer Methoden als Varianz bezeichnet.

Wenn wir uns das faktorenanalytische Modell – etwa in der Matrixform (139) – genauer anschauen, stellen wir fest, dass den nm Beobachtungen eine wesentlich größere Anzahl unbekannter Parameter (Faktorladungen und Faktorenwerte) gegenübersteht; daran ändern auch die oben eingeführten Unkorreliertheitsprämissen nichts. In der Tat ist das Modell **nicht identifizierbar**. Diese Problematik, gepaart mit unsachgemäßen und unkritischen Interpretationen faktorenanalytischer Resultate, hat der Faktorenanalyse den Ruf als „schwarzes Schaf der Statistik" eingebracht.

Dass ein Identifikationsproblem vorliegt, ist unmittelbar ersichtlich. Denn für eine beliebige orthogonale $k \times k$-Matrix $\boldsymbol{T}$ (d. h. eine Matrix mit der Eigenschaft $\boldsymbol{T}\boldsymbol{T}' = \boldsymbol{I}$) gilt

$$\boldsymbol{Z} = \boldsymbol{F}\boldsymbol{A}' + \boldsymbol{U}\boldsymbol{D} = \boldsymbol{F}\boldsymbol{T}\boldsymbol{T}'\boldsymbol{A}' + \boldsymbol{U}\boldsymbol{D} = \widetilde{\boldsymbol{F}}\widetilde{\boldsymbol{A}}' + \boldsymbol{U}\boldsymbol{D} \;,$$

wobei $\widetilde{\boldsymbol{F}} = \boldsymbol{F}\boldsymbol{T}$ und $\widetilde{\boldsymbol{A}} = \boldsymbol{A}\boldsymbol{T}$ gesetzt wurde. Damit ist geklärt, dass die beiden (für $k > 1$) numerisch völlig verschiedenen Matrizenpaare $\boldsymbol{F}$, $\boldsymbol{A}$ bzw. $\widetilde{\boldsymbol{F}}$, $\widetilde{\boldsymbol{A}}$ gleichermaßen für die Darstellung der standardisierten Datenmatrix $\boldsymbol{Z}$ geeignet sind.[2] Diese numerische Unbestimmtheit von $\boldsymbol{F}$ und $\boldsymbol{A}$ führt zum **Rotationsproblem** der Faktorenanalyse, auf das wir abschließend nochmals zurückkommen werden.

Unter der Extraktion der Faktoren versteht man die sukzessive Bestimmung der Spaltenvektoren der Faktorladungsmatrix $\boldsymbol{A}$ aufgrund der folgenden Prinzipien: Über die Nummerierung der Faktoren wird so verfügt, dass der **erste Faktor** in dem Sinne der wichtigste ist, dass sein Beitrag

$$a_{11}^2 + a_{21}^2 + \cdots + a_{m1}^2 = \sum_{j=1}^{m} a_{j1}^2 \tag{145}$$

zur Gesamtkommunalität (142) unter Beachtung der Nebenbedingungen (144) maximal wird. Berücksichtigen wir, dass es sich bei (145) um die Elemente des ersten Spaltenvektors $\boldsymbol{a}_1$, von $\boldsymbol{A}$ handelt, so stellt sich das Maximierungsproblem in der Form

$$\boldsymbol{a}_1{}'\boldsymbol{a}_1 \to \max \quad \text{unter den Nebenbedingungen} \quad \boldsymbol{R}_h = \boldsymbol{A}\boldsymbol{A}' \;.$$

Die nähere Analyse[3] dieses Maximierungsproblems führt zu der **Eigenwertgleichung**

$$\boldsymbol{R}_h\boldsymbol{a}_1 = \left(\sum_{j=1}^{m} a_{j1}^2\right)\boldsymbol{a}_1 \;.$$

Demnach ist der Beitrag des ersten Faktors zur Gesamtkommunalität durch den größten Eigenwert λ_1 der reduzierten Korrelationsmatrix $\boldsymbol{R}_h$ gegeben. Die erste Spalte von $\boldsymbol{A}$ ist durch den dazugehörigen Eigenvektor, normiert auf die Länge $\sqrt{\lambda_1}$, gegeben. Analog wird der **zweite Faktor** so bestimmt, dass sein Beitrag

$$\boldsymbol{a}_2{}'\boldsymbol{a}_2 = \sum_{j=1}^{m} a_{j2}^2$$

zur Gesamtkommunalität maximal wird unter den Nebenbedingungen $\boldsymbol{R}_h = \boldsymbol{A}\boldsymbol{A}'$, wobei in $\boldsymbol{A}$ die bereits festliegende erste Spalte $\boldsymbol{a}_1$ einzusetzen ist. Diese Maximierung führt wiederum

---

[2] $\widetilde{\boldsymbol{F}}$ erfüllt auch die Unkorreliertheitsprämissen.

[3] Hierzu kann ein Lagrange-Ansatz mit m^2 Lagrange-Multiplikatoren für die m^2 einzelnen Nebenbedingungen genutzt werden.

auf eine Eigenwertgleichung:

$$R_h a_2 = \left(\sum_{j=1}^{m} a_{j2}^2\right) a_2 .$$

Also ist der Beitrag des zweiten extrahierten Faktors durch den zweitgrößten Eigenwert λ_2 von R_h gegeben und die zweite Spalte durch den dazugehörigen und auf die Länge $\sqrt{\lambda_2}$ normierten Eigenvektor a_2. Entsprechend läuft das Verfahren für die restlichen Faktoren; der jeweilige Faktor ist stets durch den jeweiligen Eigenwert bzw. seinen Eigenvektor bestimmt.

Die leichte Verfügbarkeit von Software-Paketen, die Eigenwertprobleme numerisch zu lösen gestatten, darf nicht darüber hinwegtäuschen, dass die Zielsetzung der Faktorenanalyse erst dann erreicht ist, wenn die folgenden, bisher ausgeklammerten Fragen befriedigend beantwortet werden können:

- Wie sind die Kommunalitäten h_j^2 und damit die Matrix R_h festzulegen?
- Wie viele Faktoren sollen extrahiert werden?
- Wie sollen die extrahierten Faktoren substanzwissenschaftlich interpretiert werden?

Die erste Frage erfuhr in der einschlägigen Literatur unter dem Stichwort **Kommunalitätenproblem** eine breite Diskussion; dennoch kann sie nicht als endgültig beantwortet gelten. Verschiedene Vorschläge stehen einander gegenüber. Die faktorenanalytische Praxis bevorzugt einfache Kommunalitätenschätzungen wie beispielsweise den betragsmäßig größten Korrelationskoeffizienten abseits der Hauptdiagonalen

$$h_j^2 = \max_{\ell \neq j} |r_{j\ell}| \tag{146}$$

und nimmt dabei in Kauf, dass gewisse Eigenwerte von R_h auch negativ werden können (die entsprechenden „Faktoren“ sind nicht interpretierbar und werden infolgedessen auch nicht extrahiert). Ein anderer Vorschlag besagt, diejenigen Kommunalitäten zu wählen, die den Rang von R_h (und damit auch denjenigen von A) unter der Nebenbedingung nichtnegativer Eigenwerte minimieren.[4]

Zur Beantwortung der zweiten Frage wurden eine Reihe von **Abbruchkriterien** vorgeschlagen, beispielsweise die Extraktion aller Faktoren, deren dazugehöriger Eigenwert größer als 1 ist. Ein anderes Kriterium sieht vor, so viele Faktoren zu extrahieren, dass mindestens 90 % der Gesamtkommunalität durch sie erklärt werden.

Für die Beantwortung der dritten Frage gibt es leider kein Patentrezept. Zweckmäßigerweise legt man sich ein Schema wie dasjenige in Tabelle 17.1 an, in dem alle erheblich von null abweichenden (positiven oder negativen) Ladungen durch ein Kreuzchen symbolisiert werden. Bei der Interpretation lässt man sich dann von denjenigen Variablen inspirieren, die den betreffenden Faktor „hoch laden“. Handelt es sich bei den Variablen der Tabelle 17.1 beispielsweise um Variablen, die das Freizeitverhalten von Personen betreffen, wobei Z_2, Z_3 und Z_4 speziell die (kardinal gemessene) Intensität des Radiohörens, des Zeitunglesens und des Sachbuchlesens bedeuten, so liegt es nahe, den Faktor F_2 als „Informationsbedürfnis“ zu interpretieren. Einen Faktor, den (wie F_1 in Tabelle 17.1) alle Variablen hoch laden, bezeichnet

[4] So kann die reduzierte Korrelationsmatrix R_h des Beispiels 17.1 die Ränge 1, 2, 3 oder 4 besitzen. Den Rang 1 und damit eine perfekte Darstellung der Korrelationen mit lediglich einem einzigen gemeinsamen Faktor erreicht man übrigens bei Verwendung der Kommunalitäten $h_1^2 = 0{,}8^2$, $h_2^2 = 0{,}9^2$, $h_3^2 = 0{,}7^2$ und $h_4^2 = 0{,}8^2$. Geht man allerdings von der Vorstellung „wahrer“ (aber unbekannter) Kommunalitäten aus, so wird man dem Problem bei ausschließlicher Verfolgung des normativen Ziels der Rangminimierung möglicherweise nicht gerecht.

man gelegentlich als **allgemeinen Faktor**, eine Bezeichnung, die auf den Begründer der Faktorenanalyse, den Psychologen Charles Spearman (1863–1945) zurückgeht. Dieser bemühte sich darum, einen einzigen allgemeinen Faktor nachzuweisen, der für das Zu-Stande-Kommen der Intelligenztest-Ergebnisse verantwortlich ist.

Tab. 17.1: Qualitativer Überblick über das numerische Ergebnis einer Faktorenanalyse; die Kreuzchen kennzeichnen betragsmäßig große Ladungen

Faktor \ Variable	Z_1	Z_2	Z_3	Z_4	Z_5	Z_6	Z_7	Z_8
F_1	×	×	×	×	×	×	×	×
F_2		×	×	×				
F_3					×	×	×	×

Das eingangs etwas pointiert dargestellte Identifikationsproblem kann ebenfalls einen Beitrag zur Interpretation der Faktoren leisten. Nutzt man nämlich den (durch die Transformationsmatrix $\boldsymbol{T}$ repräsentierten) Spielraum dahingehend aus, dass eine Matrix $\widetilde{\boldsymbol{A}}$ errechnet wird, bei der die betragsmäßig kleinen zu Gunsten der prägnanten großen Ladungen weitgehend verschwinden, so wird die Interpretation erleichtert.[5] Auch diese sogenannte **Rotation zur Einfachstruktur** ist bereits in einigen Software-Paketen (z. B. SPSS) berücksichtigt. In sechs Schritte aufgegliedert, läuft eine Faktorenanalyse demnach folgendermaßen ab:

Schritt 1: Aus den Beobachtungswerten x_{ij} wird die standardisierte Datenmatrix $\boldsymbol{Z}$ mit den Elementen $z_{ij} = (x_{ij} - \bar{x}_j)/s_j$ errechnet.

Schritt 2: Aus dieser Matrix wird die Korrelationsmatrix $\boldsymbol{R} = \frac{1}{n} \cdot \boldsymbol{Z}'\boldsymbol{Z}$ errechnet.

Schritt 3: Aus $\boldsymbol{R}$ und den – beispielsweise nach (146) – geschätzten Kommunalitäten h_j^2 wird die reduzierte Korrelationsmatrix $\boldsymbol{R}_h$ gemäß (143) gebildet.

Schritt 4: Die der Größe nach geordneten Eigenwerte $\lambda_1 \geqq \lambda_2 \geqq \ldots$ von $\boldsymbol{R}_h$ und die dazugehörigen normierten Eigenvektoren $\boldsymbol{a}_1, \boldsymbol{a}_2, \ldots$ werden sukzessive errechnet.

Schritt 5: Aufgrund eines Abbruchkriteriums wird die Anzahl k der zu extrahierenden gemeinsamen Faktoren festgelegt. Die k Spaltenvektoren des Faktorenmusters $\boldsymbol{A}$ sind mit den Eigenvektoren $\boldsymbol{a}_1, \ldots, \boldsymbol{a}_k$ identisch.

Schritt 6: Die extrahierten Faktoren sind (evtl. unter Vorschaltung einer Rotation zur Einfachstruktur) zu interpretieren.

Literatur zu multivariaten Verfahren: Arminger (1979), Backhaus et al. (2021, 2015), Bock (1974), Cooley/Lohnes (1971), Dichtl/Schobert (1979), Fahrmeir et al. (1996), Gaul/Schader (1986), Harman (1976), Harris (2013), Hartung/Elpelt (2007), Hüttner (1978), Jambu (1992), Kühn (1976), Litz (2000), Marinell (1998), Opitz (1978, 1980), Revenstorf (1976), Schader (1981), Sheth (1971), Späth (1977), Steinhausen/Langer (1977), Überla (1971), Vogel (1975), Weber (1974).

[5] Weiterhin sollte erwähnt werden, dass das Identifikationsproblem insofern etwas entschärft ist, als wichtige Charakteristika – wie die Eigenwerte von $\boldsymbol{R}_h$ und damit die Anzahl der aufgrund eines bestimmten Abbruchkriteriums zu extrahierenden Faktoren – gegenüber der Transformation $\boldsymbol{T}$ invariant sind.

18. Kapitel: Stichprobenplanung

18.1 Arten von Stichprobenplänen

Die in Teil III behandelten Verfahren der induktiven Statistik setzen jeweils eine reine Zufallsauswahl von n Elementen einer bestimmten Grundgesamtheit voraus. Hierbei treten Planungsprobleme des folgenden Typs auf:

- Welches der verschiedenen konkurrierenden statistischen Verfahren ist auszuwählen?
- Wie soll die Zufallsauswahl technisch durchgeführt werden?
- Welches ist (bei Vorgabe von Irrtumswahrscheinlichkeiten, Längen von Konfidenzintervallen usw.) der erforderliche Stichprobenumfang?

Außerdem ergeben sich neben diesen bereits hinreichend geklärten Fragen zusätzliche Fragen, die erst im entscheidungstheoretischen Rahmen (vgl. Kapitel 19) befriedigend beantwortet werden können:

- Soll die Stichprobe angesichts der zu berücksichtigenden Kosten (Stichproben- und Fehlentscheidungskosten) überhaupt durchgeführt werden oder sollte besser auf sie verzichtet werden?
- Welches ist der optimale Stichprobenumfang?

Solche Planungsprobleme werden üblicherweise nicht zur Stichprobenplanung gezählt. Primär versteht man unter Stichprobenplanung die Beschäftigung mit Stichprobenplänen, die

- mehrstufig sind oder
- Vorkenntnisse über die Struktur der Grundgesamtheit verwerten oder
- Vorkenntnisse über andere Merkmale einbeziehen.

Die nachfolgenden Beispiele sollen einige derartige Stichprobenpläne veranschaulichen.

Beispiel 18.1: Eine Unternehmung, die ein Vorprodukt in Partien zu 2 000 Stück bezieht, verfährt bei der Eingangskontrolle nach folgendem Modus: Zunächst werden 100 Stück geprüft; falls höchstens 5 Stücke defekt sind, wird die Partie angenommen; falls mindestens 10 Stücke defekt sind, wird die Partie abgelehnt; anderenfalls werden weitere 120 Stücke untersucht und genau dann abgelehnt, wenn insgesamt mehr als 16 defekte Stücke beobachtet werden. Zweckmäßigerweise stellt man solche relativ komplexen Stichprobenpläne – wie in Abbildung 18.1 – entweder anhand eines Ablauf-Schemas oder eines Schirm-Diagramms dar. ▪

Wie der Bildunterschrift von Abbildung 18.1 zu entnehmen, wird der Stichprobenplan aus Beispiel 18.1 als **zweistufig** bezeichnet, da er spätestens nach der zweiten Stichprobe zu einer endgültigen Entscheidung führt.[1] Entsprechend wird ein Stichprobenplan als ***k*-stufig** bezeichnet, wenn er nach höchstens k Einzelstichproben zu einer endgültigen Entscheidung führt. Im Sinne dieser Bezeichnungsweise sind alle Stichprobenpläne aus Teil III **einstufig**. In dem anderen Extremfall, dass stets eine nachgeschaltete Stichprobe zugelassen (also keine feste endliche Stufenzahl vorgegeben) wird, liegt ein **sequenzieller Stichprobenplan** vor; alle Vertikalen im dazugehörigen Schirm-Diagramm besitzen eine Unterbrechung.

---

[1] Eine Analyse zweistufiger Stichprobenpläne ist bei Uhlmann (1982) zu finden.

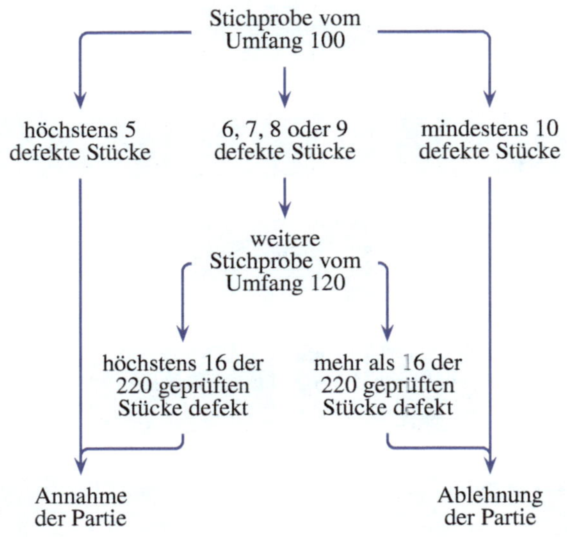

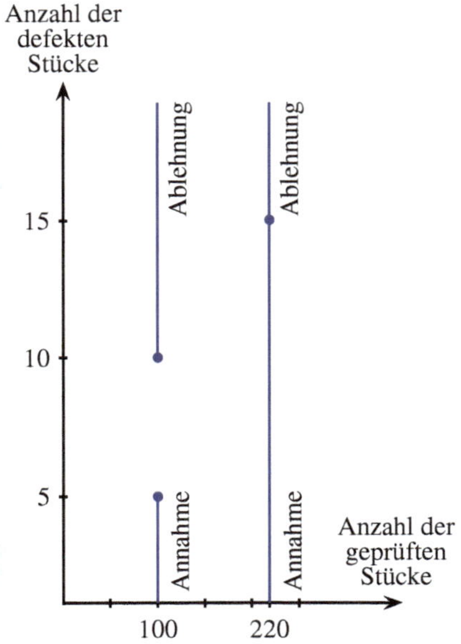

Abb. 18.1: Veranschaulichung des in Beispiel 18.1 beschriebenen zweistufigen Stichprobenplans mittels eines Ablauf-Schemas (links) oder eines Schirm-Diagramms (rechts)

Andere Typen von Stichprobenplänen sind erforderlich, wenn beispielsweise Vorinformationen darüber vorliegen, dass gewisse Teilgesamtheiten von G – die als **Schichten** bezeichnet werden – bzgl. des Untersuchungsmerkmals besonders homogen sind. Dann geht man so vor: Die n Elemente der Stichprobe werden nicht mehr durch reine Zufallsauswahl bestimmt; vielmehr wird der Stichprobenumfang n geeignet auf die Schichten aufgeteilt. Die durchschnittliche Merkmalsausprägung μ wird dabei nicht mehr anhand des Stichprobenmittels $\overline{X}$, sondern mittels einer **Schichtschätzfunktion** geschätzt. Hierdurch wird ein Genauigkeitsgewinn gegenüber der reinen Zufallsauswahl erzielt, den man als **Schichtungseffekt** bezeichnet. Eine ausführlichere Darstellung dieses Konzepts erfolgt in Abschnitt 18.2.

Sobald andererseits die Grundgesamtheit in Teilgesamtheiten, **Klumpen** genannt, zerlegt ist, die nicht die Eigenschaften haben, die von Schichten gefordert werden, kann es – wie im Beispiel 18.2 – aus organisatorischen Gründen und Kostengesichtspunkten vorteilhaft sein, zuerst einige Klumpen durch reine Zufallsauswahl auszuwählen und dann Teilstichproben innerhalb der ausgewählten Klumpen vorzunehmen.

Beispiel 18.2: Werden 5 000 Bundesbürger rein zufällig ausgewählt und bezüglich eines interessierenden Merkmals persönlich interviewt, so ist anzunehmen, dass die 5 000 Personen gleichmäßig über die Bundesrepublik verstreut wohnen und erhebliche Reisekosten entstehen. Wählt man dagegen zuerst zufällig 10 Kreise aus und interviewt in jedem Kreis 500 zufällig ausgewählte Personen, so sind die Reisekosten natürlich bedeutend geringer. Dieser Kostenverringerung steht ein Genauigkeitsverlust der Schätzung gegenüber, der als **Klumpeneffekt** bezeichnet wird.[2] ▪

[2] Wegen der Fragen, welche Schätzfunktion bei Klumpenstichproben zu verwenden ist, und in welchen Fällen der Klumpeneffekt gravierend bzw. weniger gravierend ist, sei beispielsweise auf Pokropp (1996), Stenger (1986) verwiesen.

Stichprobenpläne dergestalt, dass zunächst **Primäreinheiten** (im Beispiel 18.2 die Kreise) und dann in jeder ausgewählten Primäreinheit eine gewisse Anzahl von **Sekundäreinheiten** (im Beispiel 18.2 die Personen) auszuwählen sind, werden in der Literatur ebenfalls gelegentlich als zweistufige Stichprobenpläne bezeichnet. Diese Zweistufigkeit ist natürlich nicht identisch mit derjenigen von Beispiel 18.1. Schließlich erfordert auch das **Problem der Nichtbeantwortung** eine zweistufige Vorgehensweise: Zuerst werden n_1 Personen postalisch befragt; unter den nicht Antwortenden werden n_2 Personen zufällig ausgewählt und persönlich interviewt.[3] Auch bei Interviews muss man mit Antwortverweigerungen oder bewussten Falschantworten rechnen, wenn das Untersuchungsmerkmal die Intimsphäre berührt oder sozial geächtete Verhaltensweisen betrifft. Für diese Fälle stehen Stichprobenpläne mit **zufallsverschlüsselten Antworten** zur Verfügung, die beispielsweise von Deffaa (1982) ausführlich beschrieben werden.

Die wichtigsten Stichprobenpläne, die Vorkenntnisse über andere Merkmale einbeziehen, betreffen **Hochrechnungen** auf die gesamte Merkmalssumme eines kardinalen Merkmals in einer endlichen Grundgesamtheit. Sie sind unter den Stichworten **Verhältnisschätzung**, **Differenzenschätzung** und **Regressionsschätzung** bekannt. Mit der Verhältnisschätzung wollen wir uns in Beispiel 18.3 exemplarisch beschäftigen. Wegen der anderen Verfahren sei insbesondere auf Pokropp (1996) und Stenger (1986) verwiesen.

Beispiel 18.3: Für eine endliche Grundgesamtheit sei die Merkmalssumme (= Totalwert) T_x des kardinalen Untersuchungsmerkmals X zu schätzen. Der Totalwert T_y eines anderen kardinalen Merkmals Y sei bekannt. Die Verhältnisschätzung (= Quotientenschätzung) schreibt dann vor, bei jedem Element der Stichprobe sowohl die Ausprägung des Untersuchungsmerkmals X als auch diejenige des Merkmals Y zu messen und die Schätzfunktion $T_y \cdot \bar{X}/\bar{Y}$ zu verwenden. Dahinter steckt die plausible Idee, das in der Stichprobe gefundene Größenverhältnis der beiden Merkmale aufgrund des bekannten Totalwerts T_y „hochzurechnen". Bei dem Merkmal Y kann es sich durchaus auch um das auf einen anderen Stichtag bezogene X-Merkmal handeln. Betrachten wir – um etwas konkreter werden zu können – folgenden Anwendungsfall: Bei den $N = 1\,200$ Betrieben eines Landes, deren Produktionsverfahren die Umwelt mit einem bestimmten Schadstoff belasten, wurde am 16.02.2008 eine Totalerhebung vorgenommen und $T_y = 14\,050$ (kg pro Tag) gemessen. Am 15.02.2009 wurde die Untersuchung auf Stichprobenbasis mit dem Stichprobenumfang $n = 20$ wiederholt. Es ergaben sich die Werte:

Betrieb	1	2	3	4	5	6	7	8	9	10	11	12	13	14	15	16	17	18	19	20
Messwert 16.2.2008	3	5	10,5	4,3	20	7	6	41	9	14	18	7,5	8,1	11,2	5	7,3	12	14	8,8	10,4
Messwert 15.2.2009	3,2	4,7	9	4,3	22	6,3	8	45	9,5	13	19	7,2	8,9	12,1	5	10	11	17,2	8,9	10,6

Mit $\bar{x} = \frac{234{,}9}{20}$ und $\bar{y} = \frac{222{,}1}{20}$ liefert die Verhältnisschätzung folglich den Schätzwert

$$14\,050 \cdot \frac{234{,}9}{222{,}1} = 14\,860$$

für die am 15.02.2009 insgesamt emittierte Menge dieses Schadstoffs (in kg pro Tag). ▪

Selbstverständlich kann diese Liste an Stichprobenplänen nicht vollständig sein. So hätte eine Darstellung der relativ komplexen Stichprobenpläne, die zur **Versuchsplanung** im engeren Sinne zu zählen sind, den hier gesetzten Rahmen bei weitem gesprengt. Es sei diesbezüglich z. B. auf Krafft (1978), Linder (1969), Mittenecker (1983) oder Pukelsheim (2006) verwiesen.

[3] Pfanzagl (1983) behandelt unter Zugrundelegung von Kostendaten (für die postalische bzw. mündliche Befragung) einen optimalen Stichprobenplan.

Ferner blieben beispielsweise die **Multimoment-Verfahren** unerwähnt, über deren Anwendungen Eickhoff et al. (1971) und Haller-Wedel (1969) ausführlich informieren. Bei einem Multimoment-Verfahren werden Zeitpunkte zufällig ausgewählt, zu denen die augenblickliche Art der Tätigkeit an jedem Arbeitsplatz (eines Betriebes, einer Bank, eines Amtes usw.) registriert wird. Aus den Ergebnissen dieser „Momentaufnahmen" werden Anteilswerte für unregelmäßig anfallende Tätigkeiten (Reparaturarbeiten, vorbereitende Arbeiten, Kundenbedienung usw.) geschätzt. Multimoment-Verfahren gelten als die rationellsten Methoden für die Schätzung derartiger Anteilswerte.

18.2 Geschichtete Stichproben

Für eine endliche Grundgesamtheit vom Umfang N soll das unbekannte arithmetische Mittel μ eines kardinalen oder dichotomen Merkmals X geschätzt werden. Wir wollen dabei ausnutzen, dass Grundgesamtheiten vielfach in natürlicher Weise geschichtet sind, wie z. B. die Bevölkerung nach Konfession, nach Geschlecht oder nach sozialem Status usw. Oft wird eine Schichtung auch zum Zwecke der Untersuchung konstruiert, etwa die Schichtung von Betrieben nach ihrem Jahresumsatz.[4]

Wie bereits im vorangegangenen Abschnitt angedeutet wurde, ist es zweckmäßiger, anstelle der reinen Zufallsauswahl von n Elementen eine Aufteilung des Stichprobenumfangs auf die k Schichten vorzunehmen. Es seien

$N_1, N_2, \ldots, N_k$	die Umfänge der k Schichten,
$n_1, n_2, \ldots, n_k$	die (als $\geqq 1$ vorausgesetzten) Umfänge der auf die einzelnen Schichten entfallenden Teilstichproben und
$\overline{X}_1, \overline{X}_2, \ldots, \overline{X}_k$	die entsprechenden Stichprobenmittel in den k Schichten.

Die Eignung von $N_i \cdot \overline{X}_i$ als Schätzfunktion für die Merkmalssumme der i-ten Schicht und die Eignung von $N_1 \cdot \overline{X}_1 + \cdots + N_k \cdot \overline{X}_k$ als Schätzfunktion für den Totalwert $N\mu$ motiviert die Zugrundelegung der sogenannten **Schichtschätzfunktion**

$$\frac{1}{N} \sum_{i=1}^{k} N_i \cdot \overline{X}_i \tag{147}$$

für die Schätzung von μ. Hierüber lassen sich folgende Aussagen ableiten:

- Die Schichtschätzfunktion ist sowohl bei Stichproben mit Zurücklegen als auch bei Stichproben ohne Zurücklegen erwartungstreu für μ.

- Ihre Varianz ist im Falle einer Stichprobe mit Zurücklegen gegeben durch

$$\operatorname{Var}\left(\frac{1}{N} \sum_{i=1}^{k} N_i \cdot \overline{X}_i\right) = \frac{1}{N^2} \sum_{i=1}^{k} N_i^2 \cdot \frac{\sigma_i^2}{n_i} \tag{148}$$

[4] Wegen des hier ausgeklammerten Schichtbildungs-Problems sei beispielsweise auf die Arbeiten von Dalenius/Hodges (1959), Deutler/Bühler (1975), Drexl (1982), Schneeberger (1971) und Schneeberger/Drefahl (1982) verwiesen.

und im Falle einer Stichprobe ohne Zurücklegen gegeben durch

$$\operatorname{Var}\left(\frac{1}{N}\sum_{i=1}^{k} N_i \cdot \bar{X}_i\right) = \frac{1}{N^2}\sum_{i=1}^{k} N_i^2 \cdot \frac{\sigma_i^2}{n_i} \cdot \frac{N_i - n_i}{N_i - 1}\,, \tag{149}$$

wobei σ_i^2 die mittlere quadratische Abweichung in der i-ten Schicht bezeichnet.

An den Formeln für die Varianz der Schichtschätzfunktion erkennt man, dass die Schichten so gewählt werden müssen, dass die σ_i^2 möglichst klein ausfallen; das heißt die Schichten müssen in Bezug auf das Untersuchungsmerkmal **möglichst homogen** sein. In der Praxis ist es nicht immer einfach, eine solche Eigenschaft zu garantieren. Deshalb werden größere Untersuchungen oft so durchgeführt, dass die Schichtbildung erst aufgrund einer (ungeschichteten) Vorstichprobe erfolgt und die Hauptuntersuchung diese Schichtung berücksichtigt. Bei turnusmäßigen Erhebungen (Verbrauchsstichproben usw.) kann auf Daten der zurückliegenden Erhebungen zurückgegriffen werden.

Da die Schichten voraussetzungsgemäß bereits festliegen, stellt sich lediglich noch die Frage, wie die Teilstichprobenumfänge n_i festzulegen sind. Eine Aufteilung $(n_1, n_2, \ldots, n_k)$ des gegebenen Stichprobenumfangs n heißt **optimal**, wenn sie die Varianz der Schichtschätzfunktion minimiert. Streng genommen entspricht die Bestimmung einer optimalen Aufteilung einem **ganzzahligen konvexen Programm**, wobei im Falle von Stichproben mit Zurücklegen die Zielfunktion (148) unter den Nebenbedingungen

$$n_1 + n_2 + \cdots + n_k = n, \quad n_i \geqq 1 \quad (i = 1, \ldots, k) \tag{150}$$

zu minimieren ist und im Falle von Stichproben ohne Zurücklegen die Zielfunktion (149) unter den Nebenbedingungen (150) sowie den zusätzlichen Restriktionen $n_i \leqq N_i$ $(i = 1, \ldots, k)$. Da die Lösung eines ganzzahligen Programms relativ mühsam ist, betrachtet man in der Anwendung die n_i als kontinuierliche Variablen und ermittelt[5] im Falle von Stichproben mit Zurücklegen folgende **optimale Aufteilung**:

$$n_i^* = n \cdot \frac{N_i\sigma_i}{\sum_{i=1}^{k} N_i\sigma_i} \qquad (i = 1, \ldots, k)\,. \tag{151}$$

Sind die n_i^* nicht ganzzahlig, so nimmt man ganzzahlige Nachbarwerte. Im Fall von Stichproben ohne Zurücklegen tritt an die Stelle der Proportionalität $n_i^* \sim N_i\sigma_i$ die geringfügig geänderte Proportionalität

$$n_i^* \sim N_i\sigma_i\sqrt{\frac{N_i}{N_i - 1}}\,. \tag{152}$$

Allerdings können nun u. U. noch die Nebenbedingungen $n_i \leqq N_i$ relevant werden, was ebenfalls eine geeignete Modifikation zur Folge hat. In Schichten mit großem σ_i sind dann Totalerhebungen vorzunehmen, in den restlichen Schichten gilt die Proportionalität (152).

[5] Hierfür wird ein Lagrange-Multiplikator eingeführt, die Lagrange-Funktion abgeleitet und ihre Ableitungen gleich null gesetzt. Im Sonderfall (der allerdings in der Praxis nicht vorkommen dürfte), dass alle Schichten perfekt homogen sind (d. h. $\sigma_1 = \cdots = \sigma_k = 0$), ist die Formel (151) nicht anwendbar. Es genügt dann natürlich, aus jeder Schicht genau ein Element zu erheben.

Als **Schichtungseffekt** bezeichnet man den dadurch erzielbaren Genauigkeitsgewinn, dass anstelle der reinen Zufallsauswahl und des Stichprobenmittels eine optimal aufgeteilte geschichtete Stichprobe und die Schichtschätzfunktion verwendet werden. Beispiel 18.4 verdeutlicht, dass der Schichtungseffekt beträchtlich sein kann.

Beispiel 18.4: Die mittleren Ausgaben μ der Bundesbürger für Urlaubszwecke sollen durch eine Stichprobe vom Umfang 3 000 (die der Einfachheit halber mit Zurücklegen erfolge) ermittelt werden. Die Bevölkerung sei in zwei Schichten zerlegt, wobei die erste Schicht die besser verdienenden Personen enthalte. Die zweite Schicht sei doppelt so umfangreich wie die erste. Die Schichten seien bezüglich der Ausgaben für Urlaubszwecke relativ homogen, was wir durch $\sigma_1^2 = \sigma_2^2 = 0{,}1\sigma^2$ präzisieren wollen, wobei σ^2 bzw. σ_1^2, σ_2^2 die mittleren quadratischen Abweichungen in der Grundgesamtheit bzw. in den Schichten 1, 2 beschreiben. Benutzen wir einerseits eine reine Zufallsauswahl und das Stichprobenmittel $\bar{X}$, so müssen wir die Varianz

$$\mathrm{Var}(\bar{X}) = \frac{\sigma^2}{3\,000}$$

in Kauf nehmen. Berechnen wir andererseits gemäß (151) die optimale Aufteilung

$$n_1^* = 3\,000 \cdot \frac{N_1\sigma_1}{N_1\sigma_1 + N_2\sigma_2} = 3\,000 \cdot \frac{N_1\sigma_1}{N_1\sigma_1 + 2N_1\sigma_1} = 1\,000,$$

$$n_2^* = 3\,000 \cdot \frac{N_2\sigma_2}{N_1\sigma_1 + N_2\sigma_2} = 3\,000 \cdot \frac{2N_1\sigma_2}{N_1\sigma_2 + 2N_1\sigma_2} = 2\,000$$

und verwenden wir eine derart aufgeteilte Stichprobe und die Schichtschätzfunktion, so ist nach (148) lediglich die (um den Faktor 10 kleinere) Varianz

$$\frac{1}{(N_1 + 2N_1)^2} \cdot \left(N_1^2 \cdot \frac{\sigma^2}{10 \cdot 1\,000} + (2N_1)^2 \cdot \frac{\sigma^2}{10 \cdot 2\,000} \right) = \frac{\sigma^2}{30\,000}$$

in Kauf zu nehmen. ▪

Nun wollen wir abschließend noch die etwas allgemeinere Situation betrachten, dass anstelle des Stichprobenumfangs n ein **festes Budget c** für die Stichprobenerhebung vorgegeben ist. Sind weiterhin die Kostensätze c_i bekannt (die Untersuchung einer Einheit in der Schicht i kostet c_i), so tritt anstelle der Bedingung $n_1 + n_2 + \cdots + n_k = n$ die Bedingung

$$c_1 n_1 + c_2 n_2 + \cdots + c_k n_k = c\ .$$

Dann erhält man (wiederum durch Ableiten und Nullsetzen und lediglich als Approximation für das tatsächliche ganzzahlige Optimum) im Falle von Stichproben mit Zurücklegen die **allgemeine optimale Aufteilung**:

$$n_i^* = \alpha \cdot \frac{N_i\sigma_i}{\sqrt{c_i}} \qquad (i = 1, \ldots, k)\ . \tag{153}$$

Dabei ist der Proportionalitätsfaktor α durch die Formel

$$\alpha = \frac{c}{\sum\limits_{i=1}^{k} N_i\sigma_i\sqrt{c_i}}$$

bestimmt. Aus der vermöge (153) gegebenen Proportionalität $n_i^* \sim N_i\sigma_i/\sqrt{c_i}$ liest man folgende plausible **Faustregel** ab: Je größer der Schichtumfang, je inhomogener die Schicht bzw. je kleiner der Kostensatz ist, desto größer sollte der Stichprobenumfang in der jeweiligen Schicht gewählt werden.

Sind speziell alle Kostensätze gleich, so sind wir wieder bei der optimalen Aufteilung eines festen Stichprobenumfangs $n_i^* \sim N_i\sigma_i$. Sind zusätzlich noch alle Standardabweichungen gleich, so ist $n_i^* \sim N_i$ zu wählen; die letztere Aufteilung wird **proportionale Aufteilung** genannt. Sie wird häufig dann angewandt, wenn mehrere Untersuchungsmerkmale interessieren und die jeweils optimalen Aufteilungen einander widersprechen. Wir wollen uns auch für die allgemeine optimale Aufteilung (153) ein Beispiel ansehen.

Beispiel 18.5: Eine Unternehmung beliefert 1 000 Abnehmer. Die $N = 1\,000$ Abnehmer lassen sich nach der Kundenkartei in $N_1 = 500$ Kleinabnehmer, $N_2 = 300$ mittelgroße Abnehmer und $N_3 = 200$ Großabnehmer einteilen. Die Unternehmung erwägt eine Produktverbesserung und ist infolgedessen daran interessiert zu wissen, um wie viele Einheiten sich der Absatz bei konstantem Preis aufgrund der Qualitätsverbesserung erhöhen wird. Informationen über die mittlere Absatzsteigerung μ sollen durch eine Stichprobe mit Zurücklegen unter den 1 000 Kunden beschafft werden. Für die Informationsbeschaffung sind $c = 10\,000$ € veranschlagt. Bei den Kleinabnehmern und mittleren Abnehmern handelt es sich größtenteils um Familienbetriebe, bei denen der Firmenchef telefonisch eine relativ verbindliche Antwort geben kann. Bei den Großabnehmern sind persönliche Interviews erforderlich und es müssen gegebenenfalls auch Gremien (Vorstand usw.) konsultiert werden.

Deshalb kalkuliert die Unternehmung mit folgenden Kostensätze (in € pro Kunde): $c_1 = 9$ in der ersten Schicht (Kleinabnehmer), $c_2 = 36$ in der zweiten Schicht (mittelgroße Abnehmer) und $c_3 = 100$ in der dritten Schicht (Großabnehmer). Aufgrund der bisherigen Bestellungen werden für die Mehrbestellungen folgende Standardabweichungen (in Tausend Einheiten) angenommen: $\sigma_1 = 2$ in der ersten Schicht, $\sigma_2 = 10$ in der zweiten Schicht und $\sigma_3 = 100$ in der dritten Schicht. Für diese Daten ergibt sich der Proportionalitätsfaktor

$$\alpha = \frac{10\,000}{50 \cdot 2 \cdot 3 + 300 \cdot 10 \cdot 6 + 200 \cdot 100 \cdot 10} = \frac{10}{221}$$

sowie gemäß (153) die optimale Aufteilung

$$\begin{aligned} n_1^* &= \frac{10}{221} \cdot \frac{500 \cdot 2}{3} &&= 15{,}08 \approx 15\,, \\ n_2^* &= \frac{10}{221} \cdot \frac{300 \cdot 10}{6} &&= 22{,}62 \approx 23\,, \\ n_3^* &= \frac{10}{221} \cdot \frac{200 \cdot 100}{10} &&= 90{,}498 \approx 90\,. \end{aligned}$$

Bei den ganzzahlig gerundeten Werten wird das Budget noch nicht ganz ausgeschöpft. Es ist im Rahmen des Budgets noch möglich, n_1^* auf 19 oder n_2^* auf 24 zu erhöhen. ▪

Literatur zur Stichprobenplanung: Bausch (1990), Cochran (1972), v. Collani (1984), Dalenius/Hodges (1959), Deutler/Bühler (1975), Eickhoff et al. (1971), Fleischer (1999), Gohout (1996), Haller-Wedel (1969), Krafft (1978), Krug et al. (2001), Leiner (1994), Lenz et al. (2012), Linder (1969), Mittag (1993), Mittenecker (1983), Pfanzagl (1983), Pokropp (1996), Pukelsheim (2006), Rasch/Herrendörfer (1982), Rinne/Mittag (1995, 1999), Schmitz (1993), Schneeberger (1971), Schwaiger (1993), Stenger (1986), Strecker/Wiegert (1994), Uhlmann (1982), Vogt (1988).

19. Kapitel: Statistische Entscheidungstheorie

19.1 Grundlegende Daten

Gegenstand der statistischen Entscheidungstheorie sind Entscheidungssituationen, bei denen eine Informationsquelle in Gestalt des Stichprobenraumes zur Verfügung steht. Bei den Entscheidungen kann es sich beispielsweise um konkrete absatz- oder produktionspolitische Entscheidungen handeln, aber auch um „Entscheidungen" des in Teil III betrachteten Typs, also um die Ablehnung einer Hypothese, die Angabe eines speziellen Schätzwertes oder die Angabe einer speziellen Intervallschätzung. Insofern ist die Auffassung berechtigt, dass die induktive Statistik als ein Spezialfall in der statistischen Entscheidungstheorie enthalten ist. Im Gegensatz zur induktiven Statistik, bei der die isolierte Betrachtung des statistischen Problems vorherrscht, berücksichtigt die statistische Entscheidungstheorie den größeren Rahmen, in den das statistische Problem eingebettet ist. Konsequenterweise geht sie deshalb primär von den Stichproben- und Fehlentscheidungskosten aus. Sie versucht, statistische Entscheidungsfunktionen aufzustellen, die sowohl die Informationsbeschaffung als auch die darauf basierende Entscheidung optimal regeln.

Im Einzelnen werden für das von A. Wald in den 1940er-Jahren entwickelte und in seinem 1950 erschienenen Buch „Statistical decision functions" erstmals vollständig dargestellte Konzept der statistischen Entscheidungstheorie folgende – uns bereits teilweise bekannten – Daten benötigt:

- der Zustandsraum oder Parameterraum Θ,
- der Entscheidungsraum D,
- die Schadensfunktion oder Verlustfunktion s,
- der Stichprobenraum $\mathfrak{X}$.

Auf einige weitere Daten wollen wir erst nach der Erläuterung dieser Begriffe zu sprechen kommen. Im **Zustandsraum** Θ werden alle Zustände ϑ der „Umwelt" erfasst, die für die betrachtete Entscheidungssituation relevant sind. In der Regel wird es sich bei ϑ um einen ein- oder mehrdimensionalen Parameter handeln. Im **Entscheidungsraum** D werden die zur Debatte stehenden Entscheidungen d zusammengefasst. Die **Schadensfunktion** s erfasst die Fehlentscheidungskosten in folgender Form: Die reelle Zahl $s(\vartheta, d)$ gibt die resultierenden Konsequenzen an, wenn die Entscheidung d getroffen wird und ϑ der wahre Zustand der Umwelt ist. Formal ist s demnach eine Abbildung des kartesischen Produktes $\Theta \times D$ in die reellen Zahlen $\mathbb{R}$:

$$s\colon \Theta \times D \to \mathbb{R} \,.$$

Der **Stichprobenraum** $\mathfrak{X}$ besteht aus allen denkbaren Stichprobenrealisationen x, d. h. aus allen potenziellen Informationen über den wahren Umweltzustand ϑ. Berücksichtigen wir wie in Teil III nur einstufige statistische Verfahren mit einem festen Stichprobenumfang n, so bestehen die Stichprobenrealisationen aus n-Tupeln $x = (x_1, \ldots, x_n)$. Lassen wir aber – was besonders A. Wald engagiert propagierte – sequenzielle statistische Verfahren zu, so besteht jede Stichprobenrealisation aus einer Folge $x = (x_1, x_2, \ldots)$ von Einzelwerten.

Wie bisher wollen wir die Likelihood-Funktion, die den wahren Zustand ϑ mit den Informationen x (stochastisch) koppelt, mit $f(x|\vartheta)$ bezeichnen. Ferner sei die Stichprobenvariable, die

die Realisationen x besitzt, mit X bezeichnet.[1] Eine **statistische Entscheidungsfunktion** oder ein **statistisches Verfahren** δ ist im Fall eines festen Stichprobenumfangs n eine Vorschrift, die jeder möglichen Stichprobenrealisation x aus $\mathfrak{X}$ eine der möglichen Entscheidungen d aus D zuordnet. Formal ist δ also eine Abbildung von $\mathfrak{X}$ in D:

$$\delta\colon \mathfrak{X} \to D .$$

Bei einer mehrstufigen oder sequenziellen Vorgehensweise hängt auch der Stichprobenumfang von den erhaltenen Beobachtungswerten, also von x, ab. Zur Abbildung $\delta\colon \mathfrak{X} \to D$ tritt daher der Stichprobenumfang als eine weitere Abbildung $N_\delta\colon \mathfrak{X} \to \mathbb{N}$ mit Werten in den natürlichen Zahlen hinzu.

Beispiel 19.1: Der in Beispiel 18.1 beschriebene zweistufige Stichprobenplan für die Eingangskontrolle berücksichtigt die beiden Entscheidungen d_1 = Annahme der Partie und d_2 = Ablehnung der Partie. Unter Verwendung der Komponenten

$$x_i = \begin{cases} 1, & \text{falls das } i\text{-te geprüfte Stück defekt ist} \\ 0, & \text{sonst} \end{cases}$$

für die Stichprobenrealisation x lässt er sich in obiger Terminologie auch so formulieren:

$$N_\delta(x) = \begin{cases} 100, & \text{falls } \sum_{i=1}^{100} x_i \leqq 5 \quad \text{oder} \quad \sum_{i=1}^{100} x_i \geqq 10 \\ 220, & \text{falls } \quad 6 \leqq \sum_{i=1}^{100} x_i \leqq 9 , \end{cases}$$

$$\delta(x) = \begin{cases} d_1, & \text{falls } N_\delta(x) = 100 \text{ und } \sum_{i=1}^{100} x_i \leqq 5 \quad \text{oder} \\ & \text{falls } N_\delta(x) = 220 \text{ und } \sum_{i=1}^{220} x_i \leqq 16 \\ d_2, & \text{falls } N_\delta(x) = 100 \text{ und } \sum_{i=1}^{100} x_i \geqq 10 \quad \text{oder} \\ & \text{falls } N_\delta(x) = 220 \text{ und } \sum_{i=1}^{220} x_i \geqq 17 . \end{cases}$$

■

Die **Stichprobenkostenfunktion** sei c; $c(n)$ gebe also die Kosten einer Stichprobe vom Umfang n an. Wir können uns nun der Frage zuwenden, wie statistische Verfahren miteinander verglichen werden sollen. Der bei Einsatz eines statistischen Verfahrens insgesamt entstehende Schaden, d. h. die Summe $s(\vartheta, \delta(X)) + c(N_\delta(X))$ aus den eigentlichen Fehlentscheidungskosten und den Stichprobenkosten, ist ebenso wie X und $N_\delta(X)$ eine Zufallsvariable. Als **Risikofunktion** $r(\vartheta, \delta)$ des statistischen Verfahrens δ wird der bei Einsatz von δ insgesamt **zu erwartende Schaden** (= Schadenserwartungswert) bezeichnet:

$$r(\vartheta, \delta) = \mathrm{E}_\vartheta[s(\vartheta, \delta(X))] + \mathrm{E}_\vartheta[c(N_\delta(X))] . \tag{154}$$

[1] Einige generelle Hinweise zur Symbolik dieses Kapitels: Wir verwenden hier eine weithin eingebürgerte Symbolik. D bzw. d rührt von **d**ecision her. Das Symbol s für die Schadensfunktion hat natürlich nichts mit der Standardabweichung zu tun; ebenso sollte das Symbol Θ für den Parameterraum nicht mit Schätzfunktionen, die in Kapitel 12 mit $\hat{\Theta}$ gekennzeichnet wurden, verwechselt werden. Weiterhin sollte beachtet werden, dass die Symbole x und X außerhalb dieses Kapitels eine andere Bedeutung besitzen. Durch Θ, D und s wird bekanntlich eine Entscheidungssituation unter Ungewissheit definiert; in der vorwiegend volks- oder betriebswirtschaftlich orientierten Literatur werden anstelle von Θ das Symbol Z (wegen **Z**ustandsraum) und anstelle von D das Symbol A (wegen **A**ktionenraum) präferiert.

Das Erwartungswert-Symbol E ist hier mit einem ϑ versehen worden, um zu verdeutlichen, dass für X die gemäß der Dichte oder Wahrscheinlichkeitsfunktion $f(x|\vartheta)$ bestimmte Verteilung zu Grunde zu legen ist. Bei spezieller Wahl der Schadensfunktion s stimmt der erste Summand der Risikofunktion mit traditionellen Beurteilungsgrößen überein, die in der induktiven Statistik Verwendung finden.

Beispiel 19.2: Unter Zugrundelegung der quadratischen Schadensfunktion sei eine Punktschätzung des eindimensionalen Parameters ϑ zu erstellen. Die **quadratische Schadensfunktion**

$$s(\vartheta, d) = (d - \vartheta)^2 \tag{155}$$

bewertet die Diskrepanz zwischen dem Schätzwert d und dem wahren Parameterwert ϑ mit dem Quadrat des Abstandes zwischen diesen beiden Werten. Für eine erwartungstreue Schätzfunktion δ stellt man fest, dass der erste Summand der Risikofunktion wegen $\mathrm{E}_\vartheta[\delta(X)] = \vartheta$ mit der Varianz übereinstimmt:

$$\mathrm{E}_\vartheta[(\delta(X) - \vartheta)^2] = \mathrm{Var}_\vartheta[\delta(X)] \ .$$

■

Mit der Berechnung der Risikofunktion ist zwar ein erster wichtiger Schritt zur Bewertung statistischer Verfahren getan. Die in der Prinzipskizze von Abbildung 19.1 illustrierte Tatsache, dass sich die Risikofunktionen zweier verschiedener statistischer Verfahren i. Allg. schneiden, schafft jedoch eine zusätzliche Problematik.

Die nahe liegende Definition, ein Verfahren δ dann einem Verfahren δ' vorzuziehen, wenn die Risikofunktion von δ gleichmäßig unterhalb der des Verfahrens δ' verläuft, induziert leider nur eine **partielle Ordnung**; viele Paare δ, δ' von Verfahren bleiben dabei **unvergleichbar**. Angesichts dieser Unvergleichbarkeiten und der Aussichtslosigkeit, gemäß dieser Definition unter allen denkbaren Verfahren einen „Spitzenreiter" zu finden, wurden in der am Kapitelende aufgelisteten Literatur folgende Wege beschritten (die Erläuterung einiger unbekannter Begriffe erfolgt in Beispiel 19.3):

- Die Klasse der zur Konkurrenz zugelassenen statistischen Verfahren wird so drastisch eingeschränkt, dass ein **gleichmäßig bestes Verfahren** existiert. Beispielsweise existiert in der Klasse der linearen erwartungstreuen Schätzfunktionen oder in der Klasse der unverfälschten Tests oft ein gleichmäßig bestes Verfahren.

- Eine **vollständige Klasse von Verfahren** wird gesucht. Damit ist gemeint: Die offensichtlich zu schlechten Verfahren werden eliminiert und die restlichen statistischen Verfahren als zufrieden stellend und für die Anwendungen als gleichwertig angesehen. Beispielsweise bilden die Gesamtheit der Bayes-Verfahren oder die Gesamtheit der von einer suffizienten Statistik abhängigen Verfahren solche vollständigen Klassen.

- Der zu harte „punktweise" Vergleich der Risikofunktionen wird durch ein gröberes **Vergleichskriterium** ersetzt, das den Verlauf der Risikofunktion durch eine einzige Zahl repräsentiert. Als die beiden prominentesten dieser Kriterien (beliebig viele andere sind denkbar) sollten an dieser Stelle das **Bayes-Kriterium** und das **Minimax-Kriterium** erwähnt werden. Mit dem Bayes-Kriterium wollen wir uns im nächsten Abschnitt exemplarisch etwas eingehender befassen. Das Minimax-Kriterium bewertet jedes Verfahren aufgrund des Maximums seiner Risikofunktion und definiert infolgedessen ein Verfahren δ_* als optimal, wenn dieses Maximum minimal ausfällt:

$$\max_\vartheta r(\vartheta, \delta_*) = \min_\delta \max_\vartheta r(\vartheta, \delta) \ .$$

Beispiel 19.3: In Abbildung 19.1 sind links die Risikofunktionen der vier Verfahren $\delta_1, \delta_2, \delta_3, \delta_4$ skizziert. Die drei Verfahren $\delta_1, \delta_2, \delta_3$ sind zwar untereinander unvergleichbar; jedes Verfahren kann aber punktweise mit δ_4 verglichen werden mit dem Resultat, dass δ_4 jeweils vorzuziehen ist. In diesem Fall wird δ_4 als ein gleichmäßig bestes Verfahren in der Klasse $\{\delta_1, \delta_2, \delta_3, \delta_4\}$ bezeichnet. In Abbildung 19.1 sind rechts ebenfalls die Risikofunktionen von vier Verfahren $\delta_1, \delta_2, \delta_3, \delta_4$ eingezeichnet. Unvergleichbar sind hier nur δ_3 und δ_4. Die beiden Verfahren δ_1 und δ_2 werden offensichtlich dominiert; entfernt man diese, so bleibt $\{\delta_3, \delta_4\}$ als vollständige Klasse übrig. Gemäß dem Minimax-Kriterium erweist sich jeweils δ_4 als optimal. ▪

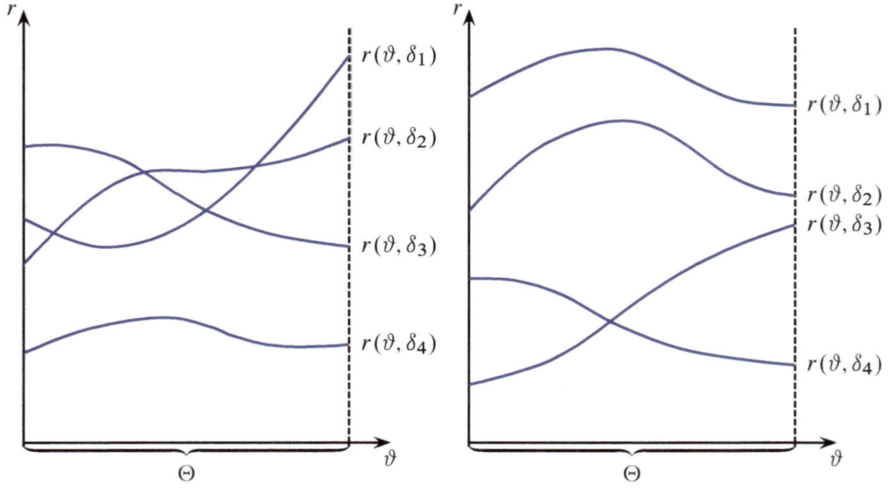

Abb. 19.1: Skizze einiger Risikofunktionen zu Beispiel 19.3; δ_4 ist jeweils das Minimax-Verfahren in $\{\delta_1, \delta_2, \delta_3, \delta_4\}$. Darüber hinaus ist δ_4 in der linken Skizze ein gleichmäßig bestes Verfahren. In der rechten Skizze ist $\{\delta_3, \delta_4\}$ eine vollständige Klasse

19.2 Bayes-Verfahren

Wie in Abschnitt 12.5 bereits erwähnt wurde, liegt dem Bayes-Kriterium eine **A-priori-Verteilung** $\varphi(\vartheta)$ über Θ zu Grunde. Sie trägt der Tatsache Rechnung, dass man bzgl. der Lage des wahren ϑ-Wertes „nicht völlig im Dunklen tappt“. Anhaltspunkte für die Festlegung von $\varphi(\vartheta)$ können aus einer (etwa gemäß der Delphi-Methode organisierten) Expertenbefragung resultieren oder aus Erfahrungen in ähnlich gelagerten früheren Situationen. So weiß ein Automobilproduzent beispielsweise über den Anteil ϑ der defekten Scheinwerfer seines langjährigen Zulieferers gewiss mehr, als dass ϑ im Intervall $\Theta = [0; 1]$ variiert.

Die Prämisse, dass die Vorinformationen genügend fundiert sind, um die Zugrundelegung einer adäquaten A-priori-Verteilung zu ermöglichen, ist sicherlich nicht in allen Anwendungsfällen zutreffend. Dennoch wollen wir für die weitere Schilderung des Bayes-Ansatzes von der Existenz einer A-priori-Verteilung $\varphi(\vartheta)$ ausgehen.

Das Bayes-Kriterium bewertet jedes statistische Verfahren δ anhand seines **Risikoerwartungswertes** $r(\varphi, \delta) = \mathrm{E}_\varphi r(\vartheta, \delta)$; anschaulich gesprochen, wird hierbei eine Gewichtung der Risikofunktionswerte mittels der A-priori-Verteilung vorgenommen. Ein **Bayes-Verfahren** δ_*

bzgl. der A-priori-Verteilung φ ist infolgedessen durch die Minimierung des Risikoerwartungswertes definiert:

$$r(\varphi, \delta_*) = \min_{\delta} r(\varphi, \delta) \; . \tag{156}$$

Zahllose Aufsätze und eine Reihe von Büchern, beispielsweise Berger (2010), Box/Tiao (2011), Kleiter (1981), Lindley (1965), Phillips (1973), Raiffa/Schlaifer (2000) und Zellner (1971) beschäftigten sich ausschließlich mit der Bayes-Methode. Einer der Gründe für die Popularität der Bayes-Methode dürfte darin zu suchen sein, dass die Berechnung eines Bayes-Verfahrens eleganter bewerkstelligt werden kann als über die direkte Auswertung der Definition (156). Diese – in Abschnitt 12.5 schon teilweise vorweggenommene – Rechenmethode erfordert die Durchführung der folgenden drei Schritte:[2]

Schritt 1: Berechnung der zur A-priori-Verteilung $\varphi(\vartheta)$ und zur Stichprobenrealisation x gehörenden A-posteriori-Verteilung $\psi(\vartheta|x)$ mittels der Formel von Bayes.

Schritt 2: Bestimmung einer Entscheidung $d_* \in D$, die den A-posteriori-Schadenserwartungswert

$$\mathrm{E}_{\psi(\vartheta|x)}[s(\vartheta, d)]$$

minimiert.

Schritt 3: Es wird $\delta_*(x) = d_*$ (aus Schritt 2) gesetzt. Führt man die Schritte 1 und 2 für alle $x \in \mathfrak{X}$ durch, so erhält man insgesamt ein Bayes-Verfahren δ_*.

Für eine Begründung dieser Berechnungsmethode sei wiederum auf die Literatur am Kapitelende verwiesen. Die Berechnungsmethode ist aus den folgenden Gründen rationeller als die direkte Auswertung von (156):

- Die Minimierung in Schritt 2 erfolgt über einen wesentlich einfacheren Bereich als diejenige in (156). In (156) ist nämlich über eine Menge von Funktionen δ zu minimieren, hingegen in Schritt 2 nur über den Wertebereich D dieser Funktionen.
- Die Berechnung der Risikofunktion ist nicht erforderlich.
- Will man ein Bayes-Verfahren nur in einem Einzelfall – d. h. auf eine spezielle Stichprobenrealisation x – anwenden, so erübrigt sich die Berechnung des kompletten Bayes-Verfahrens δ_*. Man kann sich mit diesem x auf die Schritte 1 und 2 beschränken.

Abschließend wollen wir diese Rechenmethode für den Spezialfall der Punktschätzung eines eindimensionalen Parameters ϑ diskutieren. In Beispiel 19.4 sind einige Schadensfunktionen sowie das jeweilige Ergebnis des obigen zweiten Schrittes zusammengestellt. (Zu den Ergebnissen vgl. auch die Ausführungen zum Stichwort „Optimalitätseigenschaft" auf Seite 18.)

Beispiel 19.4: Bezüglich der quadratischen Schadensfunktion aus Beispiel 19.2

$$s_1(\vartheta, d) = (d - \vartheta)^2$$

[2] Wir setzen dabei voraus, dass nur einstufige Verfahren betrachtet werden und der Stichprobenumfang fest gegeben ist.

erweist sich $d_* =$ A-posteriori-Erwartungswert im zweiten Schritt als optimal. Bezüglich der Betrags-Schadensfunktion

$$s_2(\vartheta, d) = \begin{cases} d - \vartheta, & \text{falls } d - \vartheta \geqq 0 \quad \text{(Überschätzung)} \\ \vartheta - d, & \text{falls } d - \vartheta \leqq 0 \quad \text{(Unterschätzung)} \end{cases}$$

erweist sich $d_* =$ A-posteriori-Median als optimal. Bezüglich der allgemeineren Betrags-Schadensfunktion

$$s_3(\vartheta, d) = \begin{cases} \alpha(d - \vartheta), & \text{falls } d - \vartheta \geqq 0 \quad \text{(Überschätzung)} \\ \beta(\vartheta - d), & \text{falls } d - \vartheta \leqq 0 \quad \text{(Unterschätzung)} \end{cases}$$

mit $\alpha > 0$, $\beta > 0$ erweist sich $d_* = \frac{\beta}{\alpha+\beta}$-Fraktil der A-posteriori-Verteilung als optimal. Bezüglich der Null-Eins-Schadensfunktion

$$s_4(\vartheta, d) = \begin{cases} 1, & \text{falls } d - \vartheta \notin [-\varepsilon; \varepsilon] \\ 0, & \text{falls } d - \vartheta \in [-\varepsilon; \varepsilon] \end{cases}$$

mit dem Indifferenzbereich $\pm\varepsilon$ erweist sich (falls ε hinreichend klein ist) $d_* =$ A-posteriori-Modalwert als optimal. Die vier Schadensfunktionen hängen jeweils nur von der Differenz $d - \vartheta$ zwischen Schätzwert d und zu schätzendem Parameterwert ϑ ab; sie sind in Abbildung 19.2 grafisch dargestellt. ▪

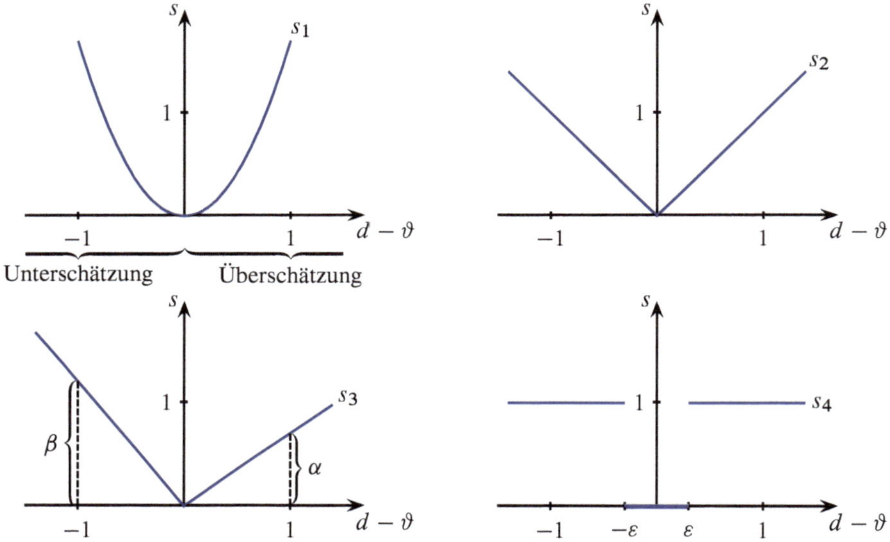

Abb. 19.2: Verlauf der in Beispiel 19.4 formelmäßig angegebenen Schadensfunktionen s_1, s_2, s_3 und s_4

Im Lichte dieser Ergebnisse erweist sich die in Beispiel 12.12 aus Abschnitt 12.5 aufgestellte Schätzfunktion $\widehat{P}$ für den Anteilswert p $(= \vartheta)$ als eine Bayes-Schätzfunktion, die sich unter Zugrundelegung der quadratischen Schadensfunktion bzgl. der Gleichverteilung als A-priori-Verteilung φ ergibt.

Literatur zur statistischen Entscheidungstheorie: Bamberg (1972), Berger (2010), Box/Tiao (2011), Brachinger (1982), De Groot (2005), Demetrescu (2007), Firchau (1980), Helten (1971), Lindley (1965), Marinell/Seeber (1996), Phillips (1973), Raiffa/Schlaifer (2000), Viertl (2003), Wald (1947, 1971), Zellner (1971).

20. Kapitel:
Statistik-Software

Die Anwendung des statistischen Methodenspektrums auf reale Problemstellungen aus Wissenschaft und Praxis bedeutet in der Regel die Bearbeitung einer großen Fülle von Primärdaten, die wiederholte Behandlung eines Datensatzes mit verschiedenen Methoden oder die mehrmalige Anwendung einer Methode auf unterschiedliche Datensätze. Der damit verbundene Rechenaufwand ist insbesondere bei den multivariaten Verfahren, den ökonometrischen Verfahren und bei der Zeitreihenanalyse sehr umfangreich und zwingt zum Einsatz elektronischer Datenverarbeitungssysteme. Mit dem in den letzten zwei Jahrzehnten beobachteten Anstieg der Leistungsfähigkeit von Hardwarekomponenten sind jedoch selbst kommerzielle Arbeitsplatzrechner aus dem mittleren Preissegment in der Lage, enorm große Datenmengen auszuwerten.

Für den Einsatz auf Arbeitsplatzrechnern existieren mittlerweile mehrere hundert kommerzielle Statistik-Pakete und unzählige Produkte aus dem Shareware- und Freewarebereich. Diese lassen sich grob in Pakete mit allgemeinem Methodenspektrum und solche für spezielle Methodengebiete unterscheiden. Statistik-Pakete mit allgemeinem Methodenspektrum verfügen zumeist über univariate deskriptive Statistiken, Kontingenztabellen, Korrelations- und Regressionsrechnung, t-Tests, nichtparametrische Tests, Varianzanalyse und Grafiken. Vom Anwender verlangen sie häufig keine besonderen Methodenkenntnisse; es genügt im Wesentlichen, sich eine leicht erlernbare Steuersprache bzw. die Bedienung einer vorgegebenen, in der Regel grafischen, Benutzeroberfläche anzueignen.

Diese prinzipiell zu begrüßende einfache Handhabbarkeit statistischer Software birgt aber auch Gefahren, die nicht übersehen werden dürfen. Gerade weil viele Programme so einfach zu bedienen sind, können sie auch von Benutzern mit teils nur rudimentären Statistikkenntnissen eingesetzt werden. Über die Voraussetzungen und Implikationen der verwendeten Verfahren sowie die angemessene Interpretation der Ergebnisse sind sich unerfahrene Anwender oftmals nicht im Klaren. Es steht zu befürchten, dass die Verfügbarkeit einfach zu bedienender Statistikprogramme unbedachte Auswertungen mit inadäquaten Methoden und fragwürdigen Ergebnissen provoziert. Der andere drohende Extremfall ist, dass das vom ausgewählten Statistik-Paket abgedeckte Methodenspektrum die durchzuführende Untersuchung in dem Sinne vorstrukturiert, dass der Anwender nur die von der Software angebotenen Verfahren in Betracht zieht. Methoden, die im Hinblick auf das vorliegende Datenmaterial und die zu untersuchende Fragestellung u. U. geeigneter wären, aber im Programm nicht vorgesehen sind, werden dann von vornherein ignoriert. Auch die auf diese Weise erzeugten Ergebnisse sind vom wissenschaftlichen Standpunkt her gesehen fragwürdig. Die Anwendung eines jeden Statistik-Paketes setzt gesicherte Methodenkenntnisse, das Wissen um die Voraussetzungen, Möglichkeiten und Grenzen der statistischen Verfahren sowie klare Vorstellungen über Aufbau und Zeitaufwand der Auswertung voraus.

Im nachfolgenden Abschnitt 20.1 werden einige gemeinhin als wichtig erachtete Eigenschaften von Statistik-Paketen erläutert. Aufgrund der Heterogenität des Angebotes wie auch der Erfordernisse der Anwender kann ein solcher Anforderungskatalog keinen normativen Charakter besitzen. Er ist vielmehr als Entscheidungshilfe zu betrachten, die bei der Auswahl eines Statistik-Paketes Hinweise auf Qualitätskriterien geben kann. Oftmals nicht als Problemfeld wahrgenommen – und entsprechend wenig beachtet – wird die statistische und numerische Korrektheit der von den Programmen generierten Ergebnisse. Auch dieser wichtige Aspekt wird in Abschnitt 20.1 behandelt. Daran anschließend werden in Abschnitt 20.2 einige Statistik-Pakete kurz vorgestellt. Bei den Produkten mit allgemeinem Methodenspektrum wird der Schwerpunkt auf Programmpakete für Arbeitsplatzrechner gelegt. Da die angebotenen Produkte und ihre Eigenschaften einem ständigen Wandel unterliegen, kann es sich hierbei jedoch nur um eine Momentaufnahme handeln. Ebenso wenig ist es möglich, sämtliche auf dem Markt angebotenen Produkte zu würdigen. Ein Anspruch auf Vollständigkeit wird dementsprechend nicht erhoben. Noch viel mehr gilt dies für die ebenfalls in Abschnitt 20.2 erwähnten auf bestimmte Anwendungsgebiete spezialisierten Pakete. Aus der Fülle des Angebotes werden nur einige wenige Produkte expressis verbis genannt. Die Nennung bzw. Nichtnennung eines Produktes ist also keineswegs mit einer Wertung verbunden. Aufgrund der Unmöglichkeit einer umfassenden Würdigung aller verfügbaren Programme ist der nach „seinem“ Statistik-Paket Suchende auf weiterführende Informationen angewiesen. Hinweise zur Beschaffung dieser Informationen, mit besonderer Berücksichtigung des Internets, können am Kapitelende gefunden werden.

20.1 Qualitätskriterien für Statistik-Pakete

Allgemeine Kriterien

Der im Folgenden diskutierte Katalog wünschenswerter Eigenschaften von Statistikprogrammen fasst die in der einschlägigen Literatur anzutreffenden Forderungen zusammen. In dieser Hinsicht ist er als „Minimalkonsens“ anzusehen, der um etliche Kriterien, die für bestimmte Benutzer und/oder Anwendungen wichtig sind, ergänzt werden könnte. Auf eine Gewichtung der genannten Aspekte wurde bewusst verzichtet. Sie hängt entscheidend vom Einsatzgebiet und den individuellen Präferenzen ab und sollte daher von jedem selbst vorgenommen werden.

Im Wesentlichen können, neben den weiter unten diskutierten Korrektheitsproblemen, **vier Kategorien von Kriterien** identifiziert werden, die bei der Auswahl eines Statistik-Paketes berücksichtigt werden sollten: Systemvoraussetzungen, Bedienung, Systemschnittstellen und Vielfalt der statistischen Verfahren. In die erste Gruppe fallen technische Eigenschaften wie unterstützte Hardware, in die zweite dagegen Aspekte wie Art und Weise der Bedienung oder die Qualität der Handbücher und Onlinehilfen. Die dritte Kategorie deckt die Möglichkeiten des Datenaustausches mit bzw. der Integration in andere Programmsysteme ab. Die Kernfunktionalität eines Statistikprogrammes, nämlich der Umfang der angebotenen Verfahren und grafischen Darstellungen, wird schließlich im vierten Punkt angesprochen.

Die **Systemvoraussetzungen** spezifizieren die Plattform, auf der die betreffende Statistik-Software funktionsfähig ist. Unter einer Plattform wird hierbei eine konkrete Kombination aus Hardware und Betriebssystem (Herstellerbetriebssystem, UNIX-Derivat, Mac OS, Windows usw.) verstanden. Die Hardware umfasst dabei das Grundgerät mit einem oder mehreren Ausgabegeräten (Drucker, Plotter etc.) sowie ggf. spezieller Zusatzhardware (z. B. Mehrprozessorsysteme, RAID-Systeme etc.). Unter Umständen, beispielsweise aus Geschwindigkeitsgründen, kann es erforderlich sein, dass ein Statistik-Paket auf mehr als einer Plattform eingesetzt wird. Damit in einem solchen Fall ein problemloser Datenaustausch zwischen den beteiligten Plattformen gewährleistet ist, sollte man ein Software-Paket wählen, das für alle diese Plattformen angeboten wird.

Der Aspekt der **Bedienung** deckt eine Reihe von Fassetten ab, welche in ihrer Gesamtheit darüber entscheiden, wie komfortabel und flexibel sich eine Software handhaben lässt. Hierunter fällt die Art der Programmsteuerung (menügestützt-interaktiv oder mithilfe einer Programmiersprache, die einer eigenen Syntax folgt), die Existenz und die Qualität einer Onlinehilfe ebenso wie Genauigkeit, Korrektheit und Aufbau der Programmdokumentation. Indirekt gehört hierzu auch das Vorhandensein und die Erreichbarkeit einer kompetenten Supportabteilung (des Softwareherstellers oder -vertriebs), an die sich der Kunde bei Bedien- und evtl. auch bei methodischen Problemen wenden kann.

Welche Art der Programmsteuerung bevorzugt werden sollte, hängt vom Anwendungskontext ab: Während eine menügesteuerte interaktive Oberfläche bei der spontanen Beantwortung selten wiederkehrender Ad-hoc-Fragestellungen oft mehr Komfort bietet, empfiehlt sich für die routinemäßige Durchführung umfangreicher standardisierter Auswertungen der Gebrauch einer Programmiersprache. Sollen exotische oder speziell modifizierte Verfahren eingesetzt werden, so ist ebenfalls ein durch Eigenprogrammierung erweiterbares Statistik-Paket im Vorteil. Eine Zwischenstellung nehmen Systeme ein, die sich interaktiv bedienen lassen, die Bedienfolgen jedoch als editierbare Makros aufzeichnen und automatisch wiederholen können.

Eine akzeptable Onlinehilfe sollte zumindest ein Glossar und ein Inhaltsverzeichnis umfassen, die wesentlichen Bedienschritte knapp, aber verständlich erläutern und auch kontextbezogen angefordert werden können. Ebenso sind Querverweise auf andere Hilfstexte und ggf. auf die Programmdokumentation hilfreich. Von einem guten Statistik-Paket sollte man zudem erwarten dürfen, dass Bedienfehler erkannt werden und der Benutzer mit aussagekräftigen Erläuterungen sowie Korrekturvorschlägen auf diese hingewiesen wird.

Die Programmdokumentation sollte zumindest ein Installations- und Einführungshandbuch sowie eine Programmreferenz umfassen. Während von der Programmeinführung klare, aber knappe Informationen über wesentliche Programmfunktionen und eine schrittweise Einführung in ihre Bedienung erwartet werden, sollte die Referenz als Nachschlagewerk konzipiert sein. Sie sollte für jedes Verfahren zumindest folgende Informationen bereitstellen: Eine komplette Syntaxbeschreibung inklusive aller Parameter und deren Voreinstellung (Default); eine detaillierte Erklärung der Ergebnisse und möglichen Fehlermeldungen. Ferner sollten der implementierte Algorithmus und seine Voraussetzungen (beispielsweise hinsichtlich des Skalenniveaus) beschrieben sein. Wünschenswert, aber nicht zwingend, sind Angaben zur Genauigkeit des Algorithmus sowie Hinweise auf weiterführende Fachliteratur.

Die Qualitätsaspekte Bedienung und **Systemschnittstellen** sind nicht überschneidungsfrei: Schließlich erfolgt die Bedienung eines Programmes auch über eine Schnittstelle, die Benutzerschnittstelle. Argumente, die die Benutzerschnittstelle betreffen, könnten insofern auch unter dem Stichwort Systembedienung aufgeführt werden. Aus Gründen des Datenaustausches sind neben der Benutzerschnittstelle auch Schnittstellen zu anderen Programmen erforderlich.

Zunächst zur Benutzerschnittstelle: In Abgrenzung zum oben diskutierten Begriff der Benutzeroberfläche wollen wir unter der Benutzerschnittstelle eines Programmes die Gesamtheit der dem Benutzer zur Verfügung stehenden Kommandos und Hilfsmittel verstehen. Für viele Anwendungen ideal ist in dieser Hinsicht ein an den Aufbau einer Datenmatrix angelehntes „Spreadsheet", in dem die Merkmale spaltenweise und die Objekte zeilenweise (oder umgekehrt) eingetragen werden können. Hilfreich ist ein Prüfmechanismus, der bei der Datenerfassung automatisch z. B. Wertebereichsüberschreitungen oder Fehler wie die Nichteinhaltung vorgegebener Konsistenzkriterien überwacht. Die Prüfkriterien sollten dabei möglichst flexibel formulierbar sein. Die bei der Eingabe unterstützten Datenformate decken eine weitere Fassette der Benutzerschnittstelle ab. In dieser Hinsicht ist vor allem das Erfordernis der Erfassung und korrekten Behandlung von fehlenden Werten, den sogenannten missing values, zu nennen. Ein wünschenswertes Komfortmerkmal stellt das Vorhandensein automatischer Konvertierungsfilter dar, die z. B. eine Einheitenumrechnung bereits bei der Dateneingabe ermöglichen.

In vielen Fällen entscheiden die Möglichkeiten zum Datenimport und -export darüber, ob ein Statistik-Paket für eine bestimmte Auswertung in Betracht kommt oder nicht. Die zu untersuchenden Daten liegen nämlich häufig bereits in elektronischer Form vor, z. B. in Anwendungsprogrammen wie Datenbanksystemen oder Tabellenkalkulationen. Eine erneute Erfassung kann dann entfallen, sofern eine Übernahme der Daten in das Statistik-Paket möglich ist.[1] Bedenkt man ferner, dass statistische Auswertungen üblicherweise nicht als Selbstzweck durchgeführt werden, so erkennt man die oftmals gegebene Notwendigkeit, die generierten Ergebnisse in Berichte oder Präsentationen zu übernehmen. Aus diesem Grunde kommt einer Schnittstelle zu Office-Anwendungen wie Textverarbeitungen und Präsentationsprogrammen wesentliche Bedeutung zu. Realisiert werden können derartige Schnittstellen zum Datenimport und -export auf verschiedenste Weise. Eine Möglichkeit besteht in der Verwendung genormter Dateiformate (z. B. RTF für Textdateien, EPS für Grafiken) oder in der direkten Unterstützung von Fremdformaten, eventuell mit automatischer Konvertierung. Ein anderer Weg ist die Nutzung betriebssystemspezifischer Mittel zur Kommunikation zwischen Programmen, wie z. B. ODBC zur Datenbankanbindung.

Als wesentliches Merkmal eines Statistik-Paketes wird i. Allg. die Vielfalt und Leistungsfähigkeit der bereitgestellten **statistischen Verfahren** und grafischen Visualisierungsmöglichkeiten angesehen. Bei Paketen für spezielle Methodengebiete ist die Menge der vom Programm zur Verfügung zu stellenden Verfahren durch das Einsatzgebiet vorgegeben, wohingegen sich der Mindestumfang eines Programmes mit allgemeinem Methodenspektrum relativ klar angeben lässt. Üblicherweise werden von einem solchen Paket univariate deskriptive Statistiken, Kontingenztabellen, Korrelations- und Regressionsrechnung, parametrische und nichtparametrische Tests sowie Varianz-, Diskriminanz-, Cluster- und Faktorenanalyse erwartet. Fortschrittlichere Systeme sollten darüber hinaus Methoden aus spezielleren Gebieten wie Zeitreihenanalyse und Prognoserechnung, loglineare Modelle, Korrespondenzanalyse sowie Verfahren zur statistischen Qualitäts- und Prozesskontrolle umfassen. Unabhängig vom abgedeckten Methodenspektrum sollte ein Statistik-Paket in der Lage sein, verschiedene Skalenniveaus zu unterscheiden und die mit der Skalierung gegebene Information auch adäquat zu verwerten. So sollte ein Benutzer, der beispielsweise für ein ordinalskaliertes Merkmal das arithmetische Mittel berechnen will, zumindest darauf hingewiesen werden, dass die resultierende Zahl nicht sinnvoll interpretierbar ist.

Ebenfalls dem Umfang angebotener statistischer Funktionalität zurechenbar sind die Möglichkeiten zur grafischen Darstellung sowohl des Datenmaterials (z. B. Histogramm, Lorenzkurve, Streuungsdiagramm) als auch der Verfahrensergebnisse (z. B. Regressionsgerade, Residuengrafik). Neben dem Variantenreichtum sind auch die Möglichkeiten von Bedeutung, Grafiken in ihrer Form und Gestalt nach den Wünschen des Anwenders verändern und exportieren zu können.

Grafiken können weit mehr als nur „Beiwerk“ sein. Mit ihrer Hilfe lassen sich den Daten innewohnende Zusammenhänge oft schneller erkennen als es durch Betrachtung des reinen

[1] Die besondere Bedeutung des Datenaustausches kann man auch daran erkennen, dass es kommerzielle Programme (wie z. B. Stat/Transfer) gibt, deren primärer Zweck in der Konvertierung von Daten- und Dateiformaten verschiedener Datenbank-, Tabellenkalkulations- und Statistikprogramme besteht.

Zahlenmaterials möglich wäre. Besonders augenfällig wird dies bei Verwendung von Techniken der explorativen Datenanalyse, wie etwa Brushing und Linking. Brushing erlaubt das Auswählen von Grafikelementen (z. B. Punkte in Streuungsdiagrammen), Linking stellt eine Verbindung zu anderen Grafiken und dem Spreadsheet her. Auf diese Weise ist es z. B. möglich, durch Markieren eines verdächtigen Punktes im Streuungsdiagramm – möglicherweise handelt es sich um einen Ausreißer – sofort den dazugehörigen Eintrag in der Datenmatrix zu identifizieren.

Statistische und numerische Korrektheit
Das Problem der korrekten Implementierung von statistischen Methoden wird zumeist unterschätzt. Insbesondere unerfahrene Anwender betrachten es oft als Selbstverständlichkeit, dass die angebotenen Verfahren statistisch einwandfrei und fehlerfrei programmiert sind, Problemsituationen erkennen, darauf adäquat reagieren und numerisch präzise Ergebnisse liefern.

So würde man beispielsweise erwarten, dass ein Statistikprogramm Standardprobleme, wie das Vorliegen mehrerer Modalwerte, fehlender Werte, Unterbesetzung der Zellen von Kontingenztabellen oder die Identität von Regressor und Regressand bei der einfachen linearen Regression, ohne Schwierigkeiten meistern kann. Obwohl diese und weitere Problemfelder allgemein bekannt sind, überfordern sie nicht wenige der am Markt angebotenen Programme. Eine detaillierte Studie derartiger Ausnahmesituationen kann bei Bankhofer/Hilbert (1997) gefunden werden. Speziell mit der Zuverlässigkeit von Implementierungen linearer Regressionsmodelle in unterschiedlichen Softwarepaketen beschäftigen sich McCullough et al. (2019).

Ein anderes, nicht minder brisantes Problemfeld betrifft die numerische Genauigkeit der berechneten Ergebnisse. Diesbezüglich sind teils verheerende Missstände zu konstatieren: So liefern manche Programme selbst bei einfachsten deskriptiven Aufgaben Ergebnisse, die um Größenordnungen falsch sind. Die Ursachen hierfür sind weder neu noch statistiktypisch: Es handelt sich u. a. um Probleme der Fehlerfortpflanzung bei der Rundung von Zwischenergebnissen und der Diskretisierung, die mit der binären Speicherung von Werten verbunden ist, vgl. etwa Pöppe (2000). Eine Übersicht über weitere Gefahrenquellen hinsichtlich der statistischen und numerischen Korrektheit von Softwarepaketen gewährt McCullough (2009).

Bereits seit mehr als fünf Jahrzehnten gibt es Datensätze und Aufgabensammlungen, die zur Evaluation der numerischen Korrektheit statistischer und anderer Software herangezogen werden können. Ein prominenter Vertreter ist beispielsweise die von Longley (1967) zusammengestellte Sammlung von US-Bevölkerungsdaten, mit der die Genauigkeit von Algorithmen speziell aus dem Bereich der multiplen linearen Regression getestet werden kann. Ein anderer bekannter Test stammt von Anscombe (1967). Dieser ist auf Präzisionsprobleme bei der Berechnung von Standardabweichungen spezialisiert. Viele Programme meistern diese beiden Prüfungen ohne größere Schwierigkeiten. Dies dürfte zum einen an der allgemeinen Bekanntheit dieser Prüftests liegen, zum anderen an ihrer relativen Harmlosigkeit. So argumentieren beispielsweise Simon/Lesage (1988), dass die Verwendung von Integerzahlen bei diesen beiden Tests zu einer Überschätzung der numerischen Genauigkeit führt.

Eine weitere gebräuchliche Aufgabensammlung ist das Statistics Quiz von Wilkinson (1985). Obwohl sehr populär, bereitete dieser fiktive Datensatz vielen Statistikprogrammen lange Zeit Probleme (vgl. McCullough, 1998, 1999), die teilweise bis heute nicht gelöst wurden. Erhebliche Unzulänglichkeiten brachte auch eine Serie von Tests auf Basis einer Erweiterung des Statistics Quiz zutage (Sawitzki, 1994a,b): Im Rahmen einer Aufgabe zur multiplen linearen Regression kam es beispielsweise vor, dass sich die Schätzwerte für die Regressionskoeffizienten änderten, wenn die Regressoren in einer anderen Reihenfolge in die Berechnung eingingen. Zwar weisen auch Keeling/Pavur (2007) in einer vergleichenden Studie[2] auf weiterhin bestehende Genauigkeitsprobleme hin, jedoch können sie einigen der verwendeten Programme einen teilweise beträchtlichen Genauigkeitsgewinn im Vergleich zu früheren Softwareversionen attestieren.

Zu einem weniger milden Urteil gelangen Almiron et al. (2010), die sich mit der numerischen Genauigkeit ausgewählter Tabellenkalkulationsprogramme beschäftigen. Die Autoren kommen zu dem Ergebnis, dass die untersuchten Programme insbesondere bei Verfahren zur nichtlinearen Regression und der Monte-Carlo-Simulation erhebliche Schwächen aufweisen. Die von McCullough/Yalta (2013) durchgeführte Analyse von cloudbasierten Tabellenkalkulationsprogrammen, wie etwa Google Spreadsheets, gelangt zu ähnlich kritischen Ergebnissen. In diesem Zusammenhang ebenfalls erwähnenswert ist eine Studie von Almiron et al. (2009), in welcher die numerische Genauigkeit von vier ausgewählten Freeware-Statistikprogrammen untersucht wird. Hierbei wird vor allem bei der Statistik-Software R die sehr hohe Rechengenauigkeit gelobt.

20.2 Angebotsüberblick und weiterführende Informationsquellen

Statistik-Pakete mit allgemeinem Methodenspektrum

Wie eingangs erwähnt, zeichnet sich der Markt für Statistik-Software durch eine ausgesprochen starke Dynamik aus. Die Zahl der angebotenen Pakete, ihr Umfang, ihre statistischen und numerischen Eigenschaften unterliegen einem permanenten Wandel. Eine angemessene Würdigung aller derzeit erhältlichen Programme ist deshalb ebenso wenig möglich wie sinnvoll. Die nachfolgenden Nennungen verstehen sich daher lediglich als exemplarische Auswahl und sind keineswegs mit einem Qualitätsurteil verbunden. Wer sich genauer über Breite und Tiefe des aktuellen Angebotes informieren möchte, findet am Ende dieses Abschnitts Hinweise auf weiterführende Informationsquellen.

Weit verbreitete kommerzielle Statistik-Pakete mit allgemeinem Methodenspektrum für Arbeitsplatzrechner sind u. a. Almo, Sigmastat, S-Plus, SPSS, Stata, Statgraphics und Statistica. Eine seit mehreren Jahren weit verbreitete Alternative zu diesen Produkten ist die unter der GNU General Public Licence vertriebene freie Software R. Zwar verfügt R über keine grafische Benutzeroberfläche und muss dementsprechend über eine Kommandozeile bedient werden; dieses Manko lässt sich jedoch beispielsweise mithilfe des R-Paketes „R Commander" beseitigen. Des Weiteren hat sich die integrierte Entwicklungsumgebung „RStudio" zur grafischen Benutzung von R sowie zur Autovervollständigung und Syntaxhervorhebung etabliert. Aufgrund der rasanten Weiterentwicklung existiert mittlerweile eine Vielzahl an R-Paketen (darunter auch einige sehr spezielle), welche kostenfrei über das Internet bezogen werden können. Diese sind zumeist mit HTML-basierten Hilfedateien ausgestattet, die neben Informationen zum verwendeten Algorithmus auch Literaturhinweise und oftmals Anwendungsbeispiele enthalten. Außerdem gibt es inzwischen eine Reihe von Lehrbüchern (z. B. Behr/Pötter, 2014, Hedderich/Sachs, 2020, James et al., 2013), die die Anwendung der beschriebenen Methoden mithilfe von R umsetzen. Neben R hat sich Python als zunehmend an Bedeutung gewinnende Software für statistische Anwendungen etabliert. Python ist nicht nur eine vollumfängliche und eigenständige Programmiersprache, sondern bietet darüber hinaus eine Vielzahl von einer

[2] Der Leistungsvergleich umfasste neun verschiedene Statistik-Pakete, wie etwa R, SPSS oder Stata.

großen Nutzergemeinde stetig weiter entwickelter Pakete in den Bereichen Data Science und Machine Learning. Ein Auszug wichtiger einschlägiger Pakete umfasst matplotlib zur Datenvisualisierung, Statsmodels für deskriptive Statistik sowie statistische Tests, Pandas zur Datenanalyse sowie scikit-learn und TensorFlow für Maschine-Learning-Anwendungen. Aufgrund der großen Popularität Pythons existieren zahlreiche kostenlose Einstiegshilfen in die ohnehin leicht zu erlernende Syntax. Eine Einführung in Python speziell in Bezug auf statistische Anwendungen bietet Grus (2019).

Allen oben genannten Statistikprogrammen kann Anwenderfreundlichkeit, schnelle Erlernbarkeit sowie ein ausreichendes Angebot an statistischen Methoden attestiert werden. Hinweise auf Problemsituationen, Lösungs- und Alternativvorschläge sind dagegen oft nur rudimentär anzutreffen oder fehlen gar völlig. Demgegenüber existieren zahlreiche von den Softwareherstellern unabhängige Online-Plattformen, auf denen sich die jeweiligen Anwender über Probleme und Lösungen untereinander austauschen können. Dass teils immer noch Probleme bestehen, Ausnahmesituationen zu erkennen und diese adäquat zu behandeln, wurde bereits erwähnt.

In Übereinstimmung mit dem in Abschnitt 20.1 diskutierten Anforderungskatalog werden in der Zeitschrift OR/MS Today im zweijährigen Turnus und – als ständig aktualisiertes Angebot – im Internet Marktanalysen zu statistischer Software veröffentlicht.[3] Für die vorgestellten Programme finden sich u. a. Kurzbeschreibungen, Angaben zu den Herstellern, Bezugsquellen, Systemvoraussetzungen, Lizenzmodellen und dem jeweiligen Funktionsumfang. Kaufempfehlungen werden aber nicht ausgesprochen. Dies ist auch insofern konsequent, als Überblicksdarstellungen in der Regel nicht ausreichen, um aus ihnen konkrete Entscheidungen für oder gegen einzelne Statistik-Pakete abzuleiten. Neben der Tatsache, dass derzeit kein in allen Belangen bestes Statistikprogramm existiert, kommt erschwerend hinzu, dass die oben angesprochenen Beurteilungskriterien für verschiedene Anwendungsgebiete unterschiedlich wichtig sind. Und nicht zuletzt hängt es von den persönlichen Präferenzen des einzelnen Benutzers ab, welchen Eigenschaften er besondere Bedeutung beimisst. Dementsprechend ist eine allgemein gültige Gewichtung der einzelnen Kriterien ebenso wenig möglich wie die Identifikation eines allen zu empfehlenden Statistik-Paketes. Die Gewichtung und die darauf aufbauende Entscheidung bleiben jedem Interessenten selbst überlassen.

Die Auswertung sehr großer Datenvolumina, wie z. B. Mikrozensus-Daten, ist oftmals äußerst ressourcenintensiv hinsichtlich des Bedarfs an Speicherkapazität und Rechenzeit. Für solche Anwendungen stellen Client-Server-Systeme oft die am besten geeignete Plattform dar. Viele bekannte Statistikprogramme mit allgemeinem Methodenspektrum sind auch in Versionen für Client-Server-Systeme erhältlich. Die Hauptunterschiede zu den jeweiligen Programmversionen für Arbeitsplatzrechner bestehen im Wesentlichen in der Größe des verarbeitbaren Datensatzes, der Rechengenauigkeit und im Funktionsumfang.

Statistik-Pakete für spezielle Methodengebiete

Neben Paketen mit allgemeinem Methodenspektrum wurde auch eine Fülle von Programmen für spezielle Teilgebiete der Statistik entwickelt. Die einzelnen Produkte variieren zum Teil erheblich hinsichtlich Umfang, numerischer Genauigkeit, Benutzerfreundlichkeit und Ressourcenbedarf. Neben Software, die sich explizit statistischen Anwendungen verschrieben hat, finden sich in dieser Gruppe auch Programme anderen Ursprungs, wie Computeralgebrasoftware oder Tabellenkalkulationsprogramme, die um statistische Verfahren ergänzt wurden. Einen

[3] Derzeit (Stand Januar 2022) finden sich dort detaillierte Informationen zu 19 aktuellen Statistikprogrammen.

Eindruck von der Mannigfaltigkeit des Angebotes will dieser Abschnitt vermitteln. Hierbei handelt es sich um eine bei weitem nicht vollständige Auswahl, mit der keinerlei Bewertung verbunden ist. Umfassendere und ständig aktualisierte Informationen können u. a. bei den am Kapitelende angegebenen Quellen gefunden werden.

Programme, die sich besonders für Techniken der **explorativen Datenanalyse** eignen, sind DataDesk und JMP sowie die unter der GNU General Public Licence vertriebene freie Software Mondrian. DataEngine verbindet Methoden der Datenanalyse mit Fuzzy-Logik und neuronalen Netzen. Für Problemstellungen, die mithilfe von **multivariaten Verfahren** gelöst werden sollen, bieten sich beispielsweise MVSP und NTSYSpc an. Stehen **Signifikanztests** im Vordergrund, so eignen sich z. B. StatXact für nichtparametrische Tests sowie Analyse-it für parametrische und nichtparametrische Tests. Auf den Bereich **Ökonometrie**, **multiple Regression** und **Zeitreihenanalyse** spezialisierte Programme sind u. a. EQS und LISREL für Strukturgleichungsmodelle. Mit LIMDEP und NLOGIT können u. a. lineare und nichtlineare Ein- und Mehrgleichungsmodelle behandelt werden. EViews, WinRATS und SHAZAM bieten – neben ARIMA-, ARCH- und GARCH-Modellen – GMM-Schätzung und vieles mehr.

Mit Einschränkungen eignen sich auch **Computeralgebrapakete** wie Maple oder Mathematica für statistische Auswertungen. Viele dieser Pakete verfügen über Funktionsbibliotheken speziell für statistische Auswertungen (vgl. Rafter et al., 2003). Allerdings ist solche Software im Gegensatz zu „echten" statistischen Software-Paketen meist nicht für die Handhabung größerer Datenvolumina ausgelegt. Einfache Auswertungen können auch mithilfe von **Tabellenkalkulationsprogrammen**, wie beispielsweise Excel, durchgeführt werden (vgl. z. B. Salkind/ Frey, 2022 und kritisch Mélard, 2014). Diese beinhalten i. Allg. Verfahren zur Bestimmung von Lage- und Streuungsmaßen und zur linearen Regression. Durch Aufbau der entsprechenden Formeln, der zumeist problemlos ist, lassen sich Korrelationskoeffizienten, Konzentrationsmaße, Indizes und einfache Zeitreihenmodelle berechnen.

Mit der Verbreitung einfach zu bedienender Arbeitsplatzrechner wurde auch **statistische Lernsoftware** populär. Steht bei den Statistikprogrammen die Auswertung von Datenmaterial im Vordergrund, so versucht Lernsoftware, in die grundlegenden statistischen Verfahren bzw. in die Anwendung von Statistik-Paketen einzuführen. Zur Wissensvermittlung werden in der Regel interaktive Multimedia-Technologien eingesetzt, so z. B. in der kostenfrei zugänglichen Web-App „Statistische Methoden, Modelle und Daten – interaktiv" (vgl. Mittag/ Augustin, 2021)

Aus der zunehmenden Digitalisierung und dem sich in den letzten Jahren abzeichnenden exponentiellen Wachstum des weltweiten Datenbestands resultieren neue Herausforderungen an statistische Software, insbesondere für die Analyse von Massendaten. Der in diesem Kontext häufig verwendete Begriff **Big Data** bezieht sich auf die enorme Größe der zu analysierenden Datenmenge sowie auf deren Polystruktur. Des Weiteren wird zunehmend die Möglichkeit von Echtzeitauswertungen seitens der Anwender gefordert, was eine enge Verzahnung von statistischer Software und effizienten, an die Anforderungen angepassten Datenbanksystemen erforderlich macht. Im Vordergrund der Analyse stehen vor allem Verfahren des **Data Mining** und des **Machine Learning**. Anders als in der induktiven Statistik stellen dort nicht im Vorfeld formulierte und dann zu überprüfende Hypothesen den Ausgangspunkt der Analyse dar; vielmehr wird versucht, durch Anwendung datenanalytischer Verfahren auf große Datenbestände Muster und Strukturen zu entdecken (vgl. z. B. Han et al., 2012 und kritisch Kladroba, 2001) und darauf adaptierte algorithmenbasierte Lösungen zu generieren. Weit verbreitete Anwendungsgebiete sind Segmentierung, Klassifikation, Vorhersage und Assoziation. Die einschlägigen am Markt angebotenen Data-Mining-Produkte unterscheiden sich vor allem hinsichtlich der implementierten Methoden und der damit möglichen Anwendungen. Neben Programmen mit einem breiteren Methodenspektrum, wie z. B. SPSS Modeler (ehemals Clementine), SAS Enterprise Miner, IBM DB2 und RapidMiner, existiert eine Vielzahl von Produkten, die sich auf einen Anwendungsbereich beschränken.

Weiterführende Informationsquellen
Die im vorigen Abschnitt genannten Programme decken lediglich einen Bruchteil des Marktangebotes ab. Mehr als eine vage Vorstellung von der Fülle und Heterogenität des verfügbaren Produktspektrums kann auf diese Weise natürlich nicht vermittelt werden. Bedenkt man ferner, dass ständig neue Pakete bzw. überarbeitete Versionen bestehender Produkte auf den Markt kommen, werden die Aktualitätsprobleme deutlich, die eine ausführlichere Darstellung im Rahmen eines Lehrbuches sinnlos erscheinen lassen. Wer sich für ein konkretes Produkt entscheiden möchte, ist jedoch auf aktuellere und detailliertere Informationen angewiesen. Im Internet lassen sich zahlreiche einschlägige Informationsquellen – neutrale wie herstellerspezifische – finden. Außerdem besteht die Möglichkeit, sich auf speziellen Konferenzen, die Anwendungen und Probleme statistischer Software zum Gegenstand haben, zu informieren.

Vor allem an Praktiker und interessierte Laien richten sich Praxistests, die in populären **Fachzeitschriften** wie z. B. c't – Magazin für Computertechnik gefunden werden können. Im Vordergrund stehen meist Benutzerkomfort, Verfahrensvielfalt und Preis-Leistungsverhältnis von Programmen mit allgemeinem Methodenspektrum. Mit dem wissenschaftlichen Einsatz von allgemeiner wie spezieller Statistik-Software, ihren Anwendungsmöglichkeiten und -grenzen befasst sich ebenfalls eine Reihe von Zeitschriften, wie z. B. Computational and Graphical Statistics, Computational Statistics & Data Analysis, Statistical Computation and Simulation sowie Statistical Software.

Auch gibt es eine Reihe von **Konferenzen**, wie z. B. die im zweijährigen Turnus stattfindende Tagung CompStat, die sich als Forum für den wissenschaftlichen Meinungsaustausch über Möglichkeiten und Probleme rechnerorientierter Statistik versteht. Teils befassen sich Tagungsbeiträge mit konkreten Anwendungen und Produkten, teils stellen Softwareanbieter im Rahmen des Begleitprogrammes ihre Statistik-Pakete vor.

Die wohl mächtigste Informationsquelle über Statistik-Software dürfte aber das **Internet** sein. Eine Vielzahl von kommerziellen und nichtkommerziellen Organisationen bietet Informationen zu diesem Themenkreis an. Eine Übersicht über das Angebot an Statistik-Software mitsamt Anwenderrezensionen bietet beispielsweise die auf Softwarevergleiche fokussierte Webseite G2. Auch das Portal Predictive Analytics Today stellt zahlreiche Softwareprodukte vor und gibt Informationen über deren Anwenderfreundlichkeit und Funktionalität. Des Weiteren sei nochmals auf die Internet-Version des in OR/MS Today erschienenen Marktüberblicks hingewiesen (vgl. Seite 243). Die wohl umfassendste Liste statistischer Software dürfte sich in der freien Internet-Enzyklopädie Wikipedia befinden.

Sollen Fragen zu bestimmten Produkten geklärt werden, z. B. hinsichtlich konkreter Eigenschaften, Verfügbarkeit, Bezugsquellen etc., bietet es sich an, den Softwarehersteller direkt zu kontaktieren. Die meisten Hersteller sind im Internet vertreten. Oft werden ausführliche Produktbeschreibungen, Demonstrationsversionen und sogenannte FAQ (Listen mit Antworten zu häufig gestellten Fragen) bereitgestellt. Außerdem kann man dort in der Regel die Anschriften, Telefonnummern und E-Mail-Adressen der Vertriebs- und Supportabteilungen entnehmen.

Internetadressen einiger Softwareanbieter: Data Description: https://www.datadescription.com, IBM SPSS: https://www.ibm.com/products/spss-statistics, Kovach: https://www.kovcomp.co.uk, NCSS Statistical Software: https://www.ncss.com, R Project for Statistical Computing: https://www.r-project.org, SAS Institute: https://www.sas.com, StataCorp: https://www.stata.com, Statgraphics Technologies: https://www.statgraphics.com.

Internetadressen einiger herstellerunabhängiger Informationsanbieter: Software-Vergleichsportal G2: https://www.g2.com/categories/statistical-analysis, OR/MS Today Statistical Software Survey: https://www.informs.org/ORMS-Today/OR-MS-Today-Software-Surveys/Statistical-Software-Survey, Predictive Analytics Today: https://www.predictiveanalyticstoday.com/top-free-statistical-software, Wikipedia: https://de.wikipedia.org/wiki/Liste_von_Statistik-Software.

Literatur zur Statistik-Software: Almiron et al. (2009, 2010), Anscombe (1967), Bankhofer/Hilbert (1997), Bankhofer/Krapp (2001), Behr/Pötter (2014), Bühl (2019), Grus (2019), Han et al. (2012), Hedderich/Sachs (2020), Hilbert/Bankhofer (1996), James et al. (2013), Janssen/Laatz (2017), Keeling/Pavur (2007), Kladroba (2001), Kleiber/Zeileis (2008), Kohler/Kreuter (2016), Longley (1967), McCullough (1998, 1999, 2009), McCullough et al. (2019), McCullough/Yalta (2013), Mélard (2014), Mittag/Augustin (2021), Pöppe (2000), Rafter et al. (2003), Salkind/Frey (2022), Sawitzki (1994a,b), Schulze et al. (2006), Simon/Lesage (1988), Wilhelm (2008), Wilkinson (1985).

Lösungen der Aufgaben

Lösung zu Aufgabe 2.2
Bestandsmassen sind a), d) und e); Bewegungsmassen sind b) und c).

Lösung zu Aufgabe 2.6
Diskret sind a) und c); stetig ist b).

Lösung zu Aufgabe 2.7
Kardinalskaliert sind a) und d); ordinal sind b) und c).

Lösung zu Aufgabe 3.2

Ausprägung	1	2	3	4	5
Häufigkeit	10	20	2	4	4

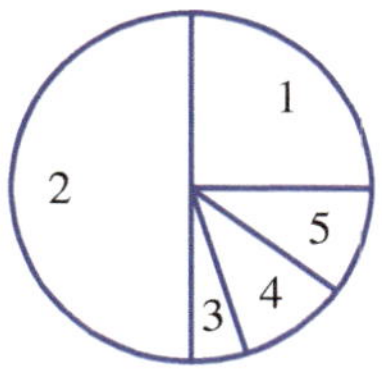

Die Winkel für die Kreissektoren sind: $\frac{10}{40} \cdot 360° = 90°$ für Sektor 1 und entsprechend 180° für Sektor 2, 18° für Sektor 3, 36° für Sektor 4 und 36° für Sektor 5.

Lösung zu Aufgabe 3.4
Die vier Klassenhäufigkeiten sind 3, 4, 8 und 5.

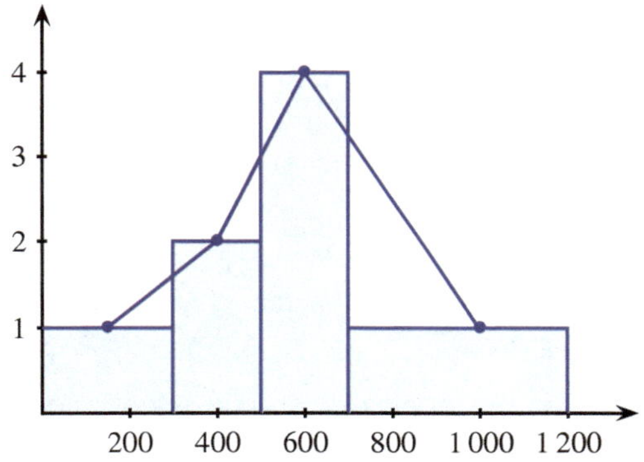

Lösung zu Aufgabe 3.5
In $H(5) = 33$ Fällen betrug die Lieferzeit bis zu 5 Tage; in $\frac{50-H(3)}{50} \cdot 100 = \frac{50-4}{50} \cdot 100 = 92$ Prozent aller Fälle betrug sie mehr als 3 Tage.

Lösung zu Aufgabe 3.6
Bezeichnen wir die zu minimierende Funktion (6) mit $g(\lambda)$, so erhalten wir als notwendige Bedingung für ein Extremum:

$$g'(\lambda) = -2\sum_{i=1}^{n}(x_i - \lambda) = -2\left(\sum_{i=1}^{n} x_i - n\lambda\right) = -2n(\bar{x} - \lambda) = 0\,.$$

Wegen $g''(\lambda) = 2n > 0$ liegt also in $\lambda = \bar{x}$ ein Minimum von (6) vor. Aus $g'(\bar{x}) = 0$ ist dann (7) unmittelbar abzulesen.

Lösung zu Aufgabe 3.7

a) $\bar{x} = \frac{9\,395}{30} = 313{,}17$; $\quad x_{\text{Med}} = \frac{1}{2} \cdot (320 + 330) = 325$;
Ersatzwert $= \frac{1}{30} \cdot (50 \cdot 2 + 150 \cdot 5 + 250 \cdot 6 + 350 \cdot 8 + 450 \cdot 6 + 550 \cdot 3) = \frac{9\,500}{30} = 316{,}67$.

b) $\bar{x} = \frac{14\,615}{30} = 487{,}17$; $\quad x_{\text{Med}} = 325$ unverändert.

Lösung zu Aufgabe 3.8

a) $x_{\text{Mod}} = 191{,}9$; $\quad x_{\text{Med}} = \frac{1}{2} \cdot (193{,}9 + 195{,}9) = 194{,}9$.
Geht man von den Werten x_i beispielsweise gemäß $y_i = x_i - 195{,}9$ zu den transformierten und einfacheren Werten y_i über, so gilt:

y_i	$-4{,}5$	-4	-3	-2	0	1	2	3
$h(y_i)$	2	5	1	2	3	1	3	3

Daraus entnimmt man $\bar{y} = -1$ und mit (4) schließlich $-1 = -195{,}9 + \bar{x}$.
Also ist $\bar{x} = 195{,}9 - 1 = 194{,}9$.

b) Nach (5) errechnet man

$$\bar{x}_{\text{Ges}} = \frac{20 \cdot 194{,}9 + 12 \cdot 196{,}5}{32} = 195{,}5\,.$$

Lösung zu Aufgabe 3.9

Der durchschnittliche Wachstumsfaktor ist das geometrische Mittel

$$x_{\text{Geom}} = \sqrt[4]{1{,}03 \cdot 0{,}99 \cdot 0{,}99 \cdot 0{,}98} = 0{,}9973\,; \quad \text{dagegen ist} \quad \bar{x} = 0{,}9975\,.$$

Das arithmetische Mittel ist nicht nur hier, sondern generell mindestens so groß wie das geometrische Mittel.

Lösung zu Aufgabe 3.10

Registriert man für jeden der 1 000 Beschäftigten die „Startposition" für den Kantinenmarsch, so erhält man die „Beobachtungswerte"

$$0, 0, 0, \underbrace{100, \ldots, 100}_{200\text{-mal}}, \underbrace{600, \ldots, 600}_{300\text{-mal}}, \underbrace{900, \ldots, 900}_{497\text{-mal}}\,.$$

Nach der auf Seite 18 aufgeführten Optimalitätseigenschaft des Medians muss der Kantinenstandort mit dem Median, d. h. mit $x_{\text{Med}} = \frac{1}{2} \cdot (x_{500} + x_{501}) = \frac{1}{2} \cdot (600 + 600) = 600$ identisch sein. Die Kantine sollte demnach bei der zweiten Maschinenhalle errichtet werden.

Lösung zu Aufgabe 3.13

Es sind $SP = 6 - 5 = 1$, $\quad \bar{s} = \frac{1}{50} \cdot (48|5 - 5{,}04| + 2|6 - 5{,}04|) = 0{,}0768$,
$s^2 = \frac{1}{50} \cdot [48(5 - 5{,}04)^2 + 2(6 - 5{,}04)^2] = 0{,}0384$; $\quad s = \sqrt{s^2} = 0{,}1960$ und
$V = \frac{s}{5{,}04} = 0{,}0389$.

Lösung zu Aufgabe 3.14

Nach (13) gilt

$$s^2_{\text{Ges}} = \frac{20 \cdot 7{,}875 + 12 \cdot 2{,}875}{32} + \frac{20(194{,}9 - 195{,}5)^2 + 12(196{,}5 - 195{,}5)^2}{32} = 6{,}6\,.$$

Lösung zu Aufgabe 3.15
Die interne Varianz ist null, da die beiden Teilmassen völlig homogen sind. Als externe Varianz ergibt sich nach (13): $\frac{1}{50} \cdot [48(5-5{,}04)^2 + 2(6-5{,}04)^2] = 0{,}0384$; sie stimmt natürlich mit s^2 aus Aufgabe 3.13 überein.

Lösung zu Aufgabe 3.17
Für $80 \leqq 100u \leqq 100$ verläuft die Lorenzkurve geradlinig. Wegen $L(80) = 60$ und $L(100) = 100$ ist $L(95) = 90$. Der gesuchte Prozentsatz ist $100 - L(95) = 10$.

Lösung zu Aufgabe 3.18
Formel (19) liefert

$$G = \tfrac{2}{5} \cdot (1 \cdot 0{,}10 + 2 \cdot 0{,}10 + 3 \cdot 0{,}10 + 4 \cdot 0{,}20 + 5 \cdot 0{,}50) - \tfrac{6}{5} = 0{,}36\,.$$

Damit ist $G_* = \frac{5}{4} \cdot 0{,}36 = 0{,}45$.

Lösung zu Aufgabe 3.19
Die Lorenzkurven schneiden sich hier. Als Gini-Koeffizienten errechnet man jeweils 0,4. Der Markt M_1 würde gemeinhin als konzentrierter bezeichnet werden. Dies ist jedoch nicht am Gini-Koeffizienten bemerkbar.

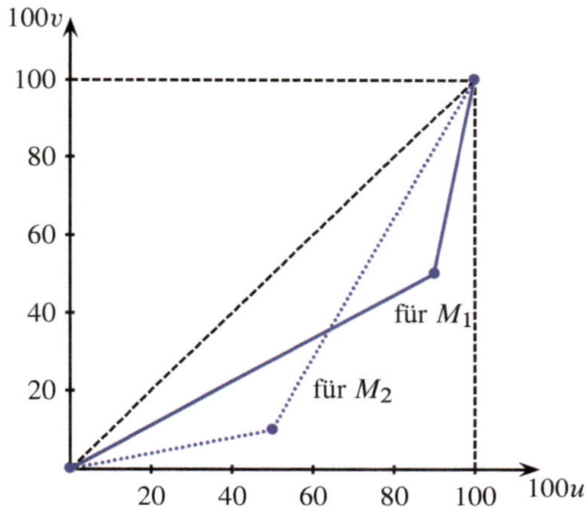

Lösung zu Aufgabe 3.21
Beziehen sich die Werte L und CR_g auf Prozentangaben, so gilt

$$CR_g = 100 - L\Big(100 \cdot \frac{n-g}{n}\Big)\,;$$

anderenfalls gilt

$$CR_g = 1 - L\Big(\frac{n-g}{n}\Big)\,.$$

Lösung zu Aufgabe 4.3

$$h_{i\bullet} = \sum_{j=1}^{\ell} h_{ij} = \sum_{j=1}^{\ell} \frac{h_{ij}}{h_{\bullet j}} \cdot h_{\bullet j} = \frac{h_{ij}}{h_{\bullet j}} \cdot n\,.$$

Lösung zu Aufgabe 4.5

a)

Familiengröße \ Zimmeranzahl	1	2	3	4	$h_{i\bullet}$
2	2	0	3	3	8
3	0	1	2	3	6
4	0	1	2	1	4
5	0	0	0	2	2
$h_{\bullet j}$	2	2	7	9	20

b) Die Randhäufigkeiten wurden bereits in die Kontigenztabelle eingetragen.

c) $0, \frac{1}{4}, \frac{2}{4}, \frac{1}{4}$.

Lösung zu Aufgabe 4.6

Bravais-Pearson-Korrelationskoeffizient für a), b), d); Kontingenzkoeffizient für c) und f); unterstellt, dass die Intelligenz und die Aggressivität nur ordinal gemessen werden, wäre für e) und g) der Rangkorrelationskoeffizient von Spearman zu verwenden.

Lösung zu Aufgabe 4.8

Es ist $\bar{x} = 7{,}11$ und $\bar{y} = 5{,}74$. Mit diesen Werten kann man folgende Arbeitstabelle aufstellen:

Land Nr. i	$x_i - \bar{x}$	$(x_i - \bar{x})^2$	$y_i - \bar{y}$	$(y_i - \bar{y})^2$	$(x_i - \bar{x})(y_i - \bar{y})$
1	−3,01	9,06	4,36	19,01	−13,12
2	−4,71	22,18	−1,74	3,03	8,20
3	1,29	1,66	−0,04	0,00	− 0,05
4	1,09	1,19	4,46	19,89	4,86
5	4,79	22,94	1,76	3,10	8,43
6	−2,51	6,30	−3,64	13,25	9,14
7	2,29	5,24	2,26	5,11	5,18
8	−3,51	12,32	−4,44	19,71	15,58
9	3,49	12,18	−3,54	12,53	−12,35
10	0,79	0,62	0,56	0,31	0,44
$\sum$		93,69		95,94	26,31

$$r = \frac{26{,}31}{\sqrt{93{,}69 \cdot 95{,}94}} = 0{,}28\ .$$

Lösung zu Aufgabe 4.10

Aus den Rangnummern

Student i	1	2	3	4	5	6	7	8	9	10	11
R_i	4	2	3	1	5	6	7	9	10	8	11
R'_i	3	4	5	1	2	7	8	10	9	6	11

errechnet man $r_{SP} = 1 - \frac{6 \cdot 26}{10 \cdot 11 \cdot 12} = 0{,}88$.

Lösung zu Aufgabe 4.12

Die beiden Merkmale sind perfekt voneinander abhängig. Die bedingten Verteilungen sind jeweils auf eine einzige Merkmalsausprägung konzentriert; aus der Kenntnis der Ausprägung eines Merkmals kann die Ausprägung des anderen Merkmals absolut sicher prognostiziert werden. Nach der Bemerkung auf Seite 38 muss sich für diesen Fall der Wert 1 ergeben, ein Wert, den man natürlich auch rechnerisch verifizieren kann.

Lösung zu Aufgabe 4.14

a) Wegen $\bar{x} = 7$ und $\bar{y} = 2\,500$ ergibt sich die Arbeitstabelle (die vier letzten Spalten sind erst für b) relevant):

i	$x_i - \bar{x}$	$(x_i - \bar{x})^2$	$y_i - \bar{y}$	$(x_i - \bar{x})(y_i - \bar{y})$	$(y_i - \bar{y})^2$	$\hat{y}_i$	$\hat{y}_i - \bar{y}$	$(\hat{y}_i - \bar{y})^2$
1	−1	1	500	− 500	250 000	2 840	340	115 600
2	−2	4	700	−1 400	490 000	3 180	680	462 400
3	0	0	0	0	0	2 500	0	0
4	0	0	−200	0	40 000	2 500	0	0
5	1	1	−500	− 500	250 000	2 160	−340	115 600
6	2	4	−500	−1 000	250 000	1 820	−680	462 400
$\sum$		10		−3 400	1 280 000			1 156 000

Nach (36) und (37) sind $\hat{b} = -\frac{3\,400}{10} = -340$ und $\hat{a} = 2\,500 - (-340) \cdot 7 = 4\,880$, sodass die Gleichung der Regressionsgeraden $y = 4\,880 - 340x$ lautet.

b) Direkte Ermittlung nach (39): $R^2 = \frac{1\,156\,000}{1\,280\,000} = 0{,}9031$.
Ermittlung über $R^2 = r^2$:

$$R^2 = \left(\frac{-3\,400}{\sqrt{10}\sqrt{1\,280\,000}}\right)^2 = 0{,}9031\ .$$

c) Prognosewert für 4 % Hypothekenzinssatz: $\hat{y} = 4\,880 - 340 \cdot 4 = 3\,520$ (Mio. €).
Prognosewert für 7,5 % Hypothekenzinssatz: $\hat{y} = 4\,880 - 340 \cdot 7{,}5 = 2\,330$ (Mio. €).

Lösung zu Aufgabe 4.15

Ja, durch Einsetzen von (37) erhält die Regressionsgerade nämlich die Gestalt

$$y = \bar{y} + \hat{b}(x - \bar{x})\ .$$

Lösung zu Aufgabe 5.3

a) (sinnvolle) Gliederungszahl, c) (sinnvolle) Messzahl. Die Bildung der Verhältniszahlen b) und d) dürfte wohl kaum sinnvoll sein; infolgedessen handelt es sich gemäß der Definition in Abschnitt 5.1 auch nicht um Beziehungszahlen.

Lösung zu Aufgabe 5.6

Sei Benzin etwa das erste Gut, so folgt aus (41):

$$1{,}004 = P_{0t}^{\mathrm{L}} = 1{,}08 g_0(1) + \sum_{i=2}^{n} 1 g_0(i) = 1{,}08 g_0(1) + 1 - g_0(1) = 1 + 0{,}08 g_0(1)\ ;$$

damit erhält man $0{,}08 g_0(1) = 0{,}004$, d. h. $g_0(1) = 0{,}05 = 5\,\%$.

Lösung zu Aufgabe 6.2

a) Juni 1955: $y^* = \frac{1}{2} \cdot (\frac{1}{2} \cdot 24 + \frac{1}{2} \cdot 43 + 28) = \frac{123}{4} = 30{,}75$.
b) Dezember 1954: $y^* = \frac{1}{3} \cdot (46 + 38 + 26) = \frac{110}{3} = 36{,}67$.

Lösung zu Aufgabe 6.4

a) $y^*_{3,7} = 41$ (gerundet), $\widetilde{S}_7 = \frac{1}{3} \cdot [(34-39) + (43-43) + (42-41)] = -\frac{4}{3}$.

b) Da sich hierdurch der Korrekturfaktor $\frac{1}{12} \cdot (\widetilde{S}_1 + \cdots + \widetilde{S}_{12})$ ändert, differieren nun alle $\widehat{S}_j$ und damit alle saisonbereinigten Zeitreihenwerte von denjenigen aus Beispiel 6.3.

Lösung zu Aufgabe 6.5

j	1	2	3	4	5	6	7	8	9	10	11	12
$\widetilde{I}_j$	1,7	1,6	1,3	1,0	0,8	0,7	0,7	0,8	0,9	1,0	1,1	1,3
$\widehat{I}_j$	1,58	1,49	1,21	0,93	0,74	0,65	0,65	0,74	0,84	0,93	1,02	1,21

Der Korrekturfaktor betrug hier

$$\frac{12}{\sum_{j=1}^{12} \widetilde{I}_j} = 0{,}93\ .$$

Lösung zu Aufgabe 7.4

Als dreistellige Zahlen kommen infrage: 304, 314, 324, 334; 340, 341, ..., 349; 354, 364, ..., 394, also $4 + 10 + 5 = 19$ Möglichkeiten. Vor jeder von ihnen kann EU, EV oder EY stehen, sodass insgesamt $3 \cdot 19 = 57$ „Zustände" möglich sind.

Lösung zu Aufgabe 7.7

Da lediglich jeweils 200 Exemplare geliefert wurden, gilt: $j = 0$ für A, $j = 200$ für B, $j = 382$ für C, $j = 400$ für $A \cap B$, $j = 382$ für $A \cap C$ und $j = 391$ für $B \cap C$.

Hinweis: Zur Lösung der Aufgabe kann es hilfreich sein, die Ereignisse A, B, C und die relevanten B_j in einem (x_1, x_2)-Koordinatensystem grafisch darzustellen.

Lösung zu Aufgabe 7.10

a) $\frac{1}{3}$, b) $\frac{10}{19}$, c) $\frac{1}{19}$, d) $\frac{10}{19}$, e) $\frac{2}{19}$, f) $\frac{9}{19}$.

Lösung zu Aufgabe 7.12

a) mit Zurücklegen: $P(A) = \frac{2}{5} = 0{,}4$; $P(B) = \frac{3\cdot3\cdot3}{5\cdot5\cdot5} = \frac{27}{125} = 0{,}216$.

b) ohne Zurücklegen: $P(A) = \frac{2}{5} = 0{,}4$; $P(B) = \frac{3\cdot2\cdot1}{5\cdot4\cdot3} = \frac{1}{10} = 0{,}1$.

Lösung zu Aufgabe 7.15

Mit Zurücklegen: $P(A_1) = P(A_2) = \frac{4}{10}$,

nach Regel 4: $P(B) = 1 - P(\overline{B}) = 1 - P(\overline{A}_1 \cap \overline{A}_2) = 1 - \frac{6\cdot6}{10\cdot10} = \frac{16}{25}$,

nach Regel 5a: $P(B) = P(A_1 \cup A_2) = P(A_1) + P(A_2) - P(A_1 \cap A_2)$

$= \frac{4}{10} + \frac{4}{10} - \frac{4\cdot4}{10\cdot10} = \frac{16}{25}$.

Ohne Zurücklegen: $P(A_1) = \frac{4}{10}$,

nach Regel 6: $P(A_2) = P(A_1 \cap A_2) + P(\overline{A}_1 \cap A_2) = \frac{4\cdot3}{10\cdot9} + \frac{6\cdot4}{10\cdot9} = \frac{4}{10}$,

nach Regel 4: $P(B) = 1 - P(\overline{B}) = 1 - P(\overline{A}_1 \cap \overline{A}_2) = 1 - \frac{6\cdot5}{10\cdot9} = \frac{2}{3}$,

nach Regel 5a: $P(B) = P(A_1) + P(A_2) - P(A_1 \cap A_2) = \frac{4}{10} + \frac{4}{10} - \frac{4\cdot3}{10\cdot9} = \frac{2}{3}$.

Lösung zu Aufgabe 7.16

a) $P(A_1) = P(A_1 \cap A_2) + P(A_1 \cap \overline{A}_2)$ nach Regel 6; folglich ist

$$P(A_1 \cap \overline{A}_2) = \frac{1}{8} - \frac{1}{20} = \frac{3}{40} = 0{,}075\ .$$

b) „bei höchstens einer Kontrolle werden Rückstände entdeckt“ $= \overline{A_1 \cap A_2}$;
Regel 4:

$$P(\overline{A_1 \cap A_2}) = 1 - P(A_1 \cap A_2) = 1 - \tfrac{1}{20} = \tfrac{19}{20} = 0{,}95\ ;$$

„bei mindestens einer Kontrolle werden Rückstände entdeckt“ $= A_1 \cup A_2$;
Regel 5a:

$$P(A_1 \cup A_2) = \tfrac{1}{8} + \tfrac{1}{10} - \tfrac{1}{20} = \tfrac{7}{40} = 0{,}175\ ;$$

„bei genau einer Kontrolle werden Rückstände entdeckt“ $= (A_1 \cap \bar{A}_2) \cup (A_2 \cap \bar{A}_1)$;
Axiom 3:

$$P[(A_1 \cap \bar{A}_2) \cup (A_2 \cap \bar{A}_1)] = \tfrac{3}{40} + (\tfrac{1}{10} - \tfrac{1}{20}) = \tfrac{1}{8} = 0{,}125\ .$$

Lösung zu Aufgabe 7.17

$$\begin{aligned} P(B) &= P[(A_1 \cap \bar{A}_2) \cup (A_2 \cap \bar{A}_1)] \\ &= [P(A_1) - P(A_1 \cap A_2)] + [P(A_2) - P(A_1 \cap A_2)] \\ &= P(A_1) + P(A_2) - 2P(A_1 \cap A_2)\ . \end{aligned}$$

Nach dieser Regel ergibt sich:

$$P(\text{„bei genau einer Kontrolle werden Rückstände entdeckt“}) = \tfrac{1}{8} + \tfrac{1}{10} - \tfrac{2}{20} = \tfrac{1}{8}\ .$$

Lösung zu Aufgabe 7.19

a) $P(A_2|\bar{A}_1) = \dfrac{P(A_2 \cap \bar{A}_1)}{P(\bar{A}_1)} = \dfrac{\frac{1}{20}}{1 - \frac{1}{8}} = \dfrac{2}{35} = 0{,}057.$

b) $P[A_2|(A_1 \cap \bar{A}_2) \cup (A_2 \cap \bar{A}_1)] = \dfrac{P(A_2 \cap \bar{A}_1)}{P[(A_1 \cap \bar{A}_2) \cup (A_2 \cap \bar{A}_1)]} = \dfrac{\frac{1}{20}}{\frac{1}{8}} = \dfrac{2}{5} = 0{,}4.$

Lösung zu Aufgabe 7.21

$$\begin{aligned} P(B) &= \sum_{i=1,2,\ldots} P(B \cap A_i) && \text{nach Regel 6} \\ &= \sum_{i=1,2,\ldots} P(B|A_i) \cdot P(A_i) && \text{nach der Definition der bedingten Wahrscheinlichkeit.} \end{aligned}$$

Hieraus ergibt sich

$$\frac{P(B|A_j) \cdot P(A_j)}{\sum\limits_{i=1,2,\ldots} P(B|A_i) \cdot P(A_i)} = \frac{P(B|A_j) \cdot P(A_j)}{P(B)} = \frac{P(B \cap A_j) \cdot P(A_j)}{P(A_j) \cdot P(B)} = P(A_j|B)\ .$$

Lösung zu Aufgabe 7.22

Sei A bzw. M_i das Ereignis: „entnommenes Stück ist Ausschuss bzw. stammt von M_i“. Gegeben sind $P(M_i)$ und $P(A|M_i)$ für $i = 1, 2, 3$.

a) $P(A) = \sum\limits_{i=1}^{3} P(A|M_i) \cdot P(M_i) = 0{,}6 \cdot 0{,}09 + 0{,}25 \cdot 0{,}12 + 0{,}15 \cdot 0{,}04 = 0{,}09.$

b) Nach (65) ergibt sich:

$$P(M_i|A) = \begin{cases} \frac{54}{90} = 0{,}60 & \text{für } i = 1 \\ \frac{30}{90} = 0{,}33 & \text{für } i = 2 \\ \frac{6}{90} = 0{,}07 & \text{für } i = 3\,. \end{cases}$$

Hinweis: Die Ausgangssituation der Aufgabe lässt sich gut durch eine Baumdarstellung – ähnlich der in Abbildung 7.1 – veranschaulichen (erste Verzweigung: Maschinen, zweite Verzweigung: Ausschuss ja/nein); in dieser sind dann die Lösungswege zu beiden Teilen a) und b) leicht nachvollziehbar.

Lösung zu Aufgabe 7.24

a) A_i bedeute: „Fehler bei Arbeitsgang i“, $i = 1, 2$. Gegeben sind: P(„Ausschuss“) $= P(A_1 \cup A_2)$, $P(A_1)$ und „A_1, A_2 unabhängig“. Regel 5a liefert:

$$P(A_1 \cup A_2) = P(A_1) + P(A_2) - P(A_1 \cap A_2) = P(A_1) + P(A_2) - P(A_1) \cdot P(A_2)\,,$$

d. h. $$P(A_2) = \frac{P(A_1 \cup A_2) - P(A_1)}{1 - P(A_1)} = \frac{\frac{8}{100} - \frac{1}{24}}{1 - \frac{1}{24}} = \frac{1}{25} = 0{,}04\,.$$

b) Nein, da $P(A_1) \cdot P(A_2) = \frac{1}{8} \cdot \frac{1}{10} = \frac{1}{80} \neq \frac{1}{20} = P(A_1 \cap A_2)$.

Lösung zu Aufgabe 8.1

a) Zu X_1 und zu X_2: $\{0, 1, \ldots, 200\}$; zu X: $\{0, 1, \ldots, 400\}$.

b) $\{3\}$ = Wertebereich zu X_i; Wertebereich zu X_2 und X_3 ist jeweils $\{0, 1, \ldots, 9\}$;

$$P(X_2 = k) = \begin{cases} \frac{1}{19} & \text{für } k = 0, \ldots, 9;\ k \neq 4 \\ \frac{10}{19} & \text{für } k = 4 \end{cases} \quad ; \quad X_0 = \begin{cases} 1, & \text{falls EU} \\ 2, & \text{falls EV} \\ 3, & \text{falls EY}\,. \end{cases}$$

Lösung zu Aufgabe 8.3

a) $P(X \leqq 10, Y \leqq 10) = \frac{1}{3} \cdot \frac{1}{4} = \frac{1}{12}$; $P(X \leqq 20, Y \leqq 20) = \frac{2}{3} \cdot \frac{3}{4} = \frac{1}{2}$;
$P(X \leqq 10, Y > 20) = \frac{1}{3} \cdot \frac{1}{4} = \frac{1}{12}$.

b) Nein; $P(Y > 20|X > 20)$ müsste gleich $P(Y > 20) = \frac{1}{4}$ sein.

Lösung zu Aufgabe 8.5

Sicher ist $X \leqq 3$, denn falls unter 3 geprüften Geräten keines defekt war, liegt der Defekt mit Gewissheit beim vierten, d. h. $F(3) = 1$ und $F(x) = 1$ für alle $x > 3$. Ferner bedeutet $X = 1$: „erstes überprüftes Gerät ist defekt“, also $P(X = 1) = \frac{1}{4}$, und $X = 2$ bedeutet: „erstes überprüftes Gerät ist in Ordnung, das zweite ist defekt“, d. h. $P(X = 2) = \frac{3}{4} \cdot \frac{1}{3} = \frac{1}{4}$ (nach 64). Daraus ergibt sich insgesamt:

$$F(x) = \begin{cases} 0, & \text{falls } x < 1 \\ \frac{1}{4}, & \text{falls } 1 \leqq x < 2 \\ \frac{1}{4} + \frac{1}{4} = \frac{1}{2}, & \text{falls } 2 \leqq x < 3 \\ 1, & \text{falls } x \geqq 3\,. \end{cases}$$

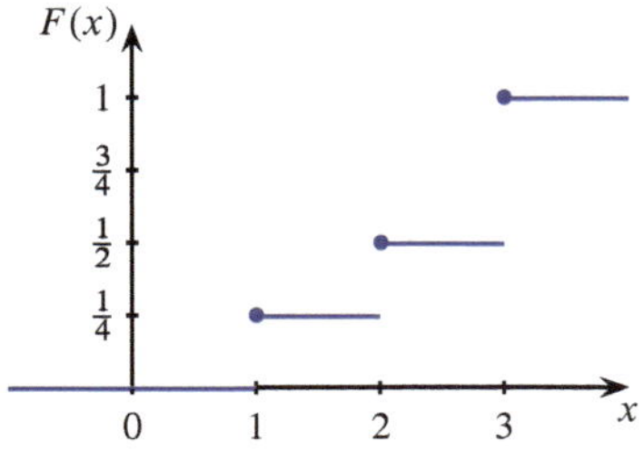

Lösung zu Aufgabe 8.6

Gemäß Regel 3 aus Abschnitt 7.3.4, da $(X \leqq x_1) \subset (X \leqq x_2)$ für $x_1 \leqq x_2$.

Lösung zu Aufgabe 8.7

a) $P(3 < X \leqq 5) = F(5) - F(3) = \frac{5-3}{10} = \frac{1}{5}$;
$P(X > 3) = 1 - P(X \leqq 3) = 1 - F(3) = 1 - \frac{3}{10} = \frac{7}{10}$;
$P(X \leqq 3 + 2 | X > 3) = \frac{P(3<X\leqq 5)}{P(X>3)} = \frac{2}{7}$.

b) $P(X > 1) = 1 - P(X \leqq 1) = 1 - F(1) = \frac{3}{4}$.

Lösung zu Aufgabe 8.8

$$P(X_1 = 1) \cdot P(X_2 = 0) \cdot P(X_3 = 1) \cdot P(X_4 = 1) \cdot P(X_5 = 0) = \\ = p(1-p)pp(1-p) = p^3(1-p)^{5-3}\,.$$

Lösung zu Aufgabe 8.9

x	mögliche (x_1, x_2, x_3, x_4) mit $x_i = 0$ oder $x_i = 1$ und $\sum_{i=1}^{4} x_i = x$	$\binom{n}{x} = \frac{4!}{x!(4-x)!}$
0	$(0,0,0,0)$	$\frac{4!}{0!4!} = 1$
1	$(1,0,0,0), (0,1,0,0), (0,0,1,0), (0,0,0,1)$	$\frac{4!}{1!3!} = 4$
2	$(1,1,0,0), (1,0,1,0), (1,0,0,1), (0,1,1,0), (0,1,0,1), (0,0,1,1)$	$\frac{4!}{2!2!} = 6$
3	$(1,1,1,0), (1,1,0,1), (1,0,1,1), (0,1,1,1)$	$\frac{4!}{3!1!} = 4$
4	$(1,1,1,1)$	$\frac{4!}{4!0!} = 1$

Lösung zu Aufgabe 8.10

Wahrscheinlichkeitsfunktion $f(x)$ der $B(5;p)$-Verteilung:

p	$f(0)$	$f(1)$	$f(2)$	$f(3)$	$f(4)$	$f(5)$
$\frac{1}{3}$	$\frac{32}{243} = 0{,}132$	$\frac{80}{243} = 0{,}329$	$\frac{80}{243} = 0{,}329$	$\frac{40}{243} = 0{,}165$	$\frac{10}{243} = 0{,}041$	$\frac{1}{243} = 0{,}004$
$\frac{1}{2}$	$\frac{1}{32} = 0{,}031$	$\frac{5}{32} = 0{,}156$	$\frac{10}{32} = 0{,}313$	$\frac{10}{32} = 0{,}313$	$\frac{5}{32} = 0{,}156$	$\frac{1}{32} = 0{,}031$
$\frac{2}{3}$	$\frac{1}{243} = 0{,}004$	$\frac{10}{243} = 0{,}041$	$\frac{40}{243} = 0{,}165$	$\frac{80}{243} = 0{,}329$	$\frac{80}{243} = 0{,}329$	$\frac{32}{243} = 0{,}132$

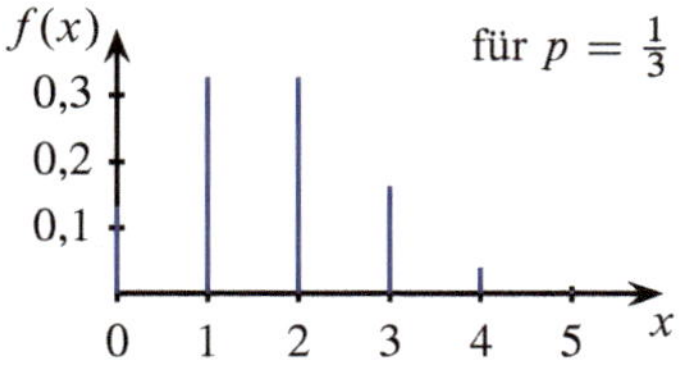

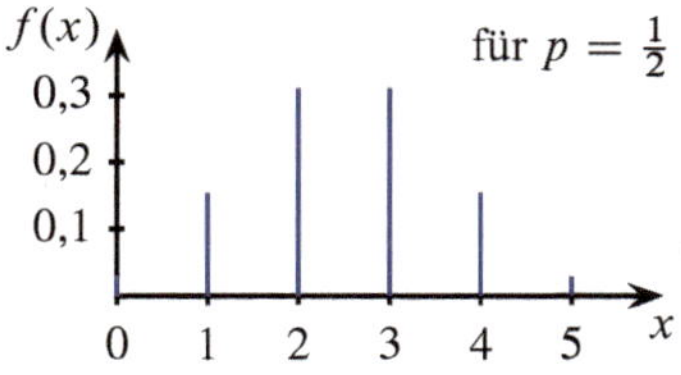

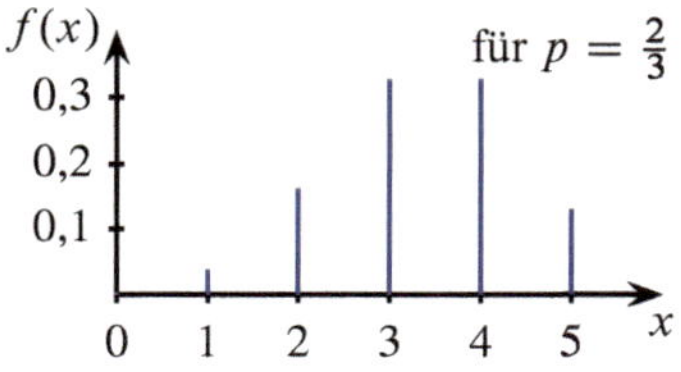

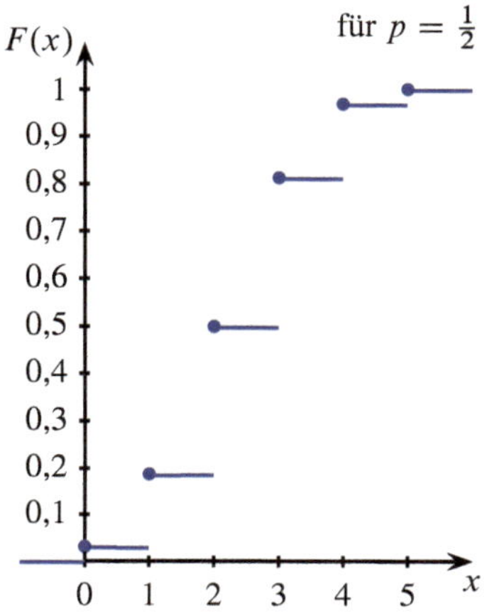

Lösung zu Aufgabe 8.12

X = Anzahl der Monate, in denen die Durchschnittstemperatur normal sein wird.
$\widetilde{X} = 24 - X$ ist somit $B(24;0,1)$-verteilt;
$P(X < 20) = P(\widetilde{X} > 24 - 20 = 4) = 1 - P(\widetilde{X} \leqq 4) = 1 - 0{,}9149 = 0{,}0851$.

Lösung zu Aufgabe 8.13

X = Anzahl der für Streik Eintretenden unter den 20 Befragten;

j	1	2	3	4	
$P(A_j)$	0,2	0,6	0,15	0,05	(a priori)
$P(X = 16 \mid A_j)$	0,0000	0,0003	0,0350	0,2182	
$P(X = 16 \mid A_j) \cdot P(A_j)$	0,00000	0,00018	0,00525	0,01091	Summe = 0,01634
$P(A_j \mid X = 16)$	0,000	0,011	0,321	0,668	(a posteriori)

Dabei ergeben sich die Werte $P(X = 16|A_j)$ in der zweiten Zeile für $j = 1$ und $j = 2$ gemäß $P(X = 16|A_j) = F(16) - F(15)$ aus der $B(20;0,2)$- bzw. $B(20;0,4)$-Verteilung; für $j = 3$ und $j = 4$ setzen wir $\widetilde{X} = 20 - X$ und erhalten $P(X = 16|A_j) = P(\widetilde{X} = 20 - 16 = 4|A_j) = F(4) - F(3)$ aus der $B(20;0,4)$- bzw. $B(20;0,2)$-Verteilung. Die Werte der letzten Zeile sind gemäß der Formel von Bayes errechnet.

Lösung zu Aufgabe 8.14

a) $$\left.\begin{matrix}(a,b,c),(a,c,b),(b,a,c),(b,c,a),(c,a,b),(c,b,a),\\(a,b,d),(a,d,b),(b,a,d),(b,d,a),(d,a,b),(d,b,a),\\(a,c,d),(a,d,c),(c,a,d),(c,d,a),(d,a,c),(d,c,a),\\(b,c,d),(b,d,c),(c,b,d),(c,d,b),(d,b,c),(d,c,b)\end{matrix}\right\} \frac{4!}{(4-3)!} = 24 \text{ Möglichkeiten.}$$

b) $\{a,b,c\}, \{a,b,d\}, \{a,c,d\}, \{b,c,d\}$, also $\binom{4}{3} = 4$ Möglichkeiten.

Lösung zu Aufgabe 8.15

$\max\{0, n - (N - M)\} = \max\{0, 4 - (8 - 5)\} = 1; \quad \min\{n, M\} = \min\{4, 5\} = 4.$

$$f(1) = \frac{\binom{5}{1}\binom{3}{3}}{\binom{8}{4}} = \frac{1}{14},$$

$$f(2) = \frac{\binom{5}{2}\binom{3}{2}}{\binom{8}{4}} = \frac{3}{7},$$

$$f(3) = \frac{\binom{5}{3}\binom{3}{1}}{\binom{8}{4}} = \frac{3}{7},$$

$$f(4) = \frac{\binom{5}{4}\binom{3}{0}}{\binom{8}{4}} = \frac{1}{14}.$$

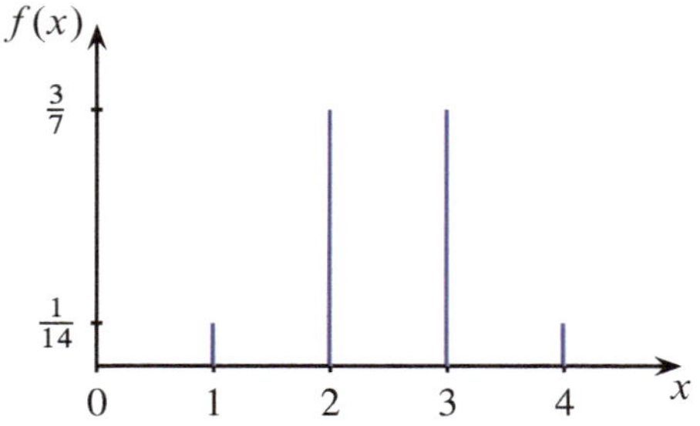

Lösung zu Aufgabe 8.16

X = Anzahl der funktionierenden Feuerwerkskörper in der Stichprobe.

a) $$P(X \geqq 3) = \frac{\binom{15}{3}\binom{10}{2} + \binom{15}{4}\binom{10}{1} + \binom{15}{5}\binom{10}{0}}{\binom{25}{5}} = 0{,}6988\,.$$

b) $$P(X \geqq 3) = \frac{\binom{20}{3}\binom{5}{2} + \binom{20}{4}\binom{5}{1} + \binom{20}{5}\binom{5}{0}}{\binom{25}{5}} = 0{,}9623\,.$$

c) $$P(X \geqq 3) = \frac{\binom{5}{3}\binom{20}{2} + \binom{5}{4}\binom{20}{1} + \binom{5}{5}\binom{20}{0}}{\binom{25}{5}} = 0{,}0377\,.$$

Lösung zu Aufgabe 8.17

$$X_i = \begin{cases} 1, & \text{falls } i\text{-ter überprüfter Feuerwerkskörper funktioniert} \\ 0, & \text{sonst ;} \end{cases}$$

$$P(X_3 = 1 \mid X_1 = 0, X_2 = 0) = \frac{15-0}{25-2} = 0{,}6522 \text{ ;}$$

$$P\Big(\sum_{i=3}^{5} X_i = 3 \,\Big|\, X_1 = 0, X_2 = 0\Big) = \frac{\binom{15}{3}\binom{23-15}{0}}{\binom{23}{3}} = 0{,}2569 \text{ .}$$

Lösung zu Aufgabe 8.19

X = Anzahl der Ausschussstücke pro Stunde. X ist approximativ $P(4)$-verteilt.

a) $P(X = 4) = 0{,}1953$.
b) $P(X \geqq 7) = 1 - P(X \leqq 6) = 0{,}1107$.
c) $P(X \leqq 8) = 0{,}9786$.

Lösung zu Aufgabe 8.22

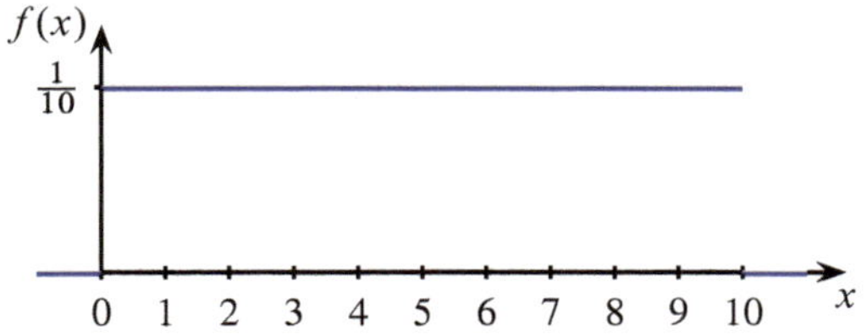

Lösung zu Aufgabe 8.23

$$P\Big(\frac{1}{6} \leqq X \leqq \frac{2}{3}\Big) = \int_{\frac{1}{6}}^{\frac{2}{3}} 6(x - x^2)\,\mathrm{d}x = 6\Big[\frac{x^2}{2} - \frac{x^3}{3}\Big]_{\frac{1}{6}}^{\frac{2}{3}} = \frac{2}{3} \text{ .}$$

Lösung zu Aufgabe 8.24

$$F(x) = \begin{cases} 0 & \text{für } x < 0 \\ \int_0^x 6(t - t^2)\,\mathrm{d}t = 3x^2 - 2x^3 & \text{für } 0 \leqq x \leqq 1 \\ 1 & \text{für } x > 1 \text{ .} \end{cases}$$

Lösung zu Aufgabe 8.26

$$F(x) = \begin{cases} 0 & \text{für } x < 0 \\ \int_0^x \lambda \mathrm{e}^{-\lambda t}\,\mathrm{d}t = -\mathrm{e}^{-\lambda t}\Big|_0^x = 1 - \mathrm{e}^{-\lambda x} & \text{für } x \geqq 0 \text{ .} \end{cases}$$

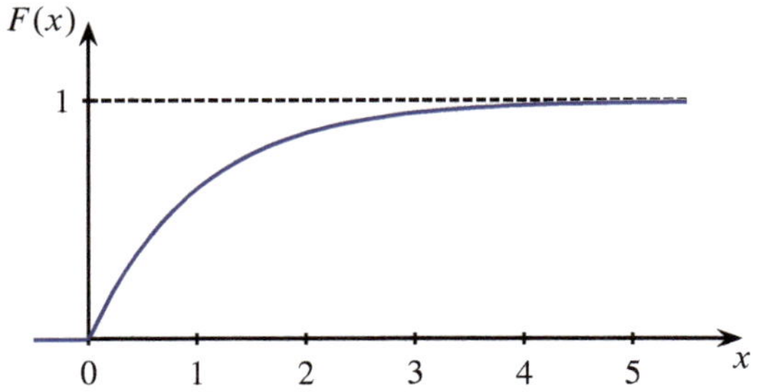

Lösung zu Aufgabe 8.28

Aufgrund der Definition (63) gilt stets $P(\bar{A}|B) = 1 - P(A|B)$. Hieraus und aus (79) folgt:

$$P(X > t + 2|X \geqq t) = P(X > 2) = \int_2^\infty \lambda e^{-\lambda x}\,dx = -e^{-\lambda x}\Big|_2^\infty = e^{-2\lambda} = e^{-2\ln 2} = \tfrac{1}{4}\,.$$

Lösung zu Aufgabe 8.30

a) $P(X \leqq 35{,}4) = \Phi\left(\frac{35{,}4-35}{0{,}5}\right) = \Phi(0{,}8) = 0{,}7881.$

b) $P(X \geqq 34{,}6) = 1 - P(X \leqq 34{,}6) = 1 - \Phi\left(\frac{34{,}6-35}{0{,}5}\right) = 1 - \Phi(-0{,}8) = \Phi(0{,}8) = 0{,}7881.$

c) $P(34{,}5 \leqq X \leqq 35{,}2) = \Phi(0{,}4) - \Phi(-1) = \Phi(0{,}4) + \Phi(1) - 1$
$= 0{,}6554 + 0{,}8413 - 1 = 0{,}4967.$

d) $P(34{,}3 \leqq X \leqq 35{,}7) = 2\Phi(1{,}4) - 1 = 2 \cdot 0{,}9192 - 1 = 0{,}8384.$

Lösung zu Aufgabe 8.32

$408 = \mu + 2\sigma; \quad 322 = \mu - 2\sigma \quad \Rightarrow \quad \mu = \frac{730}{2} = 365; \quad \sigma = 21{,}5.$
$P(X \geqq 400) = 1 - \Phi(1{,}628) = 1 - 0{,}9482 = 0{,}0518.$

Lösung zu Aufgabe 8.34

$F(2,3) = 0{,}05 + 0{,}05 + 0{,}05 + 0{,}15 + 0 + 0{,}1 = 0{,}4; \quad F(3,2) = 0{,}45.$

Lösung zu Aufgabe 8.36

$F(\frac{1}{2}, \frac{1}{3}) = 2 \cdot [(\frac{1}{3} \cdot \frac{1}{3}) \cdot \frac{1}{2} + (\frac{1}{2} - \frac{1}{3}) \cdot \frac{1}{3}] = \frac{2}{9}; \quad F(2, \frac{1}{3}) = 2 \cdot [\frac{1}{18} + \frac{2}{3} \cdot \frac{1}{3}] = \frac{5}{9}.$

Lösung zu Aufgabe 8.37

x	1	2	3
$f_1(x)$	0,1	0,3	0,6
$F_1(x)$	0,1	0,4	1

y	1	2	3
$f_2(y)$	0,1	0,35	0,55
$F_2(y)$	0,1	0,45	1

Lösung zu Aufgabe 8.38

	x	1	2	3	
für Beispiel 8.33:	$f_1(x\|2)$	$\frac{0{,}05}{0{,}35} = \frac{1}{7}$	$\frac{0{,}15}{0{,}35} = \frac{3}{7}$	$\frac{0{,}15}{0{,}35} = \frac{3}{7}$	
für Tabelle 8.1:	$f_1(x\|2)$	$\frac{0{,}035}{0{,}35} = \frac{1}{10}$	$\frac{0{,}105}{0{,}35} = \frac{3}{10}$	$\frac{0{,}210}{0{,}35} = \frac{6}{10}$	$\mathrel{\widehat{=}} f_1(x)$

Lösung zu Aufgabe 9.2

$x_{\text{Mod}} = 3; \quad x_{\text{Med}} \in [2;3]$ beliebig; $\quad E(X) = 1 \cdot \frac{1}{4} + 2 \cdot \frac{1}{4} + 3 \cdot \frac{1}{2} = 2{,}25.$

Lösung zu Aufgabe 9.4

a) $E(X) = \mu = 15\,000; \quad E(Y) = \frac{12\,000+24\,000}{2} = 18\,000 > E(X).$

b) Für A: $g_1(X) = 100X \Rightarrow E[g_1(X)] = 100E(X) = 1\,500\,000;$
Für B:

$$g_2(Y) = \begin{cases} -100\,000 + 90Y, & \text{falls } Y \leqq 20\,000 \\ \underbrace{-100\,000 + 90 \cdot 20\,000 + 120(Y - 20\,000)}_{=-700\,000+120Y}, & \text{falls } Y > 20\,000 \end{cases}$$

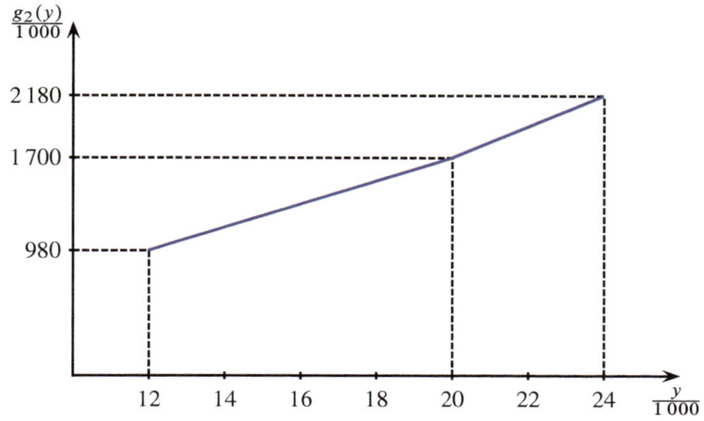

$$\begin{aligned} \mathrm{E}[g_2(Y)] &= 1\,000 \cdot \left[\int_{12}^{20} \tfrac{1}{12} \cdot (-100 + 90y)\,\mathrm{d}y + \int_{20}^{24} \tfrac{1}{12} \cdot (-700 + 120y)\,\mathrm{d}y\right] \\ &= 1\,000 \cdot \tfrac{1}{12} \cdot \left(-800 + 90 \cdot \tfrac{400-144}{2} - 2\,800 + 120 \cdot \tfrac{576-400}{2}\right) \\ &= 1\,000 \cdot (-300 + 960 + 880) = 1\,540\,000 > \mathrm{E}[g_1(X)]\ . \end{aligned}$$

Aus der Jensenschen Ungleichung folgt wegen der Konvexität von g_2:

$$\mathrm{E}[g_2(Y)] \geqq g_2[\mathrm{E}(Y)] = g_2(18\,000) = 1\,520\,000 > \mathrm{E}[g_1(x)]\ .$$

Lösung zu Aufgabe 9.7

a) $\mathrm{E}(X) = \frac{1}{2}$, da $f(x)$ symmetrisch zu $\frac{1}{2}$;

$$\mathrm{Var}(X) = \mathrm{E}(X^2) - [\mathrm{E}(X)]^2 = \int_0^1 x^2 \cdot 6(x - x^2)\,\mathrm{d}x - \tfrac{1}{4} = \tfrac{6}{20} - \tfrac{1}{4} = \tfrac{1}{20}.$$

b) $\mathrm{E}(Y) = 100 - 100\mathrm{E}(X) = 50;\quad \mathrm{Var}(Y) = (-100)^2\mathrm{Var}(X) = 500.$

Lösung zu Aufgabe 9.8

X = Anzahl der Defekte pro Tag; $\mathrm{E}(X) = \lambda = 4$ ($= np$ mit $n \geqq 50 \Rightarrow p \leqq \frac{4}{50} \leqq \frac{1}{10}$).

a) $P(X > 10) = 1 - P(X \leqq 10) = 1 - 0{,}9972 = 0{,}0028.$
b) $P(X = 4) = 0{,}1953.$
c) Standardabweichung: $\sqrt{\lambda} = 2.$

Lösung zu Aufgabe 9.9

- $\mathrm{E}(Y) = \mathrm{E}\left(\frac{X-\mu}{\sigma}\right) = \mathrm{E}\left(-\frac{\mu}{\sigma} + \frac{X}{\sigma}\right) = -\frac{\mu}{\sigma} + \frac{1}{\sigma} \cdot \mathrm{E}(X) = 0$ nach (87);
  $\mathrm{Var}(Y) = \mathrm{Var}\left(\frac{X-\mu}{\sigma}\right) = \mathrm{Var}\left(-\frac{\mu}{\sigma} + \frac{X}{\sigma}\right) = \frac{1}{\sigma^2} \cdot \mathrm{Var}(X) = 1$ nach (91).
- $\mathrm{E}(\bar{X}_n) = \frac{1}{n} \cdot \mathrm{E}\left(\sum_{i=1}^{n} X_i\right) = \frac{1}{n}\sum_{i=1}^{n} \mathrm{E}(X_i) = \frac{n\mu}{n} = \mu$ nach (87) und (88);
  $\mathrm{Var}(\bar{X}_n) = \frac{1}{n^2} \cdot \mathrm{Var}\left(\sum_{i=1}^{n} X_i\right) = \frac{1}{n^2}\sum_{i=1}^{n} \mathrm{Var}(X_i) = \frac{n\sigma^2}{n^2} = \frac{\sigma^2}{n}$ nach (91) und (92).

Lösung zu Aufgabe 9.11

$$\begin{aligned} \mathrm{Var}(X - Y) &= 1^2\mathrm{Var}(X) + (-1)^2\mathrm{Var}(Y) + 2[1 \cdot (-1)\mathrm{Cov}(X, Y)] \\ &= \mathrm{Var}(X) + \mathrm{Var}(Y) - 2\mathrm{Cov}(X, Y). \end{aligned}$$

Lösung zu Aufgabe 9.12

a)

$x \backslash y$	0	1	$f_1(x)$
0	$\frac{33}{40}$	$\frac{1}{20}$	$\frac{7}{8}$
1	$\frac{3}{40}$	$\frac{1}{20}$	$\frac{1}{8}$
$f_2(y)$	$\frac{9}{10}$	$\frac{1}{10}$	1

b) $\mathrm{E}(X) = \frac{1}{8}$; $\mathrm{Var}(X) \overset{(90)}{=} \frac{7}{64}$; $\mathrm{E}(Y) = \frac{1}{10}$; $\mathrm{Var}(Y) = \frac{9}{100}$.

c) $\mathrm{Cov}(X,Y) = \mathrm{E}(X \cdot Y) - \mathrm{E}(X) \cdot \mathrm{E}(Y)$;

$$X \cdot Y = \begin{cases} 0, & \text{falls} \quad X = 0 \quad \text{oder} \quad Y = 0 \\ 1, & \text{falls} \quad X = 1 \quad \text{und} \quad Y = 1\,. \end{cases}$$

Es ist also $\mathrm{E}(X \cdot Y) = \frac{1}{20}$ und somit $\mathrm{Cov}(X,Y) = \frac{1}{20} - \frac{1}{8} \cdot \frac{1}{10} = \frac{3}{80}$ sowie

$$\varrho(X,Y) = \frac{\frac{3}{80}}{\sqrt{\frac{7}{64} \cdot \frac{9}{100}}} = \frac{1}{\sqrt{7}} = 0{,}38\,.$$

d) $\mathrm{E}(X+Y) = \mathrm{E}(X) + \mathrm{E}(Y) = \frac{1}{8} + \frac{1}{10} = \frac{9}{40}$;
$\mathrm{Var}(X+Y) = \mathrm{Var}(X) + \mathrm{Var}(Y) + 2\mathrm{Cov}(X,Y) = \frac{7}{64} + \frac{9}{100} + \frac{6}{80} = \frac{439}{1600} = 0{,}274.$

Hinweis: Unter Zuhilfenahme der in Teil a) erstellten Wahrscheinlichkeitstabelle gestalten sich die Lösungen der Aufgaben 7.16 und 7.19 besonders einfach. (Z. B. ist die Wahrscheinlichkeit, Rückstände bei höchstens, mindestens bzw. genau einer Kontrolle zu entdecken, gleich $\frac{33}{40} + \frac{1}{20} + \frac{3}{40}$, $\frac{1}{20} + \frac{3}{40} + \frac{1}{20}$ bzw. $\frac{1}{20} + \frac{3}{40}$.)

Lösung zu Aufgabe 10.3

Nach dem zentralen Grenzwertsatz ist die Summe von 12 unabhängigen, über dem Intervall [0; 1] gleichverteilten Zufallsvariablen $X_1, \ldots, X_{12}$ approximativ normalverteilt. Ferner ist

$$\mathrm{E}\Big(\sum_{i=1}^{12} X_i\Big) = \sum_{i=1}^{12} \mathrm{E}(X_i) = 12 \cdot \tfrac{1}{2} = 6 \quad \text{und} \quad \mathrm{Var}\Big(\sum_{i=1}^{12} X_i\Big) = \sum_{i=1}^{12} \mathrm{Var}(X_i) = 12 \cdot \tfrac{1}{12} = 1\,.$$

Somit ist die standardisierte Variable $Y = \sum_{i=1}^{12} X_i - 6$ approximativ standardnormalverteilt.

Lösung zu Aufgabe 10.4

a) F sei die Verteilungsfunktion der Poisson-Verteilung mit $\lambda = 10$;
$P(5 \leqq X \leqq 15) \approx F(15) - F(4) = 0{,}9513 - 0{,}0293 = 0{,}9220.$

b) $P(5 \leqq X \leqq 15) = P(|X - \mathrm{E}(X)| \leqq 5) = 1 - P(|X - \mathrm{E}(X)| > 5)$
$= 1 - P(|X - \mathrm{E}(X)| \geqq 6) \geqq 1 - \frac{\mathrm{Var}(X)}{36} = 1 - \frac{200 \cdot \frac{1}{20} \cdot \frac{19}{20}}{36} = 0{,}74.$

c) $P(5 \leqq X \leqq 15) = P(X \leqq 15) - P(X \leqq 4) = \Phi\big(\frac{15-10}{\sqrt{9{,}5}}\big) - \Phi\big(\frac{4-10}{\sqrt{9{,}5}}\big) =$
$= \Phi\big(\frac{5}{\sqrt{9{,}5}}\big) - \big(1 - \Phi\big(\frac{6}{\sqrt{9{,}5}}\big)\big) = 0{,}948 - 0{,}026 = 0{,}922.$

Allerdings lassen sich auch rechtfertigen (bei Nichtberücksichtigung der Ganzzahligkeit von X):

b) $P(5 \leqq X \leqq 15) \geqq 1 - P(|X - \mathrm{E}(X)| \geqq 5) \geqq 1 - \frac{9{,}5}{25} = 0{,}62;$

c) $P(5 \leqq X \leqq 15) = 2\Phi\big(\frac{5}{\sqrt{9{,}5}}\big) - 1 = 2 \cdot 0{,}948 - 1 = 0{,}896.$

Lösung zu Aufgabe 11.4

1. Stichprobenraum $= \{(y_1, \ldots, y_{12}) \colon\ y_i = 0 \ \text{ oder } \ y_i = 1\}$.
2. a) $f(y_1, \ldots, y_{12}|p) = P(Y_1 = y_1, \ldots, Y_{12} = y_{12}) = P(Y_1 = y_1) \cdots P(Y_{12} = y_{12})$
$= p^{y_1}(1-p)^{1-y_1} \cdots p^{y_{12}}(1-p)^{1-y_{12}} = p^{\sum y_i} \cdot (1-p)^{12-\sum y_i}$.
   b) $V = \sum_{i=1}^{12} Y_i$ ist $B(12;p)$-verteilt: $f(v|p) = \binom{12}{v} p^v (1-p)^{12-v}$ für $v = 0, 1, 2, \ldots, 12$.
3. $f(y_1, \ldots, y_{12}|p) = p^4(1-p)^8; \quad f(v|p) = \binom{12}{4} p^4 (1-p)^8$.

Lösung zu Aufgabe 11.5

a) $\frac{1}{n} \sum (X_i - \bar{X})^2 = \frac{1}{n} \sum X_i^2 - \bar{X}^2 = \frac{1}{n} \sum X_i - \bar{X}^2 = \bar{X} - \bar{X}^2 = \bar{X}(1 - \bar{X})$.

b) $\mathrm{E}[\bar{X}(1-\bar{X})] = \mathrm{E}[\frac{1}{n} \sum (X_i - \bar{X})^2] = \frac{n-1}{n} \cdot p(1-p); \quad \mathrm{E}(S^2) = p(1-p)$.
Man vergleiche hierzu die Zeilen 5 und 6 von Tabelle 11.1.

Lösung zu Aufgabe 11.7

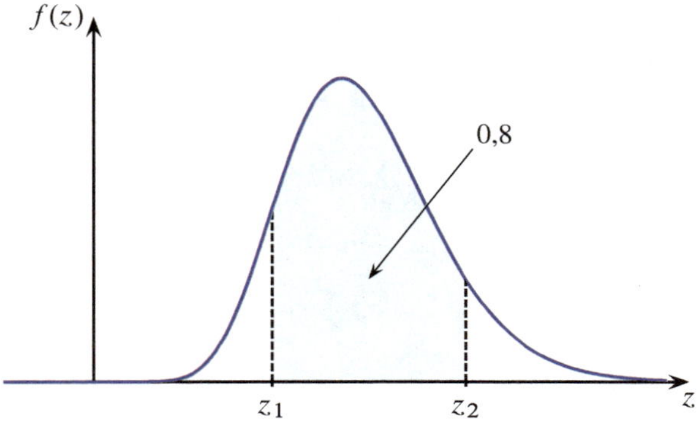

Wegen $P(Z < z_1) = P(Z > z_2)$ ist $z_2 = x_{0,9}$ und $z_1 = x_{0,1}$.

a) $z_1 = 16{,}47; \quad z_2 = 34{,}38$.

b) Das 0,1- bzw. 0,9-Fraktil der $N(0;1)$-Verteilung beträgt $-1{,}282$ bzw. $+1{,}282$; also gilt
$z_1 = \frac{1}{2} \cdot (-1{,}282 + \sqrt{2 \cdot 41 - 1})^2 = \frac{1}{2} \cdot 7{,}718^2 = 29{,}78; \quad z_2 = \frac{1}{2} \cdot 10{,}282^2 = 52{,}86$.

Lösung zu Aufgabe 11.8

Aus $P(x \leqq T \leqq 0) = 0{,}49$ und der Symmetrie der Dichtefunktion um 0 folgt

$$P(x \leqq T < \infty) = 0{,}99 \quad \text{bzw.} \quad P(-\infty < T \leqq |x|) = 0{,}99\,.$$

Daher ist $x = -x_{0,99}$, laut Tabelle A.3 also gleich $-2{,}492$.

Lösung zu Aufgabe 11.9

$$Z = \frac{\frac{1}{8} \sum_{i=1}^{8} X_i^2}{\frac{1}{10} \sum_{i=1}^{10} Y_i^2} \quad \text{ist } F(8, 10)\text{-verteilt.}$$

Tabelle A.6 liefert $x_{0,95} = 3{,}07; \ \ x_{0,01} = \dfrac{1}{\tilde{x}_{0,99}} = \dfrac{1}{5{,}81} = 0{,}172$.

$\mathrm{E}(Z) = \frac{10}{10-2} = 1{,}25; \quad \sqrt{\mathrm{Var}(Z)} = \sqrt{\frac{2 \cdot 100 \cdot 16}{8 \cdot 6 \cdot 64}} = 1{,}02$.

Lösung zu Aufgabe 11.10

$F(n_1 - 1, n_2 - 1)$-verteilt.

Lösung zu Aufgabe 12.2

Mit σ^2 = Varianz der Grundgesamtheit gilt: $\operatorname{Var}(\bar{X}) = \frac{\sigma^2}{n}$, $\operatorname{Var}(X_j) = \sigma^2$ und (für $n \geqq 2$) wegen (91) und (92):

$$\operatorname{Var}\left[\frac{1}{3} \cdot \left(\frac{1}{n-1} \sum_{i=1}^{n-1} X_i\right) + \frac{2}{3} \cdot X_n\right] = \frac{1}{9} \cdot \frac{\sigma^2}{n-1} + \frac{4}{9} \cdot \sigma^2 = \sigma^2\left[\frac{1}{9} \cdot \left(4 + \frac{1}{n-1}\right)\right].$$

Dabei ist $\frac{\sigma^2}{n} < \sigma^2[\frac{1}{9} \cdot (4 + \frac{1}{n-1})] < \sigma^2$.

Lösung zu Aufgabe 12.4

a)
$$\bar{X} = \sum \alpha_i X_i \quad \text{mit } \alpha_1 = \cdots = \alpha_n = \tfrac{1}{n};$$
$$X_j = \sum \alpha_i X_i \quad \text{mit } \alpha_j = 1,\ \alpha_i = 0 \text{ für alle } i \neq j;$$
$$\tfrac{1}{3} \cdot \left(\tfrac{1}{n-1} \sum_{i=1}^{n-1} X_i\right) + \tfrac{2}{3} \cdot X_n = \sum \alpha_i X_i \quad \text{mit } \alpha_1 = \cdots = \alpha_{n-1} = \tfrac{1}{3(n-1)},\ \alpha_n = \tfrac{2}{3}.$$

b) $\sum \alpha_i X_i$ erwartungstreu für μ bedeutet: $\operatorname{E}(\sum \alpha_i X_i) = \mu \sum \alpha_i = \mu$ für jeden „möglichen" Wert von μ, d. h. $\sum \alpha_i = 1$.

c) Gesucht ist die Minimalstelle von $\operatorname{Var}(\sum \alpha_i X_i)$ unter der Nebenbedingung $\sum \alpha_i = 1$. Zur Lösung erstellen wir unter Beachtung von $\operatorname{Var}(\sum \alpha_i X_i) = \sum \alpha_i^2 \operatorname{Var}(X_i) = \sigma^2 \sum \alpha_i^2$ (siehe dazu (91) und (92)) die Lagrange-Funktion

$$\mathcal{L}(\alpha_1, \ldots, \alpha_n; \lambda) = \sigma^2 \sum_{i=1}^{n} \alpha_i^2 + \lambda\left(\sum_{i=1}^{n} \alpha_i - 1\right).$$

Die Bedingungen erster Ordnung

$$\frac{\partial \mathcal{L}(\alpha_1, \ldots, \alpha_n; \lambda)}{\partial \alpha_i} = \sigma^2 \cdot 2\alpha_i + \lambda = 0 \quad \text{für alle} \quad i = 1, \ldots, n$$

implizieren $\alpha_1 = \cdots = \alpha_n$. Wegen $\sum \alpha_i = 1$ muss $\alpha_1 = \cdots = \alpha_n = \frac{1}{n}$ gelten. Die Matrix der zweiten partiellen Ableitungen von $\mathcal{L}$ nach den α_i, α_j ist (unabhängig von λ) gleich dem σ^2-fachen der Einheitsmatrix und damit jedenfalls positiv definit. $\bar{X}$ ist somit die wirksamste unter allen linearen erwartungstreuen Schätzfunktionen für μ.

Lösung zu Aufgabe 12.5

a) $\operatorname{E}(\widehat{\Theta}) = \frac{n_1 p_1 + n_2 p_2}{n_1 + n_2}$ ist nicht notwendig gleich $p = \frac{2\,200 p_1 + 600 p_2}{2\,800}$,

$\operatorname{E}(\widehat{\Theta}') = \frac{p_1 + p_2}{2}$ ist i. Allg. ebenfalls von p verschieden,

$\operatorname{E}(\widehat{\Theta}'') = \frac{2\,200 p_1 + 600 p_2}{2\,800} = p$;

Also ist nur $\widehat{\Theta}''$ erwartungstreu für p bei beliebigen n_1, n_2.

b) $\widehat{p}_1 = \bar{x} = \frac{42}{70} = 0{,}6$; $\quad \widehat{p}_2 = \bar{y} = \frac{25}{30} = 0{,}833$; $\quad \widehat{p} = \frac{2\,200 \cdot \frac{6}{10} + 600 \cdot \frac{5}{6}}{2\,800} = 0{,}65$.

Lösung zu Aufgabe 12.7

a) Nein, da nicht alle Y_i identisch verteilt und möglicherweise auch nicht unabhängig sind.

b) $\operatorname{E}(\bar{Y}) = \frac{1}{n} \sum \operatorname{E}(Y_i) = \frac{1}{n} \sum (a + b x_i) = a + b\bar{x}$;

$\operatorname{E}(Y_i - \bar{Y}) = \operatorname{E}(Y_i) - \operatorname{E}(\bar{Y}) = a + b x_i - a - b\bar{x} = b(x_i - \bar{x})$.

c) $\operatorname{E}(\widehat{B}) = \frac{\sum (x_i - \bar{x}) \operatorname{E}(Y_i - \bar{Y})}{\sum (x_i - \bar{x})^2} = \frac{b \sum (x_i - \bar{x})^2}{\sum (x_i - \bar{x})^2} = b$, also ist $\widehat{B}$ erwartungstreu für b;

$\operatorname{E}(\widehat{A}) = \operatorname{E}(\bar{Y}) - E(\widehat{B})\bar{x} = a + b\bar{x} - b\bar{x} = a$, also ist $\widehat{A}$ erwartungstreu für a.

Lösung zu Aufgabe 12.10

Weil $h(\sigma) = \sigma^2$ (im positiven Bereich) streng monoton ist, erhält man nach Beispiel 12.9:

a) $\frac{1}{n}\sum(X_i - \mu)^2$, b) $\frac{1}{n}\sum(X_i - \bar{X})^2$.

Die Schätzfunktion unter a) ist erwartungstreu, die unter b) nicht, vgl. Tabelle 11.1.

Lösung zu Aufgabe 12.11

a) Aufgrund der Unabhängigkeit der Stichprobenvariablen ergibt sich

$$f(x_1,\dots,x_n|\lambda) = \begin{cases} \lambda e^{-\lambda x_1}\cdot\ldots\cdot\lambda e^{-\lambda x_n} = \lambda^n e^{-\lambda\sum x_i}, & \text{falls alle } x_i \geqq 0 \text{ sind} \\ 0, & \text{falls mind. ein } x_i < 0 \text{ ist.} \end{cases}$$

b) Für $x_1 \geqq 0,\dots,x_n \geqq 0$ gilt $\ln f(x_1,\dots,x_n|\lambda) = n\ln\lambda - \lambda\sum x_i$.

c) Nullsetzen der ersten Ableitung $\frac{n}{\lambda} - \sum x_i$ liefert (da die zweite Ableitung < 0 ist) den Schätzwert $\widehat{\lambda} = \frac{n}{\sum x_i} = \frac{1}{\bar{x}}$ bzw. die Maximum-Likelihood-Schätzfunktion $\widehat{\Lambda} = 1/\bar{X}$.

d) Die Exponentialverteilung mit dem Parameter λ besitzt den Erwartungswert $1/\lambda$ und die Varianz $1/\lambda^2$ (siehe Tabelle 9.1). Da $1/\lambda$ und $1/\lambda^2$ für $\lambda > 0$ streng monoton sind, ist $\bar{X}$ bzw. $\bar{X}^2$ Maximum-Likelihood-Schätzfunktion für den Erwartungswert bzw. für die Varianz.

Lösung zu Aufgabe 12.13

1. a) $\widehat{p} = \sum p_j\varphi(p_j) = 0{,}41$.
   b) $\widehat{p} = 0{,}4$, weil $\varphi(p_2)$ maximal ist.
2. $\widehat{p} = \bar{x} = 0{,}8$.
3. a) $\widehat{p} = \sum p_j\psi(p_j|x_1,\dots,x_{20}) = 0{,}7314$.
   b) $\widehat{p} = 0{,}8$, weil $\psi(p_4|x_1,\dots,x_{20})$ maximal ist.

Lösung zu Aufgabe 13.2

$1-\alpha = 0{,}95$; $c = 1{,}96$; $\bar{x} = 184{,}8$; $\sigma c/\sqrt{n} = 1{,}57$; Ergebnis $[183{,}23; 186{,}37]$.
Für $L = 1$ muss $n \geqq \frac{4\cdot 2{,}4^2\cdot 1{,}96^2}{1} = 88{,}51$, also $n \geqq 89$ sein.

Lösung zu Aufgabe 13.3

$1-\alpha = 0{,}99$; $c = 3{,}355$ (aus der $t(8)$-Verteilung); $\bar{x} = 184{,}8$; $s^2 = 1{,}725$;
$s = 1{,}313$; $\frac{sc}{3} = 1{,}47$; Ergebnis $[183{,}33; 186{,}27]$.

Lösung zu Aufgabe 13.5

$$Y_i = \begin{cases} 1, & \text{falls } i\text{-te Beobachtung} \geqq 9 \\ 0, & \text{sonst} \end{cases}; \quad 5 \leqq \sum_{i=1}^{n} y_i = 7 \leqq n-5 = 35\,.$$

Durchführung von Schritt 1 bis 5 liefert:
$1-\alpha = 0{,}95$; $c = 1{,}96$; $\bar{y} = 0{,}175$; $\widehat{\sigma} = 0{,}38$; $\widehat{\sigma}c/\sqrt{n} = 0{,}1178$; Ergebnis $[0{,}0572; 0{,}2928]$.

Lösung zu Aufgabe 13.6

a) Wegen $5 \leqq \sum x_i = 108 \leqq n-5 = 1995$ sind die erforderlichen Voraussetzungen erfüllt; die Schritte der Intervall-Schätzung für den Anteil p ergeben:
$1-\alpha = 0{,}99$; $c = 2{,}575$; $\bar{x} = 0{,}054$; $\widehat{\sigma} = 0{,}226$; $\widehat{\sigma}c/\sqrt{n} = 0{,}013$;
Schätzintervall für p ist $[0{,}041; 0{,}067]$ $\Rightarrow$ Schätzintervall für $100p$ ist $[4{,}1; 6{,}7]$.

b) $L \leqq 1$ bei $100p$ bedeutet $L \leqq 0{,}01$ bei p und folglich $n \geqq \left(\frac{2{,}575}{0{,}01}\right)^2 = 66\,306{,}25$.

c) Wenn mit Sicherheit $\bar{x} \leqq 0{,}1$ ist, gilt $\widehat{\sigma} = \sqrt{\bar{x}(1-\bar{x})} \leqq 0{,}3$ sicher. Für $L \leqq 1$ ist dann $n \geqq \left(\frac{2\cdot 0{,}3\cdot 2{,}575}{0{,}01}\right)^2 = 23\,870{,}25$ ausreichend.

Lösung zu Aufgabe 13.7
Die Gleichverteilung im Intervall $[\mu - \frac{1}{2}; \mu + \frac{1}{2}]$ besitzt die Varianz $\sigma^2 = \frac{1}{12}$. Für $L = 0{,}1$ ist $n \geqq \left(\frac{2c}{0{,}1\sqrt{12}}\right)^2 = \frac{1}{3} \cdot \left(\frac{1{,}645}{0{,}1}\right)^2 = 90{,}20$ erforderlich.

Lösung zu Aufgabe 13.8
$1 - \alpha = 0{,}9$; $c_1 = 2{,}73$ und $c_2 = 15{,}51$ (aus der $\chi^2(8)$-Verteilung);
$(n-1)s^2 = 13{,}8$; $v_u = 0{,}89$; $v_o = 5{,}05$; Ergebnis $[0{,}89; 5{,}05]$.

Lösung zu Aufgabe 14.4
1. $\alpha = 0{,}05$.
2. $v = \frac{998{,}2875 - 1\,000}{2{,}5}\sqrt{16} = -2{,}74$.
3. a) $B = (-\infty; -1{,}96) \cup (1{,}96; \infty)$, b) $B = (-\infty; -1{,}645)$, c) $B = (1{,}645; \infty)$.
4. a), b) $v \in B$; H_0 wird verworfen, c) $v \notin B$; H_0 wird nicht verworfen.

Lösung zu Aufgabe 14.7
Bei $n = 5$ ist $B = \emptyset$, bei $n = 10$ ist $B = \{0\}$.

Lösung zu Aufgabe 14.11
1. $\alpha = 0{,}01$.
2. $\bar{x} = 2\,164$; $s^2 = 2\,960$; $s = 54{,}4$; $v = \frac{\bar{x} - 2\,000}{s}\sqrt{10} = 9{,}53$.
3. $B = (2{,}821; \infty)$ (aus der $t(9)$-Verteilung).
4. $v \in B$; H_0 wird verworfen.

Lösung zu Aufgabe 14.12
Mit

$$X_i = \begin{cases} 0, & \text{KKW befürwortet} \\ 1, & \text{KKW abgelehnt} \end{cases} \quad \text{und} \quad Y_i = \begin{cases} 0, & \text{Sparprogramm nicht als notwendig erachtet} \\ 1, & \text{Sparprogramm als notwendig erachtet} \end{cases}$$

sind $p_1 = \mathrm{E}(X_i) = P(X_i = 1)$ und $p_2 = \mathrm{E}(Y_i) = P(Y_i = 1)$.
Wegen $h_{10} = 118 \geqq 5$ und $h_{01} = 71 \geqq 5$ sind die Voraussetzungen für den Differenzentest für H_0: $p_1 = p_2$ gegen H_1: $p_1 > p_2$ erfüllt.
1. $\alpha = 0{,}05$.
2. $v = \frac{118-71}{\sqrt{118+71}} = \frac{47}{\sqrt{189}} = 3{,}42$ (vgl. Fußnote 19 auf Seite 176).
3. $B = (1{,}645; \infty)$.
4. $v \in B$; H_0 wird verworfen.

Lösung zu Aufgabe 14.13
1. $\alpha = 0{,}1$.
2. $v = \frac{26\,640}{40^2} = 16{,}65$.
3. $B = [0; 3{,}33) \cup (16{,}92; \infty)$ (aus der $\chi^2(9)$-Verteilung).
4. $v \notin B$; H_0 wird nicht verworfen.

Lösung zu Aufgabe 14.15
1. $\alpha = 0{,}05$.
2. $v = (\bar{x} - \bar{y})\left(\frac{4s_1^2 + 6s_2^2}{10} \cdot \frac{12}{5 \cdot 7}\right)^{-\frac{1}{2}} = -0{,}51$ (wegen Voraussetzung 4).
3. $B = (-\infty; -2{,}228) \cup (2{,}228; \infty)$ (aus der $t(10)$-Verteilung).
4. $v \notin B$; $\mu_1 = \mu_2$ wird nicht verworfen.

Lösung zu Aufgabe 14.16

Nach der Schlussbemerkung in Abschnitt 8.6 sind $\overline{X}$ und $-\overline{Y}$ normalverteilt; daher genügt auch V einer Normalverteilung. Dabei ist

$$\mathrm{E}(V) \overset{(87),(88)}{=} \frac{\mathrm{E}(\overline{X}) - \mathrm{E}(\overline{Y})}{\sqrt{\frac{\sigma_1^2}{n_1} + \frac{\sigma_2^2}{n_2}}} \overset{\text{Tab. 11.1}}{=} \frac{\mu_1 - \mu_2}{\sqrt{\frac{\sigma_1^2}{n_1} + \frac{\sigma_2^2}{n_2}}} \overset{\mu_1 = \mu_2}{=} 0 ;$$

$$\mathrm{Var}(V) \overset{(91),(92)}{=} \frac{\mathrm{Var}(\overline{X}) + \mathrm{Var}(-\overline{Y})}{\frac{\sigma_1^2}{n_1} + \frac{\sigma_2^2}{n_2}} \overset{(91)}{=} \frac{\mathrm{Var}(\overline{X}) + (-1)^2\mathrm{Var}(\overline{Y})}{\frac{\sigma_1^2}{n_1} + \frac{\sigma_2^2}{n_2}} \overset{\text{Tab. 11.1}}{=} 1 .$$

Also genügt V einer $N(0; 1)$-Verteilung.

Lösung zu Aufgabe 14.17

1. $\alpha = 0{,}05$ bzw. $\alpha = 0{,}02$.
2. $v = \frac{1\,250 \cdot 6}{4 \cdot 1\,550} = 1{,}21$.
3. $B = (4{,}53; \infty)$ (aus der $F(4,6)$-Verteilung) im Fall a);
   $B = \left(0; \frac{1}{15{,}2}\right) \cup (9{,}15; \infty)$ (aus der $F(6,4)$- bzw. $F(4,6)$-Verteilung) im Fall b).
4. $v \notin B$; H_0 wird nicht verworfen.

Lösung zu Aufgabe 14.19

a) 1. $\alpha = 0{,}01$.
   2. $\bar{x}_1 = 12$, $\bar{x}_2 = 13$, $\bar{x}_3 = 14$, $\bar{x}_4 = 17$, $\bar{x}_{\text{Ges}} = 14$, $q_1 = 70$, $q_2 = 42$, $v = 8{,}89$.
   3. $B = (x_{0,99}; \infty)$ mit $x_{0,99}$ aus der $F(3,16)$-Verteilung, also $4{,}94 < x_{0,99} < 5{,}42$.
   4. $v \in B$; H_0 wird verworfen.

b) Eine Messung in Stunden ändert alle Daten um einen konstanten Faktor; das Testergebnis wird dadurch nicht verändert.

Lösung zu Aufgabe 14.22

a) Als Maximum-Likelihood-Schätzwert für σ ergibt sich, falls $\mu = 0$ ist, gemäß Beispiel 12.9 aus den unklassierten Daten der Wert

$$\widehat{\sigma} = \sqrt{\frac{1}{n}\sum_{i=1}^{n} x_i^2} = \sqrt{\frac{1}{n}\sum_{i=1}^{n}(x_i - \bar{x})^2 + \bar{x}^2} = \sqrt{0{,}72^2 + 0{,}085^2} = 0{,}725 .$$

Somit ist $\widehat{F}_0$ die Verteilungsfunktion der $N(0; 0{,}725)$-Verteilung, und wir erhalten die hypothetischen Wahrscheinlichkeiten $p_j = P(X \in A_j \,|\, \widehat{F}_0)$, die alle $\geqq \frac{5}{n} = 0{,}062$ sind:

z_j	-1	$-0{,}5$	$-0{,}1$	$0{,}1$	$0{,}5$	1	∞
$\frac{z_j}{0{,}725}$	$-1{,}3793$	$-0{,}6897$	$-0{,}1379$	$0{,}1379$	$0{,}6897$	$1{,}3793$	∞
$\Phi\left(\frac{z_j}{0{,}725}\right)$	0,084	0,245	0,445	0,555	0,755	0,916	1
p_j	0,084	0,161	0,200	0,110	0,200	0,161	0,084

Wegen $v = 4{,}46$ und $B = (11{,}07; \infty)$ (aus der $\chi^2(7-1-1)$-Verteilung) wird H_0 nicht verworfen.

b) F_0 ist Verteilungsfunktion der $N(0; 1)$-Verteilung, und wir erhalten folgende p_j (wobei alle $p_j \geqq \frac{5}{n}$ sind):

z_j	-1	$-0{,}5$	$-0{,}1$	$0{,}1$	$0{,}5$	1	∞
$\Phi(z_j)$	0,1587	0,3085	0,4602	0,5398	0,6915	0,8413	1
p_j	0,1587	0,1498	0,1517	0,0796	0,1517	0,1498	0,1587

$v = 12{,}28$; $B = (12{,}59; \infty)$ (aus der $\chi^2(6)$-Verteilung); H_0 wird nicht verworfen.

Lösung zu Aufgabe 14.23

1. $\alpha = 0{,}025$.
2. 2.1 bis 2.3 erübrigen sich (wobei alle $np_j \geqq 5$ sind); 2.4 liefert $v = 5{,}55$.
3. $B = (20{,}48; \infty)$ (aus der $\chi^2(10)$-Verteilung).
4. $v \notin B$; H_0 wird nicht verworfen.

Lösung zu Aufgabe 14.25

1. $\alpha = 0{,}05$.
2. 2.1 erübrigt sich.
   2.2 ist gegeben, wobei alle $h_{ij} \geqq 5$ sind.
   2.3 Tabelle der $\tilde{h}_{ij}$:

i \ j	1	2	3
1	66	99	99
2	34	51	51

   2.4 $v = 2{,}38$.
3. $B = (5{,}99; \infty)$ (aus der $\chi^2((3-1)(2-1))$-Verteilung).
4. $v \notin B$; H_0 wird nicht verworfen.

Lösung zu Aufgabe 14.26

Zu testen ist H_0: $\varrho = 0$ (oder $\varrho \leqq 0$) gegen H_1: $\varrho > 0$.

1. $\alpha = 0{,}01$.
2. $v = \sqrt{13} \cdot \frac{0{,}88}{\sqrt{1-0{,}88^2}} = 6{,}68$.
3. $B = (2{,}650; \infty)$ (aus der $t(13)$-Verteilung).
4. $v \in B$; H_0 wird verworfen.

Damit kann die Hypothese H_1 eines positiven linearen Zusammenhanges als statistisch bestätigt angesehen werden.

Lösung zu Aufgabe 14.28

Bei $\Theta_0 = \{\mu_0\}$, $\Theta_1 = (-\infty; \mu_0)$ sind die Tests a) und b) unverfälscht. Dabei verläuft die Gütefunktion von b) auf Θ_1 oberhalb der Gütefunktion von a), d. h. b) ist besser als a). Entsprechend sind bei $\Theta_0 = \{\mu_0\}$, $\Theta_1 = (\mu_0; \infty)$ die Tests a) und c) unverfälscht, wobei c) besser ist als a). Im Fall $\Theta_0 = [\mu_0; \infty)$, $\Theta_1 = (-\infty; \mu_0)$ ist nur der Test b) unverfälscht.

Tabellenanhang

In den folgenden Tabellen bedeutet der Eintrag 1,0 den exakten Wert 1 und ein Eintrag 1,0000 einen Wert, der auf 4 Nachkommastellen gerundet ist.

Tabelle A.1
Verteilungsfunktion $F(x)$ der **Binomialverteilung** mit den Parametern n und p

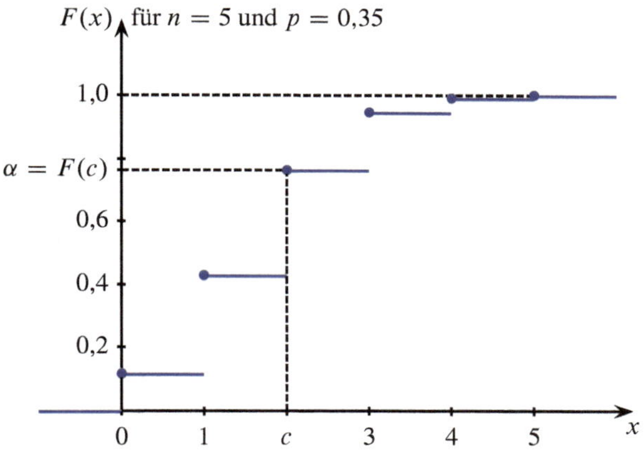

Beispiele zur Benutzung der Tabelle:

$F(3) = 0{,}8235$	für	$p = 0{,}05$ und	$n = 44$
$F(12) = 1{,}0000$	für	$p = 0{,}05$ und	$n = 20$
$f(5) = F(5) - F(4) = 0{,}9826 - 0{,}9427 = 0{,}0399$	für	$p = 0{,}05$ und	$n = 42$

Tabellenteile siehe ►

Tabelle A.1
Verteilungsfunktion $F(x)$ der **Binomialverteilung** für $p = 0{,}05$

x \ n	1	2	3	4	5	6	7	8	9	10	11	12	13	14	15	n / x
0	0,9500	0,9025	0,8574	0,8145	0,7738	0,7351	0,6983	0,6634	0,6302	0,5987	0,5688	0,5404	0,5133	0,4877	0,4633	0
1	1,0	0,9975	0,9928	0,9860	0,9774	0,9672	0,9556	0,9428	0,9288	0,9139	0,8981	0,8816	0,8646	0,8470	0,8290	1
2	·	1,0	0,9999	0,9995	0,9988	0,9978	0,9962	0,9942	0,9916	0,9885	0,9848	0,9804	0,9755	0,9699	0,9638	2
3	·	·	1,0	1,0000	1,0000	0,9999	0,9998	0,9996	0,9994	0,9990	0,9984	0,9978	0,9969	0,9958	0,9945	3
4	·	·	·	1,0	1,0000	1,0000	1,0000	1,0000	1,0000	0,9999	0,9999	0,9998	0,9997	0,9996	0,9994	4
5	·	·	·	·	1,0	1,0000	1,0000	1,0000	1,0000	1,0000	1,0000	1,0000	1,0000	1,0000	0,9999	5
6	·	·	·	·	·	1,0	1,0000	1,0000	1,0000	1,0000	1,0000	1,0000	1,0000	1,0000	1,0000	6
	1	2	3	4	5	6	7	8	9	10	11	12	13	14	15	

x \ n	16	17	18	19	20	21	22	23	24	25	26	27	28	29	30	n / x
0	0,4401	0,4181	0,3972	0,3774	0,3585	0,3406	0,3235	0,3074	0,2920	0,2774	0,2635	0,2503	0,2378	0,2259	0,2146	0
1	0,8108	0,7922	0,7735	0,7547	0,7358	0,7170	0,6982	0,6794	0,6608	0,6424	0,6241	0,6061	0,5883	0,5708	0,5535	1
2	0,9571	0,9497	0,9419	0,9335	0,9245	0,9151	0,9052	0,8948	0,8841	0,8729	0,8614	0,8495	0,8373	0,8249	0,8122	2
3	0,9930	0,9912	0,9891	0,9868	0,9841	0,9811	0,9778	0,9742	0,9702	0,9659	0,9613	0,9563	0,9509	0,9452	0,9392	3
4	0,9991	0,9988	0,9985	0,9980	0,9974	0,9968	0,9960	0,9951	0,9940	0,9928	0,9915	0,9900	0,9883	0,9864	0,9844	4
5	0,9999	0,9999	0,9998	0,9998	0,9997	0,9996	0,9994	0,9992	0,9990	0,9988	0,9985	0,9981	0,9977	0,9973	0,9967	5
6	1,0000	1,0000	1,0000	1,0000	1,0000	1,0000	0,9999	0,9999	0,9999	0,9998	0,9998	0,9997	0,9996	0,9995	0,9994	6
7	1,0000	1,0000	1,0000	1,0000	1,0000	1,0000	1,0000	1,0000	1,0000	1,0000	1,0000	1,0000	1,0000	0,9999	0,9999	7
8	1,0000	1,0000	1,0000	1,0000	1,0000	1,0000	1,0000	1,0000	1,0000	1,0000	1,0000	1,0000	1,0000	1,0000	1,0000	8
	16	17	18	19	20	21	22	23	24	25	26	27	28	29	30	

x \ n	31	32	33	34	35	36	37	38	39	40	41	42	43	44	45	n / x
0	0,2039	0,1937	0,1840	0,1748	0,1661	0,1578	0,1499	0,1424	0,1353	0,1285	0,1221	0,1160	0,1102	0,1047	0,0994	0
1	0,5366	0,5200	0,5036	0,4877	0,4720	0,4567	0,4418	0,4272	0,4129	0,3991	0,3855	0,3724	0,3595	0,3471	0,3350	1
2	0,7992	0,7861	0,7728	0,7593	0,7458	0,7321	0,7183	0,7045	0,6906	0,6767	0,6629	0,6490	0,6352	0,6214	0,6077	2
3	0,9329	0,9262	0,9192	0,9119	0,9042	0,8963	0,8881	0,8796	0,8709	0,8619	0,8526	0,8431	0,8334	0,8235	0,8134	3
4	0,9821	0,9796	0,9770	0,9741	0,9710	0,9676	0,9641	0,9603	0,9562	0,9520	0,9475	0,9427	0,9377	0,9325	0,9271	4
5	0,9961	0,9954	0,9946	0,9937	0,9927	0,9917	0,9905	0,9891	0,9877	0,9861	0,9844	0,9826	0,9806	0,9784	0,9761	5
6	0,9993	0,9991	0,9989	0,9987	0,9985	0,9982	0,9979	0,9975	0,9971	0,9966	0,9961	0,9955	0,9949	0,9941	0,9934	6
7	0,9999	0,9999	0,9998	0,9998	0,9997	0,9997	0,9996	0,9995	0,9994	0,9993	0,9992	0,9990	0,9988	0,9986	0,9984	7
8	1,0000	1,0000	1,0000	1,0000	1,0000	0,9999	0,9999	0,9999	0,9999	0,9999	0,9998	0,9998	0,9998	0,9997	0,9997	8
9	1,0000	1,0000	1,0000	1,0000	1,0000	1,0000	1,0000	1,0000	1,0000	1,0000	1,0000	1,0000	1,0000	0,9999	0,9999	9
10	1,0000	1,0000	1,0000	1,0000	1,0000	1,0000	1,0000	1,0000	1,0000	1,0000	1,0000	1,0000	1,0000	1,0000	1,0000	10
	31	32	33	34	35	36	37	38	39	40	41	42	43	44	45	

Tabelle A.1
Verteilungsfunktion $F(x)$ der **Binomialverteilung** für $p = 0{,}10$

x \ n	1	2	3	4	5	6	7	8	9	10	11	12	13	14	15	n / x
0	0,9000	0,8100	0,7290	0,6561	0,5905	0,5314	0,4783	0,4305	0,3874	0,3487	0,3138	0,2824	0,2542	0,2288	0,2059	0
1	1,0	0,9900	0,9720	0,9477	0,9185	0,8857	0,8503	0,8131	0,7748	0,7361	0,6974	0,6590	0,6213	0,5846	0,5490	1
2	.	1,0	0,9990	0,9963	0,9914	0,9842	0,9743	0,9619	0,9470	0,9298	0,9104	0,8891	0,8661	0,8416	0,8159	2
3	.	.	1,0	0,9999	0,9995	0,9987	0,9973	0,9950	0,9917	0,9872	0,9815	0,9744	0,9658	0,9559	0,9444	3
4	.	.	.	1,0	1,0000	0,9999	0,9998	0,9996	0,9991	0,9984	0,9972	0,9957	0,9935	0,9908	0,9873	4
5	.	.	.	.	1,0	1,0000	1,0000	1,0000	0,9999	0,9999	0,9997	0,9995	0,9991	0,9985	0,9978	5
6	.	.	.	.	.	1,0	1,0000	1,0000	1,0000	1,0000	1,0000	0,9999	0,9999	0,9998	0,9997	6
7	.	.	.	.	.	.	1,0	1,0000	1,0000	1,0000	1,0000	1,0000	1,0000	1,0000	1,0000	7
	1	2	3	4	5	6	7	8	9	10	11	12	13	14	15	

x \ n	16	17	18	19	20	21	22	23	24	25	26	27	28	29	30	n / x
0	0,1853	0,1668	0,1501	0,1351	0,1216	0,1094	0,0985	0,0886	0,0798	0,0718	0,0646	0,0581	0,0523	0,0471	0,0424	0
1	0,5147	0,4818	0,4503	0,4203	0,3917	0,3647	0,3392	0,3151	0,2925	0,2712	0,2513	0,2326	0,2152	0,1989	0,1837	1
2	0,7892	0,7618	0,7338	0,7054	0,6769	0,6484	0,6200	0,5920	0,5643	0,5371	0,5105	0,4846	0,4594	0,4350	0,4114	2
3	0,9316	0,9174	0,9018	0,8850	0,8670	0,8480	0,8281	0,8073	0,7857	0,7636	0,7409	0,7179	0,6946	0,6710	0,6474	3
4	0,9830	0,9779	0,9718	0,9648	0,9568	0,9478	0,9379	0,9269	0,9149	0,9020	0,8882	0,8734	0,8579	0,8416	0,8245	4
5	0,9967	0,9953	0,9936	0,9914	0,9887	0,9856	0,9818	0,9774	0,9723	0,9666	0,9601	0,9529	0,9450	0,9363	0,9268	5
6	0,9995	0,9992	0,9988	0,9983	0,9976	0,9967	0,9956	0,9942	0,9925	0,9905	0,9881	0,9853	0,9821	0,9784	0,9742	6
7	0,9999	0,9999	0,9998	0,9997	0,9996	0,9994	0,9991	0,9988	0,9983	0,9977	0,9970	0,9961	0,9950	0,9938	0,9922	7
8	1,0000	1,0000	1,0000	1,0000	0,9999	0,9999	0,9999	0,9998	0,9997	0,9995	0,9994	0,9991	0,9988	0,9984	0,9980	8
9	1,0000	1,0000	1,0000	1,0000	1,0000	1,0000	1,0000	1,0000	0,9999	0,9999	0,9999	0,9998	0,9998	0,9997	0,9995	9
10	1,0000	1,0000	1,0000	1,0000	1,0000	1,0000	1,0000	1,0000	1,0000	1,0000	1,0000	1,0000	1,0000	0,9999	0,9999	10
11	1,0000	1,0000	1,0000	1,0000	1,0000	1,0000	1,0000	1,0000	1,0000	1,0000	1,0000	1,0000	1,0000	1,0000	1,0000	11
	16	17	18	19	20	21	22	23	24	25	26	27	28	29	30	

Tabelle A.1
Verteilungsfunktion $F(x)$ der **Binomialverteilung** für $p = 0{,}15$

x \ n	1	2	3	4	5	6	7	8	9	10	11	12	13	14	15	n / x
0	0,8500	0,7225	0,6141	0,5220	0,4437	0,3771	0,3206	0,2725	0,2316	0,1969	0,1673	0,1422	0,1209	0,1028	0,0874	0
1	1,0	0,9775	0,9393	0,8905	0,8352	0,7765	0,7166	0,6572	0,5995	0,5443	0,4922	0,4435	0,3983	0,3567	0,3186	1
2	·	1,0	0,9966	0,9880	0,9734	0,9527	0,9262	0,8948	0,8591	0,8202	0,7788	0,7358	0,6920	0,6479	0,6042	2
3	·	·	1,0	0,9995	0,9978	0,9941	0,9879	0,9786	0,9661	0,9500	0,9306	0,9078	0,8820	0,8535	0,8227	3
4	·	·	·	1,0	0,9999	0,9996	0,9988	0,9971	0,9944	0,9901	0,9841	0,9761	0,9658	0,9533	0,9383	4
5	·	·	·	·	1,0	1,0000	0,9999	0,9998	0,9994	0,9986	0,9973	0,9954	0,9925	0,9885	0,9832	5
6	·	·	·	·	·	1,0	1,0000	1,0000	1,0000	0,9999	0,9997	0,9993	0,9987	0,9978	0,9964	6
7	·	·	·	·	·	·	1,0	1,0000	1,0000	1,0000	1,0000	0,9999	0,9998	0,9997	0,9994	7
8	·	·	·	·	·	·	·	1,0	1,0000	1,0000	1,0000	1,0000	1,0000	1,0000	0,9999	8
9	·	·	·	·	·	·	·	·	1,0	1,0000	1,0000	1,0000	1,0000	1,0000	1,0000	9
	1	2	3	4	5	6	7	8	9	10	11	12	13	14	15	

x \ n	16	17	18	19	20	21	22	23	24	25	26	27	28	29	30	n / x
0	0,0743	0,0631	0,0536	0,0456	0,0388	0,0329	0,0280	0,0238	0,0202	0,0172	0,0146	0,0124	0,0106	0,0090	0,0076	0
1	0,2839	0,2525	0,2241	0,1985	0,1756	0,1550	0,1367	0,1204	0,1059	0,0931	0,0817	0,0716	0,0627	0,0549	0,0480	1
2	0,5614	0,5198	0,4797	0,4413	0,4049	0,3705	0,3382	0,3080	0,2798	0,2537	0,2296	0,2074	0,1871	0,1684	0,1514	2
3	0,7899	0,7556	0,7202	0,6841	0,6477	0,6113	0,5752	0,5396	0,5049	0,4711	0,4385	0,4072	0,3772	0,3487	0,3217	3
4	0,9209	0,9013	0,8794	0,8556	0,8298	0,8025	0,7738	0,7440	0,7134	0,6821	0,6505	0,6187	0,5869	0,5555	0,5245	4
5	0,9765	0,9681	0,9581	0,9463	0,9327	0,9173	0,9001	0,8811	0,8606	0,8385	0,8150	0,7903	0,7646	0,7379	0,7106	5
6	0,9944	0,9917	0,9882	0,9837	0,9781	0,9713	0,9632	0,9537	0,9428	0,9305	0,9167	0,9014	0,8848	0,8667	0,8474	6
7	0,9989	0,9983	0,9973	0,9959	0,9941	0,9917	0,9886	0,9848	0,9801	0,9745	0,9679	0,9602	0,9514	0,9414	0,9302	7
8	0,9998	0,9997	0,9995	0,9992	0,9987	0,9980	0,9970	0,9958	0,9941	0,9920	0,9894	0,9862	0,9823	0,9777	0,9722	8
9	1,0000	1,0000	0,9999	0,9999	0,9998	0,9996	0,9993	0,9990	0,9985	0,9979	0,9970	0,9958	0,9944	0,9926	0,9903	9
10	1,0000	1,0000	1,0000	1,0000	1,0000	0,9999	0,9999	0,9998	0,9997	0,9995	0,9993	0,9989	0,9985	0,9978	0,9971	10
11	1,0000	1,0000	1,0000	1,0000	1,0000	1,0000	1,0000	1,0000	0,9999	0,9999	0,9998	0,9998	0,9996	0,9995	0,9992	11
12	1,0000	1,0000	1,0000	1,0000	1,0000	1,0000	1,0000	1,0000	1,0000	1,0000	1,0000	1,0000	0,9999	0,9999	0,9998	12
13	1,0000	1,0000	1,0000	1,0000	1,0000	1,0000	1,0000	1,0000	1,0000	1,0000	1,0000	1,0000	1,0000	1,0000	1,0000	13
	16	17	18	19	20	21	22	23	24	25	26	27	28	29	30	

Tabelle A.1
Verteilungsfunktion $F(x)$ der **Binomialverteilung** für $p = 0{,}20$

x \ n	1	2	3	4	5	6	7	8	9	10	11	12	13	14	15	n / x
0	0,8000	0,6400	0,5120	0,4096	0,3277	0,2621	0,2097	0,1678	0,1342	0,1074	0,0859	0,0687	0,0550	0,0440	0,0352	0
1	1,0	0,9600	0,8960	0,8192	0,7373	0,6554	0,5767	0,5033	0,4362	0,3758	0,3221	0,2749	0,2336	0,1979	0,1671	1
2	·	1,0	0,9920	0,9728	0,9421	0,9011	0,8520	0,7969	0,7382	0,6778	0,6174	0,5583	0,5017	0,4481	0,3980	2
3	·	·	1,0	0,9984	0,9933	0,9830	0,9667	0,9437	0,9144	0,8791	0,8389	0,7946	0,7473	0,6982	0,6482	3
4	·	·	·	1,0	0,9997	0,9984	0,9953	0,9896	0,9804	0,9672	0,9496	0,9274	0,9009	0,8702	0,8358	4
5	·	·	·	·	1,0	0,9999	0,9996	0,9988	0,9969	0,9936	0,9883	0,9806	0,9700	0,9561	0,9389	5
6	·	·	·	·	·	1,0	1,0000	0,9999	0,9997	0,9991	0,9980	0,9961	0,9930	0,9884	0,9819	6
7	·	·	·	·	·	·	1,0	1,0000	1,0000	0,9999	0,9998	0,9994	0,9988	0,9976	0,9958	7
8	·	·	·	·	·	·	·	1,0	1,0000	1,0000	1,0000	0,9999	0,9998	0,9996	0,9992	8
9	·	·	·	·	·	·	·	·	1,0	1,0000	1,0000	1,0000	1,0000	1,0000	0,9999	9
10	·	·	·	·	·	·	·	·	·	1,0	1,0000	1,0000	1,0000	1,0000	1,0000	10
	1	2	3	4	5	6	7	8	9	10	11	12	13	14	15	

x \ n	16	17	18	19	20	21	22	23	24	25	26	27	28	29	30	n / x
0	0,0281	0,0225	0,0180	0,0144	0,0115	0,0092	0,0074	0,0059	0,0047	0,0038	0,0030	0,0024	0,0019	0,0015	0,0012	0
1	0,1407	0,1182	0,0991	0,0829	0,0692	0,0576	0,0480	0,0398	0,0331	0,0274	0,0227	0,0187	0,0155	0,0128	0,0105	1
2	0,3518	0,3096	0,2713	0,2369	0,2061	0,1787	0,1545	0,1332	0,1145	0,0982	0,0841	0,0718	0,0612	0,0520	0,0442	2
3	0,5981	0,5489	0,5010	0,4551	0,4114	0,3704	0,3320	0,2965	0,2639	0,2340	0,2068	0,1823	0,1602	0,1404	0,1227	3
4	0,7982	0,7582	0,7164	0,6733	0,6296	0,5860	0,5429	0,5007	0,4599	0,4207	0,3833	0,3480	0,3149	0,2839	0,2552	4
5	0,9183	0,8943	0,8671	0,8369	0,8042	0,7693	0,7326	0,6947	0,6559	0,6167	0,5775	0,5387	0,5005	0,4634	0,4275	5
6	0,9733	0,9623	0,9487	0,9324	0,9133	0,8915	0,8670	0,8402	0,8111	0,7800	0,7474	0,7134	0,6784	0,6429	0,6070	6
7	0,9930	0,9891	0,9837	0,9767	0,9679	0,9569	0,9439	0,9285	0,9108	0,8909	0,8687	0,8444	0,8182	0,7903	0,7608	7
8	0,9985	0,9974	0,9957	0,9933	0,9900	0,9856	0,9799	0,9727	0,9638	0,9532	0,9408	0,9263	0,9100	0,8916	0,8713	8
9	0,9998	0,9995	0,9991	0,9984	0,9974	0,9959	0,9939	0,9911	0,9874	0,9827	0,9768	0,9696	0,9609	0,9507	0,9389	9
10	1,0000	0,9999	0,9998	0,9997	0,9994	0,9990	0,9984	0,9975	0,9962	0,9944	0,9921	0,9890	0,9851	0,9803	0,9744	10
11	1,0000	1,0000	1,0000	1,0000	0,9999	0,9998	0,9997	0,9994	0,9990	0,9985	0,9977	0,9965	0,9950	0,9931	0,9905	11
12	1,0000	1,0000	1,0000	1,0000	1,0000	1,0000	0,9999	0,9999	0,9998	0,9996	0,9994	0,9990	0,9985	0,9978	0,9969	12
13	1,0000	1,0000	1,0000	1,0000	1,0000	1,0000	1,0000	1,0000	1,0000	0,9999	0,9999	0,9998	0,9996	0,9994	0,9991	13
14	1,0000	1,0000	1,0000	1,0000	1,0000	1,0000	1,0000	1,0000	1,0000	1,0000	1,0000	1,0000	0,9999	0,9999	0,9998	14
15	1,0000	1,0000	1,0000	1,0000	1,0000	1,0000	1,0000	1,0000	1,0000	1,0000	1,0000	1,0000	1,0000	1,0000	0,9999	15
16	1,0	1,0000	1,0000	1,0000	1,0000	1,0000	1,0000	1,0000	1,0000	1,0000	1,0000	1,0000	1,0000	1,0000	1,0000	16
	16	17	18	19	20	21	22	23	24	25	26	27	28	29	30	

Tabelle A.1
Verteilungsfunktion $F(x)$ der **Binomialverteilung** für $p = 0{,}25$

x \ n	1	2	3	4	5	6	7	8	9	10	11	12	13	14	15	n / x
0	0,7500	0,5625	0,4219	0,3164	0,2373	0,1780	0,1335	0,1001	0,0751	0,0563	0,0422	0,0317	0,0238	0,0178	0,0134	0
1	1,0	0,9375	0,8438	0,7383	0,6328	0,5339	0,4449	0,3671	0,3003	0,2440	0,1971	0,1584	0,1267	0,1010	0,0802	1
2	·	1,0	0,9844	0,9492	0,8965	0,8306	0,7564	0,6785	0,6007	0,5256	0,4552	0,3907	0,3326	0,2811	0,2361	2
3	·	·	1,0	0,9961	0,9844	0,9624	0,9294	0,8862	0,8343	0,7759	0,7133	0,6488	0,5843	0,5213	0,4613	3
4	·	·	·	1,0	0,9990	0,9954	0,9871	0,9727	0,9511	0,9219	0,8854	0,8424	0,7940	0,7415	0,6865	4
5	·	·	·	·	1,0	0,9998	0,9987	0,9958	0,9900	0,9803	0,9657	0,9456	0,9198	0,8883	0,8516	5
6	·	·	·	·	·	1,0	0,9999	0,9996	0,9987	0,9965	0,9924	0,9857	0,9757	0,9617	0,9434	6
7	·	·	·	·	·	·	1,0	1,0000	0,9999	0,9996	0,9988	0,9972	0,9944	0,9897	0,9827	7
8	·	·	·	·	·	·	·	1,0	1,0000	1,0000	0,9999	0,9996	0,9990	0,9978	0,9958	8
9	·	·	·	·	·	·	·	·	1,0	1,0000	1,0000	1,0000	0,9999	0,9997	0,9992	9
10	·	·	·	·	·	·	·	·	·	1,0	1,0000	1,0000	1,0000	1,0000	0,9999	10
11	·	·	·	·	·	·	·	·	·	·	1,0	1,0000	1,0000	1,0000	1,0000	11
	1	2	3	4	5	6	7	8	9	10	11	12	13	14	15	

x \ n	16	17	18	19	20	21	22	23	24	25	26	27	28	29	30	n / x
0	0,0100	0,0075	0,0056	0,0042	0,0032	0,0024	0,0018	0,0013	0,0010	0,0008	0,0006	0,0004	0,0003	0,0002	0,0002	0
1	0,0635	0,0501	0,0395	0,0310	0,0243	0,0190	0,0149	0,0116	0,0090	0,0070	0,0055	0,0042	0,0033	0,0025	0,0020	1
2	0,1971	0,1637	0,1353	0,1113	0,0913	0,0745	0,0606	0,0492	0,0398	0,0321	0,0258	0,0207	0,0166	0,0133	0,0106	2
3	0,4050	0,3530	0,3057	0,2631	0,2252	0,1917	0,1624	0,1370	0,1150	0,0962	0,0802	0,0666	0,0551	0,0455	0,0374	3
4	0,6302	0,5739	0,5187	0,4654	0,4148	0,3674	0,3235	0,2832	0,2466	0,2137	0,1844	0,1583	0,1354	0,1153	0,0979	4
5	0,8103	0,7653	0,7175	0,6678	0,6172	0,5666	0,5168	0,4685	0,4222	0,3783	0,3371	0,2989	0,2638	0,2317	0,2026	5
6	0,9204	0,8929	0,8610	0,8251	0,7858	0,7436	0,6994	0,6537	0,6074	0,5611	0,5154	0,4708	0,4279	0,3868	0,3481	6
7	0,9729	0,9598	0,9431	0,9225	0,8982	0,8701	0,8385	0,8037	0,7662	0,7265	0,6852	0,6427	0,5997	0,5568	0,5143	7
8	0,9925	0,9876	0,9807	0,9713	0,9591	0,9439	0,9254	0,9037	0,8787	0,8506	0,8195	0,7859	0,7501	0,7125	0,6736	8
9	0,9984	0,9969	0,9946	0,9911	0,9861	0,9794	0,9705	0,9592	0,9453	0,9287	0,9091	0,8867	0,8615	0,8337	0,8034	9
10	0,9997	0,9994	0,9988	0,9977	0,9961	0,9936	0,9900	0,9851	0,9787	0,9703	0,9599	0,9472	0,9321	0,9145	0,8943	10
11	1,0000	0,9999	0,9998	0,9995	0,9991	0,9983	0,9971	0,9954	0,9928	0,9893	0,9845	0,9784	0,9706	0,9610	0,9493	11
12	1,0000	1,0000	1,0000	0,9999	0,9998	0,9996	0,9993	0,9988	0,9979	0,9966	0,9948	0,9922	0,9888	0,9842	0,9784	12
13	1,0000	1,0000	1,0000	1,0000	1,0000	0,9999	0,9999	0,9997	0,9995	0,9991	0,9985	0,9976	0,9962	0,9944	0,9918	13
14	1,0000	1,0000	1,0000	1,0000	1,0000	1,0000	1,0000	0,9999	0,9999	0,9998	0,9996	0,9993	0,9989	0,9982	0,9973	14
15	1,0000	1,0000	1,0000	1,0000	1,0000	1,0000	1,0000	1,0000	1,0000	1,0000	0,9999	0,9998	0,9997	0,9995	0,9992	15
16	1,0	1,0000	1,0000	1,0000	1,0000	1,0000	1,0000	1,0000	1,0000	1,0000	1,0000	1,0000	0,9999	0,9999	0,9998	16
17	·	1,0	1,0000	1,0000	1,0000	1,0000	1,0000	1,0000	1,0000	1,0000	1,0000	1,0000	1,0000	1,0000	0,9999	17
18	·	·	1,0	1,0000	1,0000	1,0000	1,0000	1,0000	1,0000	1,0000	1,0000	1,0000	1,0000	1,0000	1,0000	18
	16	17	18	19	20	21	22	23	24	25	26	27	28	29	30	

Tabelle A.1
Verteilungsfunktion $F(x)$ der **Binomialverteilung** für $p = 0{,}30$

x \ n	1	2	3	4	5	6	7	8	9	10	11	12	13	14	15	n / x
0	0,7000	0,4900	0,3430	0,2401	0,1681	0,1176	0,0824	0,0576	0,0404	0,0282	0,0198	0,0138	0,0097	0,0068	0,0047	0
1	1,0	0,9100	0,7840	0,6517	0,5282	0,4202	0,3294	0,2553	0,1960	0,1493	0,1130	0,0850	0,0637	0,0475	0,0353	1
2	·	1,0	0,9730	0,9163	0,8369	0,7443	0,6471	0,5518	0,4628	0,3828	0,3127	0,2528	0,2025	0,1608	0,1268	2
3	·	·	1,0	0,9919	0,9692	0,9295	0,8740	0,8059	0,7297	0,6496	0,5696	0,4925	0,4206	0,3552	0,2969	3
4	·	·	·	1,0	0,9976	0,9891	0,9712	0,9420	0,9012	0,8497	0,7897	0,7237	0,6543	0,5842	0,5155	4
5	·	·	·	·	1,0	0,9993	0,9962	0,9887	0,9747	0,9527	0,9218	0,8822	0,8346	0,7805	0,7216	5
6	·	·	·	·	·	1,0	0,9998	0,9987	0,9957	0,9894	0,9784	0,9614	0,9376	0,9067	0,8689	6
7	·	·	·	·	·	·	1,0	0,9999	0,9996	0,9984	0,9957	0,9905	0,9818	0,9685	0,9500	7
8	·	·	·	·	·	·	·	1,0	1,0000	0,9999	0,9994	0,9983	0,9960	0,9917	0,9848	8
9	·	·	·	·	·	·	·	·	1,0	1,0000	1,0000	0,9998	0,9993	0,9983	0,9963	9
10	·	·	·	·	·	·	·	·	·	1,0	1,0000	1,0000	0,9999	0,9998	0,9993	10
11	·	·	·	·	·	·	·	·	·	·	1,0	1,0000	1,0000	1,0000	0,9999	11
12	·	·	·	·	·	·	·	·	·	·	·	1,0	1,0000	1,0000	1,0000	12
	1	2	3	4	5	6	7	8	9	10	11	12	13	14	15	

x \ n	16	17	18	19	20	21	22	23	24	25	26	27	28	29	30	n / x
0	0,0033	0,0023	0,0016	0,0011	0,0008	0,0006	0,0004	0,0003	0,0002	0,0001	0,0001	0,0001	0,0000	0,0000	0,0000	0
1	0,0261	0,0193	0,0142	0,0104	0,0076	0,0056	0,0041	0,0030	0,0022	0,0016	0,0011	0,0008	0,0006	0,0004	0,0003	1
2	0,0994	0,0774	0,0600	0,0462	0,0355	0,0271	0,0207	0,0157	0,0119	0,0090	0,0067	0,0051	0,0038	0,0028	0,0021	2
3	0,2459	0,2019	0,1646	0,1332	0,1071	0,0856	0,0681	0,0538	0,0424	0,0332	0,0260	0,0202	0,0157	0,0121	0,0093	3
4	0,4499	0,3887	0,3327	0,2822	0,2375	0,1984	0,1645	0,1356	0,1111	0,0905	0,0733	0,0591	0,0474	0,0379	0,0302	4
5	0,6598	0,5968	0,5344	0,4739	0,4164	0,3627	0,3134	0,2688	0,2288	0,1935	0,1626	0,1358	0,1128	0,0932	0,0766	5
6	0,8247	0,7752	0,7217	0,6655	0,6080	0,5505	0,4942	0,4399	0,3886	0,3407	0,2965	0,2563	0,2202	0,1880	0,1595	6
7	0,9256	0,8954	0,8593	0,8180	0,7723	0,7230	0,6713	0,6181	0,5647	0,5118	0,4605	0,4113	0,3648	0,3214	0,2814	7
8	0,9743	0,9597	0,9404	0,9161	0,8867	0,8523	0,8135	0,7709	0,7250	0,6769	0,6274	0,5773	0,5275	0,4787	0,4315	8
9	0,9929	0,9873	0,9790	0,9674	0,9520	0,9324	0,9084	0,8799	0,8472	0,8106	0,7705	0,7276	0,6825	0,6360	0,5888	9
10	0,9984	0,9968	0,9939	0,9895	0,9829	0,9736	0,9613	0,9454	0,9258	0,9022	0,8747	0,8434	0,8087	0,7708	0,7304	10
11	0,9997	0,9993	0,9986	0,9972	0,9949	0,9913	0,9860	0,9786	0,9686	0,9558	0,9397	0,9202	0,8972	0,8706	0,8407	11
12	1,0000	0,9999	0,9997	0,9994	0,9987	0,9976	0,9957	0,9928	0,9885	0,9825	0,9745	0,9641	0,9509	0,9348	0,9155	12
13	1,0000	1,0000	1,0000	0,9999	0,9997	0,9994	0,9989	0,9979	0,9964	0,9940	0,9906	0,9857	0,9792	0,9707	0,9599	13
14	1,0000	1,0000	1,0000	1,0000	1,0000	0,9999	0,9998	0,9995	0,9990	0,9982	0,9970	0,9950	0,9923	0,9883	0,9831	14
15	1,0000	1,0000	1,0000	1,0000	1,0000	1,0000	1,0000	0,9999	0,9998	0,9995	0,9991	0,9985	0,9975	0,9959	0,9936	15
16	1,0	1,0000	1,0000	1,0000	1,0000	1,0000	1,0000	1,0000	1,0000	0,9999	0,9998	0,9996	0,9993	0,9987	0,9979	16
17	·	1,0	1,0000	1,0000	1,0000	1,0000	1,0000	1,0000	1,0000	1,0000	1,0000	0,9999	0,9998	0,9997	0,9994	17
18	·	·	1,0	1,0000	1,0000	1,0000	1,0000	1,0000	1,0000	1,0000	1,0000	1,0000	1,0000	0,9999	0,9998	18
19	·	·	·	1,0	1,0000	1,0000	1,0000	1,0000	1,0000	1,0000	1,0000	1,0000	1,0000	1,0000	1,0000	19
	16	17	18	19	20	21	22	23	24	25	26	27	28	29	30	

Tabelle A.1
Verteilungsfunktion $F(x)$ der **Binomialverteilung** für $p = 0{,}35$

x \ n	1	2	3	4	5	6	7	8	9	10	11	12	13	14	15	n / x
0	0,6500	0,4225	0,2746	0,1785	0,1160	0,0754	0,0490	0,0319	0,0207	0,0135	0,0088	0,0057	0,0037	0,0024	0,0016	0
1	1,0	0,8775	0,7183	0,5630	0,4284	0,3191	0,2338	0,1691	0,1211	0,0860	0,0606	0,0424	0,0296	0,0205	0,0142	1
2	·	1,0	0,9571	0,8735	0,7648	0,6471	0,5323	0,4278	0,3373	0,2616	0,2001	0,1513	0,1132	0,0839	0,0617	2
3	·	·	1,0	0,9850	0,9460	0,8826	0,8002	0,7064	0,6089	0,5138	0,4256	0,3467	0,2783	0,2205	0,1727	3
4	·	·	·	1,0	0,9947	0,9777	0,9444	0,8939	0,8283	0,7515	0,6683	0,5833	0,5005	0,4227	0,3519	4
5	·	·	·	·	1,0	0,9982	0,9910	0,9747	0,9464	0,9051	0,8513	0,7873	0,7159	0,6405	0,5643	5
6	·	·	·	·	·	1,0	0,9994	0,9964	0,9888	0,9740	0,9499	0,9154	0,8705	0,8164	0,7548	6
7	·	·	·	·	·	·	1,0	0,9998	0,9986	0,9952	0,9878	0,9745	0,9538	0,9247	0,8868	7
8	·	·	·	·	·	·	·	1,0	0,9999	0,9995	0,9980	0,9944	0,9874	0,9757	0,9578	8
9	·	·	·	·	·	·	·	·	1,0	1,0000	0,9998	0,9992	0,9975	0,9940	0,9876	9
10	·	·	·	·	·	·	·	·	·	1,0	1,0000	0,9999	0,9997	0,9989	0,9972	10
11	·	·	·	·	·	·	·	·	·	·	1,0	1,0000	1,0000	0,9999	0,9995	11
12	·	·	·	·	·	·	·	·	·	·	·	1,0	1,0000	1,0000	0,9999	12
13	·	·	·	·	·	·	·	·	·	·	·	·	1,0	1,0000	1,0000	13
	1	2	3	4	5	6	7	8	9	10	11	12	13	14	15	

x \ n	16	17	18	19	20	21	22	23	24	25	26	27	28	29	30	n / x
0	0,0010	0,0007	0,0004	0,0003	0,0002	0,0001	0,0001	0,0000	0,0000	0,0000	0,0000	0,0000	0,0000	0,0000	0,0000	0
1	0,0098	0,0067	0,0046	0,0031	0,0021	0,0014	0,0010	0,0007	0,0005	0,0003	0,0002	0,0001	0,0001	0,0001	0,0000	1
2	0,0451	0,0327	0,0236	0,0170	0,0121	0,0086	0,0061	0,0043	0,0030	0,0021	0,0015	0,0010	0,0007	0,0005	0,0003	2
3	0,1339	0,1028	0,0783	0,0591	0,0444	0,0331	0,0245	0,0181	0,0133	0,0097	0,0070	0,0051	0,0037	0,0026	0,0019	3
4	0,2892	0,2348	0,1886	0,1500	0,1182	0,0924	0,0716	0,0551	0,0422	0,0320	0,0242	0,0182	0,0136	0,0101	0,0075	4
5	0,4900	0,4197	0,3550	0,2968	0,2454	0,2009	0,1629	0,1309	0,1044	0,0826	0,0649	0,0507	0,0393	0,0303	0,0233	5
6	0,6881	0,6188	0,5491	0,4812	0,4166	0,3567	0,3022	0,2534	0,2106	0,1734	0,1416	0,1148	0,0923	0,0738	0,0586	6
7	0,8406	0,7872	0,7283	0,6656	0,6010	0,5365	0,4736	0,4136	0,3575	0,3061	0,2596	0,2183	0,1821	0,1507	0,1238	7
8	0,9329	0,9006	0,8609	0,8145	0,7624	0,7059	0,6466	0,5860	0,5257	0,4668	0,4106	0,3577	0,3089	0,2645	0,2247	8
9	0,9771	0,9617	0,9403	0,9125	0,8782	0,8377	0,7916	0,7408	0,6866	0,6303	0,5731	0,5162	0,4607	0,4076	0,3575	9
10	0,9938	0,9880	0,9788	0,9653	0,9468	0,9228	0,8930	0,8575	0,8167	0,7712	0,7219	0,6698	0,6160	0,5617	0,5078	10
11	0,9987	0,9970	0,9938	0,9886	0,9804	0,9687	0,9526	0,9318	0,9058	0,8746	0,8384	0,7976	0,7529	0,7050	0,6548	11
12	0,9998	0,9994	0,9986	0,9969	0,9940	0,9892	0,9820	0,9717	0,9577	0,9396	0,9168	0,8894	0,8572	0,8207	0,7802	12
13	1,0000	0,9999	0,9997	0,9993	0,9985	0,9969	0,9942	0,9900	0,9836	0,9745	0,9623	0,9464	0,9264	0,9022	0,8737	13
14	1,0000	1,0000	1,0000	0,9999	0,9997	0,9993	0,9984	0,9970	0,9945	0,9907	0,9850	0,9771	0,9663	0,9524	0,9348	14
15	1,0000	1,0000	1,0000	1,0000	1,0000	0,9999	0,9997	0,9992	0,9984	0,9971	0,9948	0,9914	0,9864	0,9794	0,9699	15
16	1,0	1,0000	1,0000	1,0000	1,0000	1,0000	0,9999	0,9998	0,9996	0,9992	0,9985	0,9972	0,9952	0,9921	0,9876	16
17	·	1,0	1,0000	1,0000	1,0000	1,0000	1,0000	1,0000	0,9999	0,9998	0,9996	0,9992	0,9985	0,9973	0,9955	17
18	·	·	1,0	1,0000	1,0000	1,0000	1,0000	1,0000	1,0000	1,0000	0,9999	0,9998	0,9996	0,9992	0,9986	18
19	·	·	·	1,0	1,0000	1,0000	1,0000	1,0000	1,0000	1,0000	1,0000	1,0000	0,9999	0,9998	0,9996	19
20	·	·	·	·	1,0	1,0000	1,0000	1,0000	1,0000	1,0000	1,0000	1,0000	1,0000	1,0000	0,9999	20
21	·	·	·	·	·	1,0	1,0000	1,0000	1,0000	1,0000	1,0000	1,0000	1,0000	1,0000	1,0000	21
	16	17	18	19	20	21	22	23	24	25	26	27	28	29	30	

Tabelle A.1
Verteilungsfunktion $F(x)$ der **Binomialverteilung** für $p = 0{,}40$

x \ n	1	2	3	4	5	6	7	8	9	10	11	12	13	14	15	n / x
0	0,6000	0,3600	0,2160	0,1296	0,0778	0,0467	0,0280	0,0168	0,0101	0,0060	0,0036	0,0022	0,0013	0,0008	0,0005	0
1	1,0	0,8400	0,6480	0,4752	0,3370	0,2333	0,1586	0,1064	0,0705	0,0464	0,0302	0,0196	0,0126	0,0081	0,0052	1
2	.	1,0	0,9360	0,8208	0,6826	0,5443	0,4199	0,3154	0,2318	0,1673	0,1189	0,0834	0,0579	0,0398	0,0271	2
3	.	.	1,0	0,9744	0,9130	0,8208	0,7102	0,5941	0,4826	0,3823	0,2963	0,2253	0,1686	0,1243	0,0905	3
4	.	.	.	1,0	0,9898	0,9590	0,9037	0,8263	0,7334	0,6331	0,5328	0,4382	0,3530	0,2793	0,2173	4
5	.	.	.	.	1,0	0,9959	0,9812	0,9502	0,9006	0,8338	0,7535	0,6652	0,5744	0,4859	0,4032	5
6	.	.	.	.	.	1,0	0,9984	0,9915	0,9750	0,9452	0,9006	0,8418	0,7712	0,6925	0,6098	6
7	.	.	.	.	.	.	1,0	0,9993	0,9962	0,9877	0,9707	0,9427	0,9023	0,8499	0,7869	7
8	.	.	.	.	.	.	.	1,0	0,9997	0,9983	0,9941	0,9847	0,9679	0,9417	0,9050	8
9	.	.	.	.	.	.	.	.	1,0	0,9999	0,9993	0,9972	0,9922	0,9825	0,9662	9
10	.	.	.	.	.	.	.	.	.	1,0	1,0000	0,9997	0,9987	0,9961	0,9907	10
11	.	.	.	.	.	.	.	.	.	.	1,0	1,0000	0,9999	0,9994	0,9981	11
12	.	.	.	.	.	.	.	.	.	.	.	1,0	1,0000	0,9999	0,9997	12
13	.	.	.	.	.	.	.	.	.	.	.	.	1,0	1,0000	1,0000	13
	1	2	3	4	5	6	7	8	9	10	11	12	13	14	15	

x \ n	16	17	18	19	20	21	22	23	24	25	26	27	28	29	30	n / x
0	0,0003	0,0002	0,0001	0,0001	0,0000	0,0000	0,0000	0,0000	0,0000	0,0000	0,0000	0,0000	0,0000	0,0000	0,0000	0
1	0,0033	0,0021	0,0013	0,0008	0,0005	0,0003	0,0002	0,0001	0,0001	0,0001	0,0000	0,0000	0,0000	0,0000	0,0000	1
2	0,0183	0,0123	0,0082	0,0055	0,0036	0,0024	0,0016	0,0010	0,0007	0,0004	0,0003	0,0002	0,0001	0,0001	0,0000	2
3	0,0651	0,0464	0,0328	0,0230	0,0160	0,0110	0,0076	0,0052	0,0035	0,0024	0,0016	0,0011	0,0007	0,0005	0,0003	3
4	0,1666	0,1260	0,0942	0,0696	0,0510	0,0370	0,0266	0,0190	0,0134	0,0095	0,0066	0,0046	0,0032	0,0022	0,0015	4
5	0,3288	0,2639	0,2088	0,1629	0,1256	0,0957	0,0722	0,0540	0,0400	0,0294	0,0214	0,0155	0,0111	0,0080	0,0057	5
6	0,5272	0,4478	0,3743	0,3081	0,2500	0,2002	0,1584	0,1240	0,0960	0,0736	0,0559	0,0421	0,0315	0,0233	0,0172	6
7	0,7161	0,6405	0,5634	0,4878	0,4159	0,3495	0,2898	0,2373	0,1919	0,1536	0,1216	0,0953	0,0740	0,0570	0,0435	7
8	0,8577	0,8011	0,7368	0,6675	0,5956	0,5237	0,4540	0,3884	0,3279	0,2735	0,2255	0,1839	0,1485	0,1187	0,0940	8
9	0,9417	0,9081	0,8653	0,8139	0,7553	0,6914	0,6244	0,5562	0,4891	0,4246	0,3642	0,3087	0,2588	0,2147	0,1763	9
10	0,9809	0,9652	0,9424	0,9115	0,8725	0,8256	0,7720	0,7129	0,6502	0,5858	0,5213	0,4585	0,3986	0,3427	0,2915	10
11	0,9951	0,9894	0,9797	0,9648	0,9435	0,9151	0,8793	0,8364	0,7870	0,7323	0,6737	0,6127	0,5510	0,4900	0,4311	11
12	0,9991	0,9975	0,9942	0,9884	0,9790	0,9648	0,9449	0,9187	0,8857	0,8462	0,8007	0,7499	0,6950	0,6374	0,5785	12
13	0,9999	0,9995	0,9987	0,9969	0,9935	0,9877	0,9785	0,9651	0,9465	0,9222	0,8918	0,8553	0,8132	0,7659	0,7145	13
14	1,0000	0,9999	0,9998	0,9994	0,9984	0,9964	0,9930	0,9872	0,9783	0,9656	0,9482	0,9257	0,8975	0,8638	0,8246	14
15	1,0000	1,0000	1,0000	0,9999	0,9997	0,9992	0,9981	0,9960	0,9925	0,9868	0,9783	0,9663	0,9501	0,9290	0,9029	15
16	1,0	1,0000	1,0000	1,0000	1,0000	0,9998	0,9996	0,9990	0,9978	0,9957	0,9921	0,9866	0,9785	0,9671	0,9519	16
17	.	1,0	1,0000	1,0000	1,0000	1,0000	0,9999	0,9998	0,9995	0,9988	0,9975	0,9954	0,9919	0,9865	0,9788	17
18	.	.	1,0	1,0000	1,0000	1,0000	1,0000	1,0000	0,9999	0,9997	0,9993	0,9986	0,9973	0,9951	0,9917	18
19	.	.	.	1,0	1,0000	1,0000	1,0000	1,0000	1,0000	0,9999	0,9999	0,9997	0,9992	0,9985	0,9971	19
20	.	.	.	.	1,0	1,0000	1,0000	1,0000	1,0000	1,0000	1,0000	0,9999	0,9998	0,9996	0,9991	20
21	.	.	.	.	.	1,0	1,0000	1,0000	1,0000	1,0000	1,0000	1,0000	1,0000	0,9999	0,9998	21
22	.	.	.	.	.	.	1,0	1,0000	1,0000	1,0000	1,0000	1,0000	1,0000	1,0000	1,0000	22
	16	17	18	19	20	21	22	23	24	25	26	27	28	29	30	

Tabelle A.1
Verteilungsfunktion $F(x)$ der **Binomialverteilung** für $p = 0{,}45$

x \ n	1	2	3	4	5	6	7	8	9	10	11	12	13	14	15
0	0,5500	0,3025	0,1664	0,0915	0,0503	0,0277	0,0152	0,0084	0,0046	0,0025	0,0014	0,0008	0,0004	0,0002	0,0001
1	1,0	0,7975	0,5748	0,3910	0,2562	0,1636	0,1024	0,0632	0,0385	0,0233	0,0139	0,0083	0,0049	0,0029	0,0017
2	.	1,0	0,9089	0,7585	0,5931	0,4415	0,3164	0,2201	0,1495	0,0996	0,0652	0,0421	0,0269	0,0170	0,0107
3	.	.	1,0	0,9590	0,8688	0,7447	0,6083	0,4770	0,3614	0,2660	0,1911	0,1345	0,0929	0,0632	0,0424
4	.	.	.	1,0	0,9815	0,9308	0,8471	0,7396	0,6214	0,5044	0,3971	0,3044	0,2279	0,1672	0,1204
5	.	.	.	.	1,0	0,9917	0,9643	0,9115	0,8342	0,7384	0,6331	0,5269	0,4268	0,3373	0,2608
6	.	.	.	.	.	1,0	0,9963	0,9819	0,9502	0,8980	0,8262	0,7393	0,6437	0,5461	0,4522
7	.	.	.	.	.	.	1,0	0,9983	0,9909	0,9726	0,9390	0,8883	0,8212	0,7414	0,6535
8	.	.	.	.	.	.	.	1,0	0,9992	0,9955	0,9852	0,9644	0,9302	0,8811	0,8182
9	.	.	.	.	.	.	.	.	1,0	0,9997	0,9978	0,9921	0,9797	0,9574	0,9231
10	.	.	.	.	.	.	.	.	.	1,0	0,9998	0,9989	0,9959	0,9886	0,9745
11	.	.	.	.	.	.	.	.	.	.	1,0	0,9999	0,9995	0,9978	0,9937
12	.	.	.	.	.	.	.	.	.	.	.	1,0	1,0000	0,9997	0,9989
13	.	.	.	.	.	.	.	.	.	.	.	.	1,0	1,0000	0,9999
14	.	.	.	.	.	.	.	.	.	.	.	.	.	1,0	1,0000

Tabelle A.1

Verteilungsfunktion $F(x)$ der **Binomialverteilung** für $p = 0{,}45$ *(Fortsetzung)*

x \ n	16	17	18	19	20	21	22	23	24	25	26	27	28	29	30	n / x
0	0,0001	0,0000	0,0000	0,0000	0,0000	0,0000	0,0000	0,0000	0,0000	0,0000	0,0000	0,0000	0,0000	0,0000	0,0000	0
1	0,0010	0,0006	0,0003	0,0002	0,0001	0,0001	0,0000	0,0000	0,0000	0,0000	0,0000	0,0000	0,0000	0,0000	0,0000	1
2	0,0066	0,0041	0,0025	0,0015	0,0009	0,0006	0,0003	0,0002	0,0001	0,0001	0,0000	0,0000	0,0000	0,0000	0,0000	2
3	0,0281	0,0184	0,0120	0,0077	0,0049	0,0031	0,0020	0,0012	0,0008	0,0005	0,0003	0,0002	0,0001	0,0001	0,0000	3
4	0,0853	0,0596	0,0411	0,0280	0,0189	0,0126	0,0083	0,0055	0,0036	0,0023	0,0015	0,0009	0,0006	0,0004	0,0002	4
5	0,1976	0,1471	0,1077	0,0777	0,0553	0,0389	0,0271	0,0186	0,0127	0,0086	0,0058	0,0038	0,0025	0,0017	0,0011	5
6	0,3660	0,2902	0,2258	0,1727	0,1299	0,0964	0,0705	0,0510	0,0364	0,0258	0,0180	0,0125	0,0086	0,0059	0,0040	6
7	0,5629	0,4743	0,3915	0,3169	0,2520	0,1971	0,1518	0,1152	0,0863	0,0639	0,0467	0,0338	0,0242	0,0172	0,0121	7
8	0,7441	0,6626	0,5778	0,4940	0,4143	0,3413	0,2764	0,2203	0,1730	0,1340	0,1024	0,0774	0,0578	0,0427	0,0312	8
9	0,8759	0,8166	0,7473	0,6710	0,5914	0,5117	0,4350	0,3636	0,2991	0,2424	0,1936	0,1526	0,1187	0,0913	0,0694	9
10	0,9514	0,9174	0,8720	0,8159	0,7507	0,6790	0,6037	0,5278	0,4539	0,3843	0,3204	0,2633	0,2135	0,1708	0,1350	10
11	0,9851	0,9699	0,9463	0,9129	0,8692	0,8159	0,7543	0,6865	0,6151	0,5426	0,4713	0,4034	0,3404	0,2833	0,2327	11
12	0,9965	0,9914	0,9817	0,9658	0,9420	0,9092	0,8672	0,8164	0,7580	0,6937	0,6257	0,5562	0,4875	0,4213	0,3592	12
13	0,9994	0,9981	0,9951	0,9891	0,9786	0,9621	0,9383	0,9063	0,8659	0,8173	0,7617	0,7005	0,6356	0,5689	0,5025	13
14	0,9999	0,9997	0,9990	0,9972	0,9936	0,9868	0,9757	0,9589	0,9352	0,9040	0,8650	0,8185	0,7654	0,7070	0,6448	14
15	1,0000	1,0000	0,9999	0,9995	0,9985	0,9963	0,9920	0,9847	0,9731	0,9560	0,9326	0,9022	0,8645	0,8199	0,7691	15
16	1,0	1,0000	1,0000	0,9999	0,9997	0,9992	0,9979	0,9952	0,9905	0,9826	0,9707	0,9536	0,9304	0,9008	0,8644	16
17	.	1,0	1,0000	1,0000	1,0000	0,9999	0,9995	0,9988	0,9972	0,9942	0,9890	0,9807	0,9685	0,9514	0,9286	17
18	.	.	1,0	1,0000	1,0000	1,0000	0,9999	0,9998	0,9993	0,9984	0,9965	0,9931	0,9875	0,9790	0,9666	18
19	.	.	.	1,0	1,0000	1,0000	1,0000	1,0000	0,9999	0,9996	0,9991	0,9979	0,9957	0,9920	0,9862	19
20	.	.	.	.	1,0	1,0000	1,0000	1,0000	1,0000	0,9999	0,9998	0,9995	0,9988	0,9974	0,9950	20
21	.	.	.	.	.	1,0	1,0000	1,0000	1,0000	1,0000	1,0000	0,9999	0,9997	0,9993	0,9984	21
22	.	.	.	.	.	.	1,0	1,0000	1,0000	1,0000	1,0000	1,0000	0,9999	0,9998	0,9996	22
23	.	.	.	.	.	.	.	1,0	1,0000	1,0000	1,0000	1,0000	1,0000	1,0000	0,9999	23
24	.	.	.	.	.	.	.	.	1,0	1,0000	1,0000	1,0000	1,0000	1,0000	1,0000	24
x / n	16	17	18	19	20	21	22	23	24	25	26	27	28	29	30	x / n

Tabelle A.1
Verteilungsfunktion $F(x)$ der **Binomialverteilung** für $p = 0{,}50$

x \ n	1	2	3	4	5	6	7	8	9	10	11	12	13	14	15	n / x
0	0,5000	0,2500	0,1250	0,0625	0,0313	0,0156	0,0078	0,0039	0,0020	0,0010	0,0005	0,0002	0,0001	0,0001	0,0000	0
1	1,0	0,7500	0,5000	0,3125	0,1875	0,1094	0,0625	0,0352	0,0195	0,0107	0,0059	0,0032	0,0017	0,0009	0,0005	1
2	·	1,0	0,8750	0,6875	0,5000	0,3438	0,2266	0,1445	0,0898	0,0547	0,0327	0,0193	0,0112	0,0065	0,0037	2
3	·	·	1,0	0,9375	0,8125	0,6563	0,5000	0,3633	0,2539	0,1719	0,1133	0,0730	0,0461	0,0287	0,0176	3
4	·	·	·	1,0	0,9688	0,8906	0,7734	0,6367	0,5000	0,3770	0,2744	0,1938	0,1334	0,0898	0,0592	4
5	·	·	·	·	1,0	0,9844	0,9375	0,8555	0,7461	0,6230	0,5000	0,3872	0,2905	0,2120	0,1509	5
6	·	·	·	·	·	1,0	0,9922	0,9648	0,9102	0,8281	0,7256	0,6128	0,5000	0,3953	0,3036	6
7	·	·	·	·	·	·	1,0	0,9961	0,9805	0,9453	0,8867	0,8062	0,7095	0,6047	0,5000	7
8	·	·	·	·	·	·	·	1,0	0,9980	0,9893	0,9673	0,9270	0,8666	0,7880	0,6964	8
9	·	·	·	·	·	·	·	·	1,0	0,9990	0,9941	0,9807	0,9539	0,9102	0,8491	9
10	·	·	·	·	·	·	·	·	·	1,0	0,9995	0,9968	0,9888	0,9713	0,9408	10
11	·	·	·	·	·	·	·	·	·	·	1,0	0,9998	0,9983	0,9935	0,9824	11
12	·	·	·	·	·	·	·	·	·	·	·	1,0	0,9999	0,9991	0,9963	12
13	·	·	·	·	·	·	·	·	·	·	·	·	1,0	0,9999	0,9995	13
14	·	·	·	·	·	·	·	·	·	·	·	·	·	1,0	1,0000	14
15	·	·	·	·	·	·	·	·	·	·	·	·	·	·	1,0	15
x / n	1	2	3	4	5	6	7	8	9	10	11	12	13	14	15	x / n

Tabelle A.1
Verteilungsfunktion $F(x)$ der **Binomialverteilung** für $p = 0{,}50$ *(Fortsetzung)*

x \ n	16	17	18	19	20	21	22	23	24	25	26	27	28	29	30	n / x
0	0,0000	0,0000	0,0000	0,0000	0,0000	0,0000	0,0000	0,0000	0,0000	0,0000	0,0000	0,0000	0,0000	0,0000	0,0000	0
1	0,0003	0,0001	0,0001	0,0000	0,0000	0,0000	0,0000	0,0000	0,0000	0,0000	0,0000	0,0000	0,0000	0,0000	0,0000	1
2	0,0021	0,0012	0,0007	0,0004	0,0002	0,0001	0,0001	0,0000	0,0000	0,0000	0,0000	0,0000	0,0000	0,0000	0,0000	2
3	0,0106	0,0064	0,0038	0,0022	0,0013	0,0007	0,0004	0,0002	0,0001	0,0001	0,0000	0,0000	0,0000	0,0000	0,0000	3
4	0,0384	0,0245	0,0154	0,0096	0,0059	0,0036	0,0022	0,0013	0,0008	0,0005	0,0003	0,0002	0,0001	0,0001	0,0000	4
5	0,1051	0,0717	0,0481	0,0318	0,0207	0,0133	0,0085	0,0053	0,0033	0,0020	0,0012	0,0008	0,0005	0,0003	0,0002	5
6	0,2272	0,1662	0,1189	0,0835	0,0577	0,0392	0,0262	0,0173	0,0113	0,0073	0,0047	0,0030	0,0019	0,0012	0,0007	6
7	0,4018	0,3145	0,2403	0,1796	0,1316	0,0946	0,0669	0,0466	0,0320	0,0216	0,0145	0,0096	0,0063	0,0041	0,0026	7
8	0,5982	0,5000	0,4073	0,3238	0,2517	0,1917	0,1431	0,1050	0,0758	0,0539	0,0378	0,0261	0,0178	0,0121	0,0081	8
9	0,7728	0,6855	0,5927	0,5000	0,4119	0,3318	0,2617	0,2024	0,1537	0,1148	0,0843	0,0610	0,0436	0,0307	0,0214	9
10	0,8949	0,8338	0,7597	0,6762	0,5881	0,5000	0,4159	0,3388	0,2706	0,2122	0,1635	0,1239	0,0925	0,0680	0,0494	10
11	0,9616	0,9283	0,8811	0,8204	0,7483	0,6682	0,5841	0,5000	0,4194	0,3450	0,2786	0,2210	0,1725	0,1325	0,1002	11
12	0,9894	0,9755	0,9519	0,9165	0,8684	0,8083	0,7383	0,6612	0,5806	0,5000	0,4225	0,3506	0,2858	0,2291	0,1808	12
13	0,9979	0,9936	0,9846	0,9682	0,9423	0,9054	0,8569	0,7976	0,7294	0,6550	0,5775	0,5000	0,4253	0,3555	0,2923	13
14	0,9997	0,9988	0,9962	0,9904	0,9793	0,9608	0,9331	0,8950	0,8463	0,7878	0,7214	0,6494	0,5747	0,5000	0,4278	14
15	1,0000	0,9999	0,9993	0,9978	0,9941	0,9867	0,9738	0,9534	0,9242	0,8852	0,8365	0,7790	0,7142	0,6445	0,5722	15
16	1,0	1,0000	0,9999	0,9996	0,9987	0,9964	0,9915	0,9827	0,9680	0,9461	0,9157	0,8761	0,8275	0,7709	0,7077	16
17	.	1,0	1,0000	1,0000	0,9998	0,9993	0,9978	0,9947	0,9887	0,9784	0,9622	0,9390	0,9075	0,8675	0,8192	17
18	.	.	1,0	1,0000	1,0000	0,9999	0,9996	0,9987	0,9967	0,9927	0,9855	0,9739	0,9564	0,9320	0,8998	18
19	.	.	.	1,0	1,0000	1,0000	0,9999	0,9998	0,9992	0,9980	0,9953	0,9904	0,9822	0,9693	0,9506	19
20	.	.	.	.	1,0	1,0000	1,0000	1,0000	0,9999	0,9995	0,9988	0,9970	0,9937	0,9879	0,9786	20
21	.	.	.	.	.	1,0	1,0000	1,0000	1,0000	0,9999	0,9997	0,9992	0,9981	0,9959	0,9919	21
22	.	.	.	.	.	.	1,0	1,0000	1,0000	1,0000	1,0000	0,9998	0,9995	0,9988	0,9974	22
23	.	.	.	.	.	.	.	1,0	1,0000	1,0000	1,0000	1,0000	0,9999	0,9997	0,9993	23
24	.	.	.	.	.	.	.	.	1,0	1,0000	1,0000	1,0000	1,0000	0,9999	0,9998	24
25	.	.	.	.	.	.	.	.	.	1,0	1,0000	1,0000	1,0000	1,0000	1,0000	25
x / n	16	17	18	19	20	21	22	23	24	25	26	27	28	29	30	x / n

Tabelle A.2
Verteilungsfunktion $F(x)$ der **Poisson-Verteilung** $P(\lambda)$ für $\boldsymbol{\lambda = 0{,}1}$ **bis** $\boldsymbol{\lambda = 1{,}5}$

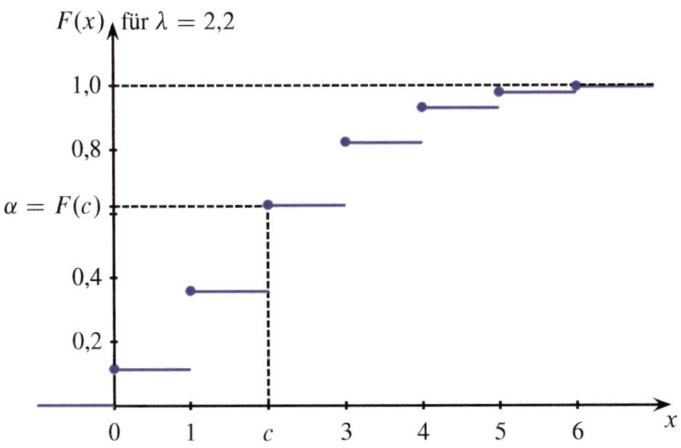

Beispiele zur Benutzung der Tabelle für $\lambda = 2{,}2$:

$F(4) = 0{,}9275$
$f(3) = F(3) - F(2) = 0{,}8194 - 0{,}6227 = 0{,}1967$

x \ λ	0,1	0,2	0,3	0,4	0,5	0,6	0,7	0,8	0,9	1,0	1,1	1,2	1,3	1,4	1,5	λ / x
0	0,9048	0,8187	0,7408	0,6703	0,6065	0,5488	0,4966	0,4493	0,4066	0,3679	0,3329	0,3012	0,2725	0,2466	0,2231	0
1	0,9953	0,9825	0,9631	0,9384	0,9098	0,8781	0,8442	0,8088	0,7725	0,7358	0,6990	0,6626	0,6268	0,5918	0,5578	1
2	0,9998	0,9989	0,9964	0,9921	0,9856	0,9769	0,9659	0,9526	0,9371	0,9197	0,9004	0,8795	0,8571	0,8335	0,8088	2
3	1,0000	0,9999	0,9997	0,9992	0,9982	0,9966	0,9942	0,9909	0,9865	0,9810	0,9743	0,9662	0,9569	0,9463	0,9344	3
4	1,0000	1,0000	1,0000	0,9999	0,9998	0,9996	0,9992	0,9986	0,9977	0,9963	0,9946	0,9923	0,9893	0,9857	0,9814	4
5	1,0000	1,0000	1,0000	1,0000	1,0000	1,0000	0,9999	0,9998	0,9997	0,9994	0,9990	0,9985	0,9978	0,9968	0,9955	5
6	1,0000	1,0000	1,0000	1,0000	1,0000	1,0000	1,0000	1,0000	1,0000	0,9999	0,9999	0,9997	0,9996	0,9994	0,9991	6
7	1,0000	1,0000	1,0000	1,0000	1,0000	1,0000	1,0000	1,0000	1,0000	1,0000	1,0000	1,0000	0,9999	0,9999	0,9998	7
8	1,0000	1,0000	1,0000	1,0000	1,0000	1,0000	1,0000	1,0000	1,0000	1,0000	1,0000	1,0000	1,0000	1,0000	1,0000	8
x / λ	0,1	0,2	0,3	0,4	0,5	0,6	0,7	0,8	0,9	1,0	1,1	1,2	1,3	1,4	1,5	x \ λ

Tabelle A.2

Verteilungsfunktion $F(x)$ der **Poisson-Verteilung** $P(\lambda)$ für $\boldsymbol{\lambda = 1{,}6}$ **bis** $\boldsymbol{\lambda = 4{,}5}$

x \ λ	1,6	1,7	1,8	1,9	2,0	2,1	2,2	2,3	2,4	2,5	2,6	2,7	2,8	2,9	3,0	λ / x
0	0,2019	0,1827	0,1653	0,1496	0,1353	0,1225	0,1108	0,1003	0,0907	0,0821	0,0743	0,0672	0,0608	0,0550	0,0498	0
1	0,5249	0,4932	0,4628	0,4337	0,4060	0,3796	0,3546	0,3309	0,3084	0,2873	0,2674	0,2487	0,2311	0,2146	0,1991	1
2	0,7834	0,7572	0,7306	0,7037	0,6767	0,6496	0,6227	0,5960	0,5697	0,5438	0,5184	0,4936	0,4695	0,4460	0,4232	2
3	0,9212	0,9068	0,8913	0,8747	0,8571	0,8386	0,8194	0,7993	0,7787	0,7576	0,7360	0,7141	0,6919	0,6696	0,6472	3
4	0,9763	0,9704	0,9636	0,9559	0,9473	0,9379	0,9275	0,9162	0,9041	0,8912	0,8774	0,8629	0,8477	0,8318	0,8153	4
5	0,9940	0,9920	0,9896	0,9868	0,9834	0,9796	0,9751	0,9700	0,9643	0,9580	0,9510	0,9433	0,9349	0,9258	0,9161	5
6	0,9987	0,9981	0,9974	0,9966	0,9955	0,9941	0,9925	0,9906	0,9884	0,9858	0,9828	0,9794	0,9756	0,9713	0,9665	6
7	0,9997	0,9996	0,9994	0,9992	0,9989	0,9985	0,9980	0,9974	0,9967	0,9958	0,9947	0,9934	0,9919	0,9901	0,9881	7
8	1,0000	0,9999	0,9999	0,9998	0,9998	0,9997	0,9995	0,9994	0,9991	0,9989	0,9985	0,9981	0,9976	0,9969	0,9962	8
9	1,0000	1,0000	1,0000	1,0000	1,0000	0,9999	0,9999	0,9999	0,9998	0,9997	0,9996	0,9995	0,9993	0,9991	0,9989	9
10	1,0000	1,0000	1,0000	1,0000	1,0000	1,0000	1,0000	1,0000	1,0000	0,9999	0,9999	0,9999	0,9998	0,9998	0,9997	10
11	1,0000	1,0000	1,0000	1,0000	1,0000	1,0000	1,0000	1,0000	1,0000	1,0000	1,0000	1,0000	1,0000	0,9999	0,9999	11
12	1,0000	1,0000	1,0000	1,0000	1,0000	1,0000	1,0000	1,0000	1,0000	1,0000	1,0000	1,0000	1,0000	1,0000	1,0000	12
x / λ	1,6	1,7	1,8	1,9	2,0	2,1	2,2	2,3	2,4	2,5	2,6	2,7	2,8	2,9	3,0	λ \ x

x \ λ	3,1	3,2	3,3	3,4	3,5	3,6	3,7	3,8	3,9	4,0	4,1	4,2	4,3	4,4	4,5	λ / x
0	0,0450	0,0408	0,0369	0,0334	0,0302	0,0273	0,0247	0,0224	0,0202	0,0183	0,0166	0,0150	0,0136	0,0123	0,0111	0
1	0,1847	0,1712	0,1586	0,1468	0,1359	0,1257	0,1162	0,1074	0,0992	0,0916	0,0845	0,0780	0,0719	0,0663	0,0611	1
2	0,4012	0,3799	0,3594	0,3397	0,3208	0,3027	0,2854	0,2689	0,2531	0,2381	0,2238	0,2102	0,1974	0,1851	0,1736	2
3	0,6248	0,6025	0,5803	0,5584	0,5366	0,5152	0,4942	0,4735	0,4532	0,4335	0,4142	0,3954	0,3772	0,3594	0,3423	3
4	0,7982	0,7806	0,7626	0,7442	0,7254	0,7064	0,6872	0,6678	0,6484	0,6288	0,6093	0,5898	0,5704	0,5512	0,5321	4
5	0,9057	0,8946	0,8829	0,8705	0,8576	0,8441	0,8301	0,8156	0,8006	0,7851	0,7693	0,7531	0,7367	0,7199	0,7029	5
6	0,9612	0,9554	0,9490	0,9421	0,9347	0,9267	0,9182	0,9091	0,8995	0,8893	0,8786	0,8675	0,8558	0,8436	0,8311	6
7	0,9858	0,9832	0,9802	0,9769	0,9733	0,9692	0,9648	0,9599	0,9546	0,9489	0,9427	0,9361	0,9290	0,9214	0,9134	7
8	0,9953	0,9943	0,9931	0,9917	0,9901	0,9883	0,9863	0,9840	0,9815	0,9786	0,9755	0,9721	0,9683	0,9642	0,9597	8
9	0,9986	0,9982	0,9978	0,9973	0,9967	0,9960	0,9952	0,9942	0,9931	0,9919	0,9905	0,9889	0,9871	0,9851	0,9829	9
10	0,9996	0,9995	0,9994	0,9992	0,9990	0,9987	0,9984	0,9981	0,9977	0,9972	0,9966	0,9959	0,9952	0,9943	0,9933	10
11	0,9999	0,9999	0,9998	0,9998	0,9997	0,9996	0,9995	0,9994	0,9993	0,9991	0,9989	0,9986	0,9983	0,9980	0,9976	11
12	1,0000	1,0000	1,0000	0,9999	0,9999	0,9999	0,9999	0,9998	0,9998	0,9997	0,9997	0,9996	0,9995	0,9993	0,9992	12
13	1,0000	1,0000	1,0000	1,0000	1,0000	1,0000	1,0000	1,0000	0,9999	0,9999	0,9999	0,9999	0,9998	0,9998	0,9997	13
14	1,0000	1,0000	1,0000	1,0000	1,0000	1,0000	1,0000	1,0000	1,0000	1,0000	1,0000	1,0000	1,0000	0,9999	0,9999	14
15	1,0000	1,0000	1,0000	1,0000	1,0000	1,0000	1,0000	1,0000	1,0000	1,0000	1,0000	1,0000	1,0000	1,0000	1,0000	15
x / λ	3,1	3,2	3,3	3,4	3,5	3,6	3,7	3,8	3,9	4,0	4,1	4,2	4,3	4,4	4,5	λ \ x

Tabelle A.2
Verteilungsfunktion $F(x)$ der **Poisson-Verteilung** $P(\lambda)$ für $\lambda = 4{,}6$ bis $\lambda = 10{,}0$

x \ λ	4,6	4,7	4,8	4,9	5,0	5,5	6,0	6,5	7,0	7,5	8,0	8,5	9,0	9,5	10,0	λ / x
0	0,0101	0,0091	0,0082	0,0074	0,0067	0,0041	0,0025	0,0015	0,0009	0,0006	0,0003	0,0002	0,0001	0,0001	0,0000	0
1	0,0563	0,0518	0,0477	0,0439	0,0404	0,0266	0,0174	0,0113	0,0073	0,0047	0,0030	0,0019	0,0012	0,0008	0,0005	1
2	0,1626	0,1523	0,1425	0,1333	0,1247	0,0884	0,0620	0,0430	0,0296	0,0203	0,0138	0,0093	0,0062	0,0042	0,0028	2
3	0,3257	0,3097	0,2942	0,2793	0,2650	0,2017	0,1512	0,1118	0,0818	0,0591	0,0424	0,0301	0,0212	0,0149	0,0103	3
4	0,5132	0,4946	0,4763	0,4582	0,4405	0,3575	0,2851	0,2237	0,1730	0,1321	0,0996	0,0744	0,0550	0,0403	0,0293	4
5	0,6858	0,6684	0,6510	0,6335	0,6160	0,5289	0,4457	0,3690	0,3007	0,2414	0,1912	0,1496	0,1157	0,0885	0,0671	5
6	0,8180	0,8046	0,7908	0,7767	0,7622	0,6860	0,6063	0,5265	0,4497	0,3782	0,3134	0,2562	0,2068	0,1649	0,1301	6
7	0,9049	0,8960	0,8867	0,8769	0,8666	0,8095	0,7440	0,6728	0,5987	0,5246	0,4530	0,3856	0,3239	0,2687	0,2202	7
8	0,9549	0,9497	0,9442	0,9382	0,9319	0,8944	0,8472	0,7916	0,7291	0,6620	0,5925	0,5231	0,4557	0,3918	0,3328	8
9	0,9805	0,9778	0,9749	0,9717	0,9682	0,9462	0,9161	0,8774	0,8305	0,7764	0,7166	0,6530	0,5874	0,5218	0,4579	9
10	0,9922	0,9910	0,9896	0,9880	0,9863	0,9747	0,9574	0,9332	0,9015	0,8622	0,8159	0,7634	0,7060	0,6453	0,5830	10
11	0,9971	0,9966	0,9960	0,9953	0,9945	0,9890	0,9799	0,9661	0,9467	0,9208	0,8881	0,8487	0,8030	0,7520	0,6968	11
12	0,9990	0,9988	0,9986	0,9983	0,9980	0,9955	0,9912	0,9840	0,9730	0,9573	0,9362	0,9091	0,8758	0,8364	0,7916	12
13	0,9997	0,9996	0,9995	0,9994	0,9993	0,9983	0,9964	0,9929	0,9872	0,9784	0,9658	0,9486	0,9261	0,8981	0,8645	13
14	0,9999	0,9999	0,9999	0,9998	0,9998	0,9994	0,9986	0,9970	0,9943	0,9897	0,9827	0,9726	0,9585	0,9400	0,9165	14
15	1,0000	1,0000	1,0000	0,9999	0,9999	0,9998	0,9995	0,9988	0,9976	0,9954	0,9918	0,9862	0,9780	0,9665	0,9513	15
16	1,0000	1,0000	1,0000	1,0000	1,0000	0,9999	0,9998	0,9996	0,9990	0,9980	0,9963	0,9934	0,9889	0,9823	0,9730	16
17	1,0000	1,0000	1,0000	1,0000	1,0000	1,0000	0,9999	0,9998	0,9996	0,9992	0,9984	0,9970	0,9947	0,9911	0,9857	17
18	1,0000	1,0000	1,0000	1,0000	1,0000	1,0000	1,0000	0,9999	0,9999	0,9997	0,9993	0,9987	0,9976	0,9957	0,9928	18
19	1,0000	1,0000	1,0000	1,0000	1,0000	1,0000	1,0000	1,0000	1,0000	0,9999	0,9997	0,9995	0,9989	0,9980	0,9965	19
20	1,0000	1,0000	1,0000	1,0000	1,0000	1,0000	1,0000	1,0000	1,0000	1,0000	0,9999	0,9998	0,9996	0,9991	0,9984	20
21	1,0000	1,0000	1,0000	1,0000	1,0000	1,0000	1,0000	1,0000	1,0000	1,0000	1,0000	0,9999	0,9998	0,9996	0,9993	21
22	1,0000	1,0000	1,0000	1,0000	1,0000	1,0000	1,0000	1,0000	1,0000	1,0000	1,0000	1,0000	0,9999	0,9999	0,9997	22
23	1,0000	1,0000	1,0000	1,0000	1,0000	1,0000	1,0000	1,0000	1,0000	1,0000	1,0000	1,0000	1,0000	0,9999	0,9999	23
24	1,0000	1,0000	1,0000	1,0000	1,0000	1,0000	1,0000	1,0000	1,0000	1,0000	1,0000	1,0000	1,0000	1,0000	1,0000	24
x / λ	4,6	4,7	4,8	4,9	5,0	5,5	6,0	6,5	7,0	7,5	8,0	8,5	9,0	9,5	10,0	λ \ x

Tabelle A.3
Verteilungsfunktion Φ der **Standardnormalverteilung**

Beispiel zur Benutzung der Tabelle:

$$\Phi(1{,}57) = 0{,}9418$$

abgelesen aus: $\Phi(1{,}57) = \Phi(1{,}5+0{,}07)$. Dies ist der Wert im Schnittpunkt der Zeile $x_1 = 1{,}5$ und der Spalte $x_2 = 0{,}07$.

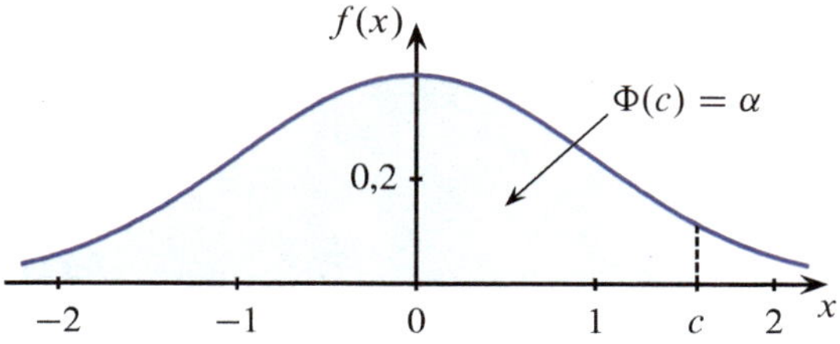

x_1 \ x_2	0,00	0,01	0,02	0,03	0,04	0,05	0,06	0,07	0,08	0,09
0,0	0,5000	0,5040	0,5080	0,5120	0,5160	0,5199	0,5239	0,5279	0,5319	0,5359
0,1	0,5398	0,5438	0,5478	0,5517	0,5557	0,5596	0,5636	0,5675	0,5714	0,5753
0,2	0,5793	0,5832	0,5871	0,5910	0,5948	0,5987	0,6026	0,6064	0,6103	0,6141
0,3	0,6179	0,6217	0,6255	0,6293	0,6331	0,6368	0,6406	0,6443	0,6480	0,6517
0,4	0,6554	0,6591	0,6628	0,6664	0,6700	0,6736	0,6772	0,6808	0,6844	0,6879
0,5	0,6915	0,6950	0,6985	0,7019	0,7054	0,7088	0,7123	0,7157	0,7190	0,7224
0,6	0,7257	0,7291	0,7324	0,7357	0,7389	0,7422	0,7454	0,7486	0,7517	0,7549
0,7	0,7580	0,7611	0,7642	0,7673	0,7704	0,7734	0,7764	0,7794	0,7823	0,7852
0,8	0,7881	0,7910	0,7939	0,7967	0,7995	0,8023	0,8051	0,8078	0,8106	0,8133
0,9	0,8159	0,8186	0,8212	0,8238	0,8264	0,8289	0,8315	0,8340	0,8365	0,8389
1,0	0,8413	0,8438	0,8461	0,8485	0,8508	0,8531	0,8554	0,8577	0,8599	0,8621
1,1	0,8643	0,8665	0,8686	0,8708	0,8729	0,8749	0,8770	0,8790	0,8810	0,8830
1,2	0,8849	0,8869	0,8888	0,8907	0,8925	0,8944	0,8962	0,8980	0,8997	0,9015
1,3	0,9032	0,9049	0,9066	0,9082	0,9099	0,9115	0,9131	0,9147	0,9162	0,9177
1,4	0,9192	0,9207	0,9222	0,9236	0,9251	0,9265	0,9279	0,9292	0,9306	0,9319
1,5	0,9332	0,9345	0,9357	0,9370	0,9382	0,9394	0,9406	0,9418	0,9429	0,9441
1,6	0,9452	0,9463	0,9474	0,9484	0,9495	0,9505	0,9515	0,9525	0,9535	0,9545
1,7	0,9554	0,9564	0,9573	0,9582	0,9591	0,9599	0,9608	0,9616	0,9625	0,9633
1,8	0,9641	0,9649	0,9656	0,9664	0,9671	0,9678	0,9686	0,9693	0,9699	0,9706
1,9	0,9713	0,9719	0,9726	0,9732	0,9738	0,9744	0,9750	0,9756	0,9761	0,9767
2,0	0,9772	0,9778	0,9783	0,9788	0,9793	0,9798	0,9803	0,9808	0,9812	0,9817
2,1	0,9821	0,9826	0,9830	0,9834	0,9838	0,9842	0,9846	0,9850	0,9854	0,9857
2,2	0,9861	0,9864	0,9868	0,9871	0,9875	0,9878	0,9881	0,9884	0,9887	0,9890
2,3	0,9893	0,9896	0,9898	0,9901	0,9904	0,9906	0,9909	0,9911	0,9913	0,9916
2,4	0,9918	0,9920	0,9922	0,9925	0,9927	0,9929	0,9931	0,9932	0,9934	0,9936
2,5	0,9938	0,9940	0,9941	0,9943	0,9945	0,9946	0,9948	0,9949	0,9951	0,9952
2,6	0,9953	0,9955	0,9956	0,9957	0,9959	0,9960	0,9961	0,9962	0,9963	0,9964
2,7	0,9965	0,9966	0,9967	0,9968	0,9969	0,9970	0,9971	0,9972	0,9973	0,9974
2,8	0,9974	0,9975	0,9976	0,9977	0,9977	0,9978	0,9979	0,9979	0,9980	0,9981
2,9	0,9981	0,9982	0,9982	0,9983	0,9984	0,9984	0,9985	0,9985	0,9986	0,9986
3,0	0,9987	0,9987	0,9987	0,9988	0,9988	0,9989	0,9989	0,9989	0,9990	0,9990
3,1	0,9990	0,9991	0,9991	0,9991	0,9992	0,9992	0,9992	0,9992	0,9993	0,9993
3,2	0,9993	0,9993	0,9994	0,9994	0,9994	0,9994	0,9994	0,9995	0,9995	0,9995
3,3	0,9995	0,9995	0,9995	0,9996	0,9996	0,9996	0,9996	0,9996	0,9996	0,9997
3,4	0,9997	0,9997	0,9997	0,9997	0,9997	0,9997	0,9997	0,9997	0,9997	0,9998
3,5	0,9998	0,9998	0,9998	0,9998	0,9998	0,9998	0,9998	0,9998	0,9998	0,9998
3,6	0,9998	0,9998	0,9999	0,9999	0,9999	0,9999	0,9999	0,9999	0,9999	0,9999
3,7	0,9999	0,9999	0,9999	0,9999	0,9999	0,9999	0,9999	0,9999	0,9999	0,9999
3,8	0,9999	0,9999	0,9999	0,9999	0,9999	0,9999	0,9999	0,9999	0,9999	0,9999
3,9	1,0000	1,0000	1,0000	1,0000	1,0000	1,0000	1,0000	1,0000	1,0000	1,0000

Tabelle A.4
α-Fraktile der ***t*-Verteilung** mit ν Freiheitsgraden für $\mathbf{1 \leqq \nu \leqq 10}$

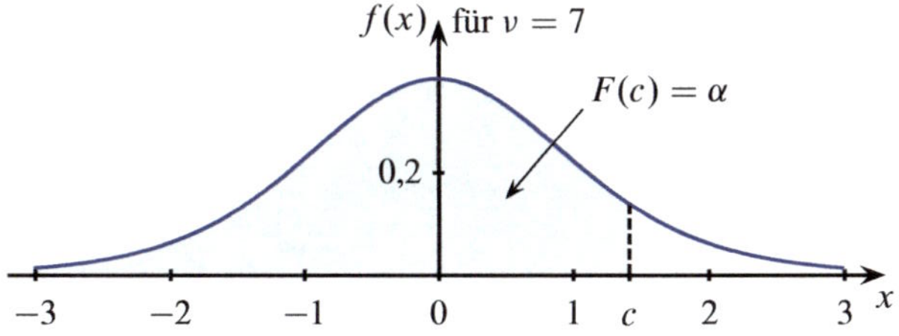

Beispiele zur Benutzung der Tabelle:

$c = x_{0,9} \quad = 1{,}415$ bei $\nu = 7$
$c = x_{0,025} = -x_{0,975} = -2{,}060$ bei $\nu = 25$

α \ ν	1	2	3	4	5	6	7	8	9	10	ν / α
0,600	0,325	0,289	0,277	0,271	0,267	0,265	0,263	0,262	0,261	0,260	0,600
0,750	1,000	0,816	0,765	0,741	0,727	0,718	0,711	0,706	0,703	0,700	0,750
0,800	1,376	1,061	0,978	0,941	0,920	0,906	0,896	0,889	0,883	0,879	0,800
0,900	3,078	1,886	1,638	1,533	1,476	1,440	1,415	1,397	1,383	1,372	0,900
0,950	6,314	2,920	2,353	2,132	2,015	1,943	1,895	1,860	1,833	1,812	0,950
0,975	12,706	4,303	3,182	2,776	2,571	2,447	2,365	2,306	2,262	2,228	0,975
0,990	31,821	6,965	4,541	3,747	3,365	3,143	2,998	2,896	2,821	2,764	0,990
0,995	63,657	9,925	5,841	4,604	4,032	3,707	3,499	3,355	3,250	3,169	0,995
α / ν	1	2	3	4	5	6	7	8	9	10	α / ν

Tabelle A.4
α-Fraktile der ***t*-Verteilung** mit ν Freiheitsgraden für $\mathbf{11 \leqq \nu \leqq 30}$

α \ ν	11	12	13	14	15	16	17	18	19	20
0,600	0,260	0,259	0,259	0,258	0,258	0,258	0,257	0,257	0,257	0,257
0,750	0,697	0,695	0,694	0,692	0,691	0,690	0,689	0,688	0,688	0,687
0,800	0,876	0,873	0,870	0,868	0,866	0,865	0,863	0,862	0,861	0,860
0,900	1,363	1,356	1,350	1,345	1,341	1,337	1,333	1,330	1,328	1,325
0,950	1,796	1,782	1,771	1,761	1,753	1,746	1,740	1,734	1,729	1,725
0,975	2,201	2,179	2,160	2,145	2,131	2,120	2,110	2,101	2,093	2,086
0,990	2,718	2,681	2,650	2,624	2,602	2,583	2,567	2,552	2,539	2,528
0,995	3,106	3,055	3,012	2,977	2,947	2,921	2,898	2,878	2,861	2,845

α \ ν	21	22	23	24	25	26	27	28	29	30
0,600	0,257	0,256	0,256	0,256	0,256	0,256	0,256	0,256	0,256	0,256
0,750	0,686	0,686	0,685	0,685	0,684	0,684	0,684	0,683	0,683	0,683
0,800	0,859	0,858	0,858	0,857	0,856	0,856	0,855	0,855	0,854	0,854
0,900	1,323	1,321	1,319	1,318	1,316	1,315	1,314	1,313	1,311	1,310
0,950	1,721	1,717	1,714	1,711	1,708	1,706	1,703	1,701	1,699	1,697
0,975	2,080	2,074	2,069	2,064	2,060	2,056	2,052	2,048	2,045	2,042
0,990	2,518	2,508	2,500	2,492	2,485	2,479	2,473	2,467	2,462	2,457
0,995	2,831	2,819	2,807	2,797	2,787	2,779	2,771	2,763	2,756	2,750

Tabelle A.5

α-Fraktile der **χ^2-Verteilung** mit ν Freiheitsgraden für **$1 \leqq \nu \leqq 10$**

Beispiele zur Benutzung der Tabelle:

$c = x_{0,75} = 6{,}63$ bei $\nu = 5$

$c = x_{0,05} = 3{,}33$ bei $\nu = 9$

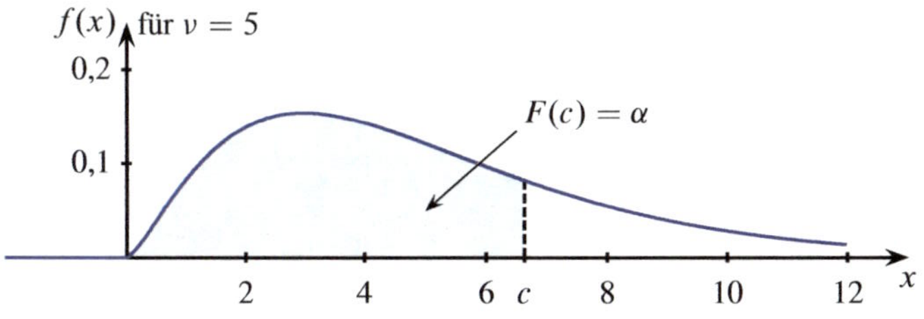

α \ ν	1	2	3	4	5	6	7	8	9	10	ν / α
0,005	0,00	0,01	0,07	0,21	0,41	0,68	0,99	1,34	1,73	2,16	0,005
0,010	0,00	0,02	0,11	0,30	0,55	0,87	1,24	1,65	2,09	2,56	0,010
0,025	0,00	0,05	0,22	0,48	0,83	1,24	1,69	2,18	2,70	3,25	0,025
0,050	0,00	0,10	0,35	0,71	1,15	1,64	2,17	2,73	3,33	3,94	0,050
0,100	0,02	0,21	0,58	1,06	1,61	2,20	2,83	3,49	4,17	4,87	0,100
0,200	0,06	0,45	1,01	1,65	2,34	3,07	3,82	4,59	5,38	6,18	0,200
0,250	0,10	0,58	1,21	1,92	2,67	3,45	4,25	5,07	5,90	6,74	0,250
0,400	0,27	1,02	1,87	2,75	3,66	4,57	5,49	6,42	7,36	8,30	0,400
0,500	0,45	1,39	2,37	3,36	4,35	5,35	6,35	7,34	8,34	9,34	0,500
0,600	0,71	1,83	2,95	4,04	5,13	6,21	7,28	8,35	9,41	10,47	0,600
0,750	1,32	2,77	4,11	5,39	6,63	7,84	9,04	10,22	11,39	12,55	0,750
0,800	1,64	3,22	4,64	5,99	7,29	8,56	9,80	11,03	12,24	13,44	0,800
0,900	2,71	4,61	6,25	7,78	9,24	10,64	12,02	13,36	14,68	15,99	0,900
0,950	3,84	5,99	7,81	9,49	11,07	12,59	14,07	15,51	16,92	18,31	0,950
0,975	5,02	7,38	9,35	11,14	12,83	14,45	16,01	17,53	19,02	20,48	0,975
0,990	6,63	9,21	11,34	13,28	15,09	16,81	18,48	20,09	21,67	23,21	0,990
0,995	7,88	10,60	12,84	14,86	16,75	18,55	20,28	21,95	23,59	25,19	0,995
α / ν	1	2	3	4	5	6	7	8	9	10	α / ν

Tabelle A.5
α-Fraktile der **χ^2-Verteilung** mit ν Freiheitsgraden für **$11 \leqq \nu \leqq 20$**

α \ ν	11	12	13	14	15	16	17	18	19	20	ν / α
0,005	2,60	3,07	3,57	4,07	4,60	5,14	5,70	6,26	6,84	7,43	0,005
0,010	3,05	3,57	4,11	4,66	5,23	5,81	6,41	7,01	7,63	8,26	0,010
0,025	3,82	4,40	5,01	5,63	6,26	6,91	7,56	8,23	8,91	9,59	0,025
0,050	4,57	5,23	5,89	6,57	7,26	7,96	8,67	9,39	10,12	10,85	0,050
0,100	5,58	6,30	7,04	7,79	8,55	9,31	10,09	10,86	11,65	12,44	0,100
0,200	6,99	7,81	8,63	9,47	10,31	11,15	12,00	12,86	13,72	14,58	0,200
0,250	7,58	8,44	9,30	10,17	11,04	11,91	12,79	13,68	14,56	15,45	0,250
0,400	9,24	10,18	11,13	12,08	13,03	13,98	14,94	15,89	16,85	17,81	0,400
0,500	10,34	11,34	12,34	13,34	14,34	15,34	16,34	17,34	18,34	19,34	0,500
0,600	11,53	12,58	13,64	14,69	15,73	16,78	17,82	18,87	19,91	20,95	0,600
0,750	13,70	14,85	15,98	17,12	18,25	19,37	20,49	21,60	22,72	23,83	0,750
0,800	14,63	15,81	16,98	18,15	19,31	20,47	21,61	22,76	23,90	25,04	0,800
0,900	17,28	18,55	19,81	21,06	22,31	23,54	24,77	25,99	27,20	28,41	0,900
0,950	19,68	21,03	22,36	23,68	25,00	26,30	27,59	28,87	30,14	31,41	0,950
0,975	21,92	23,34	24,74	26,12	27,49	28,85	30,19	31,53	32,85	34,17	0,975
0,990	24,72	26,22	27,69	29,14	30,58	32,00	33,41	34,81	36,19	37,57	0,990
0,995	26,76	28,30	29,82	31,32	32,80	34,27	35,72	37,16	38,58	40,00	0,995
α / ν	11	12	13	14	15	16	17	18	19	20	α \ ν

Tabelle A.5
α-Fraktile der **χ^2-Verteilung** mit ν Freiheitsgraden für **$21 \leqq \nu \leqq 30$**

α \ ν	21	22	23	24	25	26	27	28	29	30	ν / α
0,005	8,03	8,64	9,26	9,89	10,52	11,16	11,81	12,46	13,12	13,79	0,005
0,010	8,90	9,54	10,20	10,86	11,52	12,20	12,88	13,56	14,26	14,95	0,010
0,025	10,28	10,98	11,69	12,40	13,12	13,84	14,57	15,31	16,05	16,79	0,025
0,050	11,59	12,34	13,09	13,85	14,61	15,38	16,15	16,93	17,71	18,49	0,050
0,100	13,24	14,04	14,85	15,66	16,47	17,29	18,11	18,94	19,77	20,60	0,100
0,200	15,44	16,31	17,19	18,06	18,94	19,82	20,70	21,59	22,48	23,36	0,200
0,250	16,34	17,24	18,14	19,04	19,94	20,84	21,75	22,66	23,57	24,48	0,250
0,400	18,77	19,73	20,69	21,65	22,62	23,58	24,54	25,51	26,48	27,44	0,400
0,500	20,34	21,34	22,34	23,34	24,34	25,34	26,34	27,34	28,34	29,34	0,500
0,600	21,99	23,03	24,07	25,11	26,14	27,18	28,21	29,25	30,28	31,32	0,600
0,750	24,93	26,04	27,14	28,24	29,34	30,43	31,53	32,62	33,71	34,80	0,750
0,800	26,17	27,30	28,43	29,55	30,68	31,79	32,91	34,03	35,14	36,25	0,800
0,900	29,62	30,81	32,01	33,20	34,38	35,56	36,74	37,92	39,09	40,26	0,900
0,950	32,67	33,92	35,17	36,42	37,65	38,89	40,11	41,34	42,56	43,77	0,950
0,975	35,48	36,78	38,08	39,36	40,65	41,92	43,19	44,46	45,72	46,98	0,975
0,990	38,93	40,29	41,64	42,98	44,31	45,64	46,96	48,28	49,59	50,89	0,990
0,995	41,40	42,80	44,18	45,56	46,93	48,29	49,64	50,99	52,34	53,67	0,995
α / ν	21	22	23	24	25	26	27	28	29	30	α / ν

Tabelle A.6
α-Fraktile der ***F*-Verteilung** mit den Freiheitsgraden ν_1 und ν_2 für $\boldsymbol{\alpha = 0{,}95}$

Beispiele zur Benutzung der Tabelle:

$c = x_{0,95} = 3{,}06$ bei $\nu_1 = 4$ und $\nu_2 = 15$

$c = x_{0,99} = 5{,}06 - (5{,}06 - 4{,}00) \cdot \frac{12-10}{15-10} = 4{,}64$ bei $\nu_1 = 8$ und $\nu_2 = 12$ (und linearer Interpolation)

$2{,}27 \geqq x_{0,99} \geqq 1{,}89$ bei $\nu_1 = 25$ und $\nu_2 = 80$

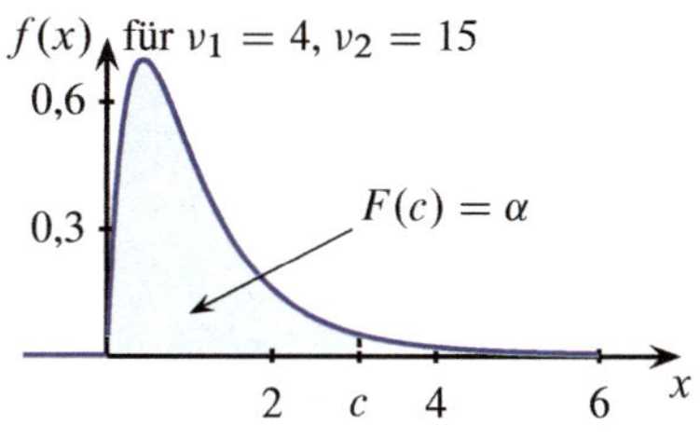

ν_1 \ ν_2	1	2	3	4	5	6	7	8	9	10	15	20	30	40	50	100	ν_2 / ν_1
1	161,4	18,51	10,13	7,71	6,61	5,99	5,59	5,32	5,12	4,96	4,54	4,35	4,17	4,08	4,03	3,94	1
2	199,5	19,00	9,55	6,94	5,79	5,14	4,74	4,46	4,26	4,10	3,68	3,49	3,32	3,23	3,18	3,09	2
3	215,7	19,16	9,28	6,59	5,41	4,76	4,35	4,07	3,86	3,71	3,29	3,10	2,92	2,84	2,79	2,70	3
4	224,6	19,25	9,12	6,39	5,19	4,53	4,12	3,84	3,63	3,48	3,06	2,87	2,69	2,61	2,56	2,46	4
5	230,2	19,30	9,01	6,26	5,05	4,39	3,97	3,69	3,48	3,33	2,90	2,71	2,53	2,45	2,40	2,31	5
6	234,0	19,33	8,94	6,16	4,95	4,28	3,87	3,58	3,37	3,22	2,79	2,60	2,42	2,34	2,29	2,19	6
7	236,8	19,35	8,89	6,09	4,88	4,21	3,79	3,50	3,29	3,14	2,71	2,51	2,33	2,25	2,20	2,10	7
8	238,9	19,37	8,85	6,04	4,82	4,15	3,73	3,44	3,23	3,07	2,64	2,45	2,27	2,18	2,13	2,03	8
9	240,5	19,38	8,81	6,00	4,77	4,10	3,68	3,39	3,18	3,02	2,59	2,39	2,21	2,12	2,07	1,97	9
10	241,9	19,40	8,79	5,96	4,74	4,06	3,64	3,35	3,14	2,98	2,54	2,35	2,16	2,08	2,03	1,93	10
15	245,9	19,43	8,70	5,86	4,62	3,94	3,51	3,22	3,01	2,85	2,40	2,20	2,01	1,92	1,87	1,77	15
20	248,0	19,45	8,66	5,80	4,56	3,87	3,44	3,15	2,94	2,77	2,33	2,12	1,93	1,84	1,78	1,68	20
30	250,1	19,46	8,62	5,75	4,50	3,81	3,38	3,08	2,86	2,70	2,25	2,04	1,84	1,74	1,69	1,57	30
40	251,1	19,47	8,59	5,72	4,46	3,77	3,34	3,04	2,83	2,66	2,20	1,99	1,79	1,69	1,63	1,52	40
50	251,8	19,48	8,58	5,70	4,44	3,75	3,32	3,02	2,80	2,64	2,18	1,97	1,76	1,66	1,60	1,48	50
100	253,0	19,49	8,55	5,66	4,41	3,71	3,27	2,97	2,76	2,59	2,12	1,91	1,70	1,59	1,52	1,39	100
ν_1 / ν_2	1	2	3	4	5	6	7	8	9	10	15	20	30	40	50	100	ν_1 / ν_2

Tabelle A.6
α-Fraktile der ***F*-Verteilung** mit den Freiheitsgraden ν_1 und ν_2 für $\boldsymbol{\alpha = 0{,}99}$

ν_1 \ ν_2	1	2	3	4	5	6	7	8	9	10	15	20	30	40	50	100	ν_1 \ ν_2
1	4052	98,5	34,1	21,2	16,26	13,75	12,25	11,26	10,56	10,04	8,68	8,10	7,56	7,31	7,17	6,90	1
2	4999	99,0	30,8	18,0	13,27	10,92	9,55	8,65	8,02	7,56	6,36	5,85	5,39	5,18	5,06	4,82	2
3	5403	99,2	29,5	16,7	12,06	9,78	8,45	7,59	6,99	6,55	5,42	4,94	4,51	4,31	4,20	3,98	3
4	5625	99,2	28,7	16,0	11,39	9,15	7,85	7,01	6,42	5,99	4,89	4,43	4,02	3,83	3,72	3,51	4
5	5764	99,3	28,2	15,5	10,97	8,75	7,46	6,63	6,06	5,64	4,56	4,10	3,70	3,51	3,41	3,21	5
6	5859	99,3	27,9	15,2	10,67	8,47	7,19	6,37	5,80	5,39	4,32	3,87	3,47	3,29	3,19	2,99	6
7	5928	99,4	27,7	15,0	10,46	8,26	6,99	6,18	5,61	5,20	4,14	3,70	3,30	3,12	3,02	2,82	7
8	5981	99,4	27,5	14,8	10,29	8,10	6,84	6,03	5,47	5,06	4,00	3,56	3,17	2,99	2,89	2,69	8
9	6022	99,4	27,3	14,7	10,16	7,98	6,72	5,91	5,35	4,94	3,89	3,46	3,07	2,89	2,78	2,59	9
10	6056	99,4	27,2	14,5	10,05	7,87	6,62	5,81	5,26	4,85	3,80	3,37	2,98	2,80	2,70	2,50	10
15	6157	99,4	26,9	14,2	9,72	7,56	6,31	5,52	4,96	4,56	3,52	3,09	2,70	2,52	2,42	2,22	15
20	6209	99,4	26,7	14,0	9,55	7,40	6,16	5,36	4,81	4,41	3,37	2,94	2,55	2,37	2,27	2,07	20
30	6261	99,5	26,5	13,8	9,38	7,23	5,99	5,20	4,65	4,25	3,21	2,78	2,39	2,20	2,10	1,89	30
40	6287	99,5	26,4	13,7	9,29	7,14	5,91	5,12	4,57	4,17	3,13	2,69	2,30	2,11	2,01	1,80	40
50	6303	99,5	26,4	13,7	9,24	7,09	5,86	5,07	4,52	4,12	3,08	2,64	2,25	2,06	1,95	1,74	50
100	6334	99,5	26,2	13,6	9,13	6,99	5,75	4,96	4,41	4,01	2,98	2,54	2,13	1,94	1,82	1,60	100
ν_1 \ ν_2	1	2	3	4	5	6	7	8	9	10	15	20	30	40	50	100	ν_1 \ ν_2

Tabelle A.7
Zufallszahlen

20951	81672	31792	26879	57829	46392	32672	78946	11017	26822
79328	12666	02839	86744	97018	33899	15916	72954	65940	08681
44533	16579	65415	37934	99575	17099	72976	81747	69565	72607
21014	07020	14574	02170	35305	86249	17106	31939	86539	93861
83106	96665	78311	14735	63251	94610	52785	66147	48389	18029
98643	80867	45366	96502	38342	11990	26302	41915	06440	04986
67530	25162	55553	90170	64340	94189	00920	22119	51405	53964
23987	68077	85382	43710	47279	43484	16155	69874	66301	55725
18700	63027	72366	96989	31510	24302	58312	93576	86403	13533
13323	04424	86190	29053	78137	09590	71506	78158	97553	55777
58419	53276	73918	26566	45888	96257	56796	30213	03262	92160
53652	55859	91817	45954	41053	24569	99440	70265	02411	33728
69661	95635	17823	00467	40703	78003	67810	43471	68667	78725
47001	12077	88696	77236	15368	29002	16240	06577	43449	30861
08928	19395	42422	76306	96126	01135	87269	56715	05250	35793
64988	93272	28770	25673	89280	12236	18169	15650	53401	15046
17119	31811	89945	20300	25816	14419	73061	08421	57342	03483
76034	71851	61977	48152	05204	23082	57072	95338	29895	55598
61396	18454	12001	13919	54421	72368	73406	00406	77202	51970
26785	64757	12420	54748	78668	28004	83547	07480	74759	63115
67446	96060	13304	13434	61072	52214	13832	67990	88190	21010
87018	64710	57397	59915	78795	78252	38840	06316	43803	71690
34076	76008	77495	35739	57289	40110	97511	44853	78968	26890
57366	38070	81270	86968	34653	31760	41716	79525	52195	08963
02310	02661	07716	12578	47574	20230	59793	52388	00627	08308
01571	57921	29858	40462	25948	36566	35525	83965	11572	24683
35298	74202	58575	86744	22618	01737	24532	66833	20342	64742
60957	43916	83932	34355	72591	49544	36103	37558	52788	59660
60509	79551	80376	93783	72222	91274	62403	75437	15096	17978
35735	65668	16514	95934	45728	63437	97729	39599	96879	68812
08661	16243	36940	14322	89622	08726	18109	65120	48543	35278
69159	55753	53101	10215	95655	33413	96853	37920	00689	70716
16548	80439	94897	93162	36253	01804	68839	49296	59797	33272
76732	02215	67952	66466	63839	29299	97562	62022	27629	92633
89490	95358	14410	38708	35943	69809	59418	45828	67566	79445
17184	53097	91467	94789	97849	76263	06936	72545	31977	95348
11329	33358	83649	76200	81321	53733	29913	62438	30637	73103
52622	35998	24609	85433	10244	10198	69028	01952	78077	27334
92740	94927	75617	29933	45284	69957	27080	31094	37630	93973
51318	92257	07215	33136	61006	78869	76316	65445	10052	75477
92679	88332	24745	21339	53782	90284	84418	34354	93338	15837
39043	41164	34675	85496	36052	37763	82789	90705	44412	73084
10916	47271	11048	04977	01463	69799	34971	72895	89338	62847
55617	25407	77719	17131	62822	03232	27631	44299	24909	70966
32098	98048	99666	60659	75729	11458	22595	75970	27351	38629
09579	07273	85407	15636	24233	39353	78975	02130	83396	76032
62793	24812	21812	98544	77260	66191	79319	94178	44929	83705
76089	02526	04683	85694	70428	39650	38602	67853	46100	42618
28041	07559	79712	21126	35488	59624	44616	20045	89241	04041
73192	06020	50514	07003	69794	80382	41076	80851	76320	04270

Tabelle A.8
Approximationen von Verteilungen

Verteilung der Zufallsvariablen X	Zufallsvariable Z	approximative Verteilung von Z	Approximation verwendbar unter der Bedingung
Hypergeometrische Verteilung mit den Parametern N, M, n	$Z = X$	$B\left(n; \frac{M}{N}\right)$	$20n \leqq N$
$B(n;p)$	$Z = X$	$P(np)$	$n \geqq 50;\ p \leqq \frac{1}{10};\ np \leqq 10$
$B(n;p)$	$Z = \frac{X - np}{\sqrt{np(1-p)}}$	$N(0;1)$	$np \geqq 5;\ n(1-p) \geqq 5$
$P(\lambda)$	$Z = \frac{X - \lambda}{\sqrt{\lambda}}$	$N(0;1)$	$\lambda > 10$
$t(\nu)$	$Z = X$	$N(0;1)$	$\nu > 30$
$\chi^2(\nu)$	$Z = \sqrt{2X} - \sqrt{2\nu - 1}$	$N(0;1)$	$\nu > 30$

Viele ähnliche, teils schwächere, teils schärfere Bedingungen werden in der Literatur als Faustregeln für Verteilungsapproximationen vorgeschlagen. Berechnungen zur Approximationsgüte sind beispielweise Wetzel et al. (1967) zu entnehmen.

Literaturverzeichnis

Abels, H. (1993): Wirtschafts- und Bevölkerungsstatistik, Gabler, Wiesbaden, 4. Auflage.

Albrecht, P. (1980): On the correct use of the chi-square goodness-of-fit-test, Scandinavian Actuarial Journal 1, 149–160.

Almiron, M. G.; Almeida, E. S.; Miranda, M. N. (2009): The reliability of statistical functions in four software packages freely used in numerical computation, Brazilian Journal of Probability and Statistics 23, 107–119.

Almiron, M. G.; Lopes, B.; Oliveira, A. L. C.; Medeiros, A. C.; Frery, A. C. (2010): On the numerical accuracy of spreadsheets, Journal of Statistical Software 34, 1–29.

Ambrosi, K. (1980): Aggregation und Identifikation in der numerischen Taxonomie, Hain, Königstein/Ts.

Ankirchner, S.; Pigorsch, C.; Schweizer, N. (2014): Estimating residual hedging risk with least-squares monte carlo, International Journal of Theoretical and Applied Finance 17, 1450042.

Anscombe, F. J. (1967): Topics in the investigation of linear relations fitted by the method of least-squares, Journal of the Royal Statistical Society B 29, 1–29.

Anscombe, F. J.; Aumann, R. J. (1963): A definition of subjective probability, Annals of Mathematical Statistics 34, 199–205.

Arminger, G. (1979): Faktorenanalyse, Teubner, Stuttgart.

Arnold, B. F.; Stahlecker, P. (2011): An unexpected property of minimax estimation in the relative squared error approach to linear regression analysis, Metrika 74, 397–407.

Arrenberg, J. (1998): Schätzung der Varianz von Mittelwertschätzern in endlichen Populationen, Vandenhoeck & Ruprecht, Göttingen.

Assenmacher, W. (2002): Einführung in die Ökonometrie, Oldenbourg, München, Wien, 6. Auflage.

Atteslander, P. (2010): Methoden der empirischen Sozialforschung, Schmidt, Berlin, 13. Auflage.

Backhaus, K.; Erichson, B.; Gensler, S.; Weiber, R.; Weiber, T. (2021): Multivariate Analysemethoden: Eine anwendungsorientierte Einführung, Springer Gabler, Wiesbaden, 16. Auflage.

Backhaus, K.; Erichson, B.; Weiber, R. (2015): Fortgeschrittene Multivariate Analysemethoden: Eine anwendungsorientierte Einführung, Springer Gabler, Berlin, Heidelberg, 3. Auflage.

Bamberg, G. (1972): Statistische Entscheidungstheorie, Physica, Würzburg, Wien.

Bamberg, G.; Baur, F.; Krapp, M. (2022): Statistik-Arbeitsbuch, De Gruyter Oldenbourg, Berlin, Boston, 11. Auflage.

Bamberg, G.; Schittko, U. K. (1979): Einführung in die Ökonometrie, Fischer, Stuttgart, New York.

Bamberg, G.; Spremann, K. (1985): Least-squares index numbers, in *Schneeweiß, H.; Strecker, H.* (Hrsg.), Contributions to econometrics and statistics today, Springer, Berlin et al., 27–37.

Bankhofer, U.; Hilbert, A. (1997): Statistical software packages for windows: A market survey, Statistical Papers 38, 393–407.

Bankhofer, U.; Krapp, M. (2001): Statistische Analyse- und Auswertungsprogramme, in *Schneider, D.; Pflaumer, P.* (Hrsg.), Power Tools, Management-, Beratungs- und Controllinginstrumente, Gabler, Wiesbaden, 213–223.

Bankhofer, U.; Vogel, J. (2008): Datenanalyse und Statistik: Eine Einführung für Ökonomen im Bachelor, Gabler, Wiesbaden.

Basler, H. (1979): Zur Definition von Zufallsstichproben aus endlichen Grundgesamtheiten, Metrika 26, 219–236.

Basler, H. (1994): Grundbegriffe der Wahrscheinlichkeitsrechnung und statistischen Methodenlehre, Physica, Heidelberg, 11. Auflage.

Bastian, J. (1985): Optimale Zeitreihenprognose, Lang, Frankfurt/M. et al.

Baur, F. (1984): Einige lineare und nicht-lineare Alternativen zum Kleinst-Quadrate-Schätzer im verallgemeinerten linearen Modell, Athenäum, Königstein/Ts.

Bausch, T. (1990): Stichprobenverfahren in der Marktforschung, Vahlen, München.

Bauwens, L.; Hautsch, N. (2006): Stochastic conditional intensity processes, Journal of Financial Econometrics 4, 450–493.

Becker, S. S.; Nautz, D. (2009): Inflation and relative price variability: New evidence for the United States, Southern Economic Journal 76, 146–164.

Behr, A.; Pötter, U. (2014): Einführung in die Statistik mit R, Vahlen, München, 2. Auflage.

v. d. Berg, G. J.; Doblhammer-Reiter, G.; Christensen, K. (2011): Being born under adverse economic conditions leads to a higher cardiovascular mortality rate later in life: Evidence based on individuals born at different stages of the business cycle, Demography 48, 507–530.

Berger, J. O. (2010): Statistical decision theory and Bayesian analysis, Springer, New York, 2. Auflage.

Biewen, M. (2006): Who are the chronic poor? An econometric analysis of chronic poverty in Germany, in *Creedy, J.; Kalb, G.* (Hrsg.), Dynamics of inequality and poverty, Bd. 13, Emerald, Bingley, 31–62.

Biewen, M.; Fitzenberger, B.; Osikominu, A.; Paul, M. (2014): The effectiveness of public-sponsored training revisited: The importance of data and methodological choices, Journal of Labor Economics 32, 837–897.

Bleymüller, J.; Weißbach, R.; Gehlert, G.; Gülicher, H. (2015): Statistik für Wirtschaftswissenschaftler, Vahlen, München, 17. Auflage.

Bock, H. H. (1974): Automatische Klassifikation, Vandenhoeck & Ruprecht, Göttingen.

Bol, G. (2004): Deskriptive Statistik, Oldenbourg, München, Wien, 6. Auflage.

Bomsdorf, E. (1982): Zur Abschätzung des Gini-Koeffizienten bei klassierten Daten, Statistische Hefte 23, 240–257.

Bomsdorf, E. (2013): Deskriptive Statistik, Eul, Lohmar, Köln, 14. Auflage.

Börsch-Supan, A. (1987): Econometric analysis of discrete choice, Springer, Berlin et al.

Bortz, J.; Lienert, G. A.; Boehnke, K. (2008): Verteilungsfreie Methoden in der Biostatistik, Springer, Heidelberg, 3. Auflage.

Bosch, K. (1998): Statistik-Taschenbuch, Oldenbourg, München, Wien, 3. Auflage.

Box, G. E. P.; Jenkins, G. M. (1970): Time series analysis: Forecasting and control, Holden-Day, San Francisco.

Box, G. E. P.; Tiao, G. C. (2011): Bayesian inference in statistical analysis, John Wiley & Sons, New York et al.

Brachinger, H. W. (1982): Robuste Entscheidungen, Statistische Hefte, Heidelberg.

Brachinger, H. W. (1990a): Identifikation einflussreicher Daten: Ein Überblick über die Regression Diagnostics I, Allgemeines Statistisches Archiv 74, 188–212.

Brachinger, H. W. (1990b): Identifikation stochastischer linearer Abhängigkeiten: Ein Überblick über die Regression Diagnostics II, Allgemeines Statistisches Archiv 74, 269–292.

Breitung, J. (2002): Nonparametric tests for unit roots and cointegration, Journal of Econometrics 108, 343–363.

Breitung, J.; Pigorsch, U. (2013): A canonical correlation approach for selecting the number of dynamic factors, Oxford Bulletin of Economics & Statistics 75, 23–36.

Breitung, J.; Tenhofen, J. (2011): GLS estimation of dynamic factor models, Journal of the American Statistical Association 106, 1150–1166.

Brockhoff, K. (1977): Prognoseverfahren für die Unternehmensplanung, Gabler, Wiesbaden.

Bruckmann, G. (1969): Einige Bemerkungen zur statistischen Messung der Konzentration, Metrika 14, 183–213.

Brüggemann, R. (2006): Sources of German unemployment: A structural vector error correction analysis, Empirical Economics 31, 409–431.

Brüggemann, R.; Jentsch, C.; Trenkler, C. (2016): Inference in VARs with conditional heteroskedasticity of unknown form, Journal of Econometrics 191, 69–85.

Brüggemann, R.; Lütkepohl, H. (2013): Forecasting contemporaneous aggregates with stochastic aggregation weights, International Journal of Forecasting 29, 60–68.

Bühl, A. (2019): SPSS: Einführung in die moderne Datenanalyse ab SPSS 25, Pearson, Hallbergmoos, 16. Auflage.

Büning, H. (1991): Robuste und adaptive Tests, De Gruyter, Berlin, New York.

Büning, H.; Trenkler, G. (1994): Nichtparametrische statistische Methoden, De Gruyter, Berlin, New York, 2. Auflage.

Buttler, G. (1979): Bevölkerungsrückgang in der Bundesrepublik, Deutscher Instituts-Verlag, Köln.

Caliendo, M. (2006): Microeconometric evaluation of labour market policies, Springer, Berlin, Heidelberg.

Cochran, W. G. (1972): Stichprobenverfahren, De Gruyter, Berlin, New York.

v. Collani, E. (1984): Optimale Wareneingangskontrolle, Teubner, Stuttgart.

Conrad, C. (2010): Non-negativity conditions for the hyperbolic GARCH model, Journal of Econometrics 157, 441–457.

Conrad, C.; Schienle, M. (2020): Testing for an omitted multiplicative long-term component in GARCH models, Journal of Business & Economic Statistics 38, 229–242.

Cooley, W. W.; Lohnes, P. R. (1971): Multivariate data analysis, John Wiley & Sons, New York et al.

Creutz, G. (1979): Möglichkeiten und Probleme der Beurteilung von Saisonbereinigungsverfahren, Haag & Herchen, Frankfurt/M.

Dalenius, T.; Hodges, J. L. (1959): Minimum variance stratification, Journal of the American Statistical Association 54, 88–101.

Davies, L.; Gather, U. (1993): The identification of multiple outliers, Journal of the American Statistical Association 88, 782–801.

Deffaa, W. (1982): Anonymisierte Befragungen mit zufallsverschlüsselten Antworten, Lang, Frankfurt/M., Bern.

Degen, H.; Lorscheid, P. (2006): Statistik-Aufgabensammlung, De Gruyter Oldenbourg, Berlin, Boston, 5. Auflage.

De Groot, M. H. (2005): Optimal statistical decisions, John Wiley & Sons, Hoboken.

Deistler, M.; Hannan, E. J. (1981): Some properties of the parametrization of ARMA systems with unknown order, Journal of Multivariate Analysis 11, 474–484.

Demetrescu, M. (2007): Optimal forecast intervals under asymmetric loss, Journal of Forecasting 26, 227–238.

Demetrescu, M.; Golosnoy, V.; Titova, A. (2020): Bias corrections for exponentially transformed forecasts: Are they worth the effort?, International Journal of Forecasting 36, 761–780.

Demetrescu, M.; Hanck, C. (2012): Unit root testing in heteroscedastic panels using the Cauchy estimator, Journal of Business & Economic Statistics 30, 256–264.

Deutler, T.; Bühler, W. (1975): Optimal stratification and grouping by dynamic programming, Metrika 22, 161–175.

Dichtl, E.; Schobert, R. (1979): Mehrdimensionale Skalierung: Methodische Grundlagen und betriebswirtschaftliche Anwendungen, Vahlen, München.

Dorfleitner, G. (1998): Conditional MSE-based discrimination of the sample mean and the post-stratification estimator in population sampling, Statistical Papers 39, 313–319.

Dovern, J.; Huber, F. (2015): Global prediction of recessions, Economics Letters 133, 81–84.

Dreger, C.; Kosfeld, R.; Eckey, H.-F. (2014): Ökonometrie: Grundlagen – Methoden – Beispiele, Springer Gabler, Wiesbaden, 5. Auflage.

Drexl, A. (1982): Geschichtete Stichprobenverfahren, Athenäum, Königstein/Ts.

Duller, C. (2005): Die österreichische private Krankenversicherung – Ein Monopol?, Austrian Journal of Statistics 34, 345–359.

Edel, K.; Lösch, M.; Metz, R. (Hrsg.) (2004): Zeitreihenanalyse in der empirischen Wirtschaftsforschung, Lucius & Lucius, Stuttgart.

Edel, K.; Schäffer, K. A.; Stier, W. (Hrsg.) (1997): Analyse saisonaler Zeitreihen, Physica, Heidelberg.

Egger, P. H.; Staub, K. E. (2016): GLM estimation of trade gravity models with fixed effects, Empirical Economics 50, 137–175.

Eichhorn, W.; Henn, R.; Opitz, O.; Shephard, R. W. (Hrsg.) (1978): Theory and applications of economic indices, Physica, Würzburg.

Eichhorn, W.; Voeller, J. (1976): Theory of the price-index, Springer, Berlin et al.

Eickhoff, K.-H.; Krüger, R.; Stachowiak, H.-H. (1971): Multimoment-Studien im Sparkassenbetrieb, Deutscher Sparkassenverlag, Stuttgart.

Entorf, H. (2010): Econometric issues in antitrust analysis: Comment, Journal of Institutional and Theoretical Economics 166, 78–82.

Entorf, H.; Gross, A.; Steiner, C. (2012): Business cycle forecasts and their implications for high frequency stock market returns, Journal of Forecasting 31, 1–14.

Fahrmeir, L. (1981): Rekursive Algorithmen für Zeitreihenmodelle, Vandenhoeck & Ruprecht, Göttingen.

Fahrmeir, L.; Hamerle, A.; Tutz, G. (Hrsg.) (1996): Multivariate Statistische Verfahren, De Gruyter, Berlin, New York, 2. Auflage.

Fahrmeir, L.; Heumann, C.; Künstler, R.; Pigeot, I.; Tutz, G. (2016): Statistik: Der Weg zur Datenanalyse, Springer Spektrum, Berlin, Heidelberg, 8. Auflage.

Fahrmeir, L.; Kaufmann, H.; Ost, F. (1981): Stochastische Prozesse, Hanser, München, Wien.

Falkner, H. D. (1924): The measurement of seasonal variations, Journal of the American Statistical Association 19, 167–179.

Feller, W. (1968): An introduction to probability theory and its applications I, John Wiley & Sons, New York et al., 3. Auflage.

Fernandes, M.; Grammig, J. (2006): A family of autoregressive conditional duration models, Journal of Econometrics 130, 1–23.

Feuerstack, R. (1975): Unternehmenskonzentration, Luchterhand, Neuwied.

Firchau, V. (1980): Wert und maximaler Wert von Informationen für statistische Entscheidungsprobleme, Athenäum, Königstein/Ts.

Fisher, I. (1967): The making of index numbers, Kelley, New York, 3. Auflage.

Fisher, R. A. (1922): On the mathematical foundations of theoretical statistics, Philosphical Transactions of the Royal Society A 222, 309–368.

Fisz, M. (1989): Wahrscheinlichkeitsrechnung und mathematische Statistik, Deutscher Verlag der Wissenschaften, Berlin, 11. Auflage.

Fitzenberger, B.; Wilke, R. A. (2010): New insights into unemployment duration and post unemployment earnings in Germany, Oxford Bulletin of Economics & Statistics 72, 794–826.

Fleischer, K. (1999): Stichprobenauswahlverfahren, Das Wirtschaftsstudium 28, 306–309.

Frahm, G.; Memmel, C. (2010): Dominating estimators for minimum-variance portfolios, Journal of Econometrics 159, 289–302.

Franke, J.; Härdle, W. K.; Hafner, C. M. (2004): Einführung in die Statistik der Finanzmärkte, Springer, Berlin, Heidelberg, 2. Auflage.

Frerichs, W.; Kübler, K. (1980): Gesamtwirtschaftliche Prognoseverfahren, Vahlen, München.

Friedmann, R. (1982): Multicollinearity and ridge regression, Allgemeines Statistisches Archiv 66, 120–128.

Frohn, J. (1995): Grundausbildung in Ökonometrie, De Gruyter, Berlin, New York, 2. Auflage.

Frühwirth-Schnatter, S. (2010): Finite mixture and Markov switching models, Springer, New York.

Gabler, S.; Wolff, C. (1987): A quick and easy approximation to the distribution of a sum of weighted chi-square variables, Statistische Hefte 28, 317–325.

Galler, H. P. (1986): Übergangsratenmodelle bei intervalldatierten Ereignissen, Statistische Hefte 27, 1–22.

Gamerith, W.; Leopold-Wildburger, U.; Steindl, W. (2010): Einführung in die Wirtschaftsmathematik, Springer, Berlin et al., 5. Auflage.

Gaul, W. (1980): Stichprobenpläne und Marketingprobleme, in *Henn, R.; Schips, B.; Stähly, P.* (Hrsg.), Quantitative Wirtschafts- und Unternehmensforschung, Springer, Berlin et al., 347–362.
Gaul, W.; Schader, M. (Hrsg.) (1986): Classification as a tool of research, North-Holland, Amsterdam et al.
Gaul, W.; Schader, M. (Hrsg.) (1988): Data, expert knowledge and decisions, Springer, Berlin et al.
Glaser, W. R. (1978): Varianzanalyse, Fischer, Stuttgart, New York.
Gnedenko, B. W. (1997): Lehrbuch der Wahrscheinlichkeitstheorie, Deutsch, Thun, Frankfurt/M., 10. Auflage.
Gohout, W. (1996): Prozessanalyse und statistische Prozessregelung, Vandenhoeck & Ruprecht, Göttingen.
Goldrian, G.; Lehne, B. (1999): Zur Approximation der Trend-Zyklus-Komponente am aktuellen Rand einer Zeitreihe, Jahrbücher für Nationalökonomie und Statistik 219, 344–356.
Golosnoy, V.; Okhrin, Y. (2011): Nonparametric monitoring of equal predictive ability, Journal of Statistical Planning and Inference 141, 3170–3180.
Gottinger, H. W. (1974): Subjektive Wahrscheinlichkeiten, Vandenhoeck & Ruprecht, Göttingen.
Graf, U.; Henning, H.-J.; Stange, K.; Wilrich, P.-T. (1997): Formeln und Tabellen der angewandten mathematischen Statistik, Springer, Berlin et al., 3. Auflage.
Grammig, J.; Peter, F. J. (2013): Telltale tails: A new approach to estimating unique market information shares, Journal of Financial and Quantitative Analysis 48, 459–488.
Grus, J. (2019): Data science from scratch: First principles with Python, O'Reilly, Beijing et al., 2. Auflage.
Hafner, C. M.; Herwartz, H. (2009): Testing for linear vector autoregressive dynamics under multivariate generalized autoregressive heteroskedasticity, Statistica Neerlandica 63, 294–323.
Halbleib, R.; Pohlmeier, W. (2012): Improving the value at risk forecasts: Theory and evidence from the financial crisis, Journal of Economic Dynamics and Control 36, 1212–1228.
Hall, L. W. (1924): Seasonal variations as a relative of secular trend, Journal of the American Statistical Association 19, 156–166.
Haller-Wedel, K. (1969): Das Multimoment-Verfahren in Theorie und Praxis, Hanser, München, 2. Auflage.
Hamilton, J. D. (1994): Time series analysis, Princeton University Press, Princeton.
Han, J.; Kamber, M.; Pei, J. (2012): Data mining: Concepts and techniques, Elsevier, Amsterdam et al., 3. Auflage.
Hansen, G. (1985): Methodenlehre der Statistik, Vahlen, München, 3. Auflage.
Hansen, G. (1991): Neuere Entwicklungen auf dem Gebiet der Ökonometrie, Zeitschrift für Wirtschafts- und Sozialwissenschaften 111, 337–399.
Härdle, W. K.; Müller, M.; Sperlich, S.; Werwatz, A. (2004): Nonparametric and semiparametric models, Springer, Berlin et al.
Härdle, W. K.; Okhrin, O.; Okhrin, Y. (2017): Basic elements of computational statistics, Springer, Cham.
Harman, H. H. (1976): Modern factor analysis, University of Chicago Press, Chicago, London, 3. Auflage.
Harris, R. J. (2013): A primer of multivariate statistics, Psychology Press, New York, London, 3. Auflage.
Hartung, J.; Elpelt, B. (2007): Multivariate Statistik, Oldenbourg, München, Wien, 7. Auflage.
Hartung, J.; Elpelt, B.; Klösener, K.-H. (2009): Statistik: Lehr- und Handbuch der angewandten Statistik, Oldenbourg, München, 15. Auflage.
Hassler, U. (2001): The effect of linear time trends on the KPSS test for cointegration, Journal of Time Series Analysis 22, 283–292.
Hassler, U. (2007): Stochastische Integration und Zeitreihenmodellierung, Springer, Berlin, Heidelberg.

Haupt, H.; Schnurbus, J.; Tschernig, R. (2010): On nonparametric estimation of a hedonic price function, Journal of Applied Econometrics 25, 894–901.

Hebbel, H.; Heiler, S. (1987): Zeitreihenzerlegung über ein Optimalitätskriterium, Allgemeines Statistisches Archiv 71, 305–318.

Hedderich, J.; Sachs, L. (2020): Angewandte Statistik: Methodensammlung mit R, Springer Spektrum, Berlin, 17. Auflage.

Heilemann, U.; Stekler, R. (2007): Introduction to the future of macroeconomic forecasting, International Journal of Forecasting 23, 159–165.

Heiler, S. (1971): Wirtschaftsprognosen auf der Grundlage der Theorie schwach stationärer Prozesse, Hain, Meisenheim/G.

Heiler, S. (1991): Zeitreihenanalyse – Ein kurzer Abriß der historischen Entwicklung, Allgemeines Statistisches Archiv 75, 1–8.

Heiler, S.; Michels, P. (2005): Deskriptive und explorative Datenanalyse, Oldenbourg, München, 2. Auflage.

Heller, W.-D. (1982): Methodische Betrachtungen zur Paritätsberechnung, Deutsch, Thun, Frankfurt/M.

Helten, E. (1971): Zur Bayes-Analysis, Jahrbücher für Nationalökonomie und Statistik 185, 528–545.

Henn, R.; Kischka, P. (1979): Statistik: Theorie und Anwendungen in den Wirtschaftswissenschaften I: Eine Einführung, Athenäum, Königstein/Ts.

Herwartz, H. (2006): Testing for random effects in panel models with spatially correlated disturbances, Statistica Neerlandica 61, 466–487.

Hilbert, A.; Bankhofer, U. (1996): Zeitgemäße Werkzeuge zur PC-gestützten Datenanalyse, Die Betriebswirtschaft 56, 685–696.

Hinderer, K. (1985): Grundbegriffe der Wahrscheinlichkeitstheorie, Springer, Berlin et al., 3. Auflage.

Hirschauer, N.; Grüner, S.; Mußhoff, O.; Becker, C. (2019): Twenty steps towards an adequate inferential interpretation of p-values in econometrics, Jahrbücher für Nationalökonomie und Statistik 239, 703–721.

Holm, K. (Hrsg.) (1975): Die Befragung, Francke, München, 6 Bände 1975–1991.

Höpfner, B. (1998): Ein empirischer Vergleich neuerer Verfahren zur Saisonbereinigung und Komponentenzerlegung, Wirtschaft und Statistik 12/1998, 949–959.

Höse, S.; Huschens, S. (2008): Worst-case asset, default and survival time correlations, Journal of Risk Model Validation 2, 27–50.

Hübler, O. (2005): Einführung in die empirische Wirtschaftsforschung, Oldenbourg, München, Wien.

Hujer, R.; Cremer, R. (1996): Methoden der empirischen Wirtschaftsforschung, Vahlen, München, 2. Auflage.

Hull, J. C. (1978): The accuracy of the means and standard deviations of subjective probability distributions, Journal of the Royal Statistical Society A 141, 79–85.

Huschens, S. (1990): Necessary sample sizes for categorical data, Statistische Hefte 31, 47–53.

Hüttner, M. (1978): Multivariate Methoden im Marketing, Moderne Industrie, München.

Hüttner, M. (1986): Prognoseverfahren und ihre Anwendung, De Gruyter, Berlin, New York.

Institut für Demoskopie Allensbach (Hrsg.) (2012): Monitor Familienleben 2012: Einstellungen und Lebensverhältnisse von Familien, Allensbach.

Jambu, M. (1992): Explorative Datenanalyse, Fischer, Stuttgart et al.

James, G.; Witten, D.; Hastie, T.; Tibshirani, R. (2013): An introduction to statistical learning with applications in R, Springer, New York et al.

Janssen, J.; Laatz, W. (2017): Statistische Datenanalyse mit SPSS, Springer Gabler, Berlin, 9. Auflage.

Jeske, R. (2003): Spaß mit Statistik, Oldenbourg, München, Wien, 4. Auflage.

Jeske, R. (2021): Statistiken aus schwierigen Verhältnissen - von Armut bis Corona, Books on Demand, Norderstedt.

Johnston, J.; DiNardo, J. (1997): Econometric methods, McGraw-Hill, New York et al., 4. Auflage.

Jung, R. C.; Kukuk, M.; Liesenfeld, R. (2006): Time series of count data: Modelling, estimation and diagnosis, Computational Statistics & Data Analysis 51, 2350–2364.

Kallischnigg, G.; Kockelkorn, U.; Dinge, A. (2003): Mathematik für Volks- und Betriebswirte, Oldenbourg, München, Wien, 4. Auflage.

Kamhöfer, D. A.; Schmitz, H. (2016): Reanalyzing zero returns to education in Germany, Journal of Applied Econometrics 31, 912–919.

Kascha, C.; Trenkler, C. (2011): Bootstrapping the likelihood ratio cointegration test in error correction models with unknown lag order, Computational Statistics & Data Analysis 55, 1008–1017.

Kauermann, G.; Haupt, H.; Kaufmann, N. (2012): A hitchhiker's view on spatial statistics and spatial econometrics for lattice data, Statistical Modelling 12, 419–440.

Kaufmann, H.; Pape, H. (1996): Clusteranalyse, in *Fahrmeir, L.; Hamerle, A.* (Hrsg.), Multivariate Statistische Verfahren, De Gruyter, Berlin, New York, 437–536.

Keeling, K. B.; Pavur, R. J. (2007): A comparative study of the reliability of nine statistical software packages, Computational Statistics & Data Analysis 51, 3811–3831.

Kellner, R.; Rösch, D. (2016): Quantifying market risk with value-at-risk or expected shortfall? — Consequences for capital requirements and model risk, Journal of Economic Dynamics and Control 68, 45–63.

Kendall, M. G.; Gibbons, J. D. (1990): Rank correlation methods, Arnold, London et al., 5. Auflage.

Kirchgässner, G. (1981): Einige neuere statistische Verfahren zur Erfassung kausaler Beziehungen zwischen Zeitreihen, Vandenhoeck & Ruprecht, Göttingen.

Kirchgässner, G.; Wolters, J.; Hassler, U. (2013): Introduction to Modern Time Series Analysis, Springer, Berlin, Heidelberg, 2. Auflage.

Kischka, P. (1997): Die Rolle der Statistik in den Wirtschaftswissenschaften, in *Walter, R.* (Hrsg.), Wirtschaftswissenschaften: Eine Einführung, Schöningh, Paderborn et al., 58–82.

Kladroba, A. (2001): Was ist neu am Data Mining? Einige Anmerkungen zur „neuen" Datenanalyse aus Sicht der Statistik, Allgemeines Statistisches Archiv 85, 455–462.

Klar, R.; Opitz, O. (Hrsg.) (1997): Classification and knowledge organisation, Springer, Berlin et al.

Kleiber, C.; Zeileis, A. (2008): Applied econometrics with R, Springer, New York.

Klein, I. (1994): Mögliche Skalentypen, invariante Relationen und wissenschaftliche Gesetze, Vandenhoeck & Ruprecht, Göttingen.

Kleiter, G. (1981): Bayes-Statistik, De Gruyter, Berlin, New York.

Kneib, T. (2013): Beyond mean regression, Statistical Modelling 13, 275–303.

Kneip, A. (1994): Ordered linear smoothers, Annals of Statistics 22, 835–866.

Kneis, G. (2005): Mathematik für Wirtschaftswissenschaftler, Oldenbourg, München, Wien, 2. Auflage.

Knoth, S. (2007): Accurate ARL calculation for EWMA control charts monitoring normal mean and variance simultaneously, Sequential Analysis 26, 251–263.

Knüppel, L. (1983): Stochastische Konvergenz ökonomischer Systeme, Das Wirtschaftsstudium 12, 395–401.

Kockelkorn, U. (1979): Ein lineares Mehrentscheidungsmodell, Metrika 26, 169–182.

Kockelkorn, U. (2000): Lineare statistische Methoden, Oldenbourg, München, Wien.

Kockelkorn, U. (2012): Statistik für Anwender, Spektrum, Berlin, Heidelberg.

Kockläuner, G. (2012): Methoden der Armutsmessung, Logos, Berlin.

Kohler, U.; Kreuter, F. (2016): Datenanalyse mit Stata: Allgemeine Konzepte der Datenanalyse und ihre praktische Anwendung, De Gruyter Oldenbourg, Berlin, 5. Auflage.

Kolmogoroff, A. N. (1933): Grundbegriffe der Wahrscheinlichkeitsrechnung, Springer, Berlin.

König, H.; Wolters, J. (1972): Einführung in die Spektralanalyse ökonomischer Zeitreihen, Hain, Meisenheim/G.

Krafft, O. (1978): Lineare statistische Modelle und optimale Versuchspläne, Vandenhoeck & Ruprecht, Göttingen.

Kraft, M.; Landes, T. (1996): Statistische Methoden, Physica, Heidelberg, 3. Auflage.

Krämer, W. (1980): Eine Rehabilitation der gewöhnlichen Kleinst-Quadrate-Methode als Schätzverfahren in der Ökonometrie, Haag & Herchen, Frankfurt/Main.

Krämer, W. (1994): So überzeugt man mit Statistik, Campus, Frankfurt/M., New York.

Krämer, W. (2015): So lügt man mit Statistik, Campus, Frankfurt/M., New York, aktualisierte Neuausgabe.

Krämer, W.; Sonnberger, H. (1986): The linear regression model under test, Physica, Heidelberg, Wien.

Krämer, W.; Wied, D. (2015): A simple and focused backtest of value at risk, Economics Letters 137, 29–31.

Krickeberg, K. (1963): Wahrscheinlichkeitstheorie, Teubner, Stuttgart.

Krug, W.; Nourney, M.; Schmidt, J. (2001): Wirtschafts- und Sozialstatistik: Gewinnung von Daten, Oldenbourg, München, Wien, 6. Auflage.

Krumbholz, W. (1982): Die Bestimmung einfacher Attributprüfpläne unter Berücksichtigung von unvollständiger Vorinformation, Allgemeines Statistisches Archiv 66, 240–253.

Krumbholz, W.; Schmid, F. (1996): A non standard χ^2-test of fit for testing uniformity with unknown limits, Statistische Hefte 37, 365–373.

Kruse, R. (2015): A modified test against spurious long memory, Economics Letters 135, 34–38.

Kugler, P. (1985): Autoregressive modelling of consumption, income, inflation and interest rate data: A multicountry study, Empirical Economics 10, 37–50.

Kühn, W. (1976): Einführung in die multidimensionale Skalierung, Reinhardt, München, Basel.

Küsters, U. (1987): Hierarchische Mittelwert- und Kovarianzstrukturmodelle mit nichtmetrischen endogenen Variablen, Physica, Heidelberg.

Kyburg, H. E.; Smokler, H. E. (Hrsg.) (1980): Studies in subjective probability, Krieger, Huntington, 2. Auflage.

Laspeyres, E. L. É. (1871): Die Berechnung einer mittleren Warenpreissteigerung, Jahrbücher für Nationalökonomie und Statistik 16, 296–314.

Lauwerth, W. (1980): Zum Kommunalitätenproblem in der Faktorenanalyse, Hain, Königstein/Ts.

Leiner, B. (1994): Stichprobentheorie: Grundlagen, Theorie und Technik, Oldenbourg, München, Wien, 3. Auflage.

Leiner, B. (1998): Grundlagen der Zeitreihenanalyse, Oldenbourg, München, Wien, 4. Auflage.

Leiner, B. (2004): Einführung in die Statistik, Oldenbourg, München, Wien, 9. Auflage.

Lenz, H.-J.; Schmid, W.; Wilrich, P.-T. (Hrsg.) (2012): Frontiers in statistical quality control 10, Physica, Heidelberg.

Lenz, H.-J.; Wilrich, P.-T. (1978): Comparison of two sampling systems – Military standard 105 D and skip lot, Operations Research Verfahren 29, 649–656.

Linder, A. (1969): Planen und Auswerten von Versuchen, Birkhäuser, Basel, Stuttgart, 3. Auflage.

Lindley, D. V. (1965): Introduction to probability and statistics from a Bayesian viewpoint, Part 2: Inference, Cambridge University Press, Cambridge.

v. d. Lippe, P. (1996): Wirtschaftsstatistik, Lucius & Lucius, Stuttgart, 5. Auflage.

v. d. Lippe, P. (2000): Der Unsinn von Kettenindizes, Allgemeines Statistisches Archiv 84, 67–82.

v. d. Lippe, P. (2006): Deskriptive Statistik, Oldenbourg, München, Wien, 7. Auflage.

Litz, H. P. (2000): Multivariate Statistische Methoden und ihre Anwendung in den Wirtschafts- und Sozialwissenschaften, Oldenbourg, München, Wien.

Litz, H. P.; Lipowatz, T. (1986): Amtliche Statistik in marktwirtschaftlich organisierten Industriegesellschaften, Campus, Frankfurt/M., New York.

Longley, J. W. (1967): An appraisal of least squares programs for the electronic computer from the point of view of the user, Journal of the American Statistical Association 62, 819–841.

Luderer, B.; Paape, C.; Würker, U. (2011): Arbeits- und Übungsbuch Wirtschaftsmathematik, Vieweg+Teubner, Wiesbaden, 6. Auflage.

Lütkepohl, H. (1987): Forecasting aggregated vector ARMA-processes, Springer, Berlin et al.

Lütkepohl, H. (2005): New Introduction to multiple time series analysis, Springer, Berlin et al., 3. Auflage.

Mammen, E.; Horowitz, J. (2007): Rate-optimal estimation for a general class of nonparametric regression models, Annals of Statistics 35, 2589–2619.

Mammen, E.; Rothe, C.; Schienle, M. (2012): Nonparametric regression with nonparametrically generated covariates, Annals of Statistics 40, 1132–1170.

Marfels, C. (1971): Einige neuere Entwicklungen in der Messung der industriellen Konzentration, Metrika 17, 69–81.

Marinell, G. (1998): Multivariate Verfahren, Oldenbourg, München, Wien, 5. Auflage.

Marinell, G.; Seeber, G. (1996): Angewandte Statistik: Entscheidungsorientierte Methoden mit PC-Programm, Oldenbourg, München, Wien, 4. Auflage.

McCullough, B. D. (1998): Assessing the reliabilily of statistical software: Part I, The American Statistician 52, 358–366.

McCullough, B. D. (1999): Assessing the reliability of statistical software: Part II, The American Statistician 53, 149–159.

McCullough, B. D. (2009): The accuracy of econometric software, in *Belsley, D. A.; Kontoghiorghes, E. J.* (Hrsg.), Handbook of computational econometrics, John Wiley & Sons, Chichester, 55–79.

McCullough, B. D.; Mokfi, T.; Almaeenejad, M. (2019): On the accuracy of linear regression routines in some data mining packages, Wiley Interdisciplinary Reviews: Data Mining and Knowledge Discovery 9, e1279.

McCullough, B. D.; Yalta, A. T. (2013): Spreadsheets in the cloud – not ready yet, Journal of Statistical Software 52, 1–14.

Mélard, G. (2014): On the accuracy of statistical procedures in Microsoft Excel 2010, Computational Statistics 29, 1095–1128.

Menges, G. (1965): Über Wahrscheinlichkeitsinterpretationen, Statistische Hefte 6, 81–96.

Menges, G.; Skala, H. J. (1973): Grundriß der Statistik, Bd. 2: Daten, Westdeutscher Verlag, Opladen.

Merz, J.; Zwick, M. (2005): Hohe Einkommen: Eine Verteilungsanalyse für Freie Berufe, Unternehmer und abhängig Beschäftigte mit Mikrodaten der Einkommensteuerstatistik, Schmollers Jahrbuch 125, 269–298.

Michels, P. (1992): Nichtparametrische Analyse und Prognose von Zeitreihen, Physica, Heidelberg.

v. Mises, R. (1931): Wahrscheinlichkeitsrechnung und ihre Anwendung in der Statistik und theoretischen Physik, Deuticke, Leipzig, Wien.

Mittag, H.-J. (1993): Qualitätsregelkarten, Hanser, München, Wien.

Mittag, H.-J.; Augustin, T. (2021): Eine virtuelle Bibliothek mit interaktiven statistischen Experimenten und Datenvisualisierungen, Stochastik in der Schule 41, 20–26.

Mittag, H.-J.; Schüller, K. (2020): Statistik: Eine Einführung mit interaktiven Elementen, Springer Spektrum, Berlin, 6. Auflage.

Mittenecker, E. (1983): Planung und statistische Auswertung von Experimenten, Deuticke, Wien, 10. Auflage.

Mosler, K. (1981): Assoziierte und positiv abhängige Zufallsvariable, Methods of Operations Research 44, 115–126.

Mosler, K.; Jäschke, H. (1992): Zur Abschätzung von Rechteckwahrscheinlichkeiten bei simultanen Tests, Österreichische Zeitschrift für Statistik und Informatik 22, 219–242.

Mosler, K.; Schmid, F. (2009): Beschreibende Statistik und Wirtschaftsstatistik, Springer, Heidelberg et al., 4. Auflage.

Mosler, K.; Schmid, F. (2011): Wahrscheinlichkeitsrechnung und schließende Statistik, Springer, Berlin, Heidelberg, 4. Auflage.

Müller, P. (1984): Entscheidungstheoretisch begründete Schätzverfahren, Athenäum, Königstein/Ts.

Mundlos, B. (1982): Eine Axiomatik für Preisindizes in Funktionalform – Gleichzeitig eine Kritik der Kritik an DIVISIA-Indizes, Statistische Hefte 23, 275–290.

Mundlos, B.; Schwarze, J. (1978): Basic ideas on stochastic indices, in *Eichhorn, W.; Henn, R.; Opitz, O.; Shephard, R. W.* (Hrsg.), Theory and applications of economic indices, Physica, Würzburg, 257–270.

Münzner, H. (1963): Probleme der Konzentrationsmessung, Allgemeines Statistisches Archiv 47, 1–9.

Naeve, P. (1969): Spektralanalytische Methoden zur Analyse von ökonomischen Zeitreihen, Physica, Würzburg.

Nautz, D.; Strohsal, T. (2015): Are US inflation expectations re-anchored?, Economics Letters 127, 6–9.

Nerb, G. (1975): Konjunkturprognose mit Hilfe von Urteilen und Erwartungen der Konsumenten und der Unternehmer, Duncker & Humblot, Berlin.

Neusser, K.; Wagner, M. (2022): Zeitreihenanalyse in den Wirtschaftswissenschaften, Springer Gabler, Berlin, 4. Auflage.

Nullau, B.; Heiler, S.; Wäsch, P.; Meisner, B.; Filip, D. (1969): Das „Berliner Verfahren": Ein Beitrag zur Zeitreihenanalyse, Duncker & Humblot, Berlin.

Okhrin, Y.; Schmid, W. (2006): Distributional properties of portfolio weights, Journal of Econometrics 134, 235–256.

Opitz, O. (1978): Numerische Taxonomie in der Marktforschung, Vahlen, München.

Opitz, O. (1980): Numerische Taxonomie, Fischer, Stuttgart, New York.

Paasche, H. (1874): Über die Preisentwicklung der letzten Jahre nach den Hamburger Börsennotierungen, Jahrbücher für Nationalökonomie und Statistik 23, 168–178.

Pauly, R. (1982): Zerlegung und Analyse ökonomischer Zeitreihen, Statistische Hefte 23, 291–303.

Pawlak, M.; Schmid, W. (2001): On the distributional properties of GARCH processes, Journal of Time Series Analysis 22, 339–352.

Pfanzagl, J. (1978): Allgemeine Methodenlehre der Statistik II, De Gruyter, Berlin, New York, 5. Auflage.

Pfanzagl, J. (1983): Allgemeine Methodenlehre der Statistik I, De Gruyter, Berlin, New York, 6. Auflage.

Pfanzagl, J. (1991): Elementare Wahrscheinlichkeitsrechnung, De Gruyter, Berlin, New York, 2. Auflage.

Pflaumer, P. (1986): Bevölkerung, Haushalte, Konsum: Statistische Analyse und Prognose, Campus, Frankfurt/M., New York.

Pflaumer, P. (1988): Methoden der Bevölkerungsvorausschätzung unter besonderer Berücksichtigung der Unsicherheit, Duncker & Humblot, Berlin.

Pflaumer, P.; Krumbholz, W. (1982): Möglichkeiten der Kosteneinsparung bei der Qualitätskontrolle durch Berücksichtigung von unvollständigen Vorinformationen, Zeitschrift für Betriebswirtschaft 52, 1088–1102.

Phillips, L. D. (1973): Bayesian statistics for social scientists, Nelson, London.

Piesch, W. (1975): Statistische Konzentrationsmaße: Formale Eigenschaften und verteilungstheoretische Zusammenhänge, Mohr, Tübingen.

Pigeot, I. (2000): Basic concepts of multiple tests – A survey, Statistical Papers 41, 3–36.

Pokropp, F. (1996): Stichproben: Theorie und Verfahren, Oldenbourg, München, 2. Auflage.

Pöppe, C. (2000): Rechnen mit garantierter Genauigkeit, Spektrum der Wissenschaft 9, 54–61.

Pukelsheim, F. (2006): Optimal design of experiments, Society for Industrial and Applied Mathematics, Philadelphia.

Rachev, S. T.; Höchstötter, M.; Fabozzi, F. J.; Focardi, S. M. (2010): Probability and statistics for finance, John Wiley & Sons, New York et al.

Rachev, S. T.; Mittnik, S. (2000): Stable paretian models in finance, John Wiley & Sons, Chichester.

Rafter, J. A.; Abell, M. A.; Braselton, J. P. (2003): Statistics with Maple, Academic Press, San Diego et al.

Raiffa, H.; Schlaifer, R. (2000): Applied statistical decision theory, John Wiley & Sons, New York et al.

Rasch, D.; Herrendörfer, G. (1982): Statistische Versuchsplanung, Deutscher Verlag der Wissenschaften, Berlin.

Rendtel, U. (1991): Die Schätzung von Populationswerten in Panelerhebungen, Allgemeines Statistisches Archiv 75, 225–244.

Revenstorf, D. (1976): Lehrbuch der Faktorenanalyse, Kohlhammer, Stuttgart et al.

Révész, P. (1968): Die Gesetze der großen Zahlen, Birkhäuser, Basel, Stuttgart.

Richter, H. (1966): Wahrscheinlichkeitstheorie, Springer, Berlin et al., 2. Auflage.

Rinne, H. (1996): Wirtschafts- und Bevölkerungsstatistik, Oldenbourg, München, Wien, 2. Auflage.

Rinne, H. (2004): Ökonometrie, Vahlen, München.

Rinne, H. (2008): Taschenbuch der Statistik, Deutsch, Frankfurt/M., 4. Auflage.

Rinne, H.; Mittag, H.-J. (1995): Statistische Methoden der Qualitätssicherung, Hanser, München, Wien, 3. Auflage.

Rinne, H.; Mittag, H.-J. (1999): Prozessfähigkeitsmessung für die industrielle Praxis, Hanser, München.

Rinne, H.; Specht, K. (2002): Zeitreihen: Statistische Modellierung, Schätzung und Prognose, Vahlen, München.

Ronning, G. (1991): Mikroökonometrie, Springer, Berlin et al.

Rönz, B.; Strohe, H. G. (Hrsg.) (1994): Lexikon Statistik, Gabler, Wiesbaden.

Rosenow, B.; Weißbach, R. (2009): Modelling correlations in credit portfolio risk, Journal of Risk Management in Financial Institutions 3, 16–30.

Rothschild, K. (1969): Wirtschaftsprognose: Methoden und Probleme, Springer, Berlin et al.

Salkind, N. J.; Frey, B. B. (2022): Statistics for people who (think they) hate statistics: Using Microsoft Excel, Sage, Los Angeles et al., 5. Auflage.

Savage, L. J. (1972): The foundations of statistics, John Wiley & Sons, New York, 2. Auflage.

Sawitzki, G. (1994a): Report on the numerical reliability of data analysis systems, Computational Statistics & Data Analysis 18, 289–301.

Sawitzki, G. (1994b): Testing numerical reliability of data analysis systems, Computational Statistics & Data Analysis 18, 269–286.

Schader, M. (1981): Scharfe und unscharfe Klassifikation qualitativer Daten, Athenäum, Königstein/Ts.

Schader, M.; Schmid, F. (1988): Maximum-Likelihood-Schätzung aus gruppierten Daten: Eine Übersicht, OR Spektrum 10, 1–12.

Schäffer, K. A. (1976): Vergleich der Effizienz von Verfahren zur Saisonbereinigung einer Zeitreihe, in *Schäffer, K. A.* (Hrsg.), Beiträge zur Zeitreihenanalyse, Vandenhoeck & Ruprecht, Göttingen, 83–104.

Schaich, E. (1998): Schätz- und Testmethoden für Sozialwissenschaftler, Vahlen, München, 3. Auflage.

Schaich, E.; Brachinger, H. W. (1999): Studienbuch Ökonometrie, Vahlen, München, 2. Auflage.

Schaich, E.; Hamerle, A. (1984): Verteilungsfreie statistische Prüfverfahren, Springer, Berlin et al.

Schaich, E.; Münnich, R. T. (2001): Mathematische Statistik für Ökonomen, Vahlen, München.

Schaich, E.; Ruff, A. (1977): Zur Problematik der Anwendung statistischer Verfahren der Konzentrationsmessung, Allgemeines Statistisches Archiv 61, 99–127.

Schipp, B. (1990): Minimax-Schätzer im simultanen Gleichungsmodell bei vollständiger und partieller Vorinformation, Hain, Frankfurt/M.

Schips, B. (1990): Empirische Wirtschaftsforschung, Gabler, Wiesbaden.

Schips, B.; Stier, W. (1974): Zum Problem der Saisonbereinigung ökonomischer Zeitreihen, Metrika 21, 65–81.

Schips, B.; Stier, W. (1976): Gedanken zur Verwendung rekursiver Filter bei der Saisonbereinigung ökonomischer Zeitreihen, in *Schäffer, K. A.* (Hrsg.), Beiträge zur Zeitreihenanalyse, Vandenhoeck & Ruprecht, Göttingen, 105–128.

Schlicht, E. (1981): A seasonal adjustment principle and a seasonal adjustment method derived by this principle, Journal of the American Statistical Association 76, 374–376.

Schlittgen, R. (1996): Statistische Inferenz, Oldenbourg, München, Wien.

Schlittgen, R. (2012): Einführung in die Statistik: Analyse und Modellierung von Daten, Oldenbourg, München, Wien, 12. Auflage.

Schlittgen, R.; Streitberg, B. H. J. (2001): Zeitreihenanalyse, Oldenbourg, München, Wien, 9. Auflage.

Schmetterer, L. (1966): Einführung in die mathematische Statistik, Springer, Wien, New York, 2. Auflage.

Schmid, F. (1983): Kleinste-Quadrate-Schätzer in nichtlinearen Regressionsmodellen, Vandenhoeck & Ruprecht, Göttingen.

Schmid, F.; Trede, M. M. (2006): Finanzmarktstatistik, Springer, Berlin et al.

Schmid, T.; Münnich, R. T. (2014): Spatial robust small area estimation, Statistical Papers 55, 653–670.

Schmid, W. (1995): On the run length of a Shewhart chart for correlated data, Statistische Hefte 36, 111–130.

Schmidt, R.; Stadtmüller, U. (2006): Nonparametric estimation of tail dependence, Scandinavian Journal of Statistics 33, 307–335.

Schmitz, N. (1993): Optimal sequentially planned decision procedures, Springer, New York et al.

Schneeberger, H. (1971): Optimierung in der Stichprobentheorie durch Schichtung und Aufteilung, Unternehmensforschung 15, 240–252.

Schneeberger, H.; Drefahl, D. (1982): Gain in precision by optimum stratification and optimum allocation in dependence on the sampling fraction, Statistische Hefte 23, 228–236.

Schneeweiß, H. (1990): Ökonometrie, Physica, Heidelberg, 4. Auflage.

Schneider, H.; Waldmann, K.-H. (1984): Cost optimal multistage sampling plans, in *Lenz, H.-J.; Wetherill, G. B.; Wilrich, P.-T.* (Hrsg.), Frontiers in statistical quality control 2, Physica, Würzburg, Wien, 32–39.

Schnorr, C. P. (1971): Zufälligkeit und Wahrscheinlichkeit: Eine algorithmische Begründung der Wahrscheinlichkeitstheorie, Springer, Berlin et al.

Schönfeld, P. (1969): Methoden der Ökonometrie, Bd. I: Lineare Regressionsmodelle, Vahlen, Berlin, Frankfurt/M.

Schönfeld, P. (1971): Methoden der Ökonometrie, Bd. II: Stochastische Regressoren und simultane Gleichungen, Vahlen, München.

Schulze, P. M. (2007): Beschreibende Statistik, Oldenbourg, München, Wien, 6. Auflage.

Schulze, P. M.; Prinz, A.; Schweinberger, A. (2006): Angewandte Statistik und Ökonometrie mit WinRATS, Oldenbourg, München, Wien.

Schürger, K. (1998): Wahrscheinlichkeitstheorie, Oldenbourg, München, Wien.

Schwaiger, M. (1993): Hochrechnungsverfahren im Marketing, Vahlen, München.

Schwarze, J. (Hrsg.) (1980): Angewandte Prognoseverfahren, Neue Wirtschafts-Briefe, Herne.

Schwarze, J. (2013): Grundlagen der Statistik II: Wahrscheinlichkeitsrechnung und induktive Statistik, Neue Wirtschafts-Briefe, Herne, 10. Auflage.

Schwarze, J. (2014): Grundlagen der Statistik I: Beschreibende Verfahren, Neue Wirtschafts-Briefe, Herne, 12. Auflage.

Sheth, J. N. (1971): The multivariate revolution in marketing research, Journal of Marketing 35, 13–19.

Sibbertsen, P. (2004): Long-memory versus structural breaks: An overview, Statistical Papers 45, 465–515.

Sibbertsen, P.; Lehne, H. (2021): Statistik: Einführung für Wirtschafts- und Sozialwissenschaftler, Springer Gabler, Berlin, 3. Auflage.

Simon, S. D.; Lesage, J. P. (1988): Benchmarking numerical accuracy of statistical algorithms, Computational Statistics & Data Analysis 7, 197–209.

Späth, H. (1977): Cluster-Analyse-Algorithmen zur Objektklassifizierung und Datenreduktion, Oldenbourg, München, Wien, 2. Auflage.

Speth, H.-T. (1994): Vergleich von Verfahren zur Komponentenzerlegung von Zeitreihen, Wirtschaft und Statistik 2/1994, 98–108.

Spindler, M. (2016): Lasso for instrumental variable selection: A replication study, Journal of Applied Econometrics 31, 450–454.
Spremann, K.; Bamberg, G. (1984): Repräsentative Informationen in linearen Systemen, OR Spektrum 6, 23–37.
Stahlecker, P. (1987): A priori Information und Minimax-Schätzung im linearen Regressionsmodell, Athenäum, Frankfurt/M.
Statistisches Bundesamt (Hrsg.) (1997): Das Arbeitsgebiet der Bundesstatistik, Metzler-Poeschel, Stuttgart, 10. Auflage.
Steinhausen, D.; Langer, K. (1977): Clusteranalyse, De Gruyter, Berlin, New York.
Steland, A. (2012): Financial statistics and mathematical finance: Methods, models and applications, John Wiley & Sons, Chichester.
Stenger, H. (1986): Stichproben, Physica, Heidelberg, Wien.
Stier, W. (1980): Verfahren zur Analyse saisonaler Schwankungen in ökonomischen Zeitreihen, Springer, Berlin et al.
Stoyan, D. (1993): Stochastik für Ingenieure und Naturwissenschaftler: Eine Einführung in die Wahrscheinlichkeitstheorie und die mathematische Statistik, Akademie-Verlag, Berlin.
Strecker, H.; Wiegert, R. (1994): Stichproben, Erhebungsfehler, Datenqualität, Vandenhoeck & Ruprecht, Göttingen.
Strecker, H.; Wiegert, R.; Peeters, J.; Kafka, K. (1983): Messung der Antwortvariabilität auf Grund von Erhebungsmodellen mit Wiederholungszählungen, Vandenhoeck & Ruprecht, Göttingen.
Strohe, H. G.; Nastansky, A. (2012): Vektor-Fehlerkorrekturmodelle, Das Wirtschaftsstudium 41, 114–120.
Theil, H. (1971): Principles of econometrics, John Wiley & Sons, New York.
Trenkler, D. (1986): Verallgemeinerte Ridge Regression, Hain, Frankfurt/M.
Trenkler, G. (1981): Biased estimators in the linear regression model, Hain, Königstein/Ts.
Tutz, G. (1990): Modelle für kategoriale Daten mit ordinalem Skalenniveau, Vandenhoeck & Ruprecht, Göttingen.
Tutz, G. (2000): Die Analyse kategorialer Daten, Oldenbourg, München, Wien.
Überla, K. (1971): Faktorenanalyse, Springer, Berlin et al., 2. Auflage.
Uhlmann, W. (1982): Statistische Qualitätskontrolle: Eine Einführung, Teubner, Stuttgart, 2. Auflage.
Viertl, R. (2003): Einführung in die Stochastik (mit Elementen der Bayes-Statistik und der Analyse unscharfer Information), Springer, Wien, New York, 3. Auflage.
Voeller, J. (1981): Purchasing power parities for international comparisons, Hain, Königstein/Ts.
Vogel, F. (1975): Probleme und Verfahren der numerischen Klassifikation unter besonderer Berücksichtigung alternativer Merkmale, Vandenhoeck & Ruprecht, Göttingen.
Vogel, W. (1970): Wahrscheinlichkeitstheorie, Vandenhoeck & Ruprecht, Göttingen.
Vogt, H. (1988): Methoden der Statistischen Qualitätskontrolle, Teubner, Stuttgart.
Voß, W. (Hrsg.) (2003): Taschenbuch der Statistik, Hanser, München, Wien, 2. Auflage.
Wald, A. (1936): Berechnung und Ausschaltung von Saisonschwankungen, Springer, Wien.
Wald, A. (1937a): Die Widerspruchsfreiheit des Kollektivbegriffes, Ergebnisse eines mathematischen Kolloquiums 8, 38–72.
Wald, A. (1937b): Zur Theorie der Preisindexziffern, Zeitschrift für Nationalökonomie 8, 179–219.
Wald, A. (1939): A new formula for the index of cost of living, Econometrica 7, 319–331.
Wald, A. (1947): Sequential analysis, John Wiley & Sons, New York.
Wald, A. (1971): Statistical decision functions, Chelsea, New York, 2. Auflage.
Weber, E. (1974): Einführung in die Faktorenanalyse, Fischer, Stuttgart.
Wetzel, W. (1971): Statistische Grundausbildung für Wirtschaftswissenschaftler, Bd. 1: Beschreibende Statistik, De Gruyter, Berlin, New York.
Wetzel, W. (1973): Statistische Grundausbildung für Wirtschaftswissenschaftler, Bd. 2: Schließende Statistik, De Gruyter, Berlin, New York.

Wetzel, W.; Jöhnk, M.-D.; Naeve, P. (1967): Statistische Tabellen, De Gruyter, Berlin.
Wilde, J. (2008): A simple representation of the Bera-Jarque-Lee test for probit models, Economics Letters 101, 119–121.
Wilhelm, A. (2008): Linked views for visual exploration, in *Chen, C.-h.; Härdle, W. K.; Unwin, A.* (Hrsg.), Handbook of data visualization, Springer, Berlin, Heidelberg, 199–215.
Wilkinson, L. (1985): Statistics Quiz, Systat, Evanston.
Winkelmann, R. (2008): Econometric analysis of count data, Springer, Berlin, Heidelberg, 5. Auflage.
Winker, P. (2017): Empirische Wirtschaftsforschung und Ökonometrie, Springer, Berlin, Heidelberg, 4. Auflage.
Winter, J.; Wuppermann, A. (2014): Do they know what is at risk? Health risk perception among the obese, Health Economics 23, 564–585.
Witting, H. (1978): Mathematische Statistik, Teubner, Stuttgart, 3. Auflage.
Witting, H.; Nölle, G. (1970): Angewandte Mathematische Statistik, Teubner, Stuttgart.
Wolters, J. (1987): Ökonometrische Modelle bei Zeitreihendaten versus multivariate Zeitreihenmodelle – Eine Übersicht, Statistische Hefte 28, 1–25.
Zellner, A. (1971): An introduction to Bayesian inference in econometrics, John Wiley & Sons, New York.
Zöfel, P. (1992a): Statistik in der Praxis, Fischer, Stuttgart, Jena, 3. Auflage.
Zöfel, P. (1992b): Univariate Varianzanalysen, Fischer, Stuttgart, Jena.

Personenverzeichnis

M

N

O

P

R

S

T

U

V

W

Y

Z

Sachverzeichnis

T